東大の理系数学

25カ年［第12版］

本庄 隆 編著

教学社

はじめに

本書は東京大学の1999年度から2023年度までの入試問題を分類収録し，解法を付したものです。選抜入試としての評価・検討に必要な基礎的データ（各問の正答率や得点分布，合格者平均と不合格者平均およびその差など）は，東大に限らず日本の大学では公開されていませんので，それらをもとにした分析は付すことはできませんでした。これらが作成されているかどうかはわかりませんが，いくつかの特定大学について，一部予備校が受験生に依頼した再現答案の分析データや入試後に送付される個別得点を見ると，大学によっては合否の弁別が十分につかない出題がなされることがよくあります。最後まで考え，正しい論理に配慮した根拠記述を作成するには，難度や記述量が試験時間・出題数に照らして無理のあるセットの場合です。東大理系においてもそのような出題の年度があり，ときに選抜の弁別に疑問のあることもありましたが，幸い，2001年度以降はよく自制の利いた出題が続いています。ただし，整数・確率・立体の体積の分野では試験時間内での処理が難しい出題もありますので，息の長い思考と計算を経験してください。受験を控えたみなさんには，本書を活用して東大の問題の質・レベルをできるだけ早めに体験しておくことをお勧めします。これは大変重要なことですので，是非，本書を手もとに置いて活用されることを期待します。

さて，日本の教育システムは育成よりも選抜に著しく偏重し，入試のために驚くほどの費用と時間と労力を費やします。それらは本来，大学においては教育力の向上に，中等教育においては指導要領と大学レベルの間にある重要で美しいテーマの学習に向けられるべきです。米国や国際バカロレアの教育課程では，高校課程に大学初年級のアドバンストコースを用意し，その履修状況を入学の参考にしたり，また，評価を目的とする数学の試験では，専門家が制限時間内で解ける量の半分程度が妥当とされる一種の基準があるとも聞きます。日本の，多くの中高入試や大学入試では，その逆といってもいいぐらいですから大変です。このような入試が受験生に与える強迫的な観念や焦燥感は，学問的な感動や興味関心とは正反対のものです。結果として数学嫌いが増えるのなら不幸なことです。みなさんは焦ることなく，数学的な誠実さと計算を大切にして，論理とアイデアを楽しみ，推敲の効いた丁寧な思索と記述を続けてください。それが最も重要で確実な道なのです。また，問題を解き散らかすのではなく，「ちょっと待てよ」と考えて式や図形でいろいろ遊び，新しい結果や観点を見出せたならなお良いことです。これらに留意し，本書に収録された問題を解くことを通して，良い結果が得られることを心からお祈りいたします。

本庄　隆

本書の構成

◆**収録問題**：1999 年度から 2023 年度までの 25 年間（前期）の全問を収録しました。

◆**分　類**：セクションの配列は，できるだけ高校 1 年時からの利用が可能になるように，原則として学習指導要領に基づく教育課程の配列に準じました。後に学習する分野の知識を用いる解法があるとしても，それらを前提としない解法があり得る問題はより早い分野に取り入れてあります。ただし問題設定に未習事項が用いられている場合には，それらについて習熟してから取り組むようにしてください。

◆**レベル分け**：まずまずの記述に要する時間が 20〜30 分以内の問題をレベル A，30〜40 分前後の問題をレベル B，40〜50 分前後の問題をレベル C，これを超える問題をレベル D としました。心身ともに集中のできる状態で取り組み，計算ミスなどがそれほどない経過（あまりないかもしれませんが）で解いた場合を想定しました。受験生と接する機会の多い筆者の経験から，想定した受験生は，平均的な合格者のレベルとしています。入学試験では異常な緊張状態にありますから，レベル A が B に，レベル B が C に化すことは常です。呼吸を整えてリラックスして取り組みましょう。試験を終えた多くの受験生を見ると，学部や他教科との兼ね合いにもよりますが，レベル A・B を解くとほぼ合格しているようですし，学部によってはレベル A のみの正答とレベル B での部分点で合格ということもよくあります。レベル C は実際には 1/4 以下程度の部分点にとどまることが多く，レベル D は取り組んだとしても，ほんの僅かな部分点が期待できる程度です。試験時間と問題数を考慮すると，レベル C のいくつかとレベル D はいわゆる合否に影響を与えない問題で，入試ではなく数学コンテストやレポート課題に適する問題と言えます。

◆**ポイント**：解法の糸口を簡単に付したものです。実際に自分で解かずに，これだけを見てもわかりにくいことが多いので，まずは自分で十分に考えてください。

◆**解　法**：分類テーマに従い，教育課程の学習順序からみて，前提となる知識が少なくて済む解法を尊重しました。また，根拠記述に配慮したものにしました。複数の解法を提示してある場合は，原則として，愚直であっても自然と思われる方向の解法を先に取り上げました。もっとも，何が自然かは人により異なることも多いので，まずは自分の解法で解決がつくようにしてください。ただし，別な解法も学ぶか，自分の解法のみに固執するかで着想の幅は大いに違ってきますから，自分の解法以外のものもよく検討してください。ここに挙げた解法よりも良い解法を得られたみなさんのお便りや質問を頂けることを期待します。

◆**注**：簡単な補足や部分的な別処理などを記してあります。

◆**研　究**：その問題に関連する事項で，教育課程で取り上げられていないもの・発展的なものについてできるだけ証明を付した解説を試みました。

◆**付　録**：整数，空間の幾何についての基礎事項をまとめました。

（編集部注）本書に掲載されている入試問題の解答・解説は，出題校が公表したものではありません。

目　次

解 答 編

§1　整　数

1　2022年度〔2〕　Level C

ポイント　(1)　a_n を mod 5 で考えて，周期性を見出す。

(2)　まず，a_{k+1}，a_{k+2}，a_{k+3}，…，a_{k+j} を考えて，$a_{k+j}=(a_k$ の倍数$)+a_j$ であることを示す。これより，a_{k+j} が a_k の倍数であるための条件は a_j が a_k の倍数であることとなり，このことを利用する。構想力が必要である。

(3)　まず，8088 が 2022 の倍数であることから(2)を利用する。次いで，a_{8089}，a_{8090}，a_{8091} を $a_{n+1}=a_n{}^2+1$ にしたがって計算してみる。最後は，$\{a_n\}$ の mod 25 での周期性を用いる。

解法

(1)　$a_1=1$，$a_{n+1}-a_n{}^2+1$（n は正の整数）から，a_n はすべて正の整数である。mod 5 で考えると

$$a_1\equiv 1,\ a_2\equiv a_1{}^2+1\equiv 2,\ a_3\equiv a_2{}^2+1\equiv 0,\ a_4\equiv a_3{}^2+1\equiv 1$$

となる。よって，$\{a_n\}$ は 1，2，0（mod 5）の繰り返しとなる。

ゆえに，n が 3 の倍数のとき，a_n は 5 の倍数となる。　（証明終）

(2)　(ア)　$k=1$ のときは $a_k=1$ なので，任意の n に対して a_n は $a_k(=a_1)$ の倍数である。よって，a_n が a_k の倍数であるための必要十分条件は，n が $k(=1)$ の倍数であることである。

(イ)　$k\geqq 2$ のときを考える。

このとき，$a_1(=1)<a_2<\cdots<a_k$ であるから，$1\leqq n<k$ ならば，a_n は a_k の倍数とならない。よって，a_n が a_k の倍数であるためには，$n\geqq k$ であることが必要である。

そこで，以下，$n\geqq k$ として考える。

まず，任意の正の整数 j に対して

$$a_{k+j}=(a_k\text{ の倍数})+a_j\quad\cdots\cdots(*)$$

であることを j についての帰納法で示す。

(i)　$j=1$ のとき

$$a_{k+1}=a_k{}^2+1=(a_k\text{ の倍数})+a_1$$

なので，$(*)$は成り立つ。

(ii)　ある正の整数 j で$(*)$が成り立つとする。以下，$(*)$の右辺の（a_k の倍数）を K と書く。このとき，$a_{k+j}=K+a_j$ である。

$$a_{k+j+1}=(a_{k+j})^2+1=(K+a_j)^2+1$$
$$=K^2+2a_jK+a_j^2+1=(a_k\text{の倍数})+a_{j+1}$$

よって，(＊)はjを$j+1$としても成り立つ。

(i)，(ii)から，任意の正の整数jに対して，(＊)が成り立つ。

したがって

「a_{k+j}がa_kの倍数となるための条件は，a_jがa_kの倍数となること」 ……①

となる。

a_kはa_kの倍数なので，$j=k$，$2k$，$3k$，… として①を順次用いると

「a_k，a_{2k}，a_{3k}，…はa_kの倍数」である。

よって，「nがkの倍数ならば，a_nはa_kの倍数」となる。

逆に，a_nがa_kの倍数ならば，nがkの倍数であることを示す。

a_nがa_kの倍数なのに，nがkの倍数ではないようなnとkの組が存在したとして矛盾を導く。

このようなnとkの組に対して，nをkで割ったときの商を$q\,(\geqq 1)$ とすると

$$a_n=a_{k+(n-k)},\quad a_{n-k}=a_{k+(n-2k)},\quad a_{n-2k}=a_{k+(n-3k)},\quad \cdots,\quad a_{n-(q-1)k}=a_{k+(n-qk)}$$

において，a_nがa_kの倍数であることから，①を順次用いて

a_{n-k}，a_{n-2k}，a_{n-3k}，…，$a_{n-(q-1)k}$，a_{n-qk} はa_kの倍数 ……②

となる。

ここで，$n-qk$はnをkで割ったときの余りである。nがkの倍数ではないので，$1\leqq n-qk<k$であり，a_{n-qk}はa_kの倍数ではあり得ない。これは②と矛盾する。

したがって，「a_nがa_kの倍数ならば，nはkの倍数」でなければならない。

以上，(ア)，(イ)から，求める条件は

nがkの倍数であること ……(答)

〔注1〕 (2)の後半（「逆に……」の部分）は，「nがkの倍数でないならば，a_nはa_kの倍数ではない」ことを導く記述でもよい。

〔注2〕 (2)の［解法］を法をa_kとした合同式を用いて書くと以下のようになり，記述が少し簡素化できる。ただし，後半は〔注1〕のように変えておく。

まず，$a_{k+j}\equiv a_j$ ……(＊) をjについての帰納法で示す（(＊)までは［解法］と同じ)。

(i) $j=1$のとき，$a_{k+1}=a_k^2+1\equiv 1=a_1$なので(＊)は成り立つ。

(ii) ある正の整数jで(＊)が成り立つとすると

$$a_{k+(j+1)}=a_{(k+j)+1}=(a_{k+j})^2+1\equiv a_j^2+1=a_{j+1}$$

となり，(＊)はjを$j+1$としても成り立つ。

(i)，(ii)から，(＊)は任意の正の整数jで成り立つ。

(＊)で$j=k$，$2k$，$3k$，… として，順次

$$a_{2k}=a_{k+k}\equiv a_k\equiv 0,\quad a_{3k}=a_{k+2k}\equiv a_{2k}\equiv a_k\equiv 0,\quad a_{4k}=a_{k+3k}\equiv a_{3k}\equiv a_k\equiv 0,\quad \cdots$$

となり，nがkの倍数ならば，$a_n\equiv 0 \pmod{a_k}$ である。

次いで，nがkの倍数ではないとき，$a_n\not\equiv 0$であることを示す。

n を k で割った商を q，余りを r とすると，$n=qk+r$（$q\geqq 1$，$1\leqq r\leqq k-1$）であり，（＊）を繰り返し用いて

$$\begin{aligned} a_n &= a_{qk+r} = a_{k+(q-1)k+r} \\ &\equiv a_{(q-1)k+r} = a_{k+(q-2)k+r} \\ &\equiv a_{(q-2)k+r} \\ &\quad \vdots \\ &\equiv a_{\{q-(q-1)\}k+r} = a_{k+r} \equiv a_r \not\equiv 0 \quad (r=1,\ 2,\ \cdots,\ k-1 \text{ から，} 1\leqq a_r<a_k \text{ なので}) \end{aligned}$$

以上から，$n\geqq k$ のとき，a_n が a_k の倍数となるための必要条件は n が k の倍数であることである。

〔注3〕 (2)の証明から，a_{mk+1}，a_{mk+2}，…，$a_{mk+(k-1)}$，$a_{(m+1)k}$（m は0以上の整数）を a_k で割った余りは順に，$a_1(=1)$，a_2，…，a_{k-1}，0であることがわかる。

(3) 8088は2022の倍数なので，(2)から，a_{8088} は a_{2022} の倍数である。

よって，順次

$$a_{8089}=(a_{8088})^2+1=(a_{2022}\text{ の倍数})+1$$

$$a_{8090}=(a_{8089})^2+1=\{(a_{2022}\text{ の倍数})+1\}^2+1=(a_{2022}\text{ の倍数})+2$$

$$a_{8091}=(a_{8090})^2+1=\{(a_{2022}\text{ の倍数})+2\}^2+1=(a_{2022}\text{ の倍数})+5$$

したがって，a_{2022} と a_{8091} の最大公約数を g とすると，g は5の約数であることが必要。

ここで，2022も8091も3の倍数なので，(1)から，a_{2022} も a_{8091} も5の倍数である。よって，$g=5$ であり

$$a_{2022}=5A,\quad a_{8091}=5B \quad (A \text{ と } B \text{ は互いに素な正の整数})$$

と書ける。$a_{2022}=5A$ と $(a_{8091})^2=25B^2$ の最大公約数を G とおくと

$$G=\begin{cases} 5 & (a_{2022} \text{ が } 25 \text{ の倍数ではないとき}) \\ 25 & (a_{2022} \text{ が } 25 \text{ の倍数のとき}) \end{cases}$$

となる。

今，mod25で考えると，$a_1\equiv 1$，$a_2\equiv 2$，$a_3\equiv 5$，$a_4\equiv 1$ なので，$\{a_n\}$ は1，2，5の繰り返しとなる。よって，a_{2022} は25の倍数ではない。

ゆえに，a_{2022} と $(a_{8091})^2$ の最大公約数は　　5　……(答)

2 2021年度〔4〕（文理共通） Level C

ポイント (1) $KA\equiv LB$ (mod 4) と $K\equiv L$ (mod 4) を用いる。

(2) ${}_{4a+1}\mathrm{C}_{4b+1}=\dfrac{(4a+1)\cdot 4a\cdot\ \cdots\ \cdot(4a-4b+1)}{(4b+1)\cdot 4b\cdot\ \cdots\ \cdot 1}$ の分母・分子を4の倍数の項のみの積とそれ以外の項の積に分けて考える。さらに，後者の中の4で割って2余る数の項を約分してみる。

(3) (2)で定めた K，L にはそれぞれ $4b+j$，$4a+j$ の形の項が同数ずつ現れ，$2b+k$，$2a+k$ の形の項が同数ずつ現れることを利用する。

(4) (3)の利用を考える。

解法

(1)
$$\begin{aligned}KA&\equiv LB\ (\mathrm{mod}\ 4)\ (KA=LB\text{ より})\\&\equiv KB\ (\mathrm{mod}\ 4)\ (K\equiv L\ (\mathrm{mod}\ 4)\text{ より})\end{aligned}$$
ここで，K は正の奇数なので4と互いに素であるから

$$A\equiv B\ (\mathrm{mod}\ 4)$$

すなわち A を4で割った余りは B を4で割った余りと等しい。　　　　（証明終）

(2)
$$\begin{aligned}&{}_{4a+1}\mathrm{C}_{4b+1}\\&=\frac{(4a+1)\cdot 4a\cdot(4a-1)(4a-2)\cdot\ \cdots\ \cdot(4a-4b+2)(4a-4b+1)}{(4b+1)\cdot 4b\cdot(4b-1)(4b-2)\cdot\ \cdots\ \cdot 2\cdot 1}\quad\cdots\cdots①\end{aligned}$$

①の分母・分子において，4の倍数の項のみの積は

$$\begin{aligned}&\frac{4a(4a-4)(4a-8)\cdot\ \cdots\ \cdot(4a-4b+8)(4a-4b+4)}{4b(4b-4)(4b-8)\cdot\ \cdots\ \cdot 8\cdot 4}\\&=\frac{a(a-1)(a-2)\cdot\ \cdots\ \cdot(a-b+2)(a-b+1)}{b(b-1)(b-2)\cdot\ \cdots\ \cdot 2\cdot 1}\\&={}_a\mathrm{C}_b\end{aligned}$$

となる。①の分母・分子の残りの項は $4m+1$，$4m+3$ の形の奇数の項と $4m+2$ の形の偶数の項（m は0以上の整数）からなる。このうち，$4m+2$ の形の項を2で約分すると，奇数（$2m+1$）となり，これにより，この分母・分子はどちらも奇数のみの項の積となる。それぞれを K，L とおくと，K，L は正の奇数で

$${}_{4a+1}\mathrm{C}_{4b+1}={}_a\mathrm{C}_b\cdot\frac{L}{K}$$

すなわち　　$KA=LB$

よって，$A={}_{4a+1}\mathrm{C}_{4b+1}$，$B={}_a\mathrm{C}_b$ に対して $KA=LB$ となるような正の奇数 K，L が存在する。　　　　（証明終）

(3) (2)の K，L にはそれぞれ $4b+j$，$4a+j$（j は 1 以下で $-4b+1$ 以上の奇数）の形の項が同数ずつあり，$2b+k$，$2a+k$（k は -1 以下で $-2b+1$ 以上の奇数）の形の項が同数ずつある。

　　$4b+j$ の形の項の積を K_1，$2b+k$ の形の項の積を K_2

　　$4a+j$ の形の項の積を L_1，$2a+k$ の形の項の積を L_2

とおくと，$K=K_1K_2$，$L=L_1L_2$ である。

ここで，$4b+j\equiv 4a+j \pmod 4$ から

　　$K_1\equiv L_1 \pmod 4$　……②

また，$(2a+k)-(2b+k)=2(a-b)$ において，$a-b$ は 2 で割り切れるので，$2(a-b)$ は 4 で割り切れ，$2a+k\equiv 2b+k \pmod 4$ となり

　　$K_2\equiv L_2 \pmod 4$　……③

②，③から

　　$K_1K_2\equiv L_1L_2 \pmod 4$

すなわち　　$K\equiv L \pmod 4$　……④

である。

いま，$K\cdot {}_{4a+1}\mathrm{C}_{4b+1}=L\cdot {}_a\mathrm{C}_b$ なので，④と(1)から

　　${}_{4a+1}\mathrm{C}_{4b+1}\equiv {}_a\mathrm{C}_b \pmod 4$

すなわち，${}_{4a+1}\mathrm{C}_{4b+1}$ を 4 で割った余りは ${}_a\mathrm{C}_b$ を 4 で割った余りと等しい。（証明終）

(4) 以下，合同式は 4 を法として考える。

(3)により

$${}_{2021}\mathrm{C}_{37}\equiv {}_{505}\mathrm{C}_9 \quad (2021=4\cdot505+1,\ 37=4\cdot9+1,\ 505-9 \text{ は偶数から})$$

$$\equiv {}_{126}\mathrm{C}_2 \quad (505=4\cdot126+1,\ 9=4\cdot2+1,\ 126-2 \text{ は偶数から})$$

$$=\frac{126\cdot125}{2\cdot1}=63\cdot125$$

$$\equiv 3\cdot1\equiv 3$$

ゆえに，${}_{2021}\mathrm{C}_{37}$ を 4 で割った余りは　　3　……(答)

〔注〕 (1)は次のようにしてもよい。

いま，$KA=LB$ より

　　$KA-KB=LB-KB=(L-K)B$

であり，ここで，K を 4 で割った余りと L を 4 で割った余りが等しいとき，$L-K$ は 4 の倍数となるので，$KA-KB=K(A-B)$ も 4 の倍数となる。

K は正の奇数であるため，$A-B$ も 4 の倍数となる。

以上より，A を 4 で割った余りは B を 4 で割った余りと等しい。

3 2020年度〔4〕（文理共通） Level C

ポイント ［解法１］ (1)　$(2^0+2^1+\cdots+2^{n-1})^2$ の展開式を利用する。

(2)　例えば，$(1+2^0x)(1+2^1x)(1+2^2x)$ の展開式は，

$1+(2^0+2^1+2^2)x+(2^0\cdot2^1+2^1\cdot2^2+2^2\cdot2^0)x^2+2^0\cdot2^1\cdot2^2x^3$ となり，

$(1+2^0x)(1+2^1x)(1+2^2x)=f_3(x)$ である。$f_n(x)$ も同様に考える。

(3)　(2)の結果から分母を払った式の両辺の x^{k+1} の項の係数を比較して得られる関係式を利用する。

［解法２］ (1)　$2^i\cdot2^j$ $(0\leqq i<j\leqq n-1)$ において，l $(l=1,\ 2,\ \cdots,\ n-1)$ を固定するごとに，$j=l$ となるものの和 $\sum_{i=0}^{l-1}2^i\cdot2^l=2^l\sum_{i=0}^{l-1}2^i$ を求め，次いで，l について 1 から $n-1$ で考えた和を計算する。

(3)　(2)を用いず，$a_{n,k}$ の定義から得られる $a_{n+1,k+1}$ と $a_{n,k+1}$，$a_{n,k}$ の関係式を利用する。

解 法 1

(1)　$(2^0+2^1+\cdots+2^{n-1})^2=\sum_{k=0}^{n-1}(2^k)^2+2a_{n,2}$ より

$$a_{n,2}=\frac{1}{2}\left\{\left(\frac{2^n-1}{2-1}\right)^2-\sum_{k=0}^{n-1}(2^k)^2\right\}=\frac{1}{2}\left\{(2^n-1)^2-\sum_{k=0}^{n-1}4^k\right\}$$

$$=\frac{1}{2}\left\{(2^n)^2-2\cdot2^n+1-\frac{4^n-1}{4-1}\right\}=\frac{1}{2}\left(\frac{2\cdot4^n}{3}-2\cdot2^n+\frac{4}{3}\right)$$

$$=\frac{4^n+2}{3}-2^n\quad\cdots\cdots(\text{答})$$

(2)　x の多項式 $(1+2^0x)(1+2^1x)(1+2^2x)\cdots(1+2^{n-2}x)(1+2^{n-1}x)$ の展開式における x^k $(k=1,\ 2,\ \cdots,\ n)$ の係数は，2^m $(m=0,\ 1,\ 2,\ \cdots,\ n-1)$ から異なる k 個を選んでそれらの積をとって得られる ${}_n\mathrm{C}_k$ 個の整数の和 $a_{n,k}$ となっている。また，定数項は 1 であるから

$$f_n(x)=(1+2^0x)(1+2^1x)(1+2^2x)\cdots(1+2^{n-2}x)(1+2^{n-1}x)$$

よって

$$f_{n+1}(x)=(1+2^0x)(1+2^1x)(1+2^2x)\cdots(1+2^{n-1}x)(1+2^nx)$$

$$f_n(2x)=(1+2^0\cdot2x)(1+2^1\cdot2x)(1+2^2\cdot2x)\cdots(1+2^{n-2}\cdot2x)(1+2^{n-1}\cdot2x)$$

$$=(1+2^1x)(1+2^2x)(1+2^3x)\cdots(1+2^{n-1}x)(1+2^nx)$$

ゆえに

$$\frac{f_{n+1}(x)}{f_n(x)}=1+2^nx\quad,\quad\frac{f_{n+1}(x)}{f_n(2x)}=1+x\quad\cdots\cdots(\text{答})$$

(3) (2)から

$$f_{n+1}(x)=(1+2^n x)f_n(x) \quad \cdots\cdots① \qquad f_{n+1}(x)=(1+x)f_n(2x) \quad \cdots\cdots②$$

①から

$$f_{n+1}(x)=(1+2^n x)(1+a_{n,1}x+a_{n,2}x^2+\cdots+a_{n,n-1}x^{n-1}+a_{n,n}x^n) \quad \cdots\cdots①'$$

②から

$$f_{n+1}(x)=(1+x)(1+2a_{n,1}x+2^2a_{n,2}x^2+\cdots+2^{n-1}a_{n,n-1}x^{n-1}+2^na_{n,n}x^n) \quad \cdots\cdots②'$$

①′ の両辺の x^{k+1} の項の係数を比較して

$$a_{n+1,k+1}=a_{n,k+1}+2^na_{n,k} \quad \cdots\cdots③ \quad (1\leqq k\leqq n-1)$$

$$a_{n+1,n+1}=2^na_{n,n} \quad \cdots\cdots④$$

②′ の両辺の x^{k+1} の項の係数を比較して

$$a_{n+1,k+1}=2^{k+1}a_{n,k+1}+2^ka_{n,k} \quad \cdots\cdots⑤ \quad (1\leqq k\leqq n-1)$$

$$a_{n+1,n+1}=2^na_{n,n} \quad \cdots\cdots⑥$$

③$\times 2^{k+1}-$⑤ から

$$(2^{k+1}-1)a_{n+1,k+1}=(2^{n+k+1}-2^k)a_{n,k}$$

$$\frac{a_{n+1,k+1}}{a_{n,k}}=\frac{2^k(2^{n+1}-1)}{2^{k+1}-1} \quad \cdots\cdots⑦ \quad (1\leqq k\leqq n-1)$$

また，④，⑥から，⑦は $k=n$ のときにも成り立つ。

ゆえに　$$\frac{a_{n+1,k+1}}{a_{n,k}}=\frac{2^k(2^{n+1}-1)}{2^{k+1}-1} \quad \cdots\cdots(答)$$

解法 2

(1) n 個の整数 2^m ($m=0,\ 1,\ 2,\ \cdots,\ n-1$) のうち異なる 2 個の積は $2^i\cdot 2^j$ ($0\leqq i<j\leqq n-1$) と書ける。これらすべての和を計算する。

まず，l ($l=1,\ 2,\ \cdots,\ n-1$) を固定するごとに，$j=l$ となるものの和は

$$\sum_{i=0}^{l-1}2^i\cdot 2^l=2^l\sum_{i=0}^{l-1}2^i=2^l\cdot\frac{1-2^l}{1-2}=4^l-2^l$$

次いで，l について 1 から $n-1$ で考えた和を計算して

$$a_{n,2}=\sum_{l=1}^{n-1}(4^l-2^l)=\frac{4(1-4^{n-1})}{1-4}-\frac{2(1-2^{n-1})}{1-2}=\frac{4^n-3\cdot 2^n+2}{3} \quad \cdots\cdots(答)$$

((2)は［解法 1］に同じ)

(3) • $a_{n,n}=2^0\cdot 2^1\cdot\cdots\cdot 2^{n-1}=2^{\frac{n(n-1)}{2}}$ から $k=n$ のとき

$$\frac{a_{n+1,k+1}}{a_{n,k}}=\frac{a_{n+1,n+1}}{a_{n,n}}=2^{\frac{(n+1)n}{2}-\frac{n(n-1)}{2}}=2^n \quad \cdots\cdots⑧$$

• $1\leqq k\leqq n-1$ ($n\geqq 2$) のとき，次の⑨，⑩が成り立つ。

$$a_{n+1,k+1}=a_{n,k+1}+2^na_{n,k} \quad \cdots\cdots⑨$$

((2^n を含まない積の和)$+$(2^n を含む積の和))

$$a_{n+1,\,k+1}=2^{k+1}a_{n,\,k+1}+2^k a_{n,\,k} \quad \cdots\cdots⑩$$

((2^0 を含まない積の和)＋(2^0 を含む積の和))

ここで

- 2^0 を含まない $k+1$ 個の積　$2^{p_1}2^{p_2}\cdots2^{p_{k+1}}=2^{k+1}(2^{p_1-1}2^{p_2-1}\cdots2^{p_{k+1}-1})$

  ($1\leqq p_i\leqq n$, $0\leqq p_i-1\leqq n-1$)

- 2^0 を含む $k+1$ 個の積　$2^0\cdot2^{p_2}\cdots2^{p_{k+1}}=2^k(2^{p_2-1}\cdots2^{p_{k+1}-1})$

  ($1\leqq p_i\leqq n$, $0\leqq p_i-1\leqq n-1$)

であることを用いている。

⑨×2^{k+1}－⑩ から　$\dfrac{a_{n+1,\,k+1}}{a_{n,\,k}}=\dfrac{2^k(2^{n+1}-1)}{2^{k+1}-1}$

⑧から，これは $k=n$ のときも成り立つ。

ゆえに　$\dfrac{a_{n+1,\,k+1}}{a_{n,\,k}}=\dfrac{2^k(2^{n+1}-1)}{2^{k+1}-1}$ ……(答)

〔注〕 (2)ができなくても，(3)は［解法 2］のように，(2)とは独立して解くことができる。東大入試では，必ずしも小問誘導によらない柔軟性が効果的なこともある。

4　2019年度〔4〕　Level A

ポイント (1)　互除法を用いる。

(2)　一般に，互いに素な自然数 p，q について pq が平方数ならば，p，q とも平方数であることを用いる。

解法

(1)　一般に，整数 a，b の最大公約数を $\gcd(a,\ b)$ と表す。

$(5n^2+9)-5(n^2+1)=4$ であるから，互除法により

$$d_n=\gcd(n^2+1,\ 4)$$

(i)　n が偶数のときは n^2+1 は奇数なので　　$\gcd(n^2+1,\ 4)=1$

(ii)　n が奇数のとき，$n=2k-1$（k は自然数）と書けて

$$n^2+1=(2k-1)^2+1=4k(k-1)+2$$

よって　　$\gcd(n^2+1,\ 4)=2$

(i)，(ii)から　　$d_n=\begin{cases}1 & (n\text{ が偶数})\\ 2 & (n\text{ が奇数})\end{cases}$　……(答)

(2)　$(n^2+1)(5n^2+9)$ が平方数となる自然数 n が存在すると仮定して，矛盾を導く。

(i)　n が偶数のとき

(1)から，n^2+1 と $5n^2+9$ は互いに素で，その積が平方数なので，この2数は互いに素な平方数である。

よって，$n^2+1=N^2$ となる自然数 N（$N>n$）が存在し

$$(N+n)(N-n)=1　……①$$

ここで，n は偶数なので $n\geqq2$，また $N>n$ より $N\geqq3$ であるから，$N+n\geqq5$，$N-n\geqq1$ であるが，これは①と矛盾する。

(ii)　n が奇数のとき

(1)から

$$\begin{cases}n^2+1=2l\\ 5n^2+9=2m\end{cases}\quad(l,\ m\text{ は互いに素な自然数})$$

と書けて

$$(n^2+1)(5n^2+9)=4lm$$

これが平方数で，4も平方数であるから，lm も平方数である。

さらに，l，m は互いに素なので l，m も平方数であり

$$l=L^2,\ m=M^2\quad(L,\ M\text{ は互いに素な自然数})$$

と書けて

$$\begin{cases} n^2+1=2L^2 & \cdots\cdots② \\ 5n^2+9=2M^2 & \cdots\cdots③ \end{cases}$$

③−②×5 から

$4=2(M^2-5L^2)$　となり　$M^2-5L^2=2$　……④

以下，mod 5 で考えると

$$M^2\equiv\begin{cases} 0 & (M\equiv 0 \text{ のとき}) \\ 1 & (M\equiv \pm 1 \text{ のとき}) \\ -1 & (M\equiv \pm 2 \text{ のとき}) \end{cases}$$

なので，(④の左辺) $\equiv 0$，± 1 となるが，これは，(④の右辺) $\equiv 2$ と矛盾する。

(i)，(ii)から，$(n^2+1)(5n^2+9)$ が平方数となることはない。　　　　（証明終）

5 2018年度〔2〕 Level A

ポイント (1) $\frac{1}{2}n(n+1)$ は整数であること，$2n+1$ と n，$2n+1$ と $n+1$ がいずれも互いに素であることを用いる。

(2) $a_1<a_2<\cdots<a_m>a_{m+1}>a_{m+2}>\cdots$ となる m と $a_n<1$ となる m，n を見出す。

解法

(1) $a_n=\dfrac{{}_{2n+1}\mathrm{C}_n}{n!}$ より

$$\frac{a_n}{a_{n-1}}=\frac{{}_{2n+1}\mathrm{C}_n}{n!}\cdot\frac{(n-1)!}{{}_{2n-1}\mathrm{C}_{n-1}}$$
$$=\frac{(2n+1)!}{n!n!(n+1)!}\cdot\frac{(n-1)!(n-1)!n!}{(2n-1)!}$$
$$=\frac{2(2n+1)}{n(n+1)}=\frac{2n+1}{\frac{1}{2}n(n+1)}\quad\cdots\cdots①$$

ここで $n(n+1)$ は2以上の偶数であるから，$\frac{1}{2}n(n+1)$ は1以上の整数である。

$(2n+1)-2n=1$ から，$2n+1$ と n は互いに素である。

$2(n+1)-(2n+1)=1$ から，$2n+1$ と $n+1$ は互いに素である。

よって，$2n+1$ と $n(n+1)$ は互いに素であり，共通の素因数をもたない。

これと $\frac{1}{2}n(n+1)$ は $n(n+1)$ の素因数2が1つ除かれたものであることから，

$\frac{1}{2}n(n+1)$ と $2n+1$ は共通の素因数をもたないので互いに素である。

ゆえに　$p_n=\dfrac{n}{2}(n+1)$，$q_n=2n+1$　……(答)

〔注1〕 煩雑にはなるが，次のように n の偶奇に分けて考えてもよい。

(i) n が偶数のとき

$n=2m$（m は自然数）として　$①=\dfrac{4m+1}{m(2m+1)}$

$(4m+1)-4m=1$ から，$4m+1$ と m は互いに素である。

$2(2m+1)-(4m+1)=1$ から，$4m+1$ と $2m+1$ は互いに素である。

よって，$4m+1$ と $m(2m+1)$ は互いに素である。

ゆえに　$p_n=m(2m+1)=\dfrac{n}{2}(n+1)$，$q_n=4m+1=2n+1$

(ii) n が奇数のとき

$n=2m+1$（m は自然数）として　　①$=\dfrac{4m+3}{(2m+1)(m+1)}$

$(4m+3)-2(2m+1)=1$ から，$4m+3$ と $2m+1$ は互いに素である。

$4(m+1)-(4m+3)=1$ から，$4m+3$ と $m+1$ は互いに素である。

よって，$4m+3$ と $(2m+1)(m+1)$ は互いに素である。

ゆえに　　$p_n=(2m+1)(m+1)=\dfrac{n}{2}(n+1)$，$q_n=4m+3=2n+1$

(i)，(ii)から　　$p_n=\dfrac{n}{2}(n+1)$，$q_n=2n+1$

(2)　　$p_n-q_n=\dfrac{1}{2}n(n+1)-(2n+1)=\dfrac{1}{2}(n^2-3n-2)$

$$=\frac{1}{2}\{n(n-3)-2\}$$

よって，$n=2$，3 では $p_n<q_n$，$n\geqq 4$ では $p_n>q_n$ である。

したがって，$2\leqq n\leqq 3$ では $\dfrac{a_n}{a_{n-1}}>1$，$n\geqq 4$ では $0<\dfrac{a_n}{a_{n-1}}<1$ となり

$$a_1<a_2<a_3>a_4>a_5>\cdots$$

である。

$$a_1=3,\ a_2=\frac{q_2}{p_2}\cdot a_1=\frac{5}{3}\cdot 3=5,\ a_3=\frac{q_3}{p_3}\cdot a_2=\frac{7}{6}\cdot 5=\frac{35}{6},$$

$$a_4=\frac{q_4}{p_4}\cdot a_3=\frac{9}{10}\cdot\frac{35}{6}=\frac{21}{4},\ a_5=\frac{q_5}{p_5}\cdot a_4=\frac{11}{15}\cdot\frac{21}{4}=\frac{77}{20},$$

$$a_6=\frac{q_6}{p_6}\cdot a_5=\frac{13}{21}\cdot\frac{77}{20}=\frac{143}{60},\ a_7=\frac{q_7}{p_7}\cdot a_6=\frac{15}{28}\cdot\frac{143}{60}=\frac{143}{112},$$

$$a_8=\frac{q_8}{p_8}\cdot a_7=\frac{17}{36}\cdot\frac{143}{112}=\frac{2431}{4032}\ (<1)$$

よって，$n\geqq 8$ では $0<a_n<1$ となり，a_n は整数ではない。

$1\leqq n\leqq 7$ で a_n が整数となるものをみて

$n=1$，2　……(答)

〔注2〕 (2)は次のように考えることもできるが気付きにくい。

$$a_n=\frac{q_n}{p_n}\cdot a_{n-1}=\frac{q_n}{p_n}\cdot\frac{q_{n-1}}{p_{n-1}}\cdot a_{n-2}$$

$$=\cdots=\frac{q_n}{p_n}\cdot\frac{q_{n-1}}{p_{n-1}}\cdot\cdots\cdot\frac{q_2}{p_2}\cdot\frac{a_1}{1}\quad\cdots\cdots②$$

$a_1=3$，$q_n=2n+1$（$n\geqq 2$）は奇数であり，②の分子には素因数 2 は現れない。

一方，$p_3=\dfrac{1}{2}\cdot 3\cdot 4=6$ であり，$n\geqq 3$ では②の分母に素因数 2 が現れる。

よって，$n\geqq 3$ のとき，②を既約分数で表すと，分母に素因数 2 が含まれた有理数となり整数にならない。

$a_1=3$，$a_2=\dfrac{{}_5C_2}{2}=\dfrac{10}{2}=5$ であるから，a_n が整数となる n は

$n=1$，2

6 2017年度〔4〕（文理共通） Level A

ポイント (1) $q=-\dfrac{1}{p}$ とおくと，$p+q=4$，$pq=-1$ であることを利用する。

(2) $p^{n+1}+q^{n+1}=(p+q)(p^n+q^n)-pq(p^{n-1}+q^{n-1})$ である。

(3) 数学的帰納法により示す。

(4) 整数 a，b，c，d に対して，$a=bc+d$ のとき，$\gcd(a,\ b)=\gcd(b,\ d)$ という互除法を用いる（$\gcd(a,\ b)$ は，a と b の最大公約数を表す）。

解 法

(1) $a_1=4$，$a_2=18$

(2) $q=-\dfrac{1}{p}=2-\sqrt{5}$ とおくと，$p+q=4$，$pq=-1$ であるから

$$a_{n+1}=p^{n+1}+q^{n+1}=(p+q)(p^n+q^n)-pq(p^{n-1}+q^{n-1})$$
$$=a_1a_n+a_{n-1}$$

ゆえに

$$a_1a_n=a_{n+1}-a_{n-1} \quad \cdots\cdots(\text{答})$$

(3) (i) (1)から，a_1，a_2 は自然数である。

(ii) 2以上のある自然数 n に対して a_{n-1}，a_n が自然数であると仮定する。

(2)と $a_1=4$ より，$a_{n+1}=4a_n+a_{n-1}$ であるから，a_{n+1} も自然数である。

(i)，(ii)から，数学的帰納法により，すべての自然数 n に対して a_n は自然数である。

（証明終）

(4) 整数 a，b の最大公約数を $\gcd(a,\ b)$ と書くと，$a_{n+1}=4a_n+a_{n-1}$ と互除法から

$$\gcd(a_{n+1},\ a_n)=\gcd(a_n,\ a_{n-1}) \quad (n\geqq 2)$$

ゆえに

$$\gcd(a_{n+1},\ a_n)=\cdots\cdots=\gcd(a_2,\ a_1)=\gcd(18,\ 4)=2 \quad \cdots\cdots(\text{答})$$

〔注〕 ユークリッドの互除法は教科書で学ぶことであるが，一般には次のように少し拡張した互除法が有用である。

[整数 a，b，c，d について $a=bc+d$ が成り立つとき $\gcd(a,\ b)=\gcd(b,\ d)$ である]

証明は以下のようになる。

p が a と b の公約数なら，$a=pa'$，$b=pb'$ となる整数 a'，b' が存在し，
$d=a-bc=p(a'-b'c)$ となり，p は d の約数なので，p は b と d の公約数である。
同様に，p が b と d の公約数なら，p は a と b の公約数である。
よって，a と b の公約数の集合と b と d の公約数の集合は一致し，（それら有限集合の要素の最大値である）最大公約数は一致する。

7 2016年度〔5〕 Level B

ポイント (1) $A=0.a_1a_2\cdots a_k$ とおき，$10^k+A\leqq\sqrt{n}<10^k+A+10^{-k}$ を平方した式を満たす n を求める。ここで，10^kA が整数になることを意識しておく。

(2) $p+A\leqq\sqrt{m}<p+A+10^{-k}$ を平方した式の右辺と左辺の差を計算する。

(3) $\sqrt{s}-[\sqrt{s}]=A$ となるならば，$\sqrt{s}$ は有理数である。背理法を用いる。

解法

$A=0.a_1a_2\cdots a_k$ とおく。

(1) 与えられた不等式は

$$A\leqq\sqrt{n}-10^k<A+10^{-k}$$

すなわち

$$10^k+A\leqq\sqrt{n}<10^k+A+10^{-k}$$

であり，この各辺は正であるから，各辺を平方したものと同値である。

よって

$$10^{2k}+2\cdot10^kA+A^2\leqq n<10^{2k}+2\cdot10^k(A+10^{-k})+(A+10^{-k})^2$$

$$10^{2k}+2\cdot10^kA+A^2\leqq n<10^{2k}+2\cdot10^kA+2+(A+10^{-k})^2 \quad \cdots\cdots①$$

また，$0<A<1$，$0<A+10^{-k}\leqq1$ から

$$0<A^2<1,\ 0<(A+10^{-k})^2\leqq1 \quad \cdots\cdots②$$

①，②と $10^{2k}+2\cdot10^kA$，n が整数であることから

$$n=10^{2k}+2\cdot10^kA+1,\ 10^{2k}+2\cdot10^kA+2$$

すなわち

$$n=10^{2k}+2(a_110^{k-1}+a_210^{k-2}+\cdots+a_k)+1,$$

$$10^{2k}+2(a_110^{k-1}+a_210^{k-2}+\cdots+a_k)+2 \quad \cdots\cdots(答)$$

(2) 与えられた不等式は

$$p+A\leqq\sqrt{m}<p+A+10^{-k}$$

であり，この各辺は正であるから，各辺を平方したものと同値である。

よって

$$(p+A)^2\leqq m<(p+A)^2+2\cdot10^{-k}(p+A)+10^{-2k} \quad \cdots\cdots③$$

このとき

$$
\begin{aligned}
(③の右辺)-(③の左辺) &= 2\cdot10^{-k}p+2\cdot10^{-k}A+10^{-2k} \\
&> 2\cdot10^{-k}p \quad (A>0 より) \\
&\geqq 2\cdot10^{-k}\cdot5\cdot10^{k-1} \quad (p\geqq5\cdot10^{k-1} より) \\
&= 1
\end{aligned}
$$

また，(③の左辺)>0 であるから，③を満たす正の整数 m が存在し，したがって，与えられた不等式を満たす正の整数 m が存在する。（証明終）

(3) $\sqrt{s}-[\sqrt{s}]=A$ となる正の整数 s が存在すると仮定する。

$\sqrt{s}=[\sqrt{s}]+A$ の右辺は有理数なので，$\sqrt{s}$ も有理数であり，$\sqrt{s}=\dfrac{t}{u}$ となる互いに素な正の整数 t，u がある。

このとき，$\dfrac{t^2}{u^2}=s$ は整数であり，t^2，u^2 は互いに素なので $u^2=1$ である。

よって，$\sqrt{s}=t$ となり，$[\sqrt{s}]=t$ であるから，$A=0$ である。

これは $A\neq0$（$a_k\neq0$ より）と矛盾する。

ゆえに，$\sqrt{s}-[\sqrt{s}]=A$ となる正の整数 s は存在しない。（証明終）

〔注〕 本問の小問は，それぞれ与えられた不等式を満たす正の整数の存在についての論証問題である。小問設定のある問題では，通常，前にある小問が後の小問の誘導や準備となる構成をとることが多いが，本問はそれぞれが独立した内容である。そのため，特に(3)で(1)や(2)をどう用いるのかと迷ったりすると，時間の浪費になる可能性がある。(3)は要するに「自然数 s に対して，$\sqrt{s}$ が有理数ならば，$\sqrt{s}$ は整数である」すなわち「自然数 s に対して，$\sqrt{s}$ が有理数ならば，s が平方数である」という有名事項を示す易しい問題である。ただし，ここでは，「$\sqrt{s}$ が有理数である」ことを「$\sqrt{s}-[\sqrt{s}]=0.a_1a_2\cdots a_k$」という表現にしてあるので，このことを読み取れるかどうかがポイントである。

8 2015年度〔4〕 Level A

ポイント ［解法１］ (1) $\dfrac{p_{n+2}{}^2+p_{n+1}{}^2+1}{p_{n+2}p_{n+1}}$ に $p_{n+2}=\dfrac{p_{n+1}{}^2+1}{p_n}$ を代入し，変形を進めて，$\dfrac{p_{n+1}{}^2+p_n{}^2+1}{p_{n+1}p_n}$ に等しいことを示す。

(2) $\dfrac{p_2{}^2+p_1{}^2+1}{p_2p_1}=\dfrac{4+1+1}{2\cdot 1}=3$ と(1)から得られる２式

$p_{n+1}{}^2+p_n{}^2+1=3p_{n+1}p_n$，$p_n{}^2+p_{n-1}{}^2+1=3p_np_{n-1}$ を辺々引いた式を利用する。

(3) (2)と $\{q_n\}$ の漸化式を用いて数学的帰納法により証明する。

［解法２］ (1) $\dfrac{p_{n+1}{}^2+p_n{}^2+1}{p_{n+1}p_n}=\dfrac{p_{n+1}}{p_n}+\dfrac{p_n}{p_{n+1}}+\dfrac{1}{p_{n+1}p_n}$ と $p_{n+2}=\dfrac{p_{n+1}{}^2}{p_n}+\dfrac{1}{p_n}$ を用いて式変形を進める。

(2) $p_{n+1}{}^2+1=p_np_{n+2}$ と，(1)から得られる $p_{n+1}{}^2+p_n{}^2+1=3p_{n+1}p_n$ を用いる。

［解法３］ (2) $p_{n+1}+p_{n-1}$ に $p_{n+1}=\dfrac{p_n{}^2+1}{p_{n-1}}$ を代入し，(1)の結果を利用する。

解法１

$\{p_n\}$ の与え方から，すべての n に対して，$p_n>0$ である。以下，このことを前提とする。

(1) $a_n=\dfrac{p_{n+1}{}^2+p_n{}^2+1}{p_{n+1}p_n}$ とおく。$p_{n+2}=\dfrac{p_{n+1}{}^2+1}{p_n}$ であるから

$$a_{n+1}=\frac{p_{n+2}{}^2+p_{n+1}{}^2+1}{p_{n+2}p_{n+1}}=\frac{\dfrac{(p_{n+1}{}^2+1)^2}{p_n{}^2}+p_{n+1}{}^2+1}{\dfrac{p_{n+1}{}^2+1}{p_n}\cdot p_{n+1}}$$

$$=\frac{(p_{n+1}{}^2+1)^2+(p_{n+1}{}^2+1)p_n{}^2}{(p_{n+1}{}^2+1)p_{n+1}p_n}=\frac{p_{n+1}{}^2+p_n{}^2+1}{p_{n+1}p_n}=a_n$$

ゆえに，$\dfrac{p_{n+1}{}^2+p_n{}^2+1}{p_{n+1}p_n}$ は n によらない定数である。 （証明終）

(2) $\dfrac{p_2{}^2+p_1{}^2+1}{p_2p_1}=\dfrac{4+1+1}{2\cdot 1}=3$ より，(1)から　$\dfrac{p_{n+1}{}^2+p_n{}^2+1}{p_{n+1}p_n}=3$

よって，$n\geqq 2$ に対して

$$\begin{cases}p_{n+1}{}^2+p_n{}^2+1=3p_{n+1}p_n & \cdots\cdots ①\\ p_n{}^2+p_{n-1}{}^2+1=3p_np_{n-1} & \cdots\cdots ②\end{cases}$$

①－② から

$$(p_{n+1}+p_{n-1})(p_{n+1}-p_{n-1})=3p_n(p_{n+1}-p_{n-1}) \quad \cdots\cdots③$$

ここで，$\{p_n\}$ は増加数列であることを数学的帰納法で示す。

(Ⅰ)　$p_1=1$，$p_2=2$ より，$p_1<p_2$ である。

(Ⅱ)　ある n で $p_n<p_{n+1}$ とすると，$\dfrac{p_{n+1}}{p_n}>1$ であるから

$$p_{n+2}=\frac{p_{n+1}}{p_n}\cdot p_{n+1}+\frac{1}{p_n}>p_{n+1}$$

(Ⅰ)，(Ⅱ)から，すべての n に対して，$p_{n+1}>p_n$ である。

よって，$p_{n+1}>p_n>p_{n-1}$ であり，$p_{n+1}-p_{n-1}\neq 0$ なので，③から

$$p_{n+1}+p_{n-1}=3p_n \quad \cdots\cdots(答)$$

(3)　すべての n に対して，$p_n=q_{2n-1}$ であることを数学的帰納法で示す。

(Ⅰ)　$p_1=1$，$q_1=1$，$p_2=2$，$q_3=2$ であるから，$n=1$，2 に対して

　$p_n=q_{2n-1}$ である。

(Ⅱ)　$n=k$，$k+1$（k は自然数）に対して，$p_n=q_{2n-1}$ であると仮定する。

$$\begin{aligned}p_{k+2}&=3p_{k+1}-p_k \quad ((2)から)\\&=3q_{2(k+1)-1}-q_{2k-1} \quad (帰納法の仮定から)\\&=3q_{2k+1}-q_{2k-1}\\&=3q_{2k+1}-(q_{2k+1}-q_{2k}) \quad (\{q_n\}\ の漸化式から)\\&=2q_{2k+1}+q_{2k}\\&=2q_{2k+1}+(q_{2k+2}-q_{2k+1}) \quad (\{q_n\}\ の漸化式から)\\&=q_{2k+2}+q_{2k+1}\\&=q_{2k+3} \quad (\{q_n\}\ の漸化式から)\\&=q_{2(k+2)-1}\end{aligned}$$

　よって，$n=k+2$ に対しても，$p_n=q_{2n-1}$ である。

(Ⅰ)，(Ⅱ)より，すべての n に対して，$p_n=q_{2n-1}$ である。　　　　（証明終）

解法 2

(1)　$a_n=\dfrac{{p_{n+1}}^2+{p_n}^2+1}{p_{n+1}p_n}$ とおくと

$$a_n=\frac{p_{n+1}}{p_n}+\frac{p_n}{p_{n+1}}+\frac{1}{p_{n+1}p_n} \quad \cdots\cdots①$$

また　$p_{n+2}=\dfrac{{p_{n+1}}^2+1}{p_n}=\dfrac{{p_{n+1}}^2}{p_n}+\dfrac{1}{p_n} \quad \cdots\cdots②$

よって

$$a_{n+1}=\frac{p_{n+2}}{p_{n+1}}+\frac{p_{n+1}}{p_{n+2}}+\frac{1}{p_{n+2}p_{n+1}} \quad (①より)$$

$$=\frac{1}{p_{n+1}}\left(\frac{p_{n+1}{}^2}{p_n}+\frac{1}{p_n}\right)+\frac{1}{p_{n+2}}\left(p_{n+1}+\frac{1}{p_{n+1}}\right)\quad (②より)$$

$$=\frac{p_{n+1}}{p_n}+\frac{1}{p_np_{n+1}}+\frac{p_n}{p_{n+1}{}^2+1}\cdot\frac{p_{n+1}{}^2+1}{p_{n+1}}$$

$$=\frac{p_{n+1}}{p_n}+\frac{1}{p_np_{n+1}}+\frac{p_n}{p_{n+1}}=a_n\quad (①より)$$

ゆえに，$\dfrac{p_{n+1}{}^2+p_n{}^2+1}{p_{n+1}p_n}$ は n によらない定数である。　(証明終)

(2)　$p_{n+2}=\dfrac{p_{n+1}{}^2+1}{p_n}$ から　　$p_{n+1}{}^2+1=p_np_{n+2}$　……③

また，(1)から

$$\frac{p_{n+1}{}^2+p_n{}^2+1}{p_{n+1}p_n}=\frac{p_2{}^2+p_1{}^2+1}{p_2p_1}=\frac{2^2+1^2+1}{2\cdot 1}=3$$

よって　　$p_{n+1}{}^2+p_n{}^2+1=3p_{n+1}p_n$　……④

③，④から，$p_np_{n+2}+p_n{}^2=3p_{n+1}p_n$ となり，これより

$$p_{n+2}+p_n=3p_{n+1}$$

これがすべての自然数 n で成り立つので，$n\geqq 2$ のとき

$$p_{n+1}+p_{n-1}=3p_n\quad ……(答)$$

((3)は［解法１］に同じ)

解法 3

((1)・(3)は［解法１］に同じ)

(2)　$n\geqq 2$ に対して，$p_{n+2}=\dfrac{p_{n+1}{}^2+1}{p_n}$ より $p_{n+1}=\dfrac{p_n{}^2+1}{p_{n-1}}$ であるから

$$p_{n+1}+p_{n-1}=\frac{p_n{}^2+1}{p_{n-1}}+p_{n-1}=\frac{p_n{}^2+p_{n-1}{}^2+1}{p_{n-1}}$$

ここで(1)より，$a_{n-1}=a_1$ が成り立つから

$$\frac{p_n{}^2+p_{n-1}{}^2+1}{p_np_{n-1}}=\frac{p_2{}^2+p_1{}^2+1}{p_2p_1}=\frac{4+1+1}{2\cdot 1}=3$$

よって　　$p_{n+1}+p_{n-1}=3p_n$　……(答)

9 2015年度〔5〕 Level C

ポイント ［解法1］ ${}_{2015}\mathrm{C}_m$ を $\dfrac{2016-k}{k}$ $(1 \leqq k \leqq m)$ の積とみて，$k=2^jb$（b は奇数，j は0以上の整数）と表す。$2016=2^5\cdot 63$ から，$1 \leqq m \leqq 31$ の場合と $m=32$ の場合を検討する。

［解法2］ ${}_{2015}\mathrm{C}_m = {}_{2015}\mathrm{C}_{m-1}\cdot\dfrac{2016-m}{m}$ から，$m\cdot{}_{2015}\mathrm{C}_m=(2016-m)\cdot{}_{2015}\mathrm{C}_{m-1}$ と変形した式を利用して，$1 \leqq m \leqq 31$ のとき，${}_{2015}\mathrm{C}_m$ が奇数であることを数学的帰納法で示す。この場合も，自然数を 2^jb（b は奇数，j は0以上の整数）と表せることを利用する。

解法1

$2016=2^5\cdot 63$ であり，$a=63$ とおくと，$2015=2^5a-1$ である。

$${}_{2015}\mathrm{C}_m=\frac{2015\cdot 2014\cdot\cdots\cdot(2015-m+1)}{m!}$$

$$=\frac{2015}{1}\cdot\frac{2015-1}{2}\cdot\frac{2015-2}{3}\cdot\cdots\cdot\frac{2015-(m-2)}{m-1}\cdot\frac{2015-(m-1)}{m} \quad \cdots\cdots①$$

$$=\frac{2^5a-1}{1}\cdot\frac{2^5a-2}{2}\cdot\frac{2^5a-3}{3}\cdot\cdots\cdot\frac{2^5a-(m-1)}{m-1}\cdot\frac{2^5a-m}{m} \quad \cdots\cdots②$$

$1 \leqq k \leqq m$ を満たす任意の整数 k に対して

$k=2^jb$ （b は奇数，j は0以上の整数）

と表す。

(i) $m<2^5$ のとき

$2^jb \leqq m < 2^5$ と $b \geqq 1$ から，$0 \leqq j \leqq 4$ であり，$5-j \geqq 1$，b は奇数であるから

$$\frac{2^5a-k}{k}=\frac{2^5a-2^jb}{2^jb}=\frac{2^{5-j}a-b}{b}$$

の分子は奇数である。

よって，②の各因数をこれらで置き換えたとき，その分子の積は奇数で素因数2が現れず，${}_{2015}\mathrm{C}_m$ は奇数である。

(ii) $m=2^5=32$ のとき

①から，${}_{2015}\mathrm{C}_m={}_{2015}\mathrm{C}_{m-1}\cdot\dfrac{2015-(m-1)}{m}$ なので

$${}_{2015}\mathrm{C}_{32}={}_{2015}\mathrm{C}_{31}\cdot\frac{2015-31}{32}=62\cdot{}_{2015}\mathrm{C}_{31}$$

これは偶数である。

(i), (ii)から，条件を満たす m は　32　……(答)

解法 2

$$ {}_{2015}\mathrm{C}_m = \frac{2015\cdot 2014\cdot\cdots\cdot(2015-m+1)}{1\cdot 2\cdot\cdots\cdot(m-1)\cdot m} $$
$$ = {}_{2015}\mathrm{C}_{m-1}\cdot\frac{2016-m}{m} $$

よって　$m\cdot{}_{2015}\mathrm{C}_m = (2016-m)\cdot{}_{2015}\mathrm{C}_{m-1}$　……③

$1\leqq m\leqq 31$ のとき，${}_{2015}\mathrm{C}_m$ が奇数であることを数学的帰納法で示す。

(ア)　${}_{2015}\mathrm{C}_1 = 2015$ は奇数である。

(イ)　${}_{2015}\mathrm{C}_i$（i は 30 以下のある自然数）が奇数であるとする。

③で $m=i+1$ として　$(i+1)\cdot{}_{2015}\mathrm{C}_{i+1} = (2015-i)\cdot{}_{2015}\mathrm{C}_i$　……③′

ここで，$i+1=2^jk$（k は奇数，j は $0\leqq j\leqq 4$ を満たす整数）と表すと，③′ は

$$ 2^jk\cdot{}_{2015}\mathrm{C}_{i+1} = \{2015-(2^jk-1)\}\cdot{}_{2015}\mathrm{C}_i $$
$$ = (2016-2^jk)\cdot{}_{2015}\mathrm{C}_i $$
$$ = (2^5\cdot 63-2^jk)\cdot{}_{2015}\mathrm{C}_i $$
$$ = 2^j(2^{5-j}\cdot 63-k)\cdot{}_{2015}\mathrm{C}_i $$

よって

$$ k\cdot{}_{2015}\mathrm{C}_{i+1} = (2^{5-j}\cdot 63-k)\cdot{}_{2015}\mathrm{C}_i \quad\cdots\cdots④ $$

$5-j\geqq 1$ であるから $2^{5-j}\cdot 63$ は偶数で，k が奇数であることから，$2^{5-j}\cdot 63-k$ は奇数である。

また，帰納法の仮定より，${}_{2015}\mathrm{C}_i$ は奇数である。

よって，④の右辺は奇数であり，$k\cdot{}_{2015}\mathrm{C}_{i+1}$ は奇数であるから，${}_{2015}\mathrm{C}_{i+1}$ は奇数である。

(ア)，(イ)から，$1\leqq m\leqq 31$ のとき，${}_{2015}\mathrm{C}_m$ は奇数である。

（以下，［解法 1］の(ii)に続く）

10　2014年度〔5〕（文理共通（一部））　Level B

ポイント　(1)　a_{n+2} を p，b_n，b_{n+1} を用いて表してみる。

(2)　順次計算していく。

(3)　合同式を利用すると簡潔となる。最後は p が素数であることと，$0<b_{n+1}\leqq p-1$ であることを適切に用いなければならない。

(4)　無数の組 $(b_2,\ b_3)$，$(b_3,\ b_4)$，$(b_4,\ b_5)$，… のうち異なるものは有限個であることを利用する。次いで(3)を用いる。

解法

(1)　$a_n=pq_n+b_n$，$a_{n+1}=pq_{n+1}+b_{n+1}$　（q_n，q_{n+1} は整数）

とおけて

$$\begin{aligned}a_{n+2}&=a_{n+1}(a_n+1)\\&=(pq_{n+1}+b_{n+1})(pq_n+b_n+1)\\&=p\{q_{n+1}(pq_n+b_n+1)+q_nb_{n+1}\}+b_{n+1}(b_n+1)\end{aligned}$$

ゆえに，b_{n+2}（a_{n+2} を p で割った余り）は $b_{n+1}(b_n+1)$ を p で割った余りと一致する。

（証明終）

〔注1〕(1)　合同式で表現できる内容そのものを示せという問題なので，合同式を用いずに a_n と a_{n+1} を p で割ったときの商と余りを用いて，与えられた漸化式を変形する記述が求められている。

(2)　$a_1=2$，$a_2=3$ より　　$b_1=2$，$b_2=3$

$b_2(b_1+1)=9$　より　　$b_3=9$

$b_3(b_2+1)=9\cdot4=17\cdot2+2$　より　　$b_4=2$

$b_4(b_3+1)=2\cdot10=17+3$　より　　$b_5=3$

これ以降は，同じ計算の繰り返しとなるので

$$\left.\begin{aligned}&b_1=2,\ b_2=3,\ b_3=9,\ b_4=2,\ b_5=3,\\&b_6=9,\ b_7=2,\ b_8=3,\ b_9=9,\ b_{10}=2\end{aligned}\right\}\ \cdots\cdots(答)$$

(3)　整数 A，B を p で割った余りが等しいとき，$A\equiv B$ と書くことにすると，(1)から

$$b_{n+2}\equiv b_{n+1}(b_n+1),\quad b_{m+2}\equiv b_{m+1}(b_m+1)$$

これと $b_{n+2}=b_{m+2}$，$b_{n+1}=b_{m+1}$ から

$$b_{n+1}(b_n+1)\equiv b_{n+1}(b_m+1)$$

よって

$$b_{n+1}(b_n-b_m)\equiv0$$

p は素数なので，$b_{n+1}\equiv0$ または $b_n-b_m\equiv0$ となるが，条件 $b_{n+1}>0$ から，$0<b_{n+1}\leqq p-1$ なので $b_{n+1}\not\equiv0$ である。

よって，$b_n - b_m \equiv 0$，すなわち $b_n \equiv b_m$ となり，余りの一意性から，$b_n = b_m$ である。

（証明終）

(4)　2整数の無数の組（b_2，b_3），（b_3，b_4），（b_4，b_5），… において各 b_l（$l \geqq 2$）は1以上 $p-1$ 以下の整数値しかとり得ないので，これらのうち，異なる組はたかだか $(p-1)^2$ の有限個しかあり得ない。よって，$(b_{j+1},\ b_{j+2}) = (b_{k+1},\ b_{k+2})$ となる整数 j，k（$1 \leqq j < k$）がある。このような j の最小のものを n とし，そのときの k の1つを m とすると

$$1 \leqq n < m \text{ かつ } b_{n+1} = b_{m+1} > 0 \text{ かつ } b_{n+2} = b_{m+2}$$

したがって，(3)により，$b_n = b_m$ となる。すると

$$(b_n,\ b_{n+1}) = (b_m,\ b_{m+1})$$

すなわち

$$(b_{(n-1)+1},\ b_{(n-1)+2}) = (b_{(m-1)+1},\ b_{(m-1)+2})$$

このとき，$n \geqq 2$ とすると，$1 \leqq n-1 < n$ なので，n の最小性に矛盾する。

したがって $n=1$ となり，$b_1 = b_m > 0$（$1 < m$ より）である。

ゆえに，a_1 は p で割り切れない。　（証明終）

〔注2〕 (4)　(3)で得られた漸化式 $b_{n+2} \equiv b_{n+1}(b_n + 1) \pmod{p}$ の右辺が b_{n+1} と b_n の式であることと，b_n，b_{n+1} のとり得る値が有限個であることから，連続する2整数の無数の組（b_2，b_3），（b_3，b_4），（b_4，b_5），… を考え，これらのうちで異なる組が有限個であることをいわゆる「鳩ノ巣原理（部屋割り論法）」で示す。これは整数の3項間漸化式を剰余でみるときの定番的な発想。[解法] は添え字についての最小性を利用するものであるが，$(b_n,\ b_{n+1}) = (b_m,\ b_{m+1})$ から，$2 \leqq n$ である限り，(3)を繰り返し用いて，$b_1 = b_l$（l は2以上のある自然数）となることから $b_1 > 0$ とする論法（降下法）も考えられる。

11 2013年度〔5〕 Level D

ポイント (1) (中辺)−(左辺), (右辺)−(中辺) を計算し, x の不等式とみて処理する。

(2) すべての桁が1であるような99桁の自然数 a を考える。$a=3y$ となる y に対して, (1)から x として十分大きな自然数 N を用いた 10^N をとり, a を $2N$ 桁ずらした $a\cdot x^2=3yx^2$ を考える。さらに, (1)が利用できるように, x^3+3yx^2 と $x^3+(3y+1)x^2$ を考える。

解 法

(1) $$(x+y-1)(x+y)(x+y+1)-(x^3+3yx^2)$$
$$=(3y^2-1)x+y(y^2-1) \quad \cdots\cdots ①$$

y は自然数なので, $y\geqq 1$, $y^2\geqq 1$ であるから, 任意の正の実数 x に対して, ①>0 である。

$$x^3+(3y+1)x^2-(x+y-1)(x+y)(x+y+1)$$
$$=x^2-(3y^2-1)x-y(y^2-1) \quad \cdots\cdots ②$$

(x の2次方程式) ②=0 の解は

$$x=\frac{3y^2-1\pm\sqrt{(3y^2-1)^2+4y(y^2-1)}}{2} \quad (y\geqq 1 \text{ より, これは実数である})$$

$x>0$ であるから, ②>0 となる x の範囲は

$$x>\frac{3y^2-1+\sqrt{(3y^2-1)^2+4y(y^2-1)}}{2}$$

以上から, 与式が成り立つような正の実数 x の範囲は

$$x>\frac{3y^2-1+\sqrt{(3y^2-1)^2+4y(y^2-1)}}{2} \quad \cdots\cdots(\text{答})$$

(2) a をすべての桁が1であるような99桁の自然数とする。

$$a=111\cdot(10^{96}+10^{93}+\cdots+10^3+1)$$
$$=3\cdot 37\cdot(10^{96}+10^{93}+\cdots+10^3+1)$$

であるから

$$y=37\cdot(10^{96}+10^{93}+\cdots+10^3+1)$$

とおくと, $a=3y$ である。この自然数 y に対して

$x=10^N$ が(1)の範囲を満たし, かつ $N\geqq 100$

であるような自然数 N をとる。

このとき, $x^3+3yx^2=(x+a)x^2=(x+a)\cdot 10^{2N}$ であるから

x^3+3yx^2 は

「1桁目から $2N$ 桁目までは0が $2N$ 個連続し，$(2N+1)$ 桁目から $(2N+99)$ 桁目までは1が99個連続する $(3N+1)$ 桁の自然数」

$$\text{すなわち}\qquad x^3+3yx^2=1\overbrace{0\,0\cdots0\,0\,\underbrace{1\,1\cdots1\,1}_{1\text{が}99\text{個}}}^{N\text{個}}\underbrace{0\,0\cdots0\,0}_{0\text{が}2N\text{個}}$$

である。

また，$x^3+(3y+1)x^2=(x+a+1)x^2=(x+a+1)\cdot10^{2N}$ であるから

$x^3+(3y+1)x^2$ は

「1桁目から $2N$ 桁目までは0が $2N$ 個連続し，$(2N+1)$ 桁目が2で，$(2N+2)$ 桁目から $(2N+99)$ 桁目までは1が98個連続する $(3N+1)$ 桁の自然数」

$$\text{すなわち}\qquad x^3+(3y+1)x^2=1\overbrace{0\,0\cdots0\,0\,\underbrace{1\,1\cdots1}_{1\text{が}98\text{個}}\,2}^{N\text{個}}\underbrace{0\,0\cdots0\,0}_{0\text{が}2N\text{個}}$$

である。

よって

$x^3+(3y+1)x^2-1$ は

「1桁目から $2N$ 桁目までは9が $2N$ 個連続し，$(2N+1)$ 桁目から $(2N+99)$ 桁目までは1が99個連続する $(3N+1)$ 桁の自然数」

$$\text{すなわち}\qquad x^3+(3y+1)x^2-1=1\overbrace{0\,0\cdots0\,0\,\underbrace{1\,1\cdots1\,1}_{1\text{が}99\text{個}}}^{N\text{個}}\underbrace{9\,9\cdots9\,9}_{9\text{が}2N\text{個}}$$

である。

したがって

「$x^3+3yx^2+1\leqq n\leqq x^3+(3y+1)x^2-1$ である自然数 n はすべて $(2N+1)$ 桁目から $(2N+99)$ 桁目まで1が99個連続する」 ……$(*)$

一方，x，y の定め方から

「連続する3つの自然数の積 $(x+y-1)(x+y)(x+y+1)$ は

$$x^3+3yx^2+1\leqq(x+y-1)(x+y)(x+y+1)\leqq x^3+(3y+1)x^2-1$$

を満たす自然数である」 ……$(**)$

$(*)$，$(**)$より，A として，$(x+y-1)(x+y)(x+y+1)$ をとることによって，命題Pが成り立つ。　　　　（証明終）

〔注〕 (2) (1)をどう用いるかの発想が難しい。(1)の式中に $3y$ という自然数があることに注目して，とりあえず1が99個続く自然数 a を用いて，$y=\dfrac{a}{3}$ としてみる。次いで，こ

の y に対して(1)の式を満たす x を考えるのだが，このとき，$3yx^2=ax^2$ が 1 が 99 個続く位をもつように $x=10^N$ の形の数を考える。さらに，x^3+3yx^2 も 1 が 99 個続く位をもつように $3N>99+2N$ すなわち $N\geqq100$ となるように N をとる。このようにして得られる x^3+3yx^2 と $x^3+(3y+1)x^2$ を考えて，$x^3+3yx^2<n<x^3+(3y+1)x^2$ となる整数 n の位をチェックすると，すべて 1 が 99 個続く位をもっていることが確認できる。これが［解法］の流れであるが，試験時間内でこの発想を得ることは難しいと思われる。

12 2012年度〔4〕 Level C

ポイント (1) $a(a+1)=b^n$ となる自然数 a と b が存在すると仮定して矛盾を導く。
(2) (1)により，$n\geqq 3$ の場合を示すとよい。(1)と同様に背理法による。最初に a から始まる連続 n 整数の積が a^n より大きく $(a+n-1)^n$ より小さいことを利用する。

解法

(1) $a(a+1)=b^n$ となる自然数 a と b が存在するとする。
$n\geqq 2$ であるから，$a=1$ のとき，$1\cdot 2=b^n$ となる自然数 b は存在しない。
$a\geqq 2$ のとき，a と $a+1$ は互いに素であるから，素因数分解の一意性により，b の素因数を a の素因数と $a+1$ の素因数に振り分けることによって，$a=c^n$ かつ $a+1=d^n$ となる互いに素な2以上の自然数 c と d が存在する。
このとき，$c<d$ かつ $d^n-c^n=1$ であるから

$$(d-c)(d^{n-1}+d^{n-2}c+\cdots+dc^{n-2}+c^{n-1})=1$$

ここで，$n\geqq 2$ であるから，左辺について

$$d^{n-1}+d^{n-2}c+\cdots+dc^{n-2}+c^{n-1}\geqq n\geqq 2$$

よって，1が2以上の約数を持つことになり矛盾。
ゆえに，$a(a+1)$ は n 乗数ではない。　　　　（証明終）

(2) (1)により，$n\geqq 3$ の場合を示すとよい。
$a(a+1)(a+2)\cdots(a+n-1)=b^n$ となる自然数 a と b が存在するとする。
$a^n<a(a+1)(a+2)\cdots(a+n-1)<(a+n-1)^n$ より

$$a^n<b^n<(a+n-1)^n \quad \text{よって} \quad a<b<a+n-1$$

である。a，$a+1$，…，$a+n-1$ は連続 n 整数であるから，$b=a+k$ かつ $1\leqq k\leqq n-2$ を満たす自然数 k が存在する。このとき

$$a(a+1)(a+2)\cdots(a+n-1)=(a+k)^n$$

ここで，$a+k+1\leqq a+n-1$ であるから，素因数分解の一意性により，$a+k+1$ の素因数はすべて右辺の $(a+k)^n$ の素因数，したがって $a+k$ の素因数でなければならない。これは $a+k$ と $a+k+1$ が互いに素であることに矛盾する。
以上より，任意の連続する n 個の自然数の積は n 乗数ではない。　　　　（証明終）

〔注〕 (1)では $a=1$ のとき，a は素因数を持たないので b の素因数を振り分けるという表現ができない。そこで，［解法］では $a=1$ と $a\geqq 2$ の場合で分けて記述をしたが，「$a=1$ のときは，$c=1$，$b=d$ とする」という文言を加えて処理することもできる。

13 2011 年度 〔2〕（文理共通（一部）） Level C

ポイント (1) $1<\sqrt{2}<2$ を用い，定義にしたがって a_1 と a_2 を求める。

(2) $a_1=a$ から a の範囲が定まり，これを利用して $a_2=a$ から a についての 2 次方程式を得るのでこれを解く。

(3) ［解法 1］ p を q で割った余りを r_1 として，$r_1\neq 0$ なら，q を r_1 で割った余りを r_2 とするという操作を繰り返すと，$q>r_1>r_2>\cdots>r_l\geqq 0$（$l$ は q 以下のある自然数）という自然数列が得られることを用いる。

［解法 2］ q についての数学的帰納法による方法。ある自然数 m に対して $1\leqq q\leqq m$ を満たすすべての q については命題が成り立つと仮定して，$q=m+1$ でも成り立つことを示す。

解 法 1

(1) $a=\sqrt{2}$ で，$1<\sqrt{2}<2$ であるから

$$a_1=\langle a\rangle=\langle\sqrt{2}\rangle=\sqrt{2}-1\ (\neq 0)$$

$$a_2=\left\langle\frac{1}{a_1}\right\rangle=\left\langle\frac{1}{\sqrt{2}-1}\right\rangle=\langle\sqrt{2}+1\rangle=\langle\sqrt{2}\rangle=a_1=\sqrt{2}-1$$

一般に

$$a_{n+1}=a_n \text{ であれば，} a_{n+2}=\left\langle\frac{1}{a_{n+1}}\right\rangle=\left\langle\frac{1}{a_n}\right\rangle=a_{n+1} \text{ である。} \quad \cdots\cdots(*)$$

$(*)$と $a_2=a_1=\sqrt{2}-1$ から

$$a_n=\sqrt{2}-1 \quad (n=1,\ 2,\ 3,\ \cdots) \quad \cdots\cdots(\text{答})$$

(2) $a_1=\langle a\rangle$ と条件 $a_1=a$ から　$\langle a\rangle=a$

一般に $\langle a\rangle=a \Longleftrightarrow 0\leqq a<1$ であることと，条件 $\dfrac{1}{3}\leqq a$ から

$$\frac{1}{3}\leqq a<1 \quad \cdots\cdots①$$

$a_1=a\neq 0$ なので

$$a_2=\left\langle\frac{1}{a_1}\right\rangle=\left\langle\frac{1}{a}\right\rangle \quad \cdots\cdots②$$

①から，$1<\dfrac{1}{a}\leqq 3$ なので

$$\left\langle\frac{1}{a}\right\rangle=\begin{cases}\dfrac{1}{a}-1 & \left(1<\dfrac{1}{a}<2\text{ すなわち }\dfrac{1}{2}<a<1\text{ のとき}\right)\\ 0 & \left(\dfrac{1}{a}=2,\ 3\text{ すなわち }a=\dfrac{1}{2},\ \dfrac{1}{3}\text{ のとき}\right)\\ \dfrac{1}{a}-2 & \left(2<\dfrac{1}{a}<3\text{ すなわち }\dfrac{1}{3}<a<\dfrac{1}{2}\text{ のとき}\right)\end{cases}\quad\cdots\cdots③$$

よって，②，③と条件 $a_2=a$ から

［ア］ $\dfrac{1}{2}<a<1$ のとき

$a=\dfrac{1}{a}-1$ から $a^2+a-1=0$ となり　　$a=\dfrac{-1\pm\sqrt{5}}{2}$

このうち，$\dfrac{1}{2}<a<1$ を満たすのは　　$a=\dfrac{-1+\sqrt{5}}{2}$

［イ］ $a=\dfrac{1}{2},\ \dfrac{1}{3}$ のとき

$a=0$ を満たす a はない。

［ウ］ $\dfrac{1}{3}<a<\dfrac{1}{2}$ のとき

$a=\dfrac{1}{a}-2$ から $a^2+2a-1=0$ となり　　$a=-1\pm\sqrt{2}$

このうち，$\dfrac{1}{3}<a<\dfrac{1}{2}$ を満たすのは　　$a=-1+\sqrt{2}$

よって，条件 $a_1=a_2=a$ を満たす a の値は

$$\frac{-1+\sqrt{5}}{2}\quad\text{または}\quad -1+\sqrt{2}$$

これと(1)の(＊)から，任意の自然数 n に対して $a_n=a$ となるような $\dfrac{1}{3}$ 以上の実数 a は

$$\frac{-1+\sqrt{5}}{2}\quad\text{または}\quad -1+\sqrt{2}\quad\cdots\cdots(\text{答})$$

(3) p を q で割ったときの商と余りをそれぞれ j_1，r_1 とすると，$p=j_1q+r_1$ $(0\leqq r_1<q)$ である。よって，$a=\dfrac{p}{q}=j_1+\dfrac{r_1}{q}$ より

$$a_1=\langle a\rangle=\frac{r_1}{q}$$

［ア］ $r_1=0$ のとき，$a_1=0$ となり，条件(ii)から1以上のすべての自然数 n に対して $a_n=0$ である。よって，q 以上のすべての自然数 n に対して，$a_n=0$ である。

［イ］ $r_1\neq 0$ のとき，q を r_1 で割ったときの商と余りをそれぞれ j_2，r_2 とすると，

$q=j_2r_1+r_2$ $(0\leqq r_2<r_1)$ である。

$a_1=\dfrac{r_1}{q}\neq 0$ より　　$a_2=\left\langle\dfrac{1}{a_1}\right\rangle=\left\langle\dfrac{q}{r_1}\right\rangle=\left\langle j_2+\dfrac{r_2}{r_1}\right\rangle=\dfrac{r_2}{r_1}$

$r_2=0$ ならば $a_2=0$，$r_2\neq 0$ ならば r_1 を r_2 で割った余りを r_3 とする。以下同様にして，m を自然数として $r_m=0$ なら $a_m=0$，$r_m\neq 0$ なら r_{m-1} を r_m で割った余りを r_{m+1} とする。ただし，$r_0=q$ とする。ここで q 以下のある自然数 l で，$r_l=0$ となるものが存在しないと仮定すると，$q>r_1>r_2>\cdots>r_q\geqq 1$ となる自然数 r_1，r_2，…，r_q が得られることになり，1以上 q 以下の異なる自然数が $q+1$ 個存在するという矛盾が生じる。よって，q 以下のある自然数 m で初めて $r_m=0$ となる m が存在する。このとき，$a_m=0$ となるから，m 以上のすべての自然数 n に対して，$a_n=0$ である。したがって，q 以上のすべての自然数 n に対して，$a_n=0$ である。

（証明終）

解法 2

((1)・(2)は［解法1］に同じ)

(3)　自然数 q についての命題

「q 以上のすべての自然数 n に対して，$a_n=0$ である」 ……(A)

を q についての帰納法で示す。

［ア］　$q=1$ のとき

$a=p$（整数）なので，$a_1=\langle p\rangle=0$ となり，条件(i)により $a_n=0$ $(n=2,\ 3,\ \cdots)$ である。

ゆえに，$q=1$ に対して命題(A)は成り立つ。

［イ］　ある自然数 m に対して，$q=1,\ 2,\ \cdots,\ m$ までは命題(A)が成り立つと仮定して，$q=m+1$ のときにも命題(A)が成り立つことを示す。すなわち，$n\geqq m+1$ ならば $a_n=0$ であることを示す。

$q=m+1$ のとき，p を q で割ったときの商を k，余りを r とすると

$p=kq+r$　$(k,\ r$ は整数で，$0\leqq r\leqq m)$

$$a_1=\langle a\rangle=\left\langle\frac{p}{q}\right\rangle=\left\langle k+\frac{r}{q}\right\rangle=\frac{r}{q}$$

- $r=0$ のとき

$a_1=0$ であるから，すべての自然数 n に対して $a_n=0$ である。

- $r=1,\ 2,\ \cdots,\ m$ のとき

$a_2=\left\langle\dfrac{q}{r}\right\rangle$ である。今，改めて $a'=\dfrac{q}{r}$ として数列 $\{a'_n\}$ を

$$a'_1=\left\langle\frac{q}{r}\right\rangle \quad \text{かつ} \quad \begin{cases} a'_n\neq 0 \text{ のとき，} a'_{n+1}=\left\langle\dfrac{1}{a'_n}\right\rangle \\ a'_n=0 \text{ のとき，} a'_{n+1}=0 \end{cases} \quad (n=1,\ 2,\ \cdots)$$

で定めると，帰納法の仮定から，「$r=1,\ 2,\ \cdots,\ m$ のいずれの場合も，r 以上のすべての自然数 n に対して，$a'_n=0$ である」が成り立つ。よって，$n \geqq m$ ならば $a'_n=0$ である。$\{a_n\}$ と $\{a'_n\}$ の間には，$a'_n=a_{n+1}$ の関係があるから，$n \geqq m+1$ ならば $a_n=0$ である。

以上[ア]，[イ]から，数学的帰納法により，すべての自然数 q について命題(A)が成り立つ。 (証明終)

〔注〕 (3) 整数 p と q に関する互除法の論法を経験していると発想が浮かびやすい。q より小さな自然数は $q-1$ 個しかないから，$q>r_1>\cdots>r_q \geqq 1$ となることはないことがポイントである。これとは別の論法として，**[解法 2]** の数学的帰納法による方法が考えられるが，$p,\ q,\ n$ のうち何についての帰納法で解決するのかという点と，1 から m までのすべての q で命題の成立を仮定するという点に気付きにくいかもしれない。

なお，この(3)は実数 a の連分数表記 $a=j_1+\cfrac{1}{j_2+\cfrac{1}{j_3+\cfrac{1}{j_4+\cdots\cdots}}}$ （j_1 は a の整数部分，$a_m \neq 0$ のときに j_{m+1} は $\dfrac{1}{a_m}$ の整数部分）において，a が有理数のときは有限個の整数 j_m までしか現れないことの証明になっている。a が無理数のときにはそうならないことの例が(1)であり，これによれば，$\sqrt{2}$ の連分数展開は

$$\sqrt{2}=1+\cfrac{1}{2+\cfrac{1}{2+\cfrac{1}{2+\cdots\cdots}}}$$

となる。

14 2009年度〔1〕（文理共通（一部）） Level C

ポイント (1) $i!(m-i)!{}_m\mathrm{C}_i=m!$ の左辺に素因数 m がどのように現れるかに注目する。［解法2］のように ${}_m\mathrm{C}_i$ と ${}_{m-1}\mathrm{C}_{i-1}$ の関係を考える方法もある。

(2) $(k+1)^m$ に二項定理を用いる。

(3) $k=d_m-1$ として考える。d_m と d_m-1 が互いに素であることを利用する。

解法1

(1) m は素数なので，$m\geqq 2$ である。$1\leqq i\leqq m-1$ を満たす任意の整数 i に対して

$${}_m\mathrm{C}_i=\frac{m!}{i!(m-i)!}$$

$$i!(m-i)!{}_m\mathrm{C}_i=m!$$

この右辺は m で割り切れるので左辺も m で割り切れる。m が素数であることと，$1\leqq i\leqq m-1$，および $1\leqq m-i\leqq m-1$ から，左辺の $i!$，$(m-i)!$ は素因数 m をもたない。よって，${}_m\mathrm{C}_i$（これは自然数）が素因数 m を有することになるので，${}_m\mathrm{C}_i$ は m で割り切れる。特に ${}_m\mathrm{C}_1=m$ であるから，${}_m\mathrm{C}_i$（$1\leqq i\leqq m-1$）の最大公約数 d_m は m である。 （証明終）

(2) (I) $k=1$ のとき，$k^m-k=0$ なので，k^m-k は d_m で割り切れる。

(II) ある自然数 k に対して，k^m-k が d_m で割り切れると仮定する。二項定理から

$$(k+1)^m=k^m+\sum_{i=1}^{m-1}{}_m\mathrm{C}_ik^i+1$$

よって　$$(k+1)^m-(k+1)=(k^m-k)+\sum_{i=1}^{m-1}{}_m\mathrm{C}_ik^i$$

ここで，${}_m\mathrm{C}_i$（$1\leqq i\leqq m-1$）は d_m で割り切れるので，$\sum_{i=1}^{m-1}{}_m\mathrm{C}_ik^i$ は d_m で割り切れる。

また，帰納法の仮定から k^m-k は d_m で割り切れる。

ゆえに，$(k+1)^m-(k+1)$ は d_m で割り切れる。

(I)，(II)から数学的帰納法により，任意の自然数 k に対して k^m-k は d_m で割り切れる。

（証明終）

(3) 一般に自然数 n に対して，$n-(n-1)=1$ であるから，n と $n-1$ の最大公約数は1となり，n と $n-1$ は互いに素である。したがって，d_m と d_m-1 は互いに素である。また，(2)より，すべての自然数 k に対し，d_m は $k^m-k=k(k^{m-1}-1)$ を割り切るので，d_m と k が互いに素のときには d_m は $k^{m-1}-1$ を割り切る。

よって，$d_m\geqq 2$ のとき，$k=d_m-1$ とすると，$(d_m-1)^{m-1}-1$ が d_m で割り切れる。

ここで，m は偶数なので $m-1$ は奇数であり，二項定理により

$$(d_m-1)^{m-1}-1=\sum_{i=0}^{m-1}{}_{m-1}\mathrm{C}_i d_m{}^i(-1)^{m-i-1}-1$$
$$=\sum_{i=1}^{m-1}{}_{m-1}\mathrm{C}_i d_m{}^i(-1)^{m-i-1}-2$$
$$=(d_m\text{の倍数})-2$$

となる。これが d_m で割り切れることから，2 が d_m で割り切れ，$d_m \geqq 2$ より $d_m=2$ である。ゆえに，$d_m=1$ または 2 である。　(証明終)

解法 2

(1)　<${}_m\mathrm{C}_i$ と ${}_{m-1}\mathrm{C}_{i-1}$ の関係を用いる解法>

$1\leqq i\leqq m-1$ である任意の整数 i に対し

$${}_m\mathrm{C}_i=\frac{m!}{i!(m-i)!}=\frac{m}{i}\cdot\frac{(m-1)!}{(i-1)!(m-i)!}=\frac{m}{i}{}_{m-1}\mathrm{C}_{i-1}$$

$$i{}_m\mathrm{C}_i=m{}_{m-1}\mathrm{C}_{i-1}$$

${}_m\mathrm{C}_i$，${}_{m-1}\mathrm{C}_{i-1}$ は整数であるから，$i{}_m\mathrm{C}_i$ は m の倍数であるが，m が素数であることと，$1\leqq i\leqq m-1$ から，m と i は互いに素である。よって，${}_m\mathrm{C}_i$ は m で割り切れる。

(以下，[解法 1] に同じ)

〔注〕(1)　素数 p と自然数 i ($1\leqq i\leqq p-1$) に対して，二項係数 ${}_p\mathrm{C}_i$ が p の倍数であることは有名事項である。証明では，[解法 1] [解法 2] のように素因数分解の一意性に基づき，素因数 p (問題では m) がどこに現れるかに注目する論証がよいであろう。$1\leqq i\leqq p-1$ であるから，$i!$ の素因数分解中に素数 p が現れないことがポイントである。p が素数であることが本質的であることに注意してほしい。

(3)　• $d_m\geqq 2$ のときには，[解法 1] に示したように $d_m=2$ となる。

• 次に，$d_m=1$ の場合を考えるが，このときは「$d_m=1$ または $d_m=2$」は無条件で正しい。よって $d_m\geqq 2$ のときの議論のみで(3)の証明は完成しているというのがここでの論理である。

研究　本問に関連して，有名なフェルマーの小定理と呼ばれるものがある。

[フェルマーの小定理]　『正の整数 k と素数 p が互いに素のとき，k^{p-1} を p で割ると余りは常に 1 である』 ……(*)

これを証明するためにスイスの数学者オイラーは次の命題を数学的帰納法で示した。

『p を素数とする。任意の整数 k に対して，k^p-k は p で割り切れる』 ……(**)

この(**)の証明は設問(2)と全く同様である。$k^p-k=k(k^{p-1}-1)$ であるから，(**)で特に k と p が互いに素であるならば，$k^{p-1}-1$ は p で割り切れることになり，k^{p-1} を p で割ると余りは 1 となる。これで(*)が導かれたことになる。このオイラーの証明は数学的帰納法が意識的に用いられた最初の例といわれている。本問はこのオイラーの有名な命題の若干の拡張になっている。(3)で，$k=d_m-1$ とする発想は上記のような知識があると自然である。

フェルマーの小定理については，本書 [付録] (付録 1「整数の基礎といくつかの有名定理」) にも証明を紹介している。参考にしてほしい。

15 2008 年度〔5〕 Level B

ポイント 自然数が3で割り切れるための条件は各位の数の和が3で割り切れることである。また，自然数が9で割り切れるための条件は各位の数の和が9で割り切れることである。素因数3の個数に注目し，(1)・(2)ともこのことを利用する。

また，次の式変形も有効にはたらく。

$$x^l-1=(x-1)(x^{l-1}+x^{l-2}+\cdots\cdots+x+1)$$

(ただし，利用する箇所に応じて，例えば $x=10^{27}$ などのように適切に活用する)

なお，(1)は数学的帰納法による。

解法 1

一般に，自然数 a の十進法表示を

$$a_n\cdot 10^n+a_{n-1}\cdot 10^{n-1}+\cdots+a_1\cdot 10+a_0$$

としたとき，二項展開を用いると

$$a=a_n(9+1)^n+a_{n-1}(9+1)^{n-1}+\cdots+a_1(9+1)+a_0$$
$$=(9\text{の倍数})+(a_n+a_{n-1}+\cdots+a_1+a_0)$$

よって，次の(＊)，(＊＊)が成り立つ。

- a が3の倍数である $\Longleftrightarrow$ 各位の数の和が3の倍数である ……(＊)
- a が9の倍数である $\Longleftrightarrow$ 各位の数の和が9の倍数である ……(＊＊)

(1) 命題M：$\boxed{3^m}$ は 3^m で割り切れるが，3^{m+1} で割り切れない。

これを0以上の整数 m についての数学的帰納法で示す。

I $\boxed{3^0}=1$ は $3^0=1$ で割り切れるが，$3^1=3$ で割り切れない。よって，$m=0$ のとき，命題Mは成り立つ。

II 0以上のある整数 k に対して

$\boxed{3^k}=\dfrac{10^{3^k}-1}{9}$ は 3^k で割り切れるが，3^{k+1} で割り切れないと仮定する。

$$\boxed{3^{k+1}}=\frac{10^{3^{k+1}}-1}{9}=\frac{(10^{3^k})^3-1}{9}=\frac{10^{3^k}-1}{9}\{(10^{3^k})^2+10^{3^k}+1\}$$

において，$(10^{3^k})^2+10^{3^k}+1$ はその各位の数の和が3であるから，(＊)，(＊＊)により，3で割り切れるが，3^2 で割り切れない。このことと，$\dfrac{10^{3^k}-1}{9}$ は 3^k で割り切れるが，3^{k+1} で割り切れないことから，素因数3の個数に注目して，$\boxed{3^{k+1}}$ は 3^{k+1} で割り切れるが，3^{k+2} で割り切れない。

以上I，IIから，0以上のすべての整数 m について命題Mが成り立つ。

(証明終)

(2)　I（十分性）　n が 27 の倍数であるとする。

$n=27k$　（k は自然数）とおけて

$$\frac{10^n-1}{9}=\frac{(10^{27})^k-1}{9}=\frac{10^{27}-1}{9}\{(10^{27})^{k-1}+(10^{27})^{k-2}+\cdots+10^{27}+1\}$$

(1)より，$\boxed{3^3}=\dfrac{10^{27}-1}{9}$ は 27 で割り切れ，$\boxed{n}=\dfrac{10^n-1}{9}$ も 27 で割り切れる。

II（必要性）　$\boxed{n}=\dfrac{10^n-1}{9}$ が 27 で割り切れるとする。

$\boxed{n}=\overbrace{111\cdots111}^{n\text{個}}$ は 9 の倍数であるから，（＊＊）より n は 9 の倍数となり，$n=9j$ （j は自然数）とおけて

$$\boxed{n}=\frac{10^{9j}-1}{9}=\frac{(10^9)^j-1}{9}=\frac{10^9-1}{9}\{(10^9)^{j-1}+(10^9)^{j-2}+\cdots+10^9+1\}$$

ここで，(1)より，$\boxed{3^2}=\dfrac{10^9-1}{9}$ は 3^2 で割り切れるが 3^3 では割り切れないから，

$(10^9)^{j-1}+(10^9)^{j-2}+\cdots+10^9+1$ が 3 で割り切れる。$(10^9)^{j-1}+(10^9)^{j-2}+\cdots+10^9+1$ の各位の数の和は j であるから，（＊）により，j は 3 の倍数である。ゆえに $n=9j$ は 27 で割り切れる。

以上 I，II より，n が 27 で割り切れることが，$\boxed{n}$ が 27 で割り切れるための必要十分条件である。　（証明終）

解 法 2

((1)は［解法 1］に同じ)

(2)　＜二項展開を利用する解法＞

I（十分性）　n が 27 の倍数であるとする。

$n=27k$（k は自然数）とおけて　$\dfrac{10^n-1}{9}=\dfrac{(10^{27})^k-1}{9}$　……①

(1)から，$\boxed{3^3}=\dfrac{10^{27}-1}{9}$ は 3^3 で割り切れるので，適当な自然数 j を用いて，

$\dfrac{10^{27}-1}{9}=27j$ と書ける。

よって

$$10^{27}=9\cdot27j+1=3^5j+1$$

$$(10^{27})^k-1=(3^5j+1)^k-1=\sum_{i=1}^{k}{}_k\mathrm{C}_i(3^5j)^i$$

この右辺は 3^5j で割り切れるので，適当な自然数 a を用いて

$$(10^{27})^k-1=3^5ja\quad\cdots\cdots②$$

と表される。①，②から，$\dfrac{10^n-1}{9}=3^3ja=27ja$ となる。

ゆえに，$\boxed{n}=\dfrac{10^n-1}{9}$ は 27 で割り切れる。

Ⅱ（必要性）　$\boxed{n}=\overbrace{111\cdots111}^{n\text{個}}$ が 27 で割り切れるとする。

$\boxed{n}$ は 9 の倍数であるから，（＊＊）より n は 9 の倍数となり，$n=9j$（j は自然数）とおけて

$$
\begin{aligned}
10^n-1&=(3^2+1)^{9j}-1\\
&={}_{9j}\mathrm{C}_1\cdot 3^2+{}_{9j}\mathrm{C}_2\cdot(3^2)^2+\sum_{i=3}^{9j}{}_{9j}\mathrm{C}_i(3^2)^i\\
&=3^4j+\frac{9j(9j-1)}{2}\cdot 3^4+3^6b\quad(b\text{ は自然数})\\
&=3^4j+\frac{j(9j-1)}{2}\cdot 3^6+3^6b\quad\cdots\cdots③
\end{aligned}
$$

ここで，$\dfrac{j(9j-1)}{2}$ は整数である $\left(j\text{ が偶数のときは }\dfrac{j}{2}\text{ が整数，}j\text{ が奇数のときは }9j-1\text{ が偶数なので }\dfrac{9j-1}{2}\text{ が整数}\right)$。

よって，$\dfrac{j(9j-1)}{2}=c$ とおくと，③から

$$10^n-1=3^4j+3^6(b+c)$$

したがって

$$\boxed{n}=\frac{10^n-1}{9}=3^2j+3^4(b+c)$$

一方，仮定により，$\boxed{n}=27d$　（d は自然数）とおけるので

$$3^2j+3^4(b+c)=27d\quad\text{すなわち}\quad j=3d-9(b+c)$$

ゆえに，j は 3 の倍数となり，$n=9j$ は 27 の倍数である。

以上Ⅰ，Ⅱより，n が 27 で割り切れることが，$\boxed{n}$ が 27 で割り切れるための必要十分条件である。　　　　　　　　　　　　　　　　　　　　（証明終）

〔注〕［解法 1］の冒頭にある自然数が 3 や 9 で割り切れるための条件は常識として証明抜きで用いてもよいと思われるが，念のためにその根拠を記しておいた。本問はこの事実と

$$x^l-1=(x-1)(x^{l-1}+x^{l-2}+\cdots+x+1)$$

という式変形の活用で解決する。後者の式変形はその適用箇所によって適当な自然数 t を用いて $x=10^t$ としたものを利用することになるが，このとき，$x^{l-1}+x^{l-2}+\cdots+x+1$ の部分の各位の数の和は l である。これが［解法 1］における重要な着眼点である。

この式変形によらない(2)の別解として，$10^n-1=(3^2+1)^n-1$ と考えて二項展開を利用する［解法 2］が考えられる。自然数 n の大きさにもよるが，一般に二項展開によって

$(a+1)^n-1=(a\text{ の倍数})$

$(a+1)^n-1=(a^2\text{ の倍数})+(a\text{ の倍数})$

$(a+1)^n-1=(a^3\text{ の倍数})+(a^2\text{ の倍数})+(a\text{ の倍数})$

となる。これらを利用したのが［解法 2］である。

また，(1)・(2)とも素因数分解における素因数 3 の個数に注目した論証が繰り返し用いられていることにも注意してほしい。

16 2007年度〔1〕 Level B

ポイント 任意の正の整数 k と次数が正の整数 n 以上である任意の多項式 $P(x)$ に対する命題として考え，k についての帰納法による。

[解法1] 上記の方針による。

[解法2] M を $0 \leqq M \leqq n-1$ である整数として，$0 \leqq m \leqq M$ を満たすすべての整数 m に対して a_m が整数であると仮定し，a_M も整数であることを導く。このとき，$(1+x)^k P(x)$ の $M+1$ 次の項の係数を二項係数を用いて表したものを利用する。

解法 1

命題(＊)「任意の正の整数 k と次数が正の整数 n 以上である任意の多項式 $P(x)$ に対して，$(1+x)^k P(x)$ の n 次以下の項の係数がすべて整数ならば，$P(x)$ の n 次以下の項の係数は，すべて整数である」

が成り立つことを k についての数学的帰納法で示す。

$P(x)$ の次数を N $(\geqq n)$ として

$$P(x) = a_0 + a_1 x + a_2 x^2 + \cdots\cdots + a_n x^n + \cdots\cdots + a_N x^N$$

$$(a_0,\ a_1,\ \cdots,\ a_N \text{ は定数},\ a_N \neq 0)$$

とする。

(I) $k=1$ のとき

$$\begin{aligned}&(1+x)(a_0 + a_1 x + a_2 x^2 + \cdots\cdots + a_n x^n + \cdots\cdots + a_N x^N)\\ &= a_0 + (a_0 + a_1)x + (a_1 + a_2)x^2 + \cdots\cdots + (a_{n-1} + a_n)x^n\\ &\qquad + \cdots\cdots + (a_{N-1} + a_N)x^N + a_N x^{N+1}\end{aligned}$$

条件により，a_0，$a_0 + a_1$，$a_1 + a_2$，…，$a_{n-1} + a_n$ はすべて整数であるから，a_0，a_1，a_2，…，a_{n-1}，a_n は順次，整数となる。

(II) $k=m$（m はある正の整数）のとき，命題(＊)が成り立つと仮定して，$k=m+1$ に対して命題(＊)が成り立つことを導く。

$(1+x)^{m+1}P(x)$ の n 次以下の項の係数がすべて整数であるとする。

$$(1+x)^{m+1}P(x) = (1+x)^m (1+x) P(x)$$

において，$(1+x)P(x)$ は次数が n 次以上の整式であるから，帰納法の仮定により，$(1+x)P(x)$ の n 次以下の項の係数はすべて整数である。

よって，(I)により，$P(x)$ の n 次以下の項の係数はすべて整数である。

ゆえに $k=m+1$ に対しても命題(＊)が成り立つ。

以上，(I)と(II)により，すべての正の整数 k に対して命題(＊)が成り立つ。（証明終）

解法 2

$P(x)$ を N 次 $(n \leqq N)$ の整式として

$$P(x) = a_0 + a_1x + a_2x^2 + \cdots\cdots + a_nx^n + \cdots\cdots + a_Nx^N$$

$(a_0,\ a_1,\ a_2,\ \cdots,\ a_N$ は定数，$a_N \neq 0)$

とおく。

ある正の整数 k に対して，$(1+x)^kP(x)$ の n 次以下の項の係数がすべて整数ならば，$0 \leqq m \leqq n$ となる任意の整数 m について a_m が整数となることを数学的帰納法で示す。

〔1〕 $m=0$ のとき

条件により $(1+x)^kP(x)$ の定数項 a_0 は整数なので，$m=0$ では成立する。

〔2〕 M を $0 \leqq M \leqq n-1$ を満たす整数とし，$0 \leqq m \leqq M$ を満たすすべての整数 m について a_m は整数であると仮定する。

$(1+x)^kP(x)$ の $M+1$ 次の項の係数を b_{M+1} とおくと，$M+1 \leqq n$ より b_{M+1} は整数で

$M+1 \leqq k$ のとき

$$b_{M+1} = {}_k\mathrm{C}_0a_{M+1} + {}_k\mathrm{C}_1a_M + \cdots\cdots + {}_k\mathrm{C}_{M+1}a_0$$

$M \geqq k\,(>0)$ のとき

$$b_{M+1} = {}_k\mathrm{C}_0a_{M+1} + {}_k\mathrm{C}_1a_M + \cdots\cdots + {}_k\mathrm{C}_ka_{M-k+1}$$

となる。よって

$M+1 \leqq k$ のとき

$$a_{M+1} = b_{M+1} - {}_k\mathrm{C}_1a_M - \cdots\cdots - {}_k\mathrm{C}_{M+1}a_0$$

$M \geqq k\,(>0)$ のとき

$$a_{M+1} = b_{M+1} - {}_k\mathrm{C}_1a_M - \cdots\cdots - {}_k\mathrm{C}_ka_{M-k+1}$$

仮定より $a_0,\ a_1,\ \cdots,\ a_M$ は整数なので a_{M+1} は整数である。

〔1〕,〔2〕より $a_0,\ a_1,\ \cdots,\ a_k$ はすべて整数である。　(証明終)

〔注〕 問題で与えられた $P(x)$ は n 次以上の整式であれば何でもよいので，与えられた命題を（正の整数 n を任意に固定するごとに）任意の正の整数 k と n 次以上の任意の整式 $P(x)$ についての命題であるととらえ直すことがポイントである。このようにとらえると，［解法 1］(II)において帰納法の仮定を $P(x)$ ではなく，$(1+x)P(x)$ について適用するとよいということが理解できるであろう。n 次以上の任意の整式についての命題ととらえて考えるという観点を明確にとらえた記述にすることが重要である。

また，［解法 2］の方法の場合，k と M の大小関係を考えて場合分けをすることを忘れてはいけない。

17 2006年度〔4〕 Level A

ポイント (1) 与式を z についての2次方程式とみて，判別式≧0から x, y についての必要条件が不等式で得られる。これを満たす x と y (≦3) を絞り込む。

(2) $b^2+c^2+z^2=bcz$ に $b^2+c^2=abc-a^2$ を代入して z が満たすべき式が得られる。この z について $z\geqq c$ であることを示す。

(3) (1)で得られた組 $(x_1,\ y_1,\ z_1)$ を初項として，条件(A)を満たす組 $(x_n,\ y_n,\ z_n)$ を(2)により次々と決定していく。

解 法

(1) $x^2+y^2+z^2=xyz$ より

$$z^2-xyz+x^2+y^2=0$$

これを z についての2次方程式とみて，これを満たす整数 z が存在するならば，判別式≧0より

$$x^2y^2-4x^2-4y^2\geqq 0 \qquad \text{すなわち} \qquad (x^2-4)(y^2-4)\geqq 16 \quad \cdots\cdots①$$

$y=2$ ならば　$(x^2-4)(y^2-4)=0$

$y=1$ ならば条件 $y\geqq x\geqq 1$ から $x=1$ であり

$$(x^2-4)(y^2-4)=9$$

いずれの場合も①は成り立たないから，$y=3$ でなければならない。

このとき，①より　$5(x^2-4)\geqq 16$　∴　$x^2\geqq 4+\dfrac{16}{5}$

ここで，$3=y\geqq x\geqq 1$ であるから　$x=3$

以上より，$x=y=3$ でなければならないので，$z^2-xyz+x^2+y^2=0$ より

$$z^2-9z+18=0$$

$$(z-3)(z-6)=0 \qquad \therefore\ z=3,\ z=6$$

ゆえに，求める x, y, z の組は

$$(x,\ y,\ z)=(3,\ 3,\ 3),\ (3,\ 3,\ 6) \quad \cdots\cdots(\text{答})$$

〔注〕 (1)では $(x,\ y)=(1,\ 3),\ (2,\ 3),\ (3,\ 3),\ (1,\ 2),\ (2,\ 2),\ (1,\ 1)$ のすべての場合について条件を満たす整数 z を求めることもできる（詳細は簡単な2次方程式の検討を繰り返すだけなので省略）。

(2) $b^2+c^2+z^2=bcz$

$\iff z^2-bcz+abc-a^2=0$ （∵ $b^2+c^2=abc-a^2$）

$\iff (z-a)(z-bc+a)=0$

$\iff z=a,\ z=bc-a$

ここで(1)から $b\geqq 3$，また $1\leqq a\leqq b\leqq c$ であるから

$$(bc-a)-c=c(b-1)-a \geqq 2c-a$$
$$=c+(c-a)$$
$$>0 \quad \cdots\cdots ②$$

よって，$z=bc-a$ ととると $b^2+c^2+z^2=bcz$ かつ $b \leqq c \leqq z$ が成り立つ。

ゆえに組 $(b,\ c,\ z)$ が条件(A)を満たすような z が存在する。　(証明終)

(3)　$(x_1,\ y_1,\ z_1)=(3,\ 3,\ 6)$,

$(x_{n+1},\ y_{n+1},\ z_{n+1})=(y_n,\ z_n,\ y_nz_n-x_n)$　$(n=1,\ 2,\ \cdots)$

によって，数列 $\{x_n\}$, $\{y_n\}$, $\{z_n\}$ を定める。

(2)より $(x_n,\ y_n,\ z_n)$ は条件(A)を満たし，②より $z_1<z_2<\cdots<z_n<\cdots$ である。

よって，$(x_n,\ y_n,\ z_n)$　$(n=1,\ 2,\ 3,\ \cdots)$ はすべて異なる。

ゆえに，条件(A)を満たす組 $(x,\ y,\ z)$ が無数に存在する。　(証明終)

18 2005年度〔4〕（文理共通） Level B

ポイント $a^2-a=a(a-1)$ において，a と $a-1$ は互いに素である。このことと a が奇数であることを用いて $10000=2^4\cdot5^4$ の因数を振り分ける。本問に現れる不定方程式の整数解は，その特殊解を利用して一般解が得られる。

解 法

一般に自然数 n に対して n と $n-1$ は互いに素である（$n=1$，2 に対しては明らか。$n\geqq3$ のとき，もしも n と $n-1$ が互いに素ではないとすると，$n=ps$ かつ $n-1=pt$ となる素数 p と整数 s，t があり，差をとると $1=p(s-t)$ となり，1 が p で割り切れることになる。これは矛盾）。

このことと a が奇数であることから，$a^2-a=a(a-1)$ が $10000=2^4\cdot5^4$ で割り切れるとすると，a は 5^4 で，$a-1$ は 2^4 で割り切れなければならない。よって

$$a=5^4b \quad \cdots\cdots①,\quad a-1=2^4c \quad \cdots\cdots②$$

となる自然数 b，c が存在する。

①，②より　$5^4b-2^4c=1$

すなわち　$625b-16c=1$　……③

また　$625\cdot1-16\cdot39=1$　……④

③，④より　$625(b-1)=16(c-39)$

625 と 16 は互いに素なので，$b-1=16d$ となる整数 d が存在する。

したがって，①より　$a=5^4(16d+1)=10000d+625$

$3\leqq a\leqq9999$ より　$d=0$，$a=625$

このとき

$$a(a-1)=625\cdot624=5^4\cdot2^4\cdot39$$

なので，確かに a^2-a は $10000=2^4\cdot5^4$ で割り切れる。

よって　$a=625$　……(答)

〔注〕 a と $a-1$ に $10000=2^4\cdot5^4$ の因数を振り分けることが第1のポイントである。その際に，a と $a-1$ は互いに素であることが重要なはたらきをする。

次いで不定方程式の整数解を求める作業に移る。1つの解（特殊解）を利用して一般解を求める。これは典型的な手法である。ここで「整数 a，b が互いに素のとき，ac が b で割り切れるならば c が b で割り切れる」という整数の理論における基本的な定理を用いていることに注意してほしい。

整数の問題は理由付けに細心の注意が必要なので論理的な思考を養うことが大切である。

19 2004年度〔2〕 Level C

ポイント (1) 平方数 n^2 に対して，n の 1 の位を t とおき，$n=10s+t$（s は自然数）として，$(10s+t)^2$ の 10 の位の数と 1 の位の数の和を考える。$a+b$ と（t^2 の 10 の位の数）+（t^2 の 1 の位の数）との関係に注目する。

(2) 1000 以下の位の等しい 4 数が 0 になることを示す。(1)を利用すれば $n=2m$ とおける。さらに m^2 に再度(1)を用いることを考える。

解法

(1) 10 の位の数が a，1 の位の数が b である 3 桁以上の平方数を n^2（n は自然数）とする。

n の 1 の位の数を t とすると，$n=10s+t$（s は自然数）と表せて

$$n^2=(10s+t)^2=100s^2+20st+t^2$$

$20st=10\cdot 2st$ より，$20st$ の 10 の位の数は偶数なので，$a+b$ の偶奇は（t^2 の 10 の位の数）+（t^2 の 1 の位の数）の偶奇に一致する。

$a+b$ は偶数なので，（t^2 の 10 の位の数）+（t^2 の 1 の位の数）は偶数。

このような t は 0，2，8 のみである。

（$\because$　$0^2=0$，$1^2=1$，$2^2=4$，$3^2=9$，$4^2=16$，$5^2=25$，$6^2=36$，$7^2=49$，$8^2=64$，$9^2=81$）

b は t^2 の 1 の位の数に一致するから，$b=0$ または 4 である。　（証明終）

〔注〕 本問の証明は入り方によってはかなりの試行錯誤を要する。平方数の下 2 桁の数字の和が偶数という条件を，平方する前の数の下 1 桁の数の条件で表現することができるかどうかがポイントとなる。すなわち，n の 1 の位の数を t としたとき，「$a+b$ の偶奇」が「t^2 の 10 の位の数と t^2 の 1 の位の数の和の偶奇」に一致することをとらえられるかどうかが成否の分かれ目となる。最後は 0 ～ 9 の平方をすべてチェックして b を決定する。結局は下 2 桁の数字の検討なのだが，入試では決して簡単とはいえない問題である。

(2) 与えられた条件をみたす平方数を n^2（n は自然数）とし，等しい 4 数を c とすると，$n^2=10^4d+10^3c+10^2c+10c+c$（$d$ は自然数）と書ける。

この 10 の位の数と 1 の位の数の和は偶数（$2c$）であるから，(1)より

$$c=0 \quad \text{または} \quad c=4$$

n^2 は偶数であるから，$n=2m$（m は自然数）と表される。$c=4$ とすると

$$4m^2=n^2=10^4d+4444$$

$$\therefore \quad m^2=2500d+1111 \quad \cdots\cdots ①$$

m^2 は 3 桁以上の平方数であり，10 の位の数と 1 の位の数の和は 2 となり，偶数であるから，(1)より 1 の位の数は 0 または 4 でなければならない。ところが①より m^2 の 1 の位の数は 1 である。これは矛盾である。

よって，$c \neq 4$ となり $c=0$ でなければならない。

ゆえに $n^2=10^4 d$ となり，n^2 は 10000 で割り切れる。 (証明終)

20 2003年度〔4〕(文理共通(一部)) Level B

ポイント (1) 方程式 $x^2-4x-1=0$ を $x^2=4x+1$ と変形することで，次々と α^n を α^{n-1}，α^{n-2} で表すことができる。β についても同様である。

(2) $-1<\beta<0$ に注目する。

(3) $-1<\beta^{2003}<0$ から s_{2003} の1の位の数に帰着する。次いで，s_n の1の位の数の繰り返しをとらえる。

解法

(1) 解と係数の関係から

$$s_1=\alpha+\beta=4 \quad \cdots\cdots(\text{答})$$

$\alpha^2=4\alpha+1$，$\beta^2=4\beta+1$ であるから

$$\left.\begin{aligned} s_2&=\alpha^2+\beta^2=(4\alpha+1)+(4\beta+1)=4s_1+2=18 \\ s_3&=\alpha^3+\beta^3=(4\alpha^2+\alpha)+(4\beta^2+\beta)=4s_2+s_1=76 \end{aligned}\right\} \quad \cdots\cdots(\text{答})$$

また，$n\geqq3$ に対して，$\alpha^n=4\alpha^{n-1}+\alpha^{n-2}$，$\beta^n=4\beta^{n-1}+\beta^{n-2}$ であるから

$$s_n=\alpha^n+\beta^n=4\alpha^{n-1}+\alpha^{n-2}+4\beta^{n-1}+\beta^{n-2}=4s_{n-1}+s_{n-2} \quad \cdots\cdots(\text{答})$$

〔注1〕 式変形で考えると次のようになる。

解と係数の関係から　$\alpha+\beta=4$，$\alpha\beta=-1$

よって

$$s_1=\alpha+\beta=4,$$
$$s_2=\alpha^2+\beta^2=(\alpha+\beta)^2-2\alpha\beta=18,$$
$$s_3=\alpha^3+\beta^3=(\alpha+\beta)(\alpha^2-\alpha\beta+\beta^2)=4\cdot(18+1)=76,$$
$$\begin{aligned} s_n&=\alpha^n+\beta^n=(\alpha+\beta)(\alpha^{n-1}+\beta^{n-1})-\alpha\beta(\alpha^{n-2}+\beta^{n-2}) \\ &=4s_{n-1}+s_{n-2} \quad (n\geqq3) \end{aligned}$$

(2) $\beta=2-\sqrt{5}$，$2<\sqrt{5}<3$ から

$$-1<\beta<0 \qquad \therefore \quad -1<\beta^3<0$$

ゆえに，β^3 以下の最大の整数は -1 である。 ……(答)

(3) $\alpha^{2003}=s_{2003}-\beta^{2003}$ と $-1<\beta^{2003}<0$ から

$$s_{2003}<\alpha^{2003}<s_{2003}+1$$

また，(1)の漸化式と s_1，s_2 の値から，s_{2003} は整数である。

よって，α^{2003} 以下の最大の整数は s_{2003} である。

一般に自然数 a，b に対して，a の1の位の数と b の1の位の数が等しいとき，$a\equiv b$ と書くことにすると，自然数 a，b，c，d に対して

(ア) $a\equiv b$，$c\equiv d$ ならば　$a+c\equiv b+d$

(イ) $a\equiv b$ ならば　$ca\equiv cb$

が成り立つことは明らかである。

よって，(1)の漸化式を用いて次々に

$$s_1 \equiv 4,\quad s_2 \equiv 8,\quad s_3 \equiv 4\cdot 8+4 \equiv 6,\quad s_4 \equiv 4\cdot 6+8 \equiv 2,$$
$$s_5 \equiv 4\cdot 2+6 \equiv 4,\quad s_6 \equiv 4\cdot 4+2 \equiv 8$$

(1)の漸化式から，連続２項で次の項が決定するので，数列 $\{s_n\}$ の各項の１の位の数は 4，8，6，2 の繰り返しとなる。

2003 を４で割った余りは３であるから，s_{2003} の１の位の数は６である。

ゆえに，α^{2003} 以下の最大の整数の１の位の数は６である。 ……(答)

〔注２〕 (3)は必ずしも合同式の記述による必要はないが，その場合は場合分けと帰納法による記述が若干煩雑になる。

21 2002年度〔2〕(文理共通) Level A

ポイント (1) 商を $Q_n(x)$ とおいたときの x^n についての関係式から x^{n+1} についての関係式を導く。商と余りの一意性に配慮した記述が重要である。

(2) (1)の漸化式を用い，背理法による。

解法

(1) x^{n+1} を x^2-x-1 で割ったときの商を $Q_n(x)$ とする。

条件より，余りは a_nx+b_n であるから

$$x^{n+1}=(x^2-x-1)Q_n(x)+a_nx+b_n$$

両辺に x をかけて

$$\begin{aligned}x^{n+2}&=(x^2-x-1)xQ_n(x)+a_nx^2+b_nx\\&=(x^2-x-1)xQ_n(x)+a_n(x^2-x-1)+a_nx+a_n+b_nx\\&=(x^2-x-1)\{xQ_n(x)+a_n\}+(a_n+b_n)x+a_n\end{aligned}$$

ここで，一般に多項式 $h(x)$ に対して $h(x)$ の次数を $\deg h(x)$ で表すと

$$\deg\{(a_n+b_n)x+a_n\}<\deg(x^2-x-1)=2$$

であるから，商と余りの一意性より，$a_{n+1}x+b_{n+1}$ と $(a_n+b_n)x+a_n$ は多項式として一致する。ゆえに

$$\begin{cases}a_{n+1}=a_n+b_n\\b_{n+1}=a_n\end{cases}\quad(n=1,\ 2,\ 3,\ \cdots)$$

(証明終)

(2) a_n，b_n は共に正の整数で，互いに素である。……(＊)

(＊)がすべての自然数 n に対して成り立つことを数学的帰納法で示す。

(i) $x^2=(x^2-x-1)+(x+1)$，$\deg(x+1)<\deg(x^2-x-1)$ であるから

$$a_1=1,\ b_1=1$$

よって，a_1 と b_1 は正の整数で，互いに素である。

ゆえに，(＊)は $n=1$ で成り立つ。

(ii) $n=k\,(\geqq 1)$ に対して(＊)が成り立つと仮定する。

すなわち，a_k，b_k は正の整数で，互いに素である。

(1)より

$$\begin{cases}a_{k+1}=a_k+b_k\quad\cdots\cdots①\\b_{k+1}=a_k\end{cases}$$

であるから，a_{k+1}，b_{k+1} は共に正の整数である。

ここで，a_{k+1} と b_{k+1} が互いに素でないとすると，a_{k+1} と $b_{k+1}(=a_k)$ は1より大きな公約数 r をもつ。

①より　　$b_k=a_{k+1}-a_k$

であるから，r は b_k の約数でもあり，r は a_k と b_k の1より大きな公約数となる。

これは，a_k と b_k が互いに素であるという帰納法の仮定に矛盾する。

よって，a_{k+1} と b_{k+1} は互いに素でなければならない。

(i)，(ii)より，(＊)はすべての正の整数 n に対して成り立つ。　　　　(証明終)

研究　＜多項式の割り算における商と余りの一意性＞

多項式 $f(x)$，$g(x)\,(\neq 0)$，$q(x)$，$r(x)$ の間に

$$f(x)=g(x)q(x)+r(x),\ \deg r(x)<\deg g(x)\quad\cdots\cdots(ア)$$

の関係が成り立つとき，$q(x)$，$r(x)$ をそれぞれ $f(x)$ を $g(x)$ で割ったときの商，余りという。

$f(x)$ と $g(x)$ に対して，(ア)とは別に

$$f(x)=g(x)p(x)+s(x),\ \deg s(x)<\deg g(x)\quad\cdots\cdots(イ)$$

という関係が成り立つならば，$q(x)$ と $p(x)$，$r(x)$ と $s(x)$ は多項式として一致する(同じもの) というのが，商と余りの一意性といわれるものである。

(証明)　(ア)と(イ)より

$$r(x)-s(x)=g(x)\{p(x)-q(x)\}\quad\cdots\cdots(ウ)$$

もし，$q(x)$ と $p(x)$ が一致しないならば，$p(x)-q(x)$ には0でない項が少なくとも1つは残るので，(ウ)の右辺の次数は $\deg g(x)$ 以上になる。

一方，(ウ)の左辺の次数は $\deg g(x)$ 以上となることはない。

これは，矛盾である。よって，多項式として

$$q(x)=p(x)$$

となり，(ウ)より

$$r(x)=s(x)$$

(証明終)

22 1999年度〔5〕 Level C

ポイント (1) $n{}_m\mathrm{C}_n=m{}_{m-1}\mathrm{C}_{n-1}$ を利用する。$n=2^lp$（$l\geqq 0$，p は正の奇数）とおき，${}_m\mathrm{C}_n$ が偶数であることを示す。

(2) m の偶奇で場合分けをする。奇数のとき，$m=2^kp-1$（$k\geqq 1$，p は正の奇数）とおき，$p\geqq 3$ では不適であることを示す。

[解法1] (1) 上記の方針による。

[解法2] (1) k についての数学的帰納法による。$(1+x)^m$ の二項展開を利用する。

[解法3] (1) ${}_m\mathrm{C}_n=\dfrac{m(m-1)(m-2)\cdots\{m-(n-1)\}}{n\cdot 1\cdot 2\cdot\cdots\cdot(n-1)}$ で $\dfrac{m-j}{j}$ の分母・分子の素因数2の個数を調べる。(2)も同様。

解法 1

(1) ${}_m\mathrm{C}_n=\dfrac{m!}{n!(m-n)!}=\dfrac{m}{n}{}_{m-1}\mathrm{C}_{n-1}$ より

$$n{}_m\mathrm{C}_n=m{}_{m-1}\mathrm{C}_{n-1}\quad\cdots\cdots①$$

$n=2^lp$（l は0以上の整数，p は正の奇数）と表すことができて，①より

$$2^lp{}_m\mathrm{C}_n=2^k{}_{m-1}\mathrm{C}_{n-1}\quad(m=2^k\text{ より})$$

$$p{}_m\mathrm{C}_n=2^{k-l}{}_{m-1}\mathrm{C}_{n-1}\quad\cdots\cdots②$$

$n<m$ より，$l<k$ であるから，$k-l\geqq 1$ であり，②の右辺は偶数であるが，左辺の p は奇数なので，${}_m\mathrm{C}_n$ は偶数である。 （証明終）

(2) (i) m が偶数のとき

${}_m\mathrm{C}_1=m$ は偶数なので，条件はみたされない。

(ii) m が奇数のとき

$m=2^kp-1$（k は自然数，p は正の奇数）と書ける。$p=1$ ならば条件がみたされ，$p\geqq 3$ ならば条件がみたされないことを以下に示す。

(ア) $p=1$ のとき

- ${}_m\mathrm{C}_0=1$ は奇数である。
- $1\leqq n\leqq m$ のとき

  一般に，${}_m\mathrm{C}_{n-1}+{}_m\mathrm{C}_n={}_{m+1}\mathrm{C}_n$ ……③ が成り立つ。

  ここで，$p=1$ なので，$m+1=2^k$ であり，(1)より，${}_{m+1}\mathrm{C}_n$（$1\leqq n\leqq m$）はすべて偶数である。

  したがって，③から ${}_m\mathrm{C}_{n-1}$ が奇数ならば，${}_m\mathrm{C}_n$ は奇数である。 ……(＊)

  (＊)と ${}_m\mathrm{C}_0$ が奇数であることから，順次，${}_m\mathrm{C}_1$，${}_m\mathrm{C}_2$，…，${}_m\mathrm{C}_m$ も奇数となる。

  よって，条件が成り立つ。

(イ) $p \geqq 3$ のとき

$n=2^k$ とすると，$0 \leqq n \leqq m$ であり

$$ {}_m\mathrm{C}_n = \frac{m!}{n!(m-n)!} = \frac{m!}{(n-1)!(m-n+1)!} \cdot \frac{m-n+1}{n} $$
$$ = {}_m\mathrm{C}_{n-1} \cdot \frac{2^k p - 2^k}{2^k} = {}_m\mathrm{C}_{n-1} \cdot (p-1) $$

ここで，$p-1$ は偶数であるから，${}_m\mathrm{C}_n$ は偶数である。よって，条件は成り立たない。

以上，(i)，(ii)から，条件をみたす m は k を自然数として，2^k-1 の形の数である。

……(答)

解法 2

(1) 自然数 k に対して，$m=2^k$ とおくと，${}_m\mathrm{C}_n$ ($n=1,\ 2,\ \cdots,\ m-1$) は偶数であること ……(＊) を k についての数学的帰納法により証明する。

(証明)

(I) $k=1$ のとき，$m=2$，$n=1$ であるから

$$ {}_m\mathrm{C}_n = {}_2\mathrm{C}_1 = 2 $$

よって，(＊)は成り立つ。

(II) $k=j$ ($\geqq 1$) のとき，${}_m\mathrm{C}_n$ ($n=1,\ 2,\ \cdots,\ m-1$) が偶数であると仮定する。

$\displaystyle\sum_{n=1}^{m-1} {}_m\mathrm{C}_n x^n = 2P(x)$ とおくと，$P(x)$ は整数係数の整式である。

二項定理より

$$ (1+x)^m = 1 + 2P(x) + x^m $$

これより

$$ \{(1+x)^m\}^2 = [1 + \{2P(x) + x^m\}]^2 $$
$$ = 1 + 2\{2P(x) + x^m\} + \{2P(x) + x^m\}^2 $$
$$ = 1 + 2\{2P(x) + x^m\} + 4\{P(x)\}^2 + 4x^m P(x) + x^{2m} $$
$$ = 1 + 2Q(x) + x^{2m} \quad (Q(x) = 2P(x) + x^m + 2\{P(x)\}^2 + 2x^m P(x)) $$

一方，二項定理より

$$ (1+x)^{2m} = 1 + \sum_{n=1}^{2m-1} {}_{2m}\mathrm{C}_n x^n + x^{2m} $$

これらより $\displaystyle\sum_{n=1}^{2m-1} {}_{2m}\mathrm{C}_n x^n = 2Q(x)$

$Q(x)$ は整数係数の整式であるから，${}_{2m}\mathrm{C}_n$ ($n=1,\ 2,\ \cdots,\ 2m-1$) は偶数である。

$2m=2^{j+1}$ であるから，$k=j+1$ に対しても(＊)が成り立つ。

(I)，(II)より，(＊)すなわち問題の命題は成り立つ。 (証明終)

((2)は［解法1］に同じ)

〔注1〕 合同式を用いると以下のような記述ができる。

整数係数の多項式$f(x)$, $g(x)$ のそれぞれを係数を mod 2 でみたときに（すなわち偶数係数を0に，奇数係数を1におきかえたときに）一致するならば$f(x)\equiv g(x)$ と書くことにする。

このとき

(ア) $f_1(x)\equiv g_1(x)$, $f_2(x)\equiv g_2(x)$ ならば

$$f_1(x)\pm f_2(x)\equiv g_1(x)+g_2(x)$$

(イ) $f_1(x)\equiv g_1(x)$, $f_2(x)\equiv g_2(x)$ ならば

$$f_1(x)\cdot f_2(x)\equiv g_1(x)\cdot g_2(x)$$

が成り立つことの確認は省略する。

(イ)を繰り返し用いると，$f(x)\equiv g(x)$ ならば $\{f(x)\}^j\equiv\{g(x)\}^j$ が任意の自然数jに対して成り立つことがわかる。以上のもとで議論を行う。

(1) kについての数学的帰納法で示す。

(i) $k=1$ のとき，$m=2$, $n=1$ であるから ${}_m\mathrm{C}_n={}_2\mathrm{C}_1=2$ となり，これは偶数である。

(ii) $m=2^k$（kは自然数）と $n=1$, 2, …, $m-1$ に対して，${}_m\mathrm{C}_n$ は偶数であるとすると

$$(x+1)^{2^k}\equiv x^{2^k}+1$$

$$(x+1)^{2^{k+1}}=\{(x+1)^{2^k}\}^2\equiv(x^{2^k}+1)^2\equiv x^{2^{k+1}}+1$$

よって，$m=2^{k+1}$ と $n=1$, 2, …, $m-1$ に対して ${}_m\mathrm{C}_n$ は偶数である。

以上，(i), (ii)より，(1)の主張が成り立つ。　　（証明終）

(2) (i) $m=2^k-1$（kは自然数）のとき

${}_m\mathrm{C}_0\equiv 1$ は明らか。

$${}_m\mathrm{C}_1={}_{m+1}\mathrm{C}_1-{}_m\mathrm{C}_0\equiv 1 \quad (m+1=2^k\text{ より，(1)から }{}_{m+1}\mathrm{C}_1\equiv 0)$$

以下，同様に次々と

$${}_m\mathrm{C}_2={}_{m+1}\mathrm{C}_2-{}_m\mathrm{C}_1\equiv 1$$

$$\vdots$$

$${}_m\mathrm{C}_{m-1}={}_{m+1}\mathrm{C}_{m-1}-{}_m\mathrm{C}_{m-2}\equiv 1$$

また，${}_m\mathrm{C}_m\equiv 1$ も明らかである。

よって，$m=2^k-1$ のとき，${}_m\mathrm{C}_n$ はすべて奇数である（$0\leqq n\leqq m$）。

(ii) $m=2^k+r$（kは自然数，$r=0$, 1, 2, …, 2^k-2）のとき

$$(x+1)^{2^k+r}=(x+1)^{2^k}\cdot(x+1)^r$$

$$\equiv(x^{2^k}+1)\cdot(x+1)^r \quad \cdots\cdots① \quad (\because\ (1))$$

$(x+1)^r$ の項数はたかだか $r+1$ なので，①の右辺の項数はたかだか $2(r+1)$ である。よって，①の左辺の項数もたかだか $2(r+1)$ であるが，$2^k+r+1-2(r+1)=2^k-1-r>0$ であるから，①の左辺の展開式の係数 ${}_m\mathrm{C}_n$ の中には ${}_m\mathrm{C}_n\equiv 0$（すなわち偶数）となるものが少なくとも1つある。

以上(i), (ii)より，条件をみたす m は $m=2^k-1$ の形の数に限る（kは自然数）。

〔注2〕 (2)はパスカルの三角形の各項を2で割った余りで表した下図により，予測を立てている。

1 $(m=0)$
1 1 $(m=1)$
1 0 1 $(m=2)$
1 1 1 1 $(m=3)$
1 0 0 0 1 $(m=4)$
1 1 0 0 1 1 $(m=5)$
1 0 1 0 1 0 1 $(m=6)$
1 1 1 1 1 1 1 1 $(m=7)$
1 0 0 0 0 0 0 0 1 $(m=8)$
1 1 0 0 0 0 0 0 1 1 $(m=9)$
1 0 1 0 0 0 0 0 1 0 1 $(m=10)$

解法 3

(1) $${}_m\mathrm{C}_n=\frac{2^k(2^k-1)(2^k-2)\cdots\{2^k-(n-1)\}}{n!}$$

$$=\frac{2^k}{n}\cdot\frac{2^k-1}{1}\cdot\frac{2^k-2}{2}\cdot\cdots\cdot\frac{2^k-(n-1)}{n-1}\quad\cdots\cdots①$$

$j=1,\ 2,\ \cdots,\ n$ に対して，$j=2^{a_j}l_j$（a_j は0以上の整数，l_j は正の奇数）と表したとき，$j<m=2^k$ から，$a_j<k$ なので　$k-a_j\geqq 1$ ……②

また，$j=1,\ 2,\ \cdots,\ n-1$ に対しては

$$\frac{2^k-j}{j}=\frac{2^k-2^{a_j}l_j}{2^{a_j}l_j}=\frac{2^{k-a_j}-l_j}{l_j}$$

$$\frac{2^k}{n}=\frac{2^k}{2^{a_n}l_n}=\frac{2^{k-a_n}}{l_n}$$

よって，①から

$${}_m\mathrm{C}_n=\frac{2^{k-a_n}}{l_n}\cdot\frac{2^{k-a_1}-l_1}{l_1}\cdot\frac{2^{k-a_2}-l_2}{l_2}\cdot\cdots\cdot\frac{2^{k-a_{n-1}}-l_{n-1}}{l_{n-1}}\quad\cdots\cdots③$$

$$l_nl_1l_2\cdots l_{n-1}\cdot{}_m\mathrm{C}_n=2^{k-a_n}(2^{k-a_1}-l_1)(2^{k-a_2}-l_2)\cdots(2^{k-a_{n-1}}-l_{n-1})$$

ここで，$l_nl_1l_2\cdots l_{n-1}$ は奇数，2^{k-a_n} は②より偶数なので，${}_m\mathrm{C}_n$ は偶数である。

（証明終）

(2) (i) $m=2^k$（k は自然数），$1\leqq n\leqq m-1$ のとき，${}_m\mathrm{C}_n=\dfrac{m}{n}{}_{m-1}\mathrm{C}_{n-1}$ から

$${}_{m-1}\mathrm{C}_{n-1}=\frac{n}{m}{}_m\mathrm{C}_n$$

$$=\frac{2^{k-a_1}-l_1}{l_1}\cdot\frac{2^{k-a_2}-l_2}{l_2}\cdot\cdots\cdot\frac{2^{k-a_{n-1}}-l_{n-1}}{l_{n-1}}\quad\left(③と\ \frac{n}{m}=\frac{l_n}{2^{k-a_n}}\ から\right)$$

よって

$$l_1l_2\cdots l_{n-1}\cdot{}_{m-1}\mathrm{C}_{n-1}=(2^{k-a_1}-l_1)(2^{k-a_2}-l_2)\cdots(2^{k-a_{n-1}}-l_{n-1})$$

$l_1l_2\cdots l_{n-1}$ も右辺も奇数なので，${}_{m-1}\mathrm{C}_{n-1}$ は奇数である。

ここで，$n=1, 2, \cdots, m-1\,(=2^k-1)$ なので，$n-1=0, 1, \cdots, m-2$ であり，${}_{m-1}\mathrm{C}_0$，${}_{m-1}\mathrm{C}_1$，$\cdots$，${}_{m-1}\mathrm{C}_{m-2}$ はすべて奇数である。また，${}_{m-1}\mathrm{C}_{m-1}=1$ も奇数である。

よって，$m=2^k-1$（k は自然数）に対しては条件がみたされる。

(ii)　m が偶数のとき，${}_m\mathrm{C}_1=m$ は偶数なので，条件はみたされない。

(iii)　m が奇数で，3 以上の奇数 p を用いて，$m=2^kp-1$ と表されるとき，$r=2^k$（$<m$）に対して

$$ {}_m\mathrm{C}_r=\frac{(2^kp-1)(2^kp-2)\cdots(2^kp-r)}{r!}=\frac{2^kp-1}{1}\cdot\frac{2^kp-2}{2}\cdot\cdots\cdot\frac{2^kp-r}{r}$$

$j=1, 2, \cdots, r$ に対して，$j=2^{a_j}l_j$（a_j は 0 以上の整数，l_j は正の奇数）と表したとき，(1)と同様にして

$$ {}_m\mathrm{C}_r=\frac{2^{k-a_1}p-l_1}{l_1}\cdot\frac{2^{k-a_2}p-l_2}{l_2}\cdot\cdots\cdot\frac{2^{k-a_{r-1}}p-l_{r-1}}{l_{r-1}}\cdot(p-1)$$

$$\left(\frac{2^kp-r}{r}=\frac{2^kp-2^k}{2^k}=p-1 \text{ より}\right)$$

$$l_1l_2\cdots l_{r-1}\cdot{}_m\mathrm{C}_r=(2^{k-a_1}p-l_1)(2^{k-a_2}p-l_2)\cdots(2^{k-a_{r-1}}p-l_{r-1})(p-1)$$

ここで，$l_1l_2\cdots l_{n-1}$ は奇数，$p-1$ は偶数なので，${}_m\mathrm{C}_r$ は偶数である。

したがって，条件はみたされない。

(i)，(ii)，(iii)から，条件をみたす m は k を自然数として，2^k-1 と表されるものである。

……(答)

〔注 3〕［解法 1］［解法 3］で利用した等式 ${}_m\mathrm{C}_n=\dfrac{m}{n}{}_{m-1}\mathrm{C}_{n-1}$ すなわち $n{}_m\mathrm{C}_n=m{}_{m-1}\mathrm{C}_{n-1}$ は，m 人から「1 人の代表者をもつ n 人のグループ」を作る場合の数を 2 通りに計算した等式として有名事項の 1 つである。$n{}_m\mathrm{C}_n$ はまず n 人を選んでその中から 1 人の代表者を決める計算，$m{}_{m-1}\mathrm{C}_{n-1}$ はまず 1 人の代表者を決めてから残りの $n-1$ 人を選ぶ計算である。

§2 図形と方程式

23 2020年度〔2〕 Level B

ポイント 三角形 ABC の外側を6個の領域に分けて，まず，そのうちの2つの場合で考える。いずれも1つの三角形の面積に帰着させ，平行線と比の関係を用いる。求める面積はこの2つの場合の面積の和の3倍となる。

解 法

Xが三角形 ABC の内部または周上にあるときは

$$\triangle ABX + \triangle BCX + \triangle CAX = \triangle ABC = 1$$

となり，不適である。よって，Xが三角形 ABC の外側にあるときを考えればよい。

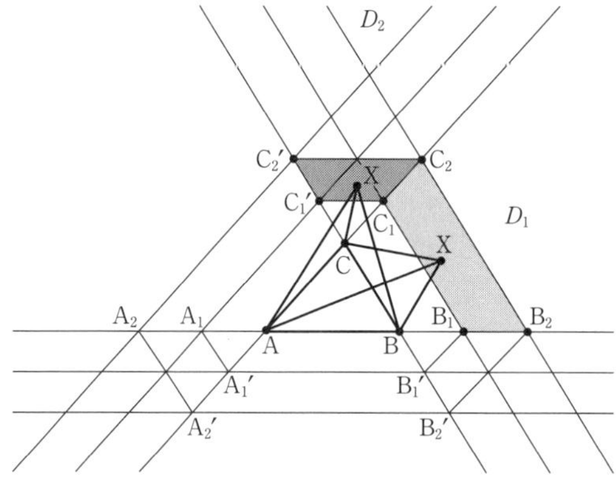

上図において

$$\overrightarrow{AA_1} = \frac{1}{2}\overrightarrow{BA},\quad \overrightarrow{AA_2} = \overrightarrow{BA},\quad \overrightarrow{AA_1'} = \frac{1}{2}\overrightarrow{CA},\quad \overrightarrow{AA_2'} = \overrightarrow{CA},$$

$$\overrightarrow{BB_1} = \frac{1}{2}\overrightarrow{AB},\quad \overrightarrow{BB_2} = \overrightarrow{AB},\quad \overrightarrow{BB_1'} = \frac{1}{2}\overrightarrow{CB},\quad \overrightarrow{BB_2'} = \overrightarrow{CB},$$

$$\overrightarrow{CC_1} = \frac{1}{2}\overrightarrow{AC},\quad \overrightarrow{CC_2} = \overrightarrow{AC},\quad \overrightarrow{CC_1'} = \frac{1}{2}\overrightarrow{BC},\quad \overrightarrow{CC_2'} = \overrightarrow{BC}$$

とする。このとき

$$A_1A_1' /\!/ A_2A_2',\quad B_1B_1' /\!/ B_2B_2',\quad C_1C_1' /\!/ C_2C_2'$$

である。

線分 BC と半直線 BB_1，CC_1 で囲まれた領域を D_1，半直線 CC_1，CC_1' で囲まれた領域を D_2 とする。

まず，D_1 または D_2 で条件を満たすXの存在範囲の面積を求める。

(i)　$X \in D_1$ のとき

$$\triangle ABX + \triangle BCX + \triangle CAX = \triangle ABC + 2(\triangle BCX) = 1 + 2(\triangle BCX)$$

から

$$2 \leqq 1 + 2(\triangle BCX) \leqq 3$$

となり

$$\frac{1}{2} \leqq \triangle BCX \leqq 1$$

これを満たすXの存在範囲は四角形 $B_1B_2C_2C_1$ の周および内部である。

$$(\text{四角形 } B_1B_2C_2C_1 \text{ の面積}) = \triangle AB_2C_2 - \triangle AB_1C_1 = 2^2 - \left(\frac{3}{2}\right)^2 = \frac{7}{4}$$

(ii)　$X \in D_2$ のとき

$$\begin{aligned}\triangle ABX + \triangle BCX + \triangle CAX &= \triangle ABX + (\triangle ABX - \triangle ABC)\\ &= 2(\triangle ABX) - 1\end{aligned}$$

から

$$2 \leqq 2(\triangle ABX) - 1 \leqq 3$$

となり

$$\frac{3}{2} \leqq \triangle ABX \leqq 2$$

これを満たすXの存在範囲は四角形 $C_1C_2C_2'C_1'$ の周および内部である。

$$(\text{四角形 } C_1C_2C_2'C_1' \text{ の面積}) = \triangle CC_2C_2' - \triangle CC_1C_1' = 1 - \left(\frac{1}{2}\right)^2 = \frac{3}{4}$$

(i)，(ii)から，D_1 または D_2 で条件を満たすXの存在範囲の面積は

$$\frac{7}{4} + \frac{3}{4} = \frac{5}{2}$$

である。

同様に考えて，残りの部分で条件を満たすXの存在範囲の面積は，

四角形 $A_1A_2C_2'C_1'$，四角形 $A_1A_2A_2'A_1'$，四角形 $A_1'A_2'B_2'B_1'$，四角形 $B_1B_2B_2'B_1'$ の面積の和となり，$2 \times \dfrac{5}{2}$ である。

ゆえに，求める値は　$3 \times \dfrac{5}{2} = \dfrac{15}{2}$　……(答)

24 2019年度〔2〕(文理共通(一部)) Level A

ポイント 座標平面で考え，点Rと直線PQとの距離を利用すると，$\triangle PQR=\frac{1}{3}$ から p，q，r の関係式を得る。p のとりうる値の範囲に気をつける。

解法

xy 平面で A$(0,\ 0)$，B$(1,\ 0)$，C$(1,\ 1)$，D$(0,\ 1)$，P$(p,\ 0)$，Q$(0,\ q)$，R$(r,\ 1)$ とする。ただし，$0<p\leqq 1$，$0<q\leqq 1$，$0\leqq r\leqq 1$ である。

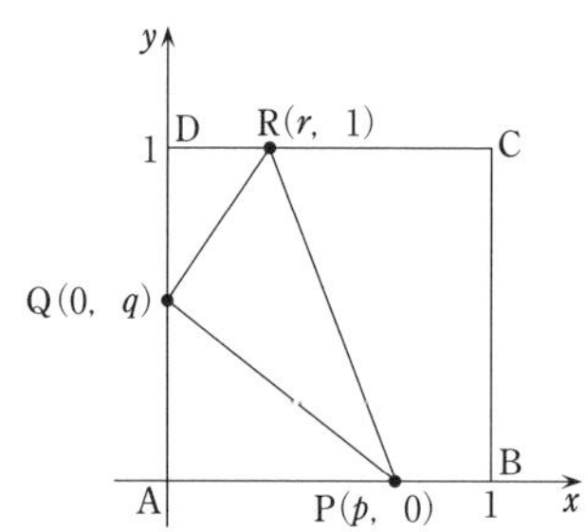

$\triangle APQ=\frac{1}{3}$ から $\frac{1}{2}pq=\frac{1}{3}$ なので

$$pq=\frac{2}{3} \quad \cdots\cdots①$$

直線PQの方程式は $\frac{x}{p}+\frac{y}{q}=1$ であり

$$qx+py-pq=0$$

$$qx+py-\frac{2}{3}=0 \quad \cdots\cdots② \quad (①より)$$

A$(0,\ 0)$ は領域 $qx+py-\frac{2}{3}<0$ にあり，点R$(r,\ 1)$ は直線②に関してAと反対側にあるので，点R$(r,\ 1)$ は領域 $qx+py-\frac{2}{3}>0$ にある。

よって，点Rと直線②との距離 d は

$$d=\frac{qr+p-\frac{2}{3}}{\sqrt{p^2+q^2}} \quad \cdots\cdots③$$

また　$PQ=\sqrt{p^2+q^2} \quad \cdots\cdots④$

$\triangle PQR=\frac{1}{3}$ から $\frac{1}{2}PQ\cdot d=\frac{1}{3}$ であり，③，④より

$$qr+p-\frac{2}{3}=\frac{2}{3}$$

よって

$$r=\frac{1}{q}\left(\frac{4}{3}-p\right)=\frac{3}{2}p\left(\frac{4}{3}-p\right) \quad \left(①より\ \frac{1}{q}=\frac{3}{2}p\right)$$

したがって

$$\frac{DR}{AQ}=\frac{r}{q}=\frac{9}{4}p^2\left(\frac{4}{3}-p\right)=3p^2-\frac{9}{4}p^3$$

$f(p)=3p^2-\dfrac{9}{4}p^3$ とおくと

$$f'(p)=6p-\frac{27}{4}p^2=-\frac{27}{4}p\left(p-\frac{8}{9}\right)$$

ここで，$pq=\dfrac{2}{3}$ と $0<p\leqq 1$，$0<q\leqq 1$ から，$\dfrac{2}{3}\leqq p\leqq 1$ である。

p	$\frac{2}{3}$	…	$\frac{8}{9}$	…	1
$f'(p)$		+	0	−	
$f(p)$	$\frac{2}{3}$	↗	$\frac{64}{81}$	↘	$\frac{3}{4}$

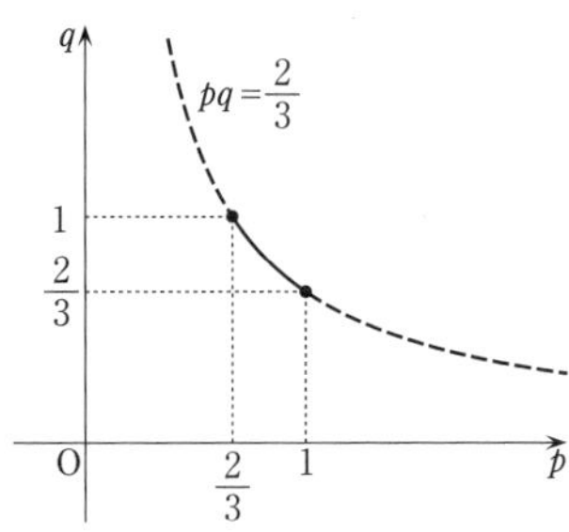

増減表から，$\dfrac{\text{DR}}{\text{AQ}}$ の最大値は $\dfrac{64}{81}$，最小値は $\dfrac{2}{3}$ ……(答)

〔注1〕 $r=2p-\dfrac{3}{2}p^2$ は次のように求めることもできる。

$\triangle\text{PQR}=(\text{台形 APRD})-\triangle\text{APQ}-\triangle\text{DQR}$

$$=\frac{1}{2}(p+r)-\frac{1}{3}-\frac{1}{2}(1-q)r=\frac{1}{2}(p+qr)-\frac{1}{3}$$

これと $\triangle\text{PQR}=\dfrac{1}{3}$ から，$p+qr=\dfrac{4}{3}$ となり

$$r=\frac{4}{3q}-\frac{p}{q}=2p-\frac{3}{2}p^2\quad\left(q=\frac{2}{3p}\text{ より}\right)$$

〔注2〕 $r=\dfrac{1}{q}\left(\dfrac{4}{3}-p\right)=\dfrac{1}{q}\left(\dfrac{4}{3}-\dfrac{2}{3q}\right)$ なので，$\dfrac{r}{q}$ を q を用いて表すと

$$\frac{r}{q}=\frac{1}{q^2}\left(\frac{4}{3}-\frac{2}{3q}\right)=\frac{4}{3q^2}-\frac{2}{3q^3}$$

となり，$t=\dfrac{1}{q}$ とおくと

$$\frac{\text{DR}}{\text{AQ}}=\frac{4}{3}t^2-\frac{2}{3}t^3$$

ここで，$p=\dfrac{2}{3q}$ と $0<p\leqq 1$ から，$0<\dfrac{2}{3q}\leqq 1$ であり，これと $0<q\leqq 1$ から，$1\leqq\dfrac{1}{q}\leqq\dfrac{3}{2}$ となり，$1\leqq t\leqq\dfrac{3}{2}$ である。

以上と $g(t)=\dfrac{4}{3}t^2-\dfrac{2}{3}t^3$ の増減表から，同じ結果を得る。

t	1	…	$\frac{4}{3}$	…	$\frac{3}{2}$
$g'(t)$		+	0	−	
$g(t)$	$\frac{2}{3}$	↗	$\frac{64}{81}$	↘	$\frac{3}{4}$

25 2017年度〔5〕 Level A

ポイント (1) 直線と放物線 C の方程式から y を消去した x の2次方程式，および直線と放物線 D の方程式から x を消去した y の2次方程式の重解条件から a，b，k の関係式が2つ得られる。

(2) (1)の結果から $a=2$ のときの k の値を求め，$a\neq-1$ の場合はこの k の値となる a の値を(1)の結果から求めると，$a=2$ ともうひとつの a の値が得られる。$a=-1$ のときは最初の重解条件に戻って考える。

解 法

(1) $C: y=x^2+k$ と $y=ax+b$ から y を消去した x の2次方程式

$$x^2-ax+(k-b)=0$$

の（判別式）$=0$ から

$$a^2-4(k-b)=0 \quad \cdots\cdots①$$

$a=0$ のとき，直線 $y=ax+b$ は $y=b$ となるが，これは x 軸に平行であり，放物線 D と接することはない。よって，$a\neq0$ であり，直線 $y=ax+b$ の方程式は $x=\dfrac{1}{a}y-\dfrac{b}{a}$ と書ける。

これと $D: x=y^2+k$ から x を消去した y の2次方程式

$$y^2-\frac{1}{a}y+\left(k+\frac{b}{a}\right)=0$$

の（判別式）$=0$ から

$$\frac{1}{a^2}-4\left(k+\frac{b}{a}\right)=0 \quad \cdots\cdots②$$

したがって，直線 $y=ax+b$ が放物線 C，D の共通接線となるための a，b の条件は①かつ②である。

①－② から

$$a^2-\frac{1}{a^2}+4\left(1+\frac{1}{a}\right)b=0$$

$a\neq-1$ から

$$b=-\frac{1}{4}\cdot\frac{a^4-1}{a^2}\cdot\frac{a}{a+1}=-\frac{(a+1)(a-1)(a^2+1)}{4a(a+1)}$$

$$=-\frac{(a-1)(a^2+1)}{4a} \quad \cdots\cdots③ \quad \cdots\cdots(答)$$

①$\times\dfrac{1}{a}$＋② から

$$a+\frac{1}{a^2}-4k\left(\frac{1}{a}+1\right)=0$$

$$k=\frac{1}{4}\cdot\frac{(a+1)(a^2-a+1)}{a^2}\cdot\frac{a}{a+1}$$

$$=\frac{a^2-a+1}{4a} \quad \cdots\cdots④ \quad \cdots\cdots(答)$$

(2) $a=2$ と④から，$k=\dfrac{4-2+1}{8}=\dfrac{3}{8}$ であることが必要で，以下このもとで考える。

$a\neq-1$ のとき，直線 $y=ax+b$ が $k=\dfrac{3}{8}$ のときの放物線 C，D の共通接線であるための条件は③かつ④により

③ かつ $\dfrac{3}{8}=\dfrac{a^2-a+1}{4a}$

$\dfrac{3}{8}=\dfrac{a^2-a+1}{4a}$ より $2a^2-5a+2=0$

$(2a-1)(a-2)=0$ $a=\dfrac{1}{2}$，2

これと③から

$$(a,\ b)=\left(\frac{1}{2},\ \frac{5}{16}\right),\ \left(2,\ -\frac{5}{8}\right)$$

また，$a=-1$ のとき，①，②はともに $1-4(k-b)=0$ となり

$$(a,\ b)=\left(-1,\ k-\frac{1}{4}\right)=\left(-1,\ \frac{1}{8}\right)\quad\left(k=\frac{3}{8}\text{ より}\right)$$

以上から，$a=2$ である共通接線が存在する $k\left(=\dfrac{3}{8}\right)$ に対して，共通接線が3本存在する。 (証明終)

このときの傾きと y 切片の組 $(a,\ b)$ は

$$(a,\ b)=\left(\frac{1}{2},\ \frac{5}{16}\right),\ \left(2,\ -\frac{5}{8}\right),\ \left(-1,\ \frac{1}{8}\right)\quad\cdots\cdots(答)$$

〔注1〕 (2) まず，$a=2$ であるような共通接線をもつための k の値が(1)の結果（④）から $k=\dfrac{3}{8}$ と定まる。次いで，この k の値のもとで $a=2$ とそれ以外の傾きの共通接線が(1)の2つの結果（③，④）からそれぞれ1つずつ定まる。ただし，(1)の2つの結果は $a\neq-1$ のもとで得られたものなので，最後は $a=-1$ であるような共通接線があるか否かを調べなければならない。そのためには(1)で $a\neq-1$ を用いる前の条件式①，②に戻って考える。$a=-1$ のもとでは，①，②は同じ式 $1-4(k-b)=0$ となるので，どちらを用いてもよい。$1-4(k-b)=0$ から $(a,\ b)=\left(-1,\ k-\dfrac{1}{4}\right)$ なので，どのような k の値に対しても必ず傾き -1 の共通接線が1つ存在することになるが，傾き2の共通接線が存在する

ための k の条件が $k=\dfrac{3}{8}$ であったから，本問では，$k=\dfrac{3}{8}$ を用いて $(a,\ b)=\left(-1,\ \dfrac{1}{8}\right)$ となり，確かに3本の共通接線が存在することになる。式処理を進めれば $(a,\ b)$ の組を3つ得ることはできるが，以上のような論理の流れを明快にとらえた記述が望まれる。

〔注2〕 放物線 C と D は直線 $y=x$ に関して対称であるから，直線 $y=ax+b$ が共通接線なら，直線 $x=ay+b$ も共通接線である。この2つの直線が一致する条件は $a=-1$ である。したがって，$a\neq-1$ であるような共通接線が1本あれば，必ずもう1本の共通接線がある。これに $y=-x+k-\dfrac{1}{4}$ を加えて3本の共通接線を得る。これが本問の背景であり，このような記述も証明として許される。

26　2011年度〔4〕（文理共通）　Level B

ポイント　PQ＝PRからα，βの関係式を導いておき，これをX，Yの関係式を導くときに用いる。αとβの実数条件からX，Yの条件を求める必要がある。これによりグラフの範囲が限定される。

解法

PQ＝PRより

$$\left(\alpha-\frac{1}{2}\right)^2+\left(\alpha^2-\frac{1}{4}\right)^2=\left(\beta-\frac{1}{2}\right)^2+\left(\beta^2-\frac{1}{4}\right)^2$$

$$\alpha^2-\alpha+\alpha^4-\frac{1}{2}\alpha^2=\beta^2-\beta+\beta^4-\frac{1}{2}\beta^2$$

$$\frac{1}{2}(\alpha^2-\beta^2)-(\alpha-\beta)+(\alpha^4-\beta^4)=0$$

ここで，3点P，Q，Rは三角形を作るので$\alpha\neq\beta$であるから

$$\frac{1}{2}(\alpha+\beta)-1+(\alpha^2+\beta^2)(\alpha+\beta)=0$$

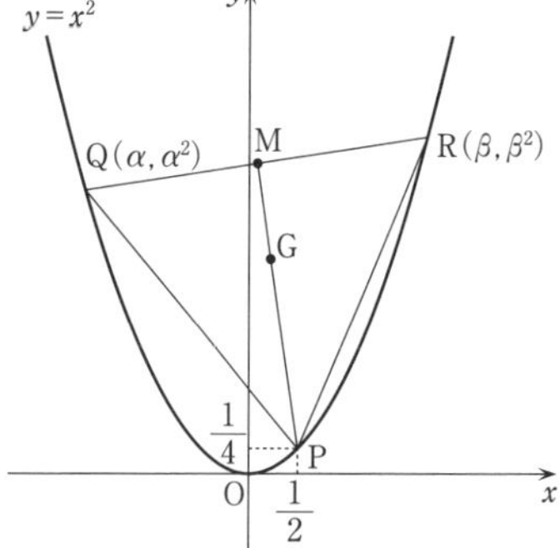

$\alpha+\beta=0$はこの式を満たさないので$\alpha+\beta\neq0$であり

$$\alpha^2+\beta^2=\frac{1}{\alpha+\beta}-\frac{1}{2}\quad\cdots\cdots①$$

G$(X,\ Y)$が△PQRの重心であるための条件は，①を満たす異なる実数α，βが存在して

$$\begin{cases} X=\dfrac{\frac{1}{2}+\alpha+\beta}{3} \\ Y=\dfrac{\frac{1}{4}+\alpha^2+\beta^2}{3} \end{cases}\quad\cdots\cdots②$$

が成り立つことである。

②は

$$\begin{cases} \alpha+\beta=\dfrac{6X-1}{2} \\ \alpha^2+\beta^2=3Y-\dfrac{1}{4} \end{cases}\quad\cdots\cdots③$$

と同値であり，$\alpha\beta=\frac{1}{2}\{(\alpha+\beta)^2-(\alpha^2+\beta^2)\}$ なので，さらにこれは

$$\begin{cases}\alpha+\beta=\dfrac{6X-1}{2}\\[2mm] \alpha\beta=\dfrac{18X^2-6X-6Y+1}{4}\end{cases}\quad\cdots\cdots④$$

と同値である。

④を満たす異なる実数α，βが存在するための（X，Y）の条件は，tの2次方程式

$$t^2-\frac{6X-1}{2}t+\frac{18X^2-6X-6Y+1}{4}=0\quad\cdots\cdots⑤$$

が異なる2つの実数解をもつための条件であり，⑤についての判別式を考えて

$$\left(\frac{6X-1}{2}\right)^2-4\cdot\frac{18X^2-6X-6Y+1}{4}>0$$

$$36X^2-12X+1-72X^2+24X+24Y-4>0$$

$$Y>\frac{3}{2}X^2-\frac{1}{2}X+\frac{1}{8}$$

$$Y>\frac{3}{2}\left(X-\frac{1}{6}\right)^2+\frac{1}{12}\quad\cdots\cdots⑥$$

⑥を満たす（X，Y）から⑤の解として得られるα，βは④，すなわち③を満たすので，①が成り立つための（X，Y）の条件は

$$3Y-\frac{1}{4}=\frac{2}{6X-1}-\frac{1}{2}\quad かつ\quad ⑥$$

すなわち

$$Y=\frac{1}{9\left(X-\frac{1}{6}\right)}-\frac{1}{12}\quad\cdots\cdots⑦\quad かつ\quad ⑥$$

である。

以上より，G（X，Y）の軌跡は双曲線⑦の⑥を満たす部分である。これを図示すると次図の実線部となる。

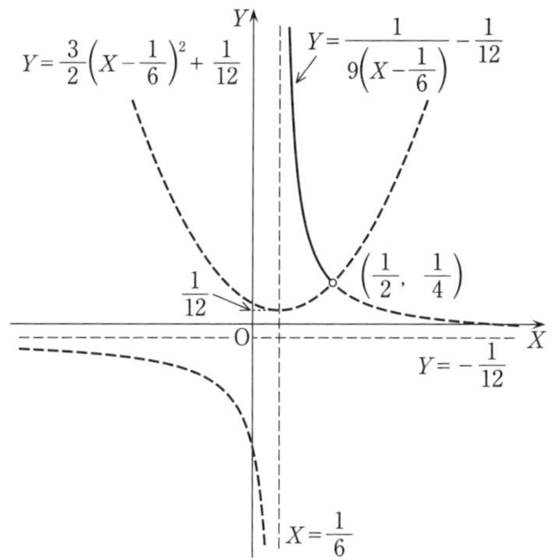

〔注〕 重心の座標（X，Y）を α，β で表した②の式を，PQ＝PR から得られる α，β の関係式①に代入して，X，Y の関係式を導くことは難しくない。また，このグラフは双曲線 $Y=\frac{1}{9X}$ を平行移動したものであることから図示は易しい。差が出るのは，グラフの範囲が限定されることである。これは，$\alpha+\beta$ と $\alpha\beta$ を X，Y で表し，2 次方程式の解としての α，β の実数条件を X，Y で表すことで得られる。

なお，⑥かつ⑦を満たす（X，Y）が求める軌跡であるということは，詳しく述べると

「⑥かつ⑦を満たす（X，Y）から得られる⑤の解 α，β に対して Q$(\alpha,\ \alpha^2)$，R$(\beta,\ \beta^2)$ をとると，④から③を経て①が成り立つので，△PQR は QR を底辺とする二等辺三角形であり，また，③から②が成り立つので，（X，Y）は確かに条件を満たす三角形の重心になっている」

ということである。

いずれにしても，本問を通して「存在」という言葉を適切に用いて，同値性に配慮した記述を学んでほしい。特に，変数変換（本問では②式）を行って変換した文字についての関係式を考えるときは，必ず「条件を満たす元の文字が実数として存在するための（新たな文字の）条件を求めておく」ことが欠かせないので注意しておくこと。

27　2010 年度〔5〕（文理共通）　Level B

ポイント 線分 PR が円 C の直径となること，∠QOR が直角となることの 2 条件を立式する。

解 法

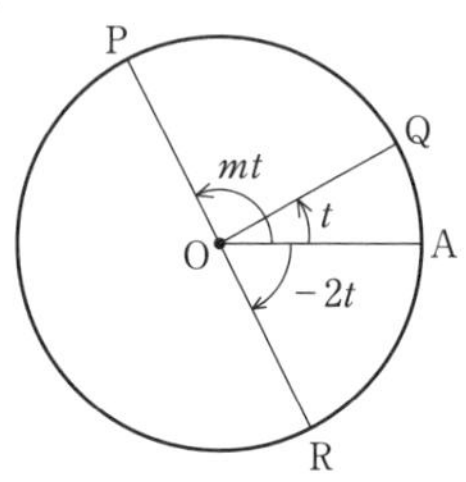

円 C の中心を O とする。円周角∠PQR が直角であるための条件は，線分 PR が直径であることである。このための t, m の条件は

$$mt+2t=\pi+2k\pi$$

すなわち

$$(m+2)t=(2k+1)\pi \quad \cdots\cdots ①$$

をみたす整数 k が存在することである。

また，PQ＝QR すなわち OQ⊥PR となるための t の条件は

$$t+2t=\frac{\pi}{2}+l\pi \quad すなわち \quad t=\frac{2l+1}{6}\pi \quad \cdots\cdots ②$$

をみたす整数 l が存在することである。

$0\leqq t\leqq 2\pi$ と②から，$l=0$，1，2，3，4，5 であり，この各々に対して

$$t=\frac{1}{6}\pi,\ \frac{1}{2}\pi,\ \frac{5}{6}\pi,\ \frac{7}{6}\pi,\ \frac{3}{2}\pi,\ \frac{11}{6}\pi$$

となる。

この各々の値に対して $1\leqq m\leqq 10$ かつ①をみたす整数の組 $(k,\ m)$ は

$t=\frac{1}{6}\pi$ のとき，$m=6(2k+1)-2$ から　$(k,\ m)=(0,\ 4)$

$t=\frac{1}{2}\pi$ のとき，$m=2(2k+1)-2$ から　$(k,\ m)=(1,\ 4),\ (2,\ 8)$

$t=\frac{5}{6}\pi$ のとき，$m=\frac{6}{5}(2k+1)-2$ から　$(k,\ m)=(2,\ 4)$

$t=\frac{7}{6}\pi$ のとき，$m=\frac{6}{7}(2k+1)-2$ から　$(k,\ m)=(3,\ 4)$

$t=\frac{3}{2}\pi$ のとき，$m=\frac{2}{3}(2k+1)-2$ から　$(k,\ m)=(4,\ 4),\ (7,\ 8)$

$t=\frac{11}{6}\pi$ のとき，$m=\frac{6}{11}(2k+1)-2$ から　$(k,\ m)=(5,\ 4)$

ゆえに，条件をみたす $(m,\ t)$ の組は

$$(m,\ t)=\left(4,\ \frac{\pi}{6}\right),\ \left(4,\ \frac{\pi}{2}\right),\ \left(4,\ \frac{5}{6}\pi\right),\ \left(4,\ \frac{7}{6}\pi\right),\ \left(4,\ \frac{3}{2}\pi\right),$$

$$\left(4,\ \frac{11}{6}\pi\right),\ \left(8,\ \frac{\pi}{2}\right),\ \left(8,\ \frac{3}{2}\pi\right)\ \cdots\cdots(\text{答})$$

〔注〕［解法］中の①の代わりに「$-2t-\pi=mt+2k'\pi$ となる整数 k' が存在すること」などの表現も可能である。なぜなら，$-2t-\pi=mt+2k'\pi$ を $2t+mt=-\pi-2k'\pi$ と変形して，$k'=-k-1$ となる整数 k を用いると $2t+mt=-\pi-2(-k-1)\pi=\pi+2k\pi$ となるからである。他にも同値な表現を考えることができるが，得られる結果は当然同じである。$\mathrm{OQ}\perp\mathrm{PR}$ となるための t の条件についても同様である。

28　2009年度〔6〕　Level D

ポイント　(1)　$P_1(t)$，$P_2(t)$ をそれぞれ P_1，P_2 と表すこととして，$\overrightarrow{P_1P_2}$ を $\vec{a_1}$ と $\vec{e_2}-\vec{e_1}$ で表してみる。あとは図形的に処理する。

(2)　単位円を考えてその中心を始点として，$\vec{e_1}$，$\vec{e_2}$ を図示すると，θ，θ_1，θ_2 の関係式が得られる。

(3)　(2)の結果を $\theta_1+\theta_2$，$\theta_2+\theta_3$，$\theta_3+\theta_1$ に適用した3式を用いて，θ_1 を α を用いて評価する。$OA_1=\dfrac{1000}{\sqrt{3}}$ であることから三角形 $A_1A_2A_3$ 内に $\overrightarrow{A_1P_1}$ を図示し，三角形 OA_1P_1 を利用して辺 OP_1 の長さを評価する。

解法

$P_1(t)$，$P_2(t)$ をそれぞれ P_1，P_2 と表すことにする。

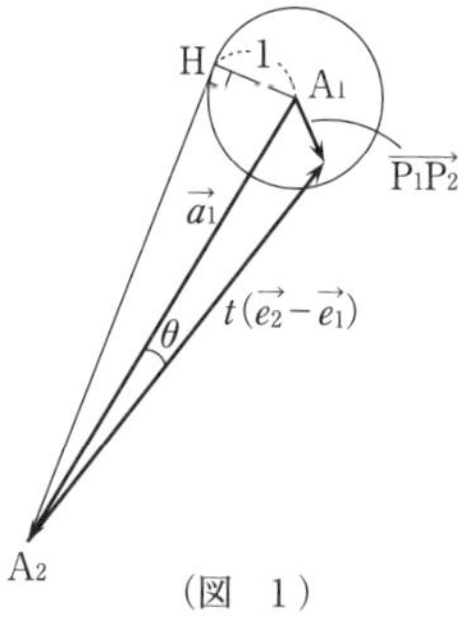

（図　1）

(1)　$\overrightarrow{A_1A_2}+\overrightarrow{A_2P_2}+\overrightarrow{P_2P_1}+\overrightarrow{P_1A_1}=\vec{0}$ より

$$\vec{a_1}+t\vec{e_2}-\overrightarrow{P_1P_2}-t\vec{e_1}=\vec{0}$$

$$\overrightarrow{P_1P_2}=\vec{a_1}+t(\vec{e_2}-\vec{e_1})$$

$|\overrightarrow{P_1P_2}|\leqq 1$ から図1を得て，$\overrightarrow{P_1P_2}$ の終点は単位円の内部（周を含む）にあるので，図1のように点Hを定めると $\theta\leqq\angle A_1A_2H$ であり，$|\vec{a_1}|=1000$ より

$$|\sin\theta|\leqq\sin\angle A_1A_2H=\frac{1}{|\vec{a_1}|}=\frac{1}{1000}$$ （証明終）

(2)　単位円を考えてその中心Qを始点として $\vec{e_1}$，$\vec{e_2}$ を図示すると図2アまたはイのようになる。ここで，三角形 PQP'，QRR' は正三角形，線分 PR は直径で，$\vec{e_1}=\overrightarrow{QE_1}$，$\vec{e_2}=\overrightarrow{QE_2}$，$\overrightarrow{PR}\parallel\vec{a_1}$ である。$\angle QE_1E_2=\angle QE_2E_1=\phi$ とする。

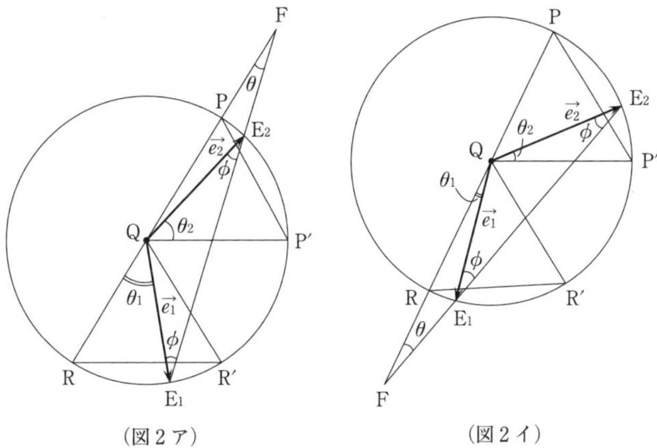

（図２ア）　　（図２イ）

(i)　直線 PR ∦ 直線 E_1E_2 のとき

この２直線の交点を F とすると，$\angle RFE_1=\theta$ である。このとき，三角形 QFE_1 および三角形 QFE_2 の外角と内対角の関係から

$$\begin{cases}\theta_1-\theta=\phi\\ \left(\dfrac{\pi}{3}-\theta_2\right)+\theta=\phi\end{cases}\quad \text{または}\quad \begin{cases}\theta_1+\theta=\phi\\ \left(\dfrac{\pi}{3}-\theta_2\right)-\theta=\phi\end{cases}$$

それぞれで辺々引いて

$$\theta_1+\theta_2-2\theta-\frac{\pi}{3}=0\quad \text{または}\quad \theta_1+\theta_2+2\theta-\frac{\pi}{3}=0$$

よって

$$\theta=\left|\frac{\theta_1+\theta_2}{2}-\frac{\pi}{6}\right|$$

(1)と直線 PR ∦ 直線 E_1E_2 より，$0<\theta\leqq\alpha$（$=\angle A_1A_2H$）なので

$$-\alpha\leqq\frac{\theta_1+\theta_2}{2}-\frac{\pi}{6}\leqq\alpha\quad \text{かつ}\quad \frac{\theta_1+\theta_2}{2}-\frac{\pi}{6}\neq 0$$

よって

$$\frac{\pi}{3}-2\alpha\leqq\theta_1+\theta_2\leqq\frac{\pi}{3}+2\alpha\quad \text{かつ}\quad \theta_1+\theta_2\neq\frac{\pi}{3}$$

(ii)　直線 PR // 直線 E_1E_2 のとき

平行線の錯角から

$$\begin{cases}\theta_1=\phi\\ \left(\dfrac{\pi}{3}-\theta_2\right)=\phi\end{cases}$$

辺々引いて　　$\theta_1+\theta_2=\dfrac{\pi}{3}$

以上(i)，(ii)から

$$\frac{\pi}{3}-2\alpha \leqq \theta_1+\theta_2 \leqq \frac{\pi}{3}+2\alpha \quad \cdots\cdots(\text{答})$$

(3) (2)の結果より

$$\frac{\pi}{3}-2\alpha \leqq \theta_1+\theta_2 \leqq \frac{\pi}{3}+2\alpha \quad \cdots\cdots①$$

同様にして

$$\frac{\pi}{3}-2\alpha \leqq \theta_2+\theta_3 \leqq \frac{\pi}{3}+2\alpha \quad \cdots\cdots②$$

$$\frac{\pi}{3}-2\alpha \leqq \theta_3+\theta_1 \leqq \frac{\pi}{3}+2\alpha \quad \cdots\cdots③$$

①＋③ より

$$\frac{2\pi}{3}-4\alpha \leqq 2\theta_1+\theta_2+\theta_3 \leqq \frac{2\pi}{3}+4\alpha \quad \cdots\cdots④$$

②より

$$-\frac{\pi}{3}-2\alpha \leqq -\theta_2-\theta_3 \leqq -\frac{\pi}{3}+2\alpha \quad \cdots\cdots⑤$$

$\dfrac{④+⑤}{2}$ より

$$\frac{\pi}{6}-3\alpha \leqq \theta_1 \leqq \frac{\pi}{6}+3\alpha$$

よって，図3の三角形 OA_1P_1 において

$$\angle OA_1P_1=\left|\theta_1-\frac{\pi}{6}\right| \leqq 3\alpha$$

これより

$$\begin{aligned}OP_1&=2OA_1\sin\frac{\angle OA_1P_1}{2}\\&\leqq 2\cdot\frac{1000}{\sqrt{3}}\sin\frac{3\alpha}{2}\\&<2\cdot\frac{1000}{\sqrt{3}}\sin 2\alpha=\frac{4000}{\sqrt{3}}\sin\alpha\cos\alpha\\&<\frac{4000}{\sqrt{3}}\sin\alpha=\frac{4000}{\sqrt{3}}\cdot\frac{1}{1000}=\frac{4}{\sqrt{3}}<3\end{aligned}$$

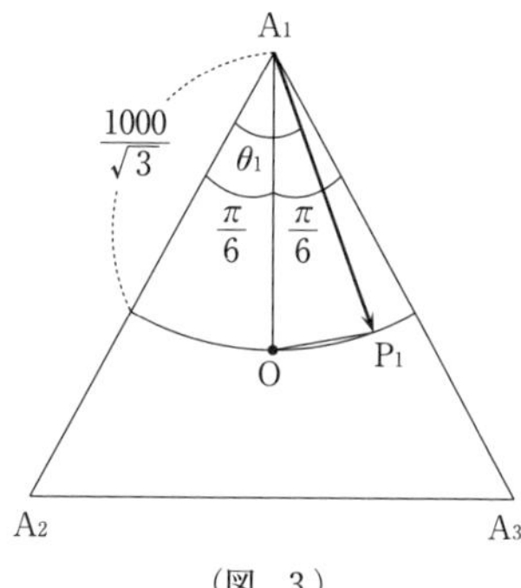

(図 3)

同様にして　$OP_2<3$, $OP_3<3$

ゆえに，$d(P_i(T),\ O) \leqq 3$ $(i=1,\ 2,\ 3)$ である。　(証明終)

〔注〕 問題設定が長く，記号設定も多いので適切な図を用いて考察していかないと大変である。以下にその要点をまとめておく。

(1) ［解法］に示した図を用いると自然に解決する。三角形や四角形では頂点を順に有向線分でつないでいくと $\vec{0}$ になるので，本問のようにその関係式を利用するのが有効な

場合もある。
⑵　［解法］に示した図を用いると，三角形の外角と内対角の関係を利用して，比較的容易に θ を θ_1，θ_2 で表すことができる。
⑶　⑵の結果を $\theta_1+\theta_2$，$\theta_2+\theta_3$，$\theta_3+\theta_1$ に適用した３式を用いて，θ_1 を α で評価することが第１ステップであるが，この発想自体が少し難しいかもしれない。次いで，この評価に基づいて，三角形 OA_1P_1 の辺 OP_1 の長さを評価すると，示すべき式より強い評価が得られる。

29 2006年度〔1〕 Level A

ポイント (1) P_3 が曲線 $xy=1$ 上にあると仮定して矛盾を導く。

(2) P_4, P_3 の成分を P_1 と P_2 の成分で表して丹念に計算する。

[解法1] 条件式をベクトルの成分表示で処理する。

[解法2] (2) ベクトル表示のままで処理する。

解法1

(1) $P_k=\begin{pmatrix} x_k \\ y_k \end{pmatrix}$ $(k=1,\ 2,\ 3,\ 4)$ とする。

条件より $\begin{pmatrix} x_3 \\ y_3 \end{pmatrix}=\dfrac{3}{2}\begin{pmatrix} x_2 \\ y_2 \end{pmatrix}-\begin{pmatrix} x_1 \\ y_1 \end{pmatrix}=\begin{pmatrix} \dfrac{3}{2}x_2-x_1 \\ \dfrac{3}{2}y_2-y_1 \end{pmatrix}$

よって

$$\begin{aligned} x_3y_3&=\left(\frac{3}{2}x_2-x_1\right)\left(\frac{3}{2}y_2-y_1\right) \\ &=\frac{9}{4}x_2y_2+x_1y_1-\frac{3}{2}(x_1y_2+x_2y_1) \\ &=\frac{13}{4}-\frac{3}{2}(x_1y_2+x_2y_1) \quad (\because\ \ x_1y_1=x_2y_2=1) \end{aligned}$$

したがって，P_3 が曲線 $xy=1$ 上にあるならば $x_3y_3=1$ より

$$\frac{13}{4}-\frac{3}{2}(x_1y_2+x_2y_1)=1 \qquad \text{すなわち} \qquad x_1y_2+x_2y_1=\frac{3}{2} \quad \cdots\cdots①$$

$x_1y_1=x_2y_2=1$ であるから，①より $\dfrac{x_1}{x_2}+\dfrac{x_2}{x_1}=\dfrac{3}{2}$ ……②

ここで，x_1，x_2 が異符号であるなら $\dfrac{x_1}{x_2}+\dfrac{x_2}{x_1}<0$

これは②に反する。

よって，x_1，x_2 は同符号となり $\dfrac{x_1}{x_2}>0,\ \dfrac{x_2}{x_1}>0$

このとき，相加・相乗平均の関係より

$$\frac{x_1}{x_2}+\frac{x_2}{x_1}\geqq 2\sqrt{\frac{x_1}{x_2}\cdot\frac{x_2}{x_1}}=2$$

これは②に反する。

ゆえに，P_3 は曲線 $xy=1$ 上にはない。 （証明終）

(2)　$\begin{pmatrix} x_4 \\ y_4 \end{pmatrix}=\dfrac{3}{2}\begin{pmatrix} x_3 \\ y_3 \end{pmatrix}-\begin{pmatrix} x_2 \\ y_2 \end{pmatrix}=\dfrac{3}{2}\left\{\dfrac{3}{2}\begin{pmatrix} x_2 \\ y_2 \end{pmatrix}-\begin{pmatrix} x_1 \\ y_1 \end{pmatrix}\right\}-\begin{pmatrix} x_2 \\ y_2 \end{pmatrix}$

$$=\frac{5}{4}\begin{pmatrix} x_2 \\ y_2 \end{pmatrix}-\frac{3}{2}\begin{pmatrix} x_1 \\ y_1 \end{pmatrix}$$

よって

$$x_4{}^2+y_4{}^2=\left(\frac{5}{4}x_2-\frac{3}{2}x_1\right)^2+\left(\frac{5}{4}y_2-\frac{3}{2}y_1\right)^2$$

$$=\frac{25}{16}(x_2{}^2+y_2{}^2)+\frac{9}{4}(x_1{}^2+y_1{}^2)-\frac{15}{4}(x_1x_2+y_1y_2)\quad\cdots\cdots③$$

ここで，P_k　($k=1,\ 2,\ 3$) が円周 $x^2+y^2=1$ 上にあることから

$$x_1{}^2+y_1{}^2=1\quad\cdots\cdots④,\qquad x_2{}^2+y_2{}^2=1\quad\cdots\cdots⑤,\qquad x_3{}^2+y_3{}^2=1\quad\cdots\cdots⑥$$

また

$$x_3{}^2+y_3{}^2=\left(\frac{3}{2}x_2-x_1\right)^2+\left(\frac{3}{2}y_2-y_1\right)^2$$

$$=\frac{9}{4}(x_2{}^2+y_2{}^2)+x_1{}^2+y_1{}^2-3(x_1x_2+y_1y_2)$$

$$=\frac{13}{4}-3(x_1x_2+y_1y_2)$$

これと⑥より　　$x_1x_2+y_1y_2=\dfrac{3}{4}$　$\cdots\cdots$⑦

③に④，⑤，⑦を代入して

$$x_4{}^2+y_4{}^2=\frac{25}{16}+\frac{9}{4}-\frac{15}{4}\cdot\frac{3}{4}=\frac{25+36-45}{16}=1$$

ゆえに，P_4 は円周 $x^2+y^2=1$ 上にある。　　　　(証明終)

解法 2

((1)は［解法1］に同じ)

(2)　$|\overrightarrow{\mathrm{OP}_k}|=1$　($k=1,\ 2,\ 3$) より

$$|\overrightarrow{\mathrm{OP}_3}|^2=\left|\frac{3}{2}\overrightarrow{\mathrm{OP}_2}-\overrightarrow{\mathrm{OP}_1}\right|^2=\frac{9}{4}|\overrightarrow{\mathrm{OP}_2}|^2-3\overrightarrow{\mathrm{OP}_1}\cdot\overrightarrow{\mathrm{OP}_2}+|\overrightarrow{\mathrm{OP}_1}|^2$$

$$=\frac{9}{4}-3\overrightarrow{\mathrm{OP}_1}\cdot\overrightarrow{\mathrm{OP}_2}+1$$

ここで，$|\overrightarrow{\mathrm{OP}_3}|=1$ であるから　　$\overrightarrow{\mathrm{OP}_1}\cdot\overrightarrow{\mathrm{OP}_2}=\dfrac{3}{4}$

したがって

$$|\overrightarrow{\mathrm{OP}_4}|^2=\left|\frac{3}{2}\overrightarrow{\mathrm{OP}_3}-\overrightarrow{\mathrm{OP}_2}\right|^2=\left|\frac{3}{2}\left(\frac{3}{2}\overrightarrow{\mathrm{OP}_2}-\overrightarrow{\mathrm{OP}_1}\right)-\overrightarrow{\mathrm{OP}_2}\right|^2$$

$$=\left|\frac{5}{4}\overrightarrow{\mathrm{OP}_2}-\frac{3}{2}\overrightarrow{\mathrm{OP}_1}\right|^2=\frac{25}{16}|\overrightarrow{\mathrm{OP}_2}|^2-\frac{15}{4}\overrightarrow{\mathrm{OP}_1}\cdot\overrightarrow{\mathrm{OP}_2}+\frac{9}{4}|\overrightarrow{\mathrm{OP}_1}|^2$$

$$=\frac{25}{16}-\frac{15}{4}\cdot\frac{3}{4}+\frac{9}{4}=1$$

ゆえに，P_4 は円周 $x^2+y^2=1$ 上にある。 （証明終）

30 2006年度〔3〕 Level C

ポイント (1) $Q(q,\ 1)$，$R(r,\ cr)$ とおき，線分 OQ，PR の中点を結ぶ直線の傾きが α であることを用いる。この際，q，r を p，α で表す。

(2) 題意を丁寧に言い直すと，$T=\tan\dfrac{\theta}{3}$ として

「y 軸上のある点 $P(0,\ p)$ $(p>1)$ が存在して，どのような θ $\left(0<\theta<\dfrac{\pi}{2}\right)$ に対しても傾き $-\dfrac{1}{T}$ の直線 l に関する対称移動によって O は直線 $y=1$ 上の第 1 象限に移り，P は直線 $y=(\tan\theta)x$ 上の第 1 象限に移る」

ことを示し，そのときの p の値を求めることである。(1)の結果と $\tan\theta$ を T を用いて表すことで解決に向かう。

[解法 1] 上記の方針による。

[解法 2] (2) 与えられた条件が，三角形 POQ が二等辺三角形であることと同値であることを三角形の合同を用いて幾何的に導く。

解法 1

(1) $c=\tan\theta$，$Q(q,\ 1)$，$R(r,\ cr)$ $(q\neq 0,\ r\neq 0)$ とおき，線分 OQ，PR の中点をそれぞれ M，N とおく。

$$M\left(\frac{q}{2},\ \frac{1}{2}\right),\ N\left(\frac{r}{2},\ \frac{p+cr}{2}\right) \quad \cdots\cdots ①$$

OQ の傾きは $\dfrac{1}{q}$ で，$OQ\perp l$ より

$$\alpha\cdot\frac{1}{q}=-1$$

$$q=-\alpha \quad \cdots\cdots ②$$

PR の傾きは $\dfrac{cr-p}{r}$ で，$PR\perp l$ より

$$\alpha\cdot\frac{cr-p}{r}=-1$$

$$r=\frac{p\alpha}{1+c\alpha} \quad \cdots\cdots ③$$

よって $\quad \dfrac{p+cr}{2}=\dfrac{p+2cp\alpha}{2(1+c\alpha)} \quad \cdots\cdots ④$

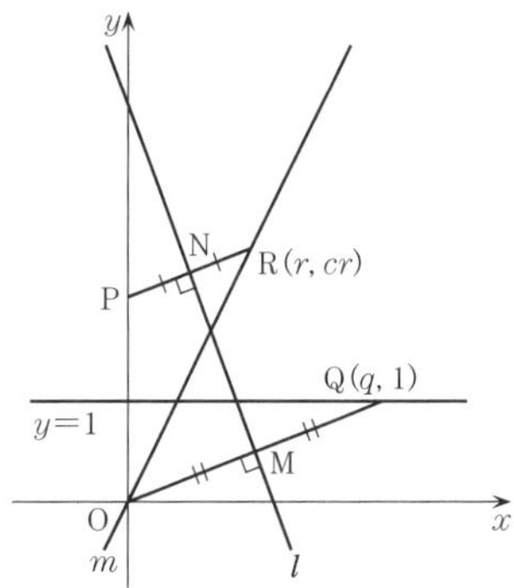

①～④より

$$\mathrm{M}\left(-\frac{\alpha}{2},\ \frac{1}{2}\right),\ \mathrm{N}\left(\frac{p\alpha}{2(1+c\alpha)},\ \frac{p+2cp\alpha}{2(1+c\alpha)}\right)$$

よって　$\overrightarrow{\mathrm{MN}}=\left(\dfrac{p\alpha}{2(1+c\alpha)}+\dfrac{\alpha}{2},\ \dfrac{p+2cp\alpha}{2(1+c\alpha)}-\dfrac{1}{2}\right)$

これが l の方向ベクトル（1, α）に平行であるから

$$\left(\frac{p\alpha}{2(1+c\alpha)}+\frac{\alpha}{2}\right)\alpha-\left(\frac{p+2cp\alpha}{2(1+c\alpha)}-\frac{1}{2}\right)=0$$

$$p\alpha^2+\alpha^2(1+c\alpha)-(p+2cp\alpha-1-c\alpha)=0$$

$$c(\alpha^3-2p\alpha+\alpha)=-p\alpha^2-\alpha^2+p-1$$

$$\tan\theta=c=-\frac{(p+1)\alpha^2+1-p}{\alpha^3+(1-2p)\alpha}\quad\cdots\cdots(\text{答})$$

(2)　原点を通り直線 l に垂直な直線の傾きは $-\dfrac{1}{\alpha}$ である。

$$\frac{\theta}{3}=A,\quad T=\tan A$$

とおくと　$-\dfrac{1}{\alpha}=\tan A$　すなわち　$\alpha=-\dfrac{1}{T}$

であるから，問題は

「y 軸上のある点 P(0, p)　($p>1$) が存在して，どのような θ $\left(0<\theta<\dfrac{\pi}{2}\right)$ に対しても傾き $-\dfrac{1}{T}$ の直線 l に関する対称移動によって O は直線 $y=1$ 上の第 1 象限に移り，P は直線 $y=(\tan\theta)x$ 上の第 1 象限に移る」 ……(＊)

ことを示し，p の値を求めることである。

(1)により，条件(＊)は y 軸上のある点 P が存在して

$$\tan\theta=-\frac{(p+1)\alpha^2+1-p}{\alpha^3+(1-2p)\alpha}=\frac{(p+1)T+(1-p)T^3}{1+(1-2p)T^2}\quad\cdots\cdots①$$

がどのような θ $\left(0<\theta<\dfrac{\pi}{2}\right)$ に対しても成り立つことである。

このための p の条件を求める。

$$\tan\theta=\tan 3A=\tan(2A+A)=\frac{\tan 2A+\tan A}{1-\tan 2A\tan A}$$

$$=\frac{\dfrac{2\tan A}{1-\tan^2 A}+\tan A}{1-\dfrac{2\tan A}{1-\tan^2 A}\cdot\tan A}=\frac{3T-T^3}{1-3T^2}$$

よって，①は $\dfrac{3T-T^3}{1-3T^2}=\dfrac{(p+1)T+(1-p)T^3}{1+(1-2p)T^2}$ と同値である。

これを整理すると

$$(p-2)\,T\,(T^2+1)^2=0 \qquad すなわち \qquad (p-2)\tan\frac{\theta}{3}\left(\tan^2\frac{\theta}{3}+1\right)^2=0$$

これがどのような θ $\left(0<\theta<\dfrac{\pi}{2}\right)$ に対しても成り立つための p の条件は $p=2$ である。

ゆえに，条件を満たす点Pは確かに存在し，そのときの p の値は2である。

（証明終）

解法 2

（(1)は［解法1］に同じ）

(2) x 軸上の，x 座標が正である点Xを1つとる。

問題の設定 $\left(\text{まだ} \angle \mathrm{QOX} \text{が} \dfrac{\theta}{3} \text{であることを前提と}\right.$ $\left.\text{していない設定}\right)$ から，四角形POQRは l に関して対称な等脚台形（PO = RQ）である。

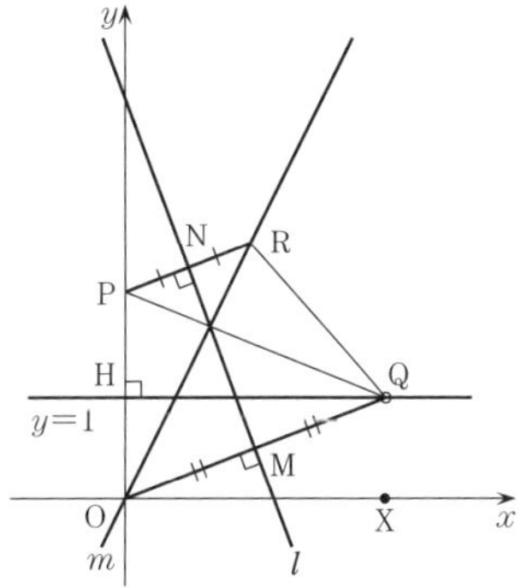

このことから $\triangle \mathrm{POQ} \equiv \triangle \mathrm{RQO}$ が導かれ

$$\angle \mathrm{PQO}=\angle \mathrm{ROQ} \quad \cdots\cdots ①$$

また，H(0, 1) とすると QH∥OX より

$$\angle \mathrm{HQO}=\angle \mathrm{QOX} \quad \cdots\cdots ②$$

①，②より

$$\angle \mathrm{PQO}-\angle \mathrm{HQO}=\angle \mathrm{ROQ}-\angle \mathrm{QOX}$$

$$\angle \mathrm{PQH}=\angle \mathrm{ROQ}-\angle \mathrm{QOX} \quad \cdots\cdots ③$$

$\angle \mathrm{ROX}=\theta$ より，条件 $\angle \mathrm{QOX}=\dfrac{\theta}{3}$ は $\angle \mathrm{ROQ}=\dfrac{2}{3}\theta$ と同値であり，③より $\angle \mathrm{PQH}=\dfrac{\theta}{3}$ と同値となる。PH⊥(x 軸) より，これは $\angle \mathrm{PQH}=\angle \mathrm{OQH}$ と同値であり，さらにこれは $\triangle \mathrm{PQH} \equiv \triangle \mathrm{OQH}$ と同値である（∵ QH 共通，QH⊥PO)。

したがって，条件 $\angle \mathrm{QOX}=\dfrac{\theta}{3}$ であるためのPの条件は

$$\mathrm{PH}=1 \quad すなわち \quad p=2$$

ゆえに，与えられた条件を満たす点Pは存在し，そのとき p の値は2である。

（証明終）

〔注〕 (2)の題意の把握が難しい。［解法1］の(＊)のように理解できると(1)の結果との関連が明確になる。(1)の結果を p と T で表し，一方で $\tan\theta$ を T で表すことにより，p の条件が明確になる。$\tan\theta$ を T で表すには余弦と正弦を用いた変形によることもできるが，ここでは正接の加法定理を利用して導いた。

本問は鋭角の3等分の折り紙による実現方法を背景としている。

研究 <鋭角の3等分線の折り紙による作図>

右図のような正方形の折り紙 ABCD を用意し，辺 BC または CD 上の点 P に対して，∠BAP の3等分線を作図する手順として次のようなものが知られている。

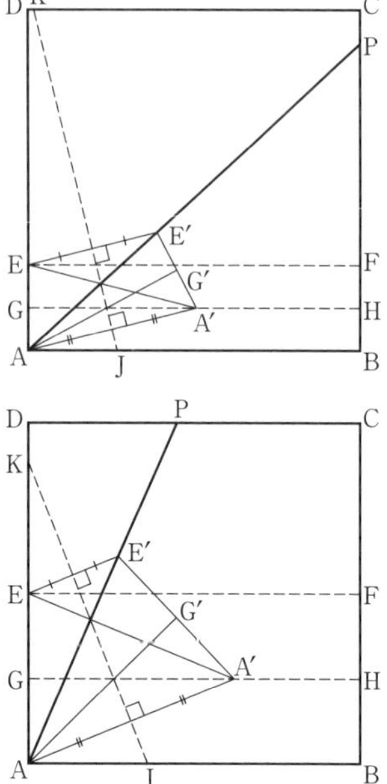

① A，B がそれぞれ辺 AD，BC 上にくるように折り，A，B がそれぞれ重なる点を E，F とし，折り目を GH とする。(AB∥EF∥GH，AG＝EG＝BH＝FH である)

② A，E がそれぞれ線分 GH，AP 上に重なるように折り，A，E が重なる点をそれぞれ A′，E′ とし，このとき，G が重なる A′E′ 上の点を G′ とする。

ただし，①における E(F) の位置は P の位置に対して一通りに定まるわけではなく，②の A′，E′ がとれるように定めればよい。あるいは，AE の長さを任意にとって折り紙の大きさを必要に応じて拡大すると考えてもよい。このとき，直線 AA′，AG′ は ∠BAP の3等分線である。

証明は，②における折り目を JK とし，直線 JK に関して A，G，E がそれぞれ A′，G′，E′ と対称であることを用いて以下のようになる。

(証明) △AEE′≡△A′E′E (AE＝A′E′，EE′＝E′E，∠AEE′＝∠A′E′E) から

AE′＝A′E

これと A′A＝A′E から

AA′＝AE′＝A′E

これと A′E′＝AE から，△AA′E′ と △A′AE は合同な二等辺三角形である。

G′，G はこれらの底辺の中点なので

∠A′AG′＝∠E′AG′＝∠AA′G ……(ア)

さらに，AB∥GH から

∠BAA′＝∠AA′G ……(イ)

(ア)，(イ)から，∠BAA′＝∠A′AG′＝∠E′AG′となり，直線 AA′，AG′ は∠BAP の3等分線である。 (証明終)

このように，②の A′，E′ がとれることを前提にすると，証明自体は中学のレベルで易しいものである。問題はどのような P に対しても，このような A′，E′ がいつでもとれるのか（そのようになる折り目（対称軸）JK が P ごとにいつでも存在するのか）ということであり，このことが本質的なことである。これが本問で問われていて，そのための条件は AG＝EG であることがわかる。これは作図（作業手順）において，最初に折り目 GH を適当に1つ定め，A が重なる点を E にとるということで保障されている。

以上が本問の背景である。

31　2004年度〔1〕（文理共通）　Level B

ポイント　P，Qの x 座標の関係を a を用いて表す。次いで線分PQの中点をMとして，MR⊥PQであることをベクトルを用いて表すことによって，Rの座標を a で表すことができる。

［解法1］　上記の方針による。

［解法2］　直線PQの傾きを $\tan\alpha$ として，直線QR，RPの傾きに注目する。

［解法3］　±60°の回転を表す複素数を利用する。

［解法4］　±60°の回転を表す行列を利用する。

解法1

$P(p,\ p^2)$，$Q(q,\ q^2)$ とおく。

$p<q$ として一般性を失わない。

直線PQの傾きが $\sqrt{2}$ であることから

$$\frac{q^2-p^2}{q-p}=\sqrt{2} \qquad \therefore \quad q+p=\sqrt{2} \quad \cdots\cdots①$$

PQ $=a$ から

$$(q-p)^2+(q^2-p^2)^2=a^2 \qquad (q-p)^2+(q-p)^2(q+p)^2=a^2$$

①を代入して

$$3(q-p)^2=a^2$$

$$\therefore \quad q-p=\frac{a}{\sqrt{3}} \quad (\because \quad p<q) \quad \cdots\cdots②$$

線分PQの中点をMとおくと，①，②より

Mの x 座標は　$\dfrac{p+q}{2}=\dfrac{\sqrt{2}}{2}$

y 座標は　$\dfrac{p^2+q^2}{2}=\dfrac{(q+p)^2+(q-p)^2}{4}=\dfrac{1}{2}+\dfrac{a^2}{12}$

$\vec{c}=(1,\ \sqrt{2})$ とおくと，$\overrightarrow{MR}\perp\vec{c}$ である。

よって

$$\overrightarrow{MR}=\frac{\sqrt{3}}{2}a\cdot\frac{1}{\sqrt{3}}(\pm\sqrt{2},\ \mp1)=\left(\pm\frac{\sqrt{2}a}{2},\ \mp\frac{a}{2}\right) \quad \left(\because \quad |\overrightarrow{MR}|=\frac{\sqrt{3}}{2}a\right)$$

ゆえに

$$\overrightarrow{OR}=\overrightarrow{OM}+\overrightarrow{MR}$$

$$=\left(\frac{\sqrt{2}}{2},\ \frac{1}{2}+\frac{a^2}{12}\right)+\left(\pm\frac{\sqrt{2}a}{2},\ \mp\frac{a}{2}\right)$$

$$=\left(\frac{\sqrt{2}}{2}\pm\frac{\sqrt{2}}{2}a,\ \frac{a^2}{12}\mp\frac{a}{2}+\frac{1}{2}\right)$$

Rが放物線 $y=x^2$ 上にあるための条件は

$$\frac{1}{12}(a^2\mp 6a+6)=\frac{1}{2}(1\pm a)^2 \quad \text{(以上複号同順)}$$

$$5a^2\pm 18a=0$$

$a>0$ であるから　　$a=\dfrac{18}{5}$　……(答)

解法 2

$\mathrm{P}(p,\ p^2)$，$\mathrm{Q}(q,\ q^2)$，$\mathrm{R}(r,\ r^2)$ とする。

直線PQ，QR，RPの傾きはそれぞれ

$$\frac{p^2-q^2}{p-q}=p+q,\quad \frac{q^2-r^2}{q-r}=q+r,\quad \frac{r^2-p^2}{r-p}=r+p \quad \cdots\cdots①$$

PQの傾きが $\sqrt{2}$ であることから，直線PQが x 軸正方向となす角を α　$(0^\circ<\alpha<90^\circ)$ とすると　　$\tan\alpha=\sqrt{2}$

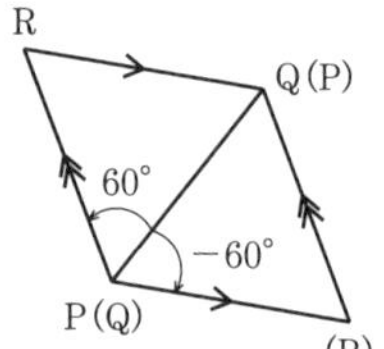

必要によりPとQを取り直すことによって

$$\begin{cases}\text{QRの傾き}=\tan(\alpha-60^\circ)\\ \text{RPの傾き}=\tan(\alpha+60^\circ)\end{cases} \quad \cdots\cdots②$$

と考えてよい。①，②より

$$q+r=\frac{\tan\alpha-\tan 60^\circ}{1+\tan\alpha\tan 60^\circ}=\frac{\sqrt{2}-\sqrt{3}}{1+\sqrt{6}}=\frac{-4\sqrt{2}+3\sqrt{3}}{5}$$

$$r+p=\frac{\tan\alpha+\tan 60^\circ}{1-\tan\alpha\tan 60^\circ}=\frac{\sqrt{2}+\sqrt{3}}{1-\sqrt{6}}=\frac{-4\sqrt{2}-3\sqrt{3}}{5}$$

$$\therefore\quad q-p=\frac{6\sqrt{3}}{5} \quad \cdots\cdots③$$

また　　$q+p=\tan\alpha=\sqrt{2}$　……④

③，④より

$$a^2=\mathrm{PQ}^2=(q-p)^2+(q^2-p^2)^2=(q-p)^2\{1+(q+p)^2\}$$

$$=\left(\frac{6\sqrt{3}}{5}\right)^2\times 3$$

$a>0$ より　　$a=\dfrac{6\sqrt{3}}{5}\times\sqrt{3}=\dfrac{18}{5}$　……(答)

解法 3

（①，②までは［解法 1］に同じ）

①，②より　　$p=\frac{1}{2}\left(\sqrt{2}-\frac{a}{\sqrt{3}}\right)$

よって，複素数平面でRを表す複素数は

$$\{(q-p)+(q^2-p^2)i\}\{\cos(\pm 60^\circ)+i\sin(\pm 60^\circ)\}+(p+p^2 i)$$

$$=\left(\frac{a}{\sqrt{3}}+\sqrt{2}\frac{a}{\sqrt{3}}i\right)\left(\frac{1}{2}\pm\frac{\sqrt{3}}{2}i\right)+\left\{\frac{1}{2}\left(\sqrt{2}-\frac{a}{\sqrt{3}}\right)+\frac{1}{4}\left(\sqrt{2}-\frac{a}{\sqrt{3}}\right)^2 i\right\}$$

$$=\frac{\sqrt{3}a}{6}\{(1\mp\sqrt{6})+(\sqrt{2}\pm\sqrt{3})i\}+\left\{\frac{\sqrt{3}}{6}(\sqrt{6}-a)+\frac{1}{4}\left(2+\frac{a^2}{3}-\frac{2\sqrt{6}a}{3}\right)i\right\}$$

$$=\frac{\sqrt{2}}{2}(1\mp a)+\frac{1}{12}(a^2\pm 6a+6)i\quad\text{（複号同順）}$$

（以下，［解法 1］に同じ）

解法 4

（①，②までは［解法 1］に同じ）

①，②より　　$p=\frac{1}{2}\left(\sqrt{2}-\frac{a}{\sqrt{3}}\right)$

$\mathrm{R}(r_1,\ r_2)$ とすると

$$\begin{pmatrix} r_1 \\ r_2 \end{pmatrix}=\begin{pmatrix} \cos\left(\pm\frac{\pi}{3}\right) & -\sin\left(\pm\frac{\pi}{3}\right) \\ \sin\left(\pm\frac{\pi}{3}\right) & \cos\left(\pm\frac{\pi}{3}\right) \end{pmatrix}\begin{pmatrix} q-p \\ q^2-p^2 \end{pmatrix}+\begin{pmatrix} p \\ p^2 \end{pmatrix}$$

$$=\begin{pmatrix} \frac{1}{2} & \mp\frac{\sqrt{3}}{2} \\ \pm\frac{\sqrt{3}}{2} & \frac{1}{2} \end{pmatrix}\begin{pmatrix} \frac{a}{\sqrt{3}} \\ \frac{\sqrt{2}a}{\sqrt{3}} \end{pmatrix}+\begin{pmatrix} \frac{\sqrt{2}}{2}-\frac{a}{2\sqrt{3}} \\ \frac{1}{2}+\frac{a^2}{12}-\frac{\sqrt{6}a}{6} \end{pmatrix}$$

$$=\begin{pmatrix} \frac{\sqrt{2}}{2}\mp\frac{\sqrt{2}}{2}a \\ \frac{a^2}{12}\pm\frac{a}{2}+\frac{1}{2} \end{pmatrix}\quad\text{（複号同順）}$$

（以下，［解法 1］に同じ）

32 2003年度〔6〕 Level A

ポイント 円周率の定義を「円の直径に対する円周の長さの比」であると明記した上で，円に内接する正多角形の周の長さで，円周を下から評価する。正八角形または正十二角形を利用する。

解法

円周率πとは円の直径に対する円周の長さの比である。したがって，円周率πとは直径1の円の周の長さでもある。円周の長さは，その円に内接する多角形の辺の長さの総和より大きい。

直径が1の円に内接する正十二角形を考える。この正十二角形の1辺の長さをaとすると余弦定理から

$$a^2=\left(\frac{1}{2}\right)^2+\left(\frac{1}{2}\right)^2-2\times\left(\frac{1}{2}\right)^2\cos 30°=\frac{1}{2}-\frac{\sqrt{3}}{4}$$

$$\therefore\quad a=\frac{\sqrt{2-\sqrt{3}}}{2}=\frac{1}{2}\sqrt{\frac{4-2\sqrt{3}}{2}}=\frac{1}{2\sqrt{2}}\sqrt{(\sqrt{3}-1)^2}=\frac{\sqrt{3}-1}{2\sqrt{2}}=\frac{\sqrt{6}-\sqrt{2}}{4}$$

よって

$$\pi>12a=3(\sqrt{6}-\sqrt{2})$$

ここで，$6>2.44^2=5.9536$，$2<1.42^2=2.0164$ より

$$\sqrt{6}>2.44,\quad \sqrt{2}<1.42$$

$$\therefore\quad \pi>3(\sqrt{6}-\sqrt{2})>3(2.44-1.42)=3.06>3.05$$

（証明終）

〔注〕 一般に曲線の長さは，その曲線上の，隣り合う2点間の距離の最大値が0に収束するような点列に対して，隣り合う点を結んだ線分の長さの総和の極限値（存在する場合）と定義される。円周を内接多角形の周長の極限とみるのはこの考え方によっているが，収束の速度はかなり遅く，途中で用いられる無理数の近似値もかなり精密な評価が必要となることが知られている。円周率を小数第2位まで求めるのでさえ，正九十六角形を利用しなければならないことがすでにアルキメデスにより知られていたが，その際にも途中で用いるいくつもの近似値を大変巧妙に評価するための驚くべき計算結果が用いられている。

本問では円周率が3.05より大きいことを示すのに正十二角形を利用したが，正八角形では途中の無理数の近似を小数第3位まで用いなければならない。

§3 方程式・不等式・領域

33 2023年度〔5〕 Level B

ポイント (1) $g(x)^7-r(x)^7$ が $f(x)$ で割り切れることを示す。

(2) 条件と(1)から $h(x)^{49}-h(x)$ が $f(x)$ で割り切れることを導く。一般に整式 $j(x)$ が $(x-1)^2(x-2)$ で割り切れるための条件は，$j(1)=j'(1)=j(2)=0$ であることを用いる。

解法

(1) $g(x)^7-r(x)^7$ が $f(x)$ で割り切れることを示せばよい。

$$g(x)^7-r(x)^7=\{g(x)-r(x)\}\{g(x)^6+g(x)^5r(x)+\cdots+g(x)r(x)^5+r(x)^6\}$$

ここで，$r(x)$ は $g(x)$ を $f(x)$ で割った余りであるから，$g(x)-r(x)$ は $f(x)$ で割り切れる。

ゆえに，$g(x)^7-r(x)^7$ は $f(x)$ で割り切れる。よって，$g(x)^7$ を $f(x)$ で割った余りと $r(x)^7$ を $f(x)$ で割った余りが等しい。 （証明終）

〔注1〕 一般に整式の間の関係式が

$$G_1(x)=Q_1(x)F(x)+R_1(x),\quad G_2(x)=Q_2(x)F(x)+R_2(x)$$

(ただし，$R_1(x)$，$R_2(x)$ の次数は $F(x)$ の次数より小さいものとする。すなわち，$R_1(x)$，$R_2(x)$ はそれぞれ $G_1(x)$，$G_2(x)$ を $F(x)$ で割った余り）であるとき

$$G_1(x)-G_2(x)=\{Q_1(x)-Q_2(x)\}F(x)+R_1(x)-R_2(x)$$

となるので，$R_1(x)=R_2(x)$ ならば，$G_1(x)-G_2(x)$ は $F(x)$ で割り切れる。逆に，$G_1(x)-G_2(x)$ が $F(x)$ で割り切れるならば，$R_1(x)-R_2(x)$ も $F(x)$ で割り切れるが，$R_1(x)-R_2(x)$ の次数が $F(x)$ の次数より低いことから，$R_1(x)-R_2(x)=0$ すなわち $R_1(x)=R_2(x)$ となる。[解法] ではこのことを前提としている。余りの次数が割る整式の次数よりも小さいことが本質的であることに注意。

〔注2〕 $g(x)$ を $f(x)$ で割ったときの商を $q(x)$ とおくと，$g(x)=q(x)f(x)+r(x)$ から

$$g(x)^7=\{q(x)f(x)+r(x)\}^7=\sum_{k=0}^{6}{}_7\mathrm{C}_k\{q(x)f(x)\}^{7-k}r(x)^k+r(x)^7$$

なので，$g(x)^7$ を $f(x)$ で割った余りと $r(x)^7$ を $f(x)$ で割った余りは等しいという記述も可。

(2) 一般に整式 $P_1(x)$，$P_2(x)$ を $f(x)$ で割った余りが等しいとき

$$P_1(x)\equiv P_2(x)$$

と書くことにする。このとき，与えられた条件から

$$h(x)^7\equiv h_1(x),\quad h_1(x)^7\equiv h_2(x)$$

よって，(1)から

$$h(x)^{49} \equiv h_1(x)^7 \equiv h_2(x)$$

したがって，$h_2(x)=h(x)$ となるとき

$$h(x)^{49} \equiv h(x)$$

となり，$h(x)^{49}-h(x)$ は $f(x)$ で割り切れる。

$j(x)=h(x)^{49}-h(x)$ とおくと，$j(x)$ が $(x-1)^2(x-2)\,(=f(x))$ で割り切れるための条件は

$$j(1)=j'(1)=j(2)=0$$

である。

$j(1)=h(1)^{49}-h(1)=0$ から，$h(1)=0$ または $h(1)^{48}=1$ であるが，$h(1)^{48}=1$ を満たす実数 $h(1)$ は ± 1 に限られる。よって，まず

$$h(1)=0,\ \pm 1 \quad \cdots\cdots ①$$

である。同様に，$j(2)=0$ から

$$h(2)=0,\ \pm 1 \quad \cdots\cdots ②$$

である。

また

$$j'(x)=49h(x)^{48}h'(x)-h'(x)=h'(x)\{49h(x)^{48}-1\}$$

から，$j'(1)=0$ は

$$h'(1)\{49h(1)^{48}-1\}=0 \quad \cdots\cdots ③$$

となる。

①のいずれに対しても，$49h(1)^{48}-1 \neq 0$ であるから，③は

$$h'(1)=0 \quad \cdots\cdots ③'$$

となる。

ここで，$h(x)=x^2+ax+b$，$h'(x)=2x+a$ より

$$h(1)=a+b+1,\ h(2)=2a+b+4,\ h'(1)=a+2$$

なので，まず，③′ から

$$a=-2$$

このとき，$h(1)=b-1$，$h(2)=b$ なので，①より $b=0,\ 1,\ 2$，②より $b=0,\ 1,\ -1$ となり，①かつ②が成り立つ b の値は，$b=0,\ 1$ である。

ゆえに　　$(a,\ b)=(-2,\ 0),\ (-2,\ 1)$　……(答)

34 2022年度〔3〕 Level B

ポイント (1) 領域 D 内の点でOまたはAまたはBから十分離れていない点の範囲を考え，それ以外の部分にある放物線上の点の x 座標を考える。

(2) Pを固定するごとに，D 内の部分のうちPから十分離れていない点の範囲は，Pを中心とする1辺の長さが2の正方形の内部で D 内の部分（K とする）である。D 内でO，A，Bのいずれからも十分離れている点の範囲を J とし，K と J の共通部分の面積を J の面積から引く。

(3) $f(a)$ の増減を考える。

解 法

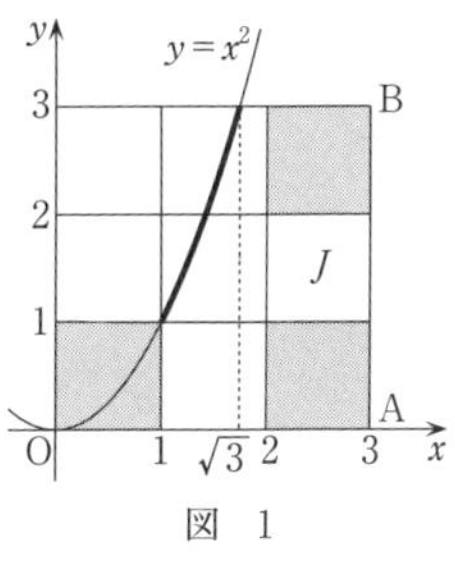

図 1

(1) 点 $S(x_1,\ y_1)$ が点 $T(x_2,\ y_2)$ から十分離れていないための条件は

$$|x_1-x_2|<1 \quad かつ \quad |y_1-y_2|<1$$

が成り立つことである。これは，SがTを中心とする1辺の長さが2の正方形（辺は軸に平行，以下同様）の内部にあることである。よって，D 内の点でOまたはAまたはBから十分離れていない点の範囲は図1の網かけ部分（境界除く）である。したがって，D 内の放物線上の点PがO，A，Bのいずれからも十分離れているための条件は，Pが図1の網かけ部分を除く領域（これを J とおく）内にあることである。

図1の太線部分の x 座標を考えて

$$1 \leqq a \leqq \sqrt{3} \quad \cdots\cdots(答)$$

(2) D 内の部分のうちPから十分離れていない点の範囲は，図2の斜線部分（Pを中心とする1辺の長さが2の正方形の内部で D 内の部分）であり，これを K とする。K のうち網かけ部分と重ならない部分（太線で囲まれた図形）の面積を J の面積6から引いた値が $f(a)$ である。

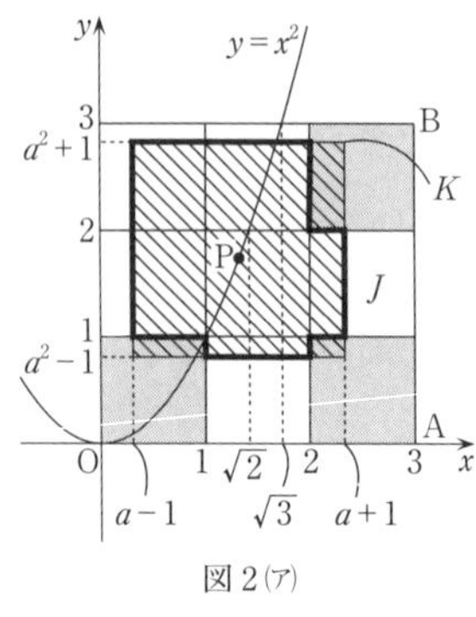

図2(ア)

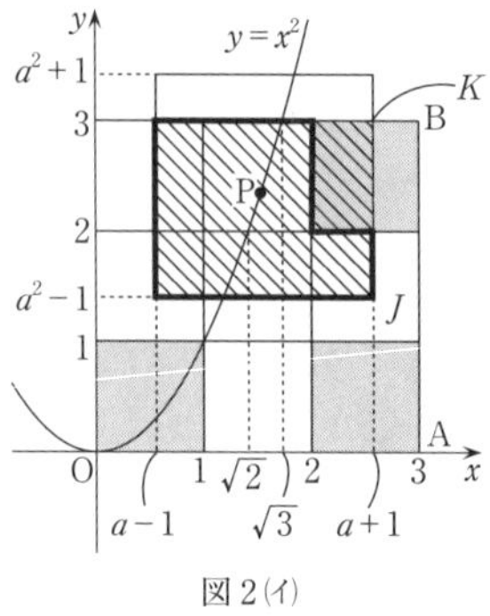

図2(イ)

(ア) $1 \leqq a \leqq \sqrt{2}$ のとき

$$f(a)=6-\{4-(2-a)(2-a^2)-(a-1)(2-a^2)-(a-1)(a^2-1)\}$$
$$=a^3-2a^2-a+5$$

(イ) $\sqrt{2}<a \leqq \sqrt{3}$ のとき

$$f(a)=6-\{4-2(a^2-2)-1\cdot(a-1)\}$$
$$=2a^2+a-3$$

ゆえに

$$f(a)=\begin{cases} a^3-2a^2-a+5 & (1 \leqq a \leqq \sqrt{2}) \\ 2a^2+a-3 & (\sqrt{2}<a \leqq \sqrt{3}) \end{cases} \quad \cdots\cdots(答)$$

(3) $$f'(a)=\begin{cases} 3a^2-4a-1 & (1<a<\sqrt{2}) \\ 4a+1>0 & (\sqrt{2}<a<\sqrt{3}) \end{cases}$$

$f'(a)=3a^2-4a-1=0$ の解は $a=\dfrac{2\pm\sqrt{7}}{3}$ であるから

$f(a)=a^3-2a^2-a+5$ の $1 \leqq a \leqq \sqrt{2}\left(<\dfrac{2+\sqrt{7}}{3}\right)$ での増減表は右のようになる。

a	1	$\cdots$	$\sqrt{2}$
$f'(a)$		$-$	
$f(a)$		↘	

よって，$1 \leqq a \leqq \sqrt{2}$ では，$f(a)$ は単調減少。

また，$\sqrt{2}<a \leqq \sqrt{3}$ では，$f(a)$ は単調増加。

以上と，$f(a)$ が $1 \leqq a \leqq \sqrt{3}$ で連続であることから，$f(a)$ を最小にする a の値は

$a=\sqrt{2}$ ……(答)

〔注〕 $1<a<\sqrt{2}$ で，$f'(a)<0$ となることは，ab 平面上で，$b=3a^2-4a-1$ のグラフを考えて得ることもできる。

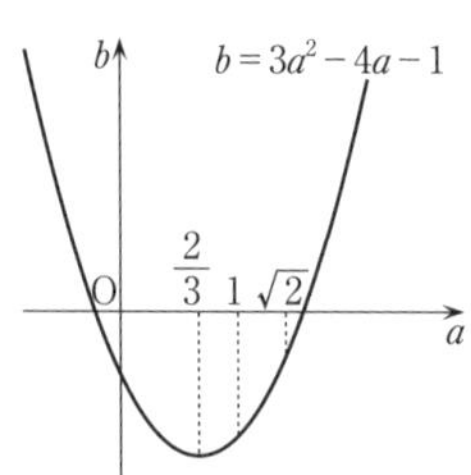

35 2021年度〔1〕（文理共通） Level B

ポイント (1) $f(x)=2x^2+ax+b$ として，$y=f(x)$ のグラフから，$f(-1)$，$f(0)$，$f(1)$ の符号を考える。

(2) xy 平面上の任意の点 $(X,\ Y)$ に対して，ab 平面で，直線 $b=-Xa+Y-X^2$ と(1)の範囲が共有点をもつための $X,\ Y$ の条件に帰着させる。傾き $-X$ の値での場合分けを考える。b 切片 $Y-X^2$ の値での場合分けでもよい。

解法

(1) $x^2+ax+b=-x^2$ すなわち $2x^2+ax+b=0$ が $-1<x<0$ と $0<x<1$ の範囲に1つずつ解をもつための条件を求める。

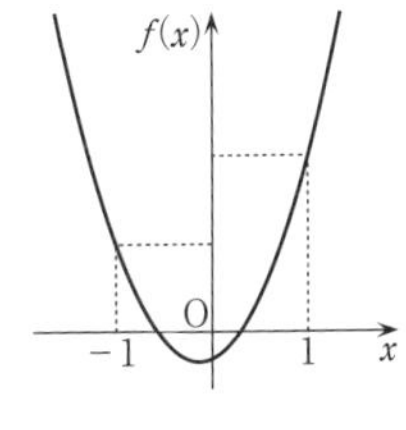

この条件は，$f(x)=2x^2+ax+b$ として

$$\begin{cases} f(-1)>0 \\ f(0)<0 \\ f(1)>0 \end{cases} \quad すなわち \quad \begin{cases} 2-a+b>0 \\ b<0 \\ 2+a+b>0 \end{cases}$$

これより $\begin{cases} b>a-2 \\ b<0 \\ b>-a-2 \end{cases}$

となり，これを ab 平面に図示すると，下図の網かけ部分（境界は含まない）となる。

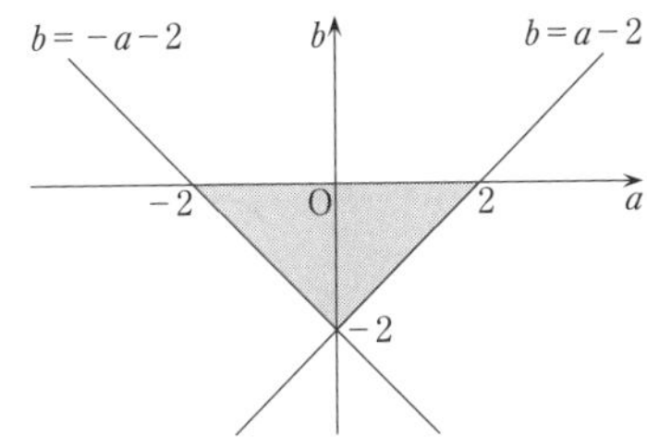

(2) 求める範囲を S，(1)の範囲を T とする。xy 平面上の任意の点 $(X,\ Y)$ に対して

$(X,\ Y)\in S \iff (a,\ b)\in T$ かつ $Y=X^2+aX+b$ を満たす $a,\ b$ が存在する

$\iff ab$ 平面で，T と直線 $b=-Xa+Y-X^2$ が共有点をもつ

このための $X,\ Y$ の条件を求める。

$g(a)=-Xa+Y-X^2$ とおき，直線 $b=g(a)$ の傾き $-X$ の値で場合分けを行う。(1)の領域の境界の端点での $g(a)$ の値を考えて，条件は次のようになる。

(i) $-X\geqq 1$ つまり $X\leqq -1$ のとき

$g(-2)<0$ かつ $g(2)>0$ から　　$X^2+2X<Y<X^2-2X$

(ii)　$0 \leqq -X \leqq 1$ つまり $-1 \leqq X \leqq 0$ のとき

$g(-2)<0$ かつ $g(0)>-2$ から　　$X^2-2<Y<X^2-2X$

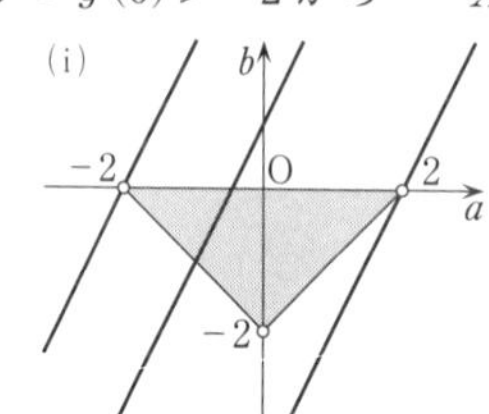

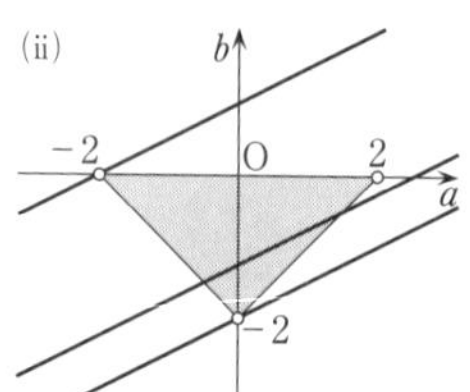

(iii)　$-1 \leqq -X \leqq 0$ つまり $0 \leqq X \leqq 1$ のとき

$g(2)<0$ かつ $g(0)>-2$ から　　$X^2-2<Y<X^2+2X$

(iv)　$-X \leqq -1$ つまり $X \geqq 1$ のとき

$g(-2)>0$ かつ $g(2)<0$ から　　$X^2-2X<Y<X^2+2X$

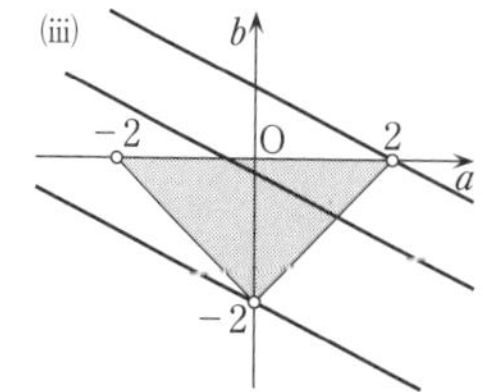

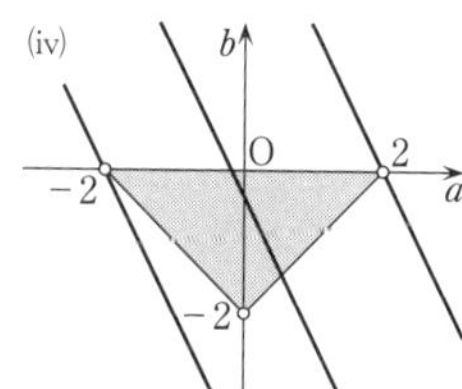

以上から，求める範囲は下図の網かけ部分（境界は含まない）となる。

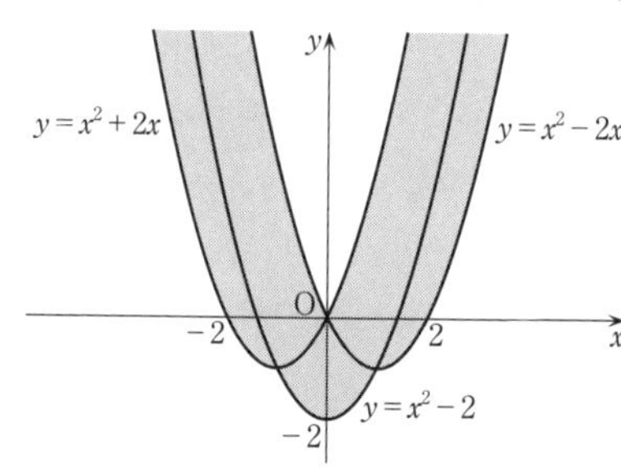

〔注〕［解法］は傾き $-X$ で場合を分けているが，b 切片 $Y-X^2$ の位置で場合を分けてもよい。

以下にその例の概略を述べておく。

（その１）　直線 $b=g(a)$ の b 切片 $Y-X^2$ の値で場合分けを考える。

(i)　$-2<Y-X^2<0$ つまり $X^2-2<Y<X^2$ のとき，すべて条件を満たす。

(ii)　$Y-X^2 \geqq 0$ のとき，条件は $g(-2)<0$ または $g(2)<0$ である。

これより　$\begin{cases} Y \geqq X^2 \\ Y<X^2-2X \end{cases}$　または　$\begin{cases} Y \geqq X^2 \\ Y<X^2+2X \end{cases}$

(iii)　$Y-X^2 \leqq -2$ のとき，条件は $g(-2)>0$ または $g(2)>0$ である。

これより　$\begin{cases} Y \leqq X^2-2 \\ Y>X^2-2X \end{cases}$　または　$\begin{cases} Y \leqq X^2-2 \\ Y>X^2+2X \end{cases}$

この場合，放物線 $y=x^2$ は図示の過程で補助的に用いられるが，最終結果には不要で，境界線には現れないことに注意する。

（その２）　直線 $b=g(a)$ の傾き $-X$ と b 切片 $Y-X^2$ に注目する。

(i)　$-X \geqq 1$ つまり $X \leqq -1$ のとき

$2X<Y-X^2<-2X$ から　　$X^2+2X<Y<X^2-2X$

(ii)　$0 \leqq -X \leqq 1$ つまり $-1 \leqq X \leqq 0$ のとき

$-2<Y-X^2<-2X$ から　　$X^2-2<Y<X^2-2X$

(iii)　$-1 \leqq -X \leqq 0$ つまり $0 \leqq X \leqq 1$ のとき

$-2<Y-X^2<2X$ から　　$X^2-2<Y<X^2+2X$

(iv)　$-X \leqq -1$ つまり $X \geqq 1$ のとき

$-2X<Y-X^2<2X$ から　　$X^2-2X<Y<X^2+2X$

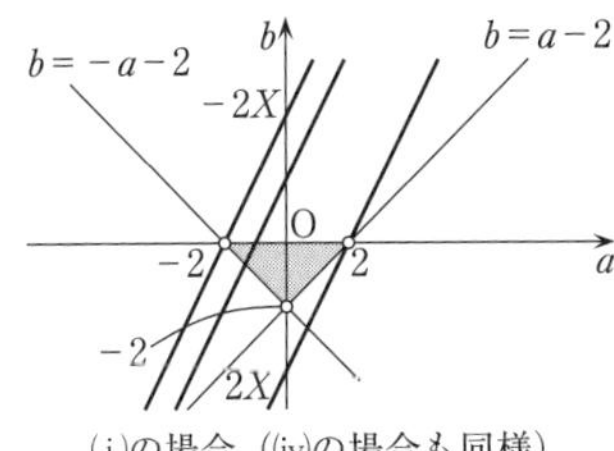

(i)の場合（(iv)の場合も同様）

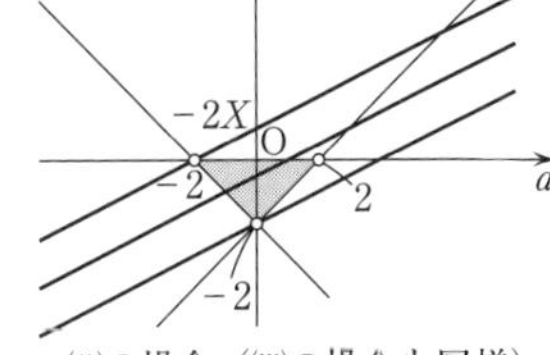

(ii)の場合（(iii)の場合も同様）

36 2021年度〔6〕 Level C

ポイント (1) 右辺を展開，整理し，係数を比較する。

(2) (1)の係数比較からの $qr=c$ を p と a で表した式にする。これと，設問で与えられた整式を展開，整理した式を見比べて，適切な $f(t)$ と $g(t)$ を1組定める。

(3) 設問で与えられた整式を $(x^2+px+q)(x^2-px+r)$ とできることを述べ，まず，$p\neq 0$ の理由を考える。次いで，(2)で与えられた式を利用して，$p^2=a^2+1$ を導く。ここで，p が有理数，a が整数であることから p が整数であることを示し，a の値を絞り込む。最後に，得られた a の値に対して，設問で与えられた整式が有理係数の2次式に因数分解できることを確認する。

解法

(1)
$$\begin{aligned}x^4+bx+c&=\{(x^2+px)+q\}\{(x^2-px)+r\}\\&=x^4-p^2x^2+r(x^2+px)+q(x^2-px)+qr\\&=x^4+(-p^2+q+r)x^2+p(r-q)x+qr\end{aligned}$$

これが x についての恒等式であることから

$$\begin{cases}-p^2+q+r=0 & \cdots\cdots①\\ p(r-q)=b & \cdots\cdots②\\ qr=c & \cdots\cdots③\end{cases}$$

①，②と $p\neq 0$ から，$\begin{cases}r+q=p^2\\ r-q=\dfrac{b}{p}\end{cases}$ となり，これより

$$\begin{cases}q=\dfrac{1}{2}\left(p^2-\dfrac{b}{p}\right)\\ r=\dfrac{1}{2}\left(p^2+\dfrac{b}{p}\right)\end{cases}\quad\cdots\cdots(答)$$

(2) $b=(a^2+1)(a+2)$，$c=-\left(a+\dfrac{3}{4}\right)(a^2+1)$，③および(1)の結果から

$$\frac{1}{4}\left(p^2-\frac{b}{p}\right)\left(p^2+\frac{b}{p}\right)=c$$

$$p^6-4cp^2-b^2=0$$

$$p^6+4\left(a+\frac{3}{4}\right)(a^2+1)p^2-(a^2+1)^2(a+2)^2=0\quad\cdots\cdots④$$

が成り立つ。

一方

$$\{p^2-(a^2+1)\}\{p^4+f(a)p^2+g(a)\}$$

$$=p^6+\{f(a)-(a^2+1)\}p^4+\{g(a)-f(a)(a^2+1)\}p^2-(a^2+1)g(a)$$

ここで，$f(t)=t^2+1$，$g(t)=(t^2+1)(t+2)^2$ とすると

$$f(a)-(a^2+1)=0$$

$$\begin{aligned} g(a)-f(a)(a^2+1) &= (a^2+1)(a+2)^2-(a^2+1)^2 \\ &= (a^2+1)\{(a+2)^2-(a^2+1)\} \\ &= (a^2+1)(4a+3) \\ &= 4\left(a+\frac{3}{4}\right)(a^2+1) \end{aligned}$$

$$(a^2+1)g(a)=(a^2+1)^2(a+2)^2$$

となり，④により，確かに $\{p^2-(a^2+1)\}\{p^4+f(a)p^2+g(a)\}=0$ となる。ゆえに，求める1組として

$$f(t)=t^2+1,\ g(t)=(t^2+1)(t+2)^2 \quad \cdots\cdots(答)$$

がある。

〔注〕 ④の左辺を変形すると

$$\{p^2-(a^2+1)\}\{p^4+(a^2+1)p^2+(a^2+1)(a+2)^2\}$$

となることから，$f(t)=t^2+1$，$g(t)=(t^2+1)(t+2)^2$ とすることもできる。

(3) x の4次式

$$x^4+(a^2+1)(a+2)x-\left(a+\frac{3}{4}\right)(a^2+1) \quad \cdots\cdots⑤$$

が有理係数の2次式に因数分解できるとすると，⑤の x^3 の係数が0であることから，p，q，r を有理数として

$$(x^2+px+q)(x^2-px+r) \quad \cdots\cdots⑥$$

の形となることが必要。

$p=0$ とすると

$$⑥=x^4+(q+r)x^2+qr$$

となり，⑤と係数を比較して

$$\begin{cases} q+r=0 \\ (a^2+1)(a+2)=0 \\ qr=-\left(a+\dfrac{3}{4}\right)(a^2+1) \end{cases}$$

a は実数なので，$a=-2$ でなければならない。このとき

$$q+r=0,\ qr=\frac{25}{4}$$

から，$q^2=-\dfrac{25}{4}$ となるが，これは q が実数であることと矛盾。

よって，$p\neq0$ でなければならない。

このとき，(2)から，定数p，aについて

$$\{p^2-(a^2+1)\}\{p^4+(a^2+1)p^2+(a^2+1)(a+2)^2\}=0$$

が成り立つ。$p\neq 0$とaが実数であることから，左辺の第2項は正となり

$$p^2=a^2+1$$

でなければならない。ここでaは整数なので，p^2も整数である。

pは有理数なので，$p=\dfrac{s}{t}$（s，tは互いに素な整数で，$t\geqq 1$）とおくことができて

$$s^2=t^2(a^2+1)$$

$t\geqq 2$とすると，tは素因数をもつ。その1つをdとすると，dはs^2の約数となるが，dは素数なので，sの約数となる。これはs，tが互いに素な整数であることに反する。よって，$t=1$でなければならず，pは整数である。

したがって

$(p+a)(p-a)=1$から　$\begin{cases} p+a=1 \\ p-a=1 \end{cases}$　または　$\begin{cases} p+a=-1 \\ p-a=-1 \end{cases}$

となり，$(a,\ p)=(0,\ \pm 1)$でなければならない。

$a=0$のとき

$$⑤=x^4+2x-\frac{3}{4}=\left(x^2+x-\frac{1}{2}\right)\left(x^2-x+\frac{3}{2}\right)$$

となり，確かに，⑤は有理係数の2次式に因数分解できる。

以上から，条件を満たすaは

$$a=0\quad \cdots\cdots(\text{答})$$

〔注〕　pが有理数のとき，p^2が整数ならばpも整数であることは証明なしで用いてもよいと思われるが，［解法］ではこれも示してある。例えば，$(\sqrt{2})^2=2$は整数だが$\sqrt{2}$は整数ではないので，pが有理数であることをどう用いるかについて参考にするとよい。

37　2020年度〔1〕　Level B

ポイント　$f_1(x)=ax^2+bx+c$，$f_2(x)=bx^2+cx+a$，$f_3(x)=cx^2+ax+b$ とおく。

(1)　$a<0$ とすると，十分大きな x に対して $f_1(x)<0$ となることから矛盾が導かれる。

(2)　a，b，c すべてが正とすると，十分小さな x に対して $f_1(x)>0$，$f_2(x)>0$，$f_3(x)>0$ となることから矛盾が導かれる。

(3)　$a=0$ とすると，$f_1(x)=bx+c$，$f_2(x)=bx^2+cx$，$f_3(x)=cx^2+b$ となる。$b=c=0$ はあり得ないので，$b>0$ と $c>0$ で場合を分けて考える。条件をすべて満たす実数 x の集合が正の実数全体となることを示す。

解　法

以下，a，b，c，p，x は実数である。

$$f_1(x)=ax^2+bx+c,\ f_2(x)=bx^2+cx+a,\ f_3(x)=cx^2+ax+b$$

とおき

$$C_1 : y=f_1(x),\ C_2 : y=f_2(x),\ C_3 : y=f_3(x)$$

とする。

$$S=\{x\,|\,f_1(x)>0,\ f_2(x)>0,\ f_3(x)>0\},\ T=\{x\,|\,x>p\}$$

とおくと，問題の条件から，$S=T$ である。

(1)　$a<0$ とする。

C_1 は上に凸な放物線なので，十分大きなすべての x に対して，$f_1(x)<0$ となり，$x_0 \notin S$ かつ $x_0 \in T$ を満たす実数 x_0 が存在する。これは $S=T$ と矛盾する。

よって，$a \geqq 0$ である。同様に，$b \geqq 0$，$c \geqq 0$ である。　(証明終)

(2)　$a>0$，$b>0$，$c>0$ とする。

C_1，C_2，C_3 はすべて下に凸な放物線であり，十分小さなすべての x に対して

$$f_1(x)>0,\ f_2(x)>0,\ f_3(x)>0$$

となり，$x_1 \notin T$ かつ $x_1 \in S$ を満たす実数 x_1 が存在する。

これは $S=T$ と矛盾する。

よって，a，b，c の少なくとも1個は0以下である。

このことと(1)から，a，b，c の少なくとも1個は0である。　(証明終)

(3)　(2)から，a，b，c の少なくとも1個は0であり，$a=0$ としても一般性を失わない。

このとき

$$f_1(x)=bx+c,\ f_2(x)=bx^2+cx,\ f_3(x)=cx^2+b$$

である。

$$A_1=\{x\,|\,f_1(x)>0\},\ A_2=\{x\,|\,f_2(x)>0\},\ A_3=\{x\,|\,f_3(x)>0\}$$

とおく。$S=A_1\cap A_2\cap A_3$ である。

いま，$b=c=0$ なら，$f_1(x)$，$f_2(x)$，$f_3(x)$ はすべての x に対して 0 となり，$S=\varnothing$ となる。一方，$T\neq\varnothing$ なので矛盾する。

よって，$b\neq 0$ または $c\neq 0$ であり，(1)から

$b>0$ かつ $c\geqq 0$　……(i)　または　$b\geqq 0$ かつ $c>0$　……(ii)

となる。さらに，$f_2(x)=xf_1(x)$ であるから，いずれの場合も，$f_1(x)>0$ かつ $f_2(x)>0$ ならば $x>0$ であり，逆に，$x>0$ ならば $f_1(x)>0$ かつ $f_2(x)>0$ が成り立つ。

したがって

$A_1\cap A_2=\{x|x>0\}$　……①

となる。

(i)のとき

$c>0$，$c=0$ のいずれの場合も，すべての x に対して，$f_3(x)>0$ なので，A_3 は実数全体である。

これと①から，$S=\{x|x>0\}$ となり，$S=T$ から，$p=0$ である。

(ii)のとき

$b>0$ のときは(i)に帰着するので，$b=0$ としてよい。

このとき，$A_3=\{x|x\neq 0\}$ となる。

これと①から，$S=\{x|x>0\}$ となり，$S=T$ から，$p=0$ である。

(i)，(ii)いずれの場合も，$p=0$ である。　(証明終)

〔注〕 根拠記述はいろいろ考えられる。(1)・(2)は放物線の軸や $f_1(x)=0$ の解などを用いると煩雑になるので，「十分大きな（小さな）すべての x」という表現を用いている。また，(3)では，集合 A_1，A_2，A_3 を設定した記述としている。これも，必ずしも必要ではないが，これを用いない場合，どの程度きちんと書くかによるが，やはり記述がやや長くなることも考えられる。

38 2014年度〔6〕（文理共通（一部）） Level B

ポイント (1) ［解法1］ p, q のみたすべき条件を整理した後，直線PQを p で表現した方程式に $(s,\ t)$ を代入した式から，t を p の2次関数として表現する。次いで，s の値で場合を分け，p の動く範囲を決定し，t のとり得る値の範囲を決定する。

［解法2］ 直線PQを p で表現した方程式を $l_p(x,\ y)=0$ とすると，平面上の点 $(s,\ t)$ が D に属するための条件は，$l_p(s,\ t)=0$ かつ $1\leqq p\leqq 2$ かつ $s\leqq p$ をみたす実数 p が存在するための s, t の条件として求められる。この方針のもとで，$0\leqq s\leqq 1$ と $1<s\leqq 2$ の場合分けで考える。

(2) (1)の結果に基づいて図示する。

解法 1

(1) $\mathrm{P}(p,\ \sqrt{3}p)$, $\mathrm{Q}(q,\ -\sqrt{3}q)$ $(0\leqq p\leqq 2,\ -2\leqq q\leqq 0)$

とおくと，$\mathrm{OP}+\mathrm{OQ}=2p-2q$ であるから，$\mathrm{OP}+\mathrm{OQ}=6$ より

$$p-q=3$$

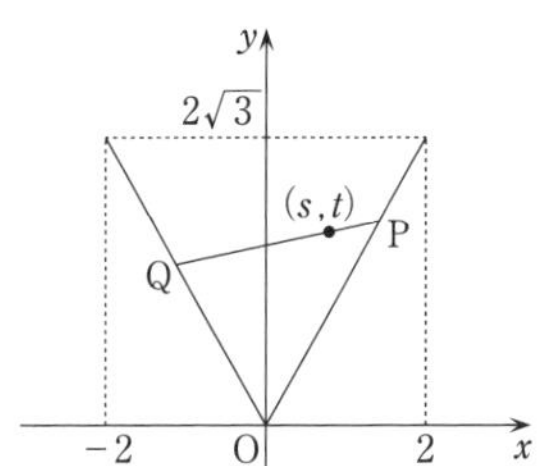

よって，p, q は

$$\begin{cases} 0\leqq p\leqq 2 & \cdots\cdots① \\ -2\leqq q\leqq 0 & \cdots\cdots② \\ q=p-3 & \cdots\cdots③ \end{cases}$$

をみたす実数である。

②，③から　　$-2\leqq p-3\leqq 0$

すなわち　　$1\leqq p\leqq 3$

これと，①から　　$1\leqq p\leqq 2$

したがって，p, q のみたすべき条件は

$$\begin{cases} q=p-3 & \cdots\cdots③ \\ 1\leqq p\leqq 2 & \cdots\cdots④ \end{cases}$$

となる。

直線PQの方程式は

$$y=\frac{\sqrt{3}p+\sqrt{3}q}{p-q}(x-p)+\sqrt{3}p$$

これは③により

$$y=\frac{\sqrt{3}(2p-3)}{3}(x-p)+\sqrt{3}p$$

$$=\frac{\sqrt{3}(2p-3)}{3}x-\frac{2\sqrt{3}}{3}p^2+2\sqrt{3}p$$

となる。よって，$(s,\ t)$ が線分 PQ 上にあるための条件は，$s \leqq p$ かつ

$$t=\frac{\sqrt{3}\,(2p-3)}{3}s-\frac{2\sqrt{3}}{3}p^2+2\sqrt{3}p$$
$$=-\frac{2\sqrt{3}}{3}p^2+\frac{2\sqrt{3}}{3}(s+3)p-\sqrt{3}s$$
$$=-\frac{2\sqrt{3}}{3}\left(p-\frac{s+3}{2}\right)^2+\frac{\sqrt{3}}{6}s^2+\frac{3\sqrt{3}}{2}$$

を $s,\ t$ がみたすことである。

これを $f(p)$ とおくと，pt 平面で $y=f(p)$ のグラフは上に凸な放物線で，軸の方程式は $p=\dfrac{s+3}{2}$ である。

また，p のとり得る値の範囲は

$$1 \leqq p \leqq 2 \ (④) \text{ かつ } s \leqq p$$

である。

s の値を固定するごとに，p が④かつ $s \leqq p$ を動くときの $t=f(p)$ のとり得る値の範囲を求める。

(i)　$0 \leqq s \leqq 1$ のとき

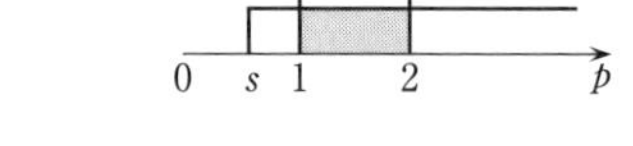

$$1 \leqq p \leqq 2 \text{ かつ } s \leqq p$$
$$\Longleftrightarrow 1 \leqq p \leqq 2 \quad \cdots\cdots ⑤$$

また，$0 \leqq s \leqq 1$ から，$\dfrac{3}{2} \leqq \dfrac{s+3}{2} \leqq 2$ なので，軸の位置と⑤から

$$f(1) \leqq t \leqq f\left(\frac{s+3}{2}\right)$$

すなわち　$-\dfrac{\sqrt{3}}{3}s+\dfrac{4\sqrt{3}}{3} \leqq t \leqq \dfrac{\sqrt{3}}{6}s^2+\dfrac{3\sqrt{3}}{2}$

(ii)　$1 < s \leqq 2$ のとき

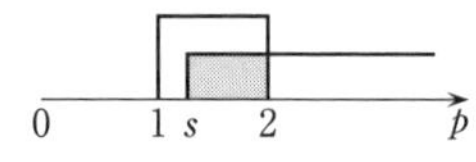

$$1 \leqq p \leqq 2 \text{ かつ } s \leqq p$$
$$\Longleftrightarrow s \leqq p \leqq 2 \quad \cdots\cdots ⑥$$

また，$1 < s \leqq 2$ から，$2 < \dfrac{s+3}{2} \leqq \dfrac{5}{2}$ なので，軸の位置と⑥から

$$f(s) \leqq t \leqq f(2)$$

すなわち　$\sqrt{3}s \leqq t \leqq \dfrac{\sqrt{3}}{3}s+\dfrac{4\sqrt{3}}{3}$

以上より，t の値の範囲は

$$\left.\begin{array}{ll} 0 \leqq s \leqq 1 \text{ のとき} & -\dfrac{\sqrt{3}}{3}s+\dfrac{4\sqrt{3}}{3} \leqq t \leqq \dfrac{\sqrt{3}}{6}s^2+\dfrac{3\sqrt{3}}{2} \\ 1 < s \leqq 2 \text{ のとき} & \sqrt{3}s \leqq t \leqq \dfrac{\sqrt{3}}{3}s+\dfrac{4\sqrt{3}}{3} \end{array}\right\} \cdots\cdots(\text{答})$$

(2)　D は y 軸に関して対称であるから，(1)で得られた領域とそれを y 軸に関して対称移動したものを考えて，下図の網かけ部分（境界を含む）が D となる。

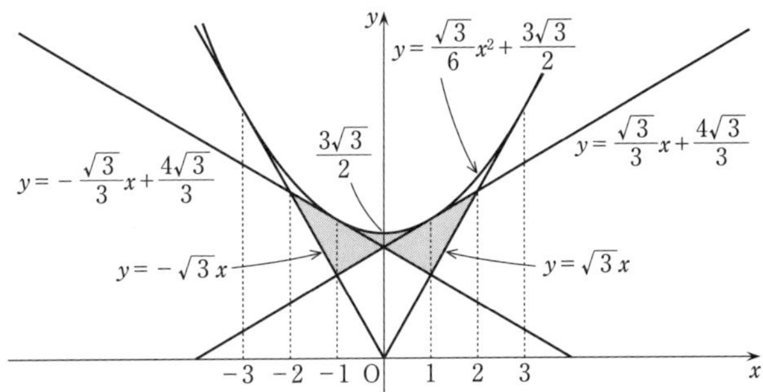

ただし，放物線 $y=\frac{\sqrt{3}}{6}x^2+\frac{3\sqrt{3}}{2}$ と 2 直線 $y=\frac{\sqrt{3}}{3}x+\frac{4\sqrt{3}}{3}$，$y=-\frac{\sqrt{3}}{3}x+\frac{4\sqrt{3}}{3}$ は，

それぞれ点 $\left(1,\ \frac{5\sqrt{3}}{3}\right)$，$\left(-1,\ \frac{5\sqrt{3}}{3}\right)$ で接する。

解法 2

(1)　（直線 PQ の方程式までは［解法 1］に同じ）

直線 PQ の方程式に $x=s$，$y=t$ を代入，整理して

$$p^2-(s+3)p+\frac{3}{2}s+\frac{\sqrt{3}}{2}t=0 \quad \cdots\cdots⑤'$$

したがって，$(s,\ t)\in D$ であるための条件は

④かつ $s\leqq p$ かつ⑤′

をみたす実数 p が存在するための $(s,\ t)$ の条件である。

(i)　$0\leqq s\leqq 1$ のとき

④かつ $s\leqq p \Longleftrightarrow 1\leqq p\leqq 2$

であるから，⑤′ が $1\leqq p\leqq 2$ をみたす解 p をもつための s，t の条件を求める。⑤′ の左辺を $g(p)$ とおくと，py 平面で $y=g(p)$ のグラフは下に凸な放物線であり，

軸の方程式は $p=\frac{s+3}{2}$ である。

$0\leqq s\leqq 1$ から，$\frac{3}{2}\leqq\frac{s+3}{2}\leqq 2$ なので，求める s，t の条件は

（⑤′ の判別式）$\geqq 0$ かつ $g(1)\geqq 0$

すなわち

$$\begin{cases} (s+3)^2-2(3s+\sqrt{3}t)\geqq 0 \\ 1-(s+3)+\frac{1}{2}(3s+\sqrt{3}t)\geqq 0 \end{cases}$$

これより

$$-\frac{\sqrt{3}}{3}s+\frac{4\sqrt{3}}{3}\leqq t\leqq\frac{\sqrt{3}}{6}s^2+\frac{3\sqrt{3}}{2}$$

(ii)　$1<s\leqq 2$ のとき

$$④\text{かつ } s\leqq p \Longleftrightarrow s\leqq p\leqq 2$$

であるから，⑤′ が $s\leqq p\leqq 2$ をみたす解 p をもつための s，t の条件を求める。

$1<s\leqq 2$ から，$2<\frac{s+3}{2}\leqq\frac{5}{2}$ なので，求める s，t の条件は

$$g(s)\geqq 0\geqq g(2)$$

すなわち

$$s^2-(s+3)s+\frac{1}{2}(3s+\sqrt{3}t)\geqq 0\geqq 4-2(s+3)+\frac{1}{2}(3s+\sqrt{3}t)$$

これより

$$\sqrt{3}s\leqq t\leqq\frac{\sqrt{3}}{3}s+\frac{4\sqrt{3}}{3}$$

以上より，t の範囲は

$$\left.\begin{array}{ll}0\leqq s\leqq 1 \text{ のとき} & -\frac{\sqrt{3}}{3}s+\frac{4\sqrt{3}}{3}\leqq t\leqq\frac{\sqrt{3}}{6}s^2+\frac{3\sqrt{3}}{2} \\ 1<s\leqq 2 \text{ のとき} & \sqrt{3}s\leqq t\leqq\frac{\sqrt{3}}{3}s+\frac{4\sqrt{3}}{3}\end{array}\right\} \cdots\cdots(\text{答})$$

((2)は［解法１］に同じ)

〔注〕 (1)は，線分 PQ 上の点 $(s,\ t)$ の x 座標 s を固定するごとに，P，Q を動かしたときに y 座標 t のとり得る値の範囲を求め，その最小値が描く曲線と最大値が描く曲線ではさまれた図形として線分の通過範囲を図示するといういわゆる「すだれ法」による解答が求められている。これは 2007 年度〔３〕と同じ形式の出題である。

39 2007年度〔3〕 Level C

ポイント (1) a, b を p, q で表した２式から，p についての２次方程式と q についての２次方程式を導く。

これらが $-1\leqq p\leqq a\leqq q\leqq 1$ または $-1\leqq q\leqq a\leqq p\leqq 1$ を満たす p, q を少なくとも１つもつための a, b の条件を求める。

(2) 境界の対称性に注意して位置関係を正しく描く。

[解法１] 上記の方針による。

[解法２] (1) $\mathrm{P}(a-t,\ (a-t)^2)$, $\mathrm{Q}(a+2t,\ (a+2t)^2)$ となるときと $\mathrm{P}(a+t,\ (a+t)^2)$, $\mathrm{Q}(a-2t,\ (a-2t)^2)$ となるときに場合を分けて考える。

解法 1

(1) $\left.\begin{array}{ll}\mathrm{P}(p,\ p^2) & (-1\leqq p\leqq 1)\\ \mathrm{Q}(q,\ q^2) & (-1\leqq q\leqq 1)\end{array}\right\}$ とおくと

$$\mathrm{R}\left(\frac{2p+q}{3},\ \frac{2p^2+q^2}{3}\right)$$

よって，$-1\leqq p\leqq 1$, $-1\leqq q\leqq 1$ である実数 p, q が存在して

$$(a,\ b)=\left(\frac{2p+q}{3},\ \frac{2p^2+q^2}{3}\right)\quad\cdots\cdots(*)$$

となるための $(a,\ b)$ の条件を求める。

$$(*)\iff\begin{cases}-1\leqq p\leqq 1\quad \text{かつ}\quad -1\leqq q\leqq 1\\ 2p+q=3a \quad\cdots\cdots①\\ 2p^2+q^2=3b \quad\cdots\cdots②\end{cases}$$

$$\iff\begin{cases}-1\leqq p\leqq a\leqq q\leqq 1 \quad\cdots\cdots③\quad \text{または}\\ -1\leqq q\leqq a\leqq p\leqq 1 \quad\cdots\cdots③'\\ 2p^2-4ap+3a^2-b=0 \quad\cdots\cdots④\\ q^2-2aq+3a^2-2b=0 \quad\cdots\cdots⑤\end{cases}$$

理由：(⇒) $(*)$ から点 $(a,\ b)$ は２点 $\mathrm{P}(p,\ p^2)$, $\mathrm{Q}(q,\ q^2)$ を両端とする線分PQの内分点であるから，③または③′は明らか。

①から得られる $q=3a-2p$ を②に代入して④を得る。

①から得られる $p=\dfrac{1}{2}(3a-q)$ を②に代入して⑤を得る。

(⇐) ④ $\iff 2(p-a)^2=b-a^2$ 　　⑤ $\iff (q-a)^2=2(b-a^2)$

$\therefore\ (q-a)^2=4(p-a)^2$ 　　すなわち 　　$q-a=\pm 2(p-a)$

これと③または③′から 　　$q-a=-2(p-a)$

よって，①を得る。

①から $3a^2=2ap+aq$ となり，これを④，⑤に代入して辺々加えると②を得る。

(i) ③，④，⑤を満たす p，q が存在するための $(a,\ b)$ の条件を求める。

これは

$$f(x)=2x^2-4ax+3a^2-b,\quad g(x)=x^2-2ax+3a^2-2b$$

とおくとき，$f(x)=0$ が $-1\leqq x\leqq a$ で，$g(x)=0$ が $a\leqq x\leqq 1$ で少なくとも1つの解をもつための条件となる。

$f(x)=0$，$g(x)=0$ の判別式$\geqq 0$ から　　$b\geqq a^2$

$f(x)=2(x-a)^2+a^2-b$，$g(x)=(x-a)^2+2a^2-2b$ であるから，放物線 $y=f(x)$，$y=g(x)$ の軸の方程式は $x=a$ である。

よって，求める条件は

$$b\geqq a^2 \text{ かつ } f(-1)\geqq 0 \text{ かつ } g(1)\geqq 0$$

$$\iff b\geqq a^2 \text{ かつ } b\leqq 3a^2+4a+2 \text{ かつ } b\leqq \frac{3}{2}a^2-a+\frac{1}{2}$$

$$\iff b\geqq a^2 \text{ かつ } b\leqq 3\left(a+\frac{2}{3}\right)^2+\frac{2}{3} \text{ かつ } b\leqq \frac{3}{2}\left(a-\frac{1}{3}\right)^2+\frac{1}{3} \quad \cdots\cdots\text{(A)}$$

(ii) ③′，④，⑤を満たす p，q が存在するための条件を求める。

(i)と同様に考えて，求める条件は

$$b\geqq a^2 \text{ かつ } f(1)\geqq 0 \text{ かつ } g(-1)\geqq 0$$

$$\iff b\geqq a^2 \text{ かつ } b\leqq 3\left(a-\frac{2}{3}\right)^2+\frac{2}{3} \text{ かつ } b\leqq \frac{3}{2}\left(a+\frac{1}{3}\right)^2+\frac{1}{3} \quad \cdots\cdots\text{(B)}$$

よって，$(a,\ b)$ が D に属する条件は，(A)または(B)より

$$\left.\begin{array}{l} b\geqq a^2 \text{ かつ } b\leqq 3\left(a+\frac{2}{3}\right)^2+\frac{2}{3} \text{ かつ } b\leqq \frac{3}{2}\left(a-\frac{1}{3}\right)^2+\frac{1}{3} \\ \text{または} \\ b\geqq a^2 \text{ かつ } b\leqq 3\left(a-\frac{2}{3}\right)^2+\frac{2}{3} \text{ かつ } b\leqq \frac{3}{2}\left(a+\frac{1}{3}\right)^2+\frac{1}{3} \end{array}\right\} \cdots\cdots\text{(答)}$$

(2) (A)または(B)を図示すると，次図の網かけ部分（境界含む）となる。

放物線 $b=a^2$，$b=3\left(a+\frac{2}{3}\right)^2+\frac{2}{3}$，$b=\frac{3}{2}\left(a+\frac{1}{3}\right)^2+\frac{1}{3}$ は点 $(-1,\ 1)$ で接する。

放物線 $b=a^2$，$b=3\left(a-\frac{2}{3}\right)^2+\frac{2}{3}$，$b=\frac{3}{2}\left(a-\frac{1}{3}\right)^2+\frac{1}{3}$ は点 $(1,\ 1)$ で接する。

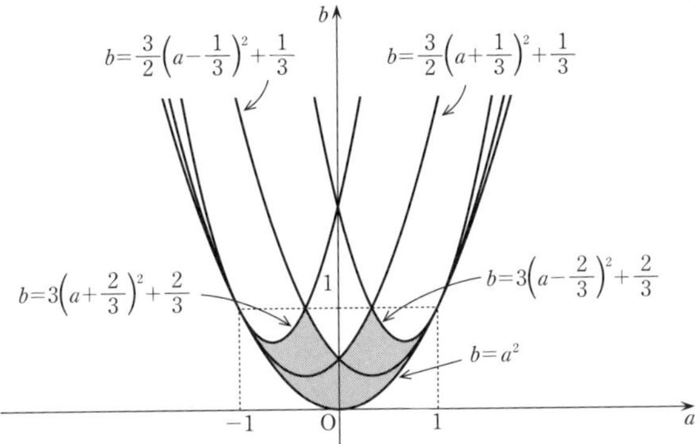

解法 2

(1) 点 $(a,\ b)$ が線分PQを1：2に内分するなら，P，Qを y 軸に対称に移動した点をP′，Q′として，点 $(-a,\ b)$ は線分P′Q′を1：2に内分する。P′，Q′も曲線 $y=x^2$ $(-1\leqq x\leqq 1)$ 上にあるから，領域 D は y 軸について対称である。

そこで，まず $a\geqq 0$ の場合を考える。a を固定するごとに，P，Qの x 座標の大小関係で場合分けして b のとり得る値の範囲を求める。

(Ⅰ) $\mathrm{P}(a-t,\ (a-t)^2)$，$\mathrm{Q}(a+2t,\ (a+2t)^2)$ $(t\geqq 0)$ と表せるとき

$(-1\leqq a-t\leqq)\,a\leqq a+2t\leqq 1$ より $0\leqq t\leqq\dfrac{1-a}{2}$ となる。

$b=\dfrac{2(a-t)^2+(a+2t)^2}{1+2}$ すなわち $b=2t^2+a^2$ のとり得る値の範囲を求めて

$$a^2\leqq b\leqq 2\left(\frac{1-a}{2}\right)^2+a^2 \quad すなわち \quad a^2\leqq b\leqq\frac{3}{2}\left(a-\frac{1}{3}\right)^2+\frac{1}{3} \quad (0\leqq a\leqq 1) \quad \cdots\cdots(答)$$

(Ⅱ) $\mathrm{P}(a+t,\ (a+t)^2)$，$\mathrm{Q}(a-2t,\ (a-2t)^2)$ $(t\geqq 0)$ と表せるとき

$-1\leqq a-2t\leqq a\leqq a+t\leqq 1$ より

「$0\leqq a\leqq\dfrac{1}{3}$ のときは $0\leqq t\leqq\dfrac{1+a}{2}$，$\dfrac{1}{3}\leqq a\leqq 1$ のときは $0\leqq t\leqq 1-a$」となる。

$b=\dfrac{(a-2t)^2+2(a+t)^2}{2+1}$ すなわち $b=2t^2+a^2$ のとり得る値の範囲を求めて

(i) $0\leqq a\leqq\dfrac{1}{3}$ のとき

$$a^2\leqq b\leqq 2\left(\frac{1+a}{2}\right)^2+a^2 \quad すなわち \quad a^2\leqq b\leqq\frac{3}{2}\left(a+\frac{1}{3}\right)^2+\frac{1}{3} \quad \cdots\cdots(答)$$

(ii) $\dfrac{1}{3}\leqq a\leqq 1$ のとき

$$a^2\leqq b\leqq 2(1-a)^2+a^2 \quad すなわち \quad a^2\leqq b\leqq 3\left(a-\frac{2}{3}\right)^2+\frac{2}{3} \quad \cdots\cdots(答)$$

以上の(Ⅰ)または(Ⅱ)(i)または(Ⅱ)(ii)が $a \geqq 0$ の場合の b の条件である。

$a \leqq 0$ の場合にはこれらから，次の(Ⅰ′)または(Ⅱ′)(i)または(Ⅱ′)(ii)となる。

$$\left.\begin{array}{ll}(\text{I}') & a^2 \leqq b \leqq \dfrac{3}{2}\left(a+\dfrac{1}{3}\right)^2+\dfrac{1}{3} \quad (-1 \leqq a \leqq 0) \\ (\text{II}')(\text{i}) & a^2 \leqq b \leqq \dfrac{3}{2}\left(a-\dfrac{1}{3}\right)^2+\dfrac{1}{3} \quad \left(-\dfrac{1}{3} \leqq a \leqq 0\right) \\ (\text{II}')(\text{ii}) & a^2 \leqq b \leqq 3\left(a+\dfrac{2}{3}\right)^2+\dfrac{2}{3} \quad \left(-1 \leqq a \leqq -\dfrac{1}{3}\right)\end{array}\right\} \cdots\cdots(\text{答})$$

((2)は［解法１］に同じ)

〔注〕 (1) ［解法１］の①，②から，q を消去して④を，p を消去して⑤を得る。p，q については $-1 \leqq p \leqq a \leqq q \leqq 1$ の場合と $-1 \leqq q \leqq a \leqq p \leqq 1$ の場合が考えられるので，④かつ⑤かつ「$-1 \leqq p \leqq a \leqq q \leqq 1$ または $-1 \leqq q \leqq a \leqq p \leqq 1$」となる p，q が存在するための a，b の条件を求めることになる。このことを明確にとらえることが難しいかもしれない。存在範囲が問われているのだから，$-1 \leqq p \leqq 1$ かつ $-1 \leqq q \leqq 1$ かつ①かつ②を満たす p，q が存在することと「③または③′」かつ④かつ⑤を満たす p，q が存在することが同値であることを把握することがポイントである。

もしもここで，「③または③′」を考慮しないで，④かつ⑤のみを考えた場合には，$q-a=2(p-a)$ の場合も含まれてしまう。この場合には $a=2p-q=\dfrac{2p-q}{-1+2}$ となり，点 $(a,\ b)$ は線分 PQ を１：２に外分する点となってしまう。したがって，「③または③′」という条件が欠かせないのである。［解法１］を通じて，このような論理的な式処理をぜひ学んでほしい。

［解法２］では変数が t の１文字なので，［解法１］よりも処理はしやすい。このような解法もぜひ身につけてほしい。

40 2001年度〔5〕 Level D

ポイント 背理法による。

(1) x リットルの水の入っているビーカーAについて，起こり得る3つの場合のうちのある1つの場合が成り立たないことを示す。

(2) ビーカーが3個以上残っているどの段階においても，A以外のどのビーカーの水量も x リットル未満であることを示す。

論理に十分配慮すること。

解法

(1) 最初に x リットルの水が入っていたビーカーをAとする。Aに対しては次の3つの場合のいずれかが成り立つ。

(i) ビーカーが2個になるまでに既に取り除かれている。

(ii) 最後まで残り，水の量が増えている。

(iii) 最後まで残り，水の量が x リットルのままである。

このうち，(iii)の場合が起こり得ないことを示す。

(iii)の場合が成り立つと仮定すると，ビーカーが3個になった時点でもAのビーカーは残っていて，その水量は x リットルのままである。このとき，A以外の2つのビーカーの水量を y リットルと z リットルとすると，$x<y$ または $x<z$ となることはない（最後の操作でビーカーAが取り除かれるか，水の量が増えるから）。

よって

$$y \leqq x \quad \text{かつ} \quad z \leqq x$$

$x<\dfrac{1}{3}$ という条件により

$$x+y+z \leqq 3x < 1$$

となるが，これは $x+y+z=1$ に矛盾する。

ゆえに，(iii)の場合は起こり得ず，(i)または(ii)となる。 （証明終）

(2) まず，「ビーカーが3個以上残っているどの段階においても，A以外のどのビーカーの水量も x リットル未満である」 ……(＊) ことを示す。

A以外のビーカーで水量が x リットル以上になるものが存在するような途中の段階があったとする。そのときのビーカーの個数を k 個とすると，$3 \leqq k \leqq m-1$ である。このような k の最大値を k_0 とすると，ビーカーの個数が k_0+1 の段階ではA以外のどのビーカーの水量も x リットル未満である。よって，この k_0+1 個のビーカーの中には必ずAが水量 x リットルのままで残っていて，A以外のビーカーの水量を少ない方から x_1，x_2，…，x_{k_0} とすると，$x_1 \leqq x_2 \leqq \cdots \leqq x_{k_0} < x$ である。次の段階ではビーカ

ーの個数は k_0 個となり，A 以外のビーカーで水量が x リットル以上になるものが生じるから，$x \leqq x_1+x_2 \leqq 2x_2$ である。よって

$$\frac{x}{2} \leqq x_2 \leqq x_3 \leqq \cdots \leqq x_{k_0} < x$$

であるから

$$\begin{aligned} x_1+x_2+x_3+\cdots+x_{k_0}+x &= (x_1+x_2)+(x_3+\cdots+x_{k_0})+x \\ &\geqq x+(k_0-2)\frac{x}{2}+x \\ &\geqq \frac{5}{2}x \quad (\because \quad k_0 \geqq 3) \\ &> 1 \quad \left(\because \quad x > \frac{2}{5}\right) \end{aligned}$$

これは $x_1+x_2+\cdots+x_{k_0}+x=1$ に矛盾する。

ゆえに，ビーカーが 3 個以上残っているときには，必ず A 以外のどのビーカーの水量も x リットル未満である。 ((＊)の証明終)

(＊)より，ビーカーの個数が 3 個になるまでのどの段階でも，必ずビーカー A は水量 x リットルのままで残り，特にビーカーが 3 個のときの A 以外の 2 個のビーカーの水量はいずれも x リットル未満である。

ゆえに最後に A 以外の 2 個のビーカーのうち，水量の最小の方のビーカーから他方のビーカーに水が移され，空になったビーカーが取り除かれ，A は x リットルの水量のままで残る。 ((2)の証明終)

〔注〕 $x > \frac{2}{5}$ のとき，ビーカー A が最後まで残ることだけなら次のように容易に示される。

A が途中で取り除かれるとすると，A が取り除かれる直前の段階で残っているビーカーを A，A_1，…，A_k としたとき，$2 \leqq k \leqq m-1$ である。それぞれのビーカーに入っている水の量を y，y_1，…，y_k とすると，この段階までに A には一度も水が加えられていないか，または少なくとも一度は水が加えられているかのどちらかであるから，$x \leqq y$ である。次の操作で A が取り除かれることから

$$y \leqq y_1,\ y \leqq y_2,\ \cdots,\ y \leqq y_k$$

よって

$$y+y_1+\cdots+y_k \geqq (k+1)y \geqq 3x > \frac{6}{5} > 1 \quad \left(\because \quad k \geqq 2,\ x > \frac{2}{5}\right)$$

これは $y+y_1+\cdots+y_k=1$ に反する。ゆえに A が途中で取り除かれることはなく，最後まで残る。 (証明終)

§4　三角関数

41　2020年度〔6〕　Level D

ポイント (1)　$f(\theta)=A\sin 2\theta$, $g(\theta)=\sin(\theta+\alpha)$ とおき，$y=f(\theta)$，$y=g(\theta)$ のグラフを考える。

$\frac{\pi}{4}\leqq\theta\leqq\frac{3}{4}\pi$，$\frac{3}{4}\pi\leqq\theta\leqq\frac{5}{4}\pi$，$\frac{5}{4}\pi\leqq\theta\leqq\frac{7}{4}\pi$，$\frac{7}{4}\pi\leqq\theta\leqq\frac{9}{4}\pi$ では，$-A\leqq f(\theta)\leqq A$ であることを利用する。

(2)　接線の方向ベクトルを $\vec{n}$ として，$\vec{n}\cdot\overrightarrow{PQ}=0$ から得られる三角方程式が $0\leqq\theta<2\pi$ に少なくとも4つの解をもつための r の条件を考える。

解　法

(1)　与式は $A\sin 2\theta=\sin(\theta+\alpha)$ となる。

$f(\theta)=A\sin 2\theta$, $g(\theta)=\sin(\theta+\alpha)$ とおき，$y=f(\theta)$，$y=g(\theta)$ のグラフを考える。

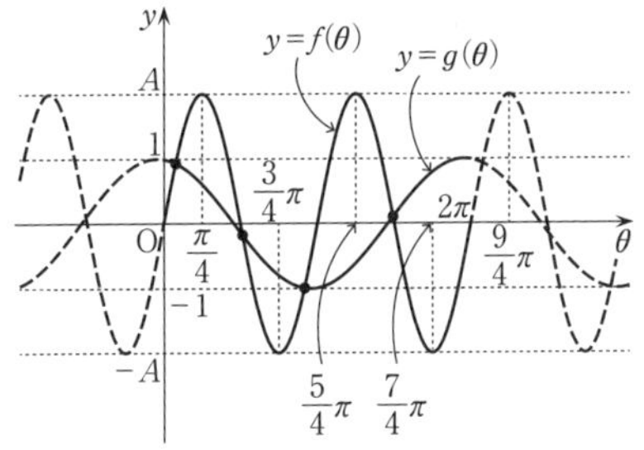

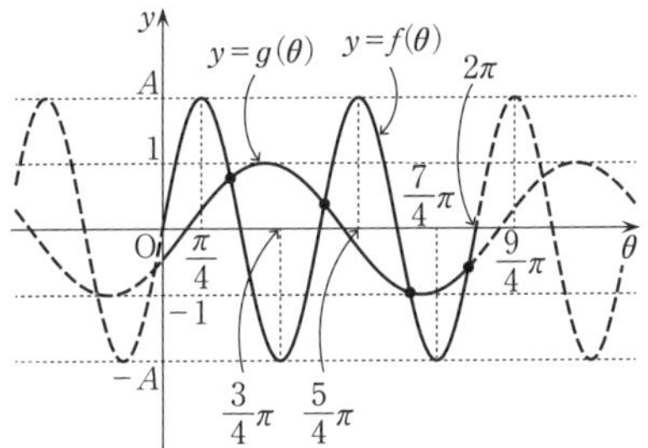

3つの区間 $\frac{\pi}{4}\leqq\theta\leqq\frac{3}{4}\pi$，$\frac{3}{4}\pi\leqq\theta\leqq\frac{5}{4}\pi$，$\frac{5}{4}\pi\leqq\theta\leqq\frac{7}{4}\pi$ での $f(\theta)$ の値域はいずれも，$-A\leqq f(\theta)\leqq A$ である。

また，$A>1$ かつ $-1\leqq g(\theta)\leqq 1$ と，$f(\theta)$，$g(\theta)$ が連続であることから，この3つの区間のそれぞれに，$f(\theta)=g(\theta)$ となる θ $\left(\theta\neq\frac{\pi}{4},\ \frac{3}{4}\pi,\ \frac{5}{4}\pi,\ \frac{7}{4}\pi\right)$ が少なくとも1つある。

さらに，区間 $0\leqq\theta\leqq\frac{\pi}{4}$ と $2\pi\leqq\theta\leqq\frac{9}{4}\pi$ では，$f(\theta)$ と $g(\theta)$ は同じ値をとり，区間 $\frac{7}{4}\pi\leqq\theta\leqq\frac{9}{4}\pi$ での $f(\theta)$ の値域は $-A\leqq f(\theta)\leqq A$ であるから，上と同様の理由により，区間 $0\leqq\theta<\frac{\pi}{4}$ または $\frac{7}{4}\pi<\theta<2\pi$ に $f(\theta)=g(\theta)$ となる θ が少なくとも1つある。

以上から，$A\sin 2\theta-\sin(\theta+\alpha)=0$ は $0\leqq\theta<2\pi$ の範囲に少なくとも 4 個の解をもつ。

（証明終）

〔注 1〕 $h(\theta)=A\sin 2\theta-\sin(\theta+\alpha)$ とおき，$h\left(\frac{\pi}{4}\right)>0$，$h\left(\frac{3}{4}\pi\right)<0$，$h\left(\frac{5}{4}\pi\right)>0$，$h\left(\frac{7}{4}\pi\right)<0$ と $h(\theta)$ の連続性と中間値の定理から，$\frac{\pi}{4}<\theta<\frac{3}{4}\pi$，$\frac{3}{4}\pi<\theta<\frac{5}{4}\pi$，$\frac{5}{4}\pi<\theta<\frac{7}{4}\pi$ に少なくとも 3 個の解をもち，さらに，$h(0)=h(2\pi)=-\sin\alpha$ なので，$\sin\alpha\geqq 0$ なら $0\leqq\theta<\frac{\pi}{4}$ に $h(\theta)=0$ となる θ があり，$\sin\alpha<0$ なら $\frac{7}{4}\pi<\theta<2\pi$ に $h(\theta)=0$ となる θ がある，という記述もできる。

(2) $\mathrm{Q}(\sqrt{2}\cos\theta,\ \sin\theta)$ $(0\leqq\theta<2\pi)$ とおくことができ，異なる θ には異なる Q が対応する。また，$\mathrm{P}(p,\ q)$ とすると

$$2p^2+q^2<r^2 \quad \cdots\cdots ①$$

このとき，$\frac{p^2}{2}+q^2\leqq 2p^2+q^2<r^2<1$ なので P は楕円 C の内部の点である。

Q における C の接線の方程式は，$\frac{\sqrt{2}\cos\theta}{2}x+(\sin\theta)y=1$ であり，この方向ベクトルの 1 つとして，$\vec{n}=(-\sqrt{2}\sin\theta,\ \cos\theta)$ をとれる。

このとき，$\vec{n}\neq\vec{0}$，$\overrightarrow{\mathrm{PQ}}\neq\vec{0}$ なので，条件は

$$\vec{n}\cdot\overrightarrow{\mathrm{PQ}}=0$$

となり

$$(-\sqrt{2}\sin\theta,\ \cos\theta)\cdot(\sqrt{2}\cos\theta-p,\ \sin\theta-q)=0$$

$$\sin\theta\cos\theta-\sqrt{2}p\sin\theta+q\cos\theta=0 \quad \cdots\cdots ②$$

②かつ $0\leqq\theta<2\pi$ を満たす θ が，①を満たす任意の実数 p，q に対して少なくとも 4 つ存在するための r $(0<r<1)$ の条件を求める。

- $(p,\ q)=(0,\ 0)$ のとき，②は $\sin\theta\cos\theta=0$ なので，r によらず 4 つの解 $\theta=0$，$\frac{\pi}{2}$，π，$\frac{3}{2}\pi$ がある。
- $(p,\ q)\neq(0,\ 0)$ のとき，②は

$$\sin\theta\cos\theta-\sqrt{2p^2+q^2}\sin(\theta-\beta)=0 \quad \left(\cos\beta=\frac{\sqrt{2}p}{\sqrt{2p^2+q^2}},\ \sin\beta=\frac{q}{\sqrt{2p^2+q^2}}\right)$$

$$\frac{1}{2\sqrt{2p^2+q^2}}\sin 2\theta-\sin(\theta-\beta)=0$$

となり，$A=\frac{1}{2\sqrt{2p^2+q^2}}$，$\alpha=-\beta$ とおくと

$$A\sin 2\theta-\sin(\theta+\alpha)=0 \quad \cdots\cdots ②'$$

となる。

ここで，①から，$A>\dfrac{1}{2r}$ である。

(i)　$0<r\leqq\dfrac{1}{2}$ のとき

$A>1$ となり，(1)から，②′（②）は少なくとも 4 つの解をもつ。
すなわち，この範囲の任意の r に対して，D 内のすべての点 P は与えられた条件を満たす。

(ii)　$\dfrac{1}{2}<r<1$ のとき

たとえば，D 内の点 $\left(\dfrac{1}{4},\ \dfrac{\sqrt{2}}{4}\right)$ を P とすると，この P に対して，②は

$$\sin\theta\cos\theta-\frac{\sqrt{2}}{4}\sin\theta+\frac{\sqrt{2}}{4}\cos\theta=0$$

となり，これより

$$\sin 2\theta-\frac{\sqrt{2}}{2}(\sin\theta-\cos\theta)=0$$

$$\sin 2\theta=\sin\left(\theta-\frac{\pi}{4}\right)\quad\cdots\cdots③$$

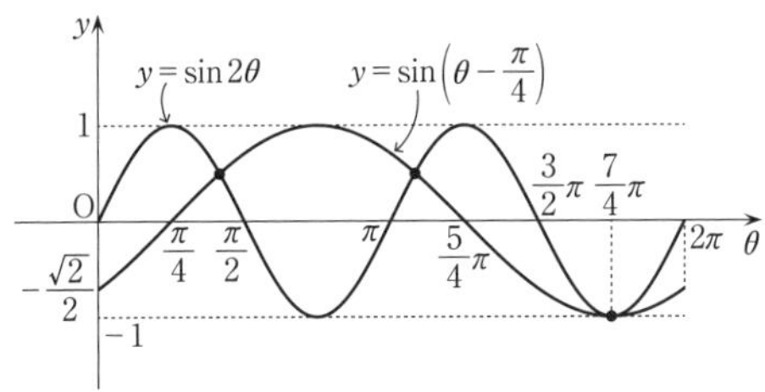

図より，③の解 θ は $0\leqq\theta<2\pi$ の範囲に 3 個しかないので，この P は与えられた条件を満たさない。
よって，D 内のすべての点 P に対して与えられた条件が成り立つような r は $\dfrac{1}{2}<r<1$ にはない。

以上から，D 内のすべての点 P に対して与えられた条件が成り立つような r は存在し，そのような r の範囲は $0<r\leqq\dfrac{1}{2}$ である。　　　　（証明終）

ゆえに，r の最大値は　$\dfrac{1}{2}$　……（答）

〔注２〕 $\sin 2\theta=\sin\left(\theta-\frac{\pi}{4}\right)$ $(0\leqq\theta<2\pi)$ の解を，次のように具体的に求めてもよい。

（その１） 和積の公式を用いる。

$\sin 2\theta-\sin\left(\theta-\frac{\pi}{4}\right)=0$ から　　$2\cos\left(\frac{3}{2}\theta-\frac{\pi}{8}\right)\sin\left(\frac{\theta}{2}+\frac{\pi}{8}\right)=0$

よって　　$\cos\left(\frac{3}{2}\theta-\frac{\pi}{8}\right)=0$ または $\sin\left(\frac{\theta}{2}+\frac{\pi}{8}\right)=0$

$-\frac{\pi}{8}\leqq\frac{3}{2}\theta-\frac{\pi}{8}<3\pi-\frac{\pi}{8}$ から，$\frac{3}{2}\theta-\frac{\pi}{8}=\frac{\pi}{2}$，$\frac{3}{2}\pi$，$\frac{5}{2}\pi$ となり

$\theta=\frac{5}{12}\pi$，$\frac{13}{12}\pi$，$\frac{7}{4}\pi$

$\frac{\pi}{8}\leqq\frac{\theta}{2}+\frac{\pi}{8}<\pi+\frac{\pi}{8}$ から，$\frac{\theta}{2}+\frac{\pi}{8}=\pi$ となり　　$\theta=\frac{7}{4}\pi$

以上より　　$\theta=\frac{5}{12}\pi$，$\frac{13}{12}\pi$，$\frac{7}{4}\pi$

（その２） 一般に $\sin\alpha=\sin\beta$ から，$\beta=2n\pi+\alpha$，$(2n+1)\pi-\alpha$（n は整数）となることを用いる。

$\sin 2\theta=\sin\left(\theta-\frac{\pi}{4}\right)$ から　　$\theta-\frac{\pi}{4}=2n\pi+2\theta$，$(2n+1)\pi-2\theta$

となり　　$\theta=-\frac{8n+1}{4}\pi$，$\frac{8n+5}{12}\pi$

これと $0\leqq\theta<2\pi$ から　　$\theta=\frac{5}{12}\pi$，$\frac{13}{12}\pi$，$\frac{7}{4}\pi$

〔注３〕 (2)の(ii)ではPとして $\left(\frac{1}{4},\ \frac{\sqrt{2}}{4}\right)$ をとっているが，これは(1)のグラフを念頭に，②′で $A=1$ となる $(p,\ q)$ のうちで $\alpha=-\frac{\pi}{4}\left(\beta=\frac{\pi}{4}\right)$ となるものを考えて得たものである。他にも $\alpha=\frac{\pi}{4}\left(\beta=-\frac{\pi}{4}\right)$，$\alpha=\pm\frac{3}{4}\pi\left(\beta=\mp\frac{\pi}{4}\right)$（複号同順）となるものから求めてもよい。

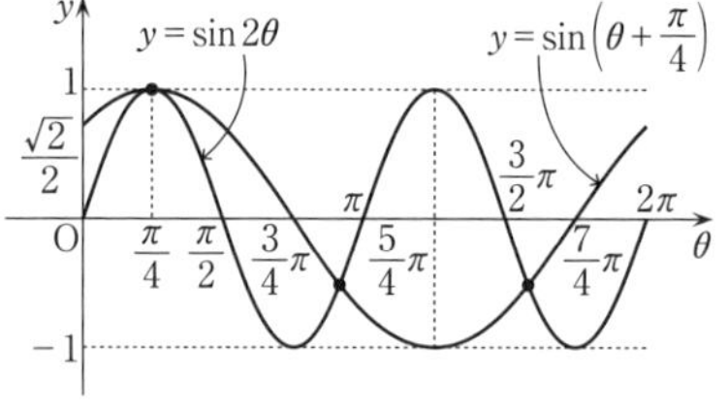

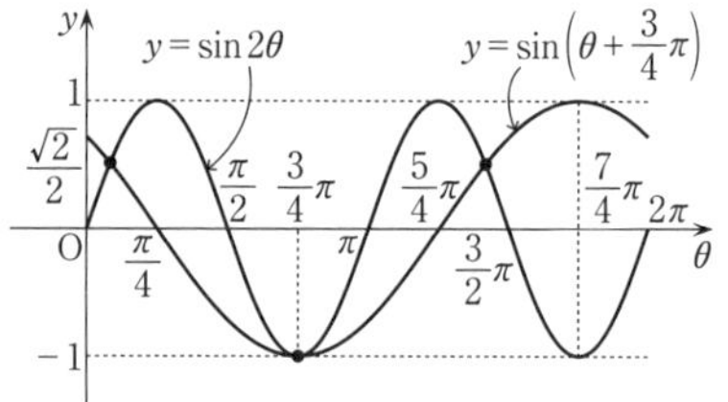

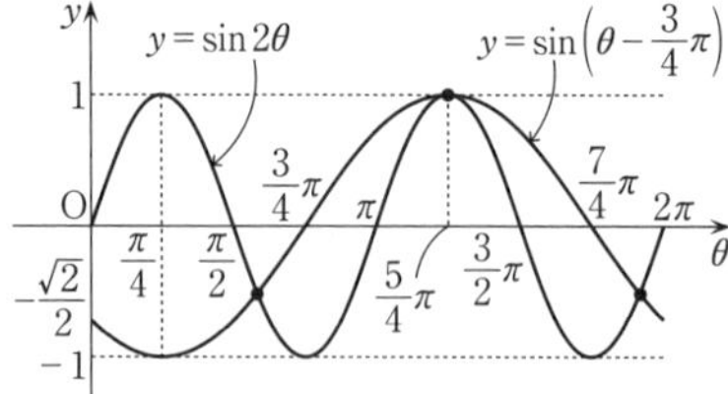

42 2017年度〔1〕 Level A

ポイント (1) $f(\theta)$ は倍角，3倍角の公式による。$g(\theta)$ は分子の因数 $x-1$ に注目する。

(2) 放物線の軸の位置での場合分けによる。

解法

(1)
$$\begin{aligned} f(\theta) &= \cos 3\theta + a\cos 2\theta + b\cos\theta \\ &= 4\cos^3\theta - 3\cos\theta + a(2\cos^2\theta - 1) + b\cos\theta \\ &= 4\cos^3\theta + 2a\cos^2\theta + (b-3)\cos\theta - a \end{aligned}$$

ここで，$x=\cos\theta$ より

$$f(\theta) = 4x^3 + 2ax^2 + (b-3)x - a \quad \cdots\cdots(答)$$

$f(0) = \cos 0 + a\cos 0 + b\cos 0 = 1 + a + b$ なので

$$\begin{aligned} g(\theta) &= \frac{f(\theta) - f(0)}{\cos\theta - 1} = \frac{4x^3 + 2ax^2 + (b-3)x - a - 1 - a - b}{x-1} \\ &= \frac{4x^3 - 3x - 1 + 2ax^2 - 2a + bx - b}{x-1} \\ &= \frac{(x-1)(2x+1)^2 + 2a(x-1)(x+1) + b(x-1)}{x-1} \\ &= (2x+1)^2 + 2a(x+1) + b \\ &= 4x^2 + 2(a+2)x + 2a + b + 1 \quad \cdots\cdots(答) \end{aligned}$$

(2) $0<\theta<\pi$ から，$x=\cos\theta$ について，$-1<x<1$ である。

$$G(x) = 4x^2 + 2(a+2)x + 2a + b + 1$$

とおき，$-1<x<1$ での $G(x)$ の最小値が0となるための a，b の条件を求める。

$$\begin{aligned} G(x) &= 4\left(x + \frac{a+2}{4}\right)^2 - \frac{(a+2)^2}{4} + 2a + b + 1 \\ &= 4\left(x + \frac{a+2}{4}\right)^2 - \frac{a^2}{4} + a + b \end{aligned}$$

よって，$G(x)$ は $-\dfrac{a+2}{4} \leqq -1$ のときは $-1<x<1$ で単調増加であり，$-\dfrac{a+2}{4} \geqq 1$ のときは $-1<x<1$ で単調減少であるから，いずれの場合も，$-1<x<1$ での最小値は存在しない。

ゆえに，求める条件は

$$\begin{cases} -1 < -\dfrac{a+2}{4} < 1 \\ G\left(-\dfrac{a+2}{4}\right) = 0 \end{cases}$$

すなわち

$$\begin{cases} -6<a<2 \\ \dfrac{-a^2}{4}+a+b=0 \end{cases}$$

これより

$$\begin{cases} -6<a<2 \\ b=\dfrac{1}{4}(a-2)^2-1 \end{cases} \quad \cdots\cdots(答)$$

となり，ab 平面で図示すると，右図の実線部となる（ただし，端点は含まない）。

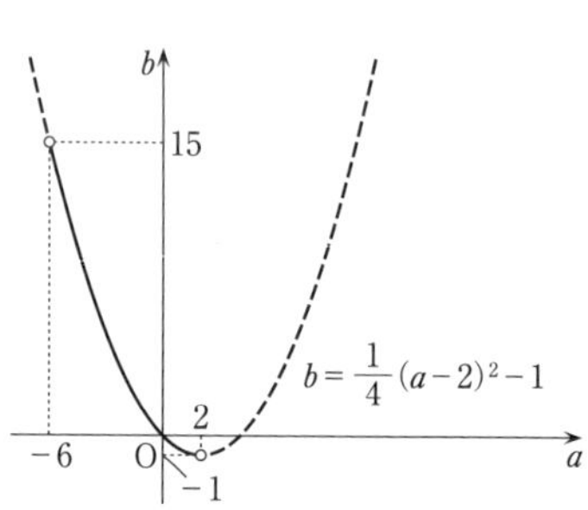

43　2002 年度〔1〕（文理共通（一部））　Level A

ポイント　与式から y を消去して得られる x の２次方程式が相異なる２つの実数解をもつ条件を求めると三角不等式となる。

解 法

$$y=2\sqrt{3}\,(x-\cos\theta)^2+\sin\theta \quad \cdots\cdots①$$

$$y=-2\sqrt{3}\,(x+\cos\theta)^2-\sin\theta \quad \cdots\cdots②$$

（①－②）÷2 より

$$2\sqrt{3}x^2+2\sqrt{3}\cos^2\theta+\sin\theta=0 \quad \cdots\cdots③$$

$$\begin{cases}①\\②\end{cases} \Longleftrightarrow \begin{cases}②\\③\end{cases}$$

であり，③をみたす実数 x の各値に対して，②により実数 y が１つ定まる。

よって，放物線①，②が相異なる２点で交わるためには，x の２次方程式③が相異なる２つの実数解をもつこと，すなわち

$$2\sqrt{3}\cos^2\theta+\sin\theta<0$$

となることが，必要かつ十分である。

$\cos^2\theta=1-\sin^2\theta$ であるから，この不等式は次のようになる。

$$2\sqrt{3}\sin^2\theta-\sin\theta-2\sqrt{3}>0$$

$$(2\sin\theta+\sqrt{3})(\sqrt{3}\sin\theta-2)>0$$

$-1\leqq\sin\theta\leqq1$ より，つねに $\sqrt{3}\sin\theta-2<0$ であるから，上の不等式は次の不等式と同値である。

$$2\sin\theta+\sqrt{3}<0 \qquad \therefore\ \sin\theta<-\frac{\sqrt{3}}{2}$$

ゆえに，求める θ の範囲は　$\dfrac{4}{3}\pi+2n\pi<\theta<\dfrac{5}{3}\pi+2n\pi$　（n は整数）　……（答）

44 1999年度 〔1〕(文理共通) Level B

ポイント (1) xy 平面上で x 軸正方向を始線とし，これと一般角 θ をなす動径を考える（単位円を利用することも可)。

(2) $P(\cos(\alpha+\beta),\ \sin(\alpha+\beta))$，$A(1,\ 0)$，$Q(\cos(-\alpha),\ \sin(-\alpha))$，$R(\cos\beta,\ \sin\beta)$ を考え，線分 AP は線分 QR を原点のまわりに α だけ回転したものであることを利用し，2点間の距離を考える。$\cos(\alpha+\beta)$ についての式が先に求められるので，これを用いて $\sin(\alpha+\beta)$ についての式を導く。

解法

(1) xy 座標平面上で，x 軸の正の部分（原点Oを端点とする半直線）を始線とし，一般角 θ に対する動径上で，Oからの距離 r（r は $r>0$ の定数）の点Pの座標を $(x,\ y)$ とする。$\dfrac{x}{r}$，$\dfrac{y}{r}$ の値は r の値に関係なく，θ の値により定まる。

$\sin\theta=\dfrac{y}{r}$，$\cos\theta=\dfrac{x}{r}$ と定義する。

(2) (1)の r の値を $r=1$ として考える。したがって，一般角に対する動径上の点は，動径と単位円（原点を中心とする半径1の円）との交点となる。

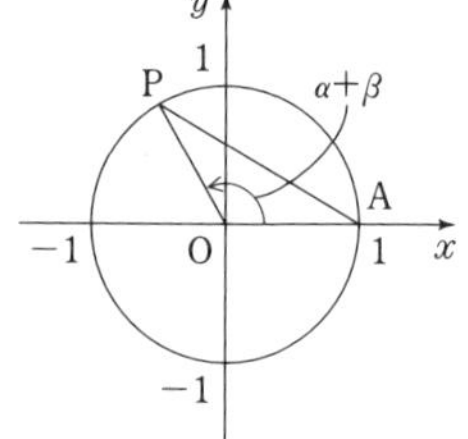

一般角 $\alpha+\beta$ に対する単位円上の点Pの座標は $P(\cos(\alpha+\beta),\ \sin(\alpha+\beta))$ であるから，点 $A(1,\ 0)$ に対して

$$AP^2=\{\cos(\alpha+\beta)-1\}^2+\sin^2(\alpha+\beta)$$
$$=2-2\cos(\alpha+\beta)\quad\cdots\cdots①$$

一般角 $-\alpha$，β それぞれに対する単位円上の点Q，Rの座標は

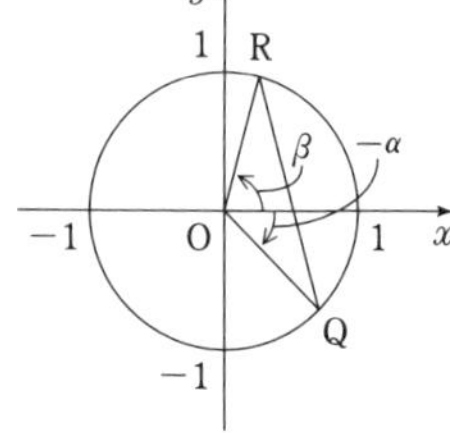

$Q(\cos\alpha,\ -\sin\alpha)$

（定義より $\cos(-\alpha)=\cos\alpha$，$\sin(-\alpha)=-\sin\alpha$）

$R(\cos\beta,\ \sin\beta)$

であるから

$$QR^2=(\cos\beta-\cos\alpha)^2+(\sin\beta+\sin\alpha)^2$$
$$=2-2(\cos\alpha\cos\beta-\sin\alpha\sin\beta)\quad\cdots\cdots②$$

線分 QR を原点のまわりに角 α だけ回転すると，線分 AP に重なるから

$$AP=QR$$

ゆえに，①，②より

$$\cos(\alpha+\beta)=\cos\alpha\cos\beta-\sin\alpha\sin\beta$$

次に

$$\begin{aligned}\sin(\alpha+\beta)&=\cos\{90^\circ-(\alpha+\beta)\}=\cos\{(90^\circ-\alpha)+(-\beta)\}\\&=\cos(90^\circ-\alpha)\cos(-\beta)-\sin(90^\circ-\alpha)\sin(-\beta)\\&=\sin\alpha\cos\beta+\cos\alpha\sin\beta\end{aligned}$$

ただし，①，②および上の変形では，(1)の定義に基づく次の性質を用いている。

(i)　$\sin^2\theta+\cos^2\theta=1$

（単位円周上の点 $\mathrm{P}(\cos\theta,\ \sin\theta)$ に対して，$\mathrm{OP}=1$ であるから）

(ii)　$\sin(-\theta)=-\sin\theta$，$\cos(-\theta)=\cos\theta$

（点 $(\cos(-\theta),\ \sin(-\theta))$ は点 $(\cos\theta,\ \sin\theta)$ と x 軸に関して対称であるから）

(iii)　$\sin(90^\circ-\theta)=\cos\theta$，$\cos(90^\circ-\theta)=\sin\theta$

（点 $(\cos(90^\circ-\theta),\ \sin(90^\circ-\theta))$ は点 $(\cos\theta,\ \sin\theta)$ と直線 $y=x$ に関して対称であるから）　　　　（証明終）

〔注1〕　(2)の証明の途中の式変形で用いる三角関数の諸性質が(1)の定義から導かれるものであることを明記する必要がある。また，α や β の値によっては必ずしも三角形OAPなどができないこともあるので，三角形の合同を用いる場合は，P が x 軸上にある場合と，そうでない場合に分けて記述することになる。それを避けるために，線分の回転という考えにしてある。ただし，$\alpha+\beta=0$ のときは線分を点として考えることになる。

〔注2〕　三角関数は本来，円関数とも言われてきたように，角に対して単位円周上の点の座標を対応させる関数として定義するのが高校では一般的である。単位円周上の点 P に対応する一般角とは，$\overset{\frown}{\mathrm{AP}}$ の長さに 2π の任意の整数倍を加えたものである。したがって，三角関数を定義するためには円の弧の長さが先に定義されていなければならない。ところが，弧の長さを求めるのに積分を用いるのだが，ここに三角関数を用いるとなると，三角関数を用いて三角関数を定義するということになり，三角関数の定義は甚だ怪しいものになる。高校の微積分にはこのような問題が潜んでいる。角の定義を含め，三角関数の定義を直観的な議論を越えて厳密に行うにはどうするのかは，大学で（あるいは専門書で）学ぶことになる。

§5 平面ベクトル

45 2013年度〔4〕 Level B

ポイント (1) Pがある正三角形の重心であることを用いる。

(2) ［解法1］ △ABCの外側に各辺を1辺とする正三角形を考えると，Pは2直線の交点となる。座標設定が有効である。

［解法2］ Pを2円の交点として求める。

［解法3］ 余弦定理を用いる。

［解法4］ 相似な三角形を利用する。

解法1

(1) $\dfrac{\overrightarrow{PA}}{|\overrightarrow{PA}|}=\overrightarrow{PA'}$，$\dfrac{\overrightarrow{PB}}{|\overrightarrow{PB}|}=\overrightarrow{PB'}$，$\dfrac{\overrightarrow{PC}}{|\overrightarrow{PC}|}=\overrightarrow{PC'}$ となる点 A′，B′，C′をとると，条件式から　$\overrightarrow{PA'}+\overrightarrow{PB'}+\overrightarrow{PC'}=\vec{0}$

したがって　$\overrightarrow{PP}=\vec{0}=\dfrac{\overrightarrow{PA'}+\overrightarrow{PB'}+\overrightarrow{PC'}}{3}$

よって，Pは△A′B′C′の重心である。

また，$|\overrightarrow{PA'}|=|\overrightarrow{PB'}|=|\overrightarrow{PC'}|=1$ であるから，Pは△A′B′C′の外心である。

外心と重心が一致するので，△A′B′C′は正三角形であり，Pはその重心なので，

$\angle A'PB'=\angle A'PC'=120°$ すなわち

$$\angle APB=\angle APC=120° \quad \cdots\cdots(答)$$

(2) △ABCにおいて，$\angle BAC=90°$，$AB=1$，$CA=\sqrt{3}$ から，$BC=2$，$\angle ABC=60°$，$\angle BCA=30°$ である。

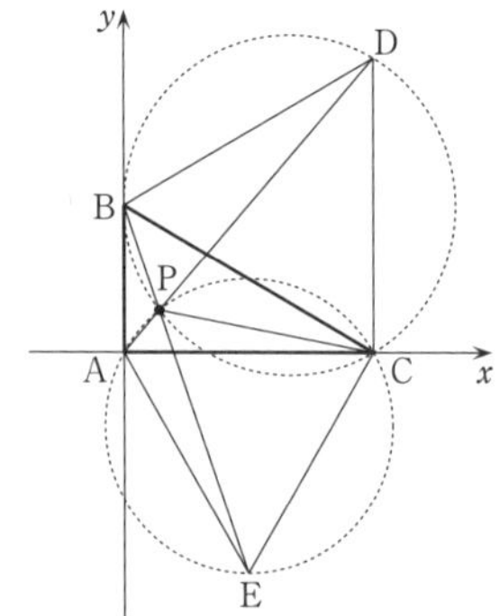

△ABCの外側に，右図のように正三角形BCD，CAEを考える。

(1)より，$\angle BPC=120°$ であるから，円周角の関係により，Pは正三角形BCDの外接円の弧BC上（BCに関してDと反対側）にあり

$$\angle APB+\angle BPD=120°+60°=180°$$

である。よって，Pは直線AD上にある。

同様に，Pは直線BE上にもある。

いま，A$(0,\ 0)$，B$(0,\ 1)$，C$(\sqrt{3},\ 0)$，P$(x,\ y)$ となる座標設定を考えると

$$\angle ACB+\angle BCD=30^\circ+60^\circ=90^\circ,\ CD=2$$

から，D$(\sqrt{3},\ 2)$ となり，直線 AD の式は

$$y=\frac{2}{\sqrt{3}}x \quad \cdots\cdots①$$

また，E$\left(\frac{\sqrt{3}}{2},\ -\frac{3}{2}\right)$ なので，直線 BE の式は

$$y=\frac{-\frac{3}{2}-1}{\frac{\sqrt{3}}{2}}x+1$$

すなわち　$y=\frac{-5}{\sqrt{3}}x+1 \quad \cdots\cdots②$

①，②より，$\frac{2}{\sqrt{3}}x=\frac{-5}{\sqrt{3}}x+1$ なので　$x=\frac{\sqrt{3}}{7}$

よって，$y=\frac{2}{7}$ となり　P$\left(\frac{\sqrt{3}}{7},\ \frac{2}{7}\right)$

ゆえに

$$\left.\begin{aligned}|\overrightarrow{PA}|&=\sqrt{\left(\frac{\sqrt{3}}{7}\right)^2+\left(\frac{2}{7}\right)^2}=\frac{\sqrt{7}}{7}\\|\overrightarrow{PB}|&=\sqrt{\left(\frac{\sqrt{3}}{7}\right)^2+\left(1-\frac{2}{7}\right)^2}=\sqrt{\frac{28}{49}}=\frac{2\sqrt{7}}{7}\\|\overrightarrow{PC}|&=\sqrt{\left(\sqrt{3}-\frac{\sqrt{3}}{7}\right)^2+\left(\frac{2}{7}\right)^2}=\sqrt{\frac{112}{49}}=\frac{4\sqrt{7}}{7}\end{aligned}\right\} \cdots\cdots(答)$$

解法 2

((1)は［解法 1］に同じ)

(2)　△ABC の外側に，右図のように正三角形 CAE，ABF をとる。

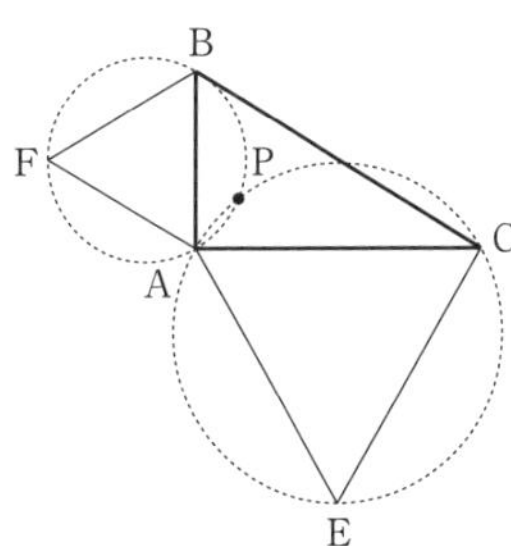

∠APB＝120° であるから，円周角の関係により，P は正三角形 ABF の外接円の弧 AB 上（AB に関して F と反対側）にある。同様に，P は正三角形 CAE の外接円の弧 CA 上（CA に関して E と反対側）にある。

したがって，P はこれら 2 円の A 以外の交点に一致する。

いま，A$(0,\ 0)$，B$(0,\ 1)$，C$(\sqrt{3},\ 0)$，P$(x,\ y)$ となる座標設定を考える。

△ABF の外接円の中心は $\left(-\frac{1}{2\sqrt{3}},\ \frac{1}{2}\right)$ で，半径は $\frac{1}{\sqrt{3}}$ なので，その方程式は

$$\left(x+\frac{1}{2\sqrt{3}}\right)^2+\left(y-\frac{1}{2}\right)^2=\frac{1}{3}$$

すなわち

$$x^2+\frac{1}{\sqrt{3}}x+y^2-y=0 \quad \cdots\cdots①$$

△AEC の外接円の中心は $\left(\frac{\sqrt{3}}{2},\ -\frac{1}{2}\right)$ で，半径は 1 なので，その方程式は

$$\left(x-\frac{\sqrt{3}}{2}\right)^2+\left(y+\frac{1}{2}\right)^2=1$$

すなわち

$$x^2-\sqrt{3}x+y^2+y=0 \quad \cdots\cdots②$$

①－② から　　$\frac{4}{\sqrt{3}}x-2y=0$　　すなわち　　$y=\frac{2}{\sqrt{3}}x$

これを②に代入して

$$x^2-\sqrt{3}x+\frac{4}{3}x^2+\frac{2}{\sqrt{3}}x=0$$

$x\neq 0$ から

$$x-\sqrt{3}+\frac{4}{3}x+\frac{2}{\sqrt{3}}=0$$

これより，$x=\frac{\sqrt{3}}{7}$ となり，$y=\frac{2}{7}$ となる。

（以下，［解法 1］に同じ）

解 法 3

（(1)は［解法 1］に同じ）

(2)（P が 2 円の交点であるところまでは［解法 2］に同じ）

(1)から　　$\angle\mathrm{APB}=120°$

また，円周角から　　$\angle\mathrm{APE}=\angle\mathrm{ACE}=60°$

よって，$\angle\mathrm{APB}+\angle\mathrm{APE}=180°$ となり，P は線分 BE 上にある。

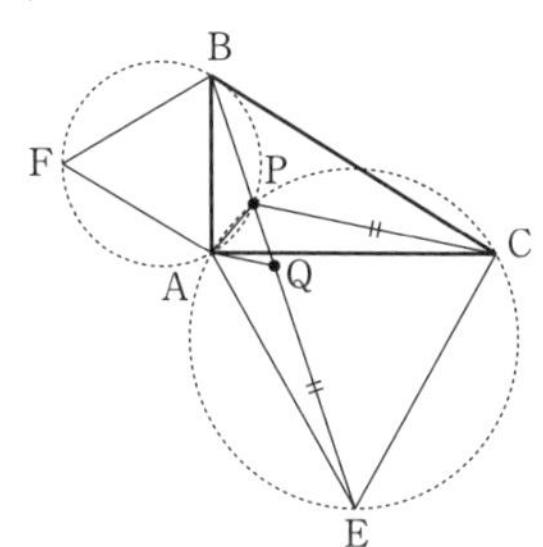

いま，線分 BE 上に EQ＝CP となる点 Q をとると，

△ACP と△AEQ において

$\mathrm{AC}=\mathrm{AE},\ \mathrm{CP}=\mathrm{EQ},\ \angle\mathrm{ACP}=\mathrm{AEQ}$（円周角）

よって

$$\triangle\mathrm{ACP}\equiv\triangle\mathrm{AEQ}$$

したがって　　$\angle AQE=\angle APC=120°$

よって　　$\angle AQP=60°$

また，$AP=AQ$ であるから，$\triangle APQ$ は正三角形となり

$$PA=PQ$$

したがって

$$BP+AP+CP=BP+PQ+QE=BE$$

ここで，$\triangle ABE$ で余弦定理から

$$BE^2=1^2+(\sqrt{3})^2-2\sqrt{3}\cos 150°=7$$

$$BE=\sqrt{7}$$

よって，$PA=x$，$PB=y$，$PC=z$ とおくと

$$x+y+z=\sqrt{7} \quad \cdots\cdots①$$

$\triangle ABP$ で余弦定理から

$$x^2+y^2-2xy\cos 120°=1$$

$$x^2+y^2+xy=1 \quad \cdots\cdots②$$

同様に，$\triangle BCP$，$\triangle CAP$ で余弦定理から

$$y^2+z^2+yz=4 \quad \cdots\cdots③$$

$$z^2+x^2+zx=3 \quad \cdots\cdots④$$

①から　　$y=\sqrt{7}-x-z$　$\cdots\cdots①'$

①′を②に代入して

$$x^2+(\sqrt{7}-x-z)^2+x(\sqrt{7}-x-z)=1$$

これを整理して

$$x^2+z^2+zx-\sqrt{7}x-2\sqrt{7}z+7=1$$

これに④を代入して

$$\sqrt{7}x+2\sqrt{7}z=9 \quad \cdots\cdots⑤$$

同様に，①′を③に代入して整理すると

$$2\sqrt{7}x+\sqrt{7}z=6 \quad \cdots\cdots⑥$$

⑤，⑥を解いて　　$x=\dfrac{\sqrt{7}}{7}$，$z=\dfrac{4\sqrt{7}}{7}$

よって，①′から　　$y=\dfrac{2\sqrt{7}}{7}$

ゆえに　　$|\overrightarrow{PA}|=\dfrac{\sqrt{7}}{7}$，$|\overrightarrow{PB}|=\dfrac{2\sqrt{7}}{7}$，$|\overrightarrow{PC}|=\dfrac{4\sqrt{7}}{7}$　$\cdots\cdots$(答)

解法 4

((1)は［解法１］に同じ)

(2) $\angle \mathrm{PAB}=\alpha$ とおくと

$$\angle \mathrm{ABP}=180°-(120°+\alpha)=60°-\alpha$$

$$\angle \mathrm{PBC}=60°-(60°-\alpha)=\alpha$$

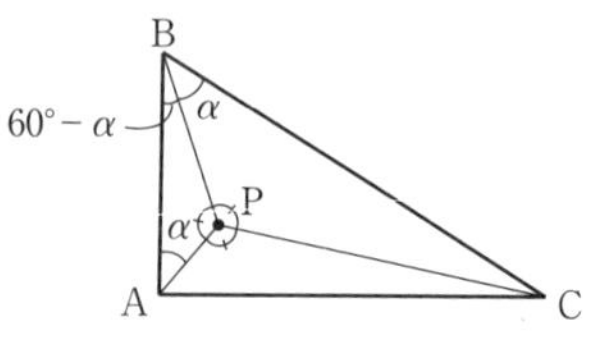

よって，２角の相等から　$\triangle \mathrm{APB} \backsim \triangle \mathrm{BPC}$

したがって　$\dfrac{\mathrm{PB}}{\mathrm{PA}}=\dfrac{\mathrm{PC}}{\mathrm{PB}}=\dfrac{\mathrm{BC}}{\mathrm{AB}}=\dfrac{2}{1}$

よって　$\mathrm{PB}=2\mathrm{PA}$，$\mathrm{PC}=2\mathrm{PB}=4\mathrm{PA}$

$\mathrm{PA}=x$，$\mathrm{PB}=y$，$\mathrm{PC}=z$ とおくと

$$y=2x,\ z=4x \quad \cdots\cdots①$$

$\triangle \mathrm{ABP}$ で余弦定理から

$$x^2+y^2-2xy\cos 120°=1$$

$$x^2+y^2+xy=1 \quad \cdots\cdots②$$

①，②より

$$x^2+4x^2+2x^2=1 \qquad x=\frac{1}{\sqrt{7}} \quad (x>0)$$

よって，①から　$y=\dfrac{2}{\sqrt{7}}$，$z=\dfrac{4}{\sqrt{7}}$

（以下，［解法３］に同じ）

研究　どの内角も 120° より小さな三角形 ABC に対しては，辺 BC を一辺とする正三角形 BCD（D は直線 BC に関して A と反対側にあるものとする）の外接円を E とし，直線 AD と円 E の交点で D と異なるものを F とするとき，平面 ABC 上の任意の点 P に対して，$|\overrightarrow{\mathrm{PA}}|+|\overrightarrow{\mathrm{PB}}|+|\overrightarrow{\mathrm{PC}}| \geqq |\overrightarrow{\mathrm{FA}}|+|\overrightarrow{\mathrm{FB}}|+|\overrightarrow{\mathrm{FC}}|$ であることを以下のように示すことができる。ただし，どの内角も 120° より小さいとき，F が三角形 ABC の内部にあることは幾何の煩雑な確認だけなので前提とする。

（証明）　$\overrightarrow{\mathrm{FA}}=\vec{a}$，$\overrightarrow{\mathrm{FB}}=\vec{b}$，$\overrightarrow{\mathrm{FC}}=\vec{c}$ とする。まず，$\dfrac{\vec{a}}{|\vec{a}|}+\dfrac{\vec{b}}{|\vec{b}|}+\dfrac{\vec{c}}{|\vec{c}|}=\vec{0}$ ……(＊)　を示す。

円周角の相等から

$$\angle \mathrm{BFD}=\angle \mathrm{BCD}=60° \quad \cdots\cdots①$$

$$\angle \mathrm{CFD}=\angle \mathrm{CBD}=60° \quad \cdots\cdots②$$

F は三角形 ABC の内部にあるから，①，②より

$$\angle \mathrm{AFB}=\angle \mathrm{BFC}=\angle \mathrm{CFA}=120° \quad \cdots\cdots③$$

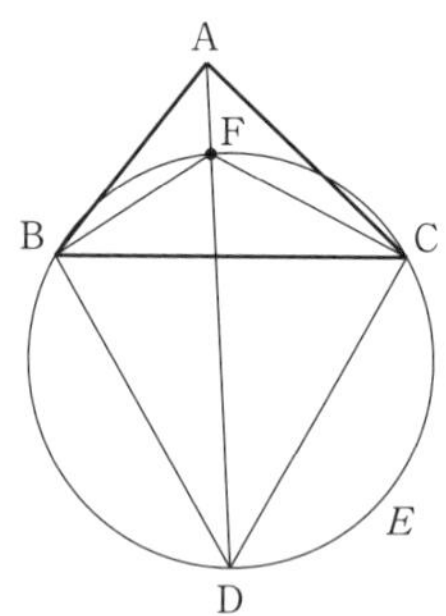

$\dfrac{\vec{a}}{|\vec{a}|}=\overrightarrow{\mathrm{FA'}}$，$\dfrac{\vec{b}}{|\vec{b}|}=\overrightarrow{\mathrm{FB'}}$，$\dfrac{\vec{c}}{|\vec{c}|}=\overrightarrow{\mathrm{FC'}}$ とすると，③より

$$\angle \mathrm{A'FB'}=\angle \mathrm{B'FC'}=\angle \mathrm{C'FA'}=120°$$

また　$\mathrm{FA'}=\mathrm{FB'}=\mathrm{FC'}=1$

さらに，Fは三角形A′B′C′の内部にある。よって，三角形A′B′C′は正三角形で，Fは三角形A′B′C′の重心である。ゆえに

$\overrightarrow{\mathrm{FA'}}+\overrightarrow{\mathrm{FB'}}+\overrightarrow{\mathrm{FC'}}=\vec{0}$　　すなわち　　$\dfrac{\vec{a}}{|\vec{a}|}+\dfrac{\vec{b}}{|\vec{b}|}+\dfrac{\vec{c}}{|\vec{c}|}=\vec{0}$ である。

次いで，任意のベクトル $\vec{x}(\neq\vec{0})$ と $\vec{y}$ に対して，$|\vec{x}-\vec{y}|\geqq|\vec{x}|-\dfrac{\vec{x}}{|\vec{x}|}\cdot\vec{y}$ ……(＊＊) であることを示す。

$\vec{y}=\vec{0}$ のときは明らかなので，$\vec{y}\neq 0$ のときを示す。$\vec{x}$ と $\vec{y}$ のなす角を θ とすると，$\dfrac{\vec{x}}{|\vec{x}|}$ と $\vec{y}$ のなす角も θ であり，また $\left|\dfrac{\vec{x}}{|\vec{x}|}\right|=1$ であるから，$\dfrac{\vec{x}}{|\vec{x}|}\cdot\vec{y}=|\vec{y}|\cos\theta$ である。よって

$$|\vec{x}-\vec{y}|^2-\left(|\vec{x}|-\frac{\vec{x}}{|\vec{x}|}\cdot\vec{y}\right)^2=(|\vec{x}|^2+|\vec{y}|^2-2\vec{x}\cdot\vec{y})-(|\vec{x}|-|\vec{y}|\cos\theta)^2$$
$$=|\vec{y}|^2(1-\cos^2\theta)\quad(\vec{x}\cdot\vec{y}=|\vec{x}||\vec{y}|\cos\theta \text{ より})$$
$$\geqq 0$$

よって，$|\vec{x}-\vec{y}|^2\geqq\left(|\vec{x}|-\dfrac{\vec{x}}{|\vec{x}|}\cdot\vec{y}\right)^2$ であるが，$|\vec{x}-\vec{y}|\geqq 0$ であるから，$|\vec{x}-\vec{y}|\geqq|\vec{x}|-\dfrac{\vec{x}}{|\vec{x}|}\cdot\vec{y}$ である。

いま，$\overrightarrow{\mathrm{FP}}=\vec{p}$ とおくと，(＊＊)で $\vec{x}=\vec{a}$，$\vec{y}=\vec{p}$ として　　$|\overrightarrow{\mathrm{PA}}|=|\vec{a}-\vec{p}|\geqq|\vec{a}|-\dfrac{\vec{a}}{|\vec{a}|}\cdot\vec{p}$

同様に　　$|\overrightarrow{\mathrm{PB}}|=|\vec{b}-\vec{p}|\geqq|\vec{b}|-\dfrac{\vec{b}}{|\vec{b}|}\cdot\vec{p}$，$|\overrightarrow{\mathrm{PC}}|=|\vec{c}-\vec{p}|\geqq|\vec{c}|-\dfrac{\vec{c}}{|\vec{c}|}\cdot\vec{p}$

よって

$$|\overrightarrow{\mathrm{PA}}|+|\overrightarrow{\mathrm{PB}}|+|\overrightarrow{\mathrm{PC}}|\geqq(|\vec{a}|+|\vec{b}|+|\vec{c}|)-\left(\frac{\vec{a}}{|\vec{a}|}+\frac{\vec{b}}{|\vec{b}|}+\frac{\vec{c}}{|\vec{c}|}\right)\cdot\vec{p}$$
$$=|\vec{a}|+|\vec{b}|+|\vec{c}|\quad((＊)\text{より})$$
$$=|\overrightarrow{\mathrm{FA}}|+|\overrightarrow{\mathrm{FB}}|+|\overrightarrow{\mathrm{FC}}|$$

(証明終)

(別証)　幾何による証明も考えられる。ただし，Pのとり方によって様々な図を要するので，以下にその概要のみを記しておく。

まず

AF＋BF＋CF＝AD　……(※)

であることを示す。

C′D＝CF　……①　となる点C′を線分AD上にとる。

△BDC′≡△BCFであるから，BC′＝BFである。ここで，

△BC′D＝∠BFC＝120°から，∠BC′F＝60°となり，

△BC′Fは正三角形であり，FC′＝BF　……②　である。

①，②から　　AF＋BF＋CF＝AF＋FC′＋C′D＝AD

次いで，平面上の任意の点Pに対して

AP＋BP＋CP≧AD　……(※※)

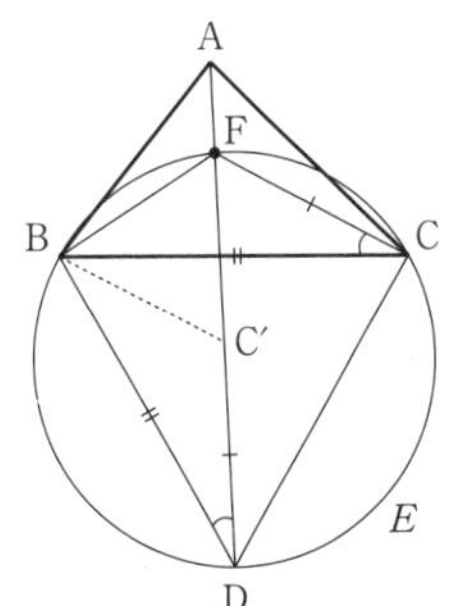

であることを示す。
△BCP を B を中心に 60° 回転して辺 BC が辺 BD に重なるようにする。
このとき，P が P′ に移るとすると，△BPP′ は正三角形であり，BP＝PP′　……③　である。また CP＝DP′　……④である。
③，④から

$$AP+BP+CP=AP+PP'+P'D \geqq AD$$

以上(※)，(※※)から

$$AP+BP+CP \geqq AF+BF+CF$$

(証明終)

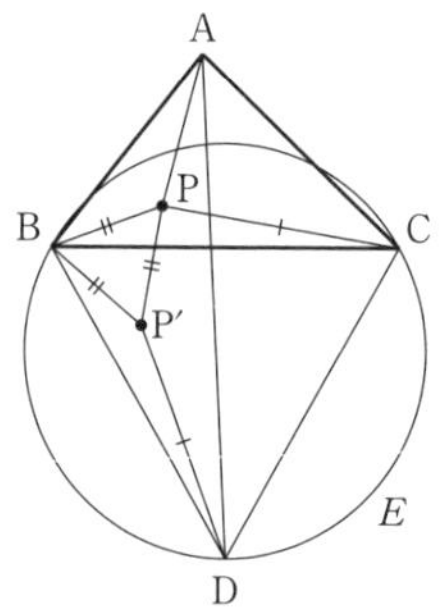

〔注〕 内角の 1 つが 120° 以上のときは，たとえば ∠A≧120° ならば

$$AP+BP+CP \geqq AB+AC$$

であることを，やはりベクトルを用いて厳密に示すことができるが省略する。

§6 空間図形

46　2023 年度〔4〕　Level B

ポイント　(1)　P(x, y, z) とおき，内積計算から x, y, z の連立方程式を解く。

(2)　$\overrightarrow{OH}=(1-t)\overrightarrow{OA}+t\overrightarrow{OB}$ とおき，$\overrightarrow{PH}\cdot\overrightarrow{AB}=0$ から t の値を求める。

(3)　$\overrightarrow{OJ}=\dfrac{3}{4}\overrightarrow{OA}$ となる点 J を考えると，QJ⊥(平面 OAB) である。三角形 OHB 上の点 R に対して，$r^2=QR^2=2+JR^2$ となることから，JR の長さのとり得る値の範囲を求め，これを利用する。J の位置を考え，必要な線分の長さを求める。

解法

(1)　P(x, y, z) とおくと，与えられた条件から

$$2x=0 \quad かつ \quad x+y+z=0 \quad かつ \quad x+2y+3z=1$$

これより，$x=0$，$y=-1$，$z=1$ となり

$$P(0,\ -1,\ 1) \quad \cdots\cdots(答)$$

(2)　$\overrightarrow{OH}=(1-t)\overrightarrow{OA}+t\overrightarrow{OB}$（$t$ は実数）とおく。

$$\begin{aligned}\overrightarrow{OH}&=(1-t)(2,\ 0,\ 0)+t(1,\ 1,\ 1)\\&=(2-t,\ t,\ t)\end{aligned}$$

$$\begin{aligned}\overrightarrow{PH}&=\overrightarrow{OH}-\overrightarrow{OP}\\&=(2-t,\ t,\ t)-(0,\ -1,\ 1)\\&=(2-t,\ t+1,\ t-1)\end{aligned}$$

$$\begin{aligned}\overrightarrow{AB}&=(1,\ 1,\ 1)-(2,\ 0,\ 0)\\&=(-1,\ 1,\ 1)\end{aligned}$$

$\overrightarrow{PH}\cdot\overrightarrow{AB}=0$ から

$$(2-t,\ t+1,\ t-1)\cdot(-1,\ 1,\ 1)=0$$

$$3t-2=0 \qquad t=\frac{2}{3}$$

ゆえに　$\overrightarrow{OH}=\dfrac{1}{3}\overrightarrow{OA}+\dfrac{2}{3}\overrightarrow{OB}$　……(答)

(3) $\overrightarrow{OP}\perp$(平面 OAB) と $\overrightarrow{OQ}=\dfrac{3}{4}\overrightarrow{OA}+\overrightarrow{OP}$ から，

$\overrightarrow{OJ}=\dfrac{3}{4}\overrightarrow{OA}$ となる点 J を考えると，$\overrightarrow{JQ}=\overrightarrow{OP}$ から

$$\mathrm{QJ}\perp(\text{平面 OAB})$$

また

$$\mathrm{OJ}:\mathrm{OA}=3:4$$

$$\mathrm{QJ}=\mathrm{OP}=\sqrt{2}$$

である（図 1 ）。

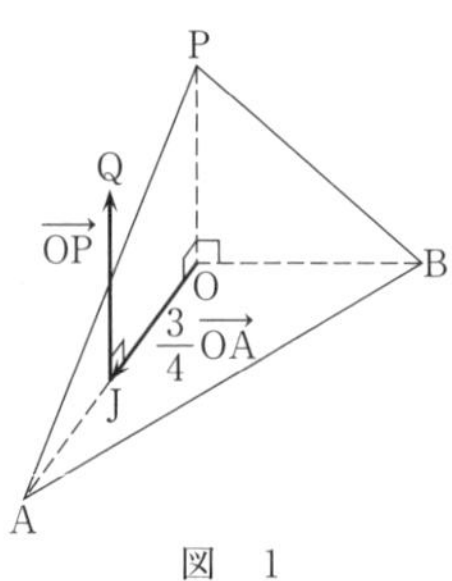

図 1

球面 S が三角形 OHB と共有点をもつとき，その任意の共有点を点Rとすると

$$\mathrm{QR}^2=\mathrm{QJ}^2+\mathrm{JR}^2$$

$$r^2=2+\mathrm{JR}^2 \quad \cdots\cdots①$$

そこで，JR の長さのとり得る値の範囲を求める（図 2 ）。

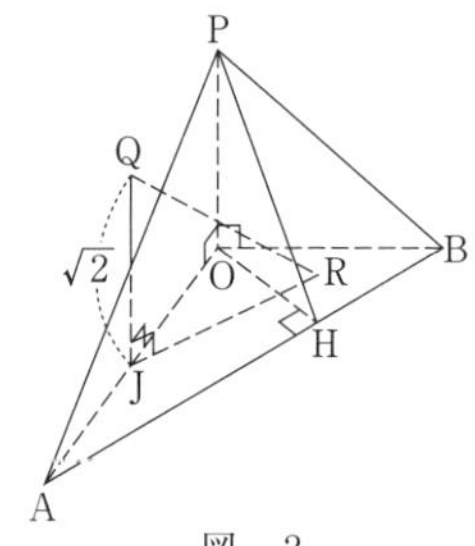

図 2

以下，平面 OAB で考え，J と三角形 OHB 上の点との距離を考える。ここで OJ : OA＝3 : 4 から $\mathrm{J}\left(\dfrac{3}{2},\ 0,\ 0\right)$ であり，これとO，A，Bの座標から

$$\mathrm{OA}=2,\ \mathrm{BO}=\mathrm{AB}=\sqrt{3},\ \mathrm{OJ}=\mathrm{BJ}=\frac{3}{2} \quad \cdots\cdots②$$

である（図 3 ）。

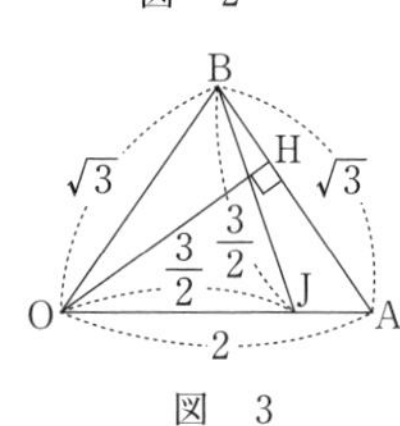

図 3

J から線分 OH に垂線 JI を下ろすと，JI // AH である（図 4 ）。

また，(2)から，H は線分 AB を 2 : 1 に内分するので

$$\mathrm{AH}=\frac{2}{3}\mathrm{AB}$$

$$=\frac{2\sqrt{3}}{3}$$

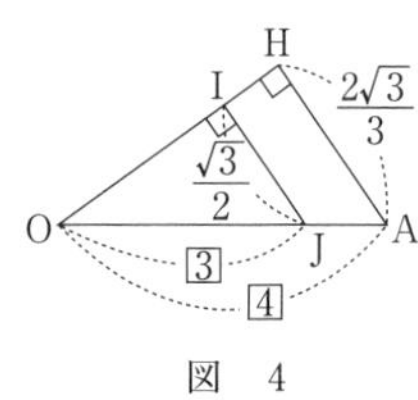

図 4

ここで，OJ : OA＝3 : 4 から

$$\mathrm{JI}=\frac{3}{4}\mathrm{AH}$$

$$=\frac{3}{4}\cdot\frac{2\sqrt{3}}{3}$$

$$=\frac{\sqrt{3}}{2} \quad \cdots\cdots③$$

図3，図4から，JRのとり得る値の範囲は JI≦JR≦JB となり，②，③から

$$\frac{\sqrt{3}}{2} \leqq \mathrm{JR} \leqq \frac{3}{2}$$

ゆえに，①から

$$2+\frac{3}{4} \leqq r^2 \leqq 2+\frac{9}{4} \qquad \text{すなわち} \qquad \frac{11}{4} \leqq r^2 \leqq \frac{17}{4}$$

となり　$\dfrac{\sqrt{11}}{2} \leqq r \leqq \dfrac{\sqrt{17}}{2}$　……(答)

〔注〕 とくに(3)ではいくつかの線分の長さを躊躇せず計算してみることが大切である。

47 2019年度〔3〕 Level C

ポイント (1) 頂点A，C，E，Pが平面$y=0$（xz平面）上にあることおよび，平面$y=0$と平面αの交線はAEと平行であることを利用する。

(2) 平面αが八面体の8面すべてと交わって計8つの線分が切り取られる条件を考える。平面αの方程式を求めて，これを利用すると根拠記述が簡明である。

(3) 平面αの方程式を利用して，必要な点の座標を求める。

解法

(1) 八面体の頂点のうち，A，C，E，Pが平面$y=0$（xz平面）上にあるので，八面体の平面$y=0$による切り口は四角形APCEの周および内部である。

次に，平面αの平面$y=0$による切り口とは，平面αと平面$y=0$の交線のことである。

線分MNが平面α上にあるので，その中点Fも平面α上にある。Fの座標は$(1,\ 0,\ 0)$であるから，Fは平面$y=0$上にもある。したがって，Fは平面$y=0$と平面αの交線上にある。また，この交線は直線AEと平行でなければならない。なぜなら，平行でなければ，その交点は平面αと直線AEの両方の上にあり，平面αが直線AEに平行であるという条件に反するからである。

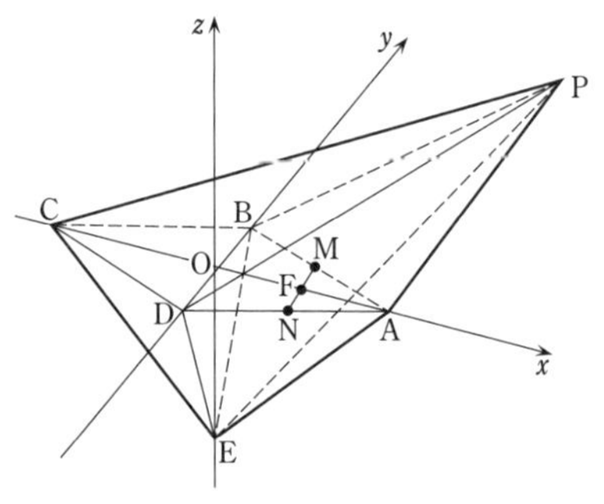

AEは平面$y=0$上の直線で傾きは1であるから，平面αと平面$y=0$の交線は，Fを通りAEに平行な直線$z=x-1$である。

以上から，求める図は次図の網かけ部分（境界を含む）と直線$z=x-1$である。

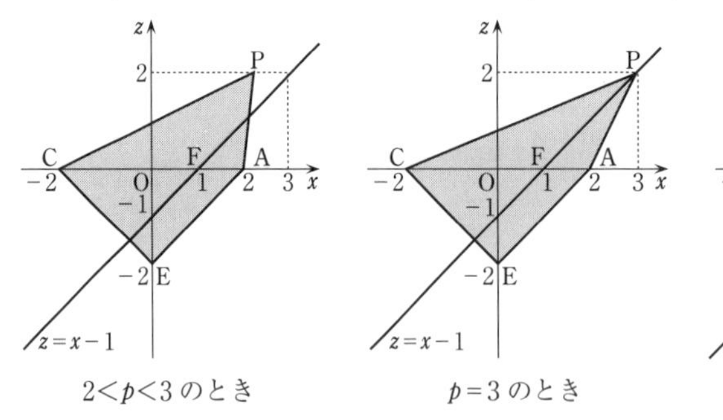

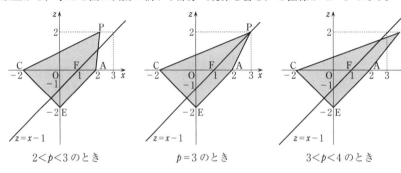

$2<p<3$のとき　　$p=3$のとき　　$3<p<4$のとき

(2) 八面体の平面αによる切り口が八角形となるのは，平面αが八面体の8面すべてと交わって，計8つの線分が切り取られる場合である。

平面αはM，Nを含み，$\overrightarrow{AE}$と平行な平面であり，$\overrightarrow{MN} \not\parallel \overrightarrow{AE}$であることから

$$\overrightarrow{OR}=\overrightarrow{OM}+s'\overrightarrow{MN}+t'\overrightarrow{AE} \quad (\text{Oは原点，}s'\text{，}t'\text{は実数}) \quad \cdots\cdots①$$

となる点Rの全体と一致する。

ここで，$\overrightarrow{MN}=(0,\ -2,\ 0) /\!/ (0,\ 1,\ 0)$，$\overrightarrow{AE}=(-2,\ 0,\ -2) /\!/ (1,\ 0,\ 1)$ なので，①となる点Rの全体はR$(x,\ y,\ z)$として

$$(x,\ y,\ z)=(1,\ 1,\ 0)+s(0,\ 1,\ 0)+t(1,\ 0,\ 1)=(1+t,\ 1+s,\ t)$$

と表される点$(x,\ y,\ z)$の全体と一致する。よって，平面αの方程式は

$$\begin{cases} x=1+t \\ y=1+s \\ z=t \end{cases} \quad \text{から} \quad x-z=1 \quad (y\text{は任意})$$

となる。平面α以外の空間の点は領域S：$x-z-1>0$または領域T：$x-z-1<0$のいずれかに属し，Sに属する点とTに属する点を結ぶ線分は平面αと1点で交わる。また，同じ領域に属する2点を結ぶ線分は平面αと共有点をもたない。

まず，平面αはpによらず，4面EAB，EBC，ECD，EDAすべてから線分を切り取ることを示す。

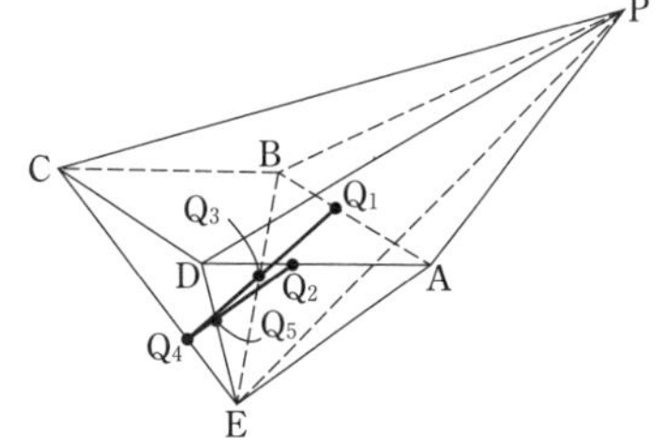

A，EはSに属し，B，C，DはTに属するので，線分AB，AD，EB，EC，EDは平面αと交わる。

それぞれの交点をQ_1(=M)，Q_2(=N)，Q_3，Q_4，Q_5とすると，4面EAB，EBC，ECD，EDAの平面αによる切り口はそれぞれ線分Q_1Q_3，Q_3Q_4，Q_4Q_5，Q_5Q_2となり，平面αはこれら4面すべてから線分を切り取る。

次いで，平面αが4面PAB，PBC，PCD，PDAのすべてと交線をもつためのpの条件を求める。

(i) $2<p<3$のとき

$p-2-1<0$より，PはTに属する。

C，DもTに属するので，線分PC，PD，CDは平面αと交わらない。

よって，平面αは面PCDから線分を切り取ることはなく，不適である。

(ii) $p=3$のとき

Pは平面α上にあり，C，DはTに属するので，面PCDの共有点はPのみとなり，平面αは面PCDから線分を切り取ることはなく，不適である。

(iii) $3<p<4$ のとき

$p-2-1>0$ より，P は S に属する。

A は S に属し，B，C，D は T に属するので，線分 AB，AD，PB，PC，PD は平面 α と交わる。

AB，AD と平面 α の交点はそれぞれ M，N である。

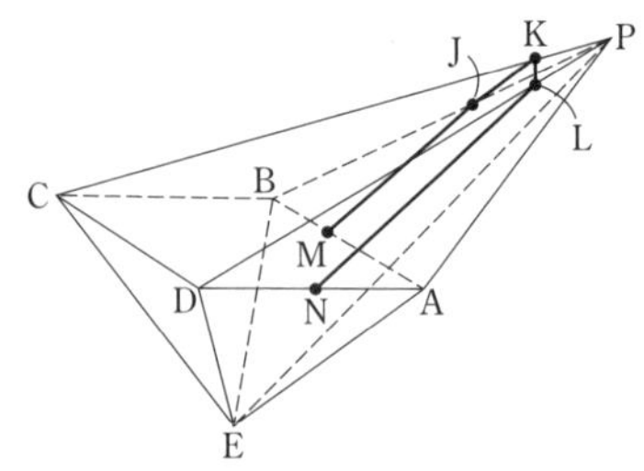

PB，PC，PD と平面 α の交点をそれぞれ J，K，L とする。

平面 α は 4 面 PAB，PBC，PCD，PDA から，それぞれ線分 JM，JK，KL，LN を切り取る。

以上から，切り口が八角形となる p の値の範囲は

$3<p<4$ ……(答)

〔注 1〕 $\overrightarrow{\mathrm{MN}}$ と $\overrightarrow{\mathrm{AE}}$ の両方に垂直なベクトル（平面 α の法線ベクトル）の一つとして $(1,\ 0,\ -1)$ がとれることと，点 M$(1,\ 1,\ 0)$ を通ることから，平面 α の方程式は $x-z=1$ となるとしてもよい。

(3) 平面 α と辺 PB の交点 J に対して

$$\overrightarrow{\mathrm{OJ}}=(1-j)\overrightarrow{\mathrm{OB}}+j\overrightarrow{\mathrm{OP}}=(jp,\ 2-2j,\ 2j)$$

となる j $(0<j<1)$ がある。

$x=jp$，$z=2j$ を $x-z=1$ に代入すると

$$j(p-2)=1 \quad から \quad j=\frac{1}{p-2}$$

となり，J$\left(\dfrac{p}{p-2},\ \dfrac{2p-6}{p-2},\ \dfrac{2}{p-2}\right)$ である。

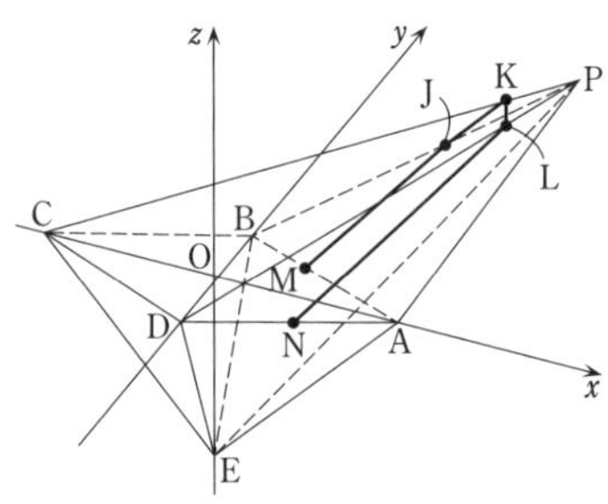

平面 α と辺 PC の交点 K に対して

$$\overrightarrow{\mathrm{OK}}=(1-k)\overrightarrow{\mathrm{OC}}+k\overrightarrow{\mathrm{OP}}$$
$$=(2k-2+kp,\ 0,\ 2k)$$

となる k $(0<k<1)$ がある。

$x=2k-2+kp$，$z=2k$ を $x-z=1$ に代入すると

$$kp=3 \quad から \quad k=\frac{3}{p}$$

となり，K$\left(1+\dfrac{6}{p},\ 0,\ \dfrac{6}{p}\right)$ である。

平面 α と辺 PD の交点 L の y 座標は 0 以下である（P，D の y 座標が 0 以下より）。

また，線分 MN の中点 F の y 座標は 0 である。

以上と $3<p<4$ から，八面体PABCDEの平面 α による切り口のうち，$y\geqq 0$，$z\geqq 0$ の部分にあるものは，四角形FKJMの周および内部となる。

F，K，J，Mを yz 平面上に正射影したものをそれぞれ F′，K′，J′，M′ とすると，四角形F′K′J′M′ の面積が求める値であり，その値は

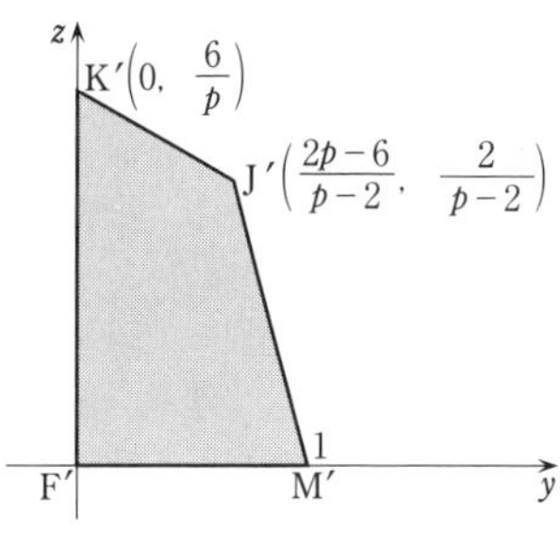

$$\triangle \mathrm{F'J'M'}+\triangle \mathrm{F'J'K'}=\frac{1}{p-2}+\frac{6(p-3)}{p(p-2)}$$

$$=\frac{7p-18}{p(p-2)} \quad \cdots\cdots(\text{答})$$

研究 <(2)の初等幾何による根拠記述>

「平面 α と辺CB，CDが交わることはない」 ……(＊)

なぜなら，平面 α とCBまたはCDが交わるとすると，平面 α は面ABCDとなり，AEと平行にならないからである。

また

「平面上で三角形の頂点を通らず，ひとつの辺の内部を通る直線は残りの2辺のうちの一方のみの辺の内部で交わる」 ……(＊＊)

これは前提とし，以下，(＊)，(＊＊)のもとで考える。

まず，p によらず，平面 α は4面EAB，EBC，ECD，EDAすべてと交わることを示す。

平面 α による面EADの切り口はNを通り，AEに平行な線分でなければならないので，辺DEの中点を L_1 として，線分 NL_1 である。

また，(1)から，平面 α と辺CEはその内部で交わるので，これを L_2 とすると，平面 α による面ECDの交線は線分 L_1L_2 である。

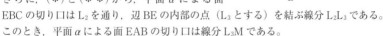

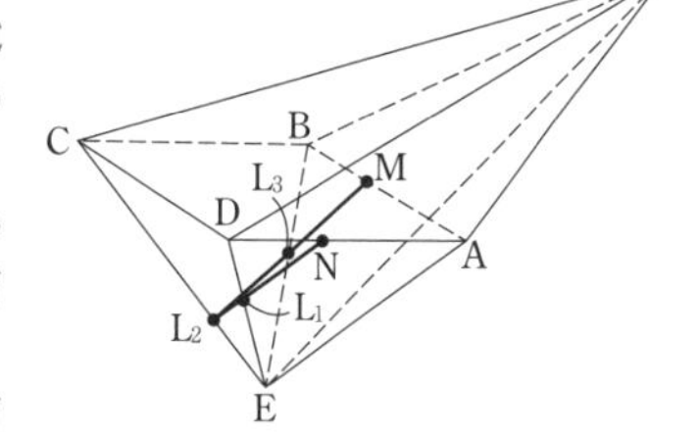

さらに，(＊)と(＊＊)から，平面 α による面EBCの切り口は L_2 を通り，辺BEの内部の点（L_3 とする）を結ぶ線分 L_2L_3 である。

このとき，平面 α による面EABの切り口は線分 L_3M である。

以上から，平面 α は p によらず，4面EAB，EBC，ECD，EDAすべてと交わる。

次いで，4面PAB，PBC，PCD，PDAのすべてと交線をもつための p の条件を求める。

(i) $2<p<3$ のとき

(1)から，平面 α と辺PA（Pは除く）は交わる。その交点をGとすると，面PDAと平面 α の交線は線分NGであり，(＊＊)から，これは辺PDと交わらないので，平面 α は辺PDと交わらない。

また，(1)から，平面 α は辺PCとも交わらない。

さらに，(＊)から，平面 α は辺CDとも交わらない。ゆえに，平面 α は面PCDから線分を切り取

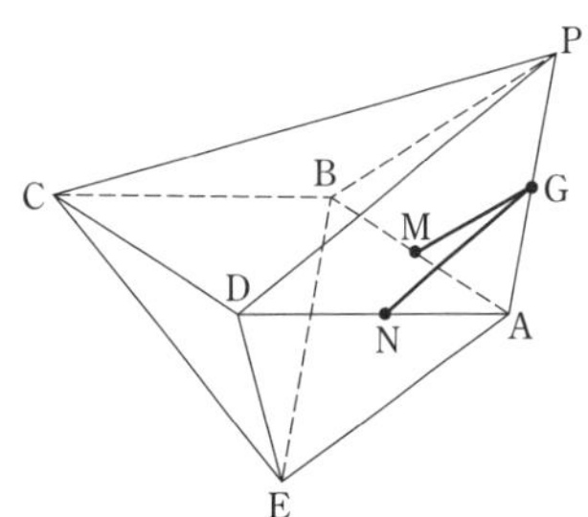

ることはなく，不適である。

(ii) $p=3$ のとき

(1)から，平面 α と面 PCD の共有点はPのみとなり，平面 α は面 PCD から線分を切り取ることはなく，不適である。

(iii) $3<p<4$ のとき

(1)から，平面 α と辺 PC（Pは除く）は交点をもつ。その交点をKとする。

このとき，平面 α と面 PBC の交線はKを通る直線であり，(＊)と(＊＊)から，辺 PB と交わる。この交点を J とする。

さらに，平面 α と面 PCD の交線はKを通る直線であり，(＊)と(＊＊)から，辺 PD と交わる。この交点をLとする。

以上から，平面 α は 4 面 PAB，PBC，PCD，PDA すべてと交わり，切り口はそれぞれ線分 MJ，JK，KL，LN となる。

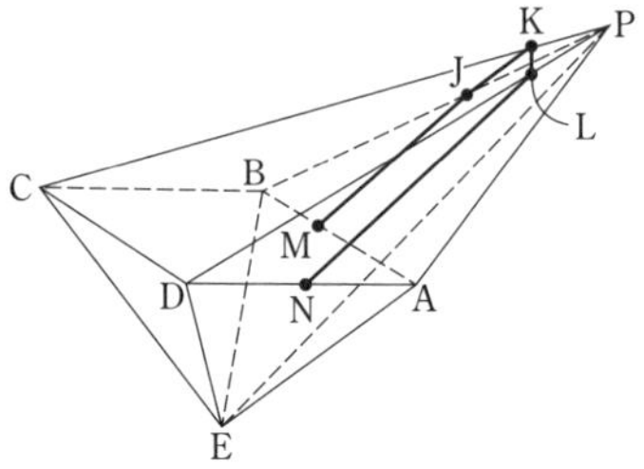

(i)〜(iii)から，切り口が八角形となる p の値の範囲は $3<p<4$ となる。

〔注 2〕 (＊＊)の，

「平面上で三角形の頂点を通らず，ひとつの辺の内部を通る直線は残りの 2 辺のうちの一方のみの辺の内部で交わる」

は平面幾何の公理（パッシュの公理）である。当たり前にみえるこのことは，ユークリッドの公理からは導けないことを M. Pasch（1843〜1930）が見出し，20 世紀になってユークリッド幾何に追加された公理である。当たり前としてあえて明記しなくてもよいが，記述の根拠のひとつとして認識しておくのもよいことであろう。

48 2018年度〔6〕 Level C

ポイント (1) t の範囲は V_1 と V_3 を xy 平面に正射影した図を考える。平面 $y=t$ と V_1, V_3 の共通部分の図示では, $\sqrt{r^2-(1-t)^2}$ と $\sqrt{r^2-t^2}$ の大小を考えて, t の値での場合分けで答える。

(2) (1)の図における V_1 と V_3 の共通部分が半径 r の円に含まれるための条件を求め, これが $1-r\leqq t\leqq r$ を満たす任意の t で成り立つための r の範囲を求める。

(3) 立体（点の集合）の包含関係から, $V_1\cup V_2\cup V_3$ の体積を機械的に計算する。

(4) S は容易。T は V_1 と V_2 の共通部分の平面 $z=t$ $(-r<t<r)$ による断面積を $-r\leqq t\leqq r$ で積分する。

解 法

(1) V_1, V_3 は底面の半径が r で高さが1の円柱の2つの底面に半径 r の半球を付けた図形（図1）である。それぞれの中心軸（対称軸）は直線OA, BCである。

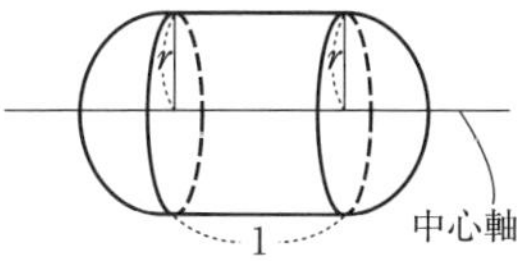

図1

V_1, V_3 を平面 $z=0$ で切断すると, 図2の網かけ部分（境界を含む）となる。

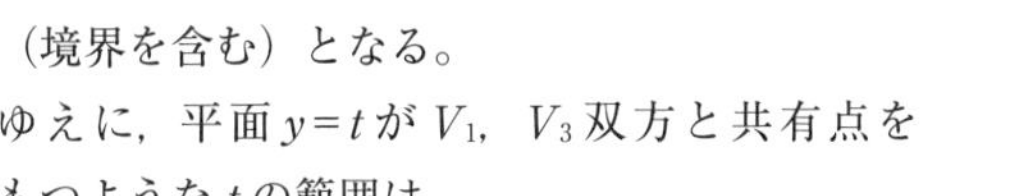

ゆえに, 平面 $y=t$ が V_1, V_3 双方と共有点をもつような t の範囲は

$1-r\leqq t\leqq r$ ……(答)

また, 平面 $y=t$ と V_1 の共通部分は図3の網かけ部分（境界を含む）であり, 平面 $y=t$ と V_3 の共通部分は図4の網かけ部分（境界を含む）である。（平面 $y=t$ を xz 平面と同一視する）

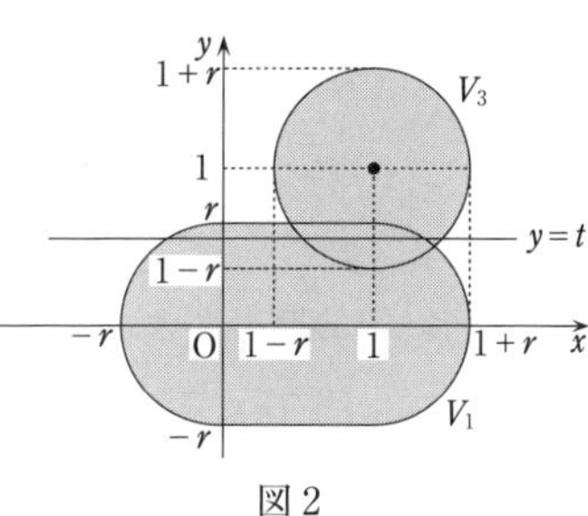

図2

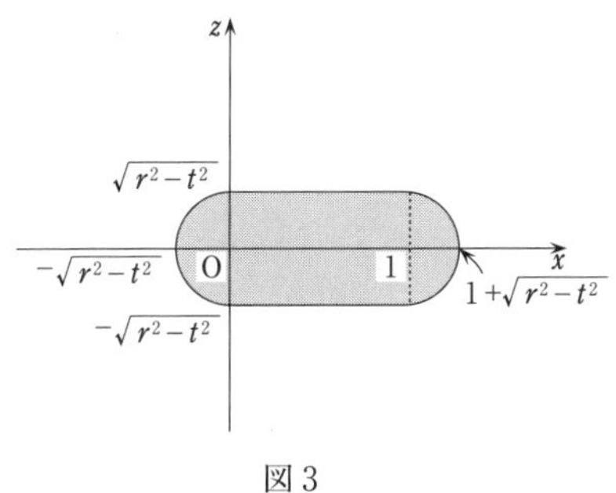

図3

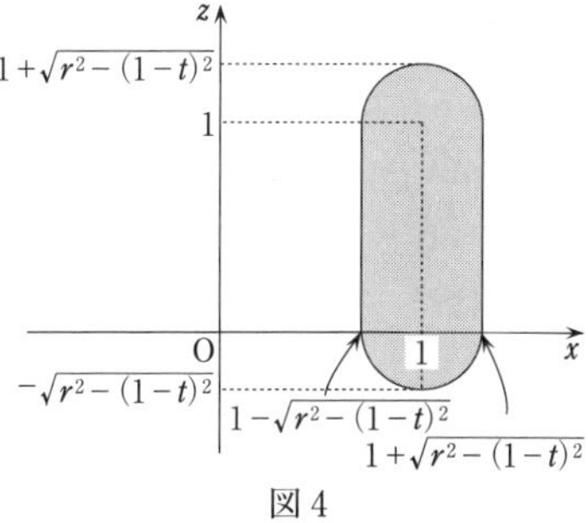

図4

ここで

$$\begin{cases} 1-r \leqq t \leqq \dfrac{1}{2} \text{ のとき} & \sqrt{r^2-(1-t)^2} \leqq \sqrt{r^2-t^2} \\ \dfrac{1}{2} \leqq t \leqq r \text{ のとき} & \sqrt{r^2-t^2} \leqq \sqrt{r^2-(1-t)^2} \end{cases}$$

であるから，平面 $y=t$ と V_1 の共通部分，および平面 $y=t$ と V_3 の共通部分を同一平面上に図示すると

- $1-r \leqq t \leqq \dfrac{1}{2}$ のとき，図 5 の網かけ部分（境界を含む）であり，
- $\dfrac{1}{2} \leqq t \leqq r$ のとき，図 6 の網かけ部分（境界を含む）である。

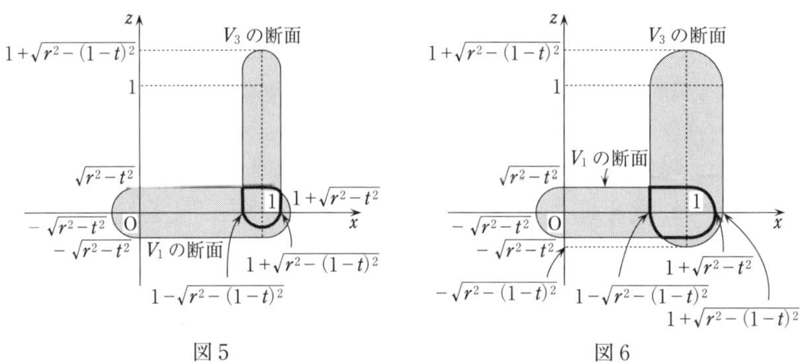

図 5　　　図 6

(2)　V_1 と V_3 の共通部分が存在するための t の範囲 $1-r \leqq t \leqq r$ で考えて，平面 $y=t$ と V_2 の共通部分は点 (1，t，0) を中心とする半径 r の円の周および内部である。$1-r \leqq t \leqq r$ の範囲のすべての t に対して，(1)における V_1 と V_3 の共通部分（図 5 と図 6 の太線で囲まれた部分）がこの円に含まれるための r $\left(\dfrac{1}{2}<r<1\right)$ の条件が求めるものである。

この条件は

「$1-r \leqq t \leqq r$ を満たす任意の t に対して

$$(\sqrt{r^2-t^2})^2+(\sqrt{r^2-(1-t)^2})^2 \leqq r^2 \quad \cdots\cdots ①$$

が成り立つこと」

である。①は

$$r^2 \leqq t^2+(1-t)^2$$

$$r^2 \leqq 2\left(t-\frac{1}{2}\right)^2+\frac{1}{2}$$

となる。ゆえに，tu 平面で放物線 $u=2\left(t-\frac{1}{2}\right)^2+\frac{1}{2}$ と直線 $u=r^2$ のグラフ（図7）を考えて，r の条件は

$$r^2 \leqq \frac{1}{2} \quad かつ \quad \frac{1}{2}<r<1$$

となり

$$\frac{1}{2}<r \leqq \frac{\sqrt{2}}{2} \quad \cdots\cdots (答)$$

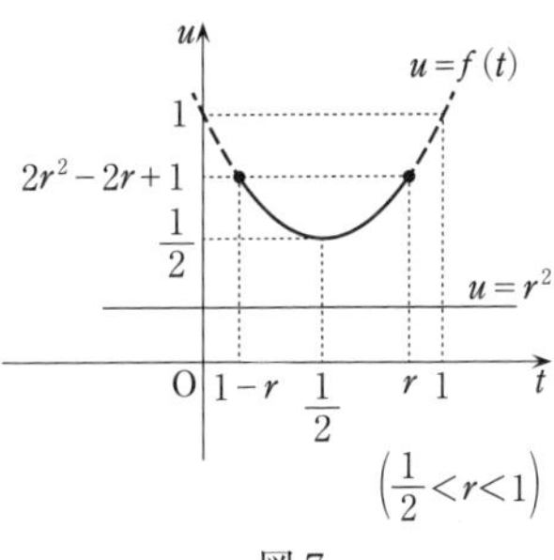

図7

(3) 一般に立体 K の体積を $W(K)$ と表すと，立体（点の集合）の包含関係から

$$\begin{aligned}
W(V) &= W(V_1 \cup V_2 \cup V_3) \\
&= W(V_1)+W(V_2)+W(V_3) \\
&\qquad -W(V_1 \cap V_2)-W(V_2 \cap V_3)-W(V_3 \cap V_1)+W(V_1 \cap V_2 \cap V_3) \\
&= W(V_1)+W(V_2)+W(V_3)-W(V_1 \cap V_2)-W(V_2 \cap V_3) \\
&\qquad ((V_1 \cap V_3) \subset V_2 \text{ から，} W(V_3 \cap V_1)=W(V_1 \cap V_2 \cap V_3) \text{ なので}) \\
&= 3S-2T \quad \cdots\cdots (答) \\
&\quad (W(V_1)=W(V_2)=W(V_3)=S,\ W(V_1 \cap V_2)=W(V_2 \cap V_3)=T \text{ なので})
\end{aligned}$$

(4) 図1から

$$S=\frac{4}{3}\pi r^3+\pi r^2 \quad \cdots\cdots (答)$$

また，V_1 と V_2 の共通部分の平面 $z=t$ $(-r<t<r)$ による断面は図8の網かけ部分となる（図の3つの円の半径は $\sqrt{r^2-t^2}$）。

この面積は

$$(\sqrt{r^2-t^2})^2+\frac{3}{4}\cdot\pi(\sqrt{r^2-t^2})^2=\left(1+\frac{3}{4}\pi\right)(r^2-t^2)$$

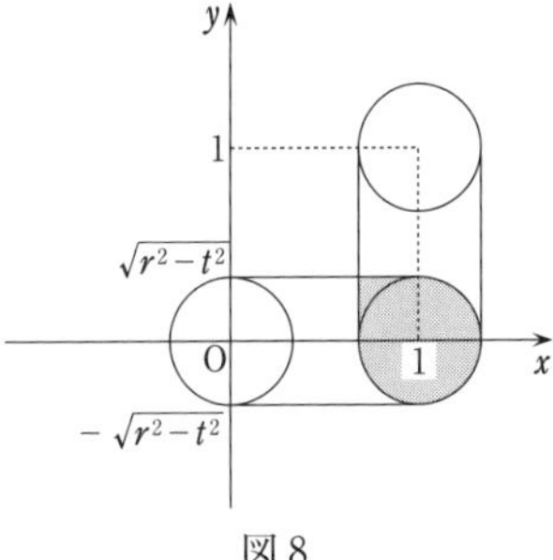

図8

よって

$$\begin{aligned}
T &= \left(1+\frac{3}{4}\pi\right)\int_{-r}^{r}(r^2-t^2)\,dt=2\left(1+\frac{3}{4}\pi\right)\left[r^2t-\frac{t^3}{3}\right]_0^r \\
&= 2\left(1+\frac{3}{4}\pi\right)\cdot\frac{2}{3}r^3=\left(\frac{4}{3}+\pi\right)r^3 \quad \cdots\cdots (答)
\end{aligned}$$

S，T の値と(3)の結果から，V の体積は

$$3\left(\frac{4}{3}\pi r^3+\pi r^2\right)-2\left(\frac{4}{3}+\pi\right)r^3=3\pi r^2+\left(2\pi-\frac{8}{3}\right)r^3 \quad \cdots\cdots (答)$$

49 2016年度〔3〕 Level A

ポイント 相似比を利用して R_1, R_2, R_3 の座標を求め, $S(a)$ を計算し, $S(a)$ の増減を調べる。

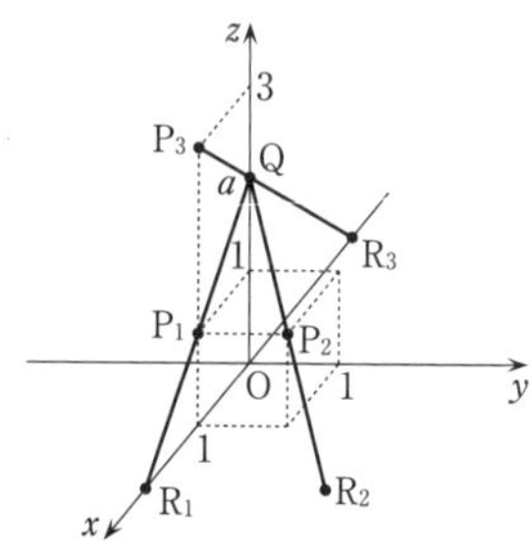

解法

$OR_1=s$ $(s>0)$ とおき, 図の相似比を用いて

$$1:(s-1)=a:s$$

$$s=a(s-1)$$

$$s=\frac{a}{a-1}$$

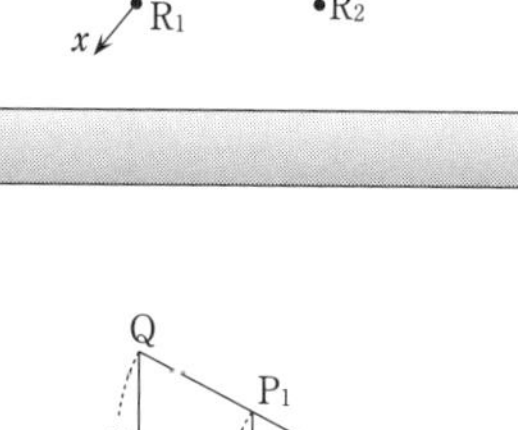

R_1 は x 軸上の $x>0$ の部分にあるから

$$R_1\left(\frac{a}{a-1},\ 0,\ 0\right)$$

$OR_2=t$ $(t>0)$ とおくと

$$1:(t-\sqrt{2})=a:t$$

$$t=a(t-\sqrt{2})$$

$$t=\frac{\sqrt{2}a}{a-1}$$

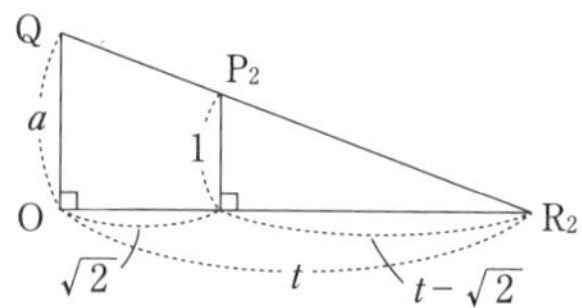

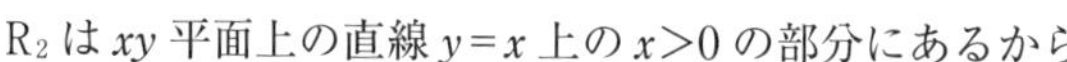

R_2 は xy 平面上の直線 $y=x$ 上の $x>0$ の部分にあるから

$$R_2\left(\frac{a}{a-1},\ \frac{a}{a-1},\ 0\right)$$

$OR_3=u$ $(u>0)$ とおくと

$$3:(u+1)=a:u$$

$$3u=a(u+1)$$

$$u=\frac{a}{3-a}$$

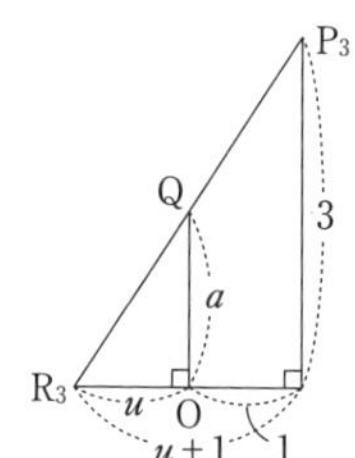

R_3 は x 軸上の $x<0$ の部分にあるから

$$R_3\left(\frac{a}{a-3},\ 0,\ 0\right)$$

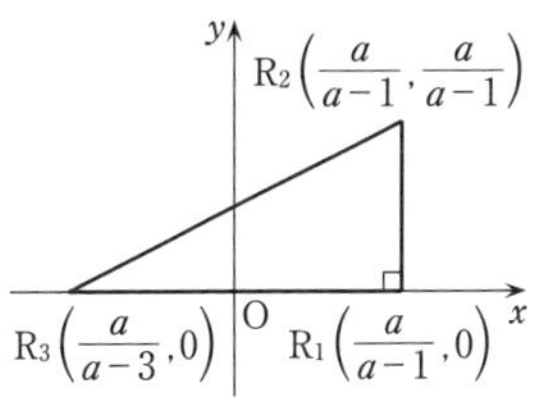

したがって

$$S(a)=\frac{1}{2}\cdot\frac{a}{a-1}\left(\frac{a}{a-1}-\frac{a}{a-3}\right)$$

$$=\frac{a^2}{(a-1)^2(3-a)}$$

$$S'(a)=\frac{2a(a-1)^2(3-a)-a^2\{2(a-1)(3-a)-(a-1)^2\}}{(a-1)^4(3-a)^2}$$

$$=\frac{2a(a-1)^2(3-a)+a^2(a-1)(3a-7)}{(a-1)^4(3-a)^2}$$

$$=\frac{2a(a-1)(3-a)+a^2(3a-7)}{(a-1)^3(3-a)^2}$$

$$=\frac{a\{2(a-1)(3-a)+a(3a-7)\}}{(a-1)^3(3-a)^2}$$

$$=\frac{a(a-2)(a+3)}{(a-1)^3(3-a)^2}$$

ゆえに，増減表は右のようになる。

a	(1)	$\cdots$	2	$\cdots$	(3)
$S'(a)$		$-$	0	$+$	
$S(a)$		↘	4	↗	

増減表から

$S(a)$ は，$a=2$ のとき最小となり，その値は 4 である。 ……(答)

50 2014年度〔1〕 Level A

ポイント (1) 四角柱は直方体として考える。四角形OPQRは平行四辺形であり，座標空間を設定し，$\overrightarrow{OP}$ と $\overrightarrow{OR}$ で S を立式する。

(2) $t=\tan\alpha+\tan\beta$ とおき，$\tan\alpha\tan\beta$ を t で表す。次いで，正接の加法定理を利用して t の値を求める。

解法

(1) 平行な2平面の第3の平面による切り口である2交線は平行であるから，四角形OPQRは平行四辺形である。OA，OC，ODをそれぞれ x 軸，y 軸，z 軸とする座標空間を考える。このとき，$P(1,\ 0,\ \tan\alpha)$，$R(0,\ 1,\ \tan\beta)$ であり

$$\overrightarrow{OP}=(1,\ 0,\ \tan\alpha),\ \overrightarrow{OR}=(0,\ 1,\ \tan\beta)$$

ゆえに

$$\begin{aligned}S&=\sqrt{|\overrightarrow{OP}|^2|\overrightarrow{OR}|^2-(\overrightarrow{OP}\cdot\overrightarrow{OR})^2}\\&=\sqrt{(1+\tan^2\alpha)(1+\tan^2\beta)-\tan^2\alpha\tan^2\beta}\\&=\sqrt{1+\tan^2\alpha+\tan^2\beta}\quad\cdots\cdots(\text{答})\end{aligned}$$

(2) $S=\dfrac{7}{6}$ と(1)から

$$1+\tan^2\alpha+\tan^2\beta=\frac{49}{36}$$

$$\tan^2\alpha+\tan^2\beta=\frac{13}{36}$$

$t=\tan\alpha+\tan\beta$ とおくと

$$t^2-2\tan\alpha\tan\beta=\frac{13}{36}\quad\cdots\cdots①$$

$\alpha+\beta=\dfrac{\pi}{4}$ と $\tan(\alpha+\beta)=\dfrac{\tan\alpha+\tan\beta}{1-\tan\alpha\tan\beta}$ から

$$1=\frac{\tan\alpha+\tan\beta}{1-\tan\alpha\tan\beta}$$

これより　$\tan\alpha\tan\beta=1-t\quad\cdots\cdots②$

①，②より　$t^2-2(1-t)=\dfrac{13}{36}$

$$36t^2+72t-85=0$$

$$(6t-5)(6t+17)=0$$

$t>0$ より，$t=\dfrac{5}{6}$ であり　$\tan\alpha+\tan\beta=\dfrac{5}{6}\quad\cdots\cdots(\text{答})$

このとき，②より　　$\tan\alpha\tan\beta=\dfrac{1}{6}$

よって，解と係数の関係より，$\tan\alpha$，$\tan\beta$ は $x^2-\dfrac{5}{6}x+\dfrac{1}{6}=0$ の 2 解である。

$\left(x-\dfrac{1}{3}\right)\left(x-\dfrac{1}{2}\right)=0$ と $\tan\alpha<\tan\beta$ より

$$\tan\alpha=\frac{1}{3}\quad\cdots\cdots(\text{答})$$

51　2010年度〔1〕　Level B

ポイント　(1)　長さが b の辺に垂直な平面による断面は2つの直角三角形と扇形からなる図形となる。この面積を考える。

(2)　［解法1］　b を固定し，$1-b=k$ とする。次いで，$c=k-a$ を用いて，体積を a と k で表す。$0<a<k$ であることから，体積の値を k の式で評価する。最後にこの k の式の値の範囲を求め，体積の値の範囲を求める。

［解法2］　(1)の式を v とおき，その式を満たす実数 a，c（$0<a<1$ かつ $0<c<1$）が存在するための b と v の条件式を求め，v の値を b の式で評価する。2次方程式の解の配置として考える。

解法1

(1)　V は右図の網かけ部分の図形を底面とし，高さが b の柱体である。したがって，V の体積は

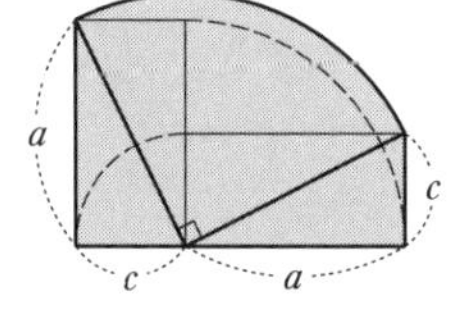

$$b\left\{ac+\frac{\pi}{4}(\sqrt{a^2+c^2})^2\right\}$$

$$=\frac{b}{4}\{4ac+(a^2+c^2)\pi\}\quad\cdots\cdots(\text{答})$$

(2)　$a+b+c=1$ と $a>0$，$b>0$，$c>0$ から，$0<b<1$ であり，b の値を固定し，$k=1-b$ とおくと，k は $0<k<1$ を満たす定数である。
このとき，$a+c=k$ と $a>0$，$c>0$ から，$0<a<k$ である。

$$\begin{aligned}4ac+(a^2+c^2)\pi&=4ac+(k^2-2ac)\pi\\&=-2(\pi-2)ac+k^2\pi\\&=-2(\pi-2)a(k-a)+k^2\pi\\&=2(\pi-2)a^2-2k(\pi-2)a+k^2\pi\\&=2(\pi-2)\left(a-\frac{k}{2}\right)^2+\frac{\pi+2}{2}k^2\quad\cdots\cdots①\end{aligned}$$

①を $f(a)$（$0<a<k$）とおくと，$y=f(a)$ のグラフは下に凸な放物線であり，その軸は $a=\frac{k}{2}$ である。よって，$0<a<k$ で $f\left(\frac{k}{2}\right)\leqq f(a)<f(0)$ となり

$$\frac{\pi+2}{2}k^2\leqq f(a)<\pi k^2\quad\cdots\cdots②$$

V の体積を v とすると，(1)から $v=\frac{b}{4}f(a)=\frac{1-k}{4}f(a)$ であり，②から

$$\frac{\pi+2}{8}k^2(1-k)\leqq v<\frac{\pi}{4}k^2(1-k)\quad\cdots\cdots③$$

b は $0<b<1$ の範囲の任意の値をとるので，$k=1-b$ のとりうる値の範囲は $0<k<1$ である。

$g(k)=k^2(1-k)$ $(0<k<1)$ とおくと

$$g'(k)=2k-3k^2=-3k\left(k-\frac{2}{3}\right)$$

よって，右の増減表を得て

k	(0)	$\cdots$	$\frac{2}{3}$	$\cdots$	(1)
$g'(k)$		$+$	0	$-$	
$g(k)$	(0)	↗	$\frac{4}{27}$	↘	(0)

$$0<g(k)\leqq\frac{4}{27}$$

ゆえに，③から v のとりうる値の範囲は

$$0<v<\frac{\pi}{27}\quad\cdots\cdots(答)$$

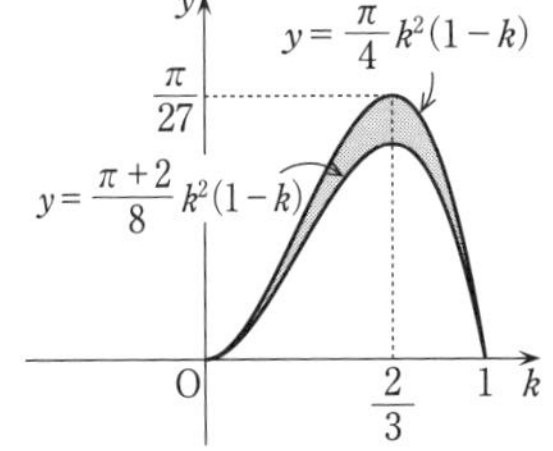

解法 2

((1)は［解法 1］に同じ)

(2)　V の体積を v とする。b の値を $0<b<1$ で固定する。

$a^2+c^2=(a+c)^2-2ac=(1-b)^2-2ac$ と(1)より

$$v=\frac{b}{4}\{4ac+(a^2+c^2)\pi\}=\frac{b}{4}\{\pi(1-b)^2-2(\pi-2)ac\}$$

よって

$$ac=\frac{\pi b(1-b)^2-4v}{2(\pi-2)b}\quad\cdots\cdots①$$

①と $a+c=1-b$ より，a，c は x の 2 次方程式

$$x^2-(1-b)x+\frac{\pi b(1-b)^2-4v}{2(\pi-2)b}=0\quad\cdots\cdots②$$

の 2 解である。$0<a<1$，$0<c<1$ であるから，②が $0<x<1$ の範囲に 2 解（重解含む）をもつための b，v の条件は，②の左辺を $f(x)$ とおき，放物線 $y=f(x)$ を考えて

$$\begin{cases} 0<\dfrac{1-b}{2}<1 \quad\cdots\cdots③\quad(\text{軸の位置}) \\ (1-b)^2-2\cdot\dfrac{\pi b(1-b)^2-4v}{(\pi-2)b}\geqq 0 \quad\cdots\cdots④\quad(\text{判別式}) \\ \pi b(1-b)^2-4v>0 \quad\cdots\cdots⑤\quad(f(0)>0) \\ 1-(1-b)+\dfrac{\pi b(1-b)^2-4v}{2(\pi-2)b}>0 \quad\cdots\cdots⑥\quad(f(1)>0) \end{cases}$$

がすべて成り立つことである。

$$\begin{cases} 0<b<1\text{ より，③は常に成り立つ。} \\ \text{④より，}v\geqq\dfrac{\pi+2}{8}b(1-b)^2 \quad\cdots\cdots④' \\ \text{⑤より，}v<\dfrac{\pi}{4}b(1-b)^2 \quad\cdots\cdots⑤' \\ \text{⑤のもとで⑥は常に成り立つ。} \end{cases}$$

したがって，b と v の満たすべき条件は④′ かつ⑤′ となり

$$\frac{\pi+2}{8}b(1-b)^2\leqq v<\frac{\pi}{4}b(1-b)^2$$

（以下，［解法１］の③で k を $1-b$ に変えて同様の考察を行う）

〔注１〕［解法１］で式

$$4ac+(a^2+c^2)\pi=4ac+(k^2-2ac)\pi$$
$$=-2(\pi-2)ac+k^2\pi \quad\cdots\cdots④$$

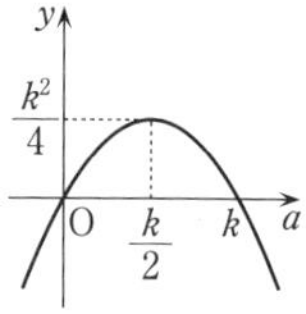

から，以下のように c を残したままの変形も可能である。すなわち，

$ac=a(k-a)$ と $0<a<k$ および右図より，$0<ac\leqq\dfrac{k^2}{4}$ なので

$$-2(\pi-2)\cdot\frac{k^2}{4}\leqq-2(\pi-2)ac<0$$

よって，④より

$$-2(\pi-2)\cdot\frac{k^2}{4}+\pi k^2\leqq 4ac+(a^2+c^2)\pi<\pi k^2$$

$$\frac{\pi+2}{2}k^2\leqq 4ac+(a^2+c^2)\pi<\pi k^2$$

これより，［解法１］の③を得る。

なお，相加・相乗平均の関係 $\sqrt{ac}\leqq\dfrac{a+c}{2}=\dfrac{k}{2}$ から $0<ac\leqq\dfrac{k^2}{4}$ を求めてもよい。

〔注２〕 ３変数の関数のとりうる値の範囲を求める問題であるが，３変数の関係式が１つ与えられているので，実質は２変数の関数のとりうる値の範囲を求める問題である。

［解法１］では $a+c=1-b$ であるから，$1-b=k$ とおき，$c=k-a$ として a と k の関数を考える。後は定石通り k の値を固定するごとに a の値の範囲が $0<a<k$ となるので，この範囲で a の２次関数の増減表を考えるか，平方完成により，体積の値の範囲を k の式で上下から評価することができる。この評価式の $0<k<1$ での値の範囲を増減表により求めると，体積のとりうる値の範囲が求まる。２変数の関数の値の範囲の問題では１変数を固定し，与えられた関数を「残りの変数の関数」とみて，固定した方の変数を用いて評価する。次いでこの固定した変数の評価式の値の変化を考えるというのが基本である。

これに対して，［解法２］では「いくつかの文字についての条件式（本問では $a+b+c=1$，$a>0$，$b>0$，$c>0$ および(1)で得られた式）が与えられたとき，１つの文字（本問では v）のとりうる値の範囲とは他の文字（本問では b を固定して定数とみるので，a と c）が条件式を満たす実数として存在するためのその文字（v）の条件として求められる」という重要な発想による解法である。本問ではこれは２次方程式の解の配置として処理することになる。

52 2010年度〔6〕 Level C

ポイント (1) $\overrightarrow{OH}=x\overrightarrow{OA}+y\overrightarrow{OB}$ とおき，$\overrightarrow{CH}\cdot\overrightarrow{OA}=\overrightarrow{CH}\cdot\overrightarrow{OB}=0$ を用いる。

(2) Hを通り，ABに平行な直線が線分OAを分ける比を求め，t の値で場合を分けて考える。面積計算では相似比を活用する。

t の場合分けのポイントとなる値を確定するのにいろいろな解法が考えられる。

[解法1] $\overrightarrow{OH}$ を表す式を変形する。

[解法2] CHを含みABに平行な平面とOA，OBの交点を利用する。

[解法3] ABを含み平面 L に垂直な平面を利用する。

[解法4] 四面体を直方体に埋め込み，空間座標を利用して(1)も含めて処理する。

解法 1

(1) 4つの面がすべて合同であるから，

OA=BC=3，OB=CA=$\sqrt{7}$，OC=AB=2

であり，$\overrightarrow{OA}=\vec{a}$，$\overrightarrow{OB}=\vec{b}$，$\overrightarrow{OC}=\vec{c}$ とおくと，

$|\vec{a}|=3$，$|\vec{b}|=\sqrt{7}$，$|\vec{c}|=2$ である（図1）。

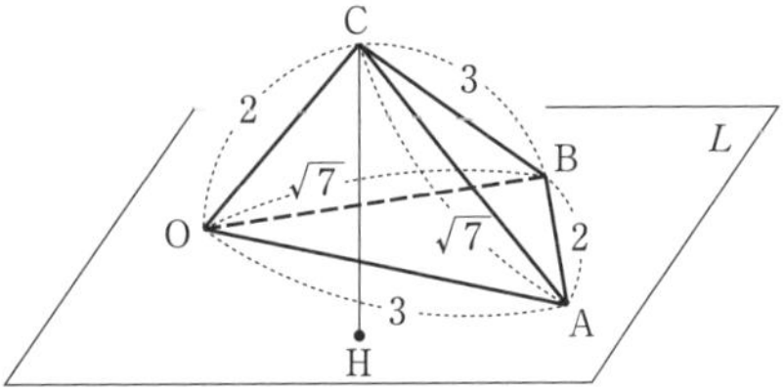

AB=2から，$|\vec{a}-\vec{b}|^2=4$ であり

$$|\vec{a}|^2+|\vec{b}|^2-2\vec{a}\cdot\vec{b}=4$$

図1

よって，$9+7-2\vec{a}\cdot\vec{b}=4$ となり　$\vec{a}\cdot\vec{b}=6$

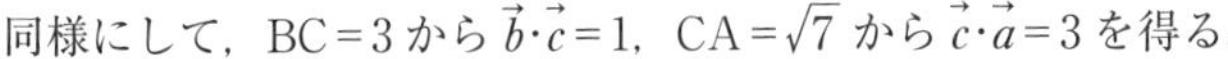

同様にして，BC=3から $\vec{b}\cdot\vec{c}=1$，CA=$\sqrt{7}$ から $\vec{c}\cdot\vec{a}=3$ を得る。

いま点Hは平面OAB上にあるので，$\overrightarrow{OH}=x\vec{a}+y\vec{b}$ とおくと，$\overrightarrow{CH}=x\vec{a}+y\vec{b}-\vec{c}$ であり，

$\overrightarrow{CH}\perp$(平面L) よりCH⊥OAかつCH⊥OBである。

CH⊥OAから　$\overrightarrow{CH}\cdot\overrightarrow{OA}=0$

ここで

$$\overrightarrow{CH}\cdot\overrightarrow{OA}=(x\vec{a}+y\vec{b}-\vec{c})\cdot\vec{a}=x|\vec{a}|^2+y\vec{a}\cdot\vec{b}-\vec{c}\cdot\vec{a}=9x+6y-3$$

より

$$9x+6y-3=0$$

よって　$3x+2y=1$　……①

CH⊥OBから　$\overrightarrow{CH}\cdot\overrightarrow{OB}=0$

ここで

$$\overrightarrow{CH}\cdot\overrightarrow{OB}=(x\vec{a}+y\vec{b}-\vec{c})\cdot\vec{b}=x\vec{a}\cdot\vec{b}+y|\vec{b}|^2-\vec{c}\cdot\vec{b}=6x+7y-1$$

より

$$6x+7y-1=0$$

よって　　$6x+7y=1$　……②

①，②から　　$x=\dfrac{5}{9}$　，　$y=-\dfrac{1}{3}$

ゆえに　　$\overrightarrow{\mathrm{OH}}=\dfrac{5}{9}\overrightarrow{\mathrm{OA}}-\dfrac{1}{3}\overrightarrow{\mathrm{OB}}$　……(答)

(2)　　$\overrightarrow{\mathrm{OH}}=\dfrac{5}{9}\vec{a}-\dfrac{1}{3}\vec{b}=\dfrac{2}{9}\left(\dfrac{5}{2}\vec{a}-\dfrac{3}{2}\vec{b}\right)=\dfrac{2}{9}\cdot\dfrac{5\vec{a}-3\vec{b}}{-3+5}$

であるから，線分 AB を 3：5 に外分する点を D とすると，$\overrightarrow{\mathrm{OH}}=\dfrac{2}{9}\overrightarrow{\mathrm{OD}}$ である（図 2）。

したがって，H を通り AB に平行な直線と OA の交点を P とすると，$\overrightarrow{\mathrm{OP}}=\dfrac{2}{9}\overrightarrow{\mathrm{OA}}$ である。

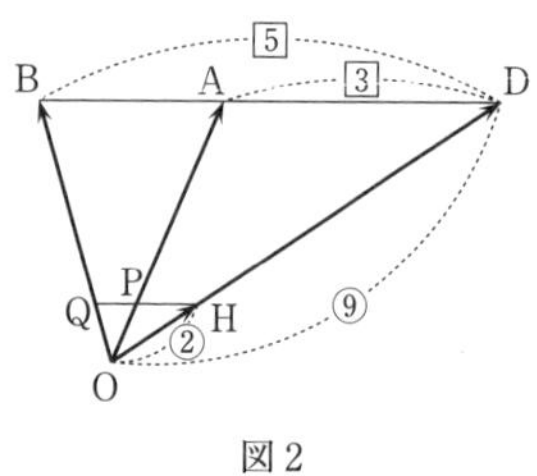

図 2

よって，平面 M と直線 OC の交点を R_t とすると，R_t は $0<t\leqq\dfrac{2}{9}$ のとき線分 OC 上にあり，$\dfrac{2}{9}<t<1$ のとき線分 OC の C の側の延長上にある。

(i)　$0<t\leqq\dfrac{2}{9}$ のとき，問題の断面は図 3 の $\triangle\mathrm{P}_t\mathrm{Q}_t\mathrm{R}_t$ である。

$$\mathrm{PQ}=\frac{2}{9}\mathrm{AB}=\frac{2}{9}\cdot2=\frac{4}{9}\quad,\quad \mathrm{P}_t\mathrm{Q}_t=t\mathrm{AB}=2t$$

であり，$\triangle\mathrm{P}_t\mathrm{Q}_t\mathrm{R}_t\backsim\triangle\mathrm{PQC}$ であるから

$$S(t)=\left(\frac{\mathrm{P}_t\mathrm{Q}_t}{\mathrm{PQ}}\right)^2\cdot\triangle\mathrm{PQC}$$

$$=\frac{81t^2}{4}\cdot\triangle\mathrm{PQC}$$

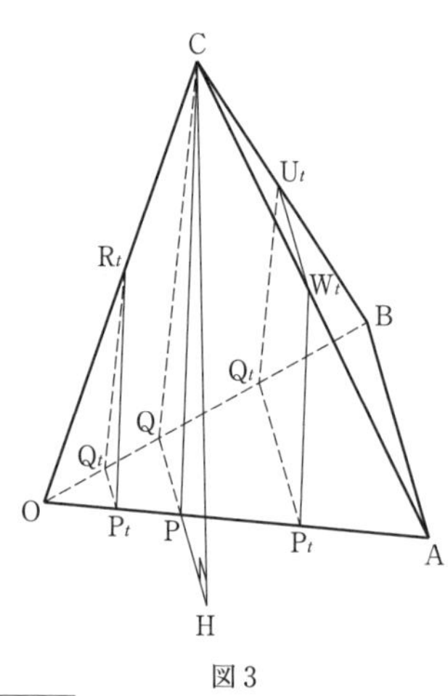

図 3

ここで

$$|\overrightarrow{\mathrm{CH}}|=\sqrt{\left|\frac{5}{9}\vec{a}-\frac{1}{3}\vec{b}-\vec{c}\right|^2}$$

$$=\sqrt{\frac{25}{81}\cdot9+\frac{1}{9}\cdot7+4-2\cdot\frac{5}{27}\cdot6+2\cdot\frac{1}{3}\cdot1-2\cdot\frac{5}{9}\cdot3}$$

$$=\frac{2\sqrt{6}}{3}$$

よって

$$\triangle\mathrm{PQC}=\frac{1}{2}\mathrm{PQ}\cdot\mathrm{CH}=\frac{1}{2}\cdot\frac{4}{9}\cdot\frac{2\sqrt{6}}{3}=\frac{4}{27}\sqrt{6}$$

ゆえに　$S(t)=\dfrac{81t^2}{4}\cdot\dfrac{4}{27}\sqrt{6}=3\sqrt{6}\,t^2$

(ii) $\dfrac{2}{9}<t<1$ のとき，問題の断面は図3の台形 $P_tQ_tU_tW_t$ である。

$$P_tQ_t=t\mathrm{AB}=2t$$

$$U_tW_t=\frac{\mathrm{CW}_t}{\mathrm{CA}}\cdot\mathrm{AB}=\frac{\mathrm{PP}_t}{\mathrm{PA}}\cdot\mathrm{AB}=\frac{t-\frac{2}{9}}{\frac{7}{9}}\cdot 2=\frac{18t-4}{7}$$

P_tQ_t を底辺とする台形 $P_tQ_tU_tW_t$ の高さは

$$\frac{\mathrm{AP}_t}{\mathrm{AP}}\cdot\mathrm{CH}=\frac{1-t}{\frac{7}{9}}\cdot\frac{2\sqrt{6}}{3}=\frac{6\sqrt{6}}{7}(1-t)$$

ゆえに

$$S(t)=\frac{1}{2}\left(2t+\frac{18t-4}{7}\right)\cdot\frac{6\sqrt{6}}{7}(1-t)$$

$$=\frac{12}{49}\sqrt{6}\,(8t-1)(1-t)$$

$$=-\frac{12}{49}\sqrt{6}\,(8t^2-9t+1)$$

(i)，(ii)より

$$S(t)=\begin{cases}3\sqrt{6}\,t^2 & \left(0<t\leqq\dfrac{2}{9}\text{ のとき}\right)\\[2ex] -\dfrac{12}{49}\sqrt{6}\,(8t^2-9t+1) & \left(\dfrac{2}{9}<t<1\text{ のとき}\right)\end{cases}\quad\cdots\cdots(\text{答})$$

(3) $0<t\leqq\dfrac{2}{9}$ のとき

$S(t)$ の最大値は　$S\left(\dfrac{2}{9}\right)=\dfrac{4}{27}\sqrt{6}$

$\dfrac{2}{9}<t<1$ のとき

$$-(8t^2-9t+1)=-8\left(t-\frac{9}{16}\right)^2+\frac{49}{32}\quad\text{かつ}\quad\frac{2}{9}<\frac{9}{16}<1$$

であるから，$S(t)$ の最大値は

$$S\left(\frac{9}{16}\right)=\frac{12}{49}\sqrt{6}\cdot\frac{49}{32}=\frac{3}{8}\sqrt{6}$$

$\dfrac{4}{27}\sqrt{6}<\dfrac{3}{8}\sqrt{6}$ であるから，$S(t)$ の最大値は　$\dfrac{3}{8}\sqrt{6}$　……(答)

〔注〕 図4の三角形において，余弦定理から

$$c^2=a^2+b^2-2ab\cos\theta$$
$$=a^2+b^2-2\overrightarrow{\mathrm{OA}}\cdot\overrightarrow{\mathrm{OB}}$$

これより　$\overrightarrow{\mathrm{OA}}\cdot\overrightarrow{\mathrm{OB}}=\dfrac{a^2+b^2-c^2}{2}$

である。(1)ではこのことを用いて，$\vec{a}\cdot\vec{b}$，$\vec{b}\cdot\vec{c}$，$\vec{c}\cdot\vec{a}$ を求めてもよい。

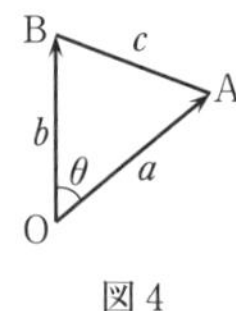

図4

解法 2

((1)は［解法1］に同じ)

(2)　CH を含み AB に平行な平面と OA，OB との交点をそれぞれP，Qとする（図5）。

$\overrightarrow{\mathrm{OP}}=t\vec{a}$ とおくと

$$\overrightarrow{\mathrm{HP}}=\left(t-\frac{5}{9}\right)\vec{a}+\frac{1}{3}\vec{b}$$

$\overrightarrow{\mathrm{HP}}\parallel\overrightarrow{\mathrm{AB}}$ より，$\overrightarrow{\mathrm{HP}}=u\overrightarrow{\mathrm{AB}}$ となる実数 u が存在し

$$\left(t-\frac{5}{9}\right)\vec{a}+\frac{1}{3}\vec{b}=u\vec{b}-u\vec{a}$$

$\vec{a}$，$\vec{b}$ は1次独立なので

$$t-\frac{5}{9}=-u\quad かつ\quad u=\frac{1}{3}$$

したがって　$t=\dfrac{5}{9}-\dfrac{1}{3}=\dfrac{2}{9}$

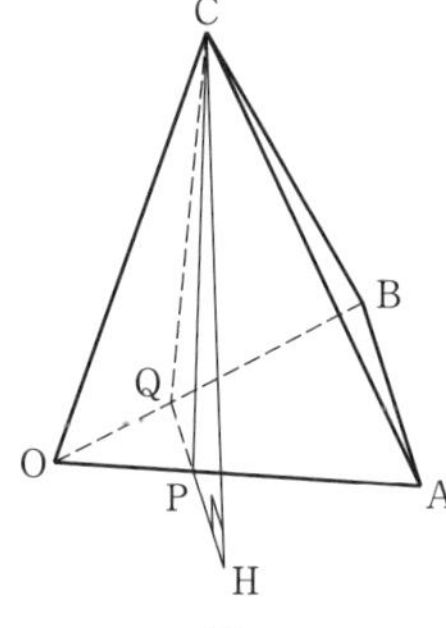

図5

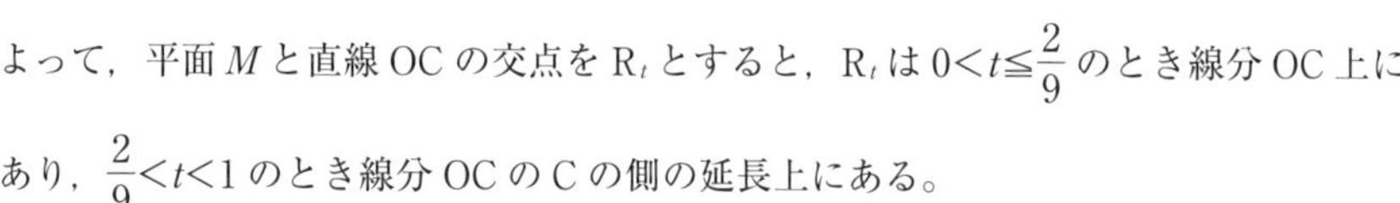

よって，平面 M と直線 OC の交点を R_t とすると，R_t は $0<t\leqq\dfrac{2}{9}$ のとき線分 OC 上にあり，$\dfrac{2}{9}<t<1$ のとき線分 OC の C の側の延長上にある。

(以下，［解法1］の(i)，(ii)に続く)

解法 3

((1)は［解法1］に同じ)

(2)　直線 AB を含み平面 L に垂直な平面を N とする。N と直線 OC の交点をRとし，Rから直線 AB に垂線 RI を下ろす。$L\perp N$ から $\mathrm{RI}\perp L$ であり，CH∥RI である。よって，C，H，R，I は同一平面（これを平面 K とする）上にあり，かつOは直線 CR 上にあるから，Oも平面 K 上にある。平面 L と平面 K の交線は直線 HI であり，Oは平面 L と平面 K の共有点であるから，直線 HI 上にある（図6）。そこで，$\overrightarrow{\mathrm{OI}}=s\overrightarrow{\mathrm{OH}}$ とおけて

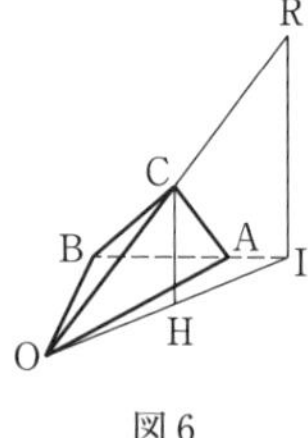

図6

$$\overrightarrow{\mathrm{OI}}=s\left(\frac{5}{9}\vec{a}-\frac{1}{3}\vec{b}\right)=\frac{5}{9}s\vec{a}-\frac{1}{3}s\vec{b}$$

Iは直線AB上の点なので

$$\frac{5}{9}s-\frac{1}{3}s=1$$

よって，$s=\dfrac{9}{2}$となり

$$\mathrm{OH}:\mathrm{OI}=2:9$$

CH∥RIなので

$$\mathrm{CH}:\mathrm{RI}=\mathrm{OH}:\mathrm{OI}=2:9$$

また

$$|\overrightarrow{\mathrm{CH}}|^2=\left|\frac{5}{9}\vec{a}-\frac{1}{3}\vec{b}-\vec{c}\right|^2$$

$$=\frac{25}{81}\cdot 9+\frac{1}{9}\cdot 7+4-2\cdot\frac{5}{27}\cdot 6+2\cdot\frac{1}{3}\cdot 1-2\cdot\frac{5}{9}\cdot 3$$

$$=\frac{24}{9}$$

よって，$\mathrm{CH}=\dfrac{2\sqrt{6}}{3}$となり

$$\mathrm{RI}=\frac{9}{2}\cdot\frac{2\sqrt{6}}{3}=3\sqrt{6}$$

したがって

$$\triangle\mathrm{ABR}=\frac{1}{2}\mathrm{AB}\cdot\mathrm{RI}=\frac{1}{2}\cdot 2\cdot 3\sqrt{6}=3\sqrt{6}$$

平面Mと直線OCの交点をR_tとする。

$$\mathrm{OR}_t:\mathrm{OR}=\mathrm{OP}_t:\mathrm{OA}=t:1 \quad \text{かつ} \quad \mathrm{OC}:\mathrm{OR}=\frac{2}{9}:1$$

であるから，$0<t\leqq\dfrac{2}{9}$のときR_tは線分OC上にあり，$\dfrac{2}{9}<t<1$のときR_tは線分CR上にある。

（以下，［解法１］の(i)，(ii)に続く）

解法 4

(1) 四面体OABCの辺は図7のような直方体の対角線を用いて得られる。ここで，$\mathrm{A}(\sqrt{3},\ 0,\ \sqrt{6})$，$\mathrm{B}(0,\ 1,\ \sqrt{6})$，$\mathrm{C}(\sqrt{3},\ 1,\ 0)$である。よって

$$\overrightarrow{\mathrm{OH}}=a\overrightarrow{\mathrm{OA}}+b\overrightarrow{\mathrm{OB}}=(\sqrt{3}a,\ b,\ \sqrt{6}a+\sqrt{6}b)$$

とおけて

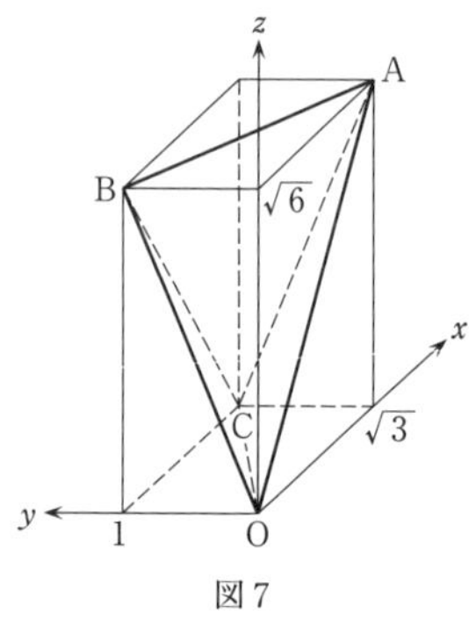

図7

$$\overrightarrow{CH}=(\sqrt{3}a-\sqrt{3},\ b-1,\ \sqrt{6}a+\sqrt{6}b)$$

したがって

$\overrightarrow{OA}\cdot\overrightarrow{CH}=3a-3+6a+6b$ で $\overrightarrow{OA}\cdot\overrightarrow{CH}=0$ より

$$3a+2b=1 \quad \cdots\cdots ①$$

$\overrightarrow{OB}\cdot\overrightarrow{CH}=b-1+6a+6b$ で $\overrightarrow{OB}\cdot\overrightarrow{CH}=0$ より

$$6a+7b=1 \quad \cdots\cdots ②$$

①，②より

$$a=\frac{5}{9}\ ,\quad b=-\frac{1}{3}$$

ゆえに

$$\overrightarrow{OH}=\frac{5}{9}\overrightarrow{OA}-\frac{1}{3}\overrightarrow{OB} \quad \cdots\cdots(答)$$

(2) $P_t(\sqrt{3}t,\ 0,\ \sqrt{6}t)$，$Q_t(0,\ t,\ \sqrt{6}t)$ であり，また，(1)より，

$H\left(\frac{5}{9}\sqrt{3},\ -\frac{1}{3},\ \frac{2}{9}\sqrt{6}\right)$ である。

平面 M がCを通るとき，M はCHを含み，Hは M と L の共有点である。よって，Hは M と L の交線 P_tQ_t 上にある。$P_tQ_t /\!/ AB$ なので，$\overrightarrow{HP_t}=u\overrightarrow{AB}$ となる実数 u が存在し

$$\left(\sqrt{3}t-\frac{5}{9}\sqrt{3},\ \frac{1}{3},\ \sqrt{6}t-\frac{2}{9}\sqrt{6}\right)=(-\sqrt{3}u,\ u,\ 0)$$

これより，$t=\frac{2}{9}$ となる。

よって，平面 M と直線OCの交点を R_t とすると，R_t は $0<t\leqq\frac{2}{9}$ のとき線分OC上にあり，$\frac{2}{9}<t<1$ のとき線分OCのCの側の延長上にある。

(以下，［解法１］の(i)，(ii)に続く)

53 2002年度〔3〕 Level B

ポイント 直線OAと直線OPで定まる平面で考えると点Q，点Rもこの平面上にあり，空間内の点Pの位置によらず同じ図形が現れる。このことから，VはOA（z軸）のまわりの回転体である。

［解法1］ xz平面上での点Pの存在領域を求め，これをz軸のまわりに回転させる。座標平面での円と直線の式の処理による。

［解法2］ 空間ベクトルによる。この際も平面OAP上でのベクトル処理になる。

［解法3］ 座標空間における平面の方程式の利用による。

解法1

球面Sはz軸を回転軸とする回転体であるから，xz平面上の点Pが問題の条件をみたすならば，この点をz軸のまわりに任意の角度だけ回転してできる点も条件をみたす。逆に空間の点Pが条件をみたすならば，この点をxz平面上にくるようにz軸のまわりに回転してできる点も条件をみたす。

よって，xz平面上で考えた点Pの存在領域を求め，これをz軸のまわりに1回転させたときの通過領域がVである。

球面Sとxz平面との交わりは，次の円である。

$x^2+z^2=1$ ……① （$y=0$を省略。以下，同じ）

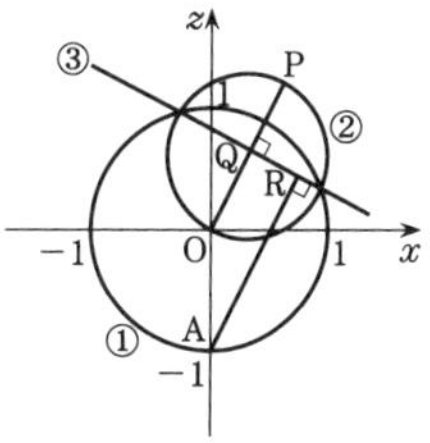

xz平面上で，条件をみたす点Pの座標をP$(u,\ 0,\ w)$とする。PはSの外側にあるから

$u^2+w^2>1$

このとき，OPを直径とする球面とxz平面との交わりは次の円である。

$x(x-u)+z(z-w)=0$ ……②

①，②より $ux+wz=1$ ……③

③は平面Lとxz平面の交線の方程式である。

PQ，ARは，それぞれP，Aから直線③へ下ろした垂線となるから

$$\mathrm{PQ}=\frac{u^2+w^2-1}{\sqrt{u^2+w^2}} \quad (\because\ u^2+w^2>1)$$

$$\mathrm{AR}=\frac{|-w-1|}{\sqrt{u^2+w^2}}$$

PQ≦ARとなるためのu，wの条件は次のようになる。

(i) $-w-1\geqq 0$のとき

$u^2+w^2-1\leqq -w-1$

$$\therefore \quad u^2+\left(w+\frac{1}{2}\right)^2 \leqq \left(\frac{1}{2}\right)^2$$

これは，中心 $\left(0,\ -\frac{1}{2}\right)$，半径 $\frac{1}{2}$ の円の周および内部を表すが，この円は円①の周および内部に含まれていることから，点 P が球面 S の外側にあるという条件に反する。

よって，この場合は考えなくてよい。

(ii) $-w-1<0$ のとき

$$u^2+w^2-1 \leqq w+1$$

$$\therefore \quad u^2+\left(w-\frac{1}{2}\right)^2 \leqq \left(\frac{3}{2}\right)^2$$

これは，中心 $\left(0,\ \frac{1}{2}\right)$，半径 $\frac{3}{2}$ の円の周および内部を表すから，xz 平面での点 P の存在領域は右図の斜線部分（円①の周および内部は除く）となる。

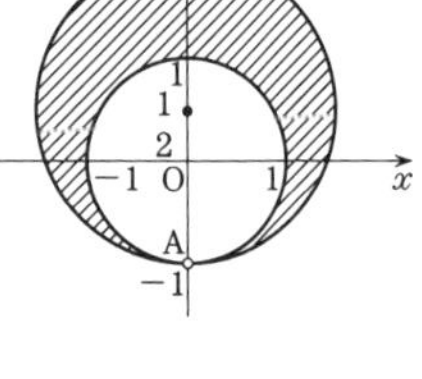

ゆえに，V は中心 $\left(0,\ 0,\ \frac{1}{2}\right)$，半径 $\frac{3}{2}$ の球の内部（球面含む）から原点中心で半径 1 の球を除いた領域，すなわち

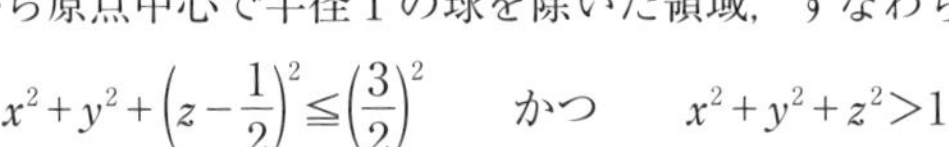

$$x^2+y^2+\left(z-\frac{1}{2}\right)^2 \leqq \left(\frac{3}{2}\right)^2 \quad \text{かつ} \quad x^2+y^2+z^2>1$$

の領域となる。 ……(答)

また，その体積は

$$\frac{4}{3}\left\{\left(\frac{3}{2}\right)^3-1^3\right\}\pi=\frac{19}{6}\pi<\frac{19}{6}\times 3.15=9.975<10$$

となり，確かに 10 より小さい。 （証明終）

解法 2

一般に 2 つの球が交わるとき，その共有点の全体は中心線に垂直な平面上にあり，この平面と中心線の交点を中心とする円をなす。 ……(＊)

OP を直径とする球を S' とし，直線 OA（z 軸）と OP を含む平面 α と 2 球 S，S' との交線である 2 円をそれぞれ C，C' とする。

また，S と S' の共有点の全体である円 C'' を含む平面 L と平面 α の交線を l とする。

円 C と C' は 2 点で交わるから，この交点を T，T′ とすると，T，T′ は L にも α にも含まれるから l 上にある。

また，上記(＊)より，OP と L の交点が Q であり，Q は L にも α にも含まれるから l 上にある。

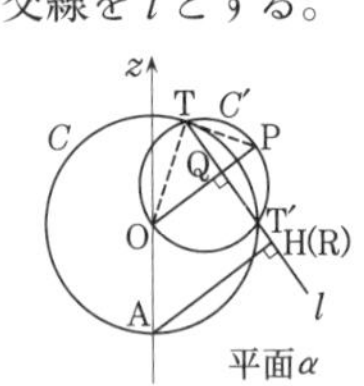

A から l に垂線 AH を下ろすと，OP // AH，OP⊥L より

$$\mathrm{AH} \perp L$$

となり，HとRは一致する。

$\angle \mathrm{OTP} = 90^\circ$ より

$$\triangle \mathrm{OTP} \backsim \triangle \mathrm{OQT}$$

となり，$\mathrm{OP} = p$，$\mathrm{P}(x,\ y,\ z)$ とおくと

$$\mathrm{OQ} = \frac{\mathrm{OT}^2}{\mathrm{OP}} = \frac{1}{p}$$

$$\therefore\quad \overrightarrow{\mathrm{OQ}} = \frac{1}{p}\cdot\frac{\overrightarrow{\mathrm{OP}}}{|\overrightarrow{\mathrm{OP}}|} = \frac{1}{p^2}\overrightarrow{\mathrm{OP}} = \frac{1}{p^2}(x,\ y,\ z)$$

$\overrightarrow{\mathrm{AR}} = k\overrightarrow{\mathrm{OQ}}$ となる実数 k が存在するから

$$\overrightarrow{\mathrm{OR}} = \overrightarrow{\mathrm{OA}} + k\overrightarrow{\mathrm{OQ}} = \left(\frac{k}{p^2}x,\ \frac{k}{p^2}y,\ -1 + \frac{k}{p^2}z\right)$$

$\overrightarrow{\mathrm{OQ}} \perp \overrightarrow{\mathrm{QR}}$ より

$$0 = \overrightarrow{\mathrm{OQ}}\cdot\overrightarrow{\mathrm{QR}} = \overrightarrow{\mathrm{OQ}}\cdot(\overrightarrow{\mathrm{OR}} - \overrightarrow{\mathrm{OQ}})$$

$$= \left(\frac{x}{p^2},\ \frac{y}{p^2},\ \frac{z}{p^2}\right)\left(\frac{k-1}{p^2}x,\ \frac{k-1}{p^2}y,\ \frac{k-1}{p^2}z - 1\right)$$

$$= \frac{x^2+y^2+z^2}{p^4}(k-1) - \frac{z}{p^2}$$

$$= \frac{k-1-z}{p^2} \quad (\because\ \ x^2+y^2+z^2 = p^2)$$

$$\therefore\quad k = 1 + z$$

よって

$$\mathrm{AR} = |\overrightarrow{\mathrm{AR}}| = |k||\overrightarrow{\mathrm{OQ}}| = \frac{|k|}{p} = \frac{|1+z|}{p}$$

したがって，$\mathrm{PQ} \leqq \mathrm{AR}$ より

$$\mathrm{OP} - \mathrm{OQ} \leqq \mathrm{AR} \quad (\because\ \ \mathrm{OP} > 1 > \mathrm{OQ})$$

$$p - \frac{1}{p} \leqq \frac{|1+z|}{p}$$

$$p^2 - 1 \leqq |1+z|$$

$$x^2 + y^2 + z^2 - 1 \leqq |1+z|$$

ゆえに

$$\text{(i)}\begin{cases} x^2+y^2+z^2-1 \leqq -1-z \\ 1+z<0 \end{cases}$$

または

$$\text{(ii)}\begin{cases} x^2+y^2+z^2-1 \leqq 1+z \\ 1+z \geqq 0 \end{cases}$$

(i)のとき

$$\begin{cases} x^2+y^2+\left(z+\dfrac{1}{2}\right)^2 \leqq \dfrac{1}{4} \\ z<-1 \end{cases}$$

これをみたす実数 x, y, z は存在しない。

$$\left(z<-1 \text{ より, } z+\frac{1}{2}<-\frac{1}{2} \text{ なので} \quad \left(z+\frac{1}{2}\right)^2>\frac{1}{4}\right)$$

(ii)のとき

$$\begin{cases} x^2+y^2+\left(z-\dfrac{1}{2}\right)^2 \leqq \dfrac{9}{4} \\ z \geqq -1 \end{cases}$$

これは中心 $\left(0,\ 0,\ \dfrac{1}{2}\right)$, 半径 $\dfrac{3}{2}$ の球の内部および球面上の点全体からなる領域 V' である。この領域は球面 S を含む。

ゆえに, V は V' から S およびその内部を除く領域である。 ……(答)

また, その体積は

$$\frac{4}{3}\pi\left(\frac{3}{2}\right)^2-\frac{4}{3}\pi\cdot 1^3=\frac{19}{6}\pi<\frac{19\times 3.15}{6}=9.975<10$$

となり, 確かに10より小さい。 (証明終)

解法 3

$\left(\overrightarrow{\mathrm{OQ}}=\dfrac{1}{p^2}(x,\ y,\ z)\right.$ までは［解法2］に同じ。なお, 点Pの座標に x, y, z が用いられているので, 平面の方程式は xyz 空間の代わりに XYZ 空間での表現とする。$\left.\right)$

L はQを通り $\overrightarrow{\mathrm{OP}}$ に垂直な平面であるから, XYZ 空間での方程式は

$$x\left(X-\frac{x}{p^2}\right)+y\left(Y-\frac{y}{p^2}\right)+z\left(Z-\frac{z}{p^2}\right)=0$$

すなわち

$$xX+yY+zZ-1=0 \quad (\because \quad x^2+y^2+z^2=p^2)$$

よって

$$\mathrm{AR}=\frac{|z+1|}{\sqrt{x^2+y^2+z^2}}$$

また

$$\mathrm{PQ}=\mathrm{OP}-\mathrm{OQ}=\sqrt{x^2+y^2+z^2}-\frac{\sqrt{x^2+y^2+z^2}}{x^2+y^2+z^2}=\frac{x^2+y^2+z^2-1}{\sqrt{x^2+y^2+z^2}}$$

したがって, PQ≦AR より

$$\frac{x^2+y^2+z^2-1}{\sqrt{x^2+y^2+z^2}} \leqq \frac{|z+1|}{\sqrt{x^2+y^2+z^2}}$$

点PはSの外側にあるので，$\sqrt{x^2+y^2+z^2}>0$ より

$$x^2+y^2+z^2-1 \leqq |z+1|$$

（以下，［解法2］に同じ）

54 2001 年度 〔1〕（文理共通） Level B

ポイント 辺 AB の中点を E，辺 CD の中点を F として，中心 O が EF 上にあることの根拠を記した後，AO＝CO を利用して，EO の値を求める。

解 法

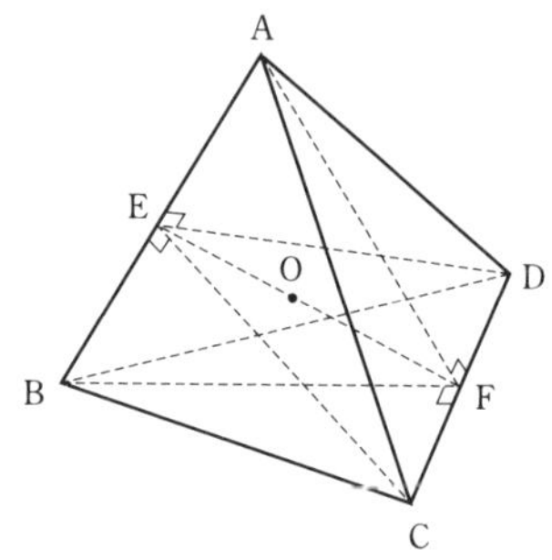

辺 AB の中点を E とする。E は二等辺三角形 ABC，ABD の底辺の中点であるから

$$CE \perp AB,\ DE \perp AB$$

よって　　AB ⊥平面 CED　……①

E は辺 AB の中点であるから，①により A，B から等距離にある点の全体は平面 CED である。

辺 CD の中点を F とすると，同様に C，D から等距離にある点の全体は平面 ABF である。

E，F はともに平面 CED，ABF 上にあるから，この 2 平面の共有点の全体は直線 EF である。

よって，球の中心は直線 EF 上の点 O で AO＝CO となる点である。

△AEO は ∠E＝90° の直角三角形であるから

$$AO^2 = AE^2 + EO^2 = \left(\frac{\sqrt{3}}{2}\right)^2 + EO^2 = \frac{3}{4} + EO^2 \quad \cdots\cdots ②$$

△CFO は ∠F＝90° の直角三角形であるから

$$CO^2 = CF^2 + FO^2 = 1^2 + FO^2 = 1 + FO^2 \quad \cdots\cdots ③$$

△AEF は ∠E＝90° の直角三角形であるから

$$EF^2 = AF^2 - AE^2 = AD^2 - DF^2 - AE^2 = 4 - 1 - \frac{3}{4} = \frac{9}{4}$$

$$\therefore\ EF = \frac{3}{2}$$

ゆえに

$$FO = EF - EO = \frac{3}{2} - EO$$

$$\therefore\ FO^2 = \frac{9}{4} - 3EO + EO^2 \quad \cdots\cdots ④$$

③，④より

$$CO^2 = 1 + \frac{9}{4} - 3EO + EO^2 \quad \cdots\cdots ⑤$$

②，⑤と $AO^2 = CO^2$ より

$$\frac{3}{4}+\mathrm{EO}^2=1+\frac{9}{4}-3\mathrm{EO}+\mathrm{EO}^2$$

$$\therefore\quad \mathrm{EO}=\frac{5}{6}$$

ゆえに

$$r=\mathrm{AO}=\sqrt{\mathrm{AE}^2+\mathrm{EO}^2}=\sqrt{\frac{3}{4}+\frac{25}{36}}=\frac{\sqrt{13}}{3}\quad\cdots\cdots(答)$$

〔注〕 球の中心がEF上にあること（[解法] の11行目まで）を導いた後，以下のように続けることもできる。

空間において，正三角形ACDの各頂点から等距離にある点の集合は，この三角形の重心G（外心）を通り，平面ACDに垂直な直線である。

したがって，点Oは△AEFにおいて，AFを2：1に内分する点Gを通り，AFに垂直な直線とEFとの交点である。

△AEF∽△OGFであるから

$$\mathrm{OG}=\frac{\mathrm{AE}\cdot\mathrm{FG}}{\mathrm{EF}}=\frac{1}{3}$$

$$\left(\because\quad \mathrm{AE}=\frac{\sqrt{3}}{2},\ \mathrm{FG}=\frac{\mathrm{AF}}{3}=\frac{\sqrt{\mathrm{AC}^2-\mathrm{CF}^2}}{3}=\frac{\sqrt{3}}{3},\ \mathrm{EF}=\sqrt{\mathrm{AF}^2-\mathrm{AE}^2}=\frac{3}{2}\right)$$

ゆえに

$$r=\mathrm{OA}=\sqrt{\mathrm{AG}^2+\mathrm{OG}^2}=\sqrt{\left(\frac{2\sqrt{3}}{3}\right)^2+\left(\frac{1}{3}\right)^2}=\frac{\sqrt{13}}{3}$$

55　1999 年度〔4〕　Level B

ポイント　P は x 軸上にあり，その x 座標 p は $0 \leqq p < 1$ として一般性を失わない。A，B のそれぞれの半径を r_1，r_2 とする。また，O と A，B の中心との距離をそれぞれ d_1，d_2 とする。x 軸上の点 P を固定するごとに，P をとおり条件をみたす 2 円板 A，B をそれぞれ独立に考え，r_1，r_2 の最大値の和を求める。

三角不等式を用いて r_1 と d_1 の関係式を考える。余弦定理を用いて r_2 と d_2 の関係式を考える。

解法

右図において，太実線の円は xz 平面上の円板 B，太破線の円は xy 平面上の円板 A である。A，B はそれぞれ xy 平面，xz 平面上にあるから，A と B の共有点 P は，この両平面の共有点であり，したがってそれは x 軸上にある。

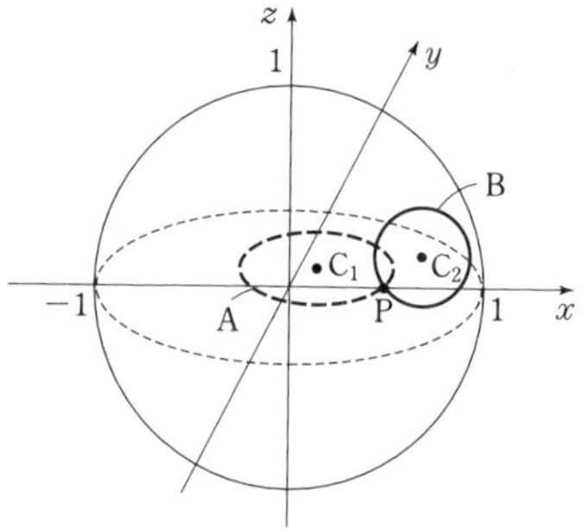

yz 平面に関する対称性から，P の x 座標 p は $0 \leqq p < 1$ として考えてよい。

A，B の中心をそれぞれ C_1，C_2 とし，A，B の半径をそれぞれ r_1，r_2 とする。

x 軸に関して，A，B と対称な円を考えても条件は変わらないから C_1 は xy 平面上の $y \geqq 0$ の部分に，C_2 は xz 平面上の $z \geqq 0$ の部分にあるとしてよい。

さらに条件(b)を考えると，C_1 は xy 平面上の $x \leqq p$ の部分に，C_2 は xz 平面上の $x \geqq p$ の部分にあるとして考えてよい。

P を固定するごとに P をとおるような 2 円板 A，B で，それらの中心 C_1，C_2 が上記の部分にあるようなものを互いに独立にとり，それらの半径 r_1，r_2 のとりうる値の最大値の和を考える。

$OC_1 = d_1$ とする。$d_1 + r_1 \leqq 1$ と，三角不等式 $C_1P \leqq PO + OC_1$ すなわち $r_1 \leqq p + d_1$ から

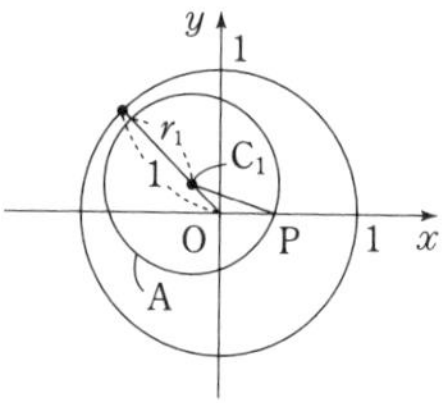

$$r_1 \leqq p + 1 - r_1$$

$$\therefore \quad r_1 \leqq \frac{p+1}{2} \quad \cdots\cdots ①$$

①で等号は $\begin{cases} d_1 + r_1 = 1 \\ C_1P = PO + OC_1 \end{cases}$ のときに成り立つ。

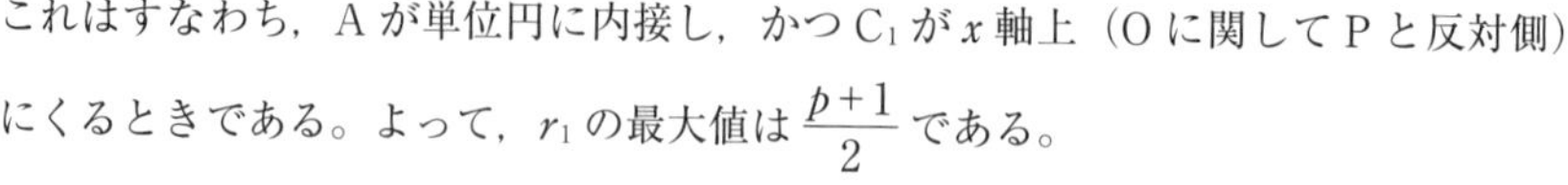

これはすなわち，A が単位円に内接し，かつ C_1 が x 軸上（O に関して P と反対側）にくるときである。よって，r_1 の最大値は $\dfrac{p+1}{2}$ である。

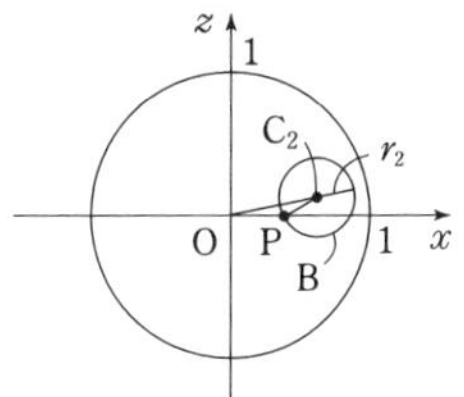

次に $\mathrm{OC}_2=d_2$ とする。

$\angle \mathrm{OPC}_2=\theta$ $(90^\circ \leqq \theta < 180^\circ)$ とすると，$\triangle \mathrm{OPC}_2$ に余弦定理を用いて

$$d_2=\sqrt{p^2+r_2{}^2-2pr_2\cos\theta}$$

($\theta=180^\circ$ でも成り立つ)

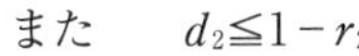
また　$d_2 \leqq 1-r_2$

$$p^2+r_2{}^2-2pr_2\cos\theta \leqq (1-r_2)^2=1-2r_2+r_2{}^2$$

$$\therefore \quad r_2 \leqq \frac{1-p^2}{2(1-p\cos\theta)} \leqq \frac{1-p^2}{2} \quad (\because \ 0 \leqq p<1,\ \cos\theta \leqq 0)$$

ここで，第1の等号は $d_2=1-r_2$ のときに，第2の等号は $\theta=90^\circ$ のときに成り立つ。これはすなわち，Bが単位円に内接し，かつ x 軸に（Pで）接するときである。このとき，r_2 は最大値 $\dfrac{1-p^2}{2}$ をとる。

ゆえに，p $(0 \leqq p<1)$ を固定するごとに

$$(r_1\text{の最大値})+(r_2\text{の最大値})=-\frac{1}{2}(p^2-p-2)$$

$$=-\frac{1}{2}\left(p-\frac{1}{2}\right)^2+\frac{9}{8}$$

この値は $p=\dfrac{1}{2}$ のとき最大値をとり，その値は　$\dfrac{9}{8}$　……(答)

§7 複素数平面

56 2021年度〔2〕 Level B

ポイント (1) 複素数を係数とする a, b, c についての連立方程式を解く。

(2) $f(2)=x+yi$ (x, y は実数) として, x, y を α, β, γ で表すと, xy 平面で, $\mathrm{P}(x,\ y)$, $\mathrm{O}(0,\ 0)$, $\mathrm{A}(-1,\ -2)$, $\mathrm{B}(3,\ 1)$, $\mathrm{C}(-1,\ 1)$ として, $\overrightarrow{\mathrm{OP}}=\alpha\overrightarrow{\mathrm{OA}}+\beta\overrightarrow{\mathrm{OB}}+\gamma\overrightarrow{\mathrm{OC}}$ となる。$\alpha-1=\alpha'$, $\beta-1=\beta'$, $\gamma-1=\gamma'$ とおくと, $\overrightarrow{\mathrm{OP}}=\alpha'\overrightarrow{\mathrm{OA}}+\beta'\overrightarrow{\mathrm{OB}}+\gamma'\overrightarrow{\mathrm{OC}}+\overrightarrow{\mathrm{OD}}$ ($\overrightarrow{\mathrm{OD}}=(1,\ 0)$) ($0\leqq\alpha'\leqq1$, $0\leqq\beta'\leqq1$, $0\leqq\gamma'\leqq1$) となる。まず, $\overrightarrow{\mathrm{OQ}}=\alpha'\overrightarrow{\mathrm{OA}}+\beta'\overrightarrow{\mathrm{OB}}$ となる点Qの存在範囲を求め, 次いで, これが $\overrightarrow{\mathrm{OC}}$ 方向への γ' 倍の平行移動で通過する範囲を求める。さらに, $\overrightarrow{\mathrm{OD}}$ だけ平行移動した後の範囲を求める。α, β, γ のままで考えてもよい。

解 法

(1) $f(z)=az^2+bz+c$ について

$$\begin{cases} f(0)=\alpha \\ f(1)=\beta \\ f(i)=\gamma \end{cases} \text{ から } \begin{cases} c=\alpha & \cdots\cdots① \\ a+b+c=\beta & \cdots\cdots② \\ -a+bi+c=\gamma & \cdots\cdots③ \end{cases}$$

②＋③ から

$$(1+i)b+2c=\beta+\gamma$$

これと①から

$$b=\frac{1}{1+i}(-2\alpha+\beta+\gamma)$$

$$=(-1+i)\alpha+\frac{1-i}{2}\beta+\frac{1-i}{2}\gamma$$

②×i−③ から

$$(1+i)a+(-1+i)c=i\beta-\gamma$$

これと①から

$$a=\frac{1}{1+i}\{(1-i)\alpha+i\beta-\gamma\}$$

$$=-i\alpha+\frac{1+i}{2}\beta-\frac{1-i}{2}\gamma$$

ゆえに

$$\begin{cases} a=-i\alpha+\dfrac{1+i}{2}\beta-\dfrac{1-i}{2}\gamma \\ b=(-1+i)\alpha+\dfrac{1-i}{2}\beta+\dfrac{1-i}{2}\gamma \\ c=\alpha \end{cases} \quad \cdots\cdots(答)$$

(2)　(1)の結果から

$$\begin{aligned} f(2)&=4a+2b+c \\ &=4\left(-i\alpha+\frac{1+i}{2}\beta-\frac{1-i}{2}\gamma\right)+2\left\{(-1+i)\alpha+\frac{1-i}{2}\beta+\frac{1-i}{2}\gamma\right\}+\alpha \\ &=-(1+2i)\alpha+(3+i)\beta-(1-i)\gamma \\ &=(-\alpha+3\beta-\gamma)+(-2\alpha+\beta+\gamma)i \end{aligned}$$

$f(2)=x+yi$（x，y は実数）とおくと，α，β，γ は実数であるから

$$\begin{cases} x=-\alpha+3\beta-\gamma \\ y=-2\alpha+\beta+\gamma \end{cases} \quad \cdots\cdots④$$

以下，複素数平面を xy 平面と同一視して考える。

$\mathrm{P}(x,\ y)$，$\mathrm{O}(0,\ 0)$，$\mathrm{A}(-1,\ -2)$，$\mathrm{B}(3,\ 1)$，$\mathrm{C}(-1,\ 1)$

とおくと，④から

$$\overrightarrow{\mathrm{OP}}=\alpha\overrightarrow{\mathrm{OA}}+\beta\overrightarrow{\mathrm{OB}}+\gamma\overrightarrow{\mathrm{OC}} \quad (1\leqq\alpha\leqq2,\ 1\leqq\beta\leqq2,\ 1\leqq\gamma\leqq2)$$

ここで，$\alpha-1=\alpha'$，$\beta-1=\beta'$，$\gamma-1=\gamma'$ とおくと，$0\leqq\alpha'\leqq1$，$0\leqq\beta'\leqq1$，$0\leqq\gamma'\leqq1$ であり

$$\begin{aligned} \overrightarrow{\mathrm{OP}}&=\alpha\overrightarrow{\mathrm{OA}}+\beta\overrightarrow{\mathrm{OB}}+\gamma\overrightarrow{\mathrm{OC}} \\ &=\alpha'\overrightarrow{\mathrm{OA}}+\beta'\overrightarrow{\mathrm{OB}}+\gamma'\overrightarrow{\mathrm{OC}}+(\overrightarrow{\mathrm{OA}}+\overrightarrow{\mathrm{OB}}+\overrightarrow{\mathrm{OC}}) \end{aligned}$$

ここで，$\overrightarrow{\mathrm{OA}}+\overrightarrow{\mathrm{OB}}+\overrightarrow{\mathrm{OC}}=(1,\ 0)$ であり，$\overrightarrow{\mathrm{OD}}=(1,\ 0)$ とすると

$$\overrightarrow{\mathrm{OP}}=\alpha'\overrightarrow{\mathrm{OA}}+\beta'\overrightarrow{\mathrm{OB}}+\gamma'\overrightarrow{\mathrm{OC}}+\overrightarrow{\mathrm{OD}}$$

となる。

まず，$\overrightarrow{\mathrm{OQ}}=\alpha'\overrightarrow{\mathrm{OA}}+\beta'\overrightarrow{\mathrm{OB}}$ となるような点Qの存在範囲は図1の網かけ部分（平行四辺形の周と内部）となる。

さらに，これを $\overrightarrow{\mathrm{OC}}=(-1,\ 1)$ 方向への γ' 倍（$0\leqq\gamma'\leqq1$）の平行移動を行うと，図2の網かけ部分（六角形の周と内部）となる。

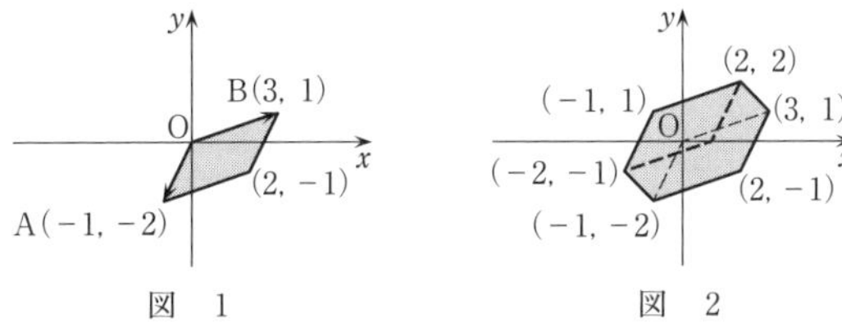

図　1　　　図　2

§7

最後に，これを $\overrightarrow{\mathrm{OD}}=(1,\ 0)$ だけ平行移動した後の範囲を考え，複素数平面上で表すと，図3の六角形の周および内部の範囲となる。これが求める範囲である。

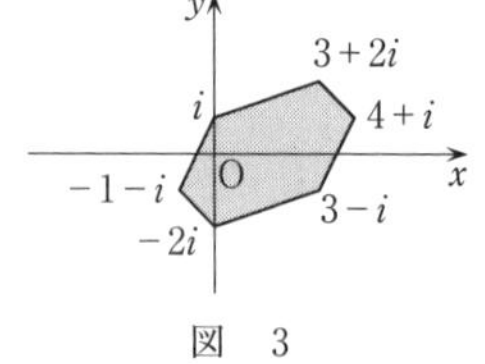

図　3

〔注〕 α'，β'，γ' を用いず，$\overrightarrow{\mathrm{OP}}=\alpha\overrightarrow{\mathrm{OA}}+\beta\overrightarrow{\mathrm{OB}}+\gamma\overrightarrow{\mathrm{OC}}$ のままで行うと次のようになる。

まず，$\overrightarrow{\mathrm{OQ}}=\alpha\overrightarrow{\mathrm{OA}}+\beta\overrightarrow{\mathrm{OB}}$ $(1\leqq\alpha\leqq2,\ 1\leqq\beta\leqq2)$ で定まる点Qの存在範囲は，図4の網かけ部分（平行四辺形の周と内部）である。これを $\overrightarrow{\mathrm{OC}}=(-1,\ 1)$ 方向に γ 倍 $(1\leqq\gamma\leqq2)$ の平行移動を行うときに，この平行四辺形が通過する範囲が求めるもので，図5の網かけ部分（六角形の周と内部）となる。

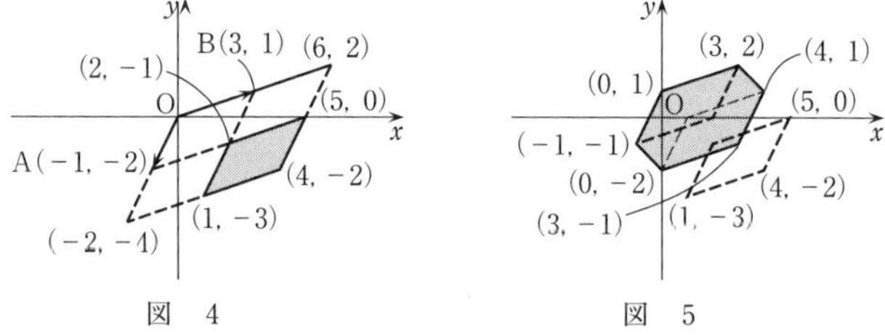

図　4　　　　図　5

57　2019年度〔6〕　Level B

ポイント (1)　実数係数の代数方程式はその任意の解と共役な複素数も解となることを用いる。

(2)　α, γ が異なる実数, β, δ が共役な虚数として考え，解と係数の関係を用いる。

(3)　$\alpha+\beta=x+yi$（x, y は実数）として，$a>0$ と $a<-1$ の場合分けで考える。x, y を a で表し，複素数平面を xy 平面と同一視して図示する。

解　法

(1)　　$z^4-2z^3-2az+b=0$　……①

①は実数係数の代数方程式なので，任意の解についてその共役な複素数も解である。

したがって，虚数解の個数は 0，2，4 のいずれかである。

条件 3 より，$\alpha\beta+\gamma\delta$ は純虚数であるから，α, β, γ, δ すべてが実数ということはなく，虚数解の個数は 2 または 4 である。

虚数解が 4 個あるとする。条件 1，条件 2 は 4 解について対称であるから，条件 3 の

$$\begin{cases}\beta=\overline{\alpha}\\ \delta=\overline{\gamma}\end{cases}\ \cdots\cdots(ア)\quad \text{の場合と}\quad \begin{cases}\gamma=\overline{\alpha}\\ \delta=\overline{\beta}\end{cases}\ \cdots\cdots(イ)\quad \text{の場合}$$

を考えれば十分である。

(ア)の場合は $\alpha\beta+\gamma\delta=\alpha\overline{\alpha}+\gamma\overline{\gamma}=|\alpha|^2+|\gamma|^2$，(イ)の場合は $\alpha\beta+\gamma\delta=\alpha\beta+\overline{\alpha\beta}$ となり，いずれの場合も $\alpha\beta+\gamma\delta$ が実数となり，条件 3 に反する。

ゆえに，虚数解は 2 個あり，それらは互いに共役であり，残りの 2 つは条件 1 から異なる実数解である。　(証明終)

(2)　α, β が実数のとき，γ, δ は共役な虚数であり，$\alpha\beta+\gamma\delta=\alpha\beta+\gamma\overline{\gamma}=\alpha\beta+|\gamma|^2$ が実数となり，条件 3 に反する。γ, δ が実数のときも同様である。

よって，α, γ が実数で β, δ が共役な虚数のときを考えれば十分である。このとき，$\delta=\overline{\beta}$ である。

$\beta=x+yi$（x, y は実数，$y\neq 0$）とおくと

$$\begin{aligned}\alpha\beta+\gamma\delta&=\alpha(x+yi)+\gamma(x-yi)\\&=(\alpha+\gamma)x+(\alpha-\gamma)yi\end{aligned}$$

この実部が 0 であるから，$(\alpha+\gamma)x=0$ となり，$\gamma=-\alpha$ または $x=0$ である。

(i) $\gamma=-\alpha$ のとき

①の解は α, $-\alpha$, β, $\overline{\beta}$ であり，解と係数の関係から

$$\begin{cases}\alpha-\alpha+\beta+\overline{\beta}=2\\-\alpha^2+\alpha(\beta+\overline{\beta})-\alpha(\beta+\overline{\beta})+\beta\overline{\beta}=0\\-\alpha^2(\beta+\overline{\beta})+\alpha\beta\overline{\beta}-\alpha\beta\overline{\beta}=2a\\-\alpha^2\beta\overline{\beta}=b\end{cases}$$

これらを整理すると

$$\begin{cases}\beta+\overline{\beta}=2\\\beta\overline{\beta}=\alpha^2\\a=-\alpha^2\\b=-\alpha^4\end{cases}$$

となり，$b=-a^2$ である。

(ii) $x=0$ のとき

①の解は α, γ, yi, $-yi$ であり，解と係数の関係から

$$\begin{cases}\alpha+\gamma+yi-yi=2\\\alpha\gamma+\alpha(yi-yi)+\gamma(yi-yi)+y^2=0\\\alpha\gamma(yi-yi)+(\alpha+\gamma)y^2=2a\\\alpha\gamma y^2=b\end{cases}$$

これらを整理すると

$$\begin{cases}\alpha+\gamma=2\\\alpha\gamma=-y^2\\a=y^2\\b=-y^4\end{cases}$$

となり，$b=-a^2$ である。

(i), (ii)より　　$b=-a^2$ ……(答)

(3) (2)の［解法］にあるように，α, γ が実数解，β, $\overline{\beta}$ が虚数解としてよい。

(2)の $b=-a^2$ から，①は $z^4-2z^3-2az-a^2=0$ となり，これより

$$(z^2+a)(z^2-a)-2z(z^2+a)=0$$

$$(z^2+a)(z^2-2z-a)=0 \quad \cdots\cdots①'$$

4解が異なることから，$a\neq 0$, $a\neq -1$ である。

①′の解は $z=\pm\sqrt{-a}$, $z=1\pm\sqrt{1+a}$ となり，$-1<a<0$ のときこれらはすべて実数であり，不適である。よって，$a>0$ または $a<-1$ でなければならない。

以下，$\alpha+\beta=x+yi$ (x, y は実数) とおく。

(I) $a>0$ のとき

$z=\pm\sqrt{a}i$，$z=1\pm\sqrt{1+a}$ となり，以下，複号の組み合わせは任意として

$$\begin{cases}\alpha=1\pm\sqrt{1+a}\\ \beta=\pm\sqrt{a}i\end{cases}\quad\cdots\cdots②$$

このとき，$\alpha+\beta=(1\pm\sqrt{1+a})\pm\sqrt{a}i$ であるから

$$\begin{cases}x=1\pm\sqrt{1+a}\\ y=\pm\sqrt{a}\end{cases}\quad\cdots\cdots③$$

よって，$(x-1)^2=1+a$ かつ $y^2=a$ となり

$$(x-1)^2-y^2=1\quad(y\neq0)\quad\cdots\cdots④$$

でなければならない。逆に，④を満たす x，y に対して $a=y^2$ で a（>0）を与えると，③を得て，これより②で得られる α，β は①′の解で，条件を満たす解となる。

(II)　$a<-1$ のとき

$z=\pm\sqrt{-a}$，$z=1\pm\sqrt{-(1+a)}i$ となり

$$\begin{cases}\alpha=\pm\sqrt{-a}\\ \beta=1\pm\sqrt{-(1+a)}i\end{cases}\quad\cdots\cdots②'$$

このとき，$\alpha+\beta=(1\pm\sqrt{-a})\pm\sqrt{-(1+a)}i$ であるから

$$\begin{cases}x=1\pm\sqrt{-a}\\ y=\pm\sqrt{-(1+a)}\end{cases}\quad\cdots\cdots③'$$

よって，$(x-1)^2=-a$ かつ $y^2=-1-a$ となり

$$(x-1)^2-y^2=1\quad(y\neq0)$$

でなければならない。逆に，これを満たす x，y に対して $a=-1-y^2$ で a（<-1）を与えると，③′を得て，これより②′で得られる α，β は①′の解で，条件を満たす解となる。

(I)，(II)から，$a>0$ または $a<-1$ のもとで，$\alpha+\beta$ のとりうる値の範囲は複素数平面を xy 平面と同一視して，$(x-1)^2-y^2=1$（$y\neq0$）となり，図示すると下図の実線部（原点と点（2，0）は除く）となる。

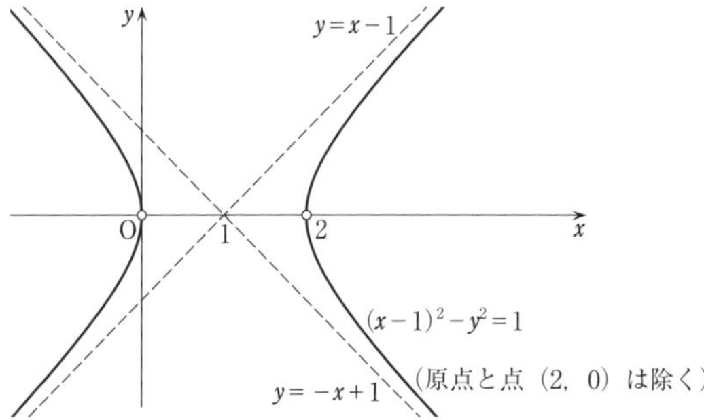

58 2018年度〔5〕 Level B

ポイント (1) ［解法1］ $\arg z=\theta$ とすると，点Qは線分PAを点Pを中心として θ 回転して得られる。

［解法2］ 接線とAの距離を d とすると，$\overrightarrow{AQ}=2d\overrightarrow{OP}$ であることを用いる。d は平行線と比の関係（相似比）から得られる。

［解法3］ ［解法2］と同じ発想だが d を点と直線の距離の公式から求める。

［解法4］ $\overrightarrow{AQ}/\!/\overrightarrow{OP}$ と $PA=PQ$ を複素数で処理する。

(2) ［解法1］ (1)の結果を用いると，w が満たすべき条件が得られる。

［解法5］ (1)の結果を用いず，$z=\cos\theta+i\sin\theta$，$w=x+yi$ とおき，$w=\dfrac{1}{1-u}$ から x，y を $\cos\theta$，$\sin\theta$ で表した式から $\cos\theta$，$\sin\theta$ を x，y で表す。次いでこれを満たす θ が存在するための x，y の条件を求める。

［解法6］ (1)の $\dfrac{|w+\overline{w}-1|}{|w|}=2$ を変形し，点Rは xy 平面で，直線 $x=\dfrac{1}{2}$ および点Oから等距離にあることを示し，Rがある放物線上にあることを導く。

解法1

(1) $\arg z=\theta$ $(0<\theta<2\pi)$ とおくと，線分AQの中点をMとして

$$\angle QPM=\angle APM=\frac{\pi}{2}-\frac{1}{2}(\pi-\theta)=\frac{\theta}{2}$$

これと図1から，向きも含めて，$\angle APQ=\theta$ であり，点Qは点Pを中心に点Aを符号を含めて θ 回転したものである。

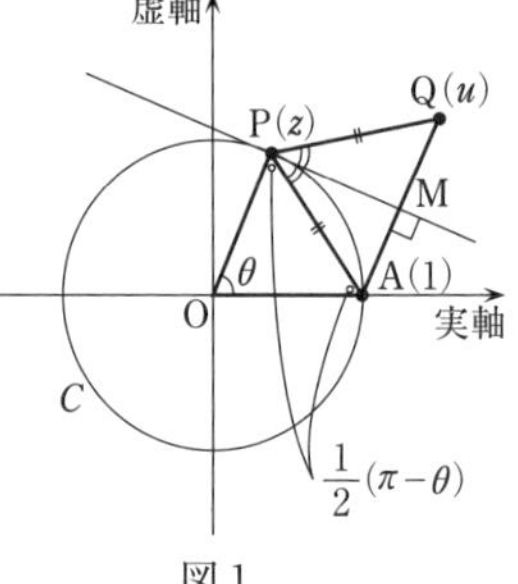

図1

このことと，$\arg z=\theta$，$|z|=1$ より

$$u-z=z(1-z)$$

よって　　$u=2z-z^2$ ……(答)

また

$$\frac{\overline{w}}{w}=\frac{1-u}{1-\overline{u}}=\frac{1-2z+z^2}{1-2\overline{z}+\overline{z}^2}=\frac{z^2(1-2z+z^2)}{z^2-2z^2\overline{z}+z^2\overline{z}^2}$$

$$=\frac{z^2(1-2z+z^2)}{z^2-2z+1}\quad (z\overline{z}=1\text{ より})$$

$$=z^2\quad\text{……(答)}$$

$$\frac{|w+\overline{w}-1|}{|w|}=\left|1+\frac{\overline{w}}{w}-\frac{1}{w}\right|=|1+z^2-1+u|$$

$=|1+z^2-1+2z-z^2|$

$=|2z|=2$ （$|z|=1$ より） ……(答)

〔注1〕 $\angle\mathrm{APM}=\dfrac{\theta}{2}$ は接弦定理を用いて

$\angle\mathrm{APM}=$(弧 AP に対する円周角)$=\dfrac{1}{2}\times$(弧 AP に対する中心角)

$=\dfrac{\theta}{2}$

としてもよい。

(2) $w=x+yi$（x，y は実数，i は虚数単位）とおくと

$\dfrac{|w+\overline{w}-1|}{|w|}=2$ と $w+\overline{w}=2x$，$|w|=\sqrt{x^2+y^2}$ から

$|2x-1|=2\sqrt{x^2+y^2}$

$(2x-1)^2=4(x^2+y^2)$

よって　　$x=\dfrac{1}{4}-y^2$ ……①

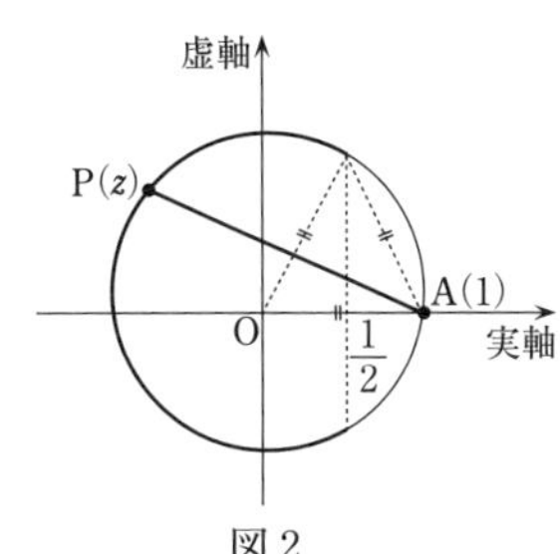

図 2

(z の実部)$\leqq\dfrac{1}{2}$ から $\mathrm{AP}\geqq1$ となり（図 2）

$|z-1|\geqq1$ ……②

また，$u=2z-z^2$ から

$w=\dfrac{1}{1-u}=\dfrac{1}{1-2z+z^2}=\dfrac{1}{(1-z)^2}$

$|w|=\dfrac{1}{|z-1|^2}$ ……③

②，③から，$|w|\leqq1$ となり

$x^2+y^2\leqq1$ ……④

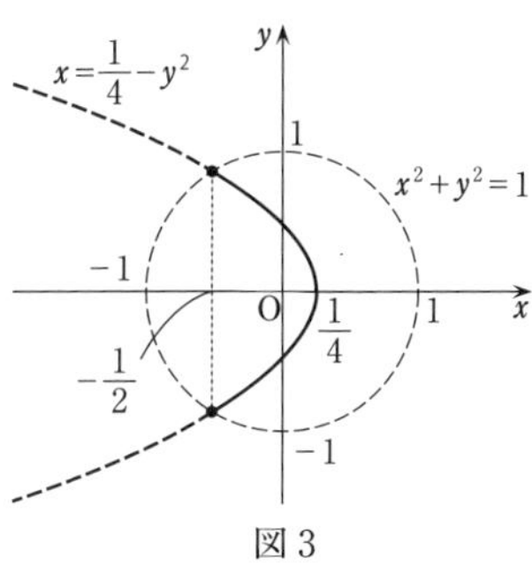

図 3

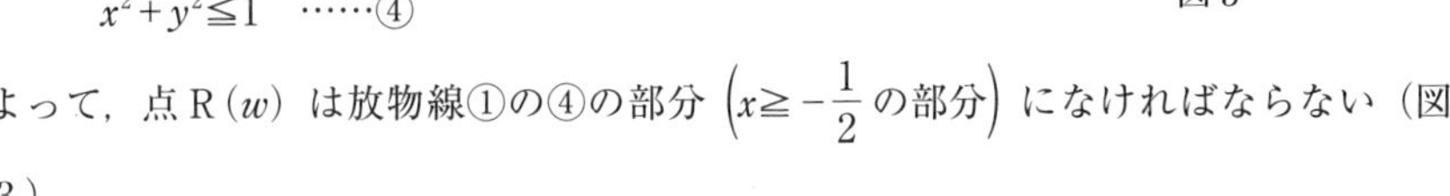
よって，点 R(w) は放物線①の④の部分 $\left(x\geqq-\dfrac{1}{2}\text{ の部分}\right)$ になければならない（図 3）。

逆に，この部分の（x，y）に対して，$z=\dfrac{-x+yi}{\sqrt{x^2+y^2}}$ とおくと

$$|z|^2=\left(\frac{-x}{\sqrt{x^2+y^2}}\right)^2+\left(\frac{y}{\sqrt{x^2+y^2}}\right)^2$$

$$=\frac{x^2+y^2}{x^2+y^2}=1$$

$$(z\text{ の実部})=\frac{-x}{\sqrt{x^2+y^2}}=\frac{y^2-\frac{1}{4}}{\sqrt{\left(\frac{1}{4}-y^2\right)^2+y^2}}=\frac{y^2-\frac{1}{4}}{\sqrt{\left(\frac{1}{4}+y^2\right)^2}}$$

$$=\frac{4y^2-1}{4y^2+1}=1-\frac{2}{4y^2+1}\leqq\frac{1}{2}\quad\left(|y|\leqq\frac{\sqrt{3}}{2}\text{ より}\right)$$

$$z=\frac{y^2-\frac{1}{4}+yi}{\sqrt{\left(\frac{1}{4}-y^2\right)^2+y^2}}=\frac{y^2-\frac{1}{4}+yi}{\sqrt{\left(\frac{1}{4}+y^2\right)^2}}=\frac{y^2-\frac{1}{4}+yi}{\frac{1}{4}+y^2}$$

これより

$$1-z=1-\frac{y^2-\frac{1}{4}+yi}{\frac{1}{4}+y^2}=\frac{\frac{1}{2}-yi}{\frac{1}{4}+y^2}\quad\cdots\cdots⑤$$

$$w=x+yi=\frac{1}{4}-y^2+yi=\left(\frac{1}{2}+yi\right)^2=\left(\frac{\frac{1}{4}+y^2}{\frac{1}{2}-yi}\right)^2=\frac{1}{(1-z)^2}\quad(⑤\text{より})$$

$$=\frac{1}{1-2z+z^2}$$

ここで，$u=2z-z^2$ とおくと，$w=\dfrac{1}{1-u}$ であり，また $u=z+z(1-z)$ である。

よって，［解法 1］の(1)にあるように，点 $\mathrm{Q}(u)$ は C' 上の点 $\mathrm{P}(z)$ における C' の接線に関して，点 $\mathrm{A}(1)$ と対称な点であり，この u から w は $w=\dfrac{1}{1-u}$ で与えられる。

ゆえに，①かつ④上の点 $\mathrm{R}(w)$ は確かに条件を満たす点となる。

以上から，点 $\mathrm{R}(w)$ の軌跡は

放物線 $x=\dfrac{1}{4}-y^2$ の $x\geqq-\dfrac{1}{2}$ の部分　……(答)

〔注 2〕 (2)の軌跡の x 座標の範囲については次のように偏角を用いてもよい。

$$\arg w=\arg\left(\frac{1}{(z-1)^2}\right)=-2\arg(z-1)$$

ここで，(z の実部)$\leqq\dfrac{1}{2}$ から

$$\frac{2}{3}\pi\leqq\arg(z-1)\leqq\frac{4}{3}\pi\quad(\text{図 4 より})$$

なので

$$-\frac{8}{3}\pi\leqq\arg w\leqq-\frac{4}{3}\pi$$

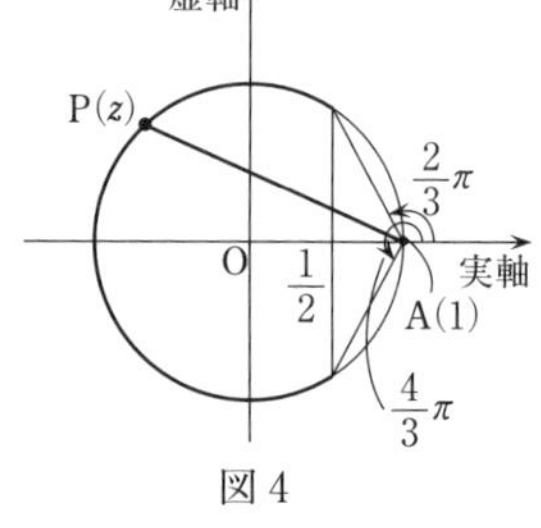

図 4

となる。これを $-\pi\leqq\arg w<\pi$ で表現すると，$-\dfrac{2}{3}\pi\leqq\arg w\leqq\dfrac{2}{3}\pi$ で，これは曲線①上で $x\geqq-\dfrac{1}{2}$ と同値である。

〔注3〕 図5を用いると

$$\arg w = \pi - \theta$$

なので，$\dfrac{\pi}{3} \leqq \theta \leqq \dfrac{5}{3}\pi$ から

$$-\frac{2}{3}\pi \leqq \arg w \leqq \frac{2}{3}\pi$$

とすることもできる。

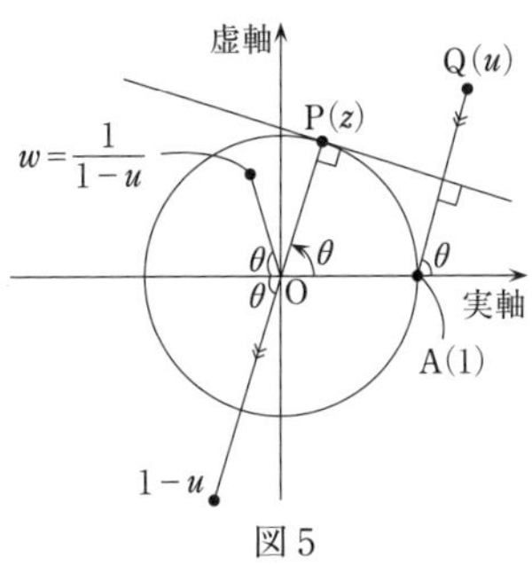

図5

〔注4〕 (2)の w が①かつ④を満たすというのは，厳密には，w が満たすべき必要条件なので，［解法1］では，念のため，逆に①かつ④を満たす w が問題で与えられた条件を満たすという十分性の説明を行ったが，記述スペースを考慮すると，採点上は問われないかもしれない。

解法 2

(1) 接線と点Aの距離を d とする。$z = p + qi$ $(p^2 + q^2 = 1)$ とおく。

• $p = 0$ $(z = \pm i)$ のとき，$u = 1 \pm 2i$（複号同順）である。

• $p \neq 0$ のとき，（xy 平面での）接線：$px + qy = 1$ と x 軸との交点を $\mathrm{B}\left(\dfrac{1}{p},\ 0\right)$ とすると，図6の平行線と比の関係から

$$1 : d = \frac{1}{p} : \left(\frac{1}{p} - 1\right)$$

すなわち　　$d = 1 - p$

図6は $p > 0$ の場合であるが，$p < 0$ のときも同様にして $d = 1 - p$ となる。よって

$$2d = 2 - 2p = 2 - (z + \bar{z}) \quad \left(p = \frac{z + \bar{z}}{2} \text{ より}\right)$$

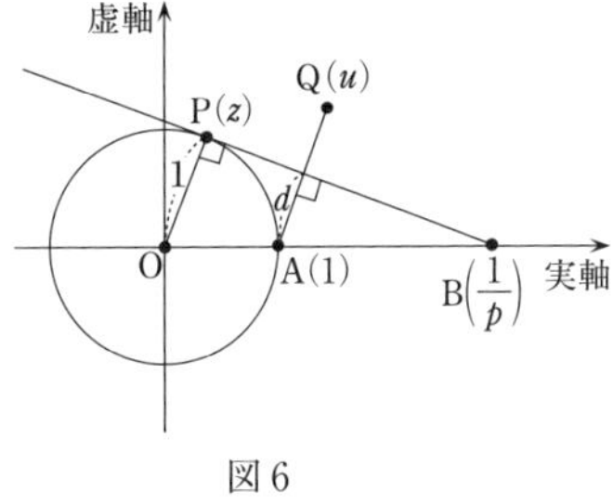

図6

$\overrightarrow{\mathrm{AQ}} = 2d\overrightarrow{\mathrm{OP}}$ より

$$\begin{aligned} u - 1 &= 2dz = \{2 - (z + \bar{z})\}z \\ &= 2z - z^2 - z\bar{z} = 2z - z^2 - 1 \quad (z\bar{z} = 1 \text{ より}) \end{aligned}$$

よって　　$u = 2z - z^2$　（これは $p = 0$ の場合も含む）　……(答)

（以下，［解法1］に同じ）

解法 3

(1) $\arg z = \theta$ $(0 < \theta < 2\pi)$ とおき，xy 平面で点 $\mathrm{P}(\cos\theta,\ \sin\theta)$ における接線 $(\cos\theta)x + (\sin\theta)y - 1 = 0$ に関して，円 C は

$$領域：(\cos\theta)x+(\sin\theta)y-1\leqq 0$$

にあり，点Aと接線の距離 d は

$$d=\frac{1-\cos\theta}{\sqrt{\cos^2\theta+\sin^2\theta}}=1-\cos\theta=1-\frac{z+\bar{z}}{2}$$

$$2d=2-(z+\bar{z})$$

（以下，［解法 2］に同じ）

解法 4

(1)　$\overrightarrow{AQ}/\!/\overrightarrow{OP}$ かつ PA＝PQ から

$$\begin{cases}\dfrac{u-1}{z}-\dfrac{\bar{u}-1}{\bar{z}}=0 & \cdots\cdots①\\ |1-z|=|u-z| & \cdots\cdots②\end{cases}$$

①から

$$\bar{z}u-z\bar{u}-\bar{z}+z=0 \quad \cdots\cdots①'$$

②から

$$(1-z)(1-\bar{z})=(u-z)(\bar{u}-\bar{z})$$

$$2-z-\bar{z}=u\bar{u}-z\bar{u}-\bar{z}u+1 \quad (z\bar{z}=1 より)$$

$$-\bar{z}u+(u-z)\bar{u}+\bar{z}+z=1 \quad \cdots\cdots②'$$

①$'\times(u-z)$＋②$'\times z$ と $z\bar{z}=1$ から

$$\bar{z}u^2-(2+\bar{z}-z)u+2-z=0$$

$$(u-1)\{\bar{z}u-(2-z)\}=0$$

$$\bar{z}u=2-z \quad (z\neq 1 から u\neq 1 なので)$$

$$z\bar{z}u=2z-z^2$$

よって　　$u=2z-z^2$　（$z\bar{z}=1$ より）　……（答）

（以下，［解法 1］に同じ）

解法 5

（(1)は［解法 1］に同じ）

(2)　$z=\cos\theta+i\sin\theta$ と $z\neq 1$ から，$\cos\theta\neq 1$（$\theta\neq 0$）である。

以下，このもとで考える。

$$w=\frac{1}{1-u}=\frac{1}{1-2z+z^2} \quad (u=2z-z^2 より)$$

$$=\frac{1}{(1-z)^2}=\frac{1}{(1-\cos\theta-i\sin\theta)^2}$$

$$=\frac{1}{(1-\cos\theta)^2-\sin^2\theta-2i\sin\theta(1-\cos\theta)}$$

$$=\frac{1}{-2\cos\theta(1-\cos\theta)-2i\sin\theta(1-\cos\theta)}$$

$$=-\frac{1}{2}\cdot\frac{1}{1-\cos\theta}\cdot\frac{1}{\cos\theta+i\sin\theta}=-\frac{\cos\theta-i\sin\theta}{2(1-\cos\theta)}$$

$w=x+yi$（x, y は実数，i は虚数単位）とおくと

$$\begin{cases} x=-\dfrac{\cos\theta}{2(1-\cos\theta)} \\ y=\dfrac{\sin\theta}{2(1-\cos\theta)} \end{cases}$$

これは，$\begin{cases} \cos\theta=\dfrac{2x}{2x-1} \\ \sin\theta=\dfrac{-2y}{2x-1} \end{cases}$ と同値である。

これを満たす実数 θ が存在するための x, y の条件は

$$\left(\frac{2x}{2x-1}\right)^2+\left(\frac{-2y}{2x-1}\right)^2=1$$

$$4x^2+4y^2=(2x-1)^2$$

よって　　$x=-y^2+\dfrac{1}{4}$　……①

さらに，(z の実部)$\leqq\dfrac{1}{2}$ は

$\cos\theta\leqq\dfrac{1}{2}$　すなわち　$\dfrac{2x}{2x-1}\leqq\dfrac{1}{2}$　……②

と同値である。

①を満たす実数 x について，$x\leqq\dfrac{1}{4}$ であるから，$2x-1<0$ となり，②は

$2x\geqq\dfrac{1}{2}(2x-1)$　すなわち　$x\geqq-\dfrac{1}{2}$　……③

と同値である。ゆえに，$w=x+yi$ の軌跡は①かつ③となり

放物線 $x=-y^2+\dfrac{1}{4}$ の $x\geqq-\dfrac{1}{2}$ の部分　……(答)

研究　(2)では $w=x+yi$ とおいて，x, y が満たすべき必要条件としての $x=-y^2+\dfrac{1}{4}$ を(1)の諸関係式から得るところは易しい。差が出るところは，(z の実部)$\leqq\dfrac{1}{2}$ から，$x\geqq-\dfrac{1}{2}$ を導くところである。これには［解法１］の考え方と〔注２〕〔注３〕の考え方もある。また，［解法１］にあるように，軌跡についての十分性の記述ができたら申し分ない。ここまでは問われないと思われるが，とても大切なことであり，軌跡を考える際の逆の

記述（十分性の記述）とはどういうものかについての参考とし，理解を深めるとよい。この逆の記述では，$z=\dfrac{-x+yi}{\sqrt{x^2+y^2}}$ をどう見出すのかがポイントであるが，これは(1)の $\dfrac{\overline{w}}{w}=z^2$ によるとよい。これを $w=x+yi$ を用いて書き直すと，$z^2=\dfrac{x-yi}{x+yi}=\dfrac{(x-yi)^2}{x^2+y^2}$ $=\left(\dfrac{x-yi}{\sqrt{x^2+y^2}}\right)^2$ となるので，$z=\pm\dfrac{x-yi}{\sqrt{x^2+y^2}}$ でなければならない。$z=\dfrac{x-yi}{\sqrt{x^2+y^2}}$ で試すとうまくいかず，$z=-\dfrac{x-yi}{\sqrt{x^2+y^2}}=\dfrac{-x+yi}{\sqrt{x^2+y^2}}$ とすると，［解法１］のようにうまくいく。この作業は難しく，この十分性の記述も考慮すると，［解法５］のように，(1)の $\dfrac{|w+\overline{w}-1|}{|w|}$ $=2$ を用いずに，$z=\cos\theta+i\sin\theta$，$w=x+yi$ とおき，$w=\dfrac{1}{1-u}$ と同値な x，y と $\cos\theta$，$\sin\theta$ の関係式から，x，y の満たすべき条件を求める解法も大変よい方法である。(1)の発問が単に「u を z で表現せよ」のみであれば，［解法５］の解法が自然であり，すっきりしたよい問題となる。

解法 6

((1)は［解法１］に同じ)

(2)　(1)の $\dfrac{|w+\overline{w}-1|}{|w|}=2$ から，$\dfrac{\left|\dfrac{w+\overline{w}}{2}-\dfrac{1}{2}\right|}{|w-0|}=1$ である。

$\dfrac{w+\overline{w}}{2}=\mathrm{Re}\,(w)$（$w$ の実部）であるから，これは $\dfrac{\left|\mathrm{Re}\,(w)-\dfrac{1}{2}\right|}{|w-0|}=1$ となる。

よって，xy 平面上で点Rは直線 $x=\dfrac{1}{2}$ および点Oから等距離にある。

したがって，Rは直線 $x=\dfrac{1}{2}$ を準線，Oを焦点とする放物線 $x=\dfrac{1}{4}-y^2$　……①上にある。

(以下，［解法１］に同じ)

59 2017年度〔3〕 Level A

ポイント (1) L 上の点は点 α と原点Oから等距離にある。これを立式し $z=\dfrac{1}{w}$ を代入して変形する。

(2) 点 β と点 β^2 を結ぶ線分上の点 z は，点 -1 と原点Oを結ぶ線分の垂直二等分線上の点で $\dfrac{2}{3}\pi \leqq \arg z \leqq \dfrac{4}{3}\pi$ であるものである。

解法

(1) $w=\dfrac{1}{z}$ から，$zw=1$ であり，$w\neq 0$ である。以下，この条件のもとで考える。

L の方程式は

$$|z-\alpha|=|z| \quad \cdots\cdots①$$

であり，$z=\dfrac{1}{w}$ から　$\left|\dfrac{1}{w}-\alpha\right|=\left|\dfrac{1}{w}\right|$

この両辺に $|w|$ を乗じて　$|1-\alpha w|=1$

$\alpha\neq 0$ からこの両辺に $\dfrac{1}{|\alpha|}$ を乗じて

$$\left|w-\frac{1}{\alpha}\right|=\frac{1}{|\alpha|} \quad \cdots\cdots②$$

逆に，②かつ $w\neq 0$ を満たす任意の w に対して，$z=\dfrac{1}{w}$ で与えられる z をとれば，$w=\dfrac{1}{z}$ と②から，①を得る。

ゆえに，w の軌跡は，円②かつ $w\neq 0$ である。求める円の

中心は $\dfrac{1}{\alpha}$，半径は $\dfrac{1}{|\alpha|}$ ……(答)

〔注〕 (1) 問題文の中に「点 w の軌跡は円から1点を除いたものになる」という文言があるので，［解法］に記した「逆に，……」の部分はなくてもよいが，一般に軌跡の問題ではこれに相当する記述も必要である。

(2) $\beta=\dfrac{-1+\sqrt{3}i}{2}$，$\beta^2=\dfrac{-1-\sqrt{3}i}{2}=\overline{\beta}$ なので，点 β と点 β^2 を結ぶ直線を G とすると，G は点 -1 と原点を結ぶ線分の垂直二等分線である。

よって，(1)で $\alpha=-1$ として，点 z が G 上を動くときの点 w の軌跡は，中心が点 -1 で半径が1の円周から原点を除いた部分，すなわち

$$|w+1|=1,\ w\neq 0$$

となる。

ここで，点 z が点 β と点 β^2 を結ぶ線分上にある条件は

$$z\text{ が }G\text{ 上にあり，}\ \frac{2}{3}\pi \leqq \arg z \leqq \frac{4}{3}\pi$$

であることなので，$\arg w = \arg\dfrac{1}{z} = -\arg z$ から，w の軌跡は

$$\text{円 }|w+1|=1\text{ の }-\frac{4}{3}\pi \leqq \arg w \leqq -\frac{2}{3}\pi\text{ の部分}$$

……(答)

となる。これを図示すると，右図の実線のようになる（ただし，端点を含む)。

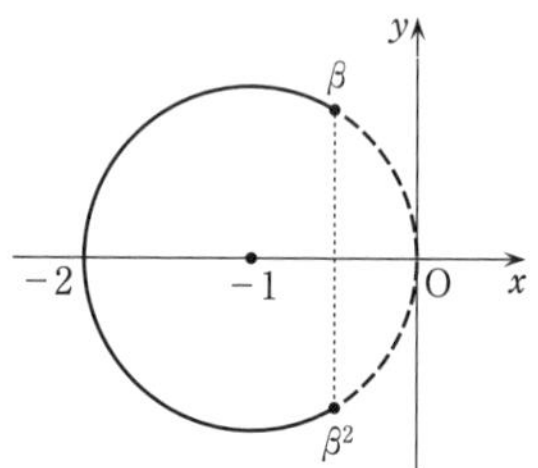

60　2016年度〔4〕　Level A

ポイント　$0<|\arg z|<\dfrac{\pi}{2}$ であるための条件が $z+\bar{z}>0$ であることなどを用いる。$|z-1|^2+|z^2-1|^2>|z^2-z|^2$ などを用いてもよい。また，xy 平面で考えて，$\overrightarrow{\mathrm{AB}}\cdot\overrightarrow{\mathrm{AC}}>0$ などを用いることもできる。

解　法

一般に，複素数 $z=r(\cos\theta+i\sin\theta)$ $(r>0,\ -\pi<\theta\leqq\pi)$ について

$$\cos\theta=\frac{z+\bar{z}}{2r}$$

であるから，$0<|\arg z|=|\theta|<\dfrac{\pi}{2}$ であるための条件は，$\cos\theta>0$ から

$$z+\bar{z}>0$$

である。

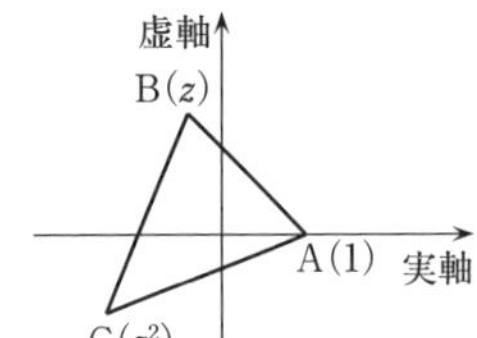

いま，A，B，Cは相異なるから

$$z\neq1,\ z^2\neq1,\ z^2\neq z \quad \cdots\cdots①$$

である。以下，①のもとで考える。

• ∠Aが鋭角であるための条件は

$$0<\left|\arg\frac{z^2-1}{z-1}\right|=|\arg(z+1)|<\frac{\pi}{2}\ から$$

$$(z+1)+(\bar{z}+1)>0$$

$$\frac{z+\bar{z}}{2}>-1 \quad \cdots\cdots② \quad ((z\text{の実部})>-1)$$

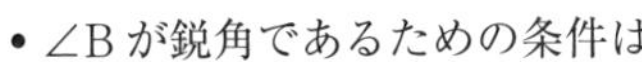

• ∠Bが鋭角であるための条件は

$$0<\left|\arg\frac{z^2-z}{1-z}\right|=|\arg(-z)|<\frac{\pi}{2}\ から$$

$$(-z)+(-\bar{z})>0$$

$$z+\bar{z}<0 \quad \cdots\cdots③ \quad ((z\text{の実部})<0)$$

• ∠Cが鋭角であるための条件は

$$0<\left|\arg\frac{1-z^2}{z-z^2}\right|=\left|\arg\frac{1+z}{z}\right|<\frac{\pi}{2}\ から$$

$$\frac{1+z}{z}+\frac{1+\bar{z}}{\bar{z}}>0$$

$$2z\bar{z}+z+\bar{z}>0$$

$$\left(z+\frac{1}{2}\right)\left(\bar{z}+\frac{1}{2}\right)>\frac{1}{4}$$

$$\left|z+\frac{1}{2}\right|>\frac{1}{2} \quad \cdots\cdots④ \quad \left(中心が-\frac{1}{2},\ 半径が\frac{1}{2}の円の外部\right)$$

①，②，③，④より，求める z の範囲は

$$-1<\frac{z+\bar{z}}{2}<0 \quad かつ \quad \left|z+\frac{1}{2}\right|>\frac{1}{2} \quad \cdots\cdots(答)$$

これを満たす z を図示すると，下図の斜線部分（境界は含まない）となる。

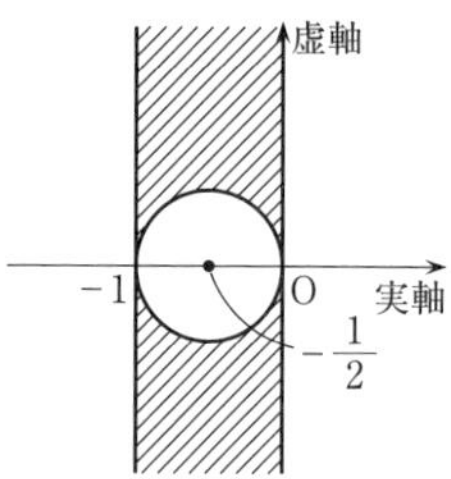

〔注1〕　三角形の成立条件は3点が同一直線上にないことであるが，これは $0<\left|\arg\frac{z^2-1}{z-1}\right|<\frac{\pi}{2}$ などに含まれている。

〔注2〕　条件②，③，④は辺の長さを用いて

$$\begin{cases}|z-1|^2+|z^2-1|^2>|z^2-z|^2\\|z-1|^2+|z^2-z|^2>|z^2-1|^2\\|z^2-1|^2+|z^2-z|^2>|z-1|^2\end{cases}$$

から導くこともできる。

〔注3〕　$z=x+yi$（x，y は実数）とおき，条件を xy 平面で考えて，

$\overrightarrow{AB}\cdot\overrightarrow{AC}>0$，$\overrightarrow{BC}\cdot\overrightarrow{BA}>0$，$\overrightarrow{CA}\cdot\overrightarrow{CB}>0$ から

$$x>-1,\ x<0,\ \left(x+\frac{1}{2}\right)^2+y^2>\frac{1}{4}$$

を得ることもできる。

61　2005年度〔2〕　Level B

ポイント　$z^2-2z-w=0$ の2解がともに $|z|\leqq\frac{5}{4}$ をみたすような複素数 w に対する $|w|$ の最大値を考える。2解を z_1, z_2 とすると，解と係数の関係から $z_1z_2=-w$ である。このことを利用する。

［解法1］　上記の方針による。

［解法2］　発想は［解法1］に同じだが，最後の処理で複素数平面での単位円を利用する。

解法1

複素数 w が集合 T に属するための条件は

「z の2次方程式 $z^2-2z-w=0$　……(＊)　の2解がともに $|z|\leqq\frac{5}{4}$ をみたすこと」

である。

このための w の条件を考える。

複素数 z_1, z_2 が(＊)の2解となるための条件は解と係数の関係より

$$z_1+z_2=2 \quad \text{かつ} \quad z_1z_2=-w$$

が成り立つことである。

よって

$$T=\left\{-z_1z_2 \,\middle|\, z_1+z_2=2,\ |z_1|\leqq\frac{5}{4},\ |z_2|\leqq\frac{5}{4},\ z_1 \text{ と } z_2 \text{ は複素数}\right\}$$

したがって

$$|z_1|\leqq\frac{5}{4} \quad \text{かつ} \quad |z_2|\leqq\frac{5}{4} \quad \text{かつ} \quad z_1+z_2=2$$

をみたす複素数 z_1, z_2 に対する $|-z_1z_2|$ の値が最大になるときの $-z_1z_2(=w)$ の値が求める値である。

$$|-z_1z_2|=|z_1||z_2|\leqq\frac{25}{16}$$

ここで等号成立は $|z_1|=|z_2|=\frac{5}{4}$ のときに限る。

$$z_1=x_1+y_1i, \quad z_2=x_2+y_2i \quad (x_1,\ x_2,\ y_1,\ y_2 \text{ は実数，} i \text{ は虚数単位})$$

とおくと，$z_1+z_2=2$ かつ $|z_1|=|z_2|=\frac{5}{4}$ より

$$\begin{cases} x_1+x_2=2 \\ y_1+y_2=0 \end{cases} \quad \cdots\cdots① \quad \text{かつ} \quad x_1{}^2+y_1{}^2=x_2{}^2+y_2{}^2=\frac{25}{16} \quad \cdots\cdots②$$

①，②より

$$\begin{cases} x_1 = 1 \\ y_1 = \pm\dfrac{3}{4} \end{cases} \quad \text{かつ} \quad \begin{cases} x_2 = 1 \\ y_2 = \mp\dfrac{3}{4} \end{cases} \quad (\text{複号同順})$$

よって

$$z_1 = 1 \pm \frac{3}{4}i, \quad z_2 = 1 \mp \frac{3}{4}i \quad (\text{複号同順})$$

ゆえに，$|w|$ の値が最大となる $w(\in T)$ の値は

$$-z_1z_2 = -\frac{25}{16} \quad \cdots\cdots(\text{答})$$

〔注〕 w がみたすべき条件が集合の形で明示されているので，それを最初の「　　」の部分に示すように読み替えることが解決の第1段階となる。さらに解と係数の関係から，w を2解 z_1，z_2 を用いて $w=-z_1z_2$ と表すことが第2段階となる。このことに気付かないと解答の糸口を見出すのは困難である。論理的な読み替えがきわめて重要な問題である。

解法 2

（①，②の直前までは［解法1］に同じ）

$$z_1 + z_2 = 2 \quad \text{かつ} \quad |z_1| = |z_2| = \frac{5}{4}$$

をみたす複素数 z_1，z_2 は，右図より

$$z_1 = 1 \pm \frac{3}{4}i, \quad z_2 = 1 \mp \frac{3}{4}i \quad (\text{複号同順})$$

（以下，［解法1］に同じ）

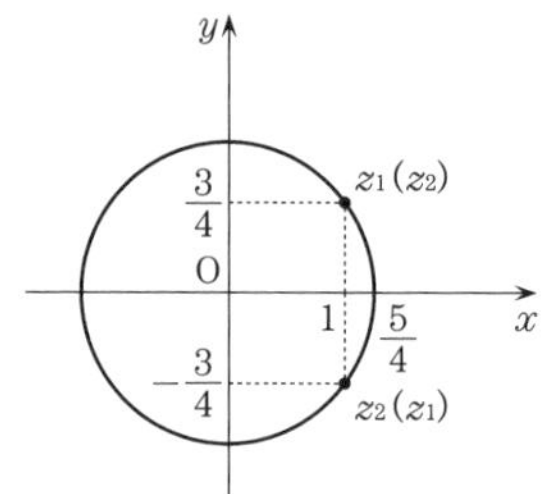

62 2003 年度 〔2〕 Level A

ポイント [解法 1] (1) A(a), B(b), P(p) として, $\dfrac{b-p}{a-p}$ の偏角を計算する。t が正であることに注意する。

(2) (1)からPは弦 AB の弧の上にあることがわかるが, どちらの弧になるかを誤らずに決定すること。次いで中心を決定する。図で考えることが大切。

[解法 2] (2) コーシー・シュワルツの不等式を利用した計算による。

解法 1

(1) 点 A, B, P を表す複素数をそれぞれ a, b, p とする。

半直線 PA が半直線 PB に至る角（符号つきの回転角）は $\arg\left(\dfrac{b-p}{a-p}\right)$ であるから

$$\frac{b-p}{a-p}=\frac{7+7i-\dfrac{14(t-3)}{(t-7)-ti}}{6-\dfrac{14(t-3)}{(t-7)-ti}}=\frac{-7(1+7i)}{-2t(4+3i)}=\frac{7}{2t}(1+i)$$

$t>0$ より

$$\arg\left(\frac{b-p}{a-p}\right)=\arg(1+i)=\frac{\pi}{4}+2n\pi \quad (n\text{ は整数})$$

よって　　$\angle \mathrm{APB}=\dfrac{\pi}{4}$ ……(答)

(2) (1)より点Pは, $b-c=i(a-c)$ をみたす複素数 c で表される点Cを中心として, 線分 AC を半径とする円の優弧 AB 上に存在する。

$b-c=i(a-c)$ より

$$c=\frac{b-ia}{1-i}=\frac{(b+a)+(b-a)i}{2}=\frac{(13+7i)+(1+7i)i}{2}=3+4i$$

このとき, $\mathrm{CA}=|a-c|=|3-4i|=|3+4i|=|c|=\mathrm{CO}$ であるから, 原点Oはこの円周上にある。

右図から, 線分 OP がこの円の直径となるとき, 線分 OP の長さは最大となる。

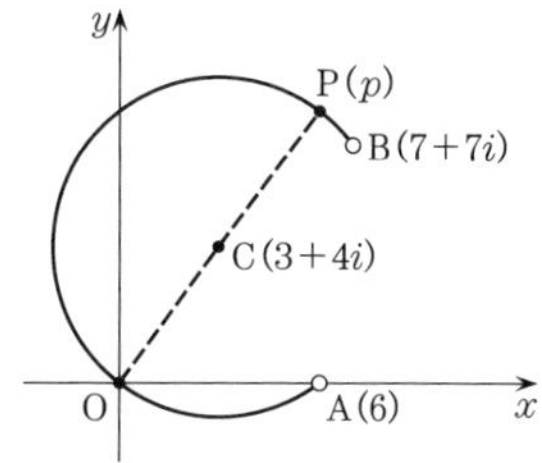

このとき, $p=2c=6+8i$ であるから

$$6+8i=\frac{14(t-3)}{(t-7)-ti}$$

$$(6+8i)\{(t-7)-ti\}=14(t-3)$$

$$(14t-42)+(2t-56)i=14t-42$$

$\therefore \quad t=28$ （$\because$ t は実数）

これは，$t>0$ をみたす。

ゆえに，求める t の値は 28 である。 ……(答)

解法 2

（(1)は［解法 1］に同じ）

(2) $\dfrac{14(t-3)}{(1-i)t-7}=\dfrac{14(t-3)}{(t-7)-ti}$ であるから

$$\mathrm{OP}^2=\frac{14^2(t-3)^2}{(t-7)^2+t^2}$$

ここで，コーシー・シュワルツの不等式から

$$\{(t-7)^2+t^2\}(6^2+8^2)\geqq\{6(t-7)+8t\}^2=\{14(t-3)\}^2$$

$$\therefore \quad \frac{14^2(t-3)^2}{(t-7)^2+t^2}\leqq 6^2+8^2=100$$

等号は $t-7:t=6:8$，すなわち $t=28$（>0）のときに成り立つ。

ゆえに，OP は $t=28$ のときに最大値 $\sqrt{100}=10$ をとる。 ……(答)

〔注〕 6 と 8 は OP の分子 $14(t-3)$ に着目して

$$x(t-7)+yt=14(t-3)$$

すなわち，$\begin{cases} x+y=14 \\ -7x=-42 \end{cases}$ をみたす値 $\begin{cases} x=6 \\ y=8 \end{cases}$ として見出している。

63 2001年度〔4〕 Level C

ポイント (1) b_1-b_3 と b_2-b_3 の関係をみる。

(2) 数学的帰納法による。$|z|^2=z\bar{z}$ を利用する。$b_{n+1}=1+\dfrac{1}{b_n}$ を用いる。

[解法 1] $\left|b_k-\dfrac{1}{2}\right|^2$, $\left|b_{k+1}-\dfrac{1}{2}\right|^2$ を上記の方針により計算する。

[解法 2] 関数 $w=1+\dfrac{1}{z}$ を利用する。

[解法 3] $z=1+\dfrac{1}{z}$ の解 α, β を用いて $\left\{\dfrac{b_n-\beta}{b_n-\alpha}\right\}$ の一般項を求め，その偏角を計算して，α, β, b_1, b_n が同一円周上にあることを示す。

解法 1

(1) 条件より

$$b_1=i,\ \ b_2=\frac{1+i}{i}=\frac{-(1+i)i}{-i^2}=1-i,\ \ b_3=\frac{1+2i}{1+i}=\frac{(1+2i)(1-i)}{(1+i)(1-i)}=\frac{3+i}{2}$$

よって　$b_1-b_3=\dfrac{-3+i}{2}$, $b_2-b_3=\dfrac{-1-3i}{2}$

$\therefore\ \ b_2-b_3=(b_1-b_3)i$

点 b_2 は，点 b_3 を中心として，点 b_1 を $90°$ 回転した位置にある。よって，b_1, b_2 を結ぶ線分は，3 点 b_1, b_2, b_3 を通る円 C の直径である。

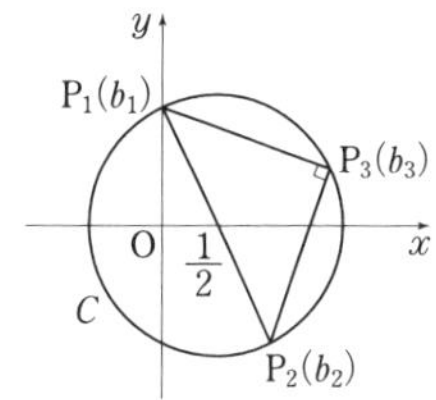

ゆえに，円 C の中心は　$\dfrac{b_1+b_2}{2}=\dfrac{1}{2}$　……(答)

また，半径は　$\dfrac{|b_2-b_1|}{2}=\dfrac{|1-2i|}{2}=\dfrac{\sqrt{5}}{2}$　……(答)

(2) $\left|b_n-\dfrac{1}{2}\right|=\dfrac{\sqrt{5}}{2}$　……①　$(n=1,\ 2,\ 3,\ \cdots)$

であることを数学的帰納法で示す。

(1)より，$n=1$, 2, 3 に対して①は成り立つ。

$n=k$ $(\geqq 3)$ に対して，①が成り立つと仮定すると

$$\frac{5}{4}=\left|b_k-\frac{1}{2}\right|^2=\left(b_k-\frac{1}{2}\right)\left(\bar{b}_k-\frac{1}{2}\right)=b_k\bar{b}_k-\frac{1}{2}(b_k+\bar{b}_k)+\frac{1}{4}$$

$$\therefore\ \ b_k\bar{b}_k-\frac{1}{2}(b_k+\bar{b}_k)-1=0$$

$-b_k\overline{b}_k$（$\neq 0$）で両辺を割って整理すると

$$\frac{1}{b_k\overline{b}_k}+\frac{1}{2}\left(\frac{1}{b_k}+\frac{1}{\overline{b}_k}\right)=1 \quad \cdots\cdots ②$$

$b_{k+1}=\dfrac{a_{k+2}}{a_{k+1}}=\dfrac{a_k+a_{k+1}}{a_{k+1}}=1+\dfrac{1}{b_k}$ より

$$\left|b_{k+1}-\frac{1}{2}\right|^2=\left|\frac{1}{b_k}+\frac{1}{2}\right|^2=\left(\frac{1}{b_k}+\frac{1}{2}\right)\left(\frac{1}{\overline{b}_k}+\frac{1}{2}\right)=\frac{1}{b_k\overline{b}_k}+\frac{1}{2}\left(\frac{1}{b_k}+\frac{1}{\overline{b}_k}\right)+\frac{1}{4}$$

$$=\frac{5}{4} \quad (\because \ ②)$$

よって，$\left|b_{k+1}-\dfrac{1}{2}\right|=\dfrac{\sqrt{5}}{2}$ となり，①は $n=k+1$ でも成り立つ。

ゆえに，すべての正の整数 n に対して①が成り立ち，点 b_n は円 C の周上にある。

（証明終）

〔注１〕 (2) 本問では②の利用は比較的自然に気付きうるが，②のかわりに $\overline{b}_k$ を b_k で表す式 $\overline{b}_k=\dfrac{b_k+2}{2b_k-1}$ を導いて，$\left|b_{k+1}-\dfrac{1}{2}\right|^2$ を計算することもできる。計算量は少し増えるが，見通しがつきかねる場合の方針の１つとなる。

〔注２〕 (2) 分母を払って $\left|b_k-\dfrac{1}{2}\right|=\dfrac{\sqrt{5}}{2}$ と $\left|b_k+\dfrac{1}{2}\right|=\dfrac{\sqrt{5}}{2}$ がどちらも $(2b_k-1)(2\overline{b}_k-1)=5$ と同値であることを示し，（数学的帰納法により）証明することもできる。

解 法 2

((1)は［解法１］に同じ)

(2) $$b_{n+1}=\frac{a_{n+2}}{a_{n+1}}=\frac{a_n+a_{n+1}}{a_{n+1}}=1+\frac{1}{b_n} \quad \cdots\cdots ①$$

いま，複素数 z（$\neq 0$）に対して，関数 $w=1+\dfrac{1}{z}$ を考える。

$z=\dfrac{1}{w-1}$ であるから，z が円 C の周上にあるとき

$$\frac{\sqrt{5}}{2}=\left|z-\frac{1}{2}\right|=\left|\frac{1}{w-1}-\frac{1}{2}\right|=\left|\frac{3-w}{2(w-1)}\right|$$

$$\sqrt{5}\,|w-1|=|w-3| \qquad 5(w-1)(\overline{w}-1)=(w-3)(\overline{w}-3)$$

$$5(w\overline{w}-w-\overline{w}+1)=w\overline{w}-3w-3\overline{w}+9 \qquad 4w\overline{w}-2w-2\overline{w}=4$$

$$w\overline{w}-\frac{1}{2}w-\frac{1}{2}\overline{w}=1 \qquad \left(w-\frac{1}{2}\right)\left(\overline{w}-\frac{1}{2}\right)=\frac{5}{4} \qquad \left|w-\frac{1}{2}\right|=\frac{\sqrt{5}}{2}$$

よって，z が円 C の周上にあるならば w も円 C の周上にある。

したがって，①から，b_n が円 C の周上にあるならば b_{n+1} も円 C の周上にある。

(1)から b_1 は円 C の周上にあるから，数学的帰納法により b_n（$n=1,\ 2,\ 3,\ \cdots$）は円 C の周上にある。　　　　　　　　　　　　　　　　　　　　　　　　　　（証明終）

解法 3

((1)は［解法1］に同じ)

(2)　　$b_{n+1}=1+\dfrac{1}{b_n}$

方程式 $z=1+\dfrac{1}{z}$　すなわち　$z^2-z-1=0$ の2解を α, β とすると

$$\alpha+\beta=1,\ \alpha\beta=-1$$

これを用いると

$$\frac{b_{n+1}-\alpha}{b_{n+1}-\beta}=\frac{1+\dfrac{1}{b_n}-\alpha}{1+\dfrac{1}{b_n}-\beta}=\frac{(1-\alpha)\,b_n+1}{(1-\beta)\,b_n+1}=\frac{\beta b_n+1}{\alpha b_n+1}=\frac{\beta}{\alpha}\cdot\frac{b_n+\dfrac{1}{\beta}}{b_n+\dfrac{1}{\alpha}}=\frac{\beta}{\alpha}\cdot\frac{b_n-\alpha}{b_n-\beta}$$

$$\therefore\quad \frac{\alpha-b_n}{\beta-b_n}=\left(\frac{\beta}{\alpha}\right)^{n-1}\frac{\alpha-b_1}{\beta-b_1}$$

$\alpha=\dfrac{1}{2}(1-\sqrt{5})$, $\beta=\dfrac{1}{2}(1+\sqrt{5})$ として考えると $\dfrac{\beta}{\alpha}=\dfrac{1+\sqrt{5}}{1-\sqrt{5}}$ は負の実数であるから

$$\arg\frac{\alpha-b_n}{\beta-b_n}=(n-1)\arg\left(\frac{\beta}{\alpha}\right)+\arg\frac{\alpha-b_1}{\beta-b_1}=(n-1)\,\pi+\arg\frac{\alpha-b_1}{\beta-b_1}$$

$$\therefore\quad \arg\left(\frac{\alpha-b_n}{\beta-b_n}\Big/\frac{\alpha-b_1}{\beta-b_1}\right)=(n-1)\,\pi$$

よって，α, β, b_1, b_n は同一直線上または同一円周上にある。ここで α, β は実数，b_1 は虚数であるから，b_n は α, β, b_1 で定まる円の周上にある。

(1)から α, β は円 C の直径の両端になっており，b_1 は円 C の周上にある。

ゆえに b_n（$n=1,\ 2,\ 3,\ \cdots$）は円 C の周上にある。　　　　　　　　　（証明終）

〔注3〕 特に問われてはいないが，すべての n について $a_n\neq0$ である（その実部または虚部がつねに正であることが漸化式と初期条件から明らかである）。

64 2000年度〔2〕(文理共通) Level C

ポイント 積の図形的意味から三角形の相似を2組考える。必要・十分いずれの条件を示す場合も，(i)$\alpha\neq1$ かつ $\beta\neq1$，(ii)$\alpha=1$ または $\beta=1$ の2通りの場合に分けて考える。(i)の場合，α，β は実軸上にはないことの理由を簡単にコメントしておくこと。また，他の解法も検討すること。

[解法1] 上記の方針による。

[解法2] 共線条件，垂直条件を表す式を変形した後，w と $\overline{w}$ についての2式から w を得る典型的な式処理による。

[解法3] $\mathrm{R}'(2w)$ を考え，l が OR' の垂直2等分線であることに着目する。

[解法4] $\dfrac{1}{\alpha\beta}$ 倍と $\alpha\beta$ 倍の変換（回転と相似拡大）によって，OE を直径とする円（原点を除く）とE(1) を通り実軸に垂直な直線が対応することを用いた。

解法1

E(1)，T$(\alpha\beta)$ とする。中心 $\mathrm{A}\left(\dfrac{1}{2}\right)$，半径 $\dfrac{1}{2}$ の円を円 A とする。

(I) $w=\alpha\beta$ とする。このとき，R と T は一致する。

(i) $\alpha\neq1$ かつ $\beta\neq1$ のとき

α は実数ではないことを示す。

α が実数なら $\alpha\neq1$ より R$(\alpha\beta)$ は直線 OQ 上にあり，R は Q と異なる。よって，直線 OQ は直線 RQ と一致する。R は直線 PQ 上にあるから，直線 PQ は直線 RQ と一致する。よって，直線 OQ と直線 PQ は一致する。ゆえに O，P，Q は同一直線上にあって，それは実軸である。すると O=R となり $\alpha\beta=0$ である。これは条件 $\alpha\neq0$，$\beta\neq0$ に反する。

よって，α は実数ではない。同様に β も実数ではない。

よって，O，E，P は同一直線上にない異なる3点であるから△OEP が存在する。同様に△OEQ も存在する。

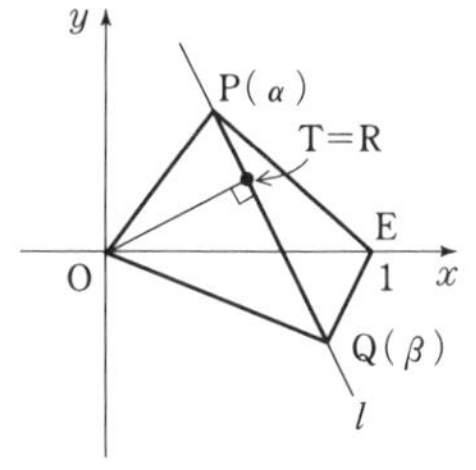

複素数の積の図形的意味から

△OEP∽△OQT ……①　　△OEQ∽△OPT ……②

$w=\alpha\beta$ より R=T であるから

①より　$\angle\mathrm{OPE}=\angle\mathrm{ORQ}=90^\circ$

②より　$\angle\mathrm{OQE}=\angle\mathrm{ORP}=90^\circ$

ゆえにP，Q は線分 OE を直径とする円，すなわち円 A 上にある。

(ii) $\alpha=1$ または $\beta=1$ のとき

(ア) $\alpha=1$ なら $w=\alpha\beta=\beta$ より

$$\text{P}=\text{E},\ \text{Q}=\text{R}$$

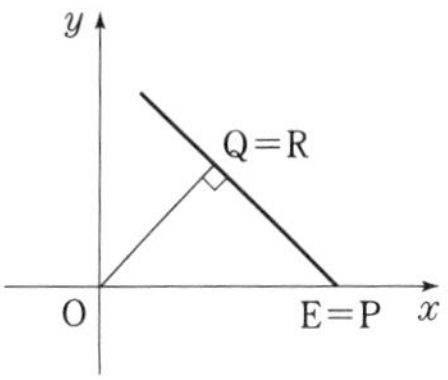

β は実数ではない。

(β が実数なら，O，Q，P は実軸にあり，R は O に一致するから $\beta=0$ となり条件に反する)

よって，△OQP が存在し，OR⊥PQ より

$$\angle\text{OQE}=90°$$

ゆえに Q は円 A 上にある。P=E も円 A 上にある。

(イ) $\beta=1$ のときも同様に P，Q は円 A 上にある。

(II) P，Q が円 A 上にあるとする。

(i) $\alpha\neq1$ かつ $\beta\neq1$ のとき

$\alpha\neq0$，$\beta\neq0$ であるから，P，Q は O にも E にも一致せず，したがって実軸上にはなく，△OEP，△OEQ が存在し，やはり①，②が成り立つ。

①より

$\angle\text{OTQ}=\angle\text{OPE}=90°$ （なぜならば，P は円 A 上の O，E 以外の点）

②より

$\angle\text{OTP}=\angle\text{OQE}=90°$ （なぜならば，Q は円 A 上の O，E 以外の点）

ゆえに T=R となり $w=\alpha\beta$ である。

(ii) $\alpha=1$ または $\beta=1$ のとき

$\alpha=1$ なら，P=E で Q(β) は円 A 上の O，E 以外の点であるから

$$\angle\text{OQP}=90°$$

よって，OQ⊥PQ より

$$\text{Q}=\text{R}$$

$\alpha=1$ より $\alpha\beta=\beta$ なので

$$\text{Q}=\text{T}$$

ゆえに T=R となり $w=\alpha\beta$ である。

$\beta=1$ のときも同様に $w=\alpha\beta$ となる。

以上(i)，(ii)より　　$w=\alpha\beta$　　　　(証明終)

解 法 2

R(w) が直線 PQ 上にあり，かつ，OR⊥PQ であるという条件から

$$\overline{\left(\frac{w-\alpha}{\beta-\alpha}\right)}=\frac{w-\alpha}{\beta-\alpha}\quad\cdots\cdots①$$

かつ

$$\overline{\left(\frac{w}{\beta-\alpha}\right)}=-\frac{w}{\beta-\alpha} \quad \cdots\cdots ②$$

(①の左辺)×(②の右辺)=(①の右辺)×(②の左辺) を整理して

$$2w\overline{w}-\overline{\alpha}w-\alpha\overline{w}=0 \quad \cdots\cdots ③$$

条件は α と β について対称であるから，次式も成り立つ。

$$2w\overline{w}-\overline{\beta}w-\beta\overline{w}=0 \quad \cdots\cdots ④$$

(①で α と β を入れかえた式と②を用いて得られる)

③，④のもとで，与えられた命題が成り立つことを示す。

(I) $w=\alpha\beta$ であるとする。③，④から

$$2\alpha\beta\overline{\alpha}\overline{\beta}-\overline{\alpha}\alpha\beta-\alpha\overline{\alpha}\overline{\beta}=0 \quad \cdots\cdots ③'$$

$$2\alpha\beta\overline{\alpha}\overline{\beta}-\overline{\beta}\beta\alpha-\beta\overline{\beta}\overline{\alpha}=0 \quad \cdots\cdots ④'$$

③′ を $\alpha\overline{\alpha}\neq 0$ で，④′ を $\beta\overline{\beta}\neq 0$ で割って

$$\begin{cases} 2\beta\overline{\beta}-\beta-\overline{\beta}=0 \\ 2\alpha\overline{\alpha}-\alpha-\overline{\alpha}=0 \end{cases}$$

すなわち
$$\begin{cases} \left(\beta-\dfrac{1}{2}\right)\left(\overline{\beta}-\dfrac{1}{2}\right)=\dfrac{1}{4} & \cdots\cdots ③'' \\ \left(\alpha-\dfrac{1}{2}\right)\left(\overline{\alpha}-\dfrac{1}{2}\right)=\dfrac{1}{4} & \cdots\cdots ④'' \end{cases}$$

ゆえに

$$\left|\beta-\frac{1}{2}\right|^2=\frac{1}{4},\quad \left|\alpha-\frac{1}{2}\right|^2=\frac{1}{4}$$

となり，$\mathrm{P}(\alpha)$，$\mathrm{Q}(\beta)$ は中心 $\mathrm{A}\left(\dfrac{1}{2}\right)$，半径 $\dfrac{1}{2}$ の円周上にある。 ……(＊)

(II) 逆に(＊)が成り立つとする。③″，④″ が成り立ち，それぞれに $\alpha\overline{\alpha}$，$\beta\overline{\beta}$ をかけて，③′，④′ を得る。

ここで $u=\alpha\beta$ とおくと

$$2u\overline{u}-\overline{\alpha}u-\alpha\overline{u}=0 \quad \cdots\cdots ⑤$$

$$2u\overline{u}-\overline{\beta}u-\beta\overline{u}=0 \quad \cdots\cdots ⑥$$

⑤×$\overline{\beta}$−⑥×$\overline{\alpha}$ から

$$\overline{u}\left\{u-\frac{\alpha\overline{\beta}-\overline{\alpha}\beta}{2(\overline{\beta}-\overline{\alpha})}\right\}=0 \quad (\overline{\alpha}\neq\overline{\beta} \text{ より})$$

$u=\alpha\beta\neq 0$ より

$$u=\frac{\alpha\overline{\beta}-\overline{\alpha}\beta}{2(\overline{\beta}-\overline{\alpha})} \quad \cdots\cdots ⑦$$

一方，③，④から同様にして

$$w=0 \quad \text{または} \quad w=\frac{\alpha\bar{\beta}-\bar{\alpha}\beta}{2(\bar{\beta}-\bar{\alpha})} \quad \cdots\cdots⑧$$

$w=0$ のときは，①を整理すると

$$\alpha\bar{\beta}-\bar{\alpha}\beta=0 \qquad \therefore \quad u=0 \quad (⑦より)$$

これは $u=\alpha\beta\neq 0$ に反する。よって $w\neq 0$ となり，⑧が成り立つ。

⑦，⑧より　　$w=u=\alpha\beta$　　　　（証明終）

解法 3

(Ⅰ)　$w=\alpha\beta\ (\neq 0)$ とする。

点 $\mathrm{R}'(2w)$ を考える。$w=\alpha\beta\neq 0$ より R' は原点ではない。

l は線分 OR' の垂直 2 等分線であり，$\mathrm{P}(\alpha)$，$\mathrm{Q}(\beta)$ は l 上に存在するから

$$\mathrm{PR}'=\mathrm{PO},\quad \mathrm{QR}'=\mathrm{QO}$$

$$\therefore \quad |\alpha-2w|=|\alpha| \quad \text{かつ} \quad |\beta-2w|=|\beta|$$

$w=\alpha\beta$ から

$$|\alpha-2\alpha\beta|=|\alpha| \quad \text{かつ} \quad |\beta-2\alpha\beta|=|\beta| \quad \cdots\cdots①$$

それぞれ $|2\alpha|\ (\neq 0)$，$|2\beta|\ (\neq 0)$ で割ると

$$\left|\beta-\frac{1}{2}\right|=\frac{1}{2} \quad \text{かつ} \quad \left|\alpha-\frac{1}{2}\right|=\frac{1}{2} \quad \cdots\cdots②$$

ゆえにP，Qは中心 $\mathrm{A}\left(\frac{1}{2}\right)$，半径 $\frac{1}{2}$ の円周上にある。　……(＊)

(Ⅱ)　逆に(＊)が成り立つとすると，②が成り立つ。

②から①を得る。$2\alpha\beta\neq 0$ であるから

点 $\mathrm{R}''(2\alpha\beta)$ を考えると，①式から $\mathrm{P}(\alpha)$，$\mathrm{Q}(\beta)$ は線分 OR'' の垂直 2 等分線 $|z-2\alpha\beta|=|z|$ の上に存在する。

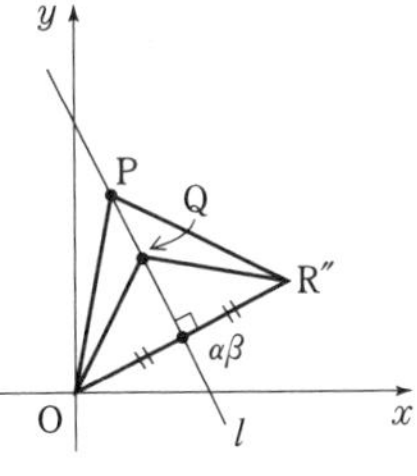

線分 OR'' の垂直 2 等分線は 1 本しか存在せず，また，$\mathrm{P}\neq\mathrm{Q}$ であるから，直線 PQ すなわち l は線分 OR'' の垂直 2 等分線である。ゆえに，線分 OR'' の中点は原点から l に引いた垂線と l の交点 $\mathrm{R}(w)$ に一致する。線分 OR'' の中点を表す複素数は $\alpha\beta$ であるから，$w=\alpha\beta$ である。　　　　（証明終）

解法 4

(Ⅰ)　$w=\alpha\beta$ であるとする。$\alpha\beta\neq 0$ より，$\arg w$ が考えられるので $\theta=\arg w$ とおく。任意の複素数 z に対して，$\frac{1}{w}z$ を対応させることによって，複素数平面上の図形を原点のまわりに $-\theta$ 回転させ，さらに原点中心の $\frac{1}{|w|}$ 倍の相似拡大を行った図形に移すこ

とができる。

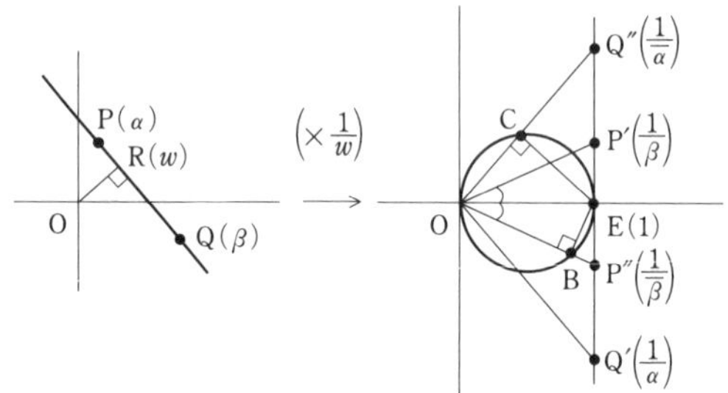

$$\frac{1}{w}\alpha=\frac{1}{\bar{\beta}},\ \ \frac{1}{w}\beta=\frac{1}{\bar{\alpha}},\ \ \frac{1}{w}w=1$$

であるから，P′$\left(\frac{1}{\bar{\beta}}\right)$，Q′$\left(\frac{1}{\bar{\alpha}}\right)$，E(1) とすると，直線 PQ は，E を通る直線 P′Q′ に移り，PQ⊥OR より P′Q′⊥OE である（回転と原点中心の相似拡大により，直線は直線に移り，2 直線のなす角は変化しないから）。

P″$\left(\frac{1}{\bar{\beta}}\right)$，OP″ と OE を直径とする円の（O と異なる）交点を B とすると

$$\begin{cases}\angle \mathrm{P'OE}=\angle \mathrm{BOE}\\ \angle \mathrm{P'EO}=\angle \mathrm{EBO}\ (=90^\circ)\end{cases}$$

であるから，△OP′E∽△OEB となり

$$\mathrm{OP'}:\mathrm{OE}=\mathrm{OE}:\mathrm{OB}\qquad \therefore\ \ \mathrm{OB}=\frac{\mathrm{OE}^2}{\mathrm{OP'}}=\frac{1}{\left|\frac{1}{\bar{\beta}}\right|}=|\beta|\ \ \cdots\cdots①$$

また，B を表す複素数の偏角は　$\arg\left(\frac{1}{\bar{\beta}}\right)=\arg\beta$　……②

①と②から，B＝Q となる。ゆえに Q は OE を直径とする円周上の点である。

Q″$\left(\frac{1}{\bar{\alpha}}\right)$，OQ″ と OE を直径とする円の（O と異なる）交点を C とすると，まったく同様にして，C＝P となり，P は OE を直径とする円周上の点である。

(II)　逆に，P，Q が OE を直径とする円周上の点であるとする。

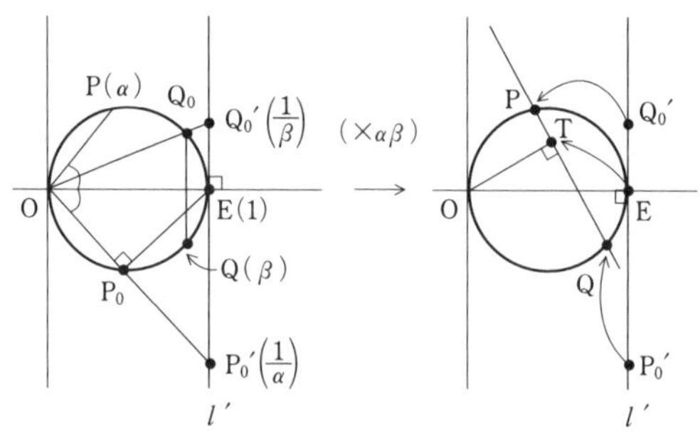

(i)　$\alpha=1$ のときは，$\mathrm{P}=\mathrm{E}$ で $\angle\mathrm{PQO}=90^\circ$ となり，$\mathrm{Q}=\mathrm{R}$ である。

よって $w=\beta=\alpha\beta$ である。

$\beta=1$ のときも同様に $w=\alpha\beta$ となる。

(ii)　$\alpha\neq1$ かつ $\beta\neq1$ のとき

$\mathrm{P_0}(\overline{\alpha})$ として，$\mathrm{OP_0}$ と，E を通り OE に垂直な直線 l' の交点を $\mathrm{P_0}'(\gamma)$ とすると，$\triangle\mathrm{OP_0E}\backsim\triangle\mathrm{OEP_0}'$ から

$$\mathrm{OP_0}'=\frac{\mathrm{OE}^2}{\mathrm{OP_0}}=\frac{1}{|\alpha|}$$

$$\arg\gamma=\arg(\overline{\alpha})=-\arg\alpha=\arg\left(\frac{1}{\alpha}\right)$$

ゆえに $\mathrm{P_0}'$ を表す複素数は $\dfrac{1}{\alpha}$ である。

同様に，$\mathrm{Q_0}(\overline{\beta})$ として，$\mathrm{OQ_0}$ と l' の交点を $\mathrm{Q_0}'$ とすると，$\mathrm{Q_0}'\left(\dfrac{1}{\beta}\right)$ である。

いま，複素数 z に対して $\alpha\beta\cdot z$ を対応させる変換によって，直線は直線に移り，2直線のなす角は変化しない（(I)の説明と同様）。

この変換によって $\mathrm{P_0}'\left(\dfrac{1}{\alpha}\right)$ は $\mathrm{Q}(\beta)$ に，$\mathrm{Q_0}'\left(\dfrac{1}{\beta}\right)$ は $\mathrm{P}(\alpha)$ に，$\mathrm{E}(1)$ は $\mathrm{T}(\alpha\beta)$ に移る。E は直線 $\mathrm{P_0}'\mathrm{Q_0}'$ 上にあるから，T は直線 PQ 上にくる。また，$\angle\mathrm{OEP_0}'=90^\circ$ だから $\angle\mathrm{OTQ}=90^\circ$ である。

ゆえに，$\mathrm{T}=\mathrm{R}$ であり，$w=\alpha\beta$ となる。　　　　　（証明終）

65 1999年度〔2〕 Level C

ポイント (1) $\alpha=(3+4i)\alpha+1$ をみたす α を用いて $|z_n-\alpha|$ を求め，$z_n=(z_n-\alpha)+\alpha$ について三角不等式を利用する。

(2) 数直線上に $\left\{\dfrac{3}{4}\cdot5^{n-1}\right\}$, $\{|z_n|\}$, $\left\{\dfrac{5^n}{4}\right\}$ を並べて，$f(r)$ についての不等式を求め，はさみうちの原理によって求める。

解 法

(1) $z_1=1,\ z_{n+1}=(3+4i)z_n+1\quad(n=1,\ 2,\ \cdots)$ ……①

$\alpha=\dfrac{-1+2i}{10}$ とおくと

$$\alpha=(3+4i)\alpha+1\ \cdots\cdots②\quad および\quad |\alpha|=\frac{\sqrt{5}}{10}\ \cdots\cdots③$$

①，②より　$z_{n+1}-\alpha=(3+4i)(z_n-\alpha)$

よって　$z_n-\alpha=(z_1-\alpha)(3+4i)^{n-1}=\dfrac{(11-2i)(3+4i)^{n-1}}{10}$

$$\therefore\ |z_n-\alpha|=\frac{\sqrt{5}}{10}5^n\ \cdots\cdots④$$

$z_n=(z_n-\alpha)+\alpha$ より

$$|z_n-\alpha|-|\alpha|\leqq|z_n|\leqq|z_n-\alpha|+|\alpha|\ \cdots\cdots⑤$$

$$\frac{5^n}{4}-(|z_n-\alpha|+|\alpha|)=\frac{5^n}{4}-\frac{\sqrt{5}}{10}5^n-\frac{\sqrt{5}}{10}\quad(③,\ ④による)$$

$$=\frac{(5-2\sqrt{5})5^n}{20}-\frac{\sqrt{5}}{10}>0\quad(n\geqq2)$$

$\left(n\geqq2 のとき\quad \dfrac{(5-2\sqrt{5})5^n}{20}>\dfrac{(5-2\times2.3)\times5^2}{20}=0.5,\ (0.5)^2=0.25>\left(\dfrac{\sqrt{5}}{10}\right)^2=0.05\right)$

$$\therefore\ |z_n-\alpha|+|\alpha|<\frac{5^n}{4}\quad(n\geqq2)\ \cdots\cdots⑥$$

また　$|z_n-\alpha|-|\alpha|-\dfrac{3\times5^{n-1}}{4}=\dfrac{\sqrt{5}}{10}5^n-\dfrac{\sqrt{5}}{10}-\dfrac{3\times5^{n-1}}{4}$　(③，④による)

$$=\frac{(2\sqrt{5}-3)5^n}{20}-\frac{\sqrt{5}}{10}>0\quad(n\geqq1)$$

$\left(n\geqq1 のとき\quad \dfrac{(2\sqrt{5}-3)5^n}{20}>\dfrac{(2\times2-3)\times5}{20}=\dfrac{1}{4},\ \left(\dfrac{1}{4}\right)^2=\dfrac{1}{16}>\dfrac{1}{20}=\left(\dfrac{\sqrt{5}}{10}\right)^2\right)$

$$\therefore\ \frac{3\times5^{n-1}}{4}<|z_n-\alpha|-|\alpha|\quad(n\geqq1)\ \cdots\cdots⑦$$

⑤～⑦と $|z_1|=1<\dfrac{5}{4}$ より

$$\frac{3\times5^{n-1}}{4}<|z_n|<\frac{5^n}{4}\quad(n=1,\ 2,\ \cdots)$$

（証明終）

(2)　$n\geqq2$ の自然数 n に対して，(1)より

$$|z_{n-1}|<\frac{5^{n-1}}{4}<\frac{3\times5^{n-1}}{4}<|z_n|<\frac{5^n}{4}<\frac{3\times5^n}{4}<|z_{n+1}|$$

であるから

$\dfrac{5^{n-1}}{4}\leqq r<\dfrac{5^n}{4}$ なる実数 r に対して　　$n-1\leqq f(r)\leqq n$　……⑧

$\left(\dfrac{5^{n-1}}{4}\leqq r<|z_n|\right.$ なら，$f(r)=n-1$，$|z_n|\leqq r<\dfrac{5^n}{4}$ なら $f(r)=n$ であり，いずれにしても $n-1\leqq f(r)\leqq n$ である。$\Big)$

$r\to\infty$ のときの極限を考えるから，$r>\dfrac{5}{4}$ で考えてよく，このような任意の実数 r に対して，$\dfrac{5^{n-1}}{4}\leqq r<\dfrac{5^n}{4}$ となる自然数 n（$\geqq2$）が一意的に定まる。このとき⑧から

$$\frac{n-1}{\log\dfrac{5^n}{4}}\leqq\frac{f(r)}{\log r}\leqq\frac{n}{\log\dfrac{5^{n-1}}{4}}\quad(n\geqq2)$$

ここで

$$\lim_{n\to+\infty}\frac{n-1}{\log\dfrac{5^n}{4}}=\lim_{n\to+\infty}\frac{n-1}{n\log5-\log4}=\lim_{n\to+\infty}\frac{1-\dfrac{1}{n}}{\log5-\dfrac{1}{n}\log4}=\frac{1}{\log5}$$

$$\lim_{n\to+\infty}\frac{n}{\log\dfrac{5^{n-1}}{4}}=\lim_{n\to+\infty}\frac{n}{(n-1)\log5-\log4}=\lim_{n\to+\infty}\frac{1}{\log5-\dfrac{1}{n}(\log5+\log4)}=\frac{1}{\log5}$$

ゆえに，はさみうちの原理より　　$\displaystyle\lim_{r\to+\infty}\frac{f(r)}{\log r}=\frac{1}{\log5}$　……（答）

66　1999年度〔2〕（文科）　Level B

ポイント　$z=x+yi$ に対して，$2z$，$\dfrac{2}{z}$ の実部をそれぞれ u，v とおき，u，v を x，y で表す。$v=0$，$v\neq 0$ の場合分けで考える。$v\neq 0$ のとき，xy 平面で，$(x,\ y)$ はある円の周上にあることを利用する。これと条件(b)を考え合わせる。

解法

$z=x+yi$（x，y は実数）とおき，$2z$ の実部を u，$\dfrac{2}{z}$ の実部を v とおく。

$$u=2x \quad \cdots\cdots①$$

$$v=\frac{2x}{x^2+y^2} \quad \cdots\cdots② \quad \left(\because\ \frac{2}{z}=\frac{2\bar{z}}{z\bar{z}}=\frac{2x-2yi}{x^2+y^2}\right)$$

②より

$$v=0 \quad \text{または} \quad \begin{cases} v\neq 0 \\ \left(x-\dfrac{1}{v}\right)^2+y^2=\dfrac{1}{v^2} \end{cases}$$

(i)　$v=0$ のとき

②より　　$x=0$

よって $u=v=0$ であり，(a)は成り立つ。

このとき $|z|=|y|$ であるから，(b)が成り立つための条件は $|y|\geqq 1$ となる。

ゆえに，(a)，(b)を満たす z の集合は

$$\{yi\mid y\leqq -1 \text{ または } y\geqq 1\}$$

(ii)　$v\neq 0$ のとき

$$\left(x-\frac{1}{v}\right)^2+y^2=\frac{1}{v^2} \quad \cdots\cdots②'$$

より，z は，中心 $\left(\dfrac{1}{v},\ 0\right)$，半径 $\dfrac{1}{|v|}$ の円周上の点である。

一方，(b)より

$$x^2+y^2\geqq 1 \quad \cdots\cdots③$$

よって，z は原点中心の単位円の周上または外部の点である。

②′かつ③を満たす実数の組 $(x,\ y)$ が存在するような整数 v の値は ± 1，± 2 に限られる。

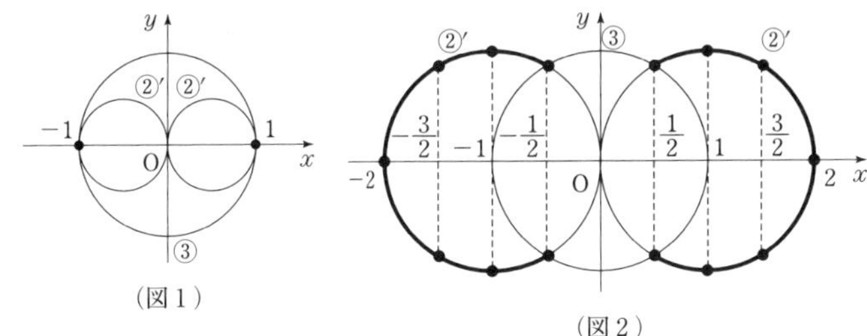

（図 1）　（図 2）

(ア)　$v=\pm 2$ のとき（図 1）

②′ かつ③を満たす実数の組 $(x,\ y)$ は $(\pm 1,\ 0)$ であり，このとき，$u=v=\pm 1$ より，条件(a)，(b)はともに満たされる。

(イ)　$v=\pm 1$ のとき（図 2）

②′ かつ③を満たす実数の組 $(x,\ y)$ は図 2 の太線部であり

$$\frac{1}{2}\leqq |x|\leqq 2 \qquad \therefore\ 1\leqq |u|\leqq 4 \quad (\because\ ①)$$

これを満たす整数 u の値は $\pm 1,\ \pm 2,\ \pm 3,\ \pm 4$ であり，この各々に対して，$x=\pm\frac{1}{2},\ \pm 1,\ \pm\frac{3}{2},\ \pm 2$ となる。

これらの x の値に対応する太線部上の黒点が，条件(a)，(b)を満たす $(x,\ y)$ である。

以上(i)，(ii)(ア)・(イ)より，条件を満たす z を図示すると，図 3 の太線部および黒点となる。

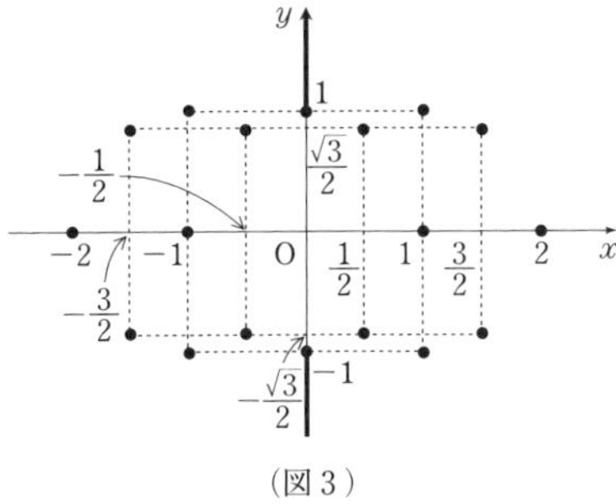

（図 3）

§8 確率・個数の処理

67　2023年度〔2〕（文理共通）　Level C

ポイント (1)　玉はすべて区別して考える。黒玉と白玉の計8個を並べ，それらの間7カ所と両端2カ所の計9カ所から異なる4カ所を選び，そこに赤玉を1個ずつ入れる場合の数Nを求める。

(2)　どの赤玉も隣り合わない並べ方のうち，少なくとも2個の黒玉が隣り合う場合の数Mを求めると，$q=\dfrac{N-M}{N}$である。隣り合う黒玉の個数が3個である場合の数M_1と，2個である場合の数M_2を求める。M_2では，連続する2個の黒玉をまとめて1個として考えるが，これに残りの1個の黒玉が連続し，3個の黒玉が連続する場合を除く必要がある。これを計算する際にM_1が利用できる。例えば，M_1通りの1つ$\boxed{B_1B_2B_3}$からは除くべき$\boxed{B_1B_2}B_3$と$B_1\boxed{B_2B_3}$の2通りが得られる。

解法

(1)　黒玉と白玉の計8個を並べ，それらの間7カ所と両端2カ所の計9カ所から異なる4カ所を選び，そこに赤玉を1個ずつ入れる場合の数をNとすると

$$N=8!\cdot{}_9C_4\cdot4!=8!\cdot\frac{9!}{4!\cdot5!}\cdot4!=9!\cdot8\cdot7\cdot6$$

12個の玉の並べ方は12!通りあるから

$$p=\frac{N}{12!}=\frac{9!\cdot8\cdot7\cdot6}{12!}=\frac{8\cdot7\cdot6}{12\cdot11\cdot10}=\frac{14}{55}\quad\cdots\cdots(答)$$

(2)　どの赤玉も隣り合わないN通りの並べ方のうち，少なくとも2個の黒玉が隣り合う場合の数をMとすると，$q=\dfrac{N-M}{N}\left(=1-\dfrac{M}{N}\right)$である。隣り合う黒玉の個数が3個である場合と，2個である場合の数をそれぞれM_1，M_2とすると

$$M=M_1+M_2\quad\cdots\cdots①$$

(i)　M_1を求める。

連続する黒玉3個の並べ方は3!通りある。その各々に対して連続する3個の黒玉をまとめて1個と考え，これと5個の白玉の計6個の並べ方が6!通りある。その各々に対してそれらの間5カ所と両端2カ所の計7カ所から異なる4カ所を選び，そこに4個の赤玉を1個ずつ入れる場合の数が${}_7C_4\cdot4!$通りあるので

$$M_1=3!\cdot6!\cdot{}_7C_4\cdot4!=6\cdot6!\cdot\frac{7!}{4!\cdot3!}\cdot4!=6!\cdot7!\quad\cdots\cdots②$$

(ii)　M_2 を求める。

連続する 2 個の黒玉の選び方が ${}_3C_2$ 通りあり，その各々に対して 2 個の並べ方が 2! 通りある。この 2 個をまとめて 1 個と考え，これと残りの 1 個の黒玉と 5 個の白玉の計 7 個を並べ，それらの間 6 カ所と両端 2 カ所の計 8 カ所から異なる 4 カ所を選び，そこに 4 個の赤玉を 1 個ずつ入れる場合の数を M_2' とする。

$$M_2' = {}_3C_2\cdot 2!\cdot 7!\cdot {}_8C_4\cdot 4! = 3\cdot 2!\cdot 7!\cdot \frac{8!}{4!\cdot 4!}\cdot 4!$$
$$= 6\cdot 7!\cdot 8\cdot 7\cdot 6\cdot 5$$

これら M_2' 通りのうちで黒玉が 3 個隣り合っている場合の数を M_2'' とすると

$$M_2 = M_2' - M_2''$$

である。

ここで，黒玉を B_1，B_2，B_3 とするとき，M_2'' 通りの 1 つ 1 つは(i)の M_1 通りの各々，例えば $\boxed{B_1B_2B_3}$ から，$\boxed{B_1B_2}B_3$ と $B_1\boxed{B_2B_3}$ のように 2 通りに区別して得られるので，$M_2'' = 2M_1$ となり

$$M_2 = M_2' - M_2'' = M_2' - 2M_1 \quad \cdots\cdots③$$

①，②，③から

$$M = M_1 + M_2 = M_2' - M_1$$
$$= 6\cdot 7!\cdot 8\cdot 7\cdot 6\cdot 5 - 6!\cdot 7!$$
$$= 6\cdot 5\cdot 7!\,(8\cdot 7\cdot 6 - 4\cdot 3\cdot 2)$$
$$= 6^2\cdot 5\cdot 7!\cdot 52$$
$$= 6^2\cdot 5\cdot 7!\cdot 4\cdot 13$$

ゆえに

$$q = \frac{N-M}{N} = \frac{9!\cdot 8\cdot 7\cdot 6 - 6^2\cdot 5\cdot 7!\cdot 4\cdot 13}{9!\cdot 8\cdot 7\cdot 6}$$
$$= \frac{9\cdot 8\cdot 8\cdot 7 - 6\cdot 5\cdot 4\cdot 13}{9\cdot 8\cdot 8\cdot 7}$$
$$= \frac{3\cdot 8\cdot 7 - 5\cdot 13}{3\cdot 8\cdot 7}$$
$$= \frac{103}{168} \quad \cdots\cdots(答)$$

〔注〕 (1)の式中の ${}_9C_4\cdot 4!$，(2)の式中の ${}_7C_4\cdot 4!$，${}_3C_2\cdot 2!$，${}_8C_4\cdot 4!$ はそれぞれ ${}_9P_4$，${}_7P_4$，${}_3P_2$，${}_8P_4$ としてもよい。

§8

68　2022年度〔6〕　Level C

ポイント　表が出ることをA，裏が出ることをBとして，A，Bが起きた順に文字AとBを並べる場合の数を考える。裏が出たときは，$\vec{0}$を加えると考えると，$\overrightarrow{OX_N}$は結局，$\vec{v_j}$（$j=0$，1，2）の和となる。Bは出た順にB_1，B_2，B_3，…と区別し，Aの下に$\vec{v_j}$を記して考える。ただし，たとえば，B_4とB_5の間のAの下には，4を3で割った余り1をjとして，$\vec{v_1}$を記す。$N=8$のとき，たとえば，

B_1	B_2	A	B_3	A	B_4	A	B_5
$\vec{0}$	$\vec{0}$	$\vec{v_2}$	$\vec{0}$	$\vec{v_0}$	$\vec{0}$	$\vec{v_1}$	$\vec{0}$

なら，$\overrightarrow{OX_8}=\vec{v_0}+\vec{v_1}+\vec{v_2}(=\vec{0})$となる。$X_N$がOにあるときには，$\vec{v_0}$，$\vec{v_1}$，$\vec{v_2}$が現れる回数を$a$，$b$，$c$として，$a=b=c$となる（$a$，$b$，$c$）の組を考える。

(1)　$\vec{v_0}+\vec{v_1}+\vec{v_2}=\vec{0}$から，$N=8$のとき，$\overrightarrow{OX_8}=\vec{0}$となるのは，$0\leqq a+b+c\leqq 8$かつ$a=b=c$のときなので

$$(a,\ b,\ c)=(0,\ 0,\ 0),\ (1,\ 1,\ 1),\ (2,\ 2,\ 2)$$

のときを考える。

(2)　$N=200$のとき，表がr回出て，X_{200}がOにあるのは，$a+b+c=r$かつ$a=b=c$のときなので，$r=3s$（sは0以上の整数）のときを考える。$3s$個のAと$200-3s$個のBを並べることを考える。

解法

$$\vec{v_k}=\begin{cases}\vec{v_0}=(1,\ 0) & (k\equiv 0\ (\mathrm{mod}\,3)\ のとき)\\ \vec{v_1}=\left(-\dfrac{1}{2},\ \dfrac{\sqrt{3}}{2}\right) & (k\equiv 1\ (\mathrm{mod}\,3)\ のとき)\\ \vec{v_2}=\left(-\dfrac{1}{2},\ -\dfrac{\sqrt{3}}{2}\right) & (k\equiv 2\ (\mathrm{mod}\,3)\ のとき)\end{cases}$$

であり，$\vec{v_0}+\vec{v_1}+\vec{v_2}=\vec{0}$である。

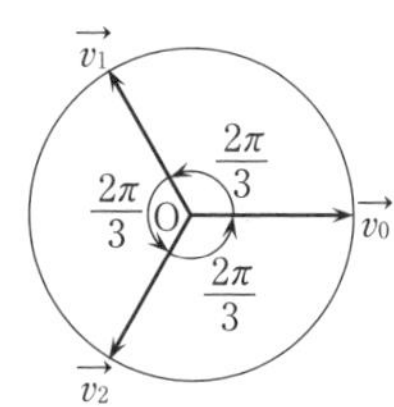

$\vec{v_0}$，$\vec{v_1}$，$\vec{v_2}$のそれぞれの移動が生じる回数をa，b，cとしたとき，$\overrightarrow{OX_N}=a\vec{v_0}+b\vec{v_1}+c\vec{v_2}$となる。ここで，移動は表が出たときにのみ1回ずつ起きるので，$a+b+c$は表が出た回数の和となる。このとき，$\overrightarrow{OX_N}=\vec{0}$となるための条件は，$a=b=c$のときである。コインの表，裏が出る事象をそれぞれ$A$，$B$として，$A$，$B$が起きた順に文字A，Bを横一列に並べ，Bは出た順にB_1，B_2，B_3，…と区別する。次いで，B_mの下には$\vec{0}$を記し，Aの下には，それ以前に置かれているBの

個数（$\vec{0}$ の個数）が k のとき，k を3で割った余りを j として，$\vec{v_j}$（$j=0,\ 1,\ 2$）を記す。

$N=8$ の と き，た と え ば，

B_1	B_2	A	B_3	A	B_4	A	B_5
$\vec{0}$	$\vec{0}$	$\vec{v_2}$	$\vec{0}$	$\vec{v_0}$	$\vec{0}$	$\vec{v_1}$	$\vec{0}$

な ら，$\overrightarrow{OX_8}=\vec{v_0}+\vec{v_1}+\vec{v_2}$（$=\vec{0}$）となる。

(1)　$N=8$ のとき，X_8 がOにあるのは

$$0 \leqq a+b+c \leqq 8 \quad かつ \quad a=b=c$$

のときであるから

$$(a,\ b,\ c)=(0,\ 0,\ 0),\ (1,\ 1,\ 1),\ (2,\ 2,\ 2)$$

であるときに限られる。

(ア)　(0，0，0) のとき，Bが8個並ぶ1通りがある。

(イ)　(1，1，1) のとき

Aを3個，Bは5個置くことになる。

まず，B_1，B_2，B_3，B_4，B_5 を順に並べる。

- $\vec{v_0}$ は，B_1 の左または，B_3 と B_4 の間
- $\vec{v_1}$ は，B_1 と B_2 の間または，B_4 と B_5 の間
- $\vec{v_2}$ は，B_2 と B_3 の間または，B_5 の右

のそれぞれに1個ずつ置いたAの下に現れるので，対応するAの置き方を考えて，$2^3=8$ 通りがある。

(ウ)　(2，2，2) のとき

Aを6個，Bは2個置くことになり，AAB_1AAB_2AA の1通りがある。

(ア)，(イ)，(ウ)から，求める確率は

$$\frac{1+8+1}{2^8}=\frac{5}{128} \quad \cdots\cdots(答)$$

(2)　$N=200$ のとき，表が r 回出て，X_{200} がOにあるのは

$$a+b+c=r \quad かつ \quad a=b=c$$

のときであるから，r が3の倍数であることが必要である。

よって，r が3の倍数ではないときには，$p_r=0$ である。

以下，r は0以上の3の倍数として，$s=\dfrac{r}{3}$ とする。

このとき，X_{200} がOにあるのは，$\vec{v_0}$，$\vec{v_1}$，$\vec{v_2}$ が現れる個数がすべて s となるときである。

まず，$200-3s$ 個のBを並べ，次いで，これらの間または両端に $3s$ 個のAを置いていく。ここで，B_m と B_{m+1}（$1 \leqq m \leqq 199-3s$）の間に置くAの個数を x_m とおく。また，x_0 は左端に置くAの個数，x_{200-3s} は右端に置くAの個数とする。

すると，$j=0,\ 1,\ 2$，$0 \leqq m \leqq 200-3s$ として，Aの下に現れる $\vec{v_j}$ の個数は

$$\vec{v_j}\ \text{の個数}=\begin{cases} m\equiv 0 \pmod 3 \text{ となる } x_m \text{ の和} & (j=0 \text{ のとき}) \\ m\equiv 1 \pmod 3 \text{ となる } x_m \text{ の和} & (j=1 \text{ のとき}) \\ m\equiv 2 \pmod 3 \text{ となる } x_m \text{ の和} & (j=2 \text{ のとき}) \end{cases}$$

となる。

よって，$N=200$ かつ X_{200} がOにあり，かつ，表がちょうど $r\,(=3s)$ 回となるのは

$$\begin{cases} x_0+x_3+x_6+\cdots+x_{198-3s}=s \\ x_1+x_4+x_7+\cdots+x_{199-3s}=s \\ x_2+x_5+x_8+\cdots+x_{200-3s}=s \end{cases}$$

がすべて成り立つこととなる。

$(x_0,\ x_3,\ \cdots,\ x_{198-3s})$，$(x_1,\ x_4,\ \cdots,\ x_{199-3s})$，$(x_2,\ x_5,\ \cdots,\ x_{200-3s})$ はどれも，和が s となるような $67-s$ 個の0以上の整数の組なので，${}_{66}\mathrm{C}_{66-s}={}_{66}\mathrm{C}_s$ 通りある。なぜなら，$s+(66-s)\,(=66)$ 個の○を横一列に並べ，これらの66個から $66-s$ 個を選び，仕切り｜に変え，各仕切りの左側の○の個数と最後の仕切りの右側の○の個数を順に，x_0，x_3，…，x_{198-3s} の値とすることで，第1式の解の組のすべてが得られるからである。第2式と第3式についても同様である。

以上から，r が3の倍数のときの p_r は $\dfrac{({}_{66}\mathrm{C}_s)^3}{2^{200}}=\dfrac{({}_{66}\mathrm{C}_{\frac{r}{3}})^3}{2^{200}}$ である。

ゆえに　$p_r=\begin{cases} 0 & (r \text{ が3の倍数ではないとき}) \\ \dfrac{({}_{66}\mathrm{C}_{\frac{r}{3}})^3}{2^{200}} & (r \text{ が3の倍数のとき}) \end{cases}$　……(答)

次いで

$$\frac{{}_{66}\mathrm{C}_{s+1}}{{}_{66}\mathrm{C}_s}=\frac{66!}{(s+1)!(65-s)!}\cdot\frac{s!(66-s)!}{66!}=\frac{66-s}{s+1}$$

ここで，$\dfrac{66-s}{s+1}>1$ となるのは $s \leqq 32$ のときなので

$$0<p_0<p_3<p_6<\cdots<p_{96}<p_{99}>p_{102}>p_{105}>\cdots$$

となる。

ゆえに，p_r が最大となる r の値は　99　……(答)

〔注〕［解法］のように，A，Bの並びとその下の $\vec{v_j}$ の並びを同時に記した図でとらえてみると，イメージがつかみやすい。Aの下に $\vec{v_k}$ ではなく，k を3で割った余りで置き換えたものを用いるところがポイントである。さらに，Bを B_1，B_2，B_3，… と区別すると，説明がしやすくなる。必ずしもこのような図が必要というわけではないが，B_m と B_{m+1} の間のAでは同じ $\vec{v_j}$ $(j\equiv m \pmod 3,\ j=0,\ 1,\ 2)$ が現れるという観点が重要である。

69　2017 年度〔2〕（文理共通（一部））　Level B

ポイント　［解法1］(1)　直線 L_k : $y=x+k$ ($k=0,\ \pm1,\ \pm2,\ \cdots$) 上にある点Pは1秒後には直線 L_{k+1}, L_{k-1} にそれぞれ確率 $\frac{1}{2}$ で移動する。この変化を図示し，L_0 からスタートして6秒後に L_0 へ至る経路の個数を考える。

(2)　直線 G_j : $y=-x+j$ ($j=0,\ \pm1,\ \pm2,\ \cdots$) で同様に考える。点の座標の変化を L_k と G_j の交点の変化ととらえられると，(1)の結果が利用できる。

［解法2］(1), (2)とも，6秒間に x 座標が1増加，1減少する移動がそれぞれ a 回，b 回，y 座標についても同様に c 回，d 回であるとして，(a, b, c, d) の組を求める。次いで，それらの組のそれぞれで0以外の a, b, c, d が6秒間のどこで起きるかの順列（重複順列）を考える。

解法 1

(1)　直線 $y=x+k$ ($k=0,\ \pm1,\ \pm2,\ \cdots$) を L_k とする。

L_k 上の点Pは1秒後には確率 $\frac{1}{2}$ で L_{k+1} 上，または確率 $\frac{1}{2}$ で L_{k-1} 上にある（図1）。

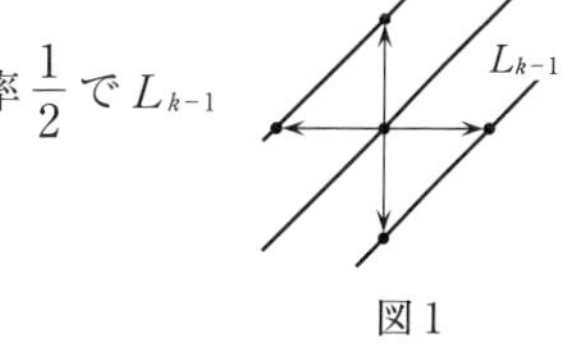

図1

よって，最初に L_0 上にある点Pが6秒間に移動する直線は図2のようになる。6秒後に L_0 上にあるような経路の個数は ${}_6C_3=20$ であるから，求める確率は

$$20\left(\frac{1}{2}\right)^6=\frac{5}{16}\quad\cdots\cdots(\text{答})$$

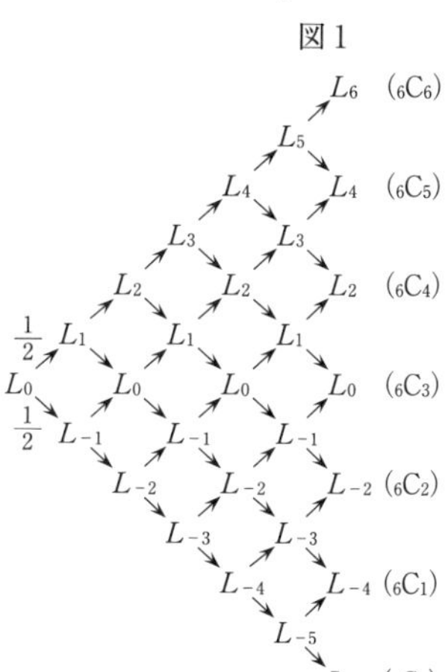

図2

(2)　(l, m) が直線 $y=x+k$ と $y=-x+j$ の交点であるための条件は

$$\begin{cases} l+k=m \\ -l+j=m \end{cases}$$

すなわち

$$\begin{cases} k=m-l \\ j=m+l \end{cases}$$

である。

よって，一般に直線 $y=x+k$ ($k=0,\ \pm1,\ \pm2,\ \cdots$), $y=-x+j$ ($j=0,\ \pm1,\ \pm2,\ \cdots$) をそれぞれ L_k, G_j とし，これらの交点を (L_k, G_j) とすると，$k=m-l$, $j=m+l$ として

- 点Pが $(l,\ m)$ から $(l\pm1,\ m)$ に移動することと，
  点Pが $(L_k,\ G_j)$ から $(L_{k\mp1},\ G_{j\pm1})$（複号同順）に移動することが対応し，
- 点Pが $(l,\ m)$ から $(l,\ m\pm1)$ に移動することと，
  点Pが $(L_k,\ G_j)$ から $(L_{k\pm1},\ G_{j\pm1})$（複号同順）に移動することが対応する。

ここで，添え字の $k=m-l$ と $j=m+l$ の偶奇は一致し，したがって $k\pm1$ と $j\pm1$（複号は任意の組合せ）の偶奇も一致し，交点はすべて格子点である。

図1は G_j についても同様なので，上記の1秒間の交点の移動の確率はどれも $\left(\dfrac{1}{2}\right)^2=\dfrac{1}{4}$ である。

また，$(L_k,\ G_j)$ から $(L_{k\pm1},\ G_{j\pm1})$（複号は任意の組合せ）への4通りの移動は L_k から $L_{k\pm1}$，G_j から $G_{j\pm1}$ への独立な変化の組合せで得られる。

いま，求める確率ははじめ $(L_0,\ G_0)$ にある点Pが6秒後に $(L_0,\ G_0)$ に移動する確率であり，また，はじめ G_0 上にある点Pが6秒後に G_0 上に移動する確率は，(1)と同様に $\dfrac{5}{16}$ である。

以上から，求める確率は　$\left(\dfrac{5}{16}\right)^2=\dfrac{25}{256}$　……(答)

〔注〕 (2) (1)と同様に考えて，はじめ原点Oにある点Pが6秒後に直線 $y=-x$ 上にある確率も $\dfrac{5}{16}$ であり，6秒後に点Pが原点Oにある確率は，6秒後に点Pが直線 $y=x$ 上にあり，かつ直線 $y=-x$ 上にある確率なので，(1)の結果を用いることができて $\left(\dfrac{5}{16}\right)^2$ がただちに得られる。ただし，確率の掛け算の根拠記述が難所となる。[解法1] のような記述が考えられるが，点の移動と直線の交点の移動の対応の仕組みを注意深くとらえる必要がある。交点間の移動が L_k から $L_{k\pm1}$ への移動と G_j から $G_{j\pm1}$ への移動の独立な変化の組合せで得られることを明記することがポイントである。

解法 2

(1)　6秒間に x 座標が1増加する移動が a 回，1減少する移動が b 回，y 座標が1増加する移動が c 回，1減少する移動が d 回であるとする。原点にあった点Pが6秒後に直線 $y=x$ 上にあるための条件は

$$\begin{cases} c-d=a-b & \cdots\cdots① \\ a+b+c+d=6 & \cdots\cdots② \\ a,\ b,\ c,\ d\ \text{は0以上の整数} & \cdots\cdots③ \end{cases}$$

①から　$a+d=b+c$　……④

②，④から　$a+d=b+c=3$　……⑤

③，⑤から

$$\begin{cases}(a,\ d)=(0,\ 3),\ (1,\ 2),\ (2,\ 1),\ (3,\ 0) \\ (b,\ c)=(0,\ 3),\ (1,\ 2),\ (2,\ 1),\ (3,\ 0)\end{cases} \quad \cdots\cdots⑥$$

⑥から得られる $(a,\ b,\ c,\ d)$ の組は，0と3でできるもの，1と2でできるものがそれぞれ4通り，0，1，2，3でできるものが8通りある。

そのそれぞれで，1以上の値の a，b，c，d を並べる順番も考えて，すべての場合の数は

$$4\times\frac{6!}{3!3!}+4\times\frac{6!}{2!2!}+8\times\frac{6!}{2!3!}=80+720+480=1280$$

ゆえに，求める確率は　$\dfrac{1280}{4^6}=\dfrac{5}{16}$　……(答)

(2)　(1)と同様に考えて，原点Oにあった点Pが6秒後に原点にあるための条件は

$a=b$ かつ $c=d$　……⑦　かつ　②　かつ　③

②，⑦から　$a+c=b+d=3$　……⑧

③，⑧から

$$\begin{cases}(a,\ c)=(0,\ 3),\ (1,\ 2),\ (2,\ 1),\ (3,\ 0) \\ (b,\ d)=(0,\ 3),\ (1,\ 2),\ (2,\ 1),\ (3,\ 0)\end{cases} \quad \cdots\cdots⑨$$

⑦，⑨から得られる $(a,\ b,\ c,\ d)$ の組は，0と3でできるもの，1と2でできるものがそれぞれ2通りある。

そのそれぞれで，1以上の値の a，b，c，d を並べる順番も考えて，すべての場合の数は

$$2\times\frac{6!}{3!3!}+2\times\frac{6!}{2!2!}=40+360=400$$

ゆえに，求める確率は　$\dfrac{400}{4^6}=\dfrac{25}{256}$　……(答)

70 2016年度〔2〕（文理共通（一部））Level B

ポイント (1) 推移図の周期性による。

(2) $3m$ 回以下でAが優勝する事象 A，優勝者の対戦相手がBである事象 B に対して，等比数列の和の計算により，$P(A)$，$P(A\cap B)$ を計算し，$P_A(B)=\dfrac{P(A\cap B)}{P(A)}$ を求める。

解 法

(1) (i) 1試合目でAが勝つ場合：

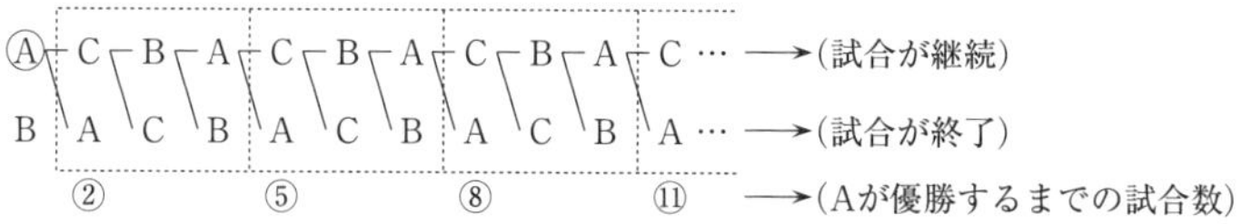

Ⓐ C B A C B A C B A C … →(試合が継続)
B A C B A C B A C B A … →(試合が終了)
② ⑤ ⑧ ⑪ →(Aが優勝するまでの試合数)

上図から，Aが優勝するのは $n=3k-1$（k は自然数）のときで，その確率は $\dfrac{1}{2^n}$ である。

(ii) 1試合目でBが勝つ場合：

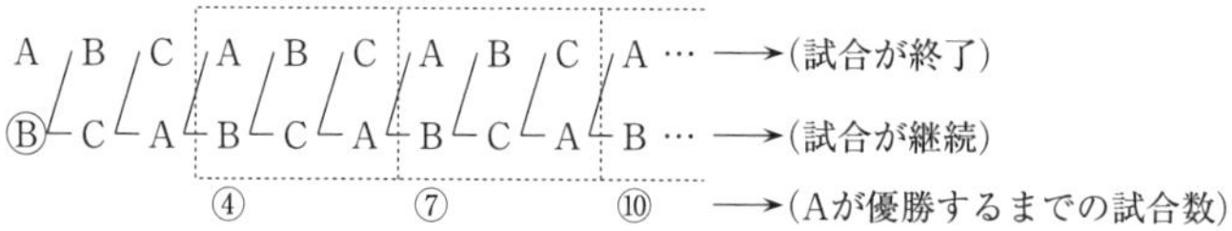

A B C A B C A B C A … →(試合が終了)
Ⓑ C A B C A B C A B … →(試合が継続)
④ ⑦ ⑩ →(Aが優勝するまでの試合数)

上図から，Aが優勝するのは $n=3k+1$（k は自然数）のときで，その確率は $\dfrac{1}{2^n}$ である。

ゆえに，Aが優勝する確率は，k を自然数として

$$\begin{cases} n=3k\pm1 \text{ のとき} & \dfrac{1}{2^n} \\ n=3k \text{ のとき} & 0 \end{cases} \quad \cdots\cdots(\text{答})$$

(2) 総試合数が $3m$ 回以下でAが優勝する事象を A とし，優勝者の対戦相手がBである事象を B とする。

$m\geqq2$ のとき，(1)から

$$P(A)=\sum_{k=1}^{m}\left(\frac{1}{2}\right)^{3k-1}+\sum_{k=1}^{m-1}\left(\frac{1}{2}\right)^{3k+1}$$

$$=\frac{\left(\frac{1}{2}\right)^2\left\{1-\left(\frac{1}{2}\right)^{3m}\right\}}{1-\left(\frac{1}{2}\right)^3}+\frac{\left(\frac{1}{2}\right)^4\left\{1-\left(\frac{1}{2}\right)^{3(m-1)}\right\}}{1-\left(\frac{1}{2}\right)^3}$$

$$=\frac{2}{7}\left\{1-\left(\frac{1}{8}\right)^{m}\right\}+\frac{1}{14}\left\{1-\left(\frac{1}{8}\right)^{m-1}\right\}$$

$$=\frac{5}{14}-\frac{6}{7}\left(\frac{1}{8}\right)^{m}\quad\cdots\cdots①$$

また，$A\cap B$ は(1)の(ii)の場合であるから

$$P(A\cap B)=\sum_{k=1}^{m-1}\left(\frac{1}{2}\right)^{3k+1}=\frac{1}{14}\left\{1-\left(\frac{1}{8}\right)^{m-1}\right\}\quad\cdots\cdots②$$

$m=1$ のときは，$P(A)=\dfrac{1}{4}$，$P(A\cap B)=0$ なので，①，②は $m=1$ でも成り立つ。

求める確率は $P_A(B)$ であり，①，②，および $P_A(B)=\dfrac{P(A\cap B)}{P(A)}$ から

$$\frac{\dfrac{1}{14}\left\{1-\left(\dfrac{1}{8}\right)^{m-1}\right\}}{\dfrac{5}{14}-\dfrac{6}{7}\left(\dfrac{1}{8}\right)^{m}}=\frac{8^m-8}{5\cdot 8^m-12}=\frac{2^{3m-2}-2}{5\cdot 2^{3m-2}-3}\quad\cdots\cdots(答)$$

研究　本問で問われていることではないが，有限回の戦いに限定しない場合のそれぞれの優勝する確率 $P(A)$，$P(B)$，$P(C)$ を求めてみる。

Aが優勝する確率 $P(A)$ は，無限等比級数の和を用いて

$$P(A)=\frac{\left(\dfrac{1}{2}\right)^2}{1-\left(\dfrac{1}{2}\right)^3}+\frac{\left(\dfrac{1}{2}\right)^4}{1-\left(\dfrac{1}{2}\right)^3}=\frac{2}{7}+\frac{1}{14}=\frac{5}{14}$$

となる（これは①で $m\to\infty$ としても得られる）が，これは次の確率 $R_{\mathrm{A}}\,(R_{\mathrm{B}})$ を利用して，以下のように考えることもできる。

まず，$P(C)$ を求める（推移図から $P(C)$ の方が易しい）。

1試合目でAが勝つとき，Cが優勝する確率を R_{A} とする。

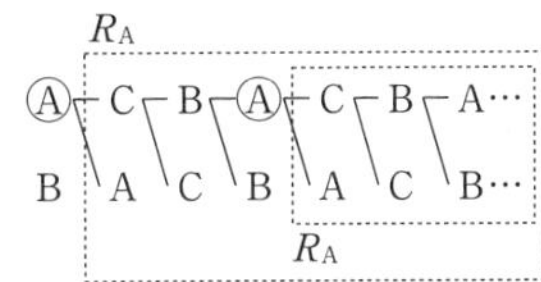

右図から　　$R_{\mathrm{A}}=\left(\dfrac{1}{2}\right)^2+\left(\dfrac{1}{2}\right)^3R_{\mathrm{A}}$

これより　　$R_{\mathrm{A}}=\dfrac{2}{7}$

1試合目でBが勝つとき，Cが優勝する確率を R_{B} としても，A，Bの対称性から

$$R_{\mathrm{B}}=\frac{2}{7}$$

よって　　$P(C)=\dfrac{1}{2}R_{\mathrm{A}}+\dfrac{1}{2}R_{\mathrm{B}}=\dfrac{2}{7}$

ゆえに　　$P(A)=P(B)=\dfrac{1}{2}\left(1-\dfrac{2}{7}\right)=\dfrac{5}{14}$

このような考え方は，実質，無限級数の扱いが隠れているが，計算が単純であり，A，Bが互いに相手に勝つ確率が $\dfrac{1}{2}$，CがA，Bに勝つ確率がともに p $(0<p<1)$ で，引き分けなしという，より複雑な設定のときには効果的である。

この場合には，上と同じ考え方で，$R_A=p^2+p(1-p)\cdot\frac{1}{2}R_A$ から，$R_A=\frac{2p^2}{p^2-p+2}$（$=R_B$）を得て

$$P(C)=\frac{1}{2}R_A+\frac{1}{2}R_B=\frac{2p^2}{p^2-p+2}$$

となり

$$P(A)=P(B)=\frac{1}{2}\{1-P(C)\}=\frac{-p^2-p+2}{2(p^2-p+2)}$$

となる。

71　2015年度〔2〕　Level C

ポイント　［解法1］(1)　最初に書かれる文字がAAの場合と，A以外の場合に分けて漸化式を考える。

(2)　余事象の確率を考えると，(1)の結果が利用できる。

［解法2］(2)を(1)と同様の場合分けで考える。

［解法3］(1)・(2)　1，2，3の目のときに書くAAをA_1A_2として，左端からn番目がA_1となる確率をa_n，A_2となる確率をb_n，その他となる確率をc_n（$=1-a_n-b_n$）とおき，漸化式を考える。

解法1

(1)　求める確率をp_nとする。

$$p_1=\frac{1}{2},\ p_2=\frac{1}{2}+\frac{1}{2}\cdot\frac{1}{2}=\frac{3}{4}\quad\cdots\cdots①$$

である。

$n\geqq3$のとき，p_nは次の2つの確率(i)と(ii)の和である。

(i)　最初にAAが書かれ，引き続き$n-2$回さいころを投げて，最初のAAの次の文字を1番目として数えて$n-2$番目（左端から数えてn番目）がAであり，さらにもう1回投げて何が出てもよい確率は

$$\frac{1}{2}\cdot p_{n-2}\cdot 1=\frac{1}{2}p_{n-2}$$

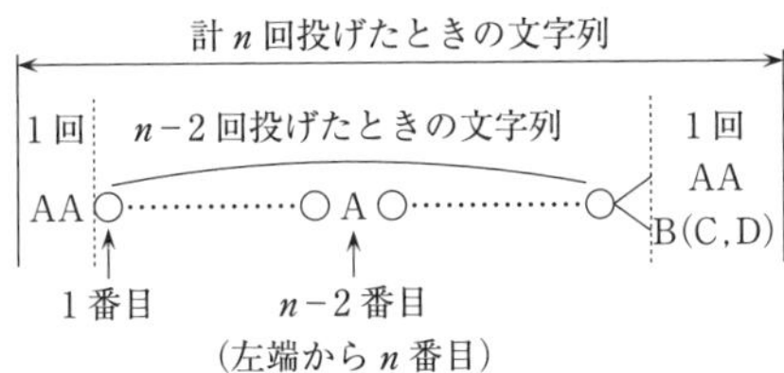

(ii)　最初にB，C，Dのいずれかが書かれ，引き続き$n-1$回さいころを投げて，最初の文字の次の文字を1番目として数えて$n-1$番目（左端から数えてn番目）がAである確率は

$$\frac{1}{2}\cdot p_{n-1}=\frac{1}{2}p_{n-1}$$

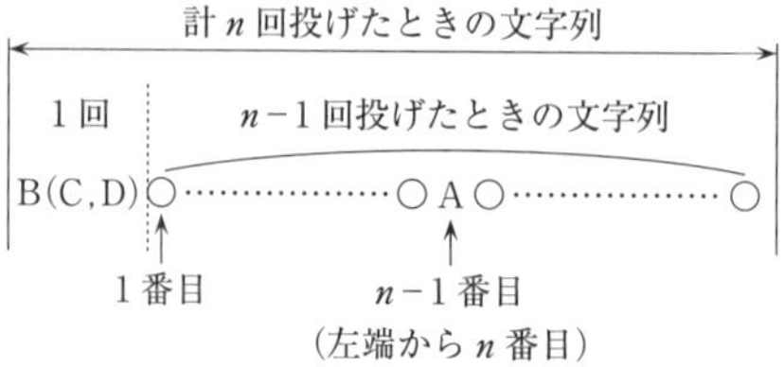

よって，$n \geqq 3$ のとき，$p_n=\dfrac{1}{2}p_{n-1}+\dfrac{1}{2}p_{n-2}$ が成り立つ。これより

$$p_n+\frac{1}{2}p_{n-1}=p_{n-1}+\frac{1}{2}p_{n-2}$$

となり

$$p_n+\frac{1}{2}p_{n-1}=p_2+\frac{1}{2}p_1=1 \quad (\text{①から})$$

$$p_n=-\frac{1}{2}p_{n-1}+1$$

これより

$$p_n-\frac{2}{3}=\left(-\frac{1}{2}\right)\left(p_{n-1}-\frac{2}{3}\right)$$

となり，これは $n=2$ でも成り立ち

$$p_n-\frac{2}{3}=\left(-\frac{1}{2}\right)^{n-1}\left(p_1-\frac{2}{3}\right)$$

$$=-\frac{1}{6}\left(-\frac{1}{2}\right)^{n-1} \quad (\text{これは } n=1 \text{ でも成り立つ})$$

ゆえに，求める確率は

$$\frac{2}{3}-\frac{1}{6}\left(-\frac{1}{2}\right)^{n-1} \quad \cdots\cdots(\text{答})$$

〔注1〕 答えは $\dfrac{2}{3}-\dfrac{2}{3}\left(-\dfrac{1}{2}\right)^{n+1}$ や $\dfrac{2}{3}+\dfrac{1}{3}\left(-\dfrac{1}{2}\right)^{n}$ なども可。

〔注2〕 $p_n=\dfrac{1}{2}p_{n-1}+\dfrac{1}{2}p_{n-2}$ を得た後は，これを

$$\begin{cases} p_n+\dfrac{1}{2}p_{n-1}=p_{n-1}+\dfrac{1}{2}p_{n-2} \\ p_n-p_{n-1}=-\dfrac{1}{2}(p_{n-1}-p_{n-2}) \end{cases}$$

と2通りに変形し，これから

$$\begin{cases} p_n+\dfrac{1}{2}p_{n-1}=p_2+\dfrac{1}{2}p_1=1 \\ p_n-p_{n-1}=\left(-\dfrac{1}{2}\right)^{n-2}(p_2-p_1)=\left(-\dfrac{1}{2}\right)^{n} \end{cases}$$

を得て

$$p_n=\frac{2}{3}+\frac{1}{3}\left(-\frac{1}{2}\right)^n=\frac{2}{3}-\frac{1}{6}\left(-\frac{1}{2}\right)^{n-1} \quad (n=1,\ 2\text{でも有効})$$

とすることも可。

(2) 求める確率は

「n 回投げて書かれた文字列の n 番目の文字がBである確率」から，

「n 回投げて書かれた文字列の n 番目がB，$n-1$ 番目がA以外である確率」を引いたものである。以下，p_n は(1)の確率である。

- 前者の確率：n 番目の文字がそれぞれB，C，Dである3つの確率はどれも等しいから

$$\frac{1}{3}(1-p_n) \quad \cdots\cdots②$$

- 後者の確率：次のようになる。

　さいころを n 回投げて k 回目に書かれる文字が左から $n-1$ 番目となるとき，$k \leqq n-1$ であるから，それは $n-1$ 回投げて k 回目に書かれる文字でもあり，それがA以外となる確率は $1-p_{n-1}$ に等しい。

次いで $k+1$ 回目に書かれる文字が左から n 番目の文字であり，それがBとなる確率は，考え得るどの k の値に対しても $\frac{1}{6}$ である。よって後者の確率は

$$\frac{1}{6}(1-p_{n-1}) \quad \cdots\cdots③$$

となる。

よって，求める確率は，(1)の結果を用いて

$$\begin{aligned}
②-③&=\frac{1}{3}(1-p_n)-\frac{1}{6}(1-p_{n-1})\\
&=\frac{1}{3}\left\{\frac{1}{3}+\frac{1}{6}\left(-\frac{1}{2}\right)^{n-1}\right\}-\frac{1}{6}\left\{\frac{1}{3}+\frac{1}{6}\left(-\frac{1}{2}\right)^{n-2}\right\}\\
&=\frac{1}{18}+\frac{1}{18}\left(-\frac{1}{2}\right)^{n-1}+\frac{1}{18}\left(-\frac{1}{2}\right)^{n-1}\\
&=\frac{1}{18}+\frac{1}{9}\left(-\frac{1}{2}\right)^{n-1} \quad \cdots\cdots(\text{答})
\end{aligned}$$

〔注3〕 答えは $\frac{1}{18}-\frac{2}{9}\left(-\frac{1}{2}\right)^n$，$\frac{1}{18}-\frac{1}{18}\left(-\frac{1}{2}\right)^{n-2}$ なども可。

〔注4〕 (2) $n-1$ 回投げて左から $n-1$ 番目に書かれるのがA以外であるのが k 回目に投げたときであるような k は複数あり得て，それらを k_1，k_2，…，k_t とし，その確率をそれぞれ r_1，r_2，…，r_t とすると

$$1-p_{n-1}=r_1+r_2+\cdots+r_t$$

である。どの場合も次の k_i+1 回目にBが書かれる確率は $\frac{1}{6}$ なので，$n-1$ 番目がA以外で，n 番目がBとなる確率は

$$\frac{1}{6}r_1+\frac{1}{6}r_2+\cdots+\frac{1}{6}r_t=\frac{1}{6}(1-p_{n-1})$$

となる。

解法 2

((1)は［解法 1］に同じ)

(2) 求める確率を q_n ($n\geqq 2$) とする。

$$q_2=0,\quad q_3=\frac{1}{2}\cdot\frac{1}{6}=\frac{1}{12}\quad\cdots\cdots(*)$$

である。

$n\geqq 4$ のとき，q_n は次の 2 つの確率(ア)と(イ)の和である。

(ア) 最初に AA が書かれ，引き続き $n-2$ 回さいころを投げて，最初の AA の次の文字を 1 番目として数えて $n-3$ 番目（左端から数えて $n-1$ 番目）が A で，$n-2$ 番目（左端から数えて n 番目）が B で，さらにもう 1 回投げて何が出てもよい確率は

$$\frac{1}{2}\cdot q_{n-2}\cdot 1=\frac{1}{2}q_{n-2}$$

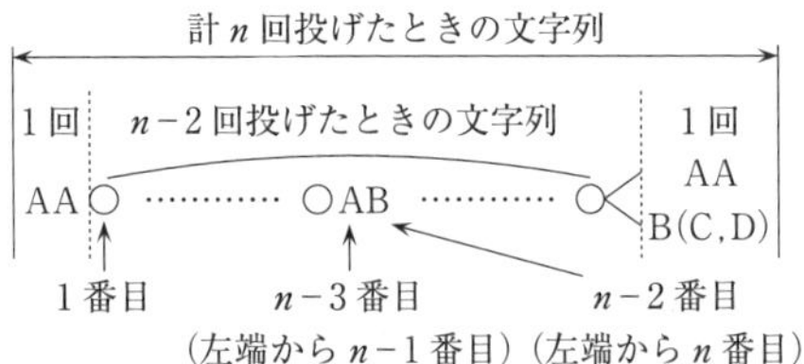

(イ) 最初に B，C，D のいずれかが書かれ，引き続き $n-1$ 回さいころを投げて，最初の文字の次の文字を 1 番目として数えて $n-2$ 番目（左端から数えて $n-1$ 番目）が A で，$n-1$ 番目（左端から数えて n 番目）が B である確率は

$$\frac{1}{2}q_{n-1}$$

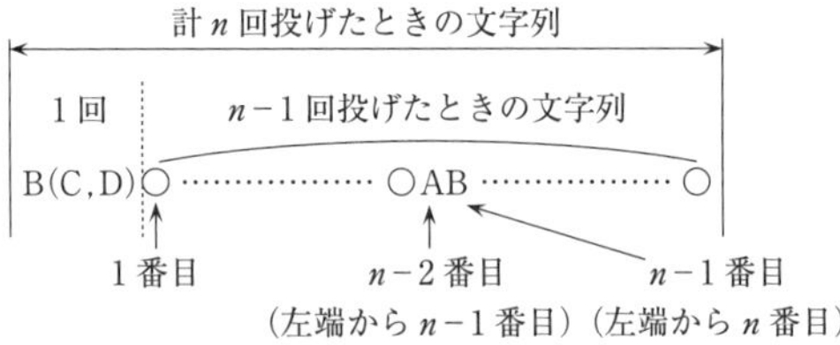

(ア)，(イ)から，$n\geqq 4$ のとき，$q_n=\frac{1}{2}q_{n-1}+\frac{1}{2}q_{n-2}$ が成り立つ。これより，(1)と同様に

$$q_n+\frac{1}{2}q_{n-1}=q_3+\frac{1}{2}q_2=\frac{1}{12}\quad((*)\text{から})$$

を得る。したがって

$$q_n-\frac{1}{18}=\left(-\frac{1}{2}\right)\left(q_{n-1}-\frac{1}{18}\right)$$

となる。これは $n=3$ でも成り立ち

$$q_n-\frac{1}{18}=\left(-\frac{1}{2}\right)^{n-2}\left(q_2-\frac{1}{18}\right)$$

$$=-\frac{1}{18}\left(-\frac{1}{2}\right)^{n-2}\quad（これは n=2 でも有効）$$

ゆえに，求める確率は

$$\frac{1}{18}-\frac{1}{18}\left(-\frac{1}{2}\right)^{n-2}\quad\cdots\cdots（答）$$

解法 3

((1)，(2)一連の別解)

(1)　1または2または3の目が出たときに書く AA を A_1A_2 と書いて，左側のAと右側のAを区別して考える。

さいころを n 回投げて

　左端から n 番目が A_1 となる確率を a_n

　左端から n 番目が A_2 となる確率を b_n

　左端から n 番目がB，C，Dのいずれかとなる確率を c_n

とする。$c_n=1-a_n-b_n$ であり，求める確率は a_n+b_n である。

推移図は次のようになる。

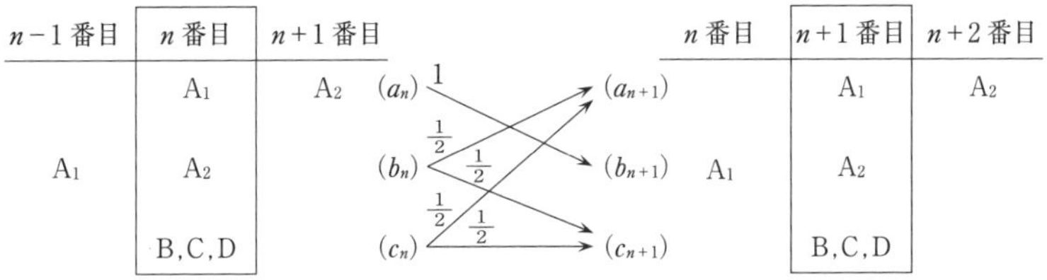

$n-1$ 番目	n 番目	$n+1$ 番目
	A_1	A_2
A_1	A_2	
	B,C,D	

(a_n) →(1)→ (b_{n+1})
(b_n) →($\frac{1}{2}$)→ (a_{n+1})，(b_n) →($\frac{1}{2}$)→ (c_{n+1})
(c_n) →($\frac{1}{2}$)→ (a_{n+1})，(c_n) →($\frac{1}{2}$)→ (c_{n+1})

n 番目	$n+1$ 番目	$n+2$ 番目
	A_1	A_2
A_1	A_2	
	B,C,D	

よって

$$\begin{cases} a_{n+1}=\dfrac{1}{2}b_n+\dfrac{1}{2}c_n & \cdots\cdots\text{(i)} \\ b_{n+1}=a_n & \cdots\cdots\text{(ii)} \\ \left(c_{n+1}=\dfrac{1}{2}b_n+\dfrac{1}{2}c_n\right) & \end{cases}\quad また\quad a_1=\frac{1}{2}$$

(i)と $c_n=1-a_n-b_n$ から

$$a_{n+1}=\frac{1}{2}b_n+\frac{1}{2}(1-a_n-b_n)=\frac{1}{2}-\frac{1}{2}a_n$$

$$a_{n+1}-\frac{1}{3}=-\frac{1}{2}\left(a_n-\frac{1}{3}\right)$$

$$a_n-\frac{1}{3}=\left(-\frac{1}{2}\right)^{n-1}\left(a_1-\frac{1}{3}\right)=\left(-\frac{1}{2}\right)^{n-1}\left(\frac{1}{2}-\frac{1}{3}\right)=\frac{1}{6}\left(-\frac{1}{2}\right)^{n-1}$$

$$a_n=\frac{1}{3}+\frac{1}{6}\left(-\frac{1}{2}\right)^{n-1}$$

ⅱから，$n\geqq 2$ のとき，$b_n=a_{n-1}$ なので

$$a_n+b_n=\frac{1}{3}+\frac{1}{6}\left(-\frac{1}{2}\right)^{n-1}+\frac{1}{3}+\frac{1}{6}\left(-\frac{1}{2}\right)^{n-2}$$

$$=\frac{2}{3}+\frac{1}{6}\left(-\frac{1}{2}\right)^{n-2}\left\{\left(-\frac{1}{2}\right)+1\right\}=\frac{2}{3}-\frac{1}{6}\left(-\frac{1}{2}\right)^{n-1}$$

これは $n=1$ でも有効であるから，求める確率は

$$\frac{2}{3}-\frac{1}{6}\left(-\frac{1}{2}\right)^{n-1} \quad \cdots\cdots(\text{答})$$

(2) $n\geqq 3$ のとき，求める確率は，$n-1$ 回投げて書かれる文字（AA が書かれるので，n 個以上）の左端から $n-1$ 番目が A_2，n 番目がBとなる確率なので，(1)の記号を用いて

$$b_{n-1}\cdot\frac{1}{6}=\frac{1}{6}a_{n-2}=\frac{1}{18}+\frac{1}{36}\left(-\frac{1}{2}\right)^{n-3}=\frac{1}{18}-\frac{1}{18}\left(-\frac{1}{2}\right)^{n-2}$$

$n=2$ のときは求める確率は 0 なので，これは $n=2$ でも有効であるから，求める確率は

$$\frac{1}{18}-\frac{1}{18}\left(-\frac{1}{2}\right)^{n-2} \quad \cdots\cdots(\text{答})$$

〔注5〕 n 回さいころを投げて書かれる文字の個数は n 個以上であるが，1回でも AA が書かれると，文字の個数は $n+1$ 個以上になる。このことを明確に意識しないと，$n-2$ 回投げたときや，$n-1$ 回投げたときの文字の位置と投げた回数の関係を正しくとらえることができない。例えば，1回目に AA が書かれた後に，引き続き $n-2$ 回投げた場合には，投げた回数は合計 $n-1$ 回，書かれた文字は合計 n 個以上となり，左端から n 番目の文字はこれらの中にあるが，投げた回数は計 $n-1$ 回なので，n 回投げて左から n 番目というわけではない。したがって，もう1回投げて文字（任意の文字）を付け加えることを考えないと，n 回投げて左端から n 番目の文字を考えたことにならない。[解法3] ではこのことに注意したものにしてある。

[解法1] [解法2] でみたように，最初に AA となる場合と，A以外となる場合で考えて，p_n を p_{n-1} と p_{n-2} で表す発想は難しいものではないが，回数としての n と，位置としての n の扱いを正しくとらえないといけない点に本問の難しさがある。

72　2014年度〔2〕（文理共通（一部））　Level B

ポイント (1)　白球が k 個，赤球が l 個であることを $(k,\ l)$ で表すなどして，$(k,\ l)$ の推移図を考える。

(2)　$n+1$ 回目に赤球を取り出せるのは n 回目に白球を取り出すときに限られる。$n\geqq 3$ に限定せずに，$n\geqq 1$ として漸化式を立てられることに注意。

(3)　(2)から，公比の絶対値が1より小さい無限等比級数の和が利用できる。

解法

(1)　袋Uの中の白球が k 個，赤球が l 個であることを $(k,\ l)$ で表すと，次の推移図が得られる。

①　②　③　④

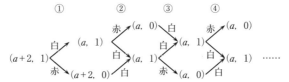

$(a+2,\ 1)$ —白→ $(a,\ 1)$ —赤→ $(a,\ 0)$ —白→ $(a,\ 1)$ —赤→ $(a,\ 0)$
$(a+2,\ 1)$ —赤→ $(a+2,\ 0)$ —白→ $(a,\ 1)$
$(a,\ 1)$ —白→ $(a,\ 1)$ —白→ $(a,\ 1)$ —白→ $(a,\ 1)$ ……
$(a,\ 1)$ —赤→ $(a,\ 0)$ —白→ $(a,\ 1)$

ゆえに

$$p_1=\frac{1}{a+3}\quad,\ p_2=\frac{a+2}{a+3}\cdot\frac{1}{a+1}=\frac{a+2}{(a+3)(a+1)}\quad\cdots\cdots(\text{答})$$

(2)　推移図から，$n+1$ 回目に赤球が取り出されるのは n 回目に白球が取り出されるときに限られ，n 回目に白球が取り出された後の袋の中の状態はつねに $(a,\ 1)$ である。また，n 回目に白球が取り出される確率は $1-p_n$ である。よって，次の漸化式が成り立つ。

$$p_{n+1}=\frac{1}{a+1}(1-p_n)\quad(n\geqq 1)$$

これより

$$p_{n+1}-\frac{1}{a+2}=-\frac{1}{a+1}\left(p_n-\frac{1}{a+2}\right)$$

よって

$$\begin{aligned}p_n-\frac{1}{a+2}&=\left(-\frac{1}{a+1}\right)^{n-1}\left(p_1-\frac{1}{a+2}\right)\\&=\left(-\frac{1}{a+1}\right)^{n-1}\left(\frac{1}{a+3}-\frac{1}{a+2}\right)\\&=-\frac{1}{(a+3)(a+2)}\left(-\frac{1}{a+1}\right)^{n-1}\end{aligned}$$

ゆえに

$$p_n=\frac{1}{a+2}-\frac{1}{(a+3)(a+2)}\left(-\frac{1}{a+1}\right)^{n-1}\quad\cdots\cdots(\text{答})$$

(3)　(2)の結果は $n\geqq1$ で成り立つので

$$\frac{1}{m}\sum_{n=1}^{m}p_n=\frac{1}{a+2}-\frac{1}{(a+3)(a+2)}\cdot\frac{1}{m}\sum_{n=1}^{m}\left(-\frac{1}{a+1}\right)^{n-1}\quad\cdots\cdots①$$

ここで，$\left|-\frac{1}{a+1}\right|<1$ であるから

$$\lim_{m\to\infty}\sum_{n=1}^{m}\left(-\frac{1}{a+1}\right)^{n-1}=\frac{1}{1-\left(-\frac{1}{a+1}\right)}=\frac{a+1}{a+2}\quad\cdots\cdots②$$

また　$\lim_{m\to\infty}\frac{1}{m}=0$　$\cdots\cdots$③

①，②，③より

$$\lim_{m\to\infty}\frac{1}{m}\sum_{n=1}^{m}p_n=\frac{1}{a+2}-\frac{1}{(a+3)(a+2)}\cdot0\cdot\frac{a+1}{a+2}$$

$$=\frac{1}{a+2}\quad\cdots\cdots(\text{答})$$

〔注〕［解法］の漸化式は $n\geqq1$ で成り立つのに，問題文の $n\geqq3$ という設定に引きずられて推移図を見てしまうと，かえって難しく考えてしまうことになる。

73　2013年度〔3〕（文理共通（一部））　Level C

ポイント　(1)　表が出るのはAの1回か，A，Bそれぞれの1回かの場合に限ること，裏が続くときはコインの所持の交代が繰り返されることに注目する。表が奇数回目で出るのか，偶数回目で出るのか，また，n が偶数なのか，奇数なのかを考える。

(2)　数列 $\{p(n)\}$ の偶数番目までの部分和の極限を考え，奇数番目までの和の極限はその結果を利用する。$\sum_{k=1}^{\infty} kr^k$，$\sum_{k=1}^{\infty} k^2r^k$ の処理を考える。

解法 1

(1)　Aが a 点，Bが b 点で，Aがコインを持っていることを $(\boxed{a},\ b)$ で表し，Aが a 点，Bが b 点でBがコインを持っていることを $(a,\ \boxed{b})$ で表す。

次の①，②が成り立つ。

①　コインの表が出ると，どちらか一方の得点が+1変化する。裏が出ると，コインの所持が交代するだけで，どちらの得点も変化しない。

②　i 回目も j 回目も $(\boxed{a},\ b)$ ならば，$j-i$ は偶数である（ただし，$i<j$）。

理由：$(\boxed{a},\ b)$，……，$(\boxed{a},\ b)$ で得点に変化がないので，裏のみが出てAとBのコインの所持の交代が偶数回起きるからである（次図参照）。

$$\underset{i\text{回目}}{(\boxed{a},\ b)},\ \underbrace{\cdots\cdots,\ \underset{j\text{回目}}{(\boxed{a},\ b)}}_{}\quad \to \text{裏のみが連続}$$

偶数回（0回含む）=「$(a,\ \boxed{b})$，$(\boxed{a},\ b)$」の偶数回の繰り返し

n 回目でAが勝利するには

(I)　n 回目で $(\boxed{2},\ 0)$ となる場合

(II)　n 回目で $(\boxed{2},\ 1)$ となる場合

の2つの場合が考えられる。

(I)　n 回目で $(\boxed{2},\ 0)$ となる場合

直前は $(\boxed{1},\ 0)$ なので，$n-1$ 回目までの1回だけAが表を出し，その他はすべて裏が出る。よって，推移は次の図のようになる。

$$(\boxed{0},\ 0),\ \underbrace{\cdots\cdots,\ (\boxed{0},\ 0)}_{\text{（偶数回（0回含む））}},\ (\boxed{1},\ 0),\ \underbrace{\cdots\cdots,\ (\boxed{1},\ 0)}_{\text{（偶数回（0回含む））}},\ (\boxed{2},\ 0)$$

（始め）　（奇数回目）　（偶数回目）

よって，n は偶数で，初めて $(\boxed{1},\ 0)$ となるのは奇数回目である。

また，初めて $(\boxed{1},\ 0)$ となる箇所が決まると，コインの出方は一通りに決まる。

1から $n-1$ までに奇数は $\dfrac{n}{2}$ 個あるので，この場合の確率は

$$\frac{n}{2}\cdot\frac{1}{2^n}=\frac{n}{2^{n+1}}$$

(II)　n 回目で（$\boxed{2}$，1）となる場合

$n-1$ 回目は（$\boxed{1}$，1）なので，$n-1$ 回目まででA，Bが各1回の表を出すことになり，どちらが先かによって次の(i)，(ii)が考えられる。

(i)　先にAが表を出す場合

推移は次の図のようになる。

$$(\boxed{0},0),\ \underbrace{\cdots\cdots,(\boxed{0},0)}_{\text{(偶数回(0回含む))}},\ (\boxed{1},0),\ \underbrace{\cdots\cdots,(\boxed{1},0)}_{\text{(偶数回(0回含む))}},\ (1,\boxed{0}),\ (1,\boxed{1}),\ (\boxed{1},1),\ \underbrace{\cdots\cdots,(\boxed{1},1)}_{\text{(偶数回(0回含む))}},\ (\boxed{2},1)$$

(始め)　(奇数回目)　(奇数回目)　(奇数回目)

$n-1$ 回目までで，初めて（$\boxed{1}$，0）となる箇所と，初めて（1，$\boxed{1}$）となる箇所が決まると，コインの出方は一通りに決まる。この2箇所はともに奇数回目であり，また n は5以上の奇数である。n を5以上の奇数として，1から $n-1$ までの奇数は $\dfrac{n-1}{2}$ 個あるので，この場合の確率は

$${}_{\frac{n-1}{2}}\mathrm{C}_2\cdot\frac{1}{2^n}=\frac{\left(\frac{n-1}{2}\right)\left(\frac{n-1}{2}-1\right)}{2}\cdot\frac{1}{2^n}=\frac{(n-1)(n-3)}{2^{n+3}}$$

(ii)　先にBが表を出す場合

推移は次の図のようになる。

$$(\boxed{0},0),\ \underbrace{\cdots\cdots,(\boxed{0},0)}_{\text{(偶数回(0回含む))}},\ (0,\boxed{0}),\ (0,\boxed{1}),\ \underbrace{\cdots\cdots,(0,\boxed{1})}_{\text{(偶数回(0回含む))}},\ (\boxed{0},1),\ (\boxed{1},1),\ \underbrace{\cdots\cdots,(\boxed{1},1)}_{\text{(偶数回(0回含む))}},\ (\boxed{2},1)$$

(始め)　(偶数回目)　(偶数回目)　(奇数回目)

$n-1$ 回目までで，初めて（0，$\boxed{1}$）となる箇所と，初めて（$\boxed{1}$，1）となる箇所が決まると，コインの出方は一通りに決まる。この2箇所はともに偶数回目であり，また n は5以上の奇数である。n を5以上の奇数として，1から $n-1$ までの偶数は $\dfrac{n-1}{2}$ 個あるので，(i)と同じく，この場合の確率は $\dfrac{(n-1)(n-3)}{2^{n+3}}$ である。

したがって，(II)の場合の確率は

$$2\cdot\frac{(n-1)(n-3)}{2^{n+3}}=\frac{(n-1)(n-3)}{2^{n+2}}$$　（これは $n=1$，3の場合も有効である）

(I)，(II)より

$$p(n)=\begin{cases}\dfrac{n}{2^{n+1}} & (n\text{ が偶数のとき})\\[2ex] \dfrac{(n-1)(n-3)}{2^{n+2}} & (n\text{ が奇数のとき})\end{cases}\quad\cdots\cdots(\text{答})$$

(2) m を自然数として

$$\sum_{k=1}^{2m} p(k) = \sum_{k=1}^{m}\left\{\frac{2k}{2^{2k+1}} + \frac{(2k-2)(2k-4)}{2^{2k+1}}\right\}$$
$$= \sum_{k=1}^{m}\frac{k}{4^k} + 2\sum_{k=1}^{m}\frac{(k-1)(k-2)}{4^k}$$
$$= \sum_{k=1}^{m}\frac{k}{4^k} + 2\sum_{k=1}^{m}\frac{k^2}{4^k} - 6\sum_{k=1}^{m}\frac{k}{4^k} + 4\sum_{k=1}^{m}\frac{1}{4^k}$$
$$= 2\sum_{k=1}^{m}\frac{k^2}{4^k} - 5\sum_{k=1}^{m}\frac{k}{4^k} + 4\sum_{k=1}^{m}\frac{1}{4^k}$$

ここで，$\displaystyle\lim_{m\to\infty}\left(\sum_{k=1}^{m}\frac{1}{4^k}\right) = \frac{\frac{1}{4}}{1-\frac{1}{4}} = \frac{1}{3}$ ……③ なので

$\displaystyle S_m = \sum_{k=1}^{m}\frac{k}{4^k}$，$\displaystyle T_m = \sum_{k=1}^{m}\frac{k^2}{4^k}$，$\displaystyle S = \lim_{m\to\infty} S_m$，$\displaystyle T = \lim_{m\to\infty} T_m$ とおくと

$$\lim_{m\to\infty}\left(\sum_{k=1}^{2m} p(k)\right) = 2T - 5S + \frac{4}{3} \quad \cdots\cdots④$$

ここで

$$S_m - \frac{1}{4}S_m = \sum_{k=1}^{m}\frac{k}{4^k} - \sum_{k=1}^{m}\frac{k}{4^{k+1}}$$
$$= \frac{1}{4} + \frac{1}{4^2} + \cdots + \frac{1}{4^m} - \frac{m}{4^{m+1}}$$

よって

$$S_m = \frac{4}{3}\cdot\sum_{k=1}^{m}\frac{1}{4^k} - \frac{1}{3}\cdot\frac{m}{4^m}$$

③および $\displaystyle\lim_{m\to\infty}\frac{m}{4^m} = 0$ より

$$S = \lim_{m\to\infty} S_m = \frac{4}{3}\cdot\frac{1}{3} = \frac{4}{9} \quad \cdots\cdots⑤$$

また

$$T_m - \frac{1}{4}T_m = \sum_{k=1}^{m}\frac{k^2}{4^k} - \sum_{k=1}^{m}\frac{k^2}{4^{k+1}}$$
$$= \frac{1}{4} + \frac{2^2-1^2}{4^2} + \frac{3^2-2^2}{4^3} + \cdots + \frac{m^2-(m-1)^2}{4^m} - \frac{m^2}{4^{m+1}}$$
$$= \sum_{k=1}^{m}\frac{2k-1}{4^k} - \frac{1}{4}\cdot\frac{m^2}{4^m} \quad (\because \ k^2-(k-1)^2 = 2k-1)$$
$$= 2\sum_{k=1}^{m}\frac{k}{4^k} - \sum_{k=1}^{m}\frac{1}{4^k} - \frac{1}{4}\cdot\frac{m^2}{4^m}$$

$$=2S_m-\sum_{k=1}^{m}\frac{1}{4^k}-\frac{m^2}{4^{m+1}}$$

これより

$$T_m=\frac{8}{3}S_m-\frac{4}{3}\sum_{k=1}^{m}\frac{1}{4^k}-\frac{1}{3}\cdot\frac{m^2}{4^m}$$

よって，③，⑤および $\lim_{m\to\infty}\frac{m^2}{4^m}=0$ から

$$T=\lim_{m\to\infty}T_m=\frac{8}{3}\cdot\frac{4}{9}-\frac{4}{3}\cdot\frac{1}{3}=\frac{20}{27}\quad\cdots\cdots⑥$$

④，⑤，⑥より

$$\lim_{m\to\infty}\left(\sum_{k=1}^{2m}p(k)\right)=2\cdot\frac{20}{27}-5\cdot\frac{4}{9}+4\cdot\frac{1}{3}=\frac{16}{27}$$

$$\begin{aligned}\lim_{m\to\infty}\left(\sum_{k=1}^{2m+1}p(k)\right)&=\lim_{m\to\infty}\left\{\sum_{k=1}^{2m}p(k)+\frac{2m(2m-2)}{2^{2m+3}}\right\}\\&=\lim_{m\to\infty}\left\{\sum_{k=1}^{2m}p(k)+\frac{1}{2}\left(\frac{m^2}{4^m}-\frac{m}{4^m}\right)\right\}\\&=\lim_{m\to\infty}\left(\sum_{k=1}^{2m}p(k)\right)=\frac{16}{27}\end{aligned}$$

ゆえに

$$\sum_{n=1}^{\infty}p(n)=\frac{16}{27}\quad\cdots\cdots(答)$$

〔注〕 (1) 本問では状態の推移の規則の中で何が本質的なのかを見抜くことが意外と難しい。ただし，本問のような問題では，表が出る回数が小さな場合しか処理しきれないことが多く，本問でも少ない表の出る箇所がどこなのかを探ることが解決の糸口になる。すると，残りの大部分である裏が続く箇所でのコインの所持の交代が偶数回なのか奇数回なのかが定まり，n の偶奇が定まる。そこで，n の偶奇で場合分けを行い，$n-1$ 回目までに表が2回出る場合にはさらにA，Bどちらが先なのかの場合分けを行うことになる。このような分析と場合分けができると，確率計算自体は驚くほど簡単な問題であり，漸化式の利用は必要ない。

解法 2

(1) コインの表が出ることを○，裏が出ることを×で表し，コインの表裏の出方を○と×の順列で表す。以下，偶数回と書いたときは，0回も含めるものとする。

次の①，②が成り立つ。

① Aがコインを所持している状態から，Aのみが1回だけ得点しコインもAが所持するのは，裏が連続で偶数回出て，表が1回出て，再び裏が連続で偶数回出るときである。これは，裏が2回連続で出ることを表す××を0個以上と，表が1回出ることを表す○を1個含む順列で表される。

××　××　……　××　○　××　××　……　××

② Aがコインを所持している状態から，Bのみが1回だけ得点しコインがAに戻るのは，裏が連続で奇数回出て，表が1回出て，再び裏が連続で奇数回出るときである。これは，裏が2回連続で出ることを表す××を0個以上と，裏と表と裏がこの順番で出ることを表す×○×を1個含む順列で表される。

××　××　……　××　×○×　××　××　……　××

A，Bのいずれかが2点を獲得した時点で，2点を獲得した方の勝利とするので

(i) Bが得点せずにAが勝利する場合

(ii) Bが1回だけ得点しAが勝利する場合

の2つの場合が考えられる。

(i) Bが得点せずにAが勝利する場合

①より，××をm個（mは0以上の整数）と○を1個含む順列の後に，○が1個並べばよい。このとき，$n=2m+2$であるから，nは偶数である。このような順列は$\dfrac{(m+1)!}{m!}=m+1=\dfrac{n}{2}$通りあるので，$n$が偶数のときの求める確率は

$$p(n)=\frac{n}{2}\cdot\frac{1}{2^n}=\frac{n}{2^{n+1}}$$

(ii) Bが1回だけ得点しAが勝利する場合

最初にコインをAが所持している状態から，Aが1回だけ得点しコインもAが所持する出方と，Bが1回だけ得点しコインがAに戻る出方が1回ずつ現れた後，Aが得点すればよい。すなわち，①と②より，××をm個（mは0以上の整数）と○を1個と×○×を1個含む順列の後に，○が1個並べばよい。このとき，$n=2m+5$であるから，nは5以上の奇数である。このような順列は$\dfrac{(m+2)!}{m!}=(m+2)(m+1)=\dfrac{n-1}{2}\cdot\dfrac{n-3}{2}$通りあるので，$n$が5以上の奇数のときの求める確率は

$$p(n)=\frac{n-1}{2}\cdot\frac{n-3}{2}\cdot\frac{1}{2^n}=\frac{(n-1)(n-3)}{2^{n+2}}$$

また，$n=1$あるいは$n=3$のときは，ちょうどn回投げ終わったときにAが2点を獲得して勝利する出方は存在しない。すなわち

$$p(1)=p(3)=0$$

であるが，これは(ii)の場合の$p(n)$が，$n=1$，3の場合も有効であることを意味している。

以上より

$$p(n)=\begin{cases}\dfrac{n}{2^{n+1}} & (n\text{ が偶数のとき})\\[2mm] \dfrac{(n-1)(n-3)}{2^{n+2}} & (n\text{ が奇数のとき})\end{cases}$$ ……(答)

((2)は［解法１］に同じ)

74　2012年度〔2〕（文理共通）　Level B

ポイント　球が部屋Qにあるのはnが偶数のときに限ることを述べた上で，$n=2m$秒後に部屋Qにある確率をq_mとおいて，図形の対称性を利用すると，q_mのみの漸化式で解決する。

解法

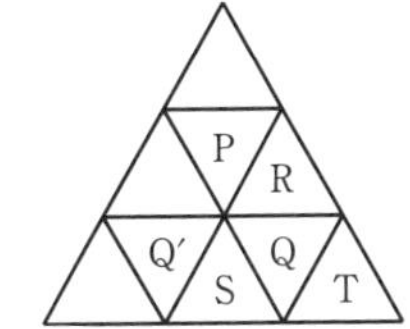

図のように，部屋Q′，R，S，Tを考える。
球は部屋Pを出発して1秒後には，P，Q，Q′以外の部屋にあり，2秒後にはP，Q，Q′のいずれかにある。以後帰納的に奇数秒後にはP，Q，Q′以外の部屋にあり，偶数秒後にはP，Q，Q′のいずれかにある。
したがって，nが偶数の場合を考えれば十分である。mを自然数として球が$n=2m$秒後に部屋Qにある確率をq_mとすると，Pに対する図形の対称性から$2m$秒後に部屋Q′にある確率もq_mであり，したがって，$2m$秒後に部屋Pにある確率は$1-2q_m$である。
球が$2(m+1)$秒後に部屋Qにあるのは次の3通りの移動の場合である。

(i)　$2m$秒後に部屋Pにあり，P→R→Qと移動する。

(ii)　$2m$秒後に部屋Qにあり，Q→R→QまたはQ→S→QまたはQ→T→Qと移動する。

(iii)　$2m$秒後に部屋Q′にあり，Q′→S→Qと移動する。

よって，次の漸化式が成り立つ。

$$q_{m+1}=\frac{1}{3}\cdot\frac{1}{2}(1-2q_m)+\left(2\cdot\frac{1}{3}\cdot\frac{1}{2}+\frac{1}{3}\cdot 1\right)q_m+\frac{1}{3}\cdot\frac{1}{2}q_m$$

これより

$$q_{m+1}=\frac{1}{2}q_m+\frac{1}{6}\quad すなわち\quad q_{m+1}-\frac{1}{3}=\frac{1}{2}\left(q_m-\frac{1}{3}\right)$$

したがって，数列$\left\{q_m-\frac{1}{3}\right\}$は公比$\frac{1}{2}$，初項$q_1-\frac{1}{3}=\frac{1}{3}\cdot\frac{1}{2}-\frac{1}{3}=-\frac{1}{6}$の等比数列であり

$$q_m-\frac{1}{3}=-\frac{1}{6}\left(\frac{1}{2}\right)^{m-1}$$

よって

$$q_m=\frac{1}{3}-\frac{1}{6}\left(\frac{1}{2}\right)^{m-1}=\frac{1}{3}\left\{1-\left(\frac{1}{2}\right)^m\right\}$$

$m=\dfrac{n}{2}$ であるから，求める確率は

n が偶数のとき $\dfrac{1}{3}\left\{1-\left(\dfrac{1}{2}\right)^{\frac{n}{2}}\right\}$，　n が奇数のとき 0　……(答)

〔注1〕 本問では，［解法］とは別の漸化式を利用することもできる。例えば，$2m$ 秒後に部屋Pにある確率を p_m とおき，p_m と q_m の連立漸化式を作ると $\begin{cases} q_{m+1}=\dfrac{1}{6}p_m+\dfrac{5}{6}q_m \\ p_m+2q_m=1 \end{cases}$ となる。これらから p_m を消去すると［解法］の漸化式 $q_{m+1}=\dfrac{1}{2}q_m+\dfrac{1}{6}$ を得る。

また，別の漸化式

$$p_{m+1}=\left(\frac{1}{3}\cdot 1+2\cdot\frac{1}{3}\cdot\frac{1}{2}\right)p_m+2\cdot\frac{1}{3}\cdot\frac{1}{2}q_m=\frac{2}{3}p_m+\frac{1}{3}q_m$$

を得ることもできて，これを利用すると $\begin{cases} p_{m+1}=\dfrac{2}{3}p_m+\dfrac{1}{3}q_m \\ q_{m+1}=\dfrac{1}{6}p_m+\dfrac{5}{6}q_m \end{cases}$ となる。この場合には，2式を辺々引いて，$p_{m+1}-q_{m+1}=\dfrac{1}{2}(p_m-q_m)$ となり，これと $p_1=\dfrac{2}{3}$，$q_1=\dfrac{1}{6}$ から，$p_m-q_m=\left(\dfrac{1}{2}\right)^m$ を得るので，$p_m+2q_m=1$ から $q_m=\dfrac{1}{3}\left\{1-\left(\dfrac{1}{2}\right)^m\right\}$ となる。

〔注2〕［解法］では，$2m$ 秒後に部屋Qにある確率を q_m とする工夫も行っている。もちろん q_{2m} とおいて立式しても構わないが，q_m とすると漸化式の処理を間違えにくいという利点がある。

75　2011年度〔5〕（文理共通（一部））　Level B

ポイント　(1)　条件 $-q\leqq b\leqq 0\leqq a\leqq p$ かつ $b\leqq c\leqq a$ かつ $w([a,\ b\ ;c])=-q$ を満たす組 $(a,\ b,\ c)$ の個数を求める問題である。後半も同様。$p,\ q$ を用いて答える。

(2)　$q=p$ のもとで $w([a,\ b\ ;c])=-p+s$ を変形して得られる $a,\ b$ の関係式を ab 平面で描いてみると，条件を満たす $(a,\ b)$ の個数が $p,\ s$ を用いて定まる。その各々に対して条件 $b\leqq c\leqq a$ から c の個数が定まるので，それらの総和を求める。$p,\ s$ を用いて答える。

(3)　[解法1]　$-p\leqq b\leqq 0\leqq a\leqq p$ を満たす $(a,\ b)$ の個数を ab 平面で考え，それら $(a,\ b)$ の各々に対して $b\leqq c\leqq a$ を満たす c の個数の総和を求めることになるので，(2)が利用できる。

[解法2] [解法3]　(2)を利用せず，$-p\leqq b\leqq 0\leqq a\leqq p$ かつ $b\leqq c\leqq a$ を満たす整数の組 $(a,\ b,\ c)$ の個数を直接考える。

解法1

(1)　$\begin{cases} -q\leqq b\leqq 0\leqq a\leqq p & \cdots\cdots① \\ b\leqq c\leqq a & \cdots\cdots② \\ w([a,\ b\ ;c])=-q & \cdots\cdots③ \end{cases}$　を条件(Ⅰ)とし，この条件を満たす $(a,\ b,\ c)$ の個数を求める。

$$③\iff p-q-(a+b)=-q\iff p=a+b\quad\cdots\cdots③'$$

このとき，①は $-q\leqq b\leqq 0\leqq a\leqq a+b$ となり，これより $-q\leqq b=0\leqq a$ となる。

特に $b=0$ なので，③′から　　$p=a$

よって　　①$\iff -q\leqq 0\leqq p$　，　②$\iff 0\leqq c\leqq p$

したがって，条件(Ⅰ)は $\begin{cases} -q\leqq 0\leqq p & \cdots\cdots①' \\ 0\leqq c\leqq p & \cdots\cdots②' \\ a=p,\ \ b=0 & \cdots\cdots③'' \end{cases}$　となる。

ここで $p>0$，$q>0$ より①′は常に成り立ち，③″を満たす $a,\ b$ は1通りである。②′を満たす整数 c の個数は $p+1$ 個あるので，条件(Ⅰ)を満たす $(a,\ b,\ c)$ の個数は $p+1$ 個。……(答)

次いで，$\begin{cases} -q\leqq b\leqq 0\leqq a\leqq p & \cdots\cdots① \\ b\leqq c\leqq a & \cdots\cdots② \\ w([a,\ b\ ;c])=p & \cdots\cdots④ \end{cases}$　を条件(Ⅱ)とし，この条件を満たす $(a,\ b,\ c)$ の個数を求める。

$$④\iff p-q-(a+b)=p\iff -q=a+b\quad\cdots\cdots④'$$

このとき，①は $a+b\leqq b\leqq 0\leqq a\leqq p$ となり，これより $a=0\leqq p$ となる。

特に $a=0$ なので，④′ から　　$b=-q$

よって　　① $\Longleftrightarrow -q\leqq 0\leqq p$　，　② $\Longleftrightarrow -q\leqq c\leqq 0$

したがって，条件(Ⅱ)は $\begin{cases} -q\leqq 0\leqq p & \cdots\cdots①' \\ -q\leqq c\leqq 0 & \cdots\cdots②'' \\ a=0,\ b=-q & \cdots\cdots④'' \end{cases}$ となる。

ここで $p>0$, $q>0$ より ①′ は常に成り立ち，④″ を満たす a, b は 1 通りである。②″ を満たす整数 c の個数は $q+1$ 個あるので，条件(Ⅱ)を満たす $(a,\ b,\ c)$ の個数は $q+1$ 個。……(答)

(2) $\begin{cases} -p\leqq b\leqq 0\leqq a\leqq p & \cdots\cdots⑤ \\ b\leqq c\leqq a & \cdots\cdots② \\ w([a,\ b\ ;\ c])=-p+s & \cdots\cdots⑥ \end{cases}$ を条件(Ⅲ)とし，この条件を満たす $(a,\ b,\ c)$ の個数を求める。$q=p$ なので，⑥は

$$-(a+b)=-p+s \quad \text{すなわち} \quad a+b=p-s \quad \cdots\cdots⑥'$$

となる。ab 平面において条件⑤の範囲で直線 ⑥′ 上の格子点の個数を求め，次いでそれらの格子点 $(a,\ b)$ ごとに条件②を満たす整数 c の個数を求め，それらの総和を求める。

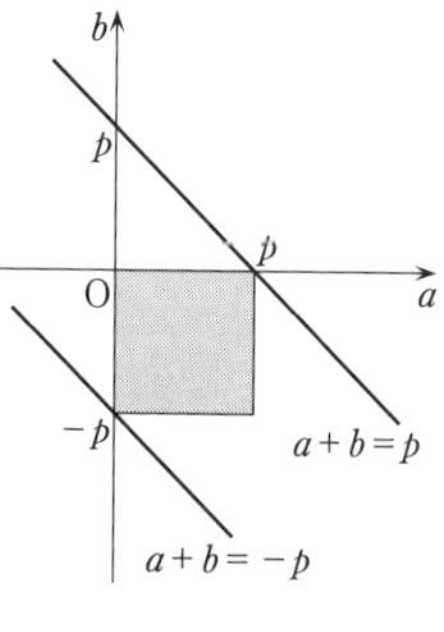

直線 $a+b=p-s$ の b 切片が $p-s$ であることから，⑤かつ ⑥′ を満たす $(a,\ b)$ が存在するためには

$$-p\leqq p-s\leqq p \quad \text{すなわち} \quad 0\leqq s\leqq 2p$$

が必要である。

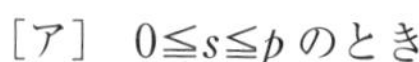

［ア］ $0\leqq s\leqq p$ のとき

⑤かつ ⑥′ を満たす $(a,\ b)$ は $k=0,\ 1,\ \cdots,\ s$ として $(p-s+k,\ -k)$ で与えられる $s+1$ 個あり，これらの各々に対して，②を満たす c は $(p-s+k)-(-k-1)=p-s+2k+1$ 個ある。

よって，求める個数は

$$\sum_{k=0}^{s}(p-s+2k+1)$$

$$=(s+1)(p-s+1)+2\cdot\frac{1}{2}s(s+1)$$

$$=(s+1)(p+1)$$

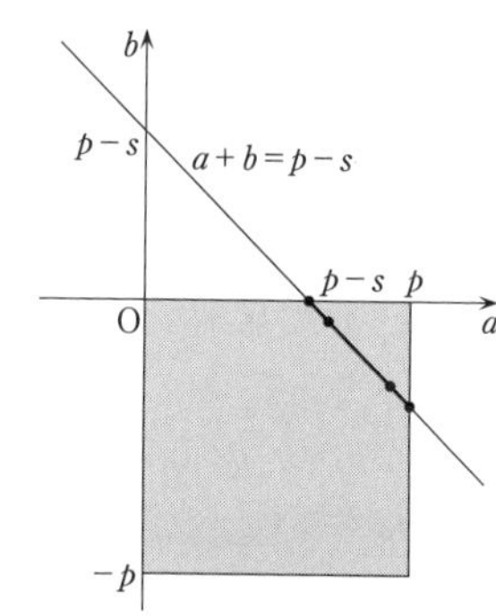

［イ］ $p<s\leqq 2p$ のとき

⑤かつ ⑥′ を満たす $(a,\ b)$ は $k=0,\ 1,\ \cdots,\ 2p-s$ として $(k,\ p-s-k)$ で与えられる $2p-s+1$ 個あり，これらの各々に対して，②を満たす c は $k-(p-s-k-1)=2k-p+s+1$ 個ある。

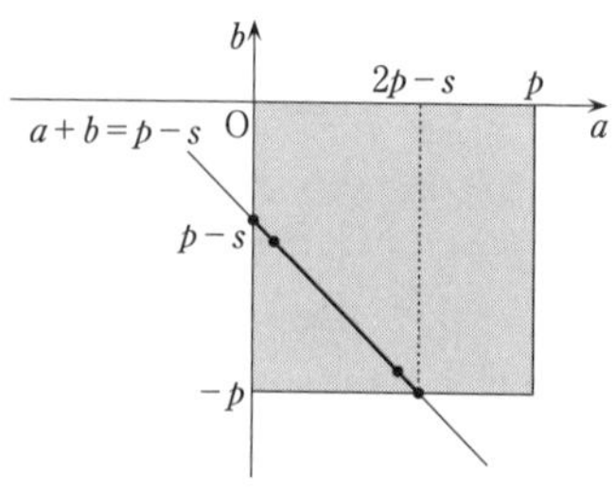

よって，求める個数は

$$\sum_{k=0}^{2p-s}(2k-p+s+1)$$

$$=(2p-s+1)(-p+s+1)+2\cdot\frac{1}{2}(2p-s)(2p-s+1)$$

$$=(2p-s+1)(p+1)$$

以上より，条件(Ⅲ)を満たす $(a,\ b,\ c)$ の個数は

$$\begin{cases} s<0 \text{ または } 2p<s \text{ のとき，} 0 \text{ 個} \\ 0\leqq s\leqq p \text{ のとき，} (s+1)(p+1) \text{ 個} \qquad \cdots\cdots(\text{答}) \\ p<s\leqq 2p \text{ のとき，} (2p-s+1)(p+1) \text{ 個} \end{cases}$$

(3)　$-p\leqq b\leqq 0\leqq a\leqq p$ を満たす $(a,\ b)$ は ab 平面で，$0\leqq a\leqq p$ かつ $-p\leqq b\leqq 0$ で与えられる領域内の格子点である。それらを直線群 $a+b=p-s$（整数 s を動かす）でとらえると，それぞれの直線上の格子点 $(a,\ b)$ の各々に対して $b\leqq c\leqq a$ を満たす c の個数の和を求め，さらに s を $0\leqq s\leqq 2p$ の範囲で変化させたときの和を求めることになるので，(2)より求める値は

$$\sum_{s=0}^{p}(s+1)(p+1)+\sum_{s=p+1}^{2p}(2p-s+1)(p+1)$$

$$=(p+1)\{\sum_{s=0}^{p}(s+1)+\sum_{s=p+1}^{2p}(2p-s+1)\}$$

$$=(p+1)\left\{\frac{1}{2}(p+1)(p+2)+\frac{1}{2}p(p+1)\right\}$$

$$=\frac{1}{2}(p+1)^2(2p+2)$$

$$=(p+1)^3 \quad \cdots\cdots(\text{答})$$

解法 2

((1)・(2)は［解法１］に同じ)

(3)　$\begin{cases} -p\leqq b\leqq 0\leqq a\leqq p & \cdots\cdots⑤ \\ b\leqq c\leqq a & \cdots\cdots② \end{cases}$ を満たす整数の組 $(a,\ b,\ c)$ の個数を求める。

a，b の値を固定するごとに②を満たす c の値の個数は $a-b+1$ である。a を固定して $-p\leqq b\leqq 0$ の範囲で b を変化させ，次いで，$0\leqq a\leqq p$ の範囲で a を変化させることで，総数を求めることができる。求める総数は

$$\sum_{a=0}^{p}\{\sum_{b=-p}^{0}(a-b+1)\}=\sum_{a=0}^{p}\left[\frac{1}{2}(p+1)\{(a+p+1)+(a+1)\}\right]$$

$$=\frac{1}{2}(p+1)\sum_{a=0}^{p}(2a+p+2)$$

$$=\frac{1}{2}(p+1)\cdot\frac{1}{2}(p+1)\{(p+2)+(2p+p+2)\}$$

$$= \frac{1}{4}(p+1)^2(4p+4)$$
$$= (p+1)^3 \quad \cdots\cdots(答)$$

解法 3

（(1)・(2)と，(3)で c の値の個数を求めるまでは［解法 2］に同じ）
b を固定して$0 \leqq a \leqq p$ の範囲で a を変化させ，次いで，$-p \leqq b \leqq 0$ の範囲で b を変化させることで，総数を求めることができる。求める総数は

$$\sum_{b=-p}^{0}\left\{\sum_{a=0}^{p}(a-b+1)\right\} = \sum_{b=0}^{p}\left\{\sum_{a=0}^{p}(a+b+1)\right\}$$
$$= \sum_{b=0}^{p}\left(\sum_{a=0}^{p}a\right) + \sum_{b=0}^{p}\left\{\sum_{a=0}^{p}(b+1)\right\}$$
$$= \sum_{b=0}^{p}\frac{p(p+1)}{2} + \sum_{b=0}^{p}(b+1)(p+1)$$
$$= \frac{p(p+1)^2}{2} + (p+1)\sum_{b=1}^{p+1}b$$
$$= \frac{p(p+1)^2}{2} + \frac{(p+1)^2(p+2)}{2}$$
$$= \frac{(p+1)^2(2p+2)}{2}$$
$$= (p+1)^3 \quad \cdots\cdots(答)$$

〔注〕　あえて意味をとらえにくい問題文にしてあるので，端的にとらえ直す力が必要である。p，q，s が定数であり，条件を満たす $(a,\ b,\ c)$ を p，q，s で表すという意識が大切である。ただし，(3)のみなら，(2)を用いず初めから［解法 2］，［解法 3］のように考えるほうが，平面や空間の格子点ととらえるまでもなく簡潔に求めることができる。本問に限らず，3 変数の問題では，まず 1 文字を固定するという考え方は東大では頻出であるので習熟することが望まれる。

なお，(2)の⑥′ 以降は，直線⑥′ 上の格子点の個数を考えることなく，以下のような記述でもよい。

まず，$s<0$ または $2p<s$ のときは⑤かつ⑥′ を満たす整数 a は存在しないので，$0 \leqq s \leqq 2p$ が必要。

［ア］　$0 \leqq s \leqq p$ のとき

⑤，⑥′ から，$p-s \leqq a \leqq p$ が必要。

この範囲の a の各値に対して，⑥′ から b は 1 通りに定まり，②を満たす c は
$a-(b-1) = a-(p-s-a)+1 = 2a-p+s+1$ 通りある。

よって，求める個数は

$$\sum_{a=p-s}^{p}(2a-p+s+1) = 2\sum_{a=p-s}^{p}a + \{p-(p-s-1)\}(-p+s+1)$$
$$= \{p-(p-s-1)\}\{(p-s)+p\} + (s+1)(-p+s+1)$$
$$= (s+1)(2p-s) + (s+1)(-p+s+1)$$

$$= (s+1)(p+1)$$

［イ］ $p<s\leqq 2p$ のとき

⑤，⑥′ から，$0\leqq a\leqq 2p-s$ が必要。以下，［ア］と同様に考えて

$$\sum_{a=0}^{2p-s}(2a-p+s+1)=(2p-s+1)(p+1)$$

76 2010年度〔3〕(文理共通(一部)) Level B

ポイント [解法1] (1) $0 \leqq x \leqq 15$ の場合と $16 \leqq x \leqq 30$ の場合の各々で，1回目のコインの表裏の場合に分けて，箱Lのボールの個数の変化を立式する。

(2) (1)で得られた式に従って，$2n$ から $2n-2$ までの式変形を丹念に進める。

(3) (1)で得られた式に従って，$4n$ から $4n-4$ までの式変形を丹念に進める。

[解法2] (2)・(3) (1)を用いず，箱Lのボールの個数の推移図から漸化式を求める。

解法1

(1) 1回目の操作後の箱Lのボールの個数は次のようになる。

(i) $0 \leqq x \leqq 15$ のとき

x 表 $\frac{1}{2}$ → $2x$ （RからLへ x 個移すので）

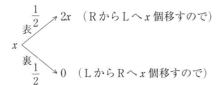

x 裏 $\frac{1}{2}$ → 0 （LからRへ x 個移すので）

特にLのボールの個数が0のときには，コインの表裏の出方にかかわらず，Lのボールの個数は常に0のままで変わらない。すなわち，任意の自然数 k に対して，$P_k(0)=0$ である。

(ii) $16 \leqq x \leqq 30$ のとき

x 表 $\frac{1}{2}$ → 30 （RからLへ $30-x$ 個移すので）

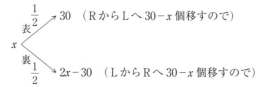

x 裏 $\frac{1}{2}$ → $2x-30$ （LからRへ $30-x$ 個移すので）

特にLのボールの個数が30のときには，コインの表裏の出方にかかわらず，Lのボールの個数は常に30のままで変わらない。すなわち，任意の自然数 k に対して，$P_k(30)=1$ である。

(i), (ii)から

$0 \leqq x \leqq 15$ のとき

$$P_m(x)=\frac{1}{2}P_{m-1}(2x)+\frac{1}{2}\cdot 0=\frac{1}{2}P_{m-1}(2x)$$

$16 \leqq x \leqq 30$ のとき

$$P_m(x)=\frac{1}{2}\cdot 1+\frac{1}{2}P_{m-1}(2x-30)=\frac{1}{2}P_{m-1}(2x-30)+\frac{1}{2}$$

ゆえに

$$P_m(x)=\begin{cases}\dfrac{1}{2}P_{m-1}(2x) & (0\leqq x\leqq 15 \text{ のとき})\\[2ex] \dfrac{1}{2}P_{m-1}(2x-30)+\dfrac{1}{2} & (16\leqq x\leqq 30 \text{ のとき})\end{cases}\quad\cdots\cdots(\text{答})$$

(2) $Q_n=P_{2n}(10)$ とおくと，$n\geqq 2$ のとき(1)により

$$Q_n=P_{2n}(10)=\frac{1}{2}P_{2n-1}(20)=\frac{1}{2}\left\{\frac{1}{2}P_{2n-2}(10)+\frac{1}{2}\right\}=\frac{1}{4}Q_{n-1}+\frac{1}{4}$$

変形すると

$$Q_n-\frac{1}{3}=\frac{1}{4}\left(Q_{n-1}-\frac{1}{3}\right)$$

よって，$n\geqq 1$ のとき

$$Q_n=\frac{1}{3}+\frac{1}{4^{n-1}}\left(Q_1-\frac{1}{3}\right)$$

ここで

$$Q_1=P_2(10)=\frac{1}{2}P_1(20)=\frac{1}{2}\cdot\frac{1}{2}=\frac{1}{4}$$

ゆえに

$$P_{2n}(10)=Q_n=\frac{1}{3}+\frac{1}{4^{n-1}}\left(\frac{1}{4}-\frac{1}{3}\right)$$

$$=\frac{1}{3}\left(1-\frac{1}{4^n}\right)\quad\cdots\cdots(\text{答})$$

(3) $R_n=P_{4n}(6)$ とおくと，$n\geqq 2$ のとき(1)により

$$R_n=P_{4n}(6)=\frac{1}{2}P_{4n-1}(12)=\frac{1}{4}P_{4n-2}(24)=\frac{1}{4}\left\{\frac{1}{2}P_{4n-3}(18)+\frac{1}{2}\right\}$$

$$=\frac{1}{8}P_{4n-3}(18)+\frac{1}{8}=\frac{1}{8}\left\{\frac{1}{2}P_{4n-4}(6)+\frac{1}{2}\right\}+\frac{1}{8}=\frac{1}{16}R_{n-1}+\frac{3}{16}$$

変形すると

$$R_n-\frac{1}{5}=\frac{1}{16}\left(R_{n-1}-\frac{1}{5}\right)$$

よって，$n\geqq 1$ のとき

$$R_n=\frac{1}{5}+\frac{1}{16^{n-1}}\left(R_1-\frac{1}{5}\right)$$

ここで

$$R_1=P_4(6)=\frac{1}{2}P_3(12)=\frac{1}{2}\cdot\frac{1}{2}P_2(24)=\frac{1}{4}\left\{\frac{1}{2}P_1(18)+\frac{1}{2}\right\}$$

$$=\frac{1}{4}\left(\frac{1}{2}\cdot\frac{1}{2}+\frac{1}{2}\right)=\frac{3}{16}$$

ゆえに

$$P_{4n}(6)=R_n=\frac{1}{5}+\frac{1}{16^{n-1}}\left(\frac{3}{16}-\frac{1}{5}\right)$$

$$=\frac{1}{5}\left(1-\frac{1}{16^n}\right) \quad \cdots\cdots(答)$$

解法 2

(2) $x=10$ のとき，箱Lのボールの個数の推移図は次のようになる。

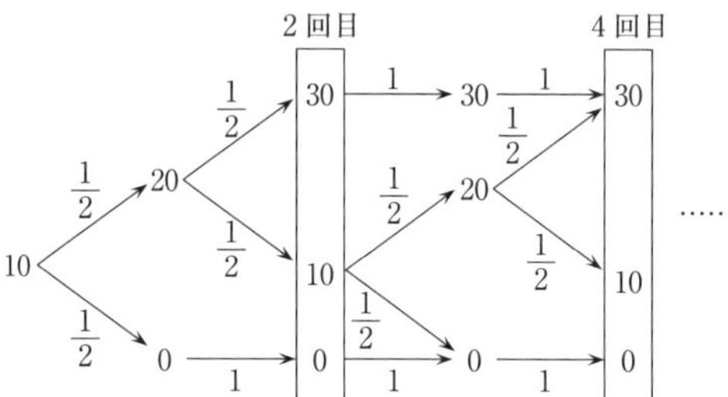

$2n$ 回目のボールの個数が 30 である確率を $a_n(=P_{2n}(10))$，10 である確率を b_n とおくと，この推移図から

$$\begin{cases} a_1=b_1=\dfrac{1}{4} \\ a_n=a_{n-1}+\dfrac{1}{4}b_{n-1} \quad (n\geqq 2) \\ b_n=\dfrac{1}{4}b_{n-1} \quad (n\geqq 2) \end{cases}$$

これより，$a_n-a_{n-1}=\left(\dfrac{1}{4}\right)^n$ となり，$n\geqq 2$ のとき

$$a_n=a_1+\sum_{k=2}^{n}\left(\frac{1}{4}\right)^k=\frac{1}{4}+\frac{\left(\frac{1}{4}\right)^2\left\{1-\left(\frac{1}{4}\right)^{n-1}\right\}}{1-\frac{1}{4}}$$

$$=\frac{1}{4}+\frac{1}{3}\left\{\frac{1}{4}-\left(\frac{1}{4}\right)^n\right\}=\frac{1}{3}\left(1-\frac{1}{4^n}\right) \quad (これは\ n=1\ でも成り立つ) \quad \cdots\cdots(答)$$

(3) $x=6$ のとき，箱Lのボールの個数の推移図は次のようになる。

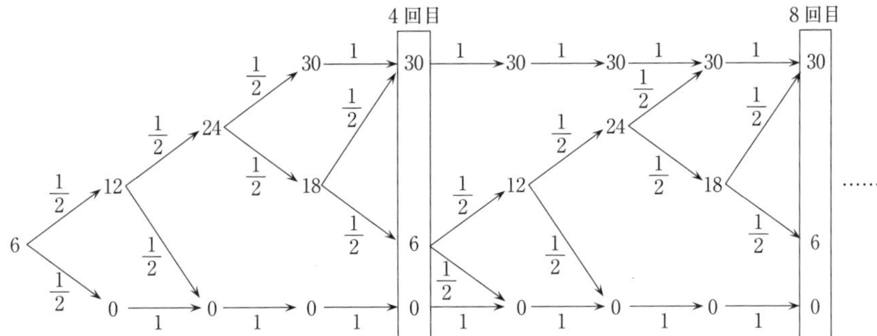

$4n$ 回目のボールの個数が 30 である確率を $c_n(=P_{4n}(6))$，6 である確率を d_n とおくと，この推移図から

$$\begin{cases} c_1=\dfrac{3}{16},\ d_1=\dfrac{1}{16} \\ c_n=c_{n-1}+\left(\dfrac{1}{8}+\dfrac{1}{16}\right)d_{n-1}=c_{n-1}+\dfrac{3}{16}d_{n-1} \quad (n\geqq 2) \\ d_n=\dfrac{1}{16}d_{n-1} \quad (n\geqq 2) \end{cases}$$

これより，$c_n-c_{n-1}=3\cdot\left(\dfrac{1}{16}\right)^n$ となり，$n\geqq 2$ のとき

$$c_n=c_1+3\sum_{k=2}^{n}\left(\frac{1}{16}\right)^k=\frac{3}{16}+\frac{3\cdot\left(\frac{1}{16}\right)^2\left\{1-\left(\frac{1}{16}\right)^{n-1}\right\}}{1-\frac{1}{16}}$$

$$=\frac{3}{16}+\frac{1}{5}\left\{\frac{1}{16}-\left(\frac{1}{16}\right)^n\right\}=\frac{1}{5}\left(1-\frac{1}{16^n}\right)$$ （これは $n=1$ でも成り立つ）　……(答)

〔注〕 m 回の操作後の箱Lのボールの個数が 30 となる確率は最初のボールの個数 x にのみ依存して決まるという理解がないと，$P_m(x)$ の意味がつかめない。まずは，$0\leqq x\leqq 15$ の場合と $16\leqq x\leqq 30$ の場合の各々で，1 回目の操作後のボールの個数の変化を立式してみると，$P_m(x)$ の意味がはっきりしてくると同時に問題の意図も明らかになる。「状態（本問ではLのボールの個数）の変化の推移図を描いて，漸化式を立てる」というのは東大入試における確率問題の頻出形式である。本問では特に x が 0 の場合と 30 の場合にその後の個数の変化がどうなるかを明確にとらえておくことも大切である。

77　2009 年度〔3〕（文理共通）　Level B

ポイント (1)・(2)　4色のものを5つ並べる順列（同じものを含む順列）を考える。
(3)　4色のものを10個並べる順列（同じものを含む順列）を考える。ただし，どの色も2個以上含まれることに注意する。

解 法

(1)　操作(A)を5回おこなって，箱Lに4色すべての玉が入る確率は，1色が2回，他の3色が1回ずつ出る場合の確率なので

$$\frac{{}_4C_1\cdot\frac{5!}{2!}}{4^5}=\frac{4\cdot5\cdot4\cdot3}{4^5}=\frac{15}{4^3}$$

操作(B)を5回おこなって，Rに4色すべての玉が入る確率も同様に$\frac{15}{4^3}$である。

操作(A)と操作(B)は独立な試行なので

$$P_1=\left(\frac{15}{4^3}\right)^2=\frac{225}{4096}\quad\cdots\cdots(答)$$

(2)　求める確率は1色が2回，他の3色が1回ずつ出る場合の確率なので

$$P_2=\frac{{}_4C_1\cdot\frac{5!}{2!}}{4^5}=\frac{4\cdot5\cdot4\cdot3}{4^5}=\frac{15}{64}\quad\cdots\cdots(答)$$

(3)　箱Rに4色すべての玉が入ることから，どの色の玉も少なくとも2回出ることが必要である。
逆にどの色の玉も少なくとも2回出るとき，初めて出た色の玉のみLに入れ，他の玉はRに入れることになるので条件が満たされる。
よって，求める確率は4色の玉を10個並べるとき，どの色の玉も少なくとも2個以上含まれる確率である。
各色が2回ずつで計8個の玉が出るので，残り2個の玉の色を考えて

(ア)　2回出る色が2種類，3回出る色が2種類となる場合
(イ)　2回出る色が3種類，4回出る色が1種類となる場合

の2通りが考えられる。
(ア)の場合の確率は

$$\frac{{}_4C_2\cdot\frac{10!}{2!2!3!3!}}{4^{10}}=\frac{7\cdot5^2\cdot3^3\cdot2}{4^8}$$

(イ)の場合の確率は

$$\frac{{}_4\mathrm{C}_1\cdot\dfrac{10!}{2!2!2!4!}}{4^{10}}=\frac{7\cdot5^2\cdot3^3}{4^8}$$

(ア), (イ)は互いに排反な事象の確率なので

$$P_3=\frac{7\cdot5^2\cdot3^3\cdot2}{4^8}+\frac{7\cdot5^2\cdot3^3}{4^8}=\frac{7\cdot5^2\cdot3^4}{4^8}$$

ゆえに

$$\frac{P_3}{P_1}=\frac{7\cdot5^2\cdot3^4}{4^8}\times\frac{4^6}{5^2\cdot3^2}=\frac{7\cdot3^2}{4^2}=\frac{63}{16}$$ ……(答)

78 2008年度〔2〕（文理共通（一部）） Level B

ポイント (1)・(2) ともに手持ちのカードの状態について推移図を描き，変化の規則性を見出す。

解法

(1) n 回目に初めてすべてのカードが同じ色になる場合を考えるので，カードが4枚のとき推移図は次のようになる。

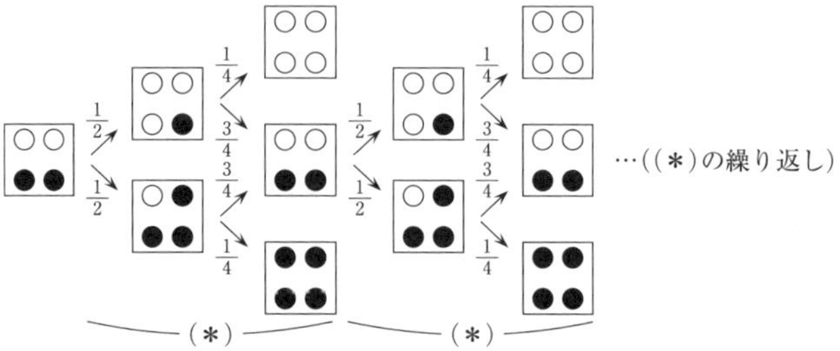

これより，「白2枚・黒2枚」である事象を X,「一方の色が3枚・他方の色が1枚」である事象を Y,「4枚とも同じ色」である事象を Z とすると，次の推移図を得る。

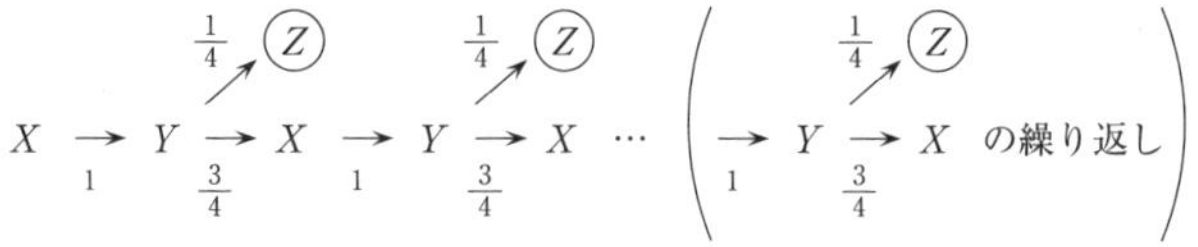

よって，操作(A)を n 回繰り返した後に4枚とも同じ色（事象 Z）になる確率は

n が奇数のとき：0　n が偶数のとき：$\dfrac{1}{4}\left(\dfrac{3}{4}\right)^{\frac{n-2}{2}}$ ……(答)

(2) 推移図は(1)と同様に次のようになる。

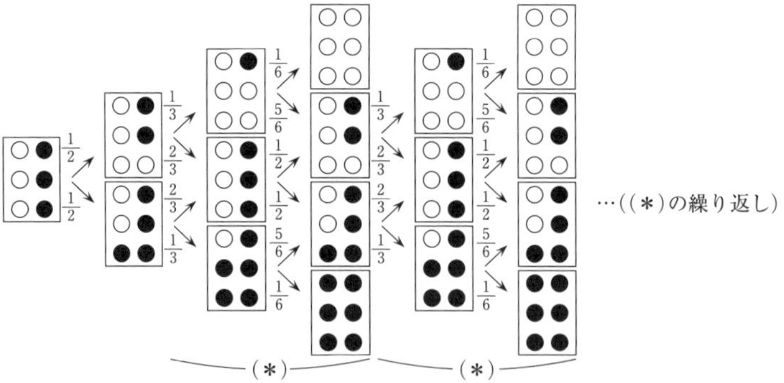

これより，「白３枚・黒３枚」である事象を X，「一方の色が４枚・他方の色が２枚」である事象を Y，「一方の色が５枚・他方の色が１枚」である事象を Z，「６枚とも同じ色」である事象を W とすると，次の推移図を得る。

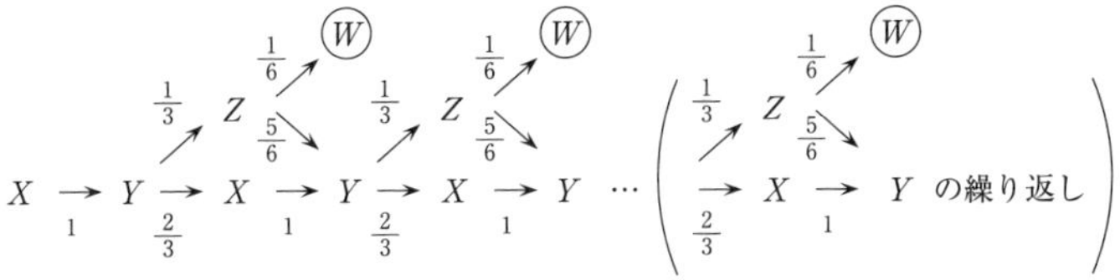

よって，操作(**A**)を n 回繰り返した後に６枚とも同じ色（事象 W）になる確率は

$$\left.\begin{array}{l} n\text{が偶数または1のとき：}0 \\ n\text{が3以上の奇数のとき：}\dfrac{1}{3}\cdot\dfrac{1}{6}\left(\dfrac{2}{3}\cdot 1+\dfrac{1}{3}\cdot\dfrac{5}{6}\right)^{\frac{n-3}{2}}=\dfrac{1}{18}\left(\dfrac{17}{18}\right)^{\frac{n-3}{2}} \end{array}\right\} \quad \cdots\cdots(\text{答})$$

79　2007年度〔5〕（文理共通）　Level B

ポイント　全設問について，$m=n$ の場合と $0\leqq m<n$ の場合で考える。

(1)　$0\leqq m<n$ のときは，$n-m-1$ 回目までは任意で，$n-m$ 回目に裏が出て，$n-m+1$ 回目から n 回目までの m 回すべてが表となる確率を求める。

(2)　$0\leqq k\leqq m$ として，高さが k となる確率の総和を求める。

(3)　2回の試行の少なくとも1回で高さが m となる確率を求める。

解 法

(1)　(I)　$n=1$ の場合

$m=0$ または1であって，明らかに

$$p_1=p,\ p_0=1-p$$

(II)　$n\geqq 2$ の場合

$m=n$ のとき

n 回すべてで表が出る確率なので

$$p_m=p_n=p^n \quad \cdots\cdots①$$

$0\leqq m<n$ のとき

$n-m-1$ 回目までは任意で，$n-m$ 回目に裏が出て，$n-m+1$ 回目から n 回目までの m 回すべてが表となる確率なので

$$p_m=(1-p)p^m \quad \cdots\cdots②$$

①，②はそれぞれ $n=1$ の場合でも適用できるので，(I)，(II)をまとめて

$$p_m=\begin{cases} p^n & (m=n\text{ のとき}) \\ (1-p)p^m & (0\leqq m<n\text{ のとき}) \end{cases} \quad \cdots\cdots(\text{答})$$

(2)　$m=n$ のとき

ブロックの高さは常に n 以下なので　　$q_m=1$

$0\leqq m<n$ のとき

(1)の結果から

$$q_m=\sum_{k=0}^{m}(1-p)p^k=\sum_{k=0}^{m}(p^k-p^{k+1})$$
$$=1-p^{m+1}$$

よって　　$$q_m=\begin{cases} 1 & (m=n\text{ のとき}) \\ 1-p^{m+1} & (0\leqq m<n\text{ のとき}) \end{cases} \quad \cdots\cdots(\text{答})$$

(3)　2回の試行（n 回の硬貨投げ）の一方を試行A，他方を試行Bとする。

ブロックの高さが試行Aで m となり，試行Bで m 以下となる事象の確率を a とする。

ブロックの高さが試行Bで m となり，試行Aで m 以下となる事象の確率も a である。

ブロックの高さが試行A，Bともに m となる事象の確率を b とする。

(1)，(2)の結果を用いると

$m=n$ のとき

$$a=p_m q_m=p^n\times 1=p^n,\quad b=p_m{}^2=(p^n)^2=p^{2n}$$

$0\leqq m<n$ のとき

$$a=p_m q_m=(1-p)p^m(1-p^{m+1}),$$

$$b=p_m{}^2=\{(1-p)p^m\}^2=(1-p)^2p^{2m}$$

よって

$$r_m=2a-b$$

$$=\begin{cases} p^n(2-p^n) & (m=n\text{ のとき}) \\ (1-p)p^m\{2-(1+p)p^m\} & (0\leqq m<n\text{ のとき}) \end{cases}\quad \cdots\cdots(\text{答})$$

80　2006年度〔2〕（文理共通（一部））　Level B

ポイント　(1)　すべての場合を書き出してみる。

(2)　××で始まる場合と×○で始まる場合に分け，さらに後者の場合にはその後×が現れない場合とどこかに1回だけ現れる場合に分けて考える。確率計算においては，p と $1-p$ がそれぞれ何回必要かを正確に数える。

［解法1］　上記の方針による。

［解法2］　(2)　P_{n+1} について，○○で終わる場合と，×○で終わる場合に分けて考え，P_{n+1} を P_n と p を用いて表し，漸化式を解く。

解法1

(1)　右図より

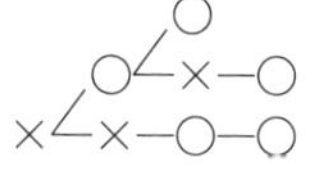

$$P_2=(1-p)p+(1-p)^3+p(1-p)p$$
$$=(1-p)\{p+(1-2p+p^2)+p^2\}$$
$$=(1-p)(1-p+2p^2)\quad\cdots\cdots(答)$$

(2)　求める確率は次の互いに排反な3つの事象 A，B，C の確率の和となる。

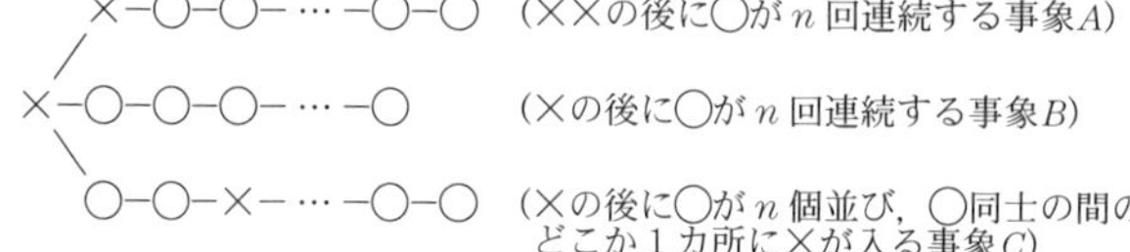

事象 A の確率は　　$p(1-p)p^{n-1}=p^n(1-p)$

事象 B の確率は　　$(1-p)p^{n-1}$

事象 C の確率は　　$(1-p)\cdot{}_{n-1}\mathrm{C}_1(1-p)^2p^{n-2}=(n-1)(1-p)^3p^{n-2}$

よって

$$P_n=p^n(1-p)+(1-p)p^{n-1}+(n-1)(1-p)^3p^{n-2}$$
$$=p^{n-1}(1-p^2)+(n-1)p^{n-2}(1-p)^3\quad\cdots\cdots(答)$$

解法 2

((1)は［解法1］に同じ)

(2)　次の推移図を考える。

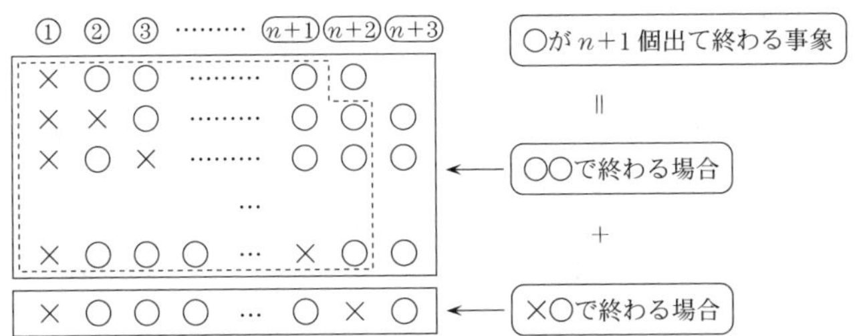

よって　　$P_{n+1}=p\times P_n+(1-p)^3p^{n-1}$

p^{n+1} で両辺を割って

$$\frac{P_{n+1}}{p^{n+1}}=\frac{P_n}{p^n}+\frac{(1-p)^3}{p^2}$$

また

$P_1=1-p^2$　(×○と××○より　$P_1=(1-p)+p(1-p)=1-p^2$)

したがって，数列 $\left\{\frac{P_n}{p^n}\right\}$ は初項 $\frac{1-p^2}{p}$，公差 $\frac{(1-p)^3}{p^2}$ の等差数列であり

$$\frac{P_n}{p^n}=\frac{1-p^2}{p}+(n-1)\frac{(1-p)^3}{p^2}$$

$\therefore$　$P_n=p^{n-1}(1-p^2)+(n-1)p^{n-2}(1-p)^3$　……(答)

81　2005年度〔5〕（文理共通）　Level C

ポイント　(1)　甲が2回目をひかず，乙が2回目をひく場合に甲が勝つための条件となる不等式を明確にして，その不等式をみたす $(c,\ d)$ の個数を a の式で表す。

(2)　甲が2回目をひき，乙が2回目をひく場合に甲が勝つための条件となる不等式をみたす $(c,\ d)$ の個数をまず a と b を用いて表す。次いでその個数を $b=1$ から $N-a$ まで足し合わせると a の式で表すことができる。

解法

(1)　甲は2回目をひかないので，条件(ii)から $b=0$ であり

$$a+b=a\leqq N$$

よって，条件(iii)から乙が1回目をひくことになり，甲が勝つためには乙の数字 c について

$$a+b=a\geqq c \quad \cdots\cdots ①$$

でなければならない。

したがって，条件(iv)から乙は2回目をひき，このとき，甲が勝つのは $(c,\ d)$ が，①かつ「$a\geqq c+d$ ……(ア) または $c+d>N$ ……(イ)」をみたす場合である。

(I)　①かつ(ア)をみたす $(c,\ d)$ の組の個数は，図1より

$$(a-1)+(a-2)+\cdots+2+1=\frac{(a-1)a}{2}$$

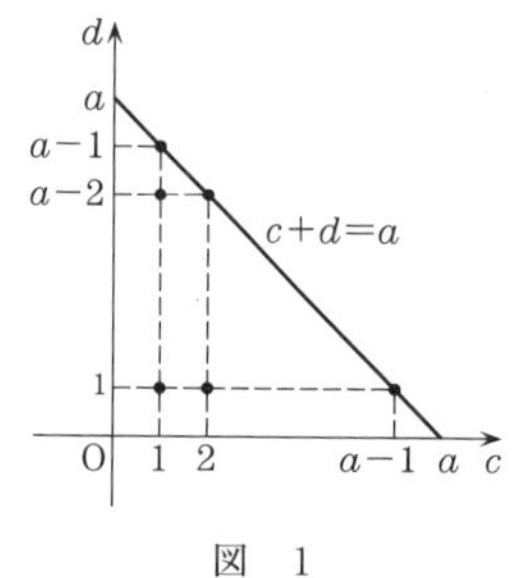

図　1

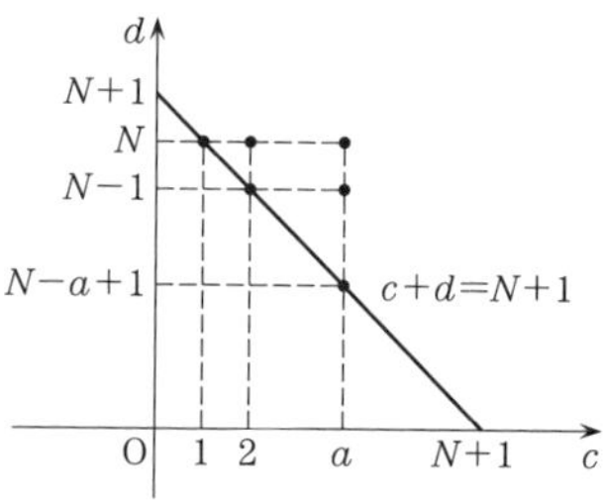

d
N+1
N
N−1
N−a+1
c+d=N+1
O
1
2
a
N+1
c

図　2

(II)　①かつ(イ)をみたす $(c,\ d)$ の組の個数は，図2より

$$1+2+\cdots+a=\frac{(a+1)a}{2}$$

ここで，(ア)と(イ)は互いに排反である（(ア)かつ(イ)をみたす $(c,\ d)$ があるとすると $a>N$ となり，$a\leqq N$ に反する）。

また，全事象の要素の個数は乙の2回の数字のすべての組み合わせの総数 N^2 であるから，求める確率は

$$\frac{(a-1)a+(a+1)a}{2N^2}=\frac{a^2}{N^2} \quad \cdots\cdots(答)$$

(2) 甲は2回目をひいて勝つので，条件(ii)より

$a+b \leqq N \quad (b=1, 2, \cdots, N-a) \quad \cdots\cdots②$

でなければならず，条件(iii)から乙は1回目をひき，その数字 c について

$a+b \geqq c \quad \cdots\cdots③$

でなければならない。

したがって，条件(iv)から乙は2回目もひき，このとき，甲が勝つのは②をみたす b に対して，③かつ「$a+b \geqq c+d \quad \cdots\cdots$(ウ) または $c+d>N \quad \cdots\cdots$(エ)」の場合である。

(III) ②をみたすような b の値を固定したときに③かつ(ウ)をみたす (c, d) の組の個数は，図3より

$$(a+b-1)+\cdots+2+1=\frac{(a+b-1)(a+b)}{2}$$

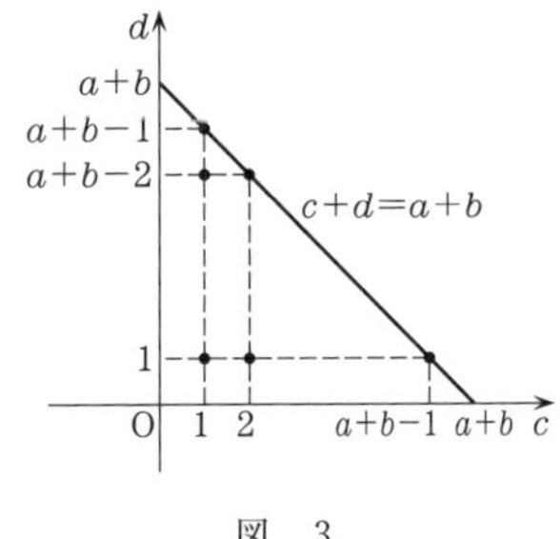

図 3

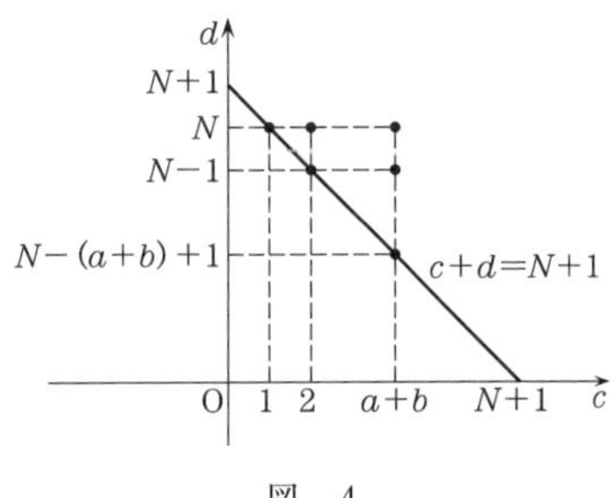

図 4

(IV) ②をみたすような b の値を固定したときに③かつ(エ)をみたす (c, d) の組の個数は，図4より

$$1+2+\cdots+(a+b)=\frac{(a+b+1)(a+b)}{2}$$

ここで，(ウ)と(エ)は互いに排反である（$\because \quad a+b \leqq N$）から，③かつ「(ウ)または(エ)」の場合の数は

$$\frac{(a+b-1)(a+b)}{2}+\frac{(a+b+1)(a+b)}{2}=(a+b)^2$$

全事象の要素の個数は甲の2回目の数字 b と乙の2回の数字 c, d のすべての組み合わせの総数 N^3 であるから，求める確率は

$$\frac{1}{N^3}\sum_{b=1}^{N-a}(a+b)^2=\frac{1}{N^3}\sum_{k=a+1}^{N}k^2=\frac{1}{N^3}\left(\sum_{k=1}^{N}k^2-\sum_{k=1}^{a}k^2\right)$$

$$=\frac{N(N+1)(2N+1)-a(a+1)(2a+1)}{6N^3} \quad \cdots\cdots(答)$$

〔注1〕 少々煩雑にみえる条件を論理的に整理して，各場合に適する $(c,\ d)$ の個数を数えることで正答に至る。

(1)・(2)ともに互いに排反な2通りの場合分けが考えられる。どちらの場合も条件が c と d の簡単な1次不等式で表される。この不等式をみたす $(c,\ d)$ の個数が問題となるが，cd 平面上での直線から生じる領域を利用して格子点の個数を数えると計算間違いが少ないのではないかと思われる。

(2)では最終的に a を用いた答えを要求されているので，b の入った値を $b=1$ から $N-a$ まで加えなければならない。このような理解ができるかどうかが解答の成否を分けることになる。

〔注2〕 (2)の解法を見直してみると，②をみたす b の値を固定するごとに，(1)における a を $a+b$ で置きかえたうえで，全く同じ条件のもとで $(c,\ d)$ の個数を求めていることがわかる。よって，(1)の計算結果 $\dfrac{(a-1)a}{2}+\dfrac{(a+1)a}{2}=a^2$ の a を $a+b$ で置きかえて $(a+b)^2$ を得る。b の特定の値（ただし，$1\leqq b\leqq N-a$）が出る確率は $\dfrac{1}{N}$ であり，その値の b をひいたとき甲が勝つ確率は $\dfrac{(a+b)^2}{N^2}$ なので，求める確率は $\displaystyle\sum_{b=1}^{N-a}\dfrac{(a+b)^2}{N^3}$ となる。このような観点に気付くと記述は簡略化できる。

82　2004年度〔6〕（文理共通（一部））　Level B

ポイント (1)　左端が1回裏返り，残りの2枚のどちらかが2回裏返る場合と，左端が3回裏返る場合に分けてその確率を計算する。

(2)　n 回の操作の結果,「白白白」となるのは n が偶数のときに限り,「白黒白」となるのは n が奇数のときに限る。このことから，n の偶奇に分けて $n-1$ 回目との関係を考えて漸化式を立てる。

［解法1］ (2)　上記の方針による。

［解法2］ (2)　両端が白である確率を p_n，両端が白と黒である確率を q_n として p_n と q_n の連立漸化式を考える。

［解法3］ (2)　n 回の操作後に黒の枚数が 0，1，2，3 となる確率をそれぞれ a_n，b_n，c_n，d_n として，これらの間の漸化式を利用する。座標空間での立方体の頂点間の動点の移動ととらえる工夫による。

［解法4］ (2)　座標空間を利用するところまでは［解法3］に同じ。n 秒後に特定の頂点に動点が到達する経路の総数を求め，これを 3^n で割る。

解法 1

(1)　3枚の板のいずれについても1回の操作で裏返る確率は $\dfrac{1}{3}$ である。

左端が1回裏返り，他の2枚のどちらか一方の板が2回裏返る事象Aと，左端が3回裏返る事象Bの和事象の確率を求める。

事象A…2回裏返る板の選び方で2通りあり，その各々に対して左端が何回目で裏返るかで3通りあるので，この確率は

$$2\cdot3\cdot\left(\frac{1}{3}\right)^3=\frac{6}{27}$$

事象B…左端が3回裏返るので，この確率は

$$\left(\frac{1}{3}\right)^3=\frac{1}{27}$$

事象Aと事象Bは互いに排反なので，求める確率は

$$\frac{6+1}{27}=\frac{7}{27}\quad\cdots\cdots(答)$$

(2)「白白白」から始めて n 回の操作の結果が「白白白」となるのは n が偶数のときに限り,「白黒白」となるのは n が奇数のときに限る。n 回の操作の結果が「白白白」または「白黒白」となる確率を p_n（n は自然数）とする。

1回の操作の結果が「白黒白」となる確率 p_1 は $\dfrac{1}{3}$ である。

2回の操作の結果が「白白白」となるのは，3枚のうちいずれか1枚の板のみが2回連続して裏返る場合であり，その確率 p_2 は

$$3\cdot\left(\frac{1}{3}\right)^2=\frac{1}{3}$$

まず，n が3以上の奇数のとき，$n-1$ は2以上の偶数であり，$n-1$ 回の操作の結果は「白白白」，「黒黒白」，「黒白黒」，「白黒黒」のいずれかである。「白白白」となっている確率は p_{n-1}，その他の3つの状態になっている確率はいずれも $\frac{1}{3}(1-p_{n-1})$ である。この後の1回の操作の結果で「白黒白」となる確率は右図のようになる。

「黒黒白」 ↓ $\frac{1}{3}$
「白白白」 → $\frac{1}{3}$ 「白黒白」 ← $\frac{1}{3}$ 「白黒黒」
↑ 0 「黒白黒」

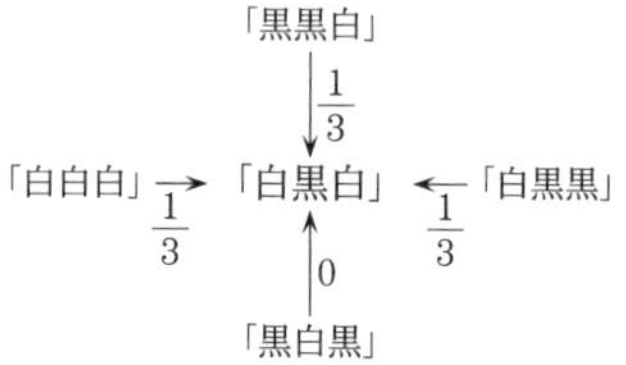

よって

$$p_n=\frac{1}{3}p_{n-1}+2\cdot\frac{1}{3}\cdot\frac{1}{3}(1-p_{n-1})=\frac{1}{9}p_{n-1}+\frac{2}{9}\quad\cdots\cdots①\quad(n\text{ は3以上の奇数})$$

次に，n が2以上の偶数のとき，$n-1$ は1以上の奇数であり，$n-1$ 回の操作の結果は「白黒白」，「黒白白」，「白白黒」，「黒黒黒」のいずれかである。「白黒白」，「黒白白」，「白白黒」となっている確率はいずれも p_{n-1}，「黒黒黒」となっている確率は $1-3p_{n-1}$ である。この後の1回の操作の結果で「白白白」となる確率は右図のようになる。

「黒白白」 ↓ $\frac{1}{3}$
「白黒白」 → $\frac{1}{3}$ 「白白白」 ← $\frac{1}{3}$ 「白白黒」
↑ 0 「黒黒黒」

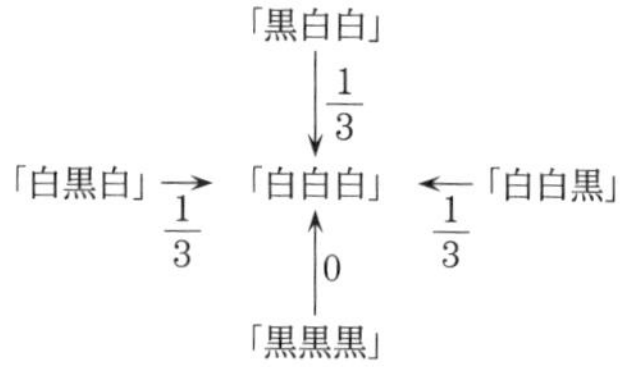

よって

$$p_n=3\cdot\frac{1}{3}p_{n-1}=p_{n-1}\quad\cdots\cdots②\quad(n\text{ は偶数})$$

〔ア〕 n が奇数のとき

$n\geqq3$ のとき

①，②より

$$p_n=\frac{1}{9}p_{n-1}+\frac{2}{9}=\frac{1}{9}p_{n-2}+\frac{2}{9}$$

よって

$$p_n-\frac{1}{4}=\frac{1}{9}\left(p_{n-2}-\frac{1}{4}\right)=\left(\frac{1}{9}\right)^2\left(p_{n-4}-\frac{1}{4}\right)=\cdots$$

$$=\left(\frac{1}{9}\right)^{\frac{n-1}{2}}\left(p_1-\frac{1}{4}\right)=\left(\frac{1}{9}\right)^{\frac{n-1}{2}}\left(\frac{1}{3}-\frac{1}{4}\right)$$

$$=\frac{1}{4}\left(\frac{1}{3}\right)^n$$

$$\therefore\quad p_n=\frac{1}{4}\left(\frac{1}{3}\right)^n+\frac{1}{4}\quad\cdots\cdots③\quad\left(p_1=\frac{1}{3}\text{ より，これは }n=1\text{ でも正しい}\right)$$

〔イ〕 n が偶数のとき

②，③より

$$p_n=p_{n-1}=\frac{1}{4}\left(\frac{1}{3}\right)^{n-1}+\frac{1}{4}$$

以上，〔ア〕，〔イ〕より求める確率は

$$\begin{cases}\dfrac{1}{4}\left(\dfrac{1}{3}\right)^{n}+\dfrac{1}{4} & (n\text{ が奇数のとき})\\[2ex] \dfrac{1}{4}\left(\dfrac{1}{3}\right)^{n-1}+\dfrac{1}{4} & (n\text{ が偶数のとき})\end{cases}\quad\cdots\cdots(\text{答})$$

解法 2

((1)は［解法１］に同じ)

(2)　n 回の操作の結果，両端が白である確率を p_n，両端が白と黒である確率を q_n とすると，両端が黒である確率は $1-p_n-q_n$ である。求める確率は p_n である。

「白□白」 $\frac{1}{3}$（自己ループ）
「白□白」→「白□黒 または 黒□白」 $\frac{2}{3}$
「白□黒 または 黒□白」→「白□白」 $\frac{1}{3}$
「白□黒 または 黒□白」 $\frac{1}{3}$（自己ループ）
「黒□黒」→「白□黒 または 黒□白」 $\frac{2}{3}$
(□は任意)

このとき，次の漸化式が成り立つ。

$$\begin{cases}p_{n+1}=\dfrac{1}{3}p_n+\dfrac{1}{3}q_n & \cdots\cdots①\\[2ex] q_{n+1}=\dfrac{2}{3}p_n+\dfrac{1}{3}q_n+\dfrac{2}{3}(1-p_n-q_n)=\dfrac{2}{3}-\dfrac{1}{3}q_n & \cdots\cdots②\end{cases}$$

また

$$p_1=\frac{1}{3},\quad q_1=\frac{2}{3}\quad\cdots\cdots③$$

②から

$$q_{n+1}-\frac{1}{2}=-\frac{1}{3}\left(q_n-\frac{1}{2}\right)$$

$$q_n-\frac{1}{2}=\left(-\frac{1}{3}\right)^{n-1}\left(q_1-\frac{1}{2}\right)=\frac{1}{6}\left(-\frac{1}{3}\right)^{n-1}=-\frac{1}{2}\left(-\frac{1}{3}\right)^{n}$$

$$q_n=\frac{1}{2}-\frac{1}{2}\left(-\frac{1}{3}\right)^{n}$$

これと①から

$$p_{n+1}=\frac{1}{3}p_n+\frac{1}{6}-\frac{1}{6}\left(-\frac{1}{3}\right)^{n}$$

$$p_{n+1}-\frac{1}{4}=\frac{1}{3}\left(p_n-\frac{1}{4}\right)+\frac{1}{2}\left(-\frac{1}{3}\right)^{n+1}$$

ここで，$x_n=p_n-\dfrac{1}{4}$ とおくと

$$x_{n+1}=\frac{1}{3}x_n+\frac{1}{2}\left(-\frac{1}{3}\right)^{n+1} \quad \text{すなわち} \quad 3^{n+1}x_{n+1}=3^n x_n+\frac{(-1)^{n+1}}{2}$$

③より $x_1=\dfrac{1}{12}$ となり，$n\geqq 2$ のとき

$$3^n x_n=3x_1+\frac{1}{2}\sum_{k=2}^{n}(-1)^k=\begin{cases}\dfrac{1}{4} & (n\text{ が奇数のとき})\\[2mm] \dfrac{3}{4} & (n\text{ が偶数のとき})\end{cases}$$

これは，$n=1$ でも成り立つ。

ゆえに，$x_n=\begin{cases}\dfrac{1}{4}\cdot\dfrac{1}{3^n} & (n\text{ が奇数のとき})\\[2mm] \dfrac{1}{4}\cdot\dfrac{1}{3^n} & (n\text{ が偶数のとき})\end{cases}$ となり

$$p_n=\begin{cases}\dfrac{1}{4}\left(\dfrac{1}{3}\right)^n+\dfrac{1}{4} & (n\text{ が奇数のとき})\\[2mm] \dfrac{1}{4}\left(\dfrac{1}{3}\right)^{n-1}+\dfrac{1}{4} & (n\text{ が偶数のとき})\end{cases} \quad \cdots\cdots(\text{答})$$

解法 3

（(1)は［解法 1］に同じ）

(2) 白を 0，黒を 1 で表すと，3 枚の板の白・黒のあり方として考えられる場合は (0, 0, 0)，(1, 0, 0)，(0, 1, 0)，(0, 0, 1)，(1, 1, 0)，(1, 0, 1)，(0, 1, 1)，(1, 1, 1) と表すことができる。これらを座標空間での座標とみると，次図のような立方体の頂点と考えることができる。

（黒の枚数でみると○は 0 枚，●は 1 枚，◉は 2 枚，×は 3 枚であることを表している。）

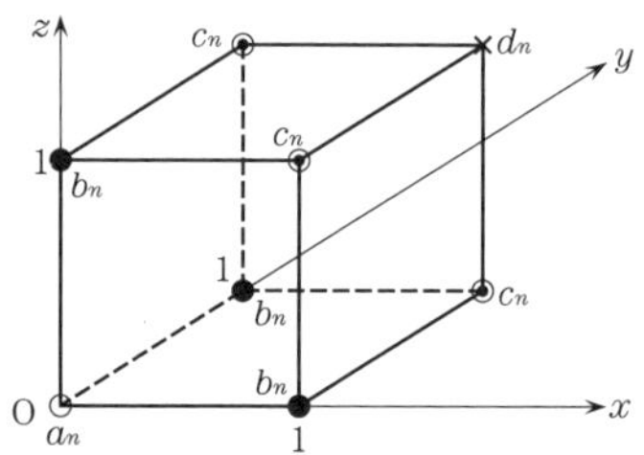

1 つの頂点にある動点が 1 回の操作ごとに隣の頂点（辺の他端）に移動する事象を考える。

○からスタートして，n 回の操作の結果で 3 箇所の●にくる確率はいずれも等しい。これを b_n とおく。同様に 3 箇所の◉にくる確率もいずれも等しい。これを c_n とおく。また○，×にくる確率をそれぞれ a_n，d_n とおく。このとき，次のことが成り立つ。

$$\begin{cases} n\text{が偶数のとき} \quad b_n = d_n = 0 \quad \cdots\cdots① \\ a_n + 3b_n + 3c_n + d_n = 1 \quad \cdots\cdots② \\ a_{2m} = 3\cdot\dfrac{1}{3}b_{2m-1} = b_{2m-1} \quad \cdots\cdots③ \\ b_{2m-1} = \dfrac{1}{3}a_{2m-2} + 2\cdot\dfrac{1}{3}c_{2m-2} \quad \cdots\cdots④ \\ a_0 = 1 \quad \cdots\cdots⑤ \end{cases} \quad (m\text{は自然数})$$

①，②より

$$a_{2m-2} + 3c_{2m-2} = 1$$

$$\therefore \quad c_{2m-2} = \frac{1}{3}(1 - a_{2m-2}) \quad \cdots\cdots⑥$$

④，⑥より

$$b_{2m-1} = \frac{1}{3}a_{2m-2} + 2\cdot\frac{1}{3^2}(1 - a_{2m-2}) = \frac{2}{9} + \frac{1}{9}a_{2m-2} \quad \cdots\cdots⑦$$

③，⑦より

$$a_{2m} = \frac{2}{9} + \frac{1}{9}a_{2m-2}$$

$$a_{2m} - \frac{1}{4} = \frac{1}{9}\left\{a_{2(m-1)} - \frac{1}{4}\right\}$$

$$a_{2m} - \frac{1}{4} = \left(\frac{1}{9}\right)^m\left(a_0 - \frac{1}{4}\right) = \left(\frac{1}{9}\right)^m\cdot\frac{3}{4} \quad (\because \ ⑤)$$

$$\therefore \quad a_{2m} = \frac{1}{4} + \frac{3}{4}\cdot\frac{1}{3^{2m}} \quad \cdots\cdots⑧$$

⑦，⑧より

$$b_{2m-1} = \frac{2}{9} + \frac{1}{9}\left(\frac{1}{4} + \frac{3}{4}\cdot\frac{1}{3^{2m-2}}\right) = \frac{1}{4} + \frac{1}{4}\cdot\frac{1}{3^{2m-1}}$$

よって，求める確率は n が偶数のときは a_n，奇数のときは b_n であるから

$$\left.\begin{array}{ll} n\text{が偶数のとき} & \dfrac{1}{4} + \dfrac{3}{4}\cdot\dfrac{1}{3^n} \\ n\text{が奇数のとき} & \dfrac{1}{4} + \dfrac{1}{4}\cdot\dfrac{1}{3^n} \end{array}\right\} \cdots\cdots(\text{答})$$

解法 4

((1)は［解法１］に同じ)

(2)　［解法３］の図において，１つの動点が○印からスタートして１秒ごとに１つの辺の他の端点に移っていくときの経路を考える。a_n，b_n，c_n，d_n はそれぞれ n 秒後に○，●，◉，×の付いた頂点に移動する経路の総数とする。

$$\left(\begin{array}{ll} \text{たとえば} & a_1=0,\ b_1=1,\ c_1=0,\ d_1=0, \\ & a_2=3,\ b_2=0,\ c_2=2,\ d_2=0, \\ & a_3=0,\ b_3=7,\ c_3=0,\ d_3=6 \\ \text{また} & a_0=1,\ b_0=0,\ c_0=0,\ d_0=0 \end{array}\right)$$

n が偶数のとき，明らかに　$b_n=d_n=0$　……①

動点はつねに 3 つの辺のどれかを通っていずれかの頂点に移動するので

$$a_n+3b_n+3c_n+d_n=3^n \quad \cdots\cdots ②$$

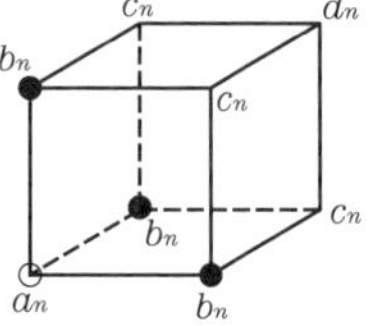

右図のように a_{n+1} は 1 秒前の 3 箇所の●を経て○に到達する経路の個数の和なので

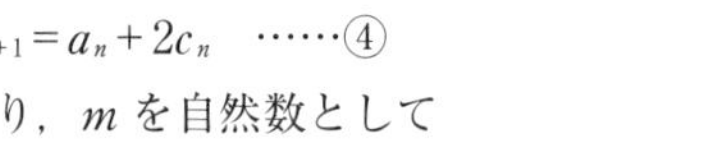

$$a_{n+1}=3b_n \quad \cdots\cdots ③$$

$$b_{n+1}=a_n+2c_n \quad \cdots\cdots ④$$

③，④より，m を自然数として

$$a_{2m}=3b_{2m-1}=3(a_{2m-2}+2c_{2m-2}) \quad \cdots\cdots ⑤$$

①，②より

$$a_{2m-2}+3c_{2m-2}=3^{2m-2} \quad \cdots\cdots ⑥$$

⑤，⑥より

$$a_{2m}=3\left\{a_{2m-2}+\frac{2}{3}(3^{2m-2}-a_{2m-2})\right\}$$

$$a_{2m}-a_{2m-2}=2\cdot 3^{2m-2}$$

$$\therefore \quad a_{2m}=a_0+2\sum_{k=1}^{m}3^{2(k-1)}=1+2\times\frac{3^{2m}-1}{9-1}=\frac{3^{2m}+3}{4}$$

よって，③より

$$b_{2m-1}=\frac{1}{3}a_{2m}=\frac{3^{2m-1}+1}{4}$$

求める確率は動点が原点または点 (0, 1, 0) に達する確率なので，n が偶数のときは $\frac{a_n}{3_n}$，奇数のときは $\frac{b_n}{3_n}$ であるから

$$\left.\begin{array}{ll} n\text{ が偶数のとき} & \dfrac{1}{3^n}\cdot\dfrac{3^n+3}{4}=\dfrac{1}{4}+\dfrac{1}{4\cdot 3^{n-1}} \\ n\text{ が奇数のとき} & \dfrac{1}{3^n}\cdot\dfrac{3^n+1}{4}=\dfrac{1}{4}+\dfrac{1}{4\cdot 3^n} \end{array}\right\} \quad \cdots\cdots(\text{答})$$

〔注〕 (2) ［解法 1］は求める確率そのものについての漸化式に，［解法 3］は 4 通りの確率間の漸化式によっているが，いずれの場合も，裏返しの回数に注目すると n が偶数ならば「白白白」，n が奇数ならば「白黒白」となる確率に絞って求めるとよいというのが最大のポイントである。また，どちらの方法でも補助的な図が正しい立式の助けとなるので参考としてほしい。

［解法 3］で用いた立方体の頂点間の動点の移動という見方によれば，［解法 4］のように経路の個数を数える解法も考えられる。利用価値は高いので参考としてほしい。

83　2003年度〔5〕　Level C

ポイント　(1)・(2)　どちらも余事象による。

(3)　$1-p_n$ が「X_n が 20 で割り切れないときの確率」であることに注意して，これを求める。

20 で割り切れる確率が，(1)と(2)で求めた確率の積ではないことに注意する（理由は〔注〕参照）。

20 で割り切れないときの確率を(1)・(2)で利用した「5 で割り切れない確率」，「4 で割り切れない確率」および「4 でも 5 でも割り切れない確率」を用いて求める。これは，「X_n が奇数で 5 で割り切れない」事象と「X_n が偶数で 4 でも 5 でも割り切れない」事象の互いに排反な事象の和事象の確率ととらえるとよい。

最後の極限では，一般に実数 t と整数 n に対して，$|t|<1$ ならば $\lim_{n\to\infty} t^n n=0$ であることを用いる。

解　法

(1)　5 は素数であるから，X_n が 5 で割り切れない確率 q_n は n 回とも 5 以外の目となる確率である。

よって　$q_n=\left(\frac{5}{6}\right)^n$

ゆえに，X_n が 5 で割り切れる確率は

$$1-q_n=1-\left(\frac{5}{6}\right)^n \quad \cdots\cdots(\text{答})$$

(2)　n 回とも奇数の目となる事象を A とし，n 回中 1 回が 2 または 6 の目となり，それ以外の $n-1$ 回が奇数の目となる事象を B とする。

X_n が 4 で割り切れない確率 r_n は，事象 A または B の確率である。

A と B は互いに排反な事象であるから

$$r_n=\left(\frac{1}{2}\right)^n+n\left(\frac{1}{3}\right)\left(\frac{1}{2}\right)^{n-1}=\left(\frac{1}{2}\right)^n\left(1+\frac{2}{3}n\right)$$

よって，X_n が 4 で割り切れる確率は

$$1-r_n=1-\left(\frac{1}{2}\right)^n\left(1+\frac{2}{3}n\right) \quad \cdots\cdots(\text{答})$$

(3)　$1-p_n$ は X_n が 20 で割り切れない確率である。

「X_n が 20 で割り切れる」$\Longleftrightarrow$「X_n が 4 で割り切れ，かつ，5 で割り切れる」（なぜなら 4 と 5 は互いに素）であるから

「X_n が 20 で割り切れない」$\Longleftrightarrow$「X_n が 4 で割り切れない，または，5 で割り切れ

ない」となる。

ここで，X_n が 4 で割り切れず，かつ，5 でも割り切れない確率を s_n とおくと

$$1-p_n=q_n+r_n-s_n$$

X_n が 4 で割り切れず，かつ，5 でも割り切れないという事象は

「n 回とも 1 または 3 の目となる事象（X_n が 5 で割り切れない奇数となる事象）」と「n 回中 1 回が 2 または 6 の目となり，それ以外の $n-1$ 回が 1 または 3 の目となる事象（X_n が 4 でも 5 でも割り切れない偶数となる事象）」の和事象である。

これらは互いに排反な事象であるから

$$s_n=\left(\frac{1}{3}\right)^n+n\cdot\frac{1}{3}\cdot\left(\frac{1}{3}\right)^{n-1}=(n+1)\left(\frac{1}{3}\right)^n$$

(1)，(2)の q_n，r_n の値を用いて

$$1-p_n=\left(\frac{5}{6}\right)^n+\left(\frac{1}{2}\right)^n\left(1+\frac{2}{3}n\right)-(n+1)\left(\frac{1}{3}\right)^n$$

$$=\left(\frac{5}{6}\right)^n\left\{1+\left(\frac{3}{5}\right)^n\left(1+\frac{2}{3}n\right)-\left(\frac{2}{5}\right)^n(n+1)\right\}$$

よって　$$\frac{1}{n}\log(1-p_n)=\log\frac{5}{6}+\frac{1}{n}\log\left\{1+\left(\frac{3}{5}\right)^n\left(1+\frac{2}{3}n\right)-\left(\frac{2}{5}\right)^n(n+1)\right\}$$

$$\xrightarrow[n\to\infty]{}\log\frac{5}{6}$$

（一般に実数 t と整数 n に対して，$|t|<1$ ならば $\lim_{n\to\infty}t^n n=0$）

ゆえに　$$\lim_{n\to\infty}\frac{1}{n}\log(1-p_n)=\log\frac{5}{6}\quad\cdots\cdots(\text{答})$$

〔注〕 (3)「X_n が 20 で割り切れる確率」を「X_n が 5 で割り切れる確率」と「X_n が 4 で割り切れる確率」の積とする間違いをしないことがポイントとなる。「X_n が 5 で割り切れる確率」と「X_n が 4 で割り切れる確率」はどちらも 6^n 通りの全事象に対するそれぞれの事象の割合であって，これらの値の積は，単に「n 回さいころを振る試行を 2 回行ったときに最初の試行での目の積 X_n が 5 で割り切れ，かつ，2 回目の試行での目の積 X_n が 4 で割り切れる」事象の確率である。このときは 6^{2n} 通りの全事象で考えていることになる。

確率の積を正しく用いようとすると，n 回さいころを振る試行を 1 回行うときに，目の積 X_n が 5 で割り切れる事象の中での 4 で割り切れる事象の割合を出しておかなければならない。これは「条件付き確率」の考え方になる。それを考える場合でも結局，[解法] のような考え方をすることになる。

結局，「X_n が 4 で割り切れない事象」と「X_n が 5 で割り切れない事象」の和事象を経ることになる。このような場合には「4 でも 5 でも割り切れない事象」の確率も必要になることは，通常の学習で学んでいる事項である。

最後の極限計算では，次の[研究] で示してあることを用いなければならない。これは証明も含めて理解しておくべき事柄であり，証明なしで利用してよいが，解答中にコメントしておく必要はある。本問も丁寧に計算をしなければならない。

研究 実数 t と整数 n に対して，$|t|<1$ ならば $\lim_{n\to\infty} t^n n=0$ であることの証明：

$|t|<1$ より $\frac{1}{|t|}>1$ であるから，$\frac{1}{|t|}=1+h$，$h>0$ とおける。

$n\geqq 2$ のとき

$$\frac{1}{|t|^n}=(1+h)^n\geqq 1+{}_nC_1h+{}_nC_2h^2>{}_nC_2h^2=\frac{n(n-1)}{2}h^2$$

$$\therefore\quad 0<|t^n n|<\frac{2}{(n-1)h^2}\xrightarrow[n\to\infty]{} 0$$

ゆえに

$$\lim_{n\to\infty} t^n n=0$$

（証明終）

84　2002年度〔6〕　Level C

ポイント　(2)　$1 \leqq k \leqq N$ と $N+1 \leqq k \leqq 2N$ の場合に分けて考える。

(3)　j 回シャッフルしたときの k の位置を $f^j(k)$ とする。$f^{j+1}(k)=f(f^j(k))$ と(2)から，$f^{j+1}(k)-2f^j(k)$ は $2N+1$ で割り切れる。

一般に，$f^j(k)-2^j(k)$ が $2N+1$ で割り切れることを示し，$f^j(k)-k$ を考える。

[解法１]　(3)　合同式を用い，見通しのよい記述を試みる。

[解法２]　(3)　合同式によらない記述による。

解 法 1

(1)　$\{1,\ 2,\ 3,\ 4,\ 5,\ 6,\ 7,\ 8\}$

に対して，３回シャッフルすると，次の数列が得られる。

１回目　$\{5,\ 1,\ 6,\ 2,\ 7,\ 3,\ 8,\ 4\}$

２回目　$\{7,\ 5,\ 3,\ 1,\ 8,\ 6,\ 4,\ 2\}$

３回目　$\{8,\ 7,\ 6,\ 5,\ 4,\ 3,\ 2,\ 1\}$　……(答)

(2)　(i)　$1 \leqq k \leqq N$ のとき

$f(k)$ は k 番目の偶数であるから

$$f(k)=2k$$

$$f(k)-2k=0$$

よって，$f(k)-2k$ は $2N+1$ で割り切れる。

(ii)　$N+1 \leqq k \leqq 2N$ のとき

$f(k)$ は $(k-N)$ 番目の奇数であるから

$$f(k)=2(k-N)-1=2k-(2N+1)$$

$$f(k)-2k=-(2N+1)$$

よって，$f(k)-2k$ は $2N+1$ で割り切れる。

(i)，(ii)より，$f(k)-2k$ は $2N+1$ で割り切れる。　(証明終)

(3)　一般に整数 a，b，$m\,(m \neq 0)$ に対して，$a-b$ が m で割り切れる（すなわち，a，b を m で割った余りが等しい）とき，$a \equiv b \pmod{m}$ と記す。

整数 c に対し，$a \equiv b \pmod{m}$ ならば，$ac \equiv bc \pmod{m}$，$a-c \equiv b-c \pmod{m}$ となることは明らかである。

数列 $\{1,\ 2,\ \cdots,\ 2N\}$ を j 回シャッフルしたときに数 $k\,(k=1,\ 2,\ \cdots,\ 2N)$ が現れる位置を $f^j(k)$ で表す（$f^1(k)$ は $f(k)$ と同一）。$f^{j+1}(k)=f(f^j(k))$ である。

(2)から

$$f(k) \equiv 2k \pmod{2N+1}$$

$$\therefore\quad f^2(k)=f(f(k))\equiv 2f(k)\equiv 2^2k \pmod{2N+1}$$

$$f^3(k)=f(f^2(k))\equiv 2f^2(k)\equiv 2^2f(k)\equiv 2^3k \pmod{2N+1}$$

以下，同様に続けて

$$f^{2n}(k)\equiv 2^{2n}k \pmod{2N+1}$$

$$\begin{aligned}\therefore\quad f^{2n}(k)-k\equiv 2^{2n}k-k&=(2^n+1)(2^n-1)k\\&=(2N+1)(2N-1)k\\&\equiv 0 \pmod{2N+1}\end{aligned}$$

すなわち，$f^{2n}(k)-k$ は $2N+1$ の倍数である。

ここで，$1\leqq f^{2n}(k)\leqq 2N$，$1\leqq k\leqq 2N$ であるから

$$0\leqq |f^{2n}(k)-k|\leqq 2N-1<2N+1$$

よって

$$f^{2n}(k)-k=0 \qquad \therefore\quad f^{2n}(k)=k$$

ゆえに，$\{1,\ 2,\ \cdots,\ 2N\}$ は $2n$ 回シャッフルするともとにもどる。　　　（証明終）

解 法 2

（(1)・(2)は［解法1］に同じ）

(3)　数列 $\{1,\ 2,\ \cdots,\ 2N\}$　$(N=2^{n-1})$ を j 回シャッフルしたとき，数 k $(k=1,\ 2,\ \cdots,\ 2N)$ が現れる位置を $f^j(k)$ で表す（$f^1(k)$ と $f(k)$ とは同一）。

$j=1,\ 2,\ \cdots$ のとき $f^{j+1}(k)=f(f^j(k))$ であるから，$f(k)-2k$ が $2N+1$ で割り切れるのと同様に，$f^{j+1}(k)-2f^j(k)$ は $2N+1$ で割り切れる。

$$\begin{aligned}f^{2n}(k)-2^{2n}k=&\{f^{2n}(k)-2f^{2n-1}(k)\}+2\{f^{2n-1}(k)-2f^{2n-2}(k)\}\\&+2^2\{f^{2n-2}(k)-2f^{2n-3}(k)\}+\cdots\\&+2^{2n-2}\{f^2(k)-2f(k)\}+2^{2n-1}\{f(k)-2k\}\end{aligned}$$

であるから，これは $2N+1$ で割り切れる。

$2^{n-1}=N$ より $2^{2n}=4N^2$ であるから

$$\begin{aligned}f^{2n}(k)-k&=f^{2n}(k)-2^{2n}k+2^{2n}k-k\\&=f^{2n}(k)-2^{2n}k+(2^{2n}-1)k\\&=f^{2n}(k)-2^{2n}k+(2N+1)(2N-1)k\end{aligned}$$

よって，$f^{2n}(k)-k$ は $2N+1$ で割り切れる。

ここで，$1\leqq k\leqq 2N$，$1\leqq f^{2n}(k)\leqq 2N$ より

$$0\leqq |f^{2n}(k)-k|\leqq 2N-1<2N+1$$

であるから

$$f^{2n}(k)-k=0$$

$$\therefore\quad f^{2n}(k)=k$$

ゆえに，$\{1,\ 2,\ \cdots,\ 2N\}$ は $2n$ 回シャッフルするともとにもどる。　　　（証明終）

85 2001年度〔6〕（文理共通(一部)） Level C

ポイント (1) n 回の試行後のA，Bの座標を a_n，b_n として，座標平面上で点 $P_n(a_n,\ b_n)$ の動き（$P_n \to P_{n+1}$）を見る。起こり得る変化の確率にも注意する。

(2) $p_n=\dfrac{X_n}{2^n}$ を利用する。

(3) a_n と a_{n+1} の値の変化の期待値を利用する。

解法

(1) コインを n 回投げた後のA，Bの座標をそれぞれ a_n，b_n として，座標平面上で点 $P_n(a_n,\ b_n)$ を考える。

与えられた条件から，点 P_n が直線 $y=x$，$y=x-1$，$y=x+1$ のそれぞれの上にあるとき，P_{n+1} はそれぞれ等しい確率で図中の●印の位置にくる（○印は P_n の位置）。

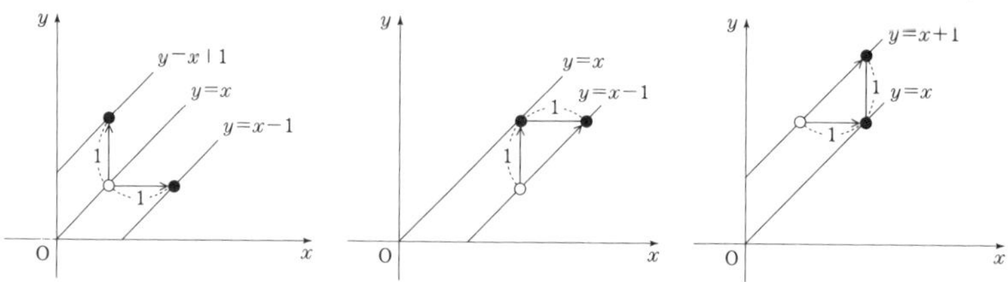

さらに，A，Bが初めに原点にあることから，P_n はこの3つの直線のいずれかの上にあり，しかも P_n が直線 $y=x-1$ 上にある確率と $y=x+1$ 上にある確率は等しい。

また，P_n が直線 $y=x\pm1$ 上にある状態から，P_{n+1} が直線 $y=x$ 上にくる確率は $\dfrac{1}{2}$ である。

よって，$a_n=b_n$ となる確率 $\dfrac{X_n}{2^n}$ について

$$\frac{X_{n+1}}{2^{n+1}}=\frac{1}{2}\left(1-\frac{X_n}{2^n}\right)$$

$$\therefore\quad X_{n+1}=2^n-X_n \quad \cdots\cdots(\text{答})$$

(2) $\dfrac{X_n}{2^n}=p_n$ とおくと $p_{n+1}=\dfrac{X_{n+1}}{2^{n+1}}$ であるから，上の等式より

$$p_{n+1}=-\frac{p_n}{2}+\frac{1}{2},\quad p_1=0$$

これより　$$p_{n+1}-\frac{1}{3}=-\frac{1}{2}\left(p_n-\frac{1}{3}\right)$$

数列 $\left\{p_n-\frac{1}{3}\right\}$ は，初項 $p_1-\frac{1}{3}=-\frac{1}{3}$，公比 $-\frac{1}{2}$ の等比数列であるから

$$p_n=\frac{1}{3}+\left(-\frac{1}{2}\right)^{n-1}\left(-\frac{1}{3}\right)=\frac{1}{3}+\frac{(-1)^n}{3\cdot 2^{n-1}}$$

ゆえに　$X_n=\frac{2^n}{3}+\frac{2(-1)^n}{3}$　$(n=1,\ 2,\ \cdots)$　……(答)

(3)　a_n の値から a_{n+1} の値への変化は，(1)に述べたことから，次のようになる。

P_n が
- 直線 $y=x$ 上にあるとき，確率 $\frac{1}{2}$ ずつで $+1$，± 0 の変化
- 直線 $y=x-1$ 上にあるとき，確率 $\frac{1}{2}$ ずつで $+1$，± 0 の変化
- 直線 $y=x+1$ 上にあるとき，確率1で $+1$ の変化

P_n が直線 $y=x$，$y=x-1$，$y=x+1$ の上にある確率はそれぞれ p_n，$\frac{1}{2}(1-p_n)$，$\frac{1}{2}(1-p_n)$ であるから，a_n の値の期待値を E_n とおくと

$$E_{n+1}-E_n=1\times\frac{1}{2}\times p_n+1\times\frac{1}{2}\times\frac{1}{2}(1-p_n)+1\times 1\times\frac{1}{2}(1-p_n)=\frac{3}{4}-\frac{1}{4}p_n$$

P_1 が点 $(1,\ 0)$，$(0,\ 1)$ にある確率はともに $\frac{1}{2}$ であるから

$$E_1=\frac{1}{2}\times 1+\frac{1}{2}\times 0=\frac{1}{2}$$

よって

$$\begin{aligned}E_n&=E_1+\sum_{k=1}^{n-1}\left(\frac{3}{4}-\frac{1}{4}p_k\right)=\frac{1}{2}+\sum_{k=1}^{n-1}\left\{\frac{2}{3}+\frac{1}{12}\left(-\frac{1}{2}\right)^{k-1}\right\}\quad ((2)\text{より})\\&=\frac{1}{2}+\frac{2}{3}(n-1)+\frac{1}{18}\left\{1-\left(-\frac{1}{2}\right)^{n-1}\right\}\\&=\frac{2}{3}n-\frac{1}{9}+\frac{1}{9}\left(-\frac{1}{2}\right)^n\quad (2\leqq n)\end{aligned}$$

これは $n=1$ のときも正しい。

ゆえに　$E_n=\frac{2}{3}n-\frac{1}{9}+\frac{1}{9}\left(-\frac{1}{2}\right)^n$　……(答)

〔注〕 (1)　n 回コインを投げた後のA，Bの数直線上の座標 a_n，b_n について，与えられた条件の対称性から，$a_n<b_n$ となる場合の数と $a_n>b_n$ となる場合の数は等しく，$a_n\neq b_n$ である場合から $a_{n+1}=b_{n+1}$，$a_{n+1}\neq b_{n+1}$ となる場合はコインの表裏によって等しく起こり得る。このことから，$X_{n+1}=2^n-X_n$ はほとんど明らかであるが，この「対称性」と「等しく起こる」ということの根拠を，確率を用いて表したのが［解法］の記述である。

(3)　厳密には期待値の差が差の期待値に等しいことを前提とする解法を示した。これを前提としない解法はいたずらに煩雑なものとなる。

86 2000年度〔5〕 Level B

ポイント (1) 高位の位から順に，とり得る数字の値を決めていく。
(2) S の要素で1けた，2けた，3けたの数の個数を求め，2000番目の要素が何けたであるかを求める。次いで高位の位の数字から順に求めていく。
[解法1] (1) 高位の位の数字から順にとり得る数の個数を乗じていく。
[解法2] (1) 5つの集合 $\{0,\ 9\}$，$\{1,\ 8\}$，$\{2,\ 7\}$，$\{3,\ 6\}$，$\{4,\ 5\}$ から4個を並べる順列を利用する。

解法1

(1) 4けたの正の整数の各けたの数字を，高位より順に a，b，c，d とする。
$1\leqq a\leqq 9$，$0\leqq b$，c，$d\leqq 9$ である。
高位の位から順に条件を満たすように各位のとり得る数字を決めていく。
そのための条件は次の①～③となる。

$$\begin{cases} b\neq a,\ 9-a & \cdots\cdots ① \\ c\neq a,\ 9-a,\ b,\ 9-b & \cdots\cdots ② \\ d\neq a,\ 9-a,\ b,\ 9-b,\ c,\ 9-c & \cdots\cdots ③ \end{cases}$$

①で a は整数であるから，①の右辺の2数は異なる。 ……(＊)
②で b は整数であることと，①および(＊)から②の右辺の4数はすべて異なる。
……(＊＊)
③で c は整数であることと，①，②，(＊)，および(＊＊)から③の右辺の6数はすべて異なる。
ゆえに，S の要素でちょうど4けたの数の個数は

$9\cdot(10-2)\cdot(10-4)\cdot(10-6)=1728$ 個 ……(答)

(2) S の要素で

(i) 1けたの数の個数は　9 個
(ii) 2けたの数の個数は　$9\cdot(10-2)=72$ 個
(iii) 3けたの数の個数は　$9\cdot(10-2)\cdot(10-4)=432$ 個
((ii)，(iii)は，(1)と同様に数える)

$9+72+432=513<2000<513+1728=2241$

であるから，小さい方から数えて2000番目の S の要素は4けたの数である。
4けたの数（各けたの数字を表す文字は(1)と同様）で，$a\ (1\leqq a\leqq 9)$ の各値に対する S の要素の個数は

$(10-2)\cdot(10-4)\cdot(10-6)=192$ 個

よって

$(2000-513)\div 192=7$　……余り 143

であるから，2000 番目の S の要素は　　$a=8$

このとき，各 b（$0\leqq b\leqq 9$，$b\neq 8$，1）に対する S の要素の個数は

$(10-4)\cdot(10-6)=24$ 個

よって

$143\div 24=5$　……余り 23

であるから，2000 番目の S の要素は　　$b=6$

このとき，2000 番目の S の要素は，$10c+d$（$c\neq 1$，3，6，8；$d\neq 1$，3，6，8，c，$9-c$）の形の数のうちで最大の数（$a=8$，$b=6$ の数のうち，小さい方から 24 番目の数）97 の直前の数であるから

$c=9$，$d=5$

ゆえに，求める数は　　8695　……(答)

解 法 2

(1)　5 つの集合 $\{0,\ 9\}$，$\{1,\ 8\}$，$\{2,\ 7\}$，$\{3,\ 6\}$，$\{4,\ 5\}$ から異なる 4 つの集合を選び，各集合からどちらか 1 つの数字を選んで順に並べる場合の数から，首位が 0 となる場合の数を除いた個数を求めて

${}_5\mathrm{P}_4\cdot 2^4-{}_4\mathrm{P}_3\cdot 2^3=2^3\cdot 4\cdot 3\cdot 2\cdot(2\cdot 5-1)=1728$ 個　……(答)

((2)は［解法 1］に同じ)

87　1999年度〔3〕（文理共通（一部））　Level B

ポイント (1)　辺ABが電流を通さないときに，AからBに電流が流れる場合を互いに排反な場合に分け，ていねいに調べる。

(2)　(1)の積事象として考える。

［解法1］(1)　AからBへ電流が流れる場合を調べる。

［解法2］(1)　AからBへ電流が流れない場合の確率を求める。

［解法3］(1)　樹形図による。

解法1

(1)　辺ABが電流を通すことをA○Bで表し，電流を通さないことをA×Bで表すことにする。他の辺についても同様とする。

A○Bの場合は，AからBに電流が通る。この場合の確率はpである。

A×Bの場合にAからBに電流が通るのは，3つの互いに排反な場合に分けられる。

(i)　A○CかつA×Dのとき　　(ii)　A×CかつA○Dのとき

(iii)　A○CかつA○Dのとき

ここで，(i)と(ii)の場合にAからBに電流が流れる確率が等しくなることは，頂点の配置から明らかである。(i)，(iii)のとき，AからBに電流が流れるのは

(i)＜ C○B ／ C×BかつC○DかつD○B　　(iii)＜ C○B ／ C×BかつD○B

の場合で，これらは互いに排反である。

以上より，求める確率は

$$p+(1-p)\left[2p(1-p)\{p+(1-p)p^2\}+p^2\{p+(1-p)p\}\right]$$
$$=p+(1-p)\{2p^2(1-p)+2p^3(1-p)^2+p^3+(1-p)p^3\}$$
$$=p+(1-p)(2p^2+2p^3-5p^4+2p^5)$$
$$=p+2p^2-7p^4+7p^5-2p^6 \quad \cdots\cdots(答)$$

(2)　電流が「BからAに流れる事象」，「EからFに流れる事象」の確率は，いずれも(1)の確率に等しい（四面体の1頂点から隣の1頂点に電流が流れる確率であるから）。電流がBからFに流れる事象は，上の2つの事象の積事象であり，これらの2つの事象は独立事象であるから，求める確率は

$$p^2(1+2p-7p^3+7p^4-2p^5)^2 \quad \cdots\cdots(答)$$

解法 2

(1)　A × B の場合に A から B に電流が流れない場合を，次の 2 つの互いに排反な場合に分けて考える。

(i)　C ○ D の場合，下図を考えると

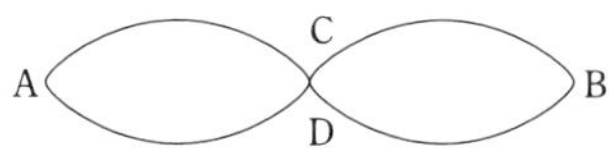

「A × C かつ A × D」または「C × B かつ D × B」となる確率から，「A × C かつ A × D かつ C × B かつ D × B」となる確率をひいて

$$2(1-p)^2-(1-p)^4$$

(ii)　C × D の場合，下図を考えると

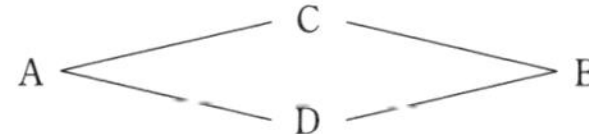

上の経路で電流が流れるのは　　p^2

下の経路で電流が流れるのは　　p^2

よって，どちらの経路でも電流が流れない確率は　　$(1-p^2)^2$

以上(i)，(ii)より，A から B に電流が流れない確率は

$$(1-p)[p\{2(1-p)^2-(1-p)^4\}+(1-p)(1-p^2)^2]$$
$$=(1-p)\{(p-4p^3+4p^4-p^5)+(1-p-2p^2+2p^3+p^4-p^5)\}$$
$$=(1-p)(1-2p^2-2p^3+5p^4-2p^5)$$
$$=1-p-2p^2+7p^4-7p^5+2p^6$$

ゆえに，求める確率は，上記の値を 1 からひいて

$$p+2p^2-7p^4+7p^5-2p^6 \quad \cdots\cdots(\text{答})$$

((2)は［解法 1］に同じ)

解法 3

(1) 全事象を樹形図に描くと，下のようになる。

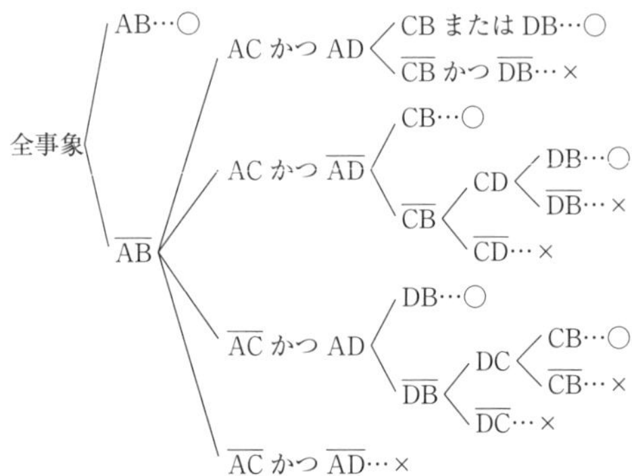

この樹形図で，辺が AB のように描かれているときは電流を通すことを表し，$\overline{\text{AB}}$ のように描かれているときは電流を通さないことを表す。
また，右端の○，×は，その場合，A から B に電流が，それぞれ，流れる，流れない，ことを表す。
よって，求める確率は

$$p+(1-p)p^2\{1-(1-p)^2\}+2(1-p)^2p^2+2(1-p)^3p^3$$
$$=p(1+2p-7p^3+7p^4-2p^5) \quad \cdots\cdots(\text{答})$$

((2)は［解法 1］に同じ)

§9 整式の微積分

88　2022 年度〔4〕　Level B

ポイント (1) $\mathrm{P}(p,\ q)$として，$l: y=a(x-p)+q$と$y=x^3-x$からyを消去したxの3次方程式が，p，qによらず常に，異なる3つの実数解をもつような実数aがとれることを示す。
(2) lとCの3つの交点のx座標を小さい方から順にα，β，γとし，$f(x)=x^3-(a+1)x+ap-q$について，$\int_\alpha^\gamma f(x)\,dx=0$が成り立つような実数$\alpha$，$\gamma$が存在するときの$l$の条件を求める。このような$l$の通過範囲が，求める点Pのとりうる範囲となる。

解法

(1) $\mathrm{P}(p,\ q)$とする。y軸に平行な直線は条件を満たさないので，lの方程式を$y=a(x-p)+q$として考えてよい。このとき，任意の実数p，qに対して，xの3次方程式

$$x^3-x-a(x-p)-q=0\quad すなわち\quad x^3-(a+1)x+ap-q=0$$

が異なる3つの実数解をもつような実数aがとれることを示すとよい。このために，$f(x)=x^3-(a+1)x+ap-q$として，任意の実数p，qに対して，$f(x)$が異符号の極値をもつような実数aがとれることを示す。まず

$$f'(x)=0\quad すなわち\quad 3x^2-(a+1)=0$$

が異なる2つの実数解をもつことが必要であるから，$a>-1$でなければならない。

このもとで，2つの極値の積$f\left(\sqrt{\dfrac{a+1}{3}}\right)f\left(-\sqrt{\dfrac{a+1}{3}}\right)$が負となるような$a\,(>-1)$が存在することを示す。

$$\begin{aligned}f\left(\sqrt{\frac{a+1}{3}}\right)&=\frac{a+1}{3}\sqrt{\frac{a+1}{3}}-\sqrt{\frac{a+1}{3}}(a+1)+ap-q\\&=-\frac{2}{3}(a+1)\sqrt{\frac{a+1}{3}}+ap-q\end{aligned}$$

$$\begin{aligned}f\left(-\sqrt{\frac{a+1}{3}}\right)&=-\frac{a+1}{3}\sqrt{\frac{a+1}{3}}+\sqrt{\frac{a+1}{3}}(a+1)+ap-q\\&=\frac{2}{3}(a+1)\sqrt{\frac{a+1}{3}}+ap-q\end{aligned}$$

より

$$f\left(\sqrt{\frac{a+1}{3}}\right)f\left(-\sqrt{\frac{a+1}{3}}\right)=(ap-q)^2-\frac{4}{27}(a+1)^3$$

これは a についての3次関数で a^3 の係数が負であるから，任意の p，q に対して十分大きな a をとれば，確かに負となる。

以上から，座標平面上のすべての点Pは条件(i)を満たす。　(証明終)

(2)　まず，$\mathrm{P}(p,\ q)$ を通る直線 $l:y=a(x-p)+q$ で，条件(ii)で与えられた性質を満たすものは，原点を通るものに限ることを示す。

l と C が相異なる3つの点で交わるとき，3交点の x 座標は，(1)の $f(x)=0$ の3解である。これらを小さい方から順に α，β，γ とする。

このとき，l が条件(ii)で与えられた性質を満たすならば

$$\int_\alpha^\beta f(x)\,dx=-\int_\beta^\gamma f(x)\,dx \quad \text{すなわち} \quad \int_\alpha^\gamma f(x)\,dx=0$$

が成り立つ。これより

$$\int_\alpha^\gamma\{x^3-(a+1)x+ap-q\}\,dx=0$$

$$\left[\frac{x^4}{4}-\frac{a+1}{2}x^2+(ap-q)x\right]_\alpha^\gamma=0$$

$$\frac{1}{4}(\gamma^4-\alpha^4)-\frac{a+1}{2}(\gamma^2-\alpha^2)+(ap-q)(\gamma-\alpha)=0$$

$\alpha\neq\gamma$ なので，これを整理すると

$$(\alpha^2+\gamma^2)(\alpha+\gamma)-2(a+1)(\alpha+\gamma)+4(ap-q)=0 \quad \cdots\cdots①$$

ここで，α，β，γ は $x^3-(a+1)x+ap-q=0$ の3解なので

$$\alpha+\beta+\gamma=0,\ \alpha\beta+\beta\gamma+\gamma\alpha=-(a+1),\ \alpha\beta\gamma=-(ap-q)$$

が成り立ち

$$\begin{aligned} a+1&=-(\alpha+\gamma)\beta-\gamma\alpha \\ &=(\alpha+\gamma)^2-\gamma\alpha \\ &=\alpha^2+\alpha\gamma+\gamma^2 \quad \cdots\cdots② \end{aligned}$$

$$\begin{aligned} ap-q&=-\alpha\beta\gamma \\ &=\alpha\gamma(\alpha+\gamma) \quad \cdots\cdots③ \end{aligned}$$

①，②，③から

$$(\alpha^2+\gamma^2)(\alpha+\gamma)-2(\alpha^2+\alpha\gamma+\gamma^2)(\alpha+\gamma)+4\alpha\gamma(\alpha+\gamma)=0$$

$$(\alpha+\gamma)(\alpha-\gamma)^2=0$$

これと，$\alpha\neq\gamma$ から，$\gamma=-\alpha$ となる。このとき，$\beta=0$ となり，C と l の交点の1つは原点となるので，l は原点を通る直線でなければならない。

逆に，l が原点を通り，C と異なる3点で交わるとき，C は原点に関して対称であるから，C と l で囲まれた2つの部分の面積は等しい。

以上から，条件(ii)を満たす点Pの存在範囲は，原点を通り，C と異なる3点で交わるような直線の存在範囲となる。
原点を通る直線 $y=ax$ が C と異なる3点で交わるための条件は，$x^3-x=ax$ すなわち $x\{x^2-(a+1)\}=0$ が異なる3つの実数解をもつ条件から，$a>-1$ となる。
ゆえに，条件(ii)を満たす点Pの存在範囲は，右図の網かけ部分（境界は原点のみを含む）である。

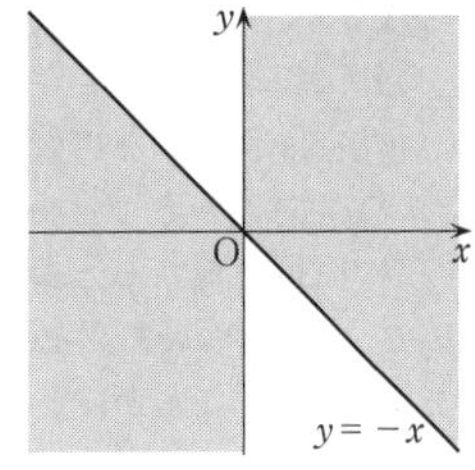

〔注1〕 最後の $a>-1$ は，$y=x^3-x$ について，$y'=3x^2-1$ なので，原点における C の接線の傾きが -1 であるからとしてもよい。

〔注2〕 $a>-1$ は(1)ですでに，l と C が異なる3点で交わるための必要条件として現れているが，(1)は，P$(p,\ q)$ ごとに，十分大きな a をとれば，l と C が異なる3点で交わるというだけなので，$a>-1$ が必要十分条件であるわけではない。したがって，$y=ax$ と C が異なる3点で交わるための a の条件は，改めて記しておく必要がある。

研究 ［解法］にあるように，C は原点に関して対称であるから，l が原点を通り，C と異なる3点で交わる場合には，C と l で囲まれた2つの部分の面積は等しい。このとき，l 上の任意の点は条件(ii)を満たす。このことから，このような直線 l の通過範囲が求めるものであることが容易に予想される。しかし，この予想を示すためには，これ以外の範囲の点が条件(ii)を満たさないことを示さなければならない。図形的な直感でこれをきちんと示すことは易しくはないが，参考までに，以下にその一例を述べておく。

［解法］の図の網かけ部分以外に属する任意の点P$(p,\ q)$ を考える。まず，Pが領域 K $(y>-x$ かつ $x<0)$ にある場合を考える（領域 $y<-x$ かつ $x>0$ にある場合も同様である）。このとき

$$q>-p \quad \text{かつ} \quad p<0 \quad \cdots\cdots(ア)$$

である。K 内の点Pを通り，C と異なる3点で交わる直線 l の方程式を(1)と同様に，$y=a(x-p)+q$ とおく。
まず，(1)で示したように，$a>-1$ が必要である。
よって，(ア)の $p<0$ から，$ap<-p$ であり

$$ap-q<-p-q<0 \quad \cdots\cdots(イ)$$

が成り立つ。
次いで，C と l の3つの交点をA，B，Dとし，それらの x 座標を $\alpha,\ \beta,\ \gamma$ $(\alpha<\beta<\gamma)$ とする。$\alpha,\ \beta,\ \gamma$ は $x^3-(a+1)x+ap-q=0$ の3解なので，解と係数の関係から，$\alpha+\beta+\gamma=0$ となり，$\alpha<0<\gamma$ である。
さらに，(イ)から，$\alpha\beta\gamma=-(ap-q)>0$ なので，$\alpha\beta>0$ となり

$$\alpha<\beta<0<\gamma \quad \cdots\cdots(ウ)$$

である。(ウ)から，l，A，B，DをOに関して対称に移動したものをそれぞれ l'，A′，B′，D′とすると，右図のようになる。よって，C と l で囲まれた2つの部分の面積が等しくなることはない。

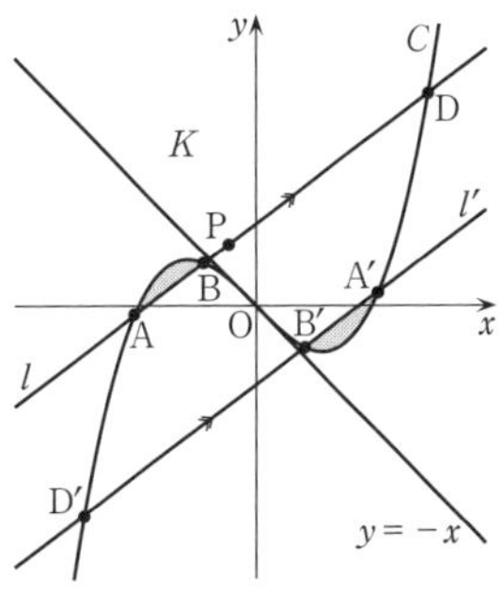

〔注 3〕 (2)では［解法］や研究に述べたように，C が原点対称であることから，原点を通り，C と異なる 3 点で交わるような直線の通過範囲内の点は条件(ii)を満たすこと（十分性）は明らかなのだが，この範囲外の点が条件(ii)を満たさないこと（必要性）を図形的な直感のもとできちんと示すのはかなり困難である。そこで，［解法］のように，素直に面積計算から，条件(ii)で与えられた性質をもつ直線 l は原点を通るものに限られるという l についての必要条件を導くのがよい。これは，面積計算と，解と係数の関係を用いて導くことができる。

89　2018年度〔3〕　Level B

ポイント　点PがC上を動くとき，$\overrightarrow{\mathrm{OP_1}}=\dfrac{1}{k}\overrightarrow{\mathrm{OP}}$で得られる点$\mathrm{P_1}$の全体を$C_1$とおく。$C_1$の方程式を求め，$C_1$を$x$軸正方向に$k$平行移動するとき，$C_1$が通過する領域を考える。$k$の値での場合分けを行う。

解法

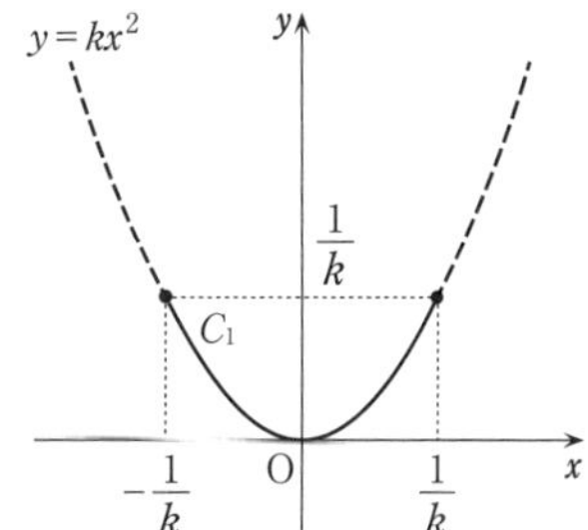

点PがC上を動くとき，$\overrightarrow{\mathrm{OP_1}}=\dfrac{1}{k}\overrightarrow{\mathrm{OP}}$で得られる点$\mathrm{P_1}$の全体を$C_1$とおく。

$\mathrm{P}(p,\ q)$，$\mathrm{P_1}(x_1,\ y_1)$とおくと，$\overrightarrow{\mathrm{OP}}=k\overrightarrow{\mathrm{OP_1}}$から，$p=kx_1$，$q=ky_1$である。

これと$q=p^2$から

$$ky_1=k^2x_1{}^2\quad すなわち\quad y_1=kx_1{}^2$$

また，$-1\leqq p\leqq 1$から，$-\dfrac{1}{k}\leqq x_1\leqq\dfrac{1}{k}$である。

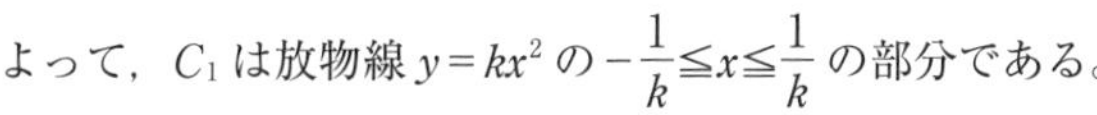
よって，C_1は放物線$y=kx^2$の$-\dfrac{1}{k}\leqq x\leqq\dfrac{1}{k}$の部分である。

また，点Qが線分OA上を動くとき，$\overrightarrow{\mathrm{OQ_1}}=k\overrightarrow{\mathrm{OQ}}$で与えられる点$\mathrm{Q_1}$の全体は原点Oと点$(k,\ 0)$を結ぶ線分である。

$\overrightarrow{\mathrm{OR}}=\overrightarrow{\mathrm{OP_1}}+\overrightarrow{\mathrm{OQ_1}}$であるから，点Rが動く領域は$C_1$を$x$軸正方向に$k$平行移動するときに$C_1$が通過する図形（これを$T$とおく）となる。

C_1をx軸正方向にk平行移動した曲線をC_2とすると

$$C_1：y=kx^2\quad\left(-\frac{1}{k}\leqq x\leqq\frac{1}{k}\right)$$

$$C_2：y=k(x-k)^2\quad\left(k-\frac{1}{k}\leqq x\leqq k+\frac{1}{k}\right)$$

である。$\dfrac{1}{k}$と$k-\dfrac{1}{k}$の大小で場合を分けて考える。

(I) $\dfrac{1}{k} \leqq k - \dfrac{1}{k}$ $(k \geqq \sqrt{2})$ のとき

T は図1の網かけ部分となり

$$S(k) = \frac{1}{k}\left\{\left(k + \frac{1}{k}\right) - \left(-\frac{1}{k}\right)\right\} - 2\int_0^{\frac{1}{k}} kx^2 dx$$

$$= 1 + \frac{2}{k^2} - \frac{2}{3}k\Big[x^3\Big]_0^{\frac{1}{k}}$$

$$= 1 + \frac{2}{k^2} - \frac{2}{3}k \cdot \frac{1}{k^3}$$

$$= 1 + \frac{4}{3k^2}$$

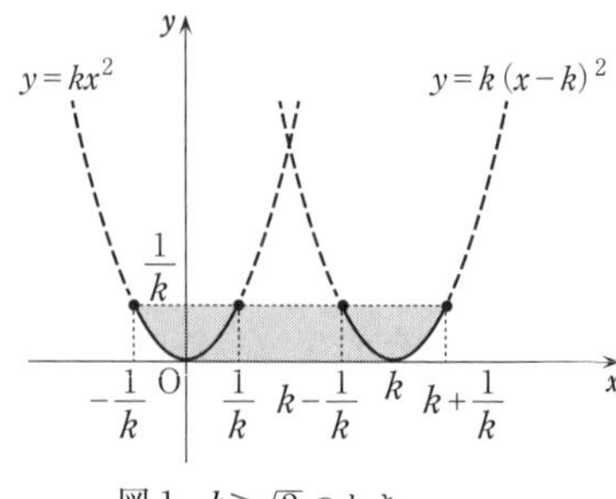

図1 $k \geqq \sqrt{2}$ のとき

(II) $\dfrac{1}{k} > k - \dfrac{1}{k}$ $(0 < k < \sqrt{2})$ のとき

T は図2の網かけ部分となり

$$S(k) = \frac{1}{k}\left\{\left(k + \frac{1}{k}\right) - \left(-\frac{1}{k}\right)\right\}$$

$$-2\int_0^{\frac{1}{k}} kx^2 dx$$

$$-2\int_{\frac{k}{2}}^{\frac{1}{k}} \left(\frac{1}{k} - kx^2\right) dx$$

$$= ((\text{I})\text{の計算結果}) - 2\int_{\frac{k}{2}}^{\frac{1}{k}} \left(\frac{1}{k} - kx^2\right) dx$$

$$= 1 + \frac{4}{3k^2} - 2\left[\frac{x}{k} - \frac{kx^3}{3}\right]_{\frac{k}{2}}^{\frac{1}{k}}$$

$$= 1 + \frac{4}{3k^2} - 2\left\{\left(\frac{1}{k^2} - \frac{1}{2}\right) - \left(\frac{1}{3k^2} - \frac{k^4}{24}\right)\right\}$$

$$= 2 - \frac{k^4}{12}$$

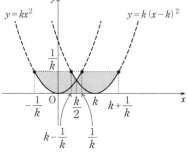

図2 $0 < k < \sqrt{2}$ のとき

以上より

$$S(k) = \begin{cases} 2 - \dfrac{k^4}{12} & (0 < k < \sqrt{2}) \\ 1 + \dfrac{4}{3k^2} & (k \geqq \sqrt{2}) \end{cases} \quad \cdots\cdots(\text{答})$$

また　$\displaystyle\lim_{k \to +0} S(k) = 2,\ \lim_{k \to \infty} S(k) = 1$ ……(答)

〔注〕 (II)の計算では，右図の考え方を用いて

$$S(k) = 2 - 2\int_0^{\frac{k}{2}} kx^2 dx$$

と立式すると，計算量が軽減される。

$= \frac{1}{k}$ k $=1$

90　2018年度〔4〕(文理共通(一部))　Level B

ポイント　$y=f(x)$ と $y=b$ のグラフの交点の x 座標を考える。

解　法

$f(x)=x^3-3a^2x$ より

$$f'(x)=3x^2-3a^2$$
$$=3(x+a)(x-a)$$

x	$\cdots$	$-a$	$\cdots$	a	$\cdots$
$f'(x)$	$+$	0	$-$	0	$+$
$f(x)$	↗	$2a^3$	↘	$-2a^3$	↗

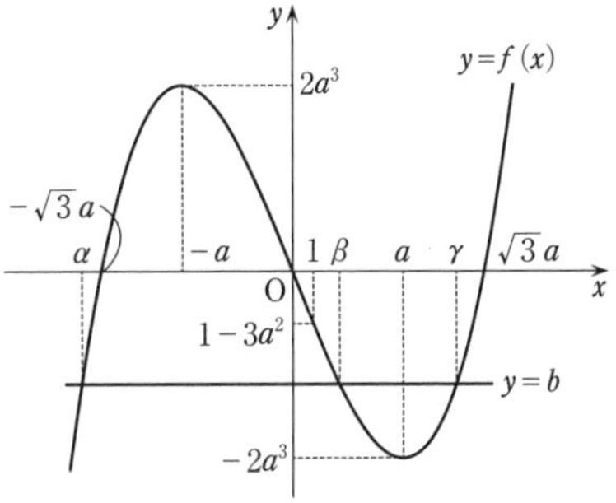

$y=f(x)$ と $y=b$ のグラフを考えて，条件1が成り立つための a，b の条件は

$$-2a^3<b<2a^3 \quad \cdots\cdots ①$$

①のとき，$\alpha<-a<\beta<a<\gamma$ である。

$y=f(x)$ のグラフは $-a\leqq x\leqq a$ で単調減少であり，条件2が成り立つための a，b の条件はグラフから

$$a>1 \quad かつ \quad -2a^3<b<1-3a^2 \quad \cdots\cdots ②$$

$a>1$ のときは $1-3a^2<0<2a^3$ が成り立つので，②のとき①は成り立つ。

ゆえに，a，b の満たすべき条件は

$$a>1 \quad かつ \quad -2a^3<b<1-3a^2 \quad \cdots\cdots (答)$$

ここで，$-2a^3=1-3a^2$ より

$$2a^3-3a^2+1=0 \qquad (a-1)^2(2a+1)=0$$

$$a=1\ (重解),\ -\frac{1}{2}$$

よって，$b=-2a^3$ と $b=1-3a^2$ のグラフは点 $(1,\ -2)$ で接する。

これを図示すると，次図の網かけ部分（境界は含まない）となる。

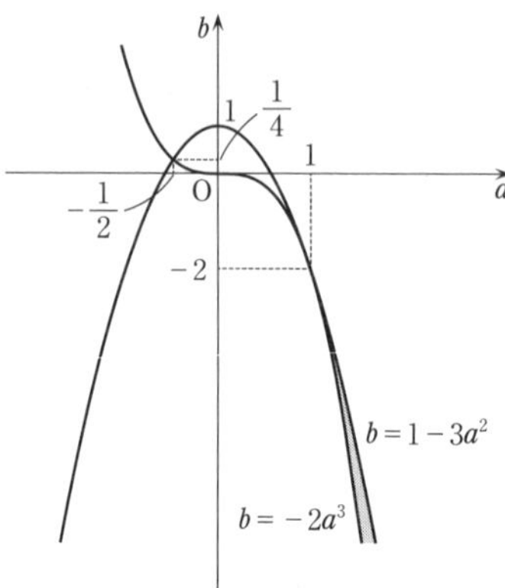

〔注〕 $a \leqq 1$ の場合には次のグラフのように，$-2a^3 < b < 1-3a^2$ であっても $\beta > 1$ となることはない。よって，$a > 1$ も必要である。

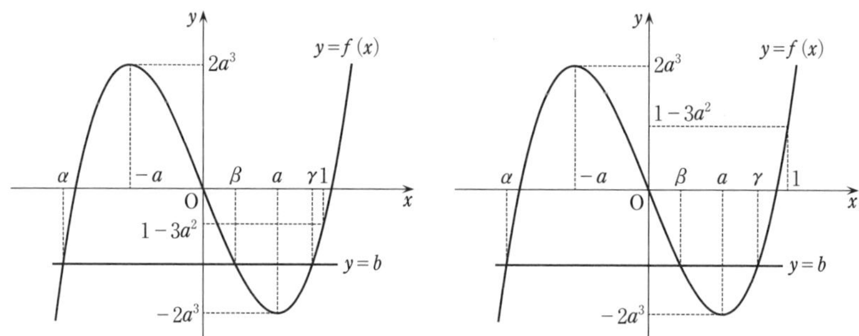

91　2004年度〔4〕（文理共通（一部））　Level B

ポイント　(1)　$y=f_1(x)$ のグラフによる。

(2)　$f_2(x)=f_1(f_1(x))=a$ から a の値の場合分けで $f_1(x)$ の値の範囲と値の個数が決まる。$f_1(x)$ がそのような値をとるときの x の個数を考える。

(3)　$|a|<2$ に対して $f_n(x)=a$ をみたす x の個数についての予想をたて，数学的帰納法で示す。

[解法１]　(3)　上記の方針による。

[解法２]　(3)　$x=2\cos\theta$ とおけて，このとき $f_n(x)=2\cos 3^n\theta$ となることを利用する。

解法１

(1)　　$f_1{}'(x)=3x^2-3=3(x+1)(x-1)$

$f_1(x)$ の増減表は下のようになる。

x	$\cdots$	-1	$\cdots$	1	$\cdots$
$f_1{}'(x)$	$+$	0	$-$	0	$+$
$f_1(x)$	↗	2	↘	-2	↗

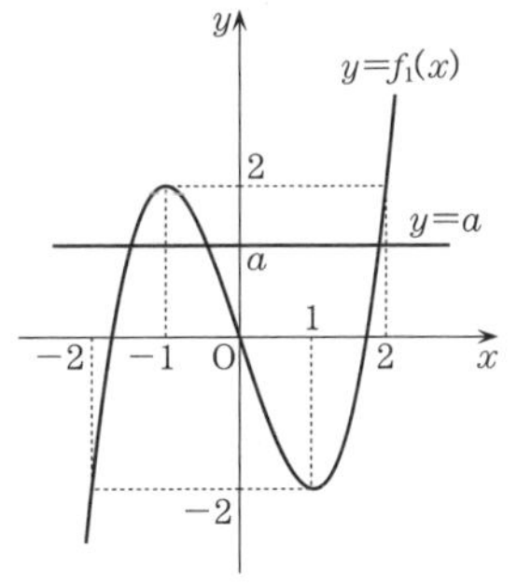

よって，$y=f_1(x)$ のグラフは右図のようになる。

このグラフと直線 $y=a$ のグラフの共有点の個数から，

$f_1(x)=a$ をみたす実数 x の個数は

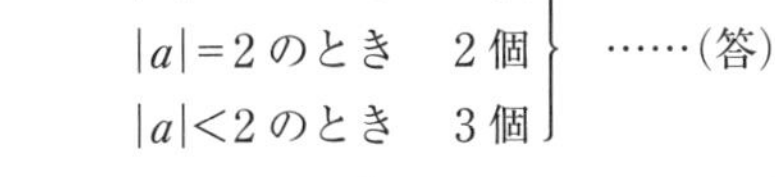

$|a|>2$ のとき　1個
$|a|=2$ のとき　2個
$|a|<2$ のとき　3個　……（答）

(2)　$f_2(x)=\{f_1(x)\}^3-3f_1(x)$ より　　$f_2(x)=f_1(f_1(x))$

(i)　$|a|>2$ のとき

$f_2(x)=a \Longleftrightarrow f_1(f_1(x))=a$ より，与えられた a に対して $f_1(t)=a$ となる $|t|>2$ がただ１つあり，さらにこの t に対して $f_1(x)=t$ となる x がただ１つある。

よって，$f_2(x)=a$ をみたす x の個数は１個である。

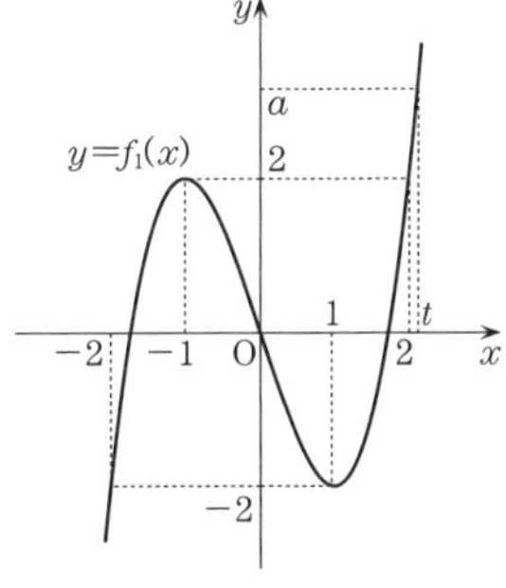

(ii)　$|a|=2$ のとき　($a=2$ または $a=-2$ のとき)

$a=2$ のとき

$f_2(x)=2 \Longleftrightarrow f_1(f_1(x))=2$

$\Longleftrightarrow f_1(x)=-1$ または 2

$f_1(x)=-1$ となる x は３個，$f_1(x)=2$ となる x は２個存在し，これら５個はすべて異なる。

よって，$f_2(x)=2$ となる x は5個存在する。

同様に $a=-2$ のとき，$f_2(x)=-2$ となる x は5個存在する。

(iii) $|a|<2$ のとき

$f_1(f_1(x))=a$ となる $f_1(x)$ の異なる値は3つある。

それらを t_1，t_2，t_3 とすると，$|t_i|<2$ $(i=1,\ 2,\ 3)$ である。

よって，各 t_i に対して $f_1(x)=t_i$ となる x は3個ずつ存在する。

ここで，異なる t_i の値に対して，$f_1(x)=t_i$ の解 x の値は異なる。

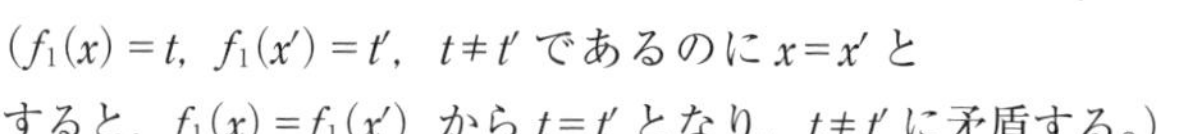

$(f_1(x)=t,\ f_1(x')=t',\ t\neq t'$ であるのに $x=x'$ とすると，$f_1(x)=f_1(x')$ から $t=t'$ となり，$t\neq t'$ に矛盾する。)

したがって，$f_1(f_1(x))=a$ すなわち $f_2(x)=a$ をみたす x の個数は $3\cdot3=9$ である。

以上(i)〜(iii)より，$f_2(x)=a$ をみたす実数 x の個数は

$|a|>2$ のとき　1個
$|a|=2$ のとき　5個　……(答)
$|a|<2$ のとき　9個

(3) 任意の自然数 n に対して

「$|a|<2$ に対して $f_n(x)=a$ をみたす x の個数は 3^n である」 ……(＊)

が成り立つことを数学的帰納法で示す。

(I) (1)から $n=1$ に対して(＊)は成り立つ。

(II) $n=k$ $(k\geqq1)$ に対して(＊)が成り立つと仮定する。

$f_{k+1}(x)=\{f_k(x)\}^3-3f_k(x)$ より　$f_{k+1}(x)=f_1(f_k(x))$

$|a|<2$ に対して，(1)から $f_1(f_k(x))=a$ となる $f_k(x)$ の異なる値は3個ある。それらを t_1，t_2，t_3 とすると，$|t_i|<2$ $(i=1,\ 2,\ 3)$ である。

よって，帰納法の仮定により，各 t_i に対して $f_k(x)=t_i$ となる異なる x の値は 3^k 個ずつ存在する。ここで，異なる t_i の値に対して，$f_k(x)=t_i$ の解 x の値は異なる。((2)(iii)での理由と同様。)

したがって，$f_1(f_k(x))=a$ すなわち $f_{k+1}(x)=a$ をみたす x の値は $3\cdot3^k=3^{k+1}$ 個ある。

ゆえに，$n=k+1$ に対しても(＊)が成り立つ。

以上(I)，(II)から，数学的帰納法により任意の自然数 n に対して(＊)が成り立つ。

したがって，特に $a=0$ についても(＊)が成り立つ。　(証明終)

解法 2

((1)・(2)は［解法1］に同じ)

(3) $y=f_1(x)$ のグラフより

$|x|>2$ のとき　$|f_1(x)|>2$

これより　$|f_2(x)|=|f_1(f_1(x))|>2$

以下，帰納的に　$|f_n(x)|=|f_1(f_{n-1}(x))|>2$

よって，$|x|>2$ の範囲には $f_n(x)=0$ をみたす x は存在しない。

したがって，$f_n(x)=0$ をみたす実数 x は $x=2\cos\theta$ $(-\pi\leqq\theta\leqq 0)$ と表される x で考えてよい。x は θ の単調増加な連続関数で θ：$-\pi\to 0$ のとき，x：$-2\to 2$ であり

$$f_1(x)=2(4\cos^3\theta-3\cos\theta)=2\cos 3\theta$$

$$f_2(x)=f_1(f_1(x))=f_1(2\cos 3\theta)=2(4\cos^3 3\theta-3\cos 3\theta)=2\cos 3^2\theta$$

以下，帰納的に

$$f_n(x)=f_1(f_{n-1}(x))=f_1(2\cos 3^{n-1}\theta)=2(4\cos^3 3^{n-1}\theta-3\cos 3^{n-1}\theta)=2\cos 3^n\theta$$

ここで，$-3^n\pi\leqq 3^n\theta\leqq 0$ であって $\cos 3^n\theta=0$ となる $3^n\theta$ の値は

$$3^n\theta=-3^n\pi+\frac{\pi}{2},\ (-3^n+1)\pi+\frac{\pi}{2},\ (-3^n+2)\pi+\frac{\pi}{2},\ \cdots,\ -\frac{\pi}{2}$$

の 3^n 個である。そして，これに対応する θ の値も明らかに 3^n 個ある。これらの値に対して $x=2\cos\theta$ により，$-2\leqq x\leqq 2$ をみたす x の異なる値がひとつずつ定まる。

ゆえに，$f_n(x)=0$ をみたす x の個数は 3^n である。　(証明終)

研究 数値変化は次表のようになる。

θ	$-\pi$	→	$-\pi+\frac{1}{3^n}\pi$	→	…	→	$-\pi+\frac{3^n-1}{3^n}\pi$	→	$-\pi+\frac{3^n}{3^n}\pi$
$x=2\cos\theta$	-2	→	$-2\cos\frac{\pi}{3^n}$	→	…	→	$2\cos\frac{\pi}{3^n}$	→	2
$3^n\theta$	$-3^n\pi$	→	$(-3^n+1)\pi$	→	…	→	$-\pi$	→	0
$f_n(x)=2\cos 3^n\theta$	-2	→	2	→	…	→	-2	→	2
$y=f_n(x)$ のグラフ	-2	↗	2	↘	…	↘	-2	↗	2

ここで ↗ または ↘ は -2 と 2 の間の連続かつ単調な増減を表す。

〔注〕(2) $t\neq t'$ ならば $f(x)=t$ となる x の値と $f(x')=t'$ となる x' の値が異なることは述べておくこと。その理由は明らかなので記さなくてもよいが，個数の処理においてはこのような事実自体をきちんと述べておくことが論理上不可欠であり，怠ってはならない。

(3) 本問は自分自身を変数に繰り込んでいくタイプの合成関数についての問題である。$a=0$ のままで処理するよりも，問題を一般化して，$|a|<2$ に対して $f_n(x)=a$ をみたす x の個数が 3^n であることを示す方が証明が楽になる。

$f_{k+1}(x)=f_1(f_k(x))$ であることから，$f_1(f_k(x))=a$ をみたす $f_k(x)$ の値が3個存在する。これらの各値はその絶対値が2より小さいから，帰納法の仮定が利用できる。なお，問

題文で $n \geqq 3$ としてあるが，与えられた命題は $n \geqq 1$ で成り立つので，$n \geqq 1$ として証明した。

$y=f_1(x)$ のグラフはいわゆる 3 次のチェビシェフの多項式 $4x^3-3x$ から得られるグラフを両軸方向にそれぞれ 2 倍に拡大したものである。3 次のチェビシェフの多項式とは，$\cos 3\theta$ を $x=\cos\theta$ で表したときに得られる x の 3 次式のことである。ただし，$-\pi \leqq \theta \leqq 0$ とする。一般に $\cos n\theta$ を $x=\cos\theta$ で表したときに得られる x の n 次の多項式を n 次のチェビシェフの多項式という。そのグラフは $|x| \leqq 1$ の範囲では $y=1$ と $y=-1$ の間を往復するグラフ（n 個の単調な部分に分けられ，n が奇数なら奇関数，n が偶数なら偶関数）となる。

このことを念頭におくと，［解法 2］のように $x=2\cos\theta$ （$-\pi \leqq \theta \leqq 0$）のもとで $f_n(x)=2\cos 3^n\theta$ となることを導き，θ の値の変化と x および $3^n\theta$ の値の変化の関係をみると，$f_n(x)=0$ となる x の値が 3^n 個存在することがわかる。

92 2003年度〔1〕(文理共通(一部)) Level B

ポイント 条件(A)から $f(x)$ の係数を a で表すと，I は a の式となる。次いで，条件(B)が成り立つための a の範囲を求める。a の値の場合分けを丹念に行い，a の範囲を定める。

本問では，$g(x)=3x^2-1-f(x)$ とおいたとき，$g(-1)$，$g(1)$ の値が a によらない値であることが助けとなる。

解法

条件(A)より $f(x)-x=0$ は $x=\pm1$ を解にもつ。
因数定理より

$$f(x)-x=a(x+1)(x-1)$$

$$\therefore\quad f(x)=ax^2+x-a$$

よって

$$I=\int_{-1}^{1}(2ax+1)^2dx=\int_{-1}^{1}(4a^2x^2+4ax+1)\,dx$$

$$=2\int_{0}^{1}(4a^2x^2+1)\,dx$$

$$=2\left[\frac{4}{3}a^2x^3+x\right]_0^1=\frac{8}{3}a^2+2\quad\cdots\cdots①$$

条件(B)は

「$-1\leqq x\leqq1$ で，つねに　$3x^2-1-f(x)\geqq0$
すなわち　$(3-a)x^2-x+a-1\geqq0$」

と同値である。このための a の条件を求める。

$g(x)=(3-a)x^2-x+a-1$ とおくと

$$g(-1)=3\quad かつ\quad g(1)=1\quad\cdots\cdots②$$

(i) $a=3$ のとき，$g(x)=-x+2$ であり，$g(x)$ は単調減少である。
よって，②より，条件(B)は成り立つ。

(ii) $a>3$ のとき，$y=g(x)$ のグラフは上に凸な放物線である。
よって，②より，条件(B)はこの範囲の任意の a の値で成り立つ。

(iii) $a<3$ のとき，$y=g(x)$ のグラフは下に凸な放物線であり，軸の方程式は，
$x=\dfrac{1}{2(3-a)}$ である。

(ア) $\dfrac{1}{2(3-a)}>1$ $\left(\dfrac{5}{2}<a<3\right)$ のとき，$-1\leqq x\leqq1$ で $g(x)$ は単調減少である。よって，②より，条件(B)はこの範囲の任意の a の値で成り立つ。

(イ) $0<\dfrac{1}{2(3-a)}\leqq 1$ $\left(a\leqq\dfrac{5}{2}\right)$ のとき，軸は領域 $-1\leqq x\leqq 1$ にあり，条件(B)が成り立つための条件は，$g(x)=0$ の判別式 D が 0 以下となることである。

$D=1-4(3-a)(a-1)=4a^2-16a+13$ であるから

$$a\leqq\frac{5}{2} \quad \text{かつ} \quad 4a^2-16a+13\leqq 0$$

$$\therefore \quad \frac{4-\sqrt{3}}{2}\leqq a\leqq\frac{5}{2}$$

以上(i)〜(iii)より，条件(B)が成り立つための a の条件は

$$a\geqq 3 \quad \text{または} \quad \frac{5}{2}<a<3 \quad \text{または} \quad \frac{4-\sqrt{3}}{2}\leqq a\leqq\frac{5}{2}$$

すなわち　$a\geqq\dfrac{4-\sqrt{3}}{2}$ ……③

①と③より I の値のとりうる範囲は

$$I\geqq\frac{8}{3}\left(\frac{4-\sqrt{3}}{2}\right)^2+2=\frac{44-16\sqrt{3}}{3} \quad \text{……(答)}$$

§10 極限・微分

93 2023年度〔3〕 Level B

ポイント ［解法1］ (1) C 上の点 $(\cos\theta,\ a+\sin\theta)$ $(0\leqq\theta<2\pi)$ が領域 $y>x^2$ にあるための a の条件を求める。

(2) L_{P} を点Pの y 座標と a で立式し，$L_{\mathrm{P}}{}^2=h(y)$ とおく。$h(y)$ が $-1<y<0$ で極値をもつための a の条件を求める。$h(y)$ の増減表を考える。

［解法2］ (1) $a>0$ のもとで，点 $(0,\ a)$ と放物線 $y=x^2$ 上の任意の点 $(x,\ x^2)$ の距離が1より大となるための a の範囲を求める。

解法1

(1) C 上の点 $(\cos\theta,\ a+\sin\theta)$ $(0\leqq\theta<2\pi)$ が領域 $y>x^2$ にあるための条件は

$$a+\sin\theta>\cos^2\theta$$

$$a+\sin\theta>1-\sin^2\theta \qquad すなわち \qquad \sin^2\theta+\sin\theta>1-a$$

$t=\sin\theta$ $(-1\leqq t\leqq 1)$ とおくと，これは

$$t^2+t>1-a$$

となる。

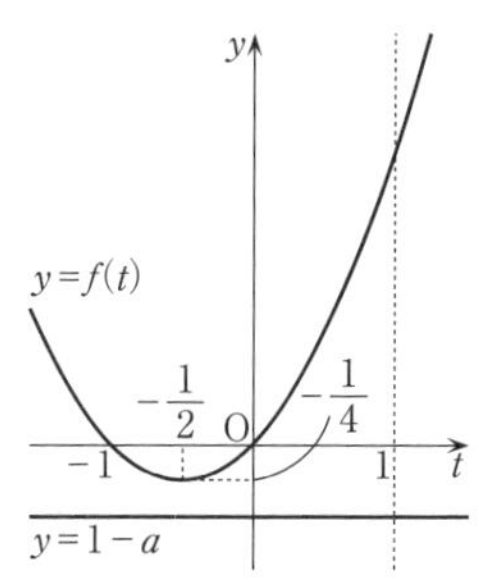

$f(t)=t^2+t$ とおき，$-1\leqq t\leqq 1$ で常に $f(t)>1-a$ となるための a の条件を求める。

$f(t)=\left(t+\dfrac{1}{2}\right)^2-\dfrac{1}{4}\geqq-\dfrac{1}{4}$ $\left(等号は\ t=-\dfrac{1}{2}\ で成立\right)$ から

$$1-a<-\frac{1}{4}$$

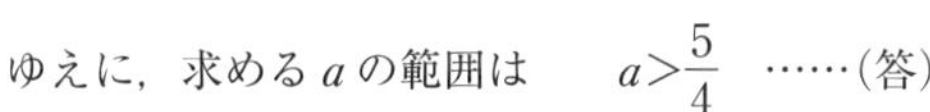

ゆえに，求める a の範囲は　$a>\dfrac{5}{4}$　……(答)

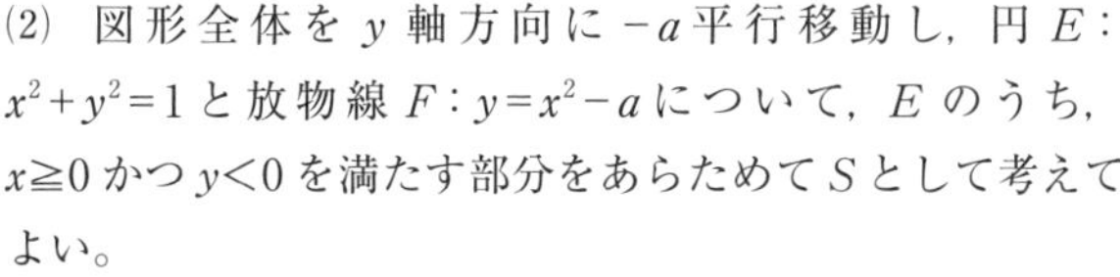

(2) 図形全体を y 軸方向に $-a$ 平行移動し，円 E：$x^2+y^2=1$ と放物線 F：$y=x^2-a$ について，E のうち，$x\geqq 0$ かつ $y<0$ を満たす部分をあらためて S として考えてよい。

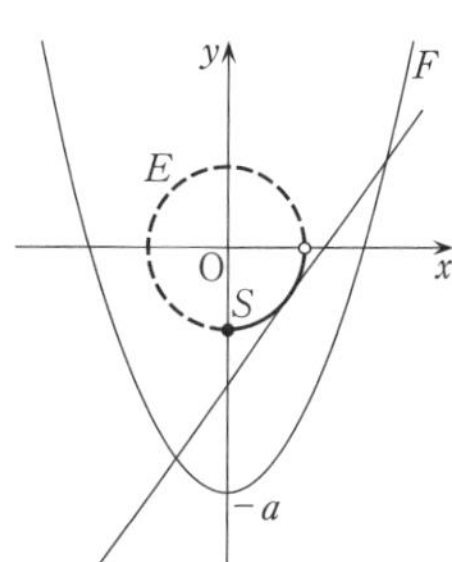

S 上の点 $\mathrm{P}(x_0,\ y_0)$ $(x_0\geqq 0$ かつ $y_0<0)$ での接線の方程式は

$$x_0x+y_0y=1 \qquad すなわち \qquad y=-\frac{x_0}{y_0}x+\frac{1}{y_0}$$

これと $y=x^2-a$ から y を消去した x の方程式は

$$-\frac{x_0}{y_0}x+\frac{1}{y_0}=x^2-a$$

$$y_0x^2+x_0x-(ay_0+1)=0 \quad \cdots\cdots①$$

この判別式を D とすると

$$\begin{aligned}D&=x_0{}^2+4y_0(ay_0+1)\\&=1-y_0{}^2+4ay_0{}^2+4y_0 \quad (x_0{}^2+y_0{}^2=1 \text{ より})\\&=(4a-1)y_0{}^2+4y_0+1\\&>4y_0{}^2+4y_0+1 \quad \left(a>\frac{5}{4} \text{ より}\right)\\&=(2y_0+1)^2\geqq 0\end{aligned}$$

であるから，①は異なる 2 つの実数解をもつ。それを α，β（$\alpha<\beta$）とおくと $y_0<0$ であるから

$$\beta-\alpha=\frac{-x_0-\sqrt{D}}{2y_0}-\frac{-x_0+\sqrt{D}}{2y_0}=\frac{\sqrt{D}}{-y_0}$$

いま，点（x_0，y_0）（$x_0\geqq 0$ かつ $y_0<0$）での接線の傾きは $-\dfrac{x_0}{y_0}$ であり

$$\sqrt{1^2+\left(-\frac{x_0}{y_0}\right)^2}=\sqrt{\frac{x_0{}^2+y_0{}^2}{y_0{}^2}}=-\frac{1}{y_0}$$

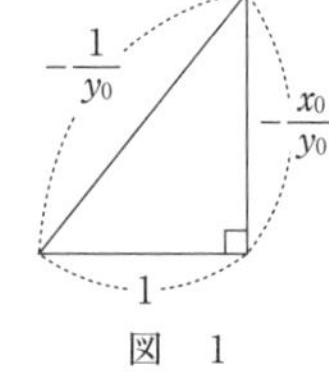

図 1

である。よって，図 1 との相似比から

$$L_{\mathrm{P}}=\left(-\frac{1}{y_0}\right)(\beta-\alpha)=\frac{\sqrt{D}}{y_0{}^2}$$

となる。

したがって，S 上の相異なる 2 点 Q（x_1，y_1），R（x_2，y_2）に対して

$$L_{\mathrm{Q}}=\frac{\sqrt{D_1}}{y_1{}^2} \quad (D_1=(4a-1)y_1{}^2+4y_1+1)$$

$$L_{\mathrm{R}}=\frac{\sqrt{D_2}}{y_2{}^2} \quad (D_2=(4a-1)y_2{}^2+4y_2+1)$$

よって，条件 $L_{\mathrm{Q}}=L_{\mathrm{R}}$ すなわち $L_{\mathrm{Q}}{}^2=L_{\mathrm{R}}{}^2$ は，$\dfrac{D_1}{y_1{}^4}=\dfrac{D_2}{y_2{}^4}$ となり

$$\frac{(4a-1)y_1{}^2+4y_1+1}{y_1{}^4}=\frac{(4a-1)y_2{}^2+4y_2+1}{y_2{}^4} \quad \cdots\cdots②$$

ここで

$$h(y)=\frac{(4a-1)y^2+4y+1}{y^4} \quad (-1\leqq y<0)$$

とおき，$h(y)$ の増減を考える。

$$h'(y)=\frac{y^4\{2(4a-1)y+4\}-4y^3\{(4a-1)y^2+4y+1\}}{y^8}$$

$$=-\frac{2}{y^5}\{(4a-1)y^2+6y+2\}$$

$-\dfrac{2}{y^5}>0$ であるから，$h'(y)$ の符号は $(4a-1)y^2+6y+2$ の符号と一致する。

$j(y)=(4a-1)y^2+6y+2$ とおく。$a>\dfrac{5}{4}$ より，$4a-1>4$ であり，yu 平面上の放物線 $u=j(y)$ は下に凸で，軸の方程式は $y=-\dfrac{3}{4a-1}$ である。

また，$a>\dfrac{5}{4}$ から

$$-\frac{3}{4}<-\frac{3}{4a-1}<0,\ j(-1)=4a-5>0,\ j(0)=2>0 \quad \cdots\cdots③$$

である。

$j(y)=0$ の判別式を D_3 とおく。

$D_3\leqq 0$ のとき，常に $j(y)\geqq 0$ すなわち $h'(y)\geqq 0$ となり，$h(y)$ は単調増加である。

このとき，②を満たす異なる y_1，y_2 は存在しないので不適。

よって，$D_3>0$ が必要である。このとき，③から

$$j(\gamma)=j(\delta)=0 \qquad すなわち \qquad h'(\gamma)=h'(\delta)=0$$

となる γ，δ $(-1<\gamma<\delta<0)$ が存在する。

したがって，$h(y)$ の増減表と yv 平面での $v=h(y)$ の概形は次のようになる。

y	(-1)	$\cdots$	γ	$\cdots$	δ	$\cdots$	(0)
$h'(y)$		$+$	0	$-$	0	$+$	
$h(y)$	$4(a-1)$	↗		↘		↗	(∞)

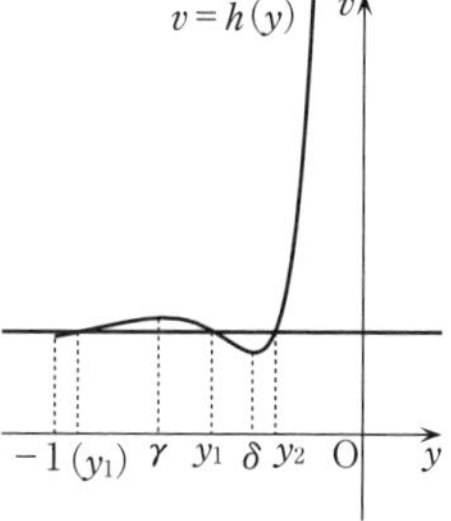

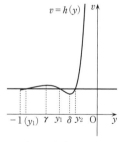

よって，②を満たす異なる y_1，y_2 $(-1<y_1<0,\ -1<y_2<0)$ が存在する。以上から，求める a の範囲は $D_3>0$ となる a の範囲であり

$$\frac{D_3}{4}=9-2(4a-1)>0$$

から　　$a<\dfrac{11}{8}$

ゆえに，求める a の範囲は　　$\dfrac{5}{4}<a<\dfrac{11}{8}$　$\cdots\cdots$(答)

〔注〕 $h(y)$ の増減表があれば，$v=h(y)$ のグラフは必要ないが，わかりやすさを考慮して入れてある。

解法 2

(1)　まず，$a>0$ が必要である。

このもとで，放物線 $y=x^2$ 上の任意の点 $(x,\ x^2)$ と点 $(0,\ a)$ との距離が1より大となるための a の範囲を求める。

C と放物線の y 軸に関する対称性から，$x \geqq 0$ としてよい。

$$x^2+(x^2-a)^2>1$$

すなわち　　$x^4-(2a-1)x^2>1-a^2$

$t=x^2$ とおくと

$$t^2-(2a-1)t>1-a^2$$

$g(t)=t^2-(2a-1)t$ とおくと，$t \geqq 0$ であるすべての t に対して，$g(t)>1-a^2$ となるための a (>0) の範囲が求めるものである。

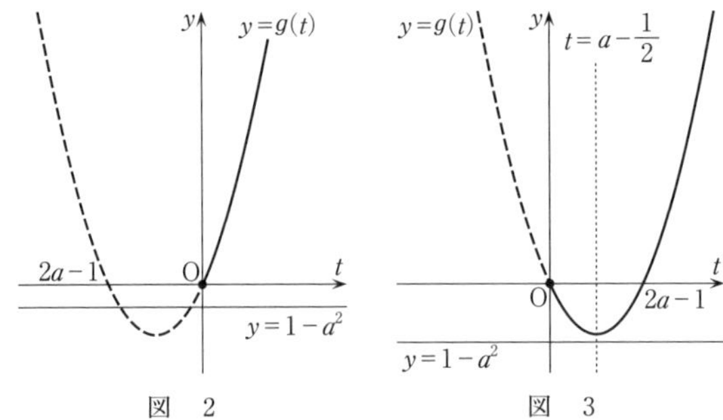

図　2　　　　図　3

$g(t)=t\{t-(2a-1)\}$ であるから，このための a の範囲は，図2または図3から

$$a>0 \quad かつ \quad 2a-1 \leqq 0 \quad かつ \quad 1-a^2<0 \quad \cdots\cdots ④$$

または

$$a>0 \quad かつ \quad 2a-1>0 \quad かつ \quad g\left(a-\frac{1}{2}\right)>1-a^2 \quad \cdots\cdots ⑤$$

④より，$a \leqq \frac{1}{2}$ かつ $a>1$ となり，これを満たす a はない。

⑤より

$$a>\frac{1}{2} \quad かつ \quad \left(a-\frac{1}{2}\right)^2-(2a-1)\left(a-\frac{1}{2}\right)-1+a^2>0$$

$$a>\frac{1}{2} \quad かつ \quad a>\frac{5}{4}$$

これより　　$a>\frac{5}{4}$　……(答)

94　2021 年度〔5〕　Level B

ポイント　[解法 1]　(1)　$f'(\theta)$, $f''(\theta)$, $f'''(\theta)$ を求め, $f''(\theta)$, $f'(\theta)$ の順に増減表を考える。

(2)　$f(\theta)$ の増減表と, $y=f'(\theta)$ のグラフを考える。

[解法 2]　$f'(\theta)=0$ を $\alpha=g(\theta)$ の形にして, $y=g(\theta)$ のグラフを考える。

解法 1

(1)　$A(-\alpha,\ -3)$, $P(\theta+\sin\theta,\ \cos\theta)$ に対し, $f(\theta)=AP^2$ より

$$f(\theta)=(\theta+\sin\theta+\alpha)^2+(\cos\theta+3)^2$$

$$f'(\theta)=2(\theta+\sin\theta+\alpha)(1+\cos\theta)+2(\cos\theta+3)(-\sin\theta)$$

$$\frac{f'(\theta)}{2}=\theta-2\sin\theta+(\theta+\alpha)\cos\theta+\alpha$$

$$\frac{f''(\theta)}{2}=1-2\cos\theta+\cos\theta\quad(\theta+\alpha)\sin\theta$$

$$=1-\cos\theta-(\theta+\alpha)\sin\theta$$

$$\frac{f'''(\theta)}{2}=\sin\theta-\sin\theta-(\theta+\alpha)\cos\theta$$

$$=-(\theta+\alpha)\cos\theta$$

まず, $0<\theta<\pi$ より, $f''(\theta)$ の増減表は右のようになる。

θ	0	$\cdots$	$\frac{\pi}{2}$	$\cdots$	π
$f'''(\theta)$		$-$	0	$+$	
$f''(\theta)$	0	↘	$(-)$	↗	4

よって, $\frac{\pi}{2}<\theta<\pi$ の範囲に $f''(\theta)=0$ となる θ がただ 1 つある。それを θ_0 とすると, $f'(\theta)$ の増減表は右のようになる。

θ	0	$\cdots$	θ_0	$\cdots$	π
$f''(\theta)$		$-$	0	$+$	
$f'(\theta)$	4α	↘		↗	0

したがって, $f'(\theta_0)<0$ であり, また $4\alpha>0$ なので, $0<\theta<\pi$ $(0<\theta<\theta_0)$ の範囲に $f'(\theta)=0$ となる θ がただ 1 つ存在する。　(証明終)

(2)　$f'(\theta)=0$ となる θ を θ_1 とすると, $f(\theta)$ の増減表は右のようになる。

θ	0	$\cdots$	θ_1	$\cdots$	π
$f'(\theta)$		$+$	0	$-$	
$f(\theta)$		↗		↘	

よって, $f(\theta)$ の $0\leqq\theta\leqq\pi$ における最大値は $f(\theta_1)$ である。

したがって, 関数 $f(\theta)$ が $0<\theta<\frac{\pi}{2}$ のある点において最大になる条件は, $0<\theta_1<\frac{\pi}{2}$ となる。

$y=f'(\theta)$ のグラフから，このための条件は，$f'\left(\dfrac{\pi}{2}\right)<0$ である。

$f'\left(\dfrac{\pi}{2}\right)=\pi+2\alpha-4<0$ と $\alpha>0$ から，条件を満たす α の範囲は

$$0<\alpha<2-\frac{\pi}{2} \quad \cdots\cdots(答)$$

解法 2

(1) $f(\theta)=(\theta+\sin\theta+\alpha)^2+(\cos\theta+3)^2$ から

$$f'(\theta)=2(\theta+\sin\theta+\alpha)(1+\cos\theta)+2(\cos\theta+3)(-\sin\theta)$$

$$\frac{f'(\theta)}{2}=\theta(1+\cos\theta)-2\sin\theta+\alpha(1+\cos\theta)$$

$0<\theta<\pi$ から，$1+\cos\theta\neq 0$ であり

$$\frac{f'(\theta)}{2(1+\cos\theta)}=\alpha-\left(\frac{2\sin\theta}{1+\cos\theta}-\theta\right) \quad \cdots\cdots①$$

したがって，$f'(\theta)=0$ となる θ は

$$\alpha=\frac{2\sin\theta}{1+\cos\theta}-\theta \quad (0<\theta<\pi)$$

を満たす θ に一致する。この右辺を $g(\theta)$ とおくと

$$g(\theta)=\frac{2\sin\frac{\theta}{2}\cos\frac{\theta}{2}}{\cos^2\frac{\theta}{2}}-\theta=2\tan\frac{\theta}{2}-\theta$$

$$g'(\theta)=\frac{1}{\cos^2\frac{\theta}{2}}-1=\tan^2\frac{\theta}{2}>0 \quad \cdots\cdots②$$

$$\lim_{\theta\to+0}g(\theta)=0 \quad \cdots\cdots③$$

$$\lim_{\theta\to\pi-0}g(\theta)=\lim_{\theta\to\pi-0}\left(2\tan\frac{\theta}{2}-\theta\right)=\infty \quad \cdots\cdots④$$

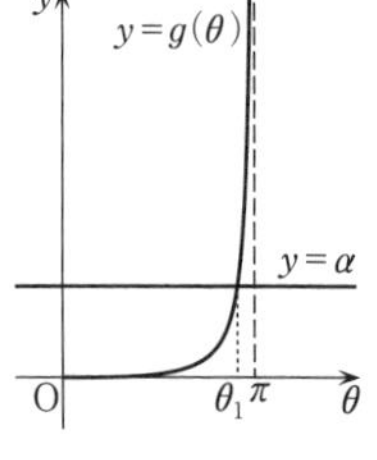

②，③，④と $\alpha>0$ から，$y=g(\theta)$ と $y=\alpha$ のグラフは右のようになり，$\alpha=g(\theta)$ すなわち $f'(\theta)=0$ となる θ が $0<\theta<\pi$ の範囲にただ 1 つ存在する。　(証明終)

(2) ①から，$\dfrac{f'(\theta)}{2(1+\cos\theta)}=\alpha-g(\theta)$ であり，$f'(\theta)$ の符号は $\alpha-g(\theta)$ の符号に一致する。

よって，$f'(\theta)=0$ となる θ を θ_1 として，$y=g(\theta)$ と $y=\alpha$ のグラフから次の増減表を得る。

これより，$f(\theta)$ の $0\leqq\theta\leqq\pi$ における最大値は $f(\theta_1)$ である。

θ	0	$\cdots$	θ_1	$\cdots$	π
$f'(\theta)$		$+$	0	$-$	
$f(\theta)$		↗		↘	

したがって，関数 $f(\theta)$ が $0<\theta<\dfrac{\pi}{2}$ のある点において最大になる条件は $0<\theta_1<\dfrac{\pi}{2}$ となり，$y=g(\theta)$ のグラフから，$g\left(\dfrac{\pi}{2}\right)>\alpha$ となる。

$g\left(\dfrac{\pi}{2}\right)=2-\dfrac{\pi}{2}$ と $\alpha>0$ より，条件を満たす α の範囲は

$$0<\alpha<2-\frac{\pi}{2}\quad\cdots\cdots(\text{答})$$

95 2019年度〔5〕 Level B

ポイント (1) $|x|>1$, $-1\leqq x<0$, $0\leqq x\leqq 1$ の各場合での x^{2n-1} と $\cos x$ の増減や大小を考える。

(2) $0<a_n<1$ から直ちに得られる。

(3) a は(2)の結果とはさみうちの原理, b は $a_n{}^n=\sqrt{a_n\cos a_n}$, c は関数 $\sqrt{x\cos x}$ の微分係数を利用する。

解法

(1) $x^{2n-1}=\cos x$ ……①

$f_n(x)=x^{2n-1}$ とおくと

$$f_n'(x)=(2n-1)x^{2(n-1)}\begin{cases}>0 & (x\neq 0)\\ =0 & (x=0)\end{cases}$$

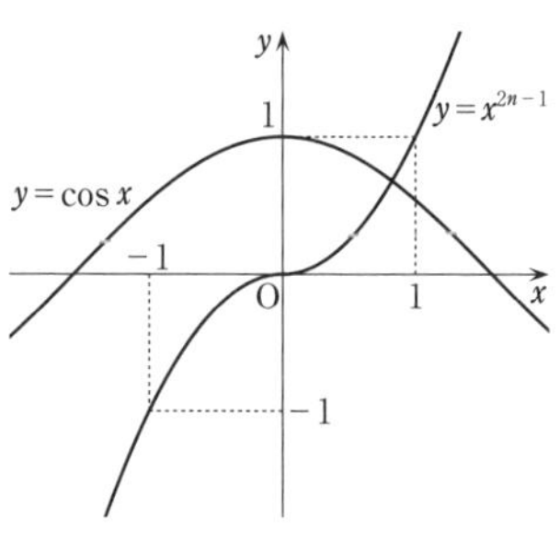

よって, $f_n(x)$ は単調増加である。

(i) $f_n(1)=1$, $f_n(-1)=-1$ から,

$|x|>1$ では $|f_n(x)|>1$

一方, $|\cos x|\leqq 1$ なので, $|x|>1$ では①の解はない。

以下, $\frac{\pi}{4}<1<\frac{\pi}{2}$ から, $0<\cos 1<\frac{\sqrt{2}}{2}<1$ であることを前提とする。

(ii) $-1\leqq x<0$ では, $f_n(x)<0<\cos x$ なので, ①の解はない。

(iii) $0\leqq x\leqq 1$ では, $\cos x$ は単調減少, $f_n(x)$ は単調増加である。

また

$$f_n(0)=0<1=\cos 0$$
$$f_n(1)=1>\cos 1$$

さらに, $\cos x$, $f_n(x)$ は連続関数である。

ゆえに, ①は $0<x<1$ でただ一つの実数解をもつ。

(i), (ii), (iii)から, ①はただ一つの実数解をもつ。 (証明終)

(2) (1)により, ①の実数解は $0<x<1$ の範囲にあり, $0<a_n<1$ である。

ゆえに, $\cos a_n>\cos 1$ である。 (証明終)

(3)　(2)から，$\cos 1 < \cos a_n < 1$ であり，また，$a_n{}^{2n-1} = \cos a_n$ であるから

$$\cos 1 < a_n{}^{2n-1} < 1$$

よって　　$(\cos 1)^{\frac{1}{2n-1}} < a_n < 1$

ここで，$\displaystyle\lim_{n\to\infty}\frac{1}{2n-1} = 0$ から $\displaystyle\lim_{n\to\infty}(\cos 1)^{\frac{1}{2n-1}} = 1$ なので，はさみうちの原理により

$$\lim_{n\to\infty} a_n = 1$$

すなわち　　$a = 1$　……(答)

次いで，$a_n{}^{2n-1} = \cos a_n$ から，$a_n{}^{2n} = a_n \cos a_n$ なので

$$a_n{}^n = \sqrt{a_n \cos a_n} \quad \cdots\cdots②$$

ここで，$\displaystyle\lim_{n\to\infty} a_n = 1$ なので　　$b = \sqrt{\cos 1}$　……(答)

さらに，$a = 1$，$b = \sqrt{\cos 1}$ から

$$\frac{a_n{}^n - b}{a_n - a} = \frac{a_n{}^n - \sqrt{\cos 1}}{a_n - 1}$$

$$= \frac{\sqrt{a_n \cos a_n} - \sqrt{\cos 1}}{a_n - 1} \quad (②から)$$

よって，$h(x) = \sqrt{x\cos x}$ $\left(0 < x < \dfrac{\pi}{2}\right)$ とおくと，$\dfrac{a_n{}^n - b}{a_n - a} = \dfrac{h(a_n) - h(1)}{a_n - 1}$ であり，$a_n \to 1$ $(n\to\infty)$ から

$$c = \lim_{n\to\infty}\frac{a_n{}^n - b}{a_n - a} = h'(1)$$

ここで，$h'(x) = \dfrac{\cos x - x\sin x}{2\sqrt{x\cos x}}$ なので

$$h'(1) = \frac{\cos 1 - \sin 1}{2\sqrt{\cos 1}}$$

ゆえに　　$c = \dfrac{\cos 1 - \sin 1}{2\sqrt{\cos 1}}$　……(答)

〔注1〕　$y = x^{2n-1}$ と $y = x^{2n+1}$ のグラフの概形から，$a = \displaystyle\lim_{n\to\infty} a_n = 1$ は視覚的に予想できる。

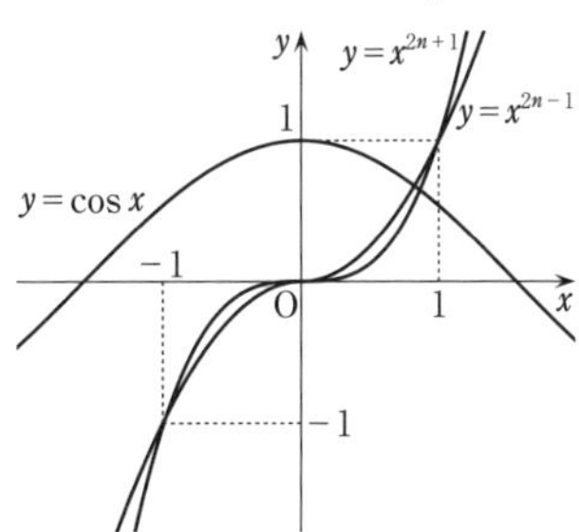

〔注2〕 b については次のように考えることもできる。

$$\log(a_n{}^n)=n\log a_n=\frac{n}{2n-1}\log a_n{}^{2n-1}=\frac{1}{2-\dfrac{1}{n}}\cdot\log(\cos a_n)$$

ここで，$\displaystyle\lim_{n\to\infty}\frac{1}{n}=0$ と $\displaystyle\lim_{n\to\infty}a_n=1$ から

$$\lim_{n\to\infty}\log(a_n{}^n)=\frac{1}{2}\log(\cos 1)=\log\sqrt{\cos 1}$$

ゆえに，$\log x$ の連続性から　　$\displaystyle b=\lim_{n\to\infty}a_n{}^n=\sqrt{\cos 1}$

96 2018年度〔1〕 Level A

ポイント 微分を行い，分子の変形後，$\sin t<t$（$t>0$）を用いて，増減表を考える。

解 法

$f(x)=\dfrac{x}{\sin x}+\cos x$（$0<x<\pi$）より

$$f'(x)=\frac{\sin x-x\cos x}{\sin^2 x}-\sin x=\frac{\sin x-x\cos x-\sin^3 x}{\sin^2 x}\quad\cdots\cdots①$$

（①の分母）>0

$$\begin{aligned}(①の分子)&=\sin x(1-\sin^2 x)-x\cos x\\&=\sin x\cos^2 x-x\cos x\\&=\cos x(\sin x\cos x-x)\\&=\frac{1}{2}\cos x(2\sin x\cos x-2x)\\&=\frac{1}{2}\cos x(\sin 2x-2x)\end{aligned}$$

ここで，$g(t)=t-\sin t$（$t\geqq 0$）とおく。

$g'(t)=1-\cos t>0$　（$t>0$，$t\neq 2n\pi$，n は整数）　と　$g(0)=0$

から

$t>0$ では　$g(t)>0$　すなわち　$t>\sin t$

である。

よって，$x>0$ において $\sin 2x-2x<0$ であり，$f(x)$ の増減表は次のようになる。

x	(0)	$\cdots$	$\frac{\pi}{2}$	$\cdots$	(π)
$f'(x)$		$-$	0	$+$	
$f(x)$		↘	$\frac{\pi}{2}$	↗	

また

$$\lim_{x\to+0}f(x)=\lim_{x\to+0}\frac{1}{\frac{\sin x}{x}}+\lim_{x\to+0}\cos x=1+1=2\quad\cdots\cdots(答)$$

さらに，$\displaystyle\lim_{x\to\pi-0}x=\pi$，$\displaystyle\lim_{x\to\pi-0}\sin x=+0$ からの $\displaystyle\lim_{x\to\pi-0}\frac{x}{\sin x}=\infty$ と，$\displaystyle\lim_{x\to\pi-0}\cos x=-1$ から

$$\lim_{x\to\pi-0}f(x)=\infty\quad\cdots\cdots(答)$$

97 2016年度〔1〕 Level B

ポイント [解法1] $\left(1+\frac{1}{t}\right)^{t}$ の単調増加性，$\left(1+\frac{1}{t}\right)^{t+\frac{1}{2}}$ の単調減少性を示す。そのためには，対数をとって考える。

[解法2] $x\log\left(1+\frac{1}{x}\right)<1<\left(x+\frac{1}{2}\right)\log\left(1+\frac{1}{x}\right)$ を示す。

解法1

$\left(e=\lim_{t\to\infty}\left(1+\frac{1}{t}\right)^{t}\right.$ を底とする対数関数 $\log x$ について，$(\log x)'=\frac{1}{x}$ であることは前提とする。[解法2] でも同じ。$\left.\right)$

(I) $\left(1+\frac{1}{x}\right)^{x}<e$ を示す。

まず，$\left(1+\frac{1}{t}\right)^{t}$ $(t>0)$ が単調増加であることを示す。

そのためには，$\log\left(1+\frac{1}{t}\right)^{t}$ すなわち $t\log\left(1+\frac{1}{t}\right)$ が単調増加であることを示せばよい。

$f(t)=t\log\left(1+\frac{1}{t}\right)$ $(t>0)$ とおくと

$$f'(t)=\log\left(1+\frac{1}{t}\right)+t\cdot\frac{-\frac{1}{t^2}}{1+\frac{1}{t}}=\log\left(1+\frac{1}{t}\right)-\frac{1}{1+t}$$

$$f''(t)=-\frac{1}{t(1+t)}+\frac{1}{(1+t)^2}=-\frac{1}{t(1+t)^2}<0$$

よって，$f'(t)$ は単調減少で，かつ $\lim_{t\to\infty}f'(t)=\log 1-0=0$ であるから，$f'(t)>0$ である。

したがって，$f(t)$ は単調増加であり，$\left(1+\frac{1}{t}\right)^{t}$ は単調増加である。

このことと，$\lim_{t\to\infty}\left(1+\frac{1}{t}\right)^{t}=e$ から，任意の x (>0) に対して，$\left(1+\frac{1}{x}\right)^{x}<e$ である。

(II) $e<\left(1+\frac{1}{x}\right)^{x+\frac{1}{2}}$ を示す。

まず，$\left(1+\dfrac{1}{t}\right)^{t+\frac{1}{2}}$ $(t>0)$ が単調減少であることを示す。

そのためには，$\log\left(1+\dfrac{1}{t}\right)^{t+\frac{1}{2}}$ すなわち $\left(t+\dfrac{1}{2}\right)\log\left(1+\dfrac{1}{t}\right)$ が単調減少であることを示せばよい。

$g(t)=\left(t+\dfrac{1}{2}\right)\log\left(1+\dfrac{1}{t}\right)$ $(t>0)$ とおくと

$$g'(t)=\log\left(1+\frac{1}{t}\right)+\left(t+\frac{1}{2}\right)\cdot\frac{-\frac{1}{t^2}}{1+\frac{1}{t}}=\log\left(1+\frac{1}{t}\right)-\left(t+\frac{1}{2}\right)\cdot\frac{1}{t(1+t)}$$

$$\begin{aligned}g''(t)&=-\frac{1}{t(1+t)}-\frac{1}{t(1+t)}+\left(t+\frac{1}{2}\right)\cdot\frac{1+2t}{t^2(1+t)^2}\\&=-\frac{2}{t(1+t)}+\frac{(1+2t)^2}{2t^2(1+t)^2}=\frac{1}{2t^2(1+t)^2}>0\end{aligned}$$

よって，$g'(t)$ は単調増加で，かつ $\lim_{t\to\infty}g'(t)=\log 1-0=0$ であるから，$g'(t)<0$ である。

したがって，$g(t)$ は単調減少であり，$\left(1+\dfrac{1}{t}\right)^{t+\frac{1}{2}}$ は単調減少である。

このことと，$\lim_{t\to\infty}\left(1+\dfrac{1}{t}\right)^{t+\frac{1}{2}}=\lim_{t\to\infty}\left(1+\dfrac{1}{t}\right)^{t}\lim_{t\to\infty}\left(1+\dfrac{1}{t}\right)^{\frac{1}{2}}=e\cdot 1=e$ から，任意の x (>0) に対して，$e<\left(1+\dfrac{1}{x}\right)^{x+\frac{1}{2}}$ である。

(Ⅰ)，(Ⅱ)から，任意の x (>0) に対して，$\left(1+\dfrac{1}{x}\right)^{x}<e<\left(1+\dfrac{1}{x}\right)^{x+\frac{1}{2}}$ である。

(証明終)

解法 2

$x>0$ であるから

$$\left(1+\frac{1}{x}\right)^{x}<e<\left(1+\frac{1}{x}\right)^{x+\frac{1}{2}}$$

$$\iff x\log\left(1+\frac{1}{x}\right)<1<\left(x+\frac{1}{2}\right)\log\left(1+\frac{1}{x}\right)$$

$$\iff \log\left(1+\frac{1}{x}\right)<\frac{1}{x}\ \text{かつ}\ \frac{2}{2x+1}<\log\left(1+\frac{1}{x}\right)\quad\cdots\cdots①$$

であるから，任意の x (>0) に対して，①であることを示せばよい。

$f(x)=\dfrac{1}{x}-\log\left(1+\dfrac{1}{x}\right)$ $(x>0)$ とおくと

$$f'(x)=-\frac{1}{x^2}-\frac{x}{x+1}\left(-\frac{1}{x^2}\right)$$
$$=\frac{1}{x^2}\left(\frac{x}{x+1}-1\right)$$
$$=-\frac{1}{x^2(x+1)}<0 \quad (x>0\text{ より})$$

よって，$f(x)$ は $x>0$ で減少関数である ……②

また $\displaystyle\lim_{x\to\infty}f(x)=0-0=0$ ……③

②，③より，$x>0$ で $f(x)>0$ であり，したがって

$$\log\left(1+\frac{1}{x}\right)<\frac{1}{x} \quad \cdots\cdots④$$

次に，$g(x)=\log\left(1+\dfrac{1}{x}\right)-\dfrac{2}{2x+1}$ $(x>0)$ とおくと

$$g'(x)=\frac{x}{x+1}\left(-\frac{1}{x^2}\right)+\frac{4}{(2x+1)^2}$$
$$=\frac{-(2x+1)^2+4x(x+1)}{x(x+1)(2x+1)^2}$$
$$=\frac{-1}{x(x+1)(2x+1)^2}<0 \quad (x>0\text{ より})$$

よって，$g(x)$ は $x>0$ で減少関数である ……⑤

また $\displaystyle\lim_{x\to\infty}g(x)=0-0=0$ ……⑥

⑤，⑥より，$x>0$ で $g(x)>0$ であり，したがって

$$\log\left(1+\frac{1}{x}\right)>\frac{2}{2x+1} \quad \cdots\cdots⑦$$

④，⑦から，①が成り立つ。 (証明終)

〔注1〕 $t=\dfrac{1}{x}$ とおくと，①は $\log(1+t)<t$ かつ $\dfrac{2t}{2+t}<\log(1+t)$ となる。

このとき，$f(x)$，$g(x)$ の代わりに，$f(t)=t-\log(1+t)$，$g(t)=\log(1+t)-\dfrac{2t}{2+t}$ を考え，$f'(t)>0$，$\displaystyle\lim_{t\to0}f(t)=0$ と $g'(t)>0$，$\displaystyle\lim_{t\to0}g(t)=0$ を示すことになる。

〔注2〕 本問はわざわざ問題文で，e の定義を $\displaystyle\lim_{t\to\infty}\left(1+\frac{1}{t}\right)^t=e$ で与えてあるので，この定義に基づいて本問を解けという発問ととらえると，解答で用いる $(\log x)'=\dfrac{1}{x}$ をこの定義から導いたうえで解答するのが本来的かとも考えられ，その小問があるのがふさわしいが，それが設定されていないので，これは前提として解くことでよい。すると，解答の

方向性は明快であり処理も煩雑ではないが，上記のことなどで迷うと時間を費やすことになるかもしれない。

研究　$\displaystyle\lim_{t\to\infty}\left(1+\frac{1}{t}\right)^t=e$ で与えられる数 e を底とする対数関数 $\log x$（$x>0$）について，

$(\log x)'=\dfrac{1}{x}$ であることの証明は以下のようになる。

まず，$\displaystyle\lim_{t\to\infty}\left(1-\frac{1}{t}\right)^{-t}=e$ を示しておく。

$$\begin{aligned}\lim_{t\to\infty}\left(1-\frac{1}{t}\right)^{-t}&=\lim_{t\to\infty}\left(\frac{t}{t-1}\right)^t=\lim_{t\to\infty}\left(1+\frac{1}{t-1}\right)^t\\&=\lim_{t\to\infty}\left\{\left(1+\frac{1}{t-1}\right)^{t-1}\cdot\left(1+\frac{1}{t-1}\right)\right\}\\&=\lim_{t\to\infty}\left(1+\frac{1}{t-1}\right)^{t-1}\cdot\lim_{t\to\infty}\left(1+\frac{1}{t-1}\right)\\&=e\cdot1=e\end{aligned}$$

これにより

$$\lim_{t\to\pm\infty}\left(1+\frac{1}{t}\right)^t=e\quad\cdots\cdots(*)$$

である。

$h\neq0$ に対して

$$\begin{aligned}\frac{\log(x+h)-\log x}{h}&=\log\left(\frac{x+h}{x}\right)^{\frac{1}{h}}\\&=\frac{1}{x}\log\left(1+\frac{h}{x}\right)^{\frac{x}{h}}\\&=\frac{1}{x}\log\left(1+\frac{1}{t}\right)^t\quad\left(t=\frac{x}{h}\text{ とおく}\right)\end{aligned}$$

$h\to0$ のとき，$t\to\pm\infty$ となり，$(*)$から

$$\lim_{h\to0}\frac{\log(x+h)-\log x}{h}=\frac{1}{x}\lim_{t\to\pm\infty}\log\left(1+\frac{1}{t}\right)^t=\frac{1}{x}\log e=\frac{1}{x}$$

（証明終）

98　2015年度〔1〕　Level A

ポイント　[解法 1]　$y=ax^2+\dfrac{1-4a^2}{4a}$ を満たす正の実数 a が存在するための $(x,\ y)$ の条件を求める。

[解法 2]　x の値を固定するごとに，a が正の実数全体を変化するときの $ax^2+\dfrac{1-4a^2}{4a}$ のとり得る値の範囲を求める。

解法 1

C は a によって定まるので，C を C_a と書くことにする。

xy 平面上の点 $(x,\ y)$ が C_a の通過範囲にあるための条件は，点 $(x,\ y)$ を通る C_a が少なくとも1つ存在することである。これは

$$y=ax^2+\frac{1-4a^2}{4a}\quad すなわち\quad 4(x^2-1)a^2-4ya+1=0\quad \cdots\cdots①$$

を満たす正の実数 a が存在することと同値である。

(i)　$x=\pm1$ のとき

①は $4ya=1$ であり，これを満たす正の実数 a が存在する条件は $y>0$ である。

(ii)　$x^2<1$ $(|x|<1)$ のとき

(a の2次方程式)①の2解の積 $=\dfrac{1}{4(x^2-1)}<0$ なので，y の値によらず，①は正の解 a をもつ。

(iii)　$x^2>1$ $(|x|>1)$ のとき

①の2解の積 $=\dfrac{1}{4(x^2-1)}>0$ なので，求める条件は①が正の2解（重解含む）をもつことである。この条件は

$$\begin{cases} 4y^2-4(x^2-1)\geqq0 & (判別式\geqq0) \\ \dfrac{y}{x^2-1}>0 & (2解の和>0) \end{cases}$$

となり，これより，$x^2-y^2\leqq1$ かつ $y>0$ となる。

(i)または(ii)または(iii)から，C の通過範囲は

「$x=\pm1$ かつ $y>0$」または「$|x|<1$」

または「$|x|>1$ かつ $x^2-y^2\leqq1$ かつ $y>0$」

であり，図示すると，次図の網かけ部分となる。ただし，境界は実線部は含み，破線部と白丸は除く。

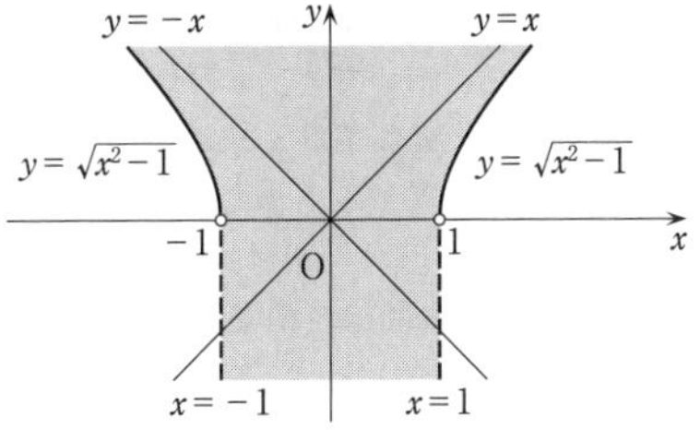

解法 2

$g(a)=ax^2+\dfrac{1-4a^2}{4a}$ $(a>0)$ とおき，x の値を固定するごとに，a が正の実数全体を動くときの $y=g(a)$ のとり得る値の範囲を求める。

$g(a)$ は $a>0$ で連続である。

また，$g(a)=(x^2-1)a+\dfrac{1}{4a}$ より　　$g'(a)=x^2-1-\dfrac{1}{4a^2}$

(ア)　$x=\pm1$ のとき

$g(a)=\dfrac{1}{4a}$ であり，$g(a)$ のとり得る値の範囲は，$g(a)>0$ である。

(イ)　$x^2-1<0$ のとき

$g'(a)<0$ なので $g(a)$ は減少関数であり，$\displaystyle\lim_{a\to+0}g(a)=\infty$，$\displaystyle\lim_{a\to\infty}g(a)=-\infty$ より，$g(a)$ はすべての実数値をとる。

(ウ)　$x^2-1>0$ のとき

$g'(a)=0$ となる a (>0) の値は

$$a=\frac{1}{2\sqrt{x^2-1}}$$

であり，増減表は右のようになる。

a	(0)	$\cdots$	$\dfrac{1}{2\sqrt{x^2-1}}$	$\cdots$	(∞)
$g'(a)$		$-$	0	$+$	
$g(a)$	(∞)	↘	$\sqrt{x^2-1}$	↗	(∞)

$\displaystyle\lim_{a\to+0}g(a)=\lim_{a\to\infty}g(a)=\infty$ かつ $g(a)$ は $a>0$ で連続なので，$g(a)$ のとり得る値の範囲は $g(a)\geqq\sqrt{x^2-1}$ である。

(ア)または(イ)または(ウ)から，［解法１］の図を得る。

〔注〕 パラメーター a を含む曲線 K_a の通過範囲の問題は，東大入試で時折出題されるものである。これに対する処理法は２つある。ひとつは，［解法１］のように，「平面上の点 $(x,\ y)$ が K_a の通過範囲に属するための条件は，$(x,\ y)$ を通る曲線 K_a が少なくとも１つ存在することである」という理解のもとで，a の方程式（x，y の式を係数とする方程式）が実数解をもつような x，y の条件を求める方法である。もうひとつは，［解法２］のように，「曲線 K_a の方程式を $y=g(a,\ x)$（［解法２］では単に $g(a)$ としている）として，x の値を固定するごとに，a を変化させたときの $y=g(a,\ x)$ のとり得る値の範囲を求め，これを x，y の不等式で表現し，図示する」方法である。x 軸に垂直な直線を

固定するごとに，この直線と K_a の交点の y 座標のとり得る値の範囲を求めていることと同じことである。いずれの解法においても，x の値の場合分けで考えていくことが多い。前者の方法では，方程式の解の実数条件を求めるので，特に，2 次方程式が現れるときは判別式や解の分離の問題に帰着する。また，後者の場合には，増減表や関数の極限を用いることになる。2007 年度〔3〕，2014 年度〔6〕で後者の考え方を指定（誘導）する問題が出題されているが，本問は自由に解かせる問題になっている。

99 2014年度〔4〕 Level B

ポイント (1) $0<e^{-qx}<1$ などから，$f(x)$ を評価する。

(2) $x_n=f(x_{n-1})$ から，$x_n<rx_{n-1}$（r は適当な実数）の形の式を導く。

$1-qx_{n-1}\leqq e^{-qx_{n-1}}$ を用いる。最後は「はさみうちの原理」を用いる。

(3) ［解法 1］ $g(x)=f(x)-x$ とおき，$g''(x)$ から $g'(x)$ を調べ，$g'(0)$ と $g'(1)$ の符号を利用して，中間値の定理を用いて論証を行う。

［解法 2］ $g'(0)=q-p>0$ となることから，0 の十分近くで $g'(x)>0$ であることと，$g(0)=0$ を用いて，0 の十分近くに $g(\alpha)>0$ $(\alpha>0)$ となる α がある。これと $g(1)$ の値から中間値の定理を用いる。

解法 1

(1) $\begin{cases}0<x\\0<1-p<1\end{cases}$ から　$0<(1-p)x<x$ ……①

$\begin{cases}0<x\\0<q\end{cases}$ から，$-qx<0$ であり　$0<e^{-qx}<1$

よって，$0<1-e^{-qx}<1$ となり，これと $x<1$ から

$$0<(1-x)(1-e^{-qx})<1-x \quad ……②$$

①＋② から

$$0<(1-p)x+(1-x)(1-e^{-qx})<1$$

ゆえに，$0<f(x)<1$ である。（証明終）

(2) $0<x_0<1$ と(1)から　$0<x_1=f(x_0)<1$

$x_n=f(x_{n-1})$ から，以下同様にして，$0<x_n<1$ $(n\geqq 0)$ である。

よって，$n\geqq 1$ に対して

$$1-x_{n-1}>0 \quad ……③$$

また，$1+x\leqq e^x$ が任意の実数で成り立つので，$x=-qx_{n-1}$ として

$$1-qx_{n-1}\leqq e^{-qx_{n-1}}$$

よって

$$1-e^{-qx_{n-1}}\leqq qx_{n-1} \quad ……④$$

したがって

$$\begin{aligned}x_n&=f(x_{n-1})\\&=(1-p)x_{n-1}+(1-x_{n-1})(1-e^{-qx_{n-1}})\\&\leqq(1-p)x_{n-1}+(1-x_{n-1})qx_{n-1}\quad(③,\ ④より)\\&=\{1-(p-q)\}x_{n-1}-qx_{n-1}{}^2\end{aligned}$$

$<\{1-(p-q)\}x_{n-1}$　……⑤　($q>0$, $x_{n-1}>0$ より)

ここで，$0<q<p<1$ より

$0<\{1-(p-q)\}<1$　……⑥

したがって，⑤を繰り返し用いて　$0<x_n<\{1-(p-q)\}^n x_0$

⑥より，$\lim_{n\to\infty}\{1-(p-q)\}^n x_0=0$ なので，はさみうちの原理から

$\lim_{n\to\infty}x_n=0$　(証明終)

(3)　$g(x)=f(x)-x$ とおくと

$g'(x)=-p-(1-e^{-qx})+(1-x)\cdot qe^{-qx}$

$g''(x)=-qe^{-qx}-qe^{-qx}-q^2(1-x)e^{-qx}$

$q>0$ なので，$0\leqq x\leqq 1$ で $g''(x)<0$ であり

$0\leqq x\leqq 1$ で $g'(x)$ は減少である　……⑦

また

$g'(0)=q-p>0$　……⑧　($p<q$ より)

$g'(1)=-p-1+e^{-q}<0$　……⑨　($0<q$ より $e^{-q}<1$)

⑦，⑧，⑨と $g'(x)$ が連続より，中間値の定理から，$g'(a)=0$ かつ $0<a<1$ をみたす実数 a がただ一つ存在し，$g(x)$ の増減表は右のようになる。

x	0	…	a	…	1
$g'(x)$		+	0	−	
$g(x)$	0	↗		↘	$-p$

ゆえに，$g(x)$ の連続性から，$g(c)=0$ かつ $0<c<1$，すなわち

$c=f(c)$ かつ $0<c<1$ をみたす実数 c が存在する。　(証明終)

解法 2

((1)・(2)は［解法1］に同じ)

(3)　$g(x)=f(x)-x$ とおくと

$g(0)=0$　……⑩　　$g(1)=-p<0$　……⑪

また，$g'(x)=-p-(1-e^{-qx})+(1-x)\cdot qe^{-qx}$ なので

$g'(0)=q-p>0$　……⑫　($p<q$ より)

$g'(x)$ は連続なので，⑫から，0 を含むある開区間 I で常に $g'(x)>0$ である。よって，I で $g(x)$ は増加であり，⑩から，$0<\alpha<1$ かつ $g(\alpha)>0$ となる α ($\in I$) が存在する。ゆえに，$g(x)$ の連続性と⑪から，中間値の定理により，$g(c)=0$ かつ $\alpha<c<1$ をみたす実数 c が存在する。

ゆえに，$c=f(c)$ かつ $0<c<1$ をみたす実数 c が存在する。　(証明終)

〔注〕 (3)［解法1］，［解法2］とも中間値の定理がポイントとなる。［解法1］は $g''(x)$ を利用しているが，［解法2］では $g'(0)>0$ と $g'(x)$ の連続性のみで論証している。

100 2013年度〔2〕 Level B

ポイント $f(x)=g(x)$ を $h(x)=a$ と変形した関数 $h(x)$ の増減と，$\lim_{x\to+0}h(x)$ および $\lim_{x\to\infty}h(x)$ および極値を調べ，グラフを考える。

解 法

$x>0$ のもとで

$$f(x)=g(x) \Longleftrightarrow \frac{\cos x}{x}-\sin x=ax$$

$$\Longleftrightarrow \frac{\cos x}{x^2}-\frac{\sin x}{x}=a$$

$h(x)=\frac{\cos x}{x^2}-\frac{\sin x}{x}$ とおくと

$$h(x)=\frac{\cos x-x\sin x}{x^2}$$

であり

$$h'(x)=\frac{(-\sin x-\sin x-x\cos x)x^2-(\cos x-x\sin x)\cdot 2x}{x^4}$$

$$=-\frac{x^2+2}{x^3}\cos x$$

$x>0$ より，$h'(x)$ の符号は $-\cos x$ の符号と一致する。

また，$\cos x=0$ となる x（>0）の値は，$x=\frac{\pi}{2}+n\pi$（n は0以上の整数）である。

さらに，$\lim_{x\to+0}h(x)=\lim_{x\to+0}\frac{\cos x}{x^2}-\lim_{x\to+0}\frac{\sin x}{x}=\infty$，$\lim_{x\to\infty}h(x)=0$ であるから，$h(x)$ の増減表は次のようになる。

x	(0)	$\cdots$	$\frac{\pi}{2}$	$\cdots$	$\frac{3}{2}\pi$	$\cdots$	$\frac{5}{2}\pi$	$\cdots$	$\frac{7}{2}\pi$	$\cdots$	(∞)
$h'(x)$		$-$	0	$+$	0	$-$	0	$+$	0	$\cdots$	
$h(x)$	(∞)	↘	$-\frac{2}{\pi}$	↗	$\frac{2}{3\pi}$	↘	$-\frac{2}{5\pi}$	↗	$\frac{2}{7\pi}$	$\cdots$	(0)

このとき

$$h\left(\frac{\pi}{2}+n\pi\right)=\frac{(-1)^{n-1}\cdot 2}{(2n+1)\pi} \quad (n=0,\ 1,\ 2,\ \cdots)$$

であり

$$h(x)\text{ の極大値は }\frac{2}{(2n+1)\pi}\quad(n\text{ は奇数})$$

$$\text{極小値は }\frac{-2}{(2n+1)\pi}\quad(n\text{ は偶数})$$

である。

これらの絶対値は n が増加すると減少し，$\lim_{n\to\infty}\left|\pm\frac{2}{(2n+1)\pi}\right|=0$ である。

よって，$y=h(x)$ のグラフは図のようになる。

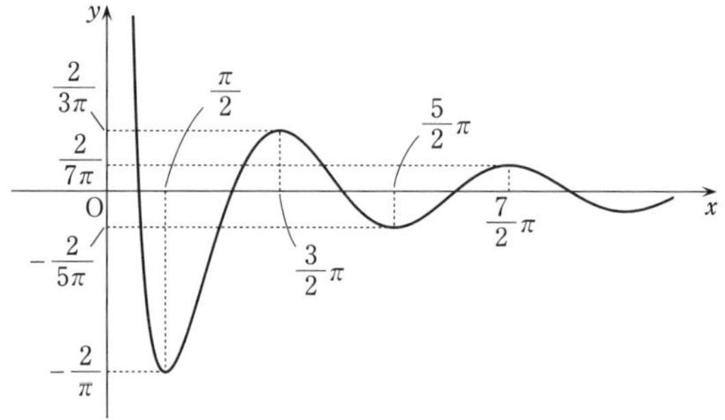

$y=h(x)$ のグラフと直線 $y=a$ の共有点の個数がちょうど3個となるための a の条件を求めると

$$a=-\frac{2}{5\pi}\quad\text{または}\quad\frac{2}{7\pi}<a<\frac{2}{3\pi}\quad\cdots\cdots(\text{答})$$

101 2012年度〔1〕 Level B

ポイント lと円の交点のうち原点と異なるものをP，lと直線$x=\dfrac{\sqrt{2}}{3}$の交点をQ，点（0，2）をAとおいて，$\angle OAP=\theta$となることを利用してOP－OQを三角関数で表す。最大値は微分法による。

解法

lと円の交点のうち原点と異なるものをP，lと直線$x=\dfrac{\sqrt{2}}{3}$の交点をQとする。また，点（0，2）をAとする。lとx軸のなす角がθであるから，$\angle OAP=\theta$であり

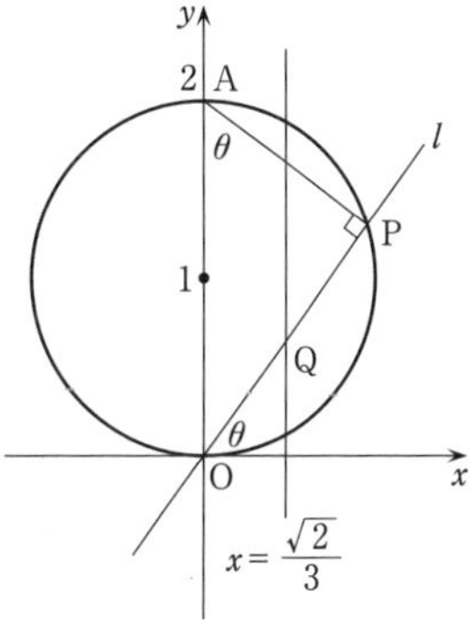

$$OP=2\sin\theta,\quad OQ=\frac{\sqrt{2}}{3\cos\theta}$$

である。よって

$$L=OP-OQ=2\sin\theta-\frac{\sqrt{2}}{3\cos\theta}$$

ここで，$f(\theta)=2\sin\theta-\dfrac{\sqrt{2}}{3\cos\theta}\quad\left(0<\theta<\dfrac{\pi}{2}\right)$とおくと

$$f'(\theta)=2\cos\theta-\frac{\sqrt{2}\sin\theta}{3\cos^2\theta}$$
$$=\frac{6\cos^3\theta-\sqrt{2}\sin\theta}{3\cos^2\theta}$$

$0<\theta<\dfrac{\pi}{2}$で$y=6\cos^3\theta$は単調減少，$y=\sqrt{2}\sin\theta$は単調増加であるから，$6\cos^3\theta-\sqrt{2}\sin\theta$（$=g(\theta)$とおく）は単調減少である。さらに，$g(0)=6$，$g\left(\dfrac{\pi}{2}\right)=-\sqrt{2}$であるから，$6\cos^3\theta-\sqrt{2}\sin\theta=0$かつ$0<\theta<\dfrac{\pi}{2}$を満たす$\theta$がただ1つ存在して，その値を$\alpha$とすると次の増減表を得る。

θ	(0)	$\cdots$	α	$\cdots$	$\left(\frac{\pi}{2}\right)$
$f'(\theta)$		+	0	−	
$f(\theta)$		↗	極大かつ最大	↘	

ここで，$\sin\alpha=\dfrac{6}{\sqrt{2}}\cos^3\alpha=3\sqrt{2}\cos^3\alpha$ であり，L の最大値は

$$f(\alpha)=2\sin\alpha-\frac{\sqrt{2}}{3\cos\alpha}$$
$$=6\sqrt{2}\cos^3\alpha-\frac{\sqrt{2}}{3\cos\alpha}\quad\cdots\cdots①$$

また，$\sin^2\alpha=18\cos^6\alpha$ から $18\cos^6\alpha+\cos^2\alpha-1=0$ であり，$t=\cos^2\alpha$ とおくと

$$18t^3+t-1=0$$
$$(3t-1)(6t^2+2t+1)=0$$

t は $0<t<1$ を満たす実数なので，$t=\dfrac{1}{3}$ であり，$0<\alpha<\dfrac{\pi}{2}$ から $\cos\alpha=\dfrac{1}{\sqrt{3}}$ である。よって，①より L の最大値は

$$6\sqrt{2}\cdot\frac{1}{3\sqrt{3}}-\frac{\sqrt{2}}{3}\cdot\sqrt{3}=\frac{2\sqrt{6}}{3}-\frac{\sqrt{6}}{3}=\frac{\sqrt{6}}{3}\quad\cdots\cdots(答)$$

このときの，$\cos\theta$ の値は　$\dfrac{1}{\sqrt{3}}=\dfrac{\sqrt{3}}{3}$　……(答)

〔注1〕 直線 l の方程式を $y=mx$（$m=\tan\theta$）とおいて，円の方程式 $x^2+(y-1)^2=1$ との原点以外の交点の x 座標を求めると

$$x=\frac{2m}{1+m^2}=\frac{2\tan\theta}{1+\tan^2\theta}=2\sin\theta\cos\theta$$

となる。この値は $\mathrm{OP}\cos\theta$ でもあるから，$\mathrm{OP}\cos\theta=2\sin\theta\cos\theta$ を得て，$\mathrm{OP}=2\sin\theta$ を得る。

〔注2〕 $f'(\theta)=2\cos\theta-\dfrac{\sqrt{2}}{3}\sin\theta(1+\tan^2\theta)$

$$=\frac{\sqrt{2}}{3}\cos\theta\{3\sqrt{2}-\tan\theta(1+\tan^2\theta)\}$$
$$=-\frac{\sqrt{2}}{3}\cos\theta(\tan^3\theta+\tan\theta-3\sqrt{2})$$
$$=-\frac{\sqrt{2}}{3}\cos\theta(\tan\theta-\sqrt{2})(\tan^2\theta+\sqrt{2}\tan\theta+3)$$

これより，$\tan\alpha=\sqrt{2}$ かつ $0<\alpha<\dfrac{\pi}{2}$ となる α を用いて増減表を得ることもできる。また，このとき，$\cos\alpha=\dfrac{1}{\sqrt{3}}$ である。

〔注3〕 直線 $x=\dfrac{\sqrt{2}}{3}$ と円の交点は $\left(\dfrac{\sqrt{2}}{3},\ 1-\dfrac{\sqrt{7}}{3}\right)$，$\left(\dfrac{\sqrt{2}}{3},\ 1+\dfrac{\sqrt{7}}{3}\right)$ であり，直線 l がこれらを通るときの $\tan\theta$ の値はそれぞれ $\dfrac{3-\sqrt{7}}{\sqrt{2}}$，$\dfrac{3+\sqrt{7}}{\sqrt{2}}$ である。$\dfrac{3-\sqrt{7}}{\sqrt{2}}<\sqrt{2}<\dfrac{3+\sqrt{7}}{\sqrt{2}}$ であるから $\tan\theta_1=\dfrac{3-\sqrt{7}}{\sqrt{2}}$，$\tan\theta_2=\dfrac{3+\sqrt{7}}{\sqrt{2}}$，$\tan\alpha=\sqrt{2}$ を満たす鋭角 θ_1，θ_2，α について $\theta_1<\alpha<\theta_2$ であるが，ここまでの記述はなくても許されると思われる。

102　2011年度〔1〕　Level A

ポイント　(1)　線分QRの長さはQ，Rの x 座標の差を $\sqrt{a^2+1}$ 倍する。

(2)　$\{S(a)\}^2$ の最大値を考える。

［解法1］　微分により増減を調べる。

［解法2］　適当な置き換えにより，相加・相乗平均の関係を用いる。

［解法3］　(1)を用いず，Pと直線の距離を用いて $S(a)$ を立式し，相加・相乗平均の関係，または平方完成によって $S(a)$ の最大値を求める。

［解法4］　(1)を用いず，∠QPRを用いて $S(a)$ を立式する。最大値を与える∠QPRを求め，このときのPと直線の距離から a の値を求める。

解法1

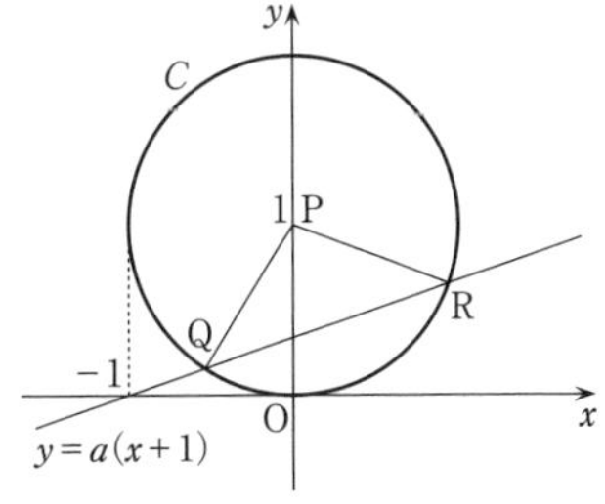

(1)　円 C の方程式 $x^2+(y-1)^2=1$，すなわち $x^2+y^2-2y=0$ に $y=a(x+1)$ を代入して

$$x^2+a^2(x+1)^2-2a(x+1)=0$$

整理すると

$$(a^2+1)x^2+2(a^2-a)x+a^2-2a=0$$

この2解を α，β とすると

$$\alpha+\beta=-\frac{2(a^2-a)}{a^2+1}\quad,\quad \alpha\beta=\frac{a^2-2a}{a^2+1}$$

QとRの x 座標の差は

$$|\alpha-\beta|=\sqrt{(\alpha-\beta)^2}=\sqrt{(\alpha+\beta)^2-4\alpha\beta}$$

$$=\sqrt{\frac{4(a^2-a)^2}{(a^2+1)^2}-\frac{4(a^2-2a)}{a^2+1}}$$

$$=\frac{2}{a^2+1}\sqrt{(a^2-a)^2-(a^2-2a)(a^2+1)}$$

$$=\frac{2\sqrt{2a}}{a^2+1}$$

これと直線QRの傾きが a であることから

$$\mathrm{QR}=\sqrt{a^2+1}\,|\alpha-\beta|=\sqrt{a^2+1}\times\frac{2\sqrt{2a}}{a^2+1}$$

$$=2\sqrt{\frac{2a}{a^2+1}}\quad\cdots\cdots①$$

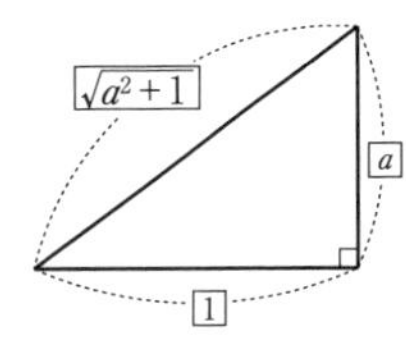

また，Pから直線 $y=a(x+1)$ までの距離は，$0<a<1$ から

$$\frac{|a(0+1)-1|}{\sqrt{a^2+1}}=\frac{|a-1|}{\sqrt{a^2+1}}=\frac{1-a}{\sqrt{a^2+1}} \quad \cdots\cdots②$$

①，②から

$$S(a)=\frac{1}{2}\cdot 2\sqrt{\frac{2a}{a^2+1}}\cdot\frac{1-a}{\sqrt{a^2+1}}=\frac{(1-a)\sqrt{2a}}{(a^2+1)} \quad \cdots\cdots(答)$$

(2) $$\{S(a)\}^2=\frac{2a(1-a)^2}{(a^2+1)^2}=\frac{2(a^3-2a^2+a)}{(a^2+1)^2}$$

$f(a)=\dfrac{a^3-2a^2+a}{(a^2+1)^2}$ とおくと

$$f'(a)=\frac{(3a^2-4a+1)(a^2+1)^2-(a^3-2a^2+a)\cdot 2(a^2+1)\cdot 2a}{(a^2+1)^4}$$

$$=\frac{(3a^2-4a+1)(a^2+1)-(a^3-2a^2+a)\cdot 4a}{(a^2+1)^3}$$

$$(\text{右辺の分子})=-a^4+4a^3-4a+1=-(a^4-1)+4a(a^2-1)$$
$$=-(a^2+1)(a^2-1)+4a(a^2-1)=(1-a^2)(a^2-4a+1)$$
$$=(1-a^2)\{a-(2+\sqrt{3})\}\{a-(2-\sqrt{3})\}$$

$0<a<1$ であるから，$f(a)$ の増減表は右のようになる。

a	0	$\cdots$	$2-\sqrt{3}$	$\cdots$	1
$f'(a)$		+	0	−	
$f(a)$	0	↗	最大	↘	0

$S(a)$ は正であるから $S(a)$ と $\{S(a)\}^2$ の大小は一致し，したがって，$S(a)$ と $f(a)$ の大小は一致する。

ゆえに，上の増減表から，$S(a)$ が最大となる a の値は $2-\sqrt{3}$ である。 ……(答)

解 法 2

((1)は［解法1］に同じ)

(2) ($f(a)$ の式までは［解法1］に同じ)

$$f(a)=\frac{a^3-2a^2+a}{a^4+2a^2+1}$$

$$=\frac{a-2+\dfrac{1}{a}}{a^2+2+\dfrac{1}{a^2}}$$

$$=\frac{\left(a+\dfrac{1}{a}\right)-2}{\left(a+\dfrac{1}{a}\right)^2}$$

$t=a+\dfrac{1}{a}$ とおくと，相加・相乗平均の関係より　　$t\geqq 2\sqrt{a\cdot\dfrac{1}{a}}=2$

ここで等号成立条件は $a=\dfrac{1}{a}$ より $a=1$ であるが，$0<a<1$ なので等号は成立せず，$t>2$ である。また，$\displaystyle\lim_{a\to+0}\left(a+\frac{1}{a}\right)=\infty$，$\displaystyle\lim_{a\to1-0}\left(a+\frac{1}{a}\right)=2$ であり，t は a の連続関数なので，t は 2 より大きなすべての値をとる。$f(a)=\dfrac{t-2}{t^2}$ なので

$$\frac{1}{f(a)}=\frac{t^2}{t-2}=t+2+\frac{4}{t-2}$$
$$=t-2+\frac{4}{t-2}+4\geqq2\sqrt{(t-2)\cdot\frac{4}{t-2}}+4=8$$

ここで等号成立条件は，$t-2=\dfrac{4}{t-2}$ と $t>2$ より $t=4$ である。このとき，$a+\dfrac{1}{a}=4$ すなわち $a^2-4a+1=0$ と $0<a<1$ から $a=2-\sqrt{3}$ となる。

よって，$\dfrac{1}{f(a)}$ は $a=2-\sqrt{3}$ で最小値をとるので，$f(a)$ は $a=2-\sqrt{3}$ で最大値をとる。

ゆえに，$S(a)$ が最大となる a の値は $2-\sqrt{3}$ である。 ……(答)

〔注 1〕 $t=a+\dfrac{1}{a}$ $(0<a<1)$ のとりうる値の範囲は $\dfrac{dt}{da}=1-\dfrac{1}{a^2}<0$ より，$0<a<1$ で t は a の連続な減少関数であることと $\displaystyle\lim_{a\to+0}\left(a+\frac{1}{a}\right)=\infty$，$\displaystyle\lim_{a\to1-0}\left(a+\frac{1}{a}\right)=2$ から，$t>2$ としてもよい。

解 法 3

((1)は［解法 1］に同じ)

(2) P から直線 $y=a(x+1)$ に垂線 PH を下ろすと

$$\mathrm{PH}=\frac{|a(0+1)-1|}{\sqrt{a^2+1}}=\frac{|a-1|}{\sqrt{a^2+1}}=\frac{1-a}{\sqrt{a^2+1}} \quad \cdots\cdots①$$

これを h とおくと，$\mathrm{QH}=\sqrt{1-h^2}$ であるから

$$S(a)=\frac{1}{2}\cdot2\mathrm{QH}\cdot\mathrm{PH}=h\sqrt{1-h^2}$$

$$\{S(a)\}^2=h^2(1-h^2)\leqq\left\{\frac{h^2+(1-h^2)}{2}\right\}^2=\frac{1}{4}$$ （∵ 相加・相乗平均）

ここで等号成立条件は，$h^2=1-h^2$ より $h^2=\dfrac{1}{2}$ のときである。

このとき，①より $\quad \dfrac{(1-a)^2}{a^2+1}=\dfrac{1}{2}$

よって $\quad a^2-4a+1=0$

$0<a<1$ より $\quad a=2-\sqrt{3}$ ……(答)

〔注 2〕 $h^2(1-h^2)=-\left(h^2-\frac{1}{2}\right)^2+\frac{1}{4}$ と変形して，$h^2=\frac{1}{2}$ を求めることもできる。

解 法 4

((1)は［解法 1］に同じ)

(2)（①までは［解法 3］に同じ）

$\angle \mathrm{QPR}=\theta$（$0<\theta<\pi$）とおくと

$$S(a)=\frac{1}{2}\cdot 1^2\cdot\sin\theta=\frac{1}{2}\sin\theta\leqq\frac{1}{2}$$

ここで等号成立条件は $\theta=\frac{\pi}{2}$ のときであり，このとき

$$\mathrm{PH}=\cos\frac{\pi}{4}=\frac{\sqrt{2}}{2}$$

よって，①より　$\dfrac{(1-a)^2}{a^2+1}=\dfrac{1}{2}$

(以下，［解法 3］に同じ)

103 2009年度 〔5〕 Level C

ポイント (1) [解法1] 与式の両辺の対数をとって，変形したものの両辺の差を $f(x)$ とおき，$f'(x)$，$f''(x)$ を用いる。

[解法2] $f'(x)=0$ をみたす x を，2つの曲線の交点として求める。

[解法3] $\log(1+x)^{\frac{1}{x}}$ の単調性に帰着させる。

(2) (1)の式を2通りに変形し，適当な x の値を代入する。

解法1

(1) $-1<x<1$ より，$1-x>0$，$1+x>0$ であるから，与式の両辺の対数を考えることができて

$$(1-x)^{1-\frac{1}{x}}<(1+x)^{\frac{1}{x}}$$

$$\Longleftrightarrow \left(1-\frac{1}{x}\right)\log(1-x)<\frac{1}{x}\log(1+x)$$

$$\Longleftrightarrow \log(1-x)<\frac{1}{x}\{\log(1+x)+\log(1-x)\}$$

$$\Longleftrightarrow \log(1-x)<\frac{1}{x}\log(1-x^2)$$

$$\Longleftrightarrow \begin{cases} x\log(1-x)<\log(1-x^2) & (0<x<1) \\ x\log(1-x)>\log(1-x^2) & (-1<x<0) \end{cases} \quad \cdots\cdots(*)$$

$f(x)=\log(1-x^2)-x\log(1-x)$ とおくと

$$f'(x)=\frac{-2x}{1-x^2}-\log(1-x)+\frac{x}{1-x}$$

$$=\frac{1}{1+x}-1-\log(1-x)$$

$$f''(x)=\frac{-1}{(1+x)^2}+\frac{1}{1-x}=\frac{x(x+3)}{(1+x)^2(1-x)}$$

よって，次の増減表を得る。

x	-1	$\cdots$	0	$\cdots$	1
$f''(x)$	／	$-$	0	$+$	／
$f'(x)$	／	↘	0	↗	／

x	-1	$\cdots$	0	$\cdots$	1
$f'(x)$	／	$+$	0	$+$	／
$f(x)$	／	↗	0	↗	／

したがって　$f(x)>0$　$(0<x<1)$，$f(x)<0$　$(-1<x<0)$

ゆえに，$(*)$が成り立ち，$(1-x)^{1-\frac{1}{x}}<(1+x)^{\frac{1}{x}}$ である。　（証明終）

〔注1〕 関数 $f(x)$ を考え，$f'(x)$ を考えるところまでは自然な発想である。$f'(x)$ で解決しない場合に，さらに $f''(x)$ を考えることも通常の学習で経験することであるが，その

方向性に気づくのに若干の試行錯誤を要するかもしれない。

(2)　$(1-x)^{1-\frac{1}{x}}<(1+x)^{\frac{1}{x}}$ の両辺に $(1-x)^{\frac{1}{x}}$ (>0) を乗じて

$$1-x<(1-x^2)^{\frac{1}{x}}$$

この式で $x=0.01$ とすると，$0.99<0.9999^{100}$ となる。

$(1-x)^{1-\frac{1}{x}}<(1+x)^{\frac{1}{x}}$ の両辺に $(1+x)^{1-\frac{1}{x}}$ (>0) を乗じて

$$(1-x^2)^{1-\frac{1}{x}}<1+x$$

この式で $x=-0.01$ とすると，$0.9999^{101}<0.99$ となる。　　（証明終）

〔注２〕(1)で示された式をそのままで適用するのではなく，x^2 が現れるように変形して用いる。不等号が２つあるので，変形も２通り行うとうまくいくが，やはり試行錯誤が必要であろう。

解 法 2

(1)　$\left(f'(x)=\dfrac{1}{1+x}-1-\log(1-x)\right.$ を得るところまでは［解法１］に同じ$\Big)$

$y=\dfrac{1}{1+x}$　$(-1<x<1)$ について

$$y'=\frac{-1}{(1+x)^2}<0,\ \ y''=\frac{2}{(1+x)^3}>0$$

$y=1+\log(1-x)$　$(-1<x<1)$ について

$$y'=\frac{-1}{1-x}<0,\ \ y''=\frac{-1}{(1-x)^2}<0$$

この２曲線は点 $(0,\ 1)$ を共有し，この点で共通な接線をもつ。

さらに，$y=\dfrac{1}{1+x}$ のグラフは下に凸，

$y=1+\log(1-x)$ のグラフは上に凸であるから，右図を得て，$-1<x<1$ では

$$\frac{1}{1+x}\geqq 1+\log(1-x)$$

（等号は $x=0$ でのみ成立）

ゆえに，右の増減表を得る。

（以下，［解法１］に同じ）

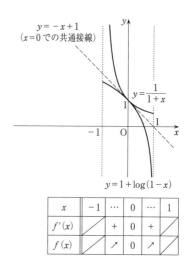

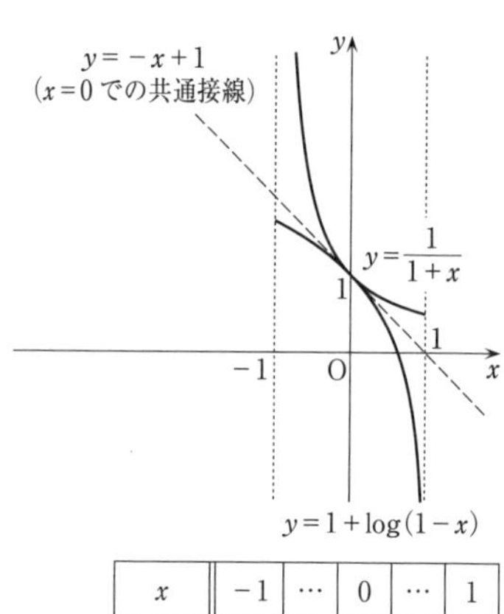

x	-1	$\cdots$	0	$\cdots$	1
$f'(x)$	／	$+$	0	$+$	／
$f(x)$	／	↗	0	↗	／

解法 3

(1) $f(x)=\log(1+x)^{\frac{1}{x}}=\dfrac{\log(1+x)}{x}$ $(-1<x<1,\ x\neq0)$ とおく。

$f(x)$ は $x\neq0$ で微分可能で

$$f'(x)=\frac{\dfrac{x}{1+x}-\log(1+x)}{x^2}=\frac{x-(1+x)\log(1+x)}{(1+x)x^2}\quad\cdots\cdots①$$

この分子を $g(x)$ とおくと

$$g'(x)=-\log(1+x)\begin{cases}>0 & (-1<x<0)\\ <0 & (0<x<1)\end{cases}\quad\cdots\cdots②$$

$$\lim_{x\to0}g(x)=0\quad\cdots\cdots③$$

②，③より $-1<x<1,\ x\neq0$ の範囲で　$g(x)<0$

よって，①より，$f'(x)<0$ となり，$f(x)$ は減少関数である。

このことと，$x<\dfrac{x}{1-x}$ $(-1<x<1,\ x\neq0)$ から

$$\log\left(1+\frac{x}{1-x}\right)^{\frac{1-x}{x}}<\log(1+x)^{\frac{1}{x}}$$

よって

$$\left(1+\frac{x}{1-x}\right)^{\frac{1-x}{x}}<(1+x)^{\frac{1}{x}}$$

$$\left(\frac{1}{1-x}\right)^{-\frac{x-1}{x}}<(1+x)^{\frac{1}{x}}$$

$$(1-x)^{1-\frac{1}{x}}<(1+x)^{\frac{1}{x}}$$

（証明終）

((2)は［解法１］に同じ)

〔注３〕［解法３］は，$(1-x)^{1-\frac{1}{x}}=\left\{\left(\dfrac{1}{1-x}\right)^{-1}\right\}^{\frac{x-1}{x}}=\left(1+\dfrac{x}{1-x}\right)^{\frac{1-x}{x}}$ であることから，

$\log(1+x)^{\frac{1}{x}}$ を考えてみてはどうだろうかという発想による。

104 2008年度〔1〕 Level B

ポイント (1) 直線 l_n 上の任意の点 $(x,\ y)$ に対して，点 $(3x+y,\ -2x)$ が直線 l_{n+1} 上にあることから，直線 l_n の式を2通りに表現できる。このことを利用する。

(2) a_n，b_n の一般項を求め，$\lim_{n\to\infty} a_n$，$\lim_{n\to\infty} b_n$ を求めることで，直線 l_n の近づいていく先の直線を考える。次いで，その直線と l_n の交点を求め，さらに l_n の傾きの変化をとらえる。

解法

(1) 直線 $a_nx+b_ny=1$ ……①

上の任意の点 $(x,\ y)$ に対して，点 $(3x+y,\ -2x)$ は直線 $a_{n+1}x+b_{n+1}y=1$ 上にあるから

$$a_{n+1}(3x+y)+b_{n+1}(-2x)=1$$

$$(3a_{n+1}-2b_{n+1})x+a_{n+1}y=1 \quad \cdots\cdots②$$

ここで，$a_{n+1}x+b_{n+1}y=1$ は直線を表すから，$a_{n+1}=0$ かつ $b_{n+1}=0$ となることはなく，$3a_{n+1}-2b_{n+1}=0$ かつ $a_{n+1}=0$ となることはない。よって，式 $(3a_{n+1}-2b_{n+1})x+a_{n+1}y=1$ は直線を表し，②から直線①上の任意の点はこの直線上にある。ゆえにこの直線は直線①に一致し

$$3a_{n+1}-2b_{n+1}=a_n \quad \cdots\cdots③ \quad かつ \quad a_{n+1}=b_n \quad \cdots\cdots④$$

④を③に代入すると　$b_{n+1}=-\dfrac{1}{2}a_n+\dfrac{3}{2}b_n$

ゆえに

$$\left.\begin{array}{l} a_{n+1}=b_n \\ b_{n+1}=-\dfrac{1}{2}a_n+\dfrac{3}{2}b_n \end{array}\right\} \quad \cdots\cdots(答)$$

〔注1〕 原点を通らない直線の f による像が，原点を通らない直線であることが問題文中で前提とされているために(1)は大変易しい問題になっている。本問の1次変換 f のみの場合には，この前提は本来導くことが要求される問題であるが，その場合には解答はより煩雑になる。

(2) (1)の漸化式から

$$b_{n+2}=-\frac{1}{2}a_{n+1}+\frac{3}{2}b_{n+1}=-\frac{1}{2}b_n+\frac{3}{2}b_{n+1}$$

また　$b_1=-\dfrac{1}{2}a_0+\dfrac{3}{2}b_0=-\dfrac{1}{2}\cdot 3+\dfrac{3}{2}\cdot 2=\dfrac{3}{2}$

よって　　$b_{n+2}-\frac{1}{2}b_{n+1}=b_{n+1}-\frac{1}{2}b_n=\cdots=b_1-\frac{1}{2}b_0=\frac{1}{2}$

これより

$$b_{n+1}-1=\frac{1}{2}(b_n-1) \qquad (n\geqq 0)$$

したがって

$$b_n=1+\left(\frac{1}{2}\right)^n(b_0-1)=1+\frac{1}{2^n} \qquad (n\geqq 1)$$

これは $n=0$ でも成り立つ。よって

$$a_n=b_{n-1}=1+\frac{1}{2^{n-1}} \qquad (n\geqq 1)$$

これは $n=0$ でも成り立つ。

ゆえに

$$l_n:\left(1+\frac{1}{2^{n-1}}\right)x+\left(1+\frac{1}{2^n}\right)y=1$$

　ここで，以下の(i)，(ii)，(iii)が成り立つ。

(i)　$\lim_{n\to\infty}a_n=1$，$\lim_{n\to\infty}b_n=1$ であるから，l_n は直線 $x+y=1$ に近づく。

(ii)　直線 $x+y=1$ と直線 l_n の交点の座標は

$$\begin{cases} x+y=1 \\ a_nx+b_ny=1 \end{cases}$$

　を解くと，n の値によらず $(-1,\ 2)$ である。

(iii)　直線 l_n の傾きは

$$-\frac{a_n}{b_n}=-\frac{1+\frac{1}{2^{n-1}}}{1+\frac{1}{2^n}}=-1-\frac{1}{2^n+1}$$

　であり，これは n が増加すると単調に増加しながら -1 に近づく。

　以上から，求める範囲は右図の網かけ部分である。ただし，境界 $x+y=1$ $(x>-1)$ は含み，$3x+2y=1$ $(x\leqq -1)$ は含まない。

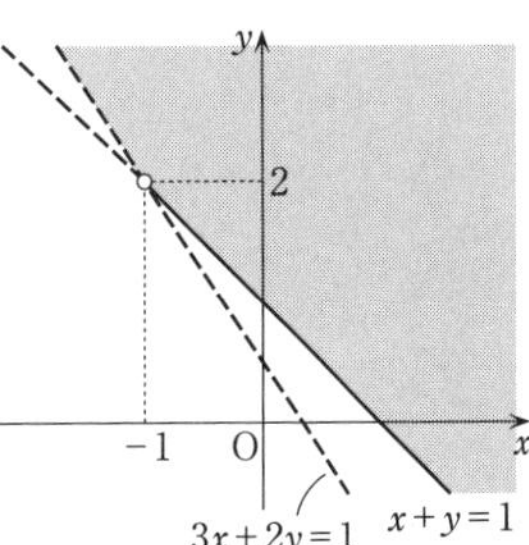

〔注2〕 a_n, b_n は次のように求めることもできる。

• (1)の漸化式から

$$a_{n+1}-b_{n+1}=\frac{1}{2}(a_n-b_n)=\cdots=\frac{1}{2^{n+1}}(a_0-b_0)=\frac{1}{2^{n+1}}$$

$a_{n+1}=b_n$ なので $b_{n+1}-b_n=-\dfrac{1}{2^{n+1}}$ となり

$$\begin{aligned}b_n&=b_0-\frac{1}{2}\sum_{k=0}^{n-1}\frac{1}{2^k}\\&=2-\frac{1}{2}\cdot\frac{1-\frac{1}{2^n}}{1-\frac{1}{2}}\\&=1+\frac{1}{2^n}\quad(n\geqq 0)\end{aligned}$$

(以下，［解法］に同じ)

• ［解法］では b_n を先に求めたが，$b_n=a_{n+1}$，$b_{n+1}=a_{n+2}$ を用いると

$$a_{n+2}=-\frac{1}{2}a_n+\frac{3}{2}a_{n+1}$$

となり，これを変形して

$$a_{n+2}-a_{n+1}=\frac{1}{2}(a_{n+1}-a_n)$$

として，$a_n=1+\dfrac{2}{2^n}$ を導くこともできる。

105 2008年度〔4〕 Level B

ポイント (1) P, Qのx座標を用いて, m, L, hを表した式を利用する。

(2) mでの微分により増減を考える。

解 法

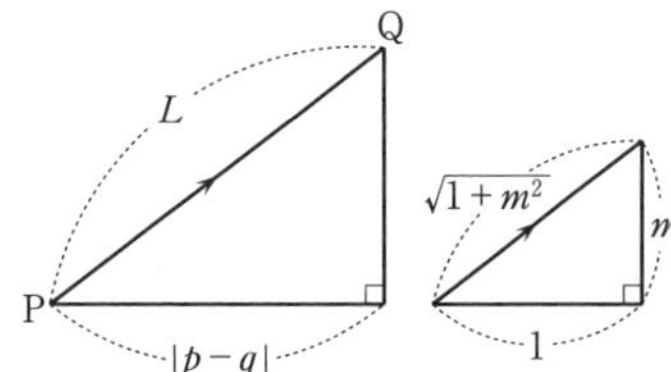

(1) P, Qのx座標をそれぞれp, qとすると

$$m=\frac{q^2-p^2}{q-p}=p+q,\quad L=\sqrt{1+m^2}\,|p-q|$$

よって

$$h=\frac{p^2+q^2}{2}=\frac{(p+q)^2+(p-q)^2}{4}$$

$$=\frac{1}{4}\left(m^2+\frac{L^2}{1+m^2}\right)\quad\cdots\cdots(\text{答})$$

(2) $M=1+m^2$とおき, $f(M)=\frac{1}{4}\left(M-1+\frac{L^2}{M}\right)$とすると, (1)から, $h=f(M)$である。

ここで固定した正の実数Lと任意の実数mに対して

$$p=\frac{1}{2}\left(m+\frac{L}{\sqrt{1+m^2}}\right),\quad q=\frac{1}{2}\left(m-\frac{L}{\sqrt{1+m^2}}\right)\quad\cdots\cdots(*)$$

で与えられるp, qによって, 放物線上の2点$\mathrm{P}(p,\ p^2)$, $\mathrm{Q}(q,\ q^2)$をとると, $\mathrm{P}\neq\mathrm{Q}$であり, 線分PQの傾きは$p+q=m$で, $\mathrm{PQ}=\sqrt{1+m^2}(p-q)=L$となる。したがって, Lをどのように固定しても, mのとり得る値の範囲は実数全体である。

ゆえに, Mは1以上のすべての実数値をとる。

$$f'(M)=\frac{1}{4}\left(1-\frac{L^2}{M^2}\right)$$

よって

- $0<L\leqq1$のとき, $f'(M)\geqq0$となり
  $f(M)$は単調増加なので
  $M\geqq1$より$f(M)$の最小値は

$$f(1)=\frac{1}{4}L^2$$

- $1<L$のとき, 増減表から
  $f(M)$の最小値は　　$f(L)=\frac{1}{4}(2L-1)$

M	1	$\cdots$	L	$\cdots$
$f'(M)$		$-$	0	$+$
$f(M)$		↘	$f(L)$	↗

ゆえに, 求める最小値は

$0<L\leqq 1$ のとき $\dfrac{1}{4}L^2$,　$1<L$ のとき $\dfrac{1}{4}(2L-1)$　……(答)

〔注〕（＊）は

$$\begin{cases} p+q=m \\ \sqrt{1+m^2}(p-q)=L \end{cases}$$

を p, q について解いて得られるものである。

106 2007年度〔2〕 Level A

ポイント 三角形の相似から a_{k+1} と a_k の比を n で表す。a_1 は余弦定理を用いて n の式で表すことができる。すると s_n を n の式で表現できる。$\lim_{n\to\infty} s_n$ を求めるときに，三角関数や e についての極限の公式を使う。

解 法

条件①から，二角相等により

$$\triangle OP_kP_{k+1} \backsim \triangle OP_{k-1}P_k \quad (1 \leqq k \leqq n-1)$$

よって

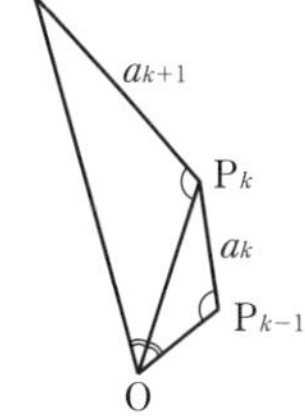

$$\begin{aligned} a_{k+1} : a_k = P_kP_{k+1} : P_{k-1}P_k &= OP_k : OP_{k-1} \\ &= OP_{k-1} : OP_{k-2} \\ &\ \ \vdots \\ &= OP_1 : OP_0 \\ &= \left(1+\frac{1}{n}\right) : 1 \quad (\text{条件②より}) \end{aligned}$$

$$\therefore \quad a_{k+1} = \left(1+\frac{1}{n}\right)a_k$$

したがって，数列 $\{a_k\}$ $(1 \leqq k \leqq n)$ は公比 $1+\dfrac{1}{n}$ の等比数列であり

$$s_n = \frac{a_1\left\{1-\left(1+\frac{1}{n}\right)^n\right\}}{1-\left(1+\frac{1}{n}\right)} = na_1\left\{\left(1+\frac{1}{n}\right)^n - 1\right\}$$

ここで，$\triangle OP_0P_1$ での余弦定理により

$$\begin{aligned} a_1{}^2 &= 1^2 + \left(1+\frac{1}{n}\right)^2 - 2\left(1+\frac{1}{n}\right)\cos\frac{\pi}{n} \\ &= \frac{1}{n^2} + \frac{2}{n} + 2 - 2\left(1+\frac{1}{n}\right)\cos\frac{\pi}{n} \\ &= \frac{1}{n^2} + \frac{2}{n}\left(1-\cos\frac{\pi}{n}\right) + 2\left(1-\cos\frac{\pi}{n}\right) \end{aligned}$$

よって

$$s_n{}^2 = n^2a_1{}^2\left\{\left(1+\frac{1}{n}\right)^n - 1\right\}^2$$

$$\lim_{n\to\infty}\left\{\left(1+\frac{1}{n}\right)^n - 1\right\}^2 = (e-1)^2 \quad (e\text{ は自然対数の底})$$

$$\lim_{n\to\infty} n^2 a_1{}^2 = \lim_{n\to\infty}\left\{1+2n\left(1-\cos\frac{\pi}{n}\right)+2n^2\left(1-\cos\frac{\pi}{n}\right)\right\}$$

$$=\lim_{n\to\infty}\left(1+4n\sin^2\frac{\pi}{2n}+4n^2\sin^2\frac{\pi}{2n}\right)$$

$$=1+2\pi\lim_{n\to\infty}\left\{\left(\sin\frac{\pi}{2n}\right)\frac{\sin\frac{\pi}{2n}}{\frac{\pi}{2n}}\right\}+\pi^2\lim_{n\to\infty}\left(\frac{\sin\frac{\pi}{2n}}{\frac{\pi}{2n}}\right)^2$$

$$=1+2\pi\cdot 0\cdot 1+\pi^2=1+\pi^2$$

$\therefore\quad \lim_{n\to\infty} s_n = \lim_{n\to\infty}\sqrt{s_n{}^2} = \sqrt{1+\pi^2}\,(e-1)$ ……(答)

107　2006年度〔5〕　Level C

ポイント (1)　数列 $\{b_n\}$ についての漸化式から $b_{n+1}-b_n>2$ を導き，これを利用する。

(2)　(1)の結果より $a_n=\dfrac{1}{b_n}<\dfrac{1}{2n}$ なので，$y=\dfrac{1}{x}$ のグラフに関する面積を利用して上から評価し，極限に移行する。

(3)　(1)の解答中に得られる $a_k=(b_{k+1}-b_k)-2$ を $k=1$ から $k=n$ まで足し合わせてから n で割った式を極限に移行する。

解法

(1)　$$b_{n+1}=\frac{(a_n+1)^2}{a_n}=a_n+\frac{1}{a_n}+2=\frac{1}{b_n}+b_n+2$$

$$\therefore\quad b_{n+1}-b_n=\frac{1}{b_n}+2\quad\cdots\cdots①\quad(n=1,\ 2,\ 3,\ \cdots)$$

$a_1=\dfrac{1}{2}$ と与えられた漸化式から数列 $\{a_n\}$ のすべての項は正なので $b_n>0$ である。

したがって，①より　　$b_{n+1}-b_n>2\quad(n=1,\ 2,\ 3,\ \cdots)$

よって

$$(b_n-b_{n-1})+(b_{n-1}-b_{n-2})+\cdots+(b_2-b_1)>2(n-1)$$

$$b_n-b_1>2(n-1)$$

$b_1=\dfrac{1}{a_1}=2$ より

$$b_n>b_1+2(n-1)=2+2(n-1)=2n$$　　(証明終)

(2)　(1)の結果より　　$a_n=\dfrac{1}{b_n}<\dfrac{1}{2n}$

右図より

$$\begin{aligned}&a_1+a_2+\cdots+a_n\\&<\frac{1}{2}\left(1+\frac{1}{2}+\cdots+\frac{1}{n}\right)\\&<\frac{1}{2}+\frac{1}{2}\int_1^n\frac{1}{x}dx\\&=\frac{1}{2}+\frac{1}{2}\Big[\log x\Big]_1^n\\&=\frac{1}{2}+\frac{1}{2}\log n\end{aligned}$$

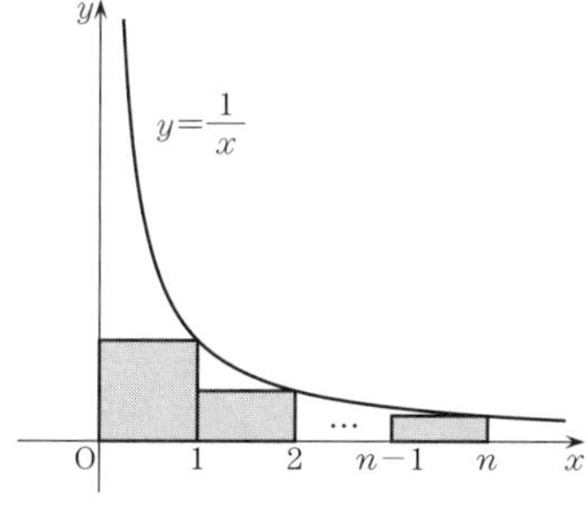

$$\therefore \quad 0<\frac{1}{n}(a_1+a_2+\cdots+a_n)<\frac{1}{2n}+\frac{1}{2}\frac{\log n}{n}$$

$n\to\infty$ のとき，$\dfrac{1}{2n}+\dfrac{1}{2}\dfrac{\log n}{n}\to 0$ であるから，はさみうちの原理より

$$\lim_{n\to\infty}\frac{1}{n}(a_1+a_2+\cdots+a_n)=0 \quad \cdots\cdots(\text{答})$$

〔注 1〕 $\displaystyle\lim_{n\to\infty}\frac{\log n}{n}=0$ は既知とした。

(3) ①より $a_n=(b_{n+1}-b_n)-2$ なので

$$\begin{aligned} a_1+a_2+\cdots+a_n &= (b_2-b_1)+(b_3-b_2)+\cdots+(b_{n+1}-b_n)-2n \\ &= b_{n+1}-b_1-2n \end{aligned}$$

よって

$$\begin{aligned} \frac{1}{n}(a_1+a_2+\cdots+a_n) &= \frac{b_{n+1}}{n}-\frac{b_1}{n}-2=\frac{1}{na_{n+1}}-\frac{b_1}{n}-2 \\ &= \frac{n+1}{n}\cdot\frac{1}{(n+1)a_{n+1}}-\frac{b_1}{n}-2 \end{aligned}$$

両辺の極限を考えると，(2)の結果および $\displaystyle\lim_{n\to\infty}\frac{n+1}{n}=1$，$\displaystyle\lim_{n\to\infty}\frac{b_1}{n}=0$ より

$$0=\lim_{n\to\infty}\frac{1}{(n+1)a_{n+1}}-2 \qquad \therefore \quad \lim_{n\to\infty}na_n=\frac{1}{2} \quad \cdots\cdots(\text{答})$$

〔注 2〕 数列の基本中の基本である隣接項のずれ（階差）を足し合わせる操作の重要性を本問を通して再確認してほしい。ただし，本問中では多くの関係式の中からこれを利用することにただちに思い至ることができるかというと疑問である。試行錯誤の末，完答に至らなかった受験生も多かったのではないだろうか。

108　2005年度〔1〕　Level B

ポイント　(1)　$f^{(k)}(x)$ から $f^{(k+1)}(x)$ を計算することで，数列 $\{a_n\}$，$\{b_n\}$ の漸化式を予想できる。証明は数学的帰納法による。

(2)　$\{b_n\}$ についての漸化式の両辺を $(-1)^{n+1}(n+1)!$ で割ることで b_n の一般項が得られる。これから $\{a_n\}$ についての漸化式が得られ，その両辺を $(-1)^{n+1}(n+1)!$ で割ることで a_n の一般項を h_n で表すことが可能となる。

[解法１]　(2)　上記の方針による。

[解法２]　(2)　b_n についての漸化式を次々に用いて番号を下げていく。次いで a_n についての漸化式を $(n+1)!$ で割り，$\dfrac{a_n}{n!}$ についての漸化式を次々に用いて番号を下げていく。

[解法３]　(2)　$\dfrac{a_n}{n!}$ についての漸化式を偶奇に分けて処理する。

解法１

(1)
$$\begin{cases} a_1=1,\quad b_1=-1 \\ a_{n+1}=-(n+1)a_n+b_n \quad (n=1,\ 2,\ \cdots) \quad \cdots\cdots① \\ b_{n+1}=-(n+1)b_n \quad (n=1,\ 2,\ \cdots) \quad \cdots\cdots② \end{cases}$$

で与えられる数列 $\{a_n\}$，$\{b_n\}$ を用いて

$$f^{(n)}(x)=\frac{a_n+b_n\log x}{x^{n+1}} \quad \cdots\cdots(*)$$

となることを数学的帰納法で示す。

(I)　$f^{(1)}(x)=\dfrac{x\cdot\dfrac{1}{x}-\log x}{x^2}=\dfrac{1-\log x}{x^2}=\dfrac{a_1+b_1\log x}{x^{1+1}}$

よって，$(*)$は $n=1$ で成り立つ。

(II)　$(*)$が $n=k$ で成り立つと仮定する（k は自然数）。

$f^{(k)}(x)=\dfrac{a_k+b_k\log x}{x^{k+1}}$ であるから

$$\begin{aligned} f^{(k+1)}(x)&=\frac{x^{k+1}\cdot\dfrac{b_k}{x}-(k+1)x^k\cdot(a_k+b_k\log x)}{x^{2k+2}} \\ &=\frac{-(k+1)a_k+b_k-(k+1)b_k\log x}{x^{k+2}} \\ &=\frac{a_{k+1}+b_{k+1}\log x}{x^{(k+1)+1}} \end{aligned}$$

よって，$(*)$は$n=k+1$でも成り立つ。

(I)，(II)から，数学的帰納法により，$(*)$はすべての自然数nで成り立つ。

（証明終）

以上より，求める漸化式は

$$\begin{cases} a_1=1,\ \ b_1=-1 \\ a_{n+1}=-(n+1)a_n+b_n \quad (n=1,\ 2,\ \cdots) \\ b_{n+1}=-(n+1)b_n \quad (n=1,\ 2,\ \cdots) \end{cases} \quad \cdots\cdots(答)$$

(2) ②の両辺を$(-1)^{n+1}(n+1)!$で割って

$$\frac{b_{n+1}}{(-1)^{n+1}(n+1)!}=\frac{b_n}{(-1)^n n!}$$

よって，数列$\left\{\dfrac{b_n}{(-1)^n n!}\right\}$は定数項からなる数列で

$$\frac{b_n}{(-1)^n n!}=\frac{b_1}{(-1)^1 1!}=1$$

$$\therefore \quad b_n=(-1)^n n! \quad \cdots\cdots③$$

①，③より　$a_{n+1}=(-1)^n n!-(n+1)a_n$

両辺を$(-1)^{n+1}(n+1)!$で割って

$$\frac{a_{n+1}}{(-1)^{n+1}(n+1)!}=-\frac{1}{n+1}+\frac{a_n}{(-1)^n n!}$$

よって，$n\geqq 2$のとき

$$\frac{a_n}{(-1)^n n!}=-\sum_{k=2}^{n}\frac{1}{k}+\frac{a_1}{(-1)^1 1!}=-\sum_{k=2}^{n}\frac{1}{k}-1=-h_n$$

$$\therefore \quad a_n=(-1)^{n+1}n!h_n \quad (n\geqq 2)$$

これは$n=1$でも成り立つ。

以上より　$a_n=(-1)^{n+1}n!h_n$，$b_n=(-1)^n n!$　……(答)

解法 2

((1)は［解法1］に同じ)

(2) ②より

$$\begin{aligned} b_{n+1}&=-(n+1)b_n \\ &=(-1)^2(n+1)nb_{n-1} \\ &=(-1)^3(n+1)n(n-1)b_{n-2} \\ &\ \ \vdots \\ &=(-1)^n(n+1)n(n-1)\cdots\cdots 2\cdot b_1 \\ &=(-1)^{n+1}(n+1)! \end{aligned}$$

よって　$b_n=(-1)^n n!$　$(n\geqq 2)$

これは，$n=1$ でも成り立つので

$$b_n=(-1)^n n! \quad \cdots\cdots(\text{答})$$

これを①に代入して　　$a_{n+1}=-(n+1)a_n+(-1)^n n!$

両辺を $(n+1)!$ で割ると

$$\frac{a_{n+1}}{(n+1)!}=-\frac{a_n}{n!}+\frac{(-1)^n}{n+1}$$

$d_k=\dfrac{a_k}{k!}$ とおくと　　$d_1=1,\quad d_{k+1}=\dfrac{(-1)^k}{k+1}-d_k \quad \cdots\cdots(**)$

$k=n,\ n-1,\ \cdots,\ 1$ に対して $(**)$ を繰り返し用いると

$$\begin{aligned}
d_{n+1}&=\frac{(-1)^n}{n+1}-d_n\\
&=\frac{(-1)^n}{n+1}-\left\{\frac{(-1)^{n-1}}{n}-d_{n-1}\right\}\\
&=\frac{(-1)^n}{n+1}+\frac{(-1)^n}{n}+(-1)^2 d_{n-1}\\
&=\frac{(-1)^n}{n+1}+\frac{(-1)^n}{n}+(-1)^2\left\{\frac{(-1)^{n-2}}{n-1}-d_{n-2}\right\}\\
&=\frac{(-1)^n}{n+1}+\frac{(-1)^n}{n}+\frac{(-1)^n}{n-1}+(-1)^3 d_{n-2}\\
&\ \ \vdots\\
&=(-1)^n\left(\frac{1}{n+1}+\frac{1}{n}+\cdots+\frac{1}{2}\right)+(-1)^n d_1\\
&=(-1)^n h_{n+1}
\end{aligned}$$

よって　　$d_n=(-1)^{n-1}h_n \quad (n\geqq 2)$

これは $n=1$ でも成り立つ。

ゆえに　　$a_n=(-1)^{n-1}(n!)h_n \quad \cdots\cdots(\text{答})$

解法 3

((1)は［解法 1］に同じ)

(2)　($b_n=(-1)^n n!$ までは［解法 1］［解法 2］に同じ)

$a_{n+1}+(n+1)a_n=(-1)^n n!$ の両辺を $(n+1)!$ で割って　　$\dfrac{a_{n+1}}{(n+1)!}+\dfrac{a_n}{n!}=\dfrac{(-1)^n}{n+1}$

$\dfrac{a_{k+1}}{(k+1)!}+\dfrac{a_k}{k!}=\dfrac{(-1)^k}{k+1}$ において

$k=n,\ n-2,\ n-4,\ \cdots$ に対しては両辺に $(+1)$ を乗じ，

$k=n-1,\ n-3,\ n-5,\ \cdots$ に対しては両辺に (-1) を乗じる。

すなわち
$$\frac{a_{n+1}}{(n+1)!}+\frac{a_n}{n!}=\frac{(-1)^n}{n+1}$$
$$-\frac{a_n}{n!}-\frac{a_{n-1}}{(n-1)!}=\frac{(-1)^n}{n}$$
$$\frac{a_{n-1}}{(n-1)!}+\frac{a_{n-2}}{(n-2)!}=\frac{(-1)^{n-2}}{n-1}$$
$$-\frac{a_{n-2}}{(n-2)!}-\frac{a_{n-3}}{(n-3)!}=\frac{(-1)^{n-2}}{n-2}$$
$$\vdots$$

これら n 個の式を辺々加えると

n が偶数のとき　$\dfrac{a_{n+1}}{(n+1)!}-\dfrac{a_1}{1!}=\dfrac{1}{n+1}+\dfrac{1}{n}+\cdots+\dfrac{1}{2}$

n が奇数のとき　$\dfrac{a_{n+1}}{(n+1)!}+\dfrac{a_1}{1!}=-\dfrac{1}{n+1}-\dfrac{1}{n}-\cdots-\dfrac{1}{2}$

$a_1=1$ であるから

n が偶数のとき　$a_{n+1}=(n+1)!\cdot h_{n+1}$

n が奇数のとき　$a_{n+1}=-(n+1)!\cdot h_{n+1}$

ゆえに

n が奇数のとき　$a_n=(n!)h_n$

n が偶数のとき　$a_n=-(n!)h_n$　……(答)

〔注〕 (1) $f^{(k)}(x)$ から $f^{(k+1)}(x)$ を計算する過程を記述していくことで数列 $\{a_n\}$, $\{b_n\}$ の漸化式が自然に得られるが，［解法１］ではそのように得られた漸化式と初期値（第１項）を最初に提示して帰納法で示すという記述を与えた。

(2) $\{a_n\}$, $\{b_n\}$ のいずれについても，単に漸化式の両辺を $(n+1)!$ で割るだけでは符号が交互に変わることになり，処理が煩雑になる。［解法１］のように $(-1)^{n+1}(n+1)!$ で割ることでその煩雑さを避けることができる。［解法２］は，漸化式で項番号を１つ１つ減らして次々に代入していく過程で符号処理を工夫する記述である。本質的には［解法１］と同じなのだが，$(n+1)!$ で割った場合の処理方法の１つとして参考にしてほしい。符号処理の工夫としては［解法３］も参考になるであろう。

109　2005年度〔3〕　Level B

ポイント　(1)　$f''(x)$ の符号変化から $f'(x)$ の増減を調べる。

(2)　順次 $x_n>\frac{1}{2}$ であることを示した後，平均値の定理を利用する。(1)の結果を用い，はさみうちの原理による。

解法

(1)　$f(x)=\frac{x}{2}+\frac{x}{2}e^{-2(x-1)}$ に対して

$$f'(x)=\frac{1}{2}+\frac{1}{2}e^{-2(x-1)}-xe^{-2(x-1)}$$
$$=\frac{1}{2}-\frac{1}{2}(2x-1)e^{-2(x-1)}$$
$$<\frac{1}{2}\left(x>\frac{1}{2}\text{ において}\right)$$
$$f''(x)=-e^{-2(x-1)}-e^{-2(x-1)}+2xe^{-2(x-1)}$$
$$=2(x-1)e^{-2(x-1)}$$

よって，右のような増減表を得る。

x	$\left(\frac{1}{2}\right)$	…	1	…
$f''(x)$		$-$	0	$+$
$f'(x)$	$\left(\frac{1}{2}\right)$	↘	0	↗

これより，$x>\frac{1}{2}$ において $f'(x)\geqq 0$ である。

以上から，$x>\frac{1}{2}$ ならば $0\leqq f'(x)<\frac{1}{2}$ である。

（証明終）

(2)　$x>\frac{1}{2}$ において $f'(x)\geqq 0$（等号成立は $x=1$ のみ）であるから，$f(x)$ は単調増加である。よって，$x>\frac{1}{2}$ ならば

$$f(x)>f\left(\frac{1}{2}\right)=\frac{1+e}{4}>\frac{1}{2}\quad\cdots\cdots①\quad(\because\ e>2)$$

$x_0>\frac{1}{2}$，$x_{n+1}=f(x_n)$　$(n=0,\ 1,\ \cdots)$ および①から，順次

$$x_1=f(x_0)>\frac{1}{2},\ x_2=f(x_1)>\frac{1}{2},\ \cdots,\ x_n=f(x_{n-1})>\frac{1}{2}\quad\cdots\cdots②$$

$f(1)=1$ であるから，$x_n\neq 1$ なる x_n に対して平均値の定理より

$$\frac{x_{n+1}-1}{x_n-1}=\frac{f(x_n)-f(1)}{x_n-1}=f'(c_n)$$

となる c_n が x_n と 1 の間に存在する。

$$x_n < c_n < 1 \quad \text{または} \quad 1 < c_n < x_n$$

であるが，②よりいずれの場合も　$\dfrac{1}{2} < c_n$

よって，(1)から $0 \leqq f'(c_n) < \dfrac{1}{2}$ であり

$$|x_{n+1} - 1| = |f'(c_n)| \cdot |x_n - 1| \leqq \frac{1}{2} |x_n - 1|$$

$f(1) = 1$ であるから，これは $x_n = 1$ のときにも成り立つ。
この不等式をくり返し用いると

$$0 \leqq |x_n - 1| \leqq \frac{1}{2^n} |x_0 - 1|$$

ここで $\displaystyle\lim_{n\to\infty} \frac{1}{2^n} |x_0 - 1| = 0$ であるから，はさみうちの原理より

$$\lim_{n\to\infty} |x_n - 1| = 0$$

したがって　$\displaystyle\lim_{n\to\infty} x_n - 1$　　(証明終)

〔注1〕 (1) $f'(x) = \dfrac{1}{2} + \dfrac{1}{2} e^{-2(x-1)} - xe^{-2(x-1)} = \dfrac{1}{2} + \dfrac{1}{2e^{2(x-1)}} - \dfrac{x}{2(x-1)} \cdot \dfrac{2(x-1)}{e^{2(x-1)}}$

と変形し，$\displaystyle\lim_{t\to\infty} \frac{1}{e^t} = 0$，$\displaystyle\lim_{t\to\infty} \frac{t}{t-1} = 1$，$\displaystyle\lim_{t\to\infty} \frac{t}{e^t} = 0$ を用いると，$\displaystyle\lim_{x\to\infty} f'(x) = \frac{1}{2}$ となる。

これは，$f'(x) = \dfrac{1}{2} - \dfrac{1}{2}(2x-1) e^{-2(x-1)} = \dfrac{1}{2} - \dfrac{1}{2} \cdot \dfrac{2x-1}{2(x-1)} \cdot \dfrac{2(x-1)}{e^{2(x-1)}}$ という変形でも得られる。

〔注2〕 (2) 平均値の定理の利用に気付くかどうかがポイントである。[解法] の c_n について，$x_n < c_n < 1$ の場合と $1 < c_n < x_n$ の場合がありうることに注意しなければならない。[解法] のように絶対値での評価式を用いないと場合分けが必要となり，記述は煩雑になる。

また，設問(1)を有効に利用することも大切である。

110　2002年度〔4〕　Level B

ポイント　a のとりうる値の範囲が「C 上の点 Q（$\neq$O）における C の法線の y 切片のとりうる値の範囲」と一致することを述べ，それを求める。

法線の y 切片は，Q の x 座標を変数とみると，その関数となるから，この関数の値域を求めることに帰着する。

解法

$f(x)=\dfrac{x^2}{x^2+1}$ とおく。

$$f'(x)=\left(1-\frac{1}{x^2+1}\right)'=\frac{2x}{(x^2+1)^2}$$

C 上の点 Q$(t,\ f(t))$ $(t\neq 0)$ における法線の方程式は

$$y=-\frac{1}{f'(t)}(x-t)+f(t)\quad (t\neq 0 \text{ より}\quad f'(t)\neq 0)$$

法線の y 切片を $g(t)$ とおくと

$$g(t)=\frac{t}{f'(t)}+f(t)$$

$$=\frac{(t^2+1)^2}{2}+\frac{t^2}{t^2+1}\quad (t\neq 0)$$

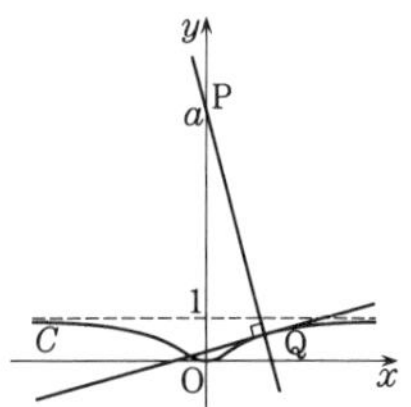

$g(t)$ の $t\neq 0$ における値域を S とする。

つねに $g(t)>0$ であるから，y 軸上の点 $(0,\ y)$ について，次の同値な命題が成り立つ。

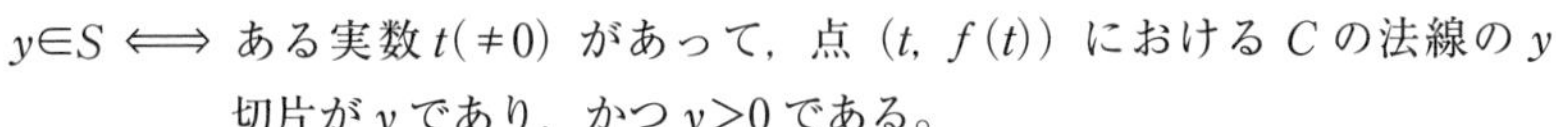

$y\in S \iff$ ある実数 $t(\neq 0)$ があって，点 $(t,\ f(t))$ における C の法線の y 切片が y であり，かつ $y>0$ である。

$\iff$ C 上の原点と異なる点 Q があって，Q における接線が点 $(0,\ y)$ と Q を結ぶ直線に垂直であり，かつ $y>0$ である。　……(＊)

この y についての条件（＊）は a が満たすべき条件と同じであるから，求める a の範囲は $g(t)$ の値域に一致する。

$g(t)$ は偶関数であるから，値域は $t>0$ の範囲に対して求めれば十分である。

このとき

$$g'(t)=2t(t^2+1)+\frac{2t}{(t^2+1)^2}>0\quad (t>0)$$

よって，$g(t)$ は $t>0$ において単調増加である。

また

$$\lim_{t \to +0} g(t) = \frac{1}{2}, \quad \lim_{t \to \infty} g(t) = \infty$$

であり，$g(t)$ は連続であるから，$g(t)$ の値域は $\frac{1}{2}$ より大きいすべての実数である。

ゆえに，求める a の範囲は　　$a > \frac{1}{2}$ ……(答)

111　2000年度〔3〕　Level C

ポイント　(1)　与えられた条件式は，$\{p_k\}$ についての漸化式である。

(2)　$\displaystyle\lim_{x\to 0}(1+x)^{\frac{1}{x}}=\lim_{x\to\pm\infty}\left(1+\frac{1}{x}\right)^x=e$ を用いる。

(3)　$g'(x)$，$g''(x)$，$\displaystyle\lim_{x\to+0}g(x)$，$\displaystyle\lim_{x\to\infty}g(x)$ を調べる。

解法

(1)　$f_n(0)=c\quad(c>0)\quad\cdots\cdots①$

$$\frac{f_n((k+1)h)-f_n(kh)}{h}=\{1-f_n(kh)\}f_n((k+1)h)\quad\cdots\cdots②$$

$$\left(h=\frac{a}{n},\ a>0\,;\,k=0,\ 1,\ \cdots,\ n-1\right)$$

$p_k=\dfrac{1}{f_n(kh)}$　$(k=0,\ 1,\ \cdots,\ n)$ に対して

①より　$p_0=\dfrac{1}{c}$

②より　$\dfrac{1}{p_{k+1}}-\dfrac{1}{p_k}=\left(1-\dfrac{1}{p_k}\right)\dfrac{1}{p_{k+1}}h$

$p_k-p_{k+1}=(p_k-1)h$

$\therefore\quad p_{k+1}=(1-h)p_k+h$

これより　$p_{k+1}-1=(1-h)(p_k-1)$

数列 $\{p_k-1\}$ は初項 p_0-1，公比 $1-h$ の等比数列であるから

$$p_k-1=(1-h)^k(p_0-1)$$

ゆえに

$$p_k=\left(\frac{1}{c}-1\right)(1-h)^k+1\quad(k=0,\ 1,\ \cdots,\ n)\quad\cdots\cdots(答)$$

(2)　$g(a)=\displaystyle\lim_{n\to\infty}f_n(a)=\lim_{n\to\infty}\frac{1}{p_n}$

$t=-h\ \left(=-\dfrac{a}{n}\right)$ とおくと

$$(1-h)^n=\{(1+t)^{\frac{1}{t}}\}^{-a}$$

ゆえに

$$\lim_{n\to\infty}(1-h)^n=e^{-a}$$

よって，(1)の結果から

$$\lim_{n\to\infty} p_n = \left(\frac{1}{c}-1\right)e^{-a}+1$$

$$\therefore \quad g(a) = \frac{1}{\left(\frac{1}{c}-1\right)e^{-a}+1} = \frac{c}{(1-c)e^{-a}+c} \quad \cdots\cdots(答)$$

(3) $c=1$ のとき

$$g(x)=1$$

$c\neq 1$ のとき

$$g(x)=\frac{b}{e^{-x}+b} \quad \left(b=\frac{c}{1-c}\right)$$

であり

$$g'(x)=\frac{be^{-x}}{(e^{-x}+b)^2} \quad \cdots\cdots③$$

$$g''(x)=\frac{b\{-e^{-x}(e^{-x}+b)+2e^{-2x}\}}{(e^{-x}+b)^3}=\frac{be^{-x}(e^{-x}-b)}{(e^{-x}+b)^3} \quad \cdots\cdots④$$

(i) $c=2$ のとき

$b=-2$ であるから，③，④より

$$g'(x)=\frac{-2e^{-x}}{(e^{-x}-2)^2}<0 \qquad y=g(x) \text{ は単調減少関数。}$$

$$g''(x)=\frac{2e^{-x}(e^{-x}+2)}{(2-e^{-x})^3}>0 \qquad \text{曲線 } y=g(x) \text{ は下に凸。}$$

また　$\displaystyle\lim_{x\to+0} g(x)=2,\ \lim_{x\to\infty} g(x)=1 \quad (\because \lim_{x\to\infty} e^{-x}=0)$

(ii) $c=\frac{1}{4}$ のとき

$b=\frac{1}{3}$ であるから，③，④より

$$g'(x)=\frac{e^{-x}}{3\left(e^{-x}+\frac{1}{3}\right)^2}>0 \qquad y=g(x) \text{ は単調増加関数。}$$

$$g''(x)=\frac{e^{-x}\left(e^{-x}-\frac{1}{3}\right)}{3\left(e^{-x}+\frac{1}{3}\right)^3}$$

であるから，右表ができる。

x	(0)	$\cdots$	$\log 3$	$\cdots$	∞
$g''(x)$		$+$	0	$-$	
$g(x)$	$\left(\frac{1}{4}\right)$	⤴	(変曲点) $\frac{1}{2}$	⤴	1

また　$\displaystyle\lim_{x\to+0} g(x)=\frac{1}{4},$

$\displaystyle\lim_{x\to\infty} g(x)=1$

以上より，$y=g(x)$　$(x>0)$ のグラフを描くと，右図のようになる。

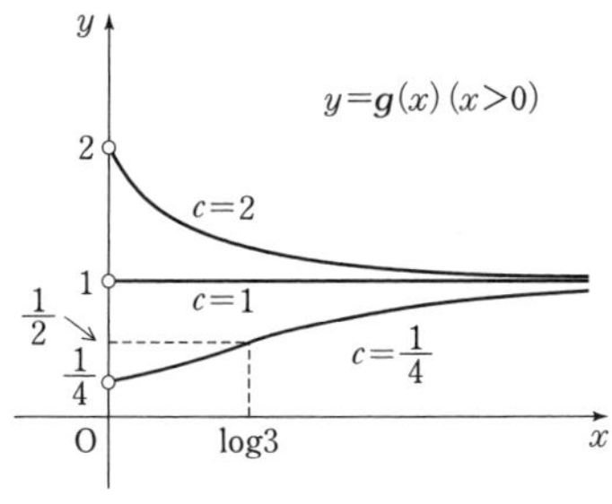

112 2000年度〔4〕 Level D

ポイント (1) 点Pと線分QRが$0<t<2\pi$でぶつかるためのvの条件を求める。$\cos t=1-vt$から得られる関数$f(t)=\dfrac{\cos t-1}{t}$を利用する。

(2) (＊) $\begin{cases}\cos t=1-vt\\ \dfrac{\pi}{3}+2n\pi\leqq t\leqq\dfrac{2}{3}\pi+2n\pi\end{cases}$

をみたすnとt（nは0以上の整数）がただ1組存在するためのvの条件を求める。まず，nを定めるごとに(＊)をみたすtがただ1つ存在するためのvの条件がある区間（I_nとする）として決まるが，2個以上の区間に属するvは排除しなければならない。各区間の端点の大小関係に注意し，I_n，I_{n+1}とI_{n+2}の関係を見出さなければならないが$n=0$と$n\geqq1$の場合で異なってくる。これらすべての観点を見出し，根拠記述を完成するのは限られた時間では大変難しい。

解 法

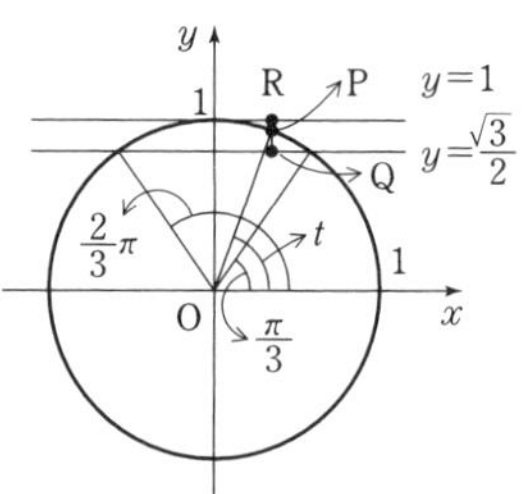

Pは単位円周上を動き，Q，Rはそれぞれ直線$y=\dfrac{\sqrt{3}}{2}$，$y=1$の上を一定方向に動く。

(1) 点Pと線分QRが，$0<t<2\pi$においてぶつかるための条件は

$$\begin{cases}\cos t=1-vt & \cdots\cdots① \\ \dfrac{\pi}{3}\leqq t\leqq\dfrac{2\pi}{3} & \cdots\cdots②\end{cases}$$

なるtが存在することである。

①より　　$-v=\dfrac{\cos t-1}{t}$　……①′

$f(t)=\dfrac{\cos t-1}{t}$とおくと　　$f'(t)=\dfrac{-t\sin t-\cos t+1}{t^2}$

$f'(t)$の分子を$g(t)$とおくと，$g'(t)=-t\cos t$となり，右の増減表から，②の範囲で$g(t)<0$となり，これより$f'(t)<0$である。

t	$\frac{\pi}{3}$	…	$\frac{\pi}{2}$	…	$\frac{2}{3}\pi$
$g'(t)$		$-$	0	$+$	
$g(t)$	$\frac{3-\sqrt{3}\pi}{6}$ $(-)$	↘	$1-\frac{\pi}{2}$ $(-)$	↗	$\frac{9-2\sqrt{3}\pi}{6}$ $(-)$

よって，②の範囲で$f(t)$はtの減少関数であり，①かつ②をみたすtが存在するためのvの条件は

$$f\left(\frac{2}{3}\pi\right) \leqq -v \leqq f\left(\frac{1}{3}\pi\right)$$

すなわち　$\dfrac{3}{2\pi} \leqq v \leqq \dfrac{9}{4\pi}$

ゆえに，Pと線分QRが $0<t<2\pi$ でぶつからないために v のとりうる値の範囲は

$0<v<\dfrac{3}{2\pi}$　または　$\dfrac{9}{4\pi}<v$　……(答)

(2)　点Pと線分QRがただ1度ぶつかるための条件は

$$\begin{cases} \cos t = 1 - vt & \cdots\cdots①\quad (\Longleftrightarrow ①') \\ \dfrac{\pi}{3} + 2n\pi \leqq t \leqq \dfrac{2}{3}\pi + 2n\pi & \cdots\cdots②' \end{cases}$$

をみたす n と t（n は0以上の整数）がただ1組存在することである。

以下，$f(t)$，$g(t)$ は(1)と同じとする。

下の増減表により，n を定めるごとに $f(t)$ は各区間 $\dfrac{\pi}{3}+2n\pi \leqq t \leqq \dfrac{2}{3}\pi+2n\pi$ において減少関数である。

t	$\dfrac{\pi}{3}+2n\pi$	$\cdots$	$\dfrac{\pi}{2}+2n\pi$	$\cdots$	$\dfrac{2}{3}\pi+2n\pi$
$g'(t)$		$-$	0	$+$	
$g(t)$	$\dfrac{3-(6n+1)\sqrt{3}\pi}{6}$ $(-)$	↘	$1-\dfrac{4n+1}{2}\pi$ $(-)$	↗	$\dfrac{9-(6n+2)\sqrt{3}\pi}{6}$ $(-)$

よって，n を定めるごとに，区間②′をみたす t で①（①′）をみたすものが存在する（存在すればただ1つであることは明らかである）ための v の条件は

$$f\left(\frac{2}{3}\pi+2n\pi\right) \leqq -v \leqq f\left(\frac{1}{3}\pi+2n\pi\right)$$

すなわち

$$\frac{3}{2(1+6n)\pi}\ (=\alpha_n \text{とおく}) \leqq v \leqq \frac{9}{4(1+3n)\pi}\ (=\beta_n \text{とおく}) \quad \cdots\cdots③$$

これをみたす0以上の整数 n がただ1つ存在するための v のとりうる値の範囲を求める。区間 $I_n=[\alpha_n,\ \beta_n]$ を考える。

$I_0=\left[\dfrac{3}{2\pi},\ \dfrac{9}{4\pi}\right]$，$I_1=\left[\dfrac{3}{14\pi},\ \dfrac{9}{16\pi}\right]$ より

$$I_0 \cap I_1 = \phi$$

$n \geqq 1$ においては

$$\beta_{n+2}-\alpha_n=\frac{3(12n-11)}{4(3n+7)(6n+1)\pi}>0$$

であるから，$\alpha_{n+2}<\alpha_{n+1}<\alpha_n<\beta_{n+2}<\beta_{n+1}<\beta_n$ となり

$I_{n+1} \subset I_n \cup I_{n+2}$（図１）

よって，I_{n+1}（$n \geqq 1$）に属するどんな v に対しても

$v \in I_{n+1} \cap I_n$　または　$v \in I_{n+1} \cap I_{n+2}$

となり，③をみたす n が２つ以上存在してしまう。

一方，$I_0 \sim I_3$ の関係は図２のようになる。

これより，求める v の範囲は

$\beta_2 < v \leqq \beta_1$　または　$\alpha_0 \leqq v \leqq \beta_0$

すなわち

$\dfrac{9}{28\pi} < v \leqq \dfrac{9}{16\pi}$　または　$\dfrac{3}{2\pi} \leqq v \leqq \dfrac{9}{4\pi}$　……(答)

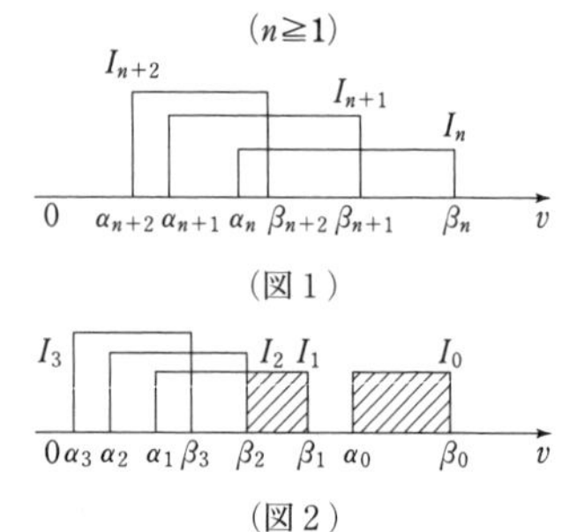

（図１）

（図２）

§11 積分（体積除く）

113　2023年度〔1〕　Level B

ポイント　[解法1]　(1)　$t=x^2$ $(x=\sqrt{t})$ と変数変換を行うと $A_k=\int_{k\pi}^{(k+1)\pi}\frac{|\sin t|}{2\sqrt{t}}dt$ となる。$k\pi\leqq t\leqq(k+1)\pi$ で $\frac{|\sin t|}{2\sqrt{(k+1)\pi}}\leqq\frac{|\sin t|}{2\sqrt{t}}\leqq\frac{|\sin t|}{2\sqrt{k\pi}}$ であることを用いる。

(2)　$B_n=\frac{1}{\sqrt{n}}\sum_{j=0}^{n-1}A_{n+j}$ であることを用いる。(1)の結果および区分求積法，はさみうちの原理を用いる。

[解法2]　(2)　(1)から $\frac{1}{\sqrt{n\pi}}\sum_{k=n+1}^{2n}\frac{1}{\sqrt{k}}\leqq B_n\leqq\frac{1}{\sqrt{n\pi}}\sum_{k=n}^{2n-1}\frac{1}{\sqrt{k}}$ を得た後，$y=\frac{1}{\sqrt{x}}$ のグラフから，$\sum_{k=n+1}^{2n}\frac{1}{\sqrt{k}}>\int_{n+1}^{2n+1}\frac{dx}{\sqrt{x}}$ と $\sum_{k=n}^{2n-1}\frac{1}{\sqrt{k}}<\int_{n-1}^{2n-1}\frac{dx}{\sqrt{x}}$ であることを導き，これらを利用する。はさみうちの原理は用いるが，区分求積法は用いない。

[解法3]　(2)　(1)から $\frac{1}{\sqrt{n\pi}}\sum_{k=n+1}^{2n}\frac{1}{\sqrt{k}}\leqq B_n\leqq\frac{1}{\sqrt{n\pi}}\sum_{k=n}^{2n-1}\frac{1}{\sqrt{k}}$ を得た後，

$\frac{2}{\sqrt{k+1}+\sqrt{k}}<\frac{1}{\sqrt{k}}\left(=\frac{2}{\sqrt{k}+\sqrt{k}}\right)<\frac{2}{\sqrt{k}+\sqrt{k-1}}$ から，

$2(\sqrt{k+1}-\sqrt{k})<\frac{1}{\sqrt{k}}<2(\sqrt{k}-\sqrt{k-1})$ であることを用いて B_n を上下から評価し，$n\to\infty$ とする。これもはさみうちの原理は用いるが，区分求積法は用いない。

解法 1

(1)　$t=x^2$ $(x=\sqrt{t})$ とおくと

$\frac{dt}{dx}=2x=2\sqrt{t}$，

x	$\sqrt{k\pi}$	→	$\sqrt{(k+1)\pi}$
t	$k\pi$	→	$(k+1)\pi$

なので

$$A_k=\int_{\sqrt{k\pi}}^{\sqrt{(k+1)\pi}}|\sin(x^2)|dx=\int_{k\pi}^{(k+1)\pi}\frac{|\sin t|}{2\sqrt{t}}dt$$

$k\pi\leqq t\leqq(k+1)\pi$ において

$$\frac{|\sin t|}{2\sqrt{(k+1)\pi}}\leqq\frac{|\sin t|}{2\sqrt{t}}\leqq\frac{|\sin t|}{2\sqrt{k\pi}}$$

なので

$$\int_{k\pi}^{(k+1)\pi}\frac{|\sin t|}{2\sqrt{(k+1)\pi}}dt \leqq \int_{k\pi}^{(k+1)\pi}\frac{|\sin t|}{2\sqrt{t}}dt \leqq \int_{k\pi}^{(k+1)\pi}\frac{|\sin t|}{2\sqrt{k\pi}}dt$$

$$\frac{1}{2\sqrt{(k+1)\pi}}\int_{k\pi}^{(k+1)\pi}|\sin t|dt \leqq A_k \leqq \frac{1}{2\sqrt{k\pi}}\int_{k\pi}^{(k+1)\pi}|\sin t|dt$$

ここで

$$\int_{k\pi}^{(k+1)\pi}|\sin t|dt = \int_0^{\pi}\sin t dt = \Big[-\cos t\Big]_0^{\pi} = 2$$

であるから

$$\frac{1}{\sqrt{(k+1)\pi}} \leqq A_k \leqq \frac{1}{\sqrt{k\pi}}$$ （証明終）

(2) $$\sqrt{n}B_n = \int_{\sqrt{n\pi}}^{\sqrt{(n+1)\pi}}|\sin(x^2)|dx + \int_{\sqrt{(n+1)\pi}}^{\sqrt{(n+2)\pi}}|\sin(x^2)|dx + \cdots + \int_{\sqrt{(n+n-1)\pi}}^{\sqrt{(n+n)\pi}}|\sin(x^2)|dx$$

$$= \sum_{j=0}^{n-1}A_{n+j}$$

(1)より

$$\frac{1}{\sqrt{(n+j+1)\pi}} \leqq A_{n+j} \leqq \frac{1}{\sqrt{(n+j)\pi}} \quad (j=0,\ 1,\ 2,\ \cdots,\ n-1)$$

であるから

$$\frac{1}{\sqrt{n}}\sum_{j=0}^{n-1}\frac{1}{\sqrt{(n+j+1)\pi}} \leqq B_n \leqq \frac{1}{\sqrt{n}}\sum_{j=0}^{n-1}\frac{1}{\sqrt{(n+j)\pi}}$$

$$\frac{1}{\sqrt{\pi}}\cdot\frac{1}{n}\sum_{j=0}^{n-1}\frac{1}{\sqrt{1+\frac{j+1}{n}}} \leqq B_n \leqq \frac{1}{\sqrt{\pi}}\cdot\frac{1}{n}\sum_{j=0}^{n-1}\frac{1}{\sqrt{1+\frac{j}{n}}}$$

ここで

$$\lim_{n\to\infty}\frac{1}{n}\sum_{j=0}^{n-1}\frac{1}{\sqrt{1+\frac{j+1}{n}}} = \lim_{n\to\infty}\frac{1}{n}\sum_{j=1}^{n}\frac{1}{\sqrt{1+\frac{j}{n}}}$$

$$= \int_0^1\frac{dx}{\sqrt{1+x}} = \Big[2\sqrt{1+x}\Big]_0^1$$

$$= 2(\sqrt{2}-1)$$

$$\lim_{n\to\infty}\frac{1}{n}\sum_{j=0}^{n-1}\frac{1}{\sqrt{1+\frac{j}{n}}} = \int_0^1\frac{dx}{\sqrt{1+x}} = 2(\sqrt{2}-1)$$

ゆえに，はさみうちの原理から

$$\lim_{n\to\infty}B_n = \frac{2(\sqrt{2}-1)}{\sqrt{\pi}}$$ ……（答）

〔注１〕 $\displaystyle\lim_{n\to\infty}\frac{1}{n}\sum_{j=0}^{n-1}\frac{1}{\sqrt{1+\frac{j}{n}}}=\int_1^2\frac{dx}{\sqrt{x}}=\left[2\sqrt{x}\right]_1^2=2(\sqrt{2}-1)$ と求めてもよい。

〔注２〕 (2)は(1)の証明ができなくても(1)の結果を用いて解決する設問であり，(1)の発想よりも易しいので，区分求積に至る変形とその後の計算に注力することが大切である。

解法 2

(2) $$B_n=\frac{1}{\sqrt{n}}\int_{\sqrt{n\pi}}^{\sqrt{2n\pi}}|\sin(x^2)|\,dx=\frac{1}{\sqrt{n}}\sum_{k=n}^{2n-1}A_k$$

(1)より

$$\frac{1}{\sqrt{(k+1)\pi}}\leqq A_k\leqq\frac{1}{\sqrt{k\pi}}\quad(k=n,\ n+1,\ \cdots,\ 2n-1)$$

であるから

$$\frac{1}{\sqrt{n}}\sum_{k=n+1}^{2n}\frac{1}{\sqrt{k\pi}}\leqq B_n\leqq\frac{1}{\sqrt{n}}\sum_{k=n}^{2n-1}\frac{1}{\sqrt{k\pi}}$$

$$\frac{1}{\sqrt{n\pi}}\sum_{k=n+1}^{2n}\frac{1}{\sqrt{k}}\leqq B_n\leqq\frac{1}{\sqrt{n\pi}}\sum_{k=n}^{2n-1}\frac{1}{\sqrt{k}}\quad\cdots\cdots①$$

ここで

$$\sum_{k=n+1}^{2n}\frac{1}{\sqrt{k}}>\int_{n+1}^{2n+1}\frac{dx}{\sqrt{x}}=2\left[\sqrt{x}\right]_{n+1}^{2n+1}$$
$$=2(\sqrt{2n+1}-\sqrt{n+1})\quad\cdots\cdots②$$

$$\sum_{k=n}^{2n-1}\frac{1}{\sqrt{k}}<\int_{n-1}^{2n-1}\frac{dx}{\sqrt{x}}=2\left[\sqrt{x}\right]_{n-1}^{2n-1}$$
$$=2(\sqrt{2n-1}-\sqrt{n-1})\quad\cdots\cdots③$$

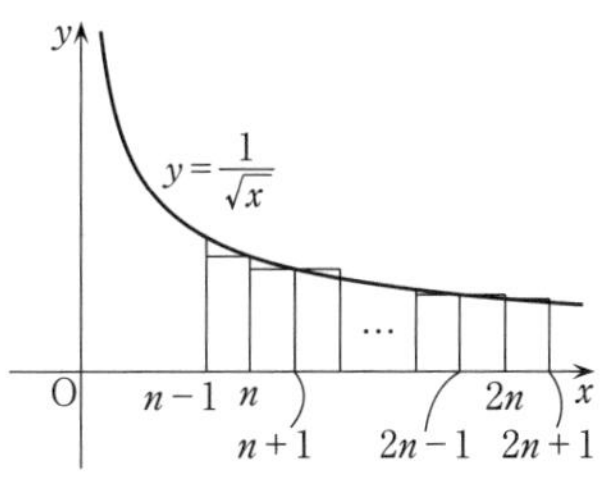

①，②，③から

$$\frac{1}{\sqrt{n\pi}}\{2(\sqrt{2n+1}-\sqrt{n+1})\}\leqq B_n\leqq\frac{1}{\sqrt{n\pi}}\{2(\sqrt{2n-1}-\sqrt{n-1})\}$$

$$\frac{1}{\sqrt{\pi}}\left\{2\left(\sqrt{2+\frac{1}{n}}-\sqrt{1+\frac{1}{n}}\right)\right\}\leqq B_n\leqq\frac{1}{\sqrt{\pi}}\left\{2\left(\sqrt{2-\frac{1}{n}}-\sqrt{1-\frac{1}{n}}\right)\right\}\quad\cdots\cdots④$$

$\displaystyle\lim_{n\to\infty}\left(\sqrt{2+\frac{1}{n}}-\sqrt{1+\frac{1}{n}}\right)=\sqrt{2}-1$，$\displaystyle\lim_{n\to\infty}\left(\sqrt{2-\frac{1}{n}}-\sqrt{1-\frac{1}{n}}\right)=\sqrt{2}-1$ と④から，はさみうちの原理により

$$\lim_{n\to\infty}B_n=\frac{2(\sqrt{2}-1)}{\sqrt{\pi}}\quad\cdots\cdots(答)$$

解法 3

(2) (①までは［解法 2］に同じ)

$$\frac{2}{\sqrt{k+1}+\sqrt{k}}<\frac{1}{\sqrt{k}}=\frac{2}{\sqrt{k}+\sqrt{k}}<\frac{2}{\sqrt{k}+\sqrt{k-1}}$$

であることと，分母の有理化から

$$2(\sqrt{k+1}-\sqrt{k})<\frac{1}{\sqrt{k}}<2(\sqrt{k}-\sqrt{k-1})$$

これより

$$2\sum_{k=n+1}^{2n}(\sqrt{k+1}-\sqrt{k})<\sum_{k=n+1}^{2n}\frac{1}{\sqrt{k}},\quad \sum_{k=n}^{2n-1}\frac{1}{\sqrt{k}}<2\sum_{k=n}^{2n-1}(\sqrt{k}-\sqrt{k-1})$$

すなわち

$$2(\sqrt{2n+1}-\sqrt{n+1})<\sum_{k=n+1}^{2n}\frac{1}{\sqrt{k}},\quad \sum_{k=n}^{2n-1}\frac{1}{\sqrt{k}}<2(\sqrt{2n-1}-\sqrt{n-1})$$

これと①から

$$\frac{2}{\sqrt{n\pi}}(\sqrt{2n+1}-\sqrt{n+1})<B_n<\frac{2}{\sqrt{n\pi}}(\sqrt{2n-1}-\sqrt{n-1})$$

$$\frac{2}{\sqrt{\pi}}\left(\sqrt{2+\frac{1}{n}}-\sqrt{1+\frac{1}{n}}\right)<B_n<\frac{2}{\sqrt{\pi}}\left(\sqrt{2-\frac{1}{n}}-\sqrt{1-\frac{1}{n}}\right)$$

ここで

$$\lim_{n\to\infty}\left(\sqrt{2+\frac{1}{n}}-\sqrt{1+\frac{1}{n}}\right)=\lim_{n\to\infty}\left(\sqrt{2-\frac{1}{n}}-\sqrt{1-\frac{1}{n}}\right)=\sqrt{2}-1$$

であるから，はさみうちの原理により

$$\lim_{n\to\infty}B_n=\frac{2(\sqrt{2}-1)}{\sqrt{\pi}}\quad\cdots\cdots(\text{答})$$

114　2022年度〔1〕　Level B

ポイント　(1)　$f'(x)$ を計算し，増減表による。

(2)　最小値を与える x の値での $f(x)$ の値を計算する。積分は部分積分による。

解法

(1)　$$f(x)=(\cos x)\log(\cos x)-\cos x+\int_0^x(\cos t)\log(\cos t)\,dt$$

$$f'(x)=(-\sin x)\log(\cos x)-\sin x+\sin x+(\cos x)\log(\cos x)$$
$$=(\cos x-\sin x)\log(\cos x)$$

よって，$f(x)$ の増減表は右のようになる。

x	0	$\cdots$	$\frac{\pi}{4}$	$\cdots$	$\left(\frac{\pi}{2}\right)$
$f'(x)$		$-$	0	$+$	
$f(x)$		↘	最小	↗	

ゆえに，$f(x)$ は $0\leqq x<\frac{\pi}{2}$ において最小値を持つ。

（証明終）

(2)　$$f\left(\frac{\pi}{4}\right)=\frac{1}{\sqrt{2}}\log\frac{1}{\sqrt{2}}-\frac{1}{\sqrt{2}}+\int_0^{\frac{\pi}{4}}(\cos t)\log(\cos t)\,dt\quad\cdots\cdots①$$

$$\frac{1}{\sqrt{2}}\log\frac{1}{\sqrt{2}}-\frac{1}{\sqrt{2}}=\frac{\sqrt{2}}{2}\log 2^{-\frac{1}{2}}-\frac{\sqrt{2}}{2}$$
$$=-\frac{\sqrt{2}}{4}\log 2-\frac{\sqrt{2}}{2}\quad\cdots\cdots②$$

$$\int_0^{\frac{\pi}{4}}(\cos t)\log(\cos t)\,dt=\int_0^{\frac{\pi}{4}}(\sin t)'\log(\cos t)\,dt$$
$$=\Big[(\sin t)\log(\cos t)\Big]_0^{\frac{\pi}{4}}+\int_0^{\frac{\pi}{4}}\frac{\sin^2 t}{\cos t}dt$$
$$=\frac{1}{\sqrt{2}}\log\frac{1}{\sqrt{2}}+\int_0^{\frac{\pi}{4}}\frac{1-\cos^2 t}{\cos t}dt$$
$$=-\frac{\sqrt{2}}{4}\log 2+\int_0^{\frac{\pi}{4}}\frac{dt}{\cos t}-\int_0^{\frac{\pi}{4}}\cos t\,dt$$
$$=-\frac{\sqrt{2}}{4}\log 2+\int_0^{\frac{\pi}{4}}\frac{dt}{\cos t}-\Big[\sin t\Big]_0^{\frac{\pi}{4}}$$
$$=-\frac{\sqrt{2}}{4}\log 2-\frac{\sqrt{2}}{2}+\int_0^{\frac{\pi}{4}}\frac{dt}{\cos t}\quad\cdots\cdots③$$

ここで

$$\int_0^{\frac{\pi}{4}}\frac{dt}{\cos t}=\int_0^{\frac{\pi}{4}}\frac{\cos t}{\cos^2 t}dt$$

$$=\int_0^{\frac{\pi}{4}}\frac{\cos t}{(1+\sin t)(1-\sin t)}dt$$

$$=\frac{1}{2}\int_0^{\frac{\pi}{4}}\left(\frac{\cos t}{1+\sin t}+\frac{\cos t}{1-\sin t}\right)dt$$

$$=\frac{1}{2}\Big[\log(1+\sin t)-\log(1-\sin t)\Big]_0^{\frac{\pi}{4}}$$

$$=\frac{1}{2}\left[\log\frac{1+\sin t}{1-\sin t}\right]_0^{\frac{\pi}{4}}$$

$$=\frac{1}{2}\log\frac{\sqrt{2}+1}{\sqrt{2}-1}$$

$$=\log(\sqrt{2}+1)\quad\cdots\cdots④$$

③，④から

$$\int_0^{\frac{\pi}{4}}(\cos t)\log(\cos t)\,dt=-\frac{\sqrt{2}}{4}\log 2-\frac{\sqrt{2}}{2}+\log(\sqrt{2}+1)\quad\cdots\cdots⑤$$

①，②，⑤から，$f(x)$ の最小値は

$$f\left(\frac{\pi}{4}\right)=-\frac{\sqrt{2}}{4}\log 2-\frac{\sqrt{2}}{2}-\frac{\sqrt{2}}{4}\log 2-\frac{\sqrt{2}}{2}+\log(\sqrt{2}+1)$$

$$=\log(\sqrt{2}+1)-\frac{\sqrt{2}}{2}\log 2-\sqrt{2}\quad\cdots\cdots(\text{答})$$

115　2021年度〔3〕　Level B

ポイント (1)　$g(x)$ を求め，$f(x)-g(x)$ が $(x-1)^2$ を因数にもつことを念頭に因数分解する。

(2)　式変形によって，多項式と $\dfrac{x}{x^2+3}$，$\dfrac{1}{x^2+3}$，$\dfrac{1}{(x^2+3)^2}$ の定積分に帰着させる。

$\dfrac{1}{x^2+3}$，$\dfrac{1}{(x^2+3)^2}$ では変数変換 $x=\sqrt{3}\tan\theta$ を用いる。

解法

(1)　$f(x)=\dfrac{x}{x^2+3}$ について

$$f(1)=\frac{1}{4}$$

$$f'(x)=\frac{x^2+3-x\cdot 2x}{(x^2+3)^2}=\frac{3-x^2}{(x^2+3)^2}$$

よって　$f'(1)=\dfrac{1}{8}$

以上より

$$g(x)=\frac{1}{8}(x-1)+\frac{1}{4}$$

$$=\frac{1}{8}x+\frac{1}{8}$$

C と l の共有点の x 座標は，方程式 $f(x)-g(x)=0$ の実数解である。

$$f(x)-g(x)=\frac{x}{x^2+3}-\left(\frac{1}{8}x+\frac{1}{8}\right)$$

$$=\frac{8x-(x^2+3)(x+1)}{8(x^2+3)}$$

$$=-\frac{x^3+x^2-5x+3}{8(x^2+3)}$$

$$=-\frac{(x-1)^2(x+3)}{8(x^2+3)}$$

ゆえに，C と l の共有点でAと異なるものがただ1つ存在する。　（証明終）

その点の x 座標は　$x=-3$　……(答)

(2)　(1)より $\alpha=-3$ である。

$I=\displaystyle\int_{-3}^{1}\{f(x)-g(x)\}^2dx$ とおく。

$f(x)-g(x)=\dfrac{x}{x^2+3}-\dfrac{1}{8}(x+1)$ から

$$I=\int_{-3}^{1}\left(\frac{x}{x^2+3}\right)^2dx-\frac{1}{4}\int_{-3}^{1}\frac{x(x+1)}{x^2+3}dx+\frac{1}{64}\int_{-3}^{1}(x+1)^2dx$$

ここで

$$\left(\frac{x}{x^2+3}\right)^2=\frac{x^2+3-3}{(x^2+3)^2}=\frac{1}{x^2+3}-\frac{3}{(x^2+3)^2}$$

$$\frac{x(x+1)}{x^2+3}=\frac{x^2+x}{x^2+3}=1+\frac{x}{x^2+3}-\frac{3}{x^2+3}$$

より

$$I=-\frac{1}{4}\int_{-3}^{1}dx+\frac{1}{64}\int_{-3}^{1}(x+1)^2dx-\frac{1}{4}\int_{-3}^{1}\frac{x}{x^2+3}dx$$

$$+\frac{7}{4}\int_{-3}^{1}\frac{1}{x^2+3}dx-3\int_{-3}^{1}\frac{1}{(x^2+3)^2}dx \quad \cdots\cdots①$$

となる。

$$\int_{-3}^{1}dx=\Big[x\Big]_{-3}^{1}-4 \quad \cdots\cdots②$$

$$\int_{-3}^{1}(x+1)^2dx=\left[\frac{1}{3}(x+1)^3\right]_{-3}^{1}=\frac{16}{3} \quad \cdots\cdots③$$

$$\int_{-3}^{1}\frac{x}{x^2+3}dx=\frac{1}{2}\Big[\log(x^2+3)\Big]_{-3}^{1}=-\frac{1}{2}\log 3 \quad \cdots\cdots④$$

以下，$x=\sqrt{3}\tan\theta$ とおくと

$\dfrac{dx}{d\theta}=\dfrac{\sqrt{3}}{\cos^2\theta}$,

x	-3	$\to$	1
θ	$-\dfrac{\pi}{3}$	$\to$	$\dfrac{\pi}{6}$

から

$$\int_{-3}^{1}\frac{1}{x^2+3}dx=\int_{-\frac{\pi}{3}}^{\frac{\pi}{6}}\frac{1}{3(1+\tan^2\theta)}\cdot\frac{\sqrt{3}}{\cos^2\theta}d\theta$$

$$=\frac{\sqrt{3}}{3}\Big[\theta\Big]_{-\frac{\pi}{3}}^{\frac{\pi}{6}}=\frac{\sqrt{3}\pi}{6} \quad \cdots\cdots⑤$$

$$\int_{-3}^{1}\frac{1}{(x^2+3)^2}dx=\int_{-\frac{\pi}{3}}^{\frac{\pi}{6}}\frac{1}{9(1+\tan^2\theta)^2}\cdot\frac{\sqrt{3}}{\cos^2\theta}d\theta$$

$$=\frac{\sqrt{3}}{9}\int_{-\frac{\pi}{3}}^{\frac{\pi}{6}}\cos^2\theta d\theta$$

$$=\frac{\sqrt{3}}{9}\int_{-\frac{\pi}{3}}^{\frac{\pi}{6}}\frac{1+\cos 2\theta}{2}d\theta$$

$$=\frac{\sqrt{3}}{18}\left[\theta+\frac{\sin 2\theta}{2}\right]_{-\frac{\pi}{3}}^{\frac{\pi}{6}}$$

$$=\frac{\sqrt{3}}{18}\left(\frac{\pi}{2}+\frac{\sqrt{3}}{2}\right)=\frac{\sqrt{3}\pi}{36}+\frac{1}{12}\quad\cdots\cdots ⑥$$

①～⑥から

$$I=-\frac{1}{4}\cdot 4+\frac{1}{64}\cdot\frac{16}{3}-\frac{1}{4}\left(-\frac{\log 3}{2}\right)+\frac{7}{4}\cdot\frac{\sqrt{3}\pi}{6}-3\left(\frac{\sqrt{3}\pi}{36}+\frac{1}{12}\right)$$

$$=-\frac{7}{6}+\frac{\log 3}{8}+\frac{5\sqrt{3}\pi}{24}\quad\cdots\cdots(\text{答})$$

116　2020年度〔3〕　Level B

ポイント (1)　$\sqrt{1+t}$ が増加関数，$\sqrt{1-t}$ が減少関数であることによる。

(2)　$f(t)$ と $\{f(t)\}^2$ の増減は一致するので，$\{f(t)\}^2$ の導関数と増減表を考える。

(3)　(1)，(2)を根拠に D の通過領域を考え，四分円と D の面積の和に帰着させる。

解法

(1)　$x(t)=(1+t)\sqrt{1+t}$，$y(t)=3(1+t)\sqrt{1-t}$ より

$$\frac{y(t)}{x(t)}=\frac{3\sqrt{1-t}}{\sqrt{1+t}}\quad(-1<t\leqq 1)$$

この分母（>0）は t の増加関数，分子（$\geqq 0$）は t の減少関数なので，$\dfrac{y(t)}{x(t)}$ は単調に減少する。　(証明終)

(2)　$$\{f(t)\}^2=\{x(t)\}^2+\{y(t)\}^2=(1+t)^2\{(1+t)+9(1-t)\}$$
$$=2(1+t)^2(5-4t)$$

$f(t)>0$ より，$f(t)$ と $\{f(t)\}^2$ の増減は一致するので，$(1+t)^2(5-4t)$ の増減を調べる。

$$\{(1+t)^2(5-4t)\}'$$
$$=2(1+t)(5-4t)-4(1+t)^2$$
$$=6(1+t)(1-2t)$$

よって，$f(t)$ の増減表は右のようになる。

t	-1	$\cdots$	$\frac{1}{2}$	$\cdots$	1
$f'(t)$		$+$	0	$-$	
$f(t)$		↗	$\frac{3\sqrt{6}}{2}$	↘	

また，$f(t)$ の最大値は　$\dfrac{3\sqrt{6}}{2}$　……(答)

(3)　$x(t)$ は t の増加関数である。

$$y'(t)=\frac{3(1-3t)}{2\sqrt{1-t}}\quad(-1<t<1)$$

なので，$y(t)$ の増減表は右のようになる。

t	(-1)	$\cdots$	$\frac{1}{3}$	$\cdots$	(1)
$y'(t)$		$+$	0	$-$	
$y(t)$	(0)	↗	$\frac{4\sqrt{6}}{3}$	↘	(0)

これから，C は図1の太線部，D は図1の網かけ部分となる。

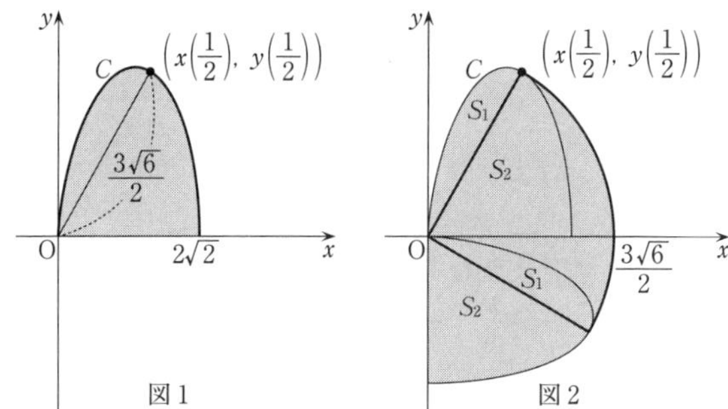

(1)，(2)から，D が通過する領域は図 2 の網かけ部分である。ここで，図 2 の太線部は半径 $\frac{3\sqrt{6}}{2}$ の四分円である。S_1，S_2 をそれぞれ D のうち，原点と点 $\left(x\left(\frac{1}{2}\right),\ y\left(\frac{1}{2}\right)\right)$ を結ぶ直線の上側と下側の部分の面積として，求める面積は

$$\frac{\pi}{4}\left(\frac{3\sqrt{6}}{2}\right)^2+S_1+S_2=\frac{27}{8}\pi+S_1+S_2 \quad \cdots\cdots①$$

である。

ここで

$$S_1+S_2=\int_0^{2\sqrt{2}}ydx=\int_{-1}^{1}y(t)\frac{dx}{dt}dt$$

$$=\int_{-1}^{1}3(1+t)\sqrt{1-t}\cdot\frac{3}{2}\sqrt{1+t}\,dt$$

$$=\frac{9}{2}\int_{-1}^{1}(1+t)\sqrt{1-t^2}\,dt$$

$$=\frac{9}{2}\int_{-1}^{1}(\sqrt{1-t^2}+t\sqrt{1-t^2})\,dt$$

$$=9\int_0^1\sqrt{1-t^2}\,dt \quad (\sqrt{1-t^2}\text{ は偶関数，}t\sqrt{1-t^2}\text{ は奇関数})$$

$$=\frac{9}{4}\pi \quad \cdots\cdots② \quad \left(\int_0^1\sqrt{1-t^2}\,dt\text{ は半径 1 の四分円の面積}\right)$$

①，②より，求める面積は

$$\frac{27}{8}\pi+\frac{9}{4}\pi=\frac{45}{8}\pi \quad \cdots\cdots(答)$$

117　2019年度〔1〕　Level B

ポイント　［解法1］ $x=\tan t$ と置換し，被積分関数を三角関数で表し，展開整理し各項の積分を行う。

［解法2］ 被積分関数を展開整理してから，各項の積分を $x=\tan\theta$ の置換を用いて計算する。

解法1

与えられた定積分を I とおく。

$x=\tan t$ とおくと，$\begin{array}{c|c} x & 0 \longrightarrow 1 \\ \hline t & 0 \longrightarrow \dfrac{\pi}{4} \end{array}$ である。

このとき，$1+x^2=\dfrac{1}{\cos^2 t}$ と $\cos t>0$ から

$$x^2=\frac{1}{\cos^2 t}-1,\quad \frac{x}{\sqrt{1+x^2}}=\tan t\cos t=\sin t,\quad \frac{dx}{dt}=\frac{1}{\cos^2 t}$$

よって

$$I=\int_0^{\frac{\pi}{4}}\left(\frac{1}{\cos^2 t}-1+\sin t\right)(1+\sin t\cos^2 t)\cdot\frac{1}{\cos^2 t}dt$$

$$=\int_0^{\frac{\pi}{4}}\left(\frac{1}{\cos^4 t}-\frac{1}{\cos^2 t}+\frac{2\sin t}{\cos^2 t}-\sin t+\sin^2 t\right)dt \quad \cdots\cdots①$$

ここで

$$\int_0^{\frac{\pi}{4}}\frac{1}{\cos^4 t}dt=\int_0^{\frac{\pi}{4}}(1+\tan^2 t)(\tan t)'dt=\left[\tan t+\frac{1}{3}\tan^3 t\right]_0^{\frac{\pi}{4}}=\frac{4}{3} \quad \cdots\cdots②$$

$$\int_0^{\frac{\pi}{4}}\frac{1}{\cos^2 t}dt=\left[\tan t\right]_0^{\frac{\pi}{4}}=1 \quad \cdots\cdots③$$

$$\int_0^{\frac{\pi}{4}}\frac{2\sin t}{\cos^2 t}dt=\left[\frac{2}{\cos t}\right]_0^{\frac{\pi}{4}}=2\sqrt{2}-2 \quad \cdots\cdots④$$

$$\int_0^{\frac{\pi}{4}}\sin t\,dt=\left[-\cos t\right]_0^{\frac{\pi}{4}}=1-\frac{\sqrt{2}}{2} \quad \cdots\cdots⑤$$

$$\int_0^{\frac{\pi}{4}}\sin^2 t\,dt=\int_0^{\frac{\pi}{4}}\frac{1-\cos 2t}{2}dt=\left[\frac{t}{2}-\frac{\sin 2t}{4}\right]_0^{\frac{\pi}{4}}=\frac{\pi}{8}-\frac{1}{4} \quad \cdots\cdots⑥$$

①〜⑥から

$$I=\frac{4}{3}-1+2\sqrt{2}-2-1+\frac{\sqrt{2}}{2}+\frac{\pi}{8}-\frac{1}{4}$$

$$=\frac{\pi}{8}+\frac{5\sqrt{2}}{2}-\frac{35}{12}\quad\cdots\cdots(答)$$

〔注1〕　①式では，一部次のような処理もできる。

$$\int_0^{\frac{\pi}{4}}\left(\frac{1}{\cos^4 t}-\frac{1}{\cos^2 t}\right)dt=\int_0^{\frac{\pi}{4}}\left\{(1+\tan^2 t)\frac{1}{\cos^2 t}-\frac{1}{\cos^2 t}\right\}dt$$

$$=\int_0^{\frac{\pi}{4}}\frac{\tan^2 t}{\cos^2 t}dt=\frac{1}{3}\Big[\tan^3 t\Big]_0^{\frac{\pi}{4}}=\frac{1}{3}$$

解 法 2

$$I=\int_0^1\left\{x^2+\frac{x}{\sqrt{1+x^2}}+\frac{x^3}{(1+x^2)\sqrt{1+x^2}}+\frac{x^2}{(1+x^2)^2}\right\}dx\quad\cdots\cdots①$$

$$\int_0^1 x^2dx=\left[\frac{x^3}{3}\right]_0^1=\frac{1}{3}\quad\cdots\cdots②$$

$$\int_0^1\frac{x}{\sqrt{1+x^2}}dx=\left[\sqrt{1+x^2}\right]_0^1=\sqrt{2}-1\quad\cdots\cdots③$$

次いで，$x=\tan\theta$ とおくと

$$\frac{dx}{d\theta}=\frac{1}{\cos^2\theta},\quad x^2=\tan^2\theta,\quad 1+x^2=\frac{1}{\cos^2\theta},$$

x	$0\longrightarrow 1$
θ	$0\longrightarrow\frac{\pi}{4}$

よって

$$\int_0^1\frac{x^3}{(1+x^2)\sqrt{1+x^2}}dx=\int_0^{\frac{\pi}{4}}\frac{\dfrac{\sin^3\theta}{\cos^3\theta}}{\dfrac{1}{\cos^2\theta}\cdot\dfrac{1}{\cos\theta}}\cdot\frac{1}{\cos^2\theta}d\theta$$

$$=\int_0^{\frac{\pi}{4}}\frac{1-\cos^2\theta}{\cos^2\theta}\cdot\sin\theta d\theta$$

$$=\int_0^{\frac{\pi}{4}}\left(\frac{1}{\cos^2\theta}-1\right)\sin\theta d\theta$$

$$=\left[\frac{1}{\cos\theta}+\cos\theta\right]_0^{\frac{\pi}{4}}=\left(\sqrt{2}+\frac{\sqrt{2}}{2}\right)-(1+1)$$

$$=\frac{3}{2}\sqrt{2}-2\quad\cdots\cdots④$$

$$\int_0^1\frac{x^2}{(1+x^2)^2}dx=\int_0^{\frac{\pi}{4}}\tan^2\theta\cdot\cos^4\theta\cdot\frac{1}{\cos^2\theta}d\theta$$

$$=\int_0^{\frac{\pi}{4}}\sin^2\theta d\theta=\int_0^{\frac{\pi}{4}}\frac{1-\cos 2\theta}{2}d\theta$$

$$=\frac{1}{2}\left[\theta-\frac{\sin 2\theta}{2}\right]_0^{\frac{\pi}{4}}=\frac{1}{2}\left(\frac{\pi}{4}-\frac{1}{2}\right)$$

$$=\frac{\pi}{8}-\frac{1}{4}\quad\cdots\cdots⑤$$

①～⑤から

$$I=\frac{1}{3}+\sqrt{2}-1+\frac{3}{2}\sqrt{2}-2+\frac{\pi}{8}-\frac{1}{4}$$

$$=\frac{\pi}{8}+\frac{5\sqrt{2}}{2}-\frac{35}{12}\quad\cdots\cdots(答)$$

〔注 2〕 ④は次のように求めることもできる。

$u=1+x^2$ とおくと　$\dfrac{du}{dx}=2x$,

x	$0\longrightarrow 1$
u	$1\longrightarrow 2$

よって

$$\int_0^1\frac{x^3}{(1+x^2)\sqrt{1+x^2}}dx=\frac{1}{2}\int_1^2\frac{u-1}{u\sqrt{u}}du=\frac{1}{2}\int_1^2\left(u^{-\frac{1}{2}}-u^{-\frac{3}{2}}\right)du$$

$$=\left[u^{\frac{1}{2}}+u^{-\frac{1}{2}}\right]_1^2=\left(\sqrt{2}+\frac{1}{\sqrt{2}}\right)-2$$

$$=\frac{3}{2}\sqrt{2}-2$$

118　2015年度〔6〕　Level B

ポイント　(1)　$\int_{-1}^{1} g(nx)f(x)\,dx=\int_{-\frac{1}{n}}^{\frac{1}{n}} g(nx)f(x)\,dx$ と，

$pg(nx)\leqq g(nx)f(x)\leqq qg(nx)$ による。

(2)　$\{g(nx)\}'=nh(nx)$ から部分積分を行い，その結果から(1)を利用する。極限ははさみうちの原理による。

解法

(1)　$|x|>\dfrac{1}{n}$ では $|nx|>1$ なので　　$g(nx)=0$

よって　　$n\int_{-1}^{1} g(nx)f(x)\,dx=n\int_{-\frac{1}{n}}^{\frac{1}{n}} g(nx)f(x)\,dx$　……①

また，$g(nx)=\dfrac{\cos(\pi nx)+1}{2}\geqq 0$ と，$p\leqq f(x)\leqq q$ から

$$pg(nx)\leqq g(nx)f(x)\leqq qg(nx)$$

したがって

$$pn\int_{-\frac{1}{n}}^{\frac{1}{n}} g(nx)\,dx\leqq n\int_{-\frac{1}{n}}^{\frac{1}{n}} g(nx)f(x)\,dx\leqq qn\int_{-\frac{1}{n}}^{\frac{1}{n}} g(nx)\,dx \quad \cdots\cdots ②$$

①，②から

$$pn\int_{-\frac{1}{n}}^{\frac{1}{n}} g(nx)\,dx\leqq n\int_{-1}^{1} g(nx)f(x)\,dx\leqq qn\int_{-\frac{1}{n}}^{\frac{1}{n}} g(nx)\,dx \quad \cdots\cdots ③$$

ここで，$t=nx$ とおくと，$\dfrac{dt}{dx}=n$，

x	$-\frac{1}{n}\longrightarrow\frac{1}{n}$
t	$-1\longrightarrow 1$

であり

$$n\int_{-\frac{1}{n}}^{\frac{1}{n}} g(nx)\,dx=\int_{-1}^{1} g(t)\,dt=\int_{-1}^{1}\frac{\cos(\pi t)+1}{2}\,dt$$

$$=\left[\frac{\sin(\pi t)}{2\pi}+\frac{t}{2}\right]_{-1}^{1}=1 \quad \cdots\cdots ④$$

③，④から，$p\leqq n\int_{-1}^{1} g(nx)f(x)\,dx\leqq q$ である。　　　　（証明終）

(2)　$|x|\leqq\dfrac{1}{n}$ では $|nx|\leqq 1$ なので，$g(nx)=\dfrac{\cos(\pi nx)+1}{2}$ であり

$$\{g(nx)\}'=-\frac{\pi n}{2}\sin(n\pi x)=nh(nx) \quad \cdots\cdots ⑤$$

また，$|x|>\dfrac{1}{n}$ では $|nx|>1$ なので，$h(nx)=0$ であるから

$$
\begin{aligned}
&n^2\int_{-1}^{1} h(nx)\log(1+e^{x+1})\,dx \\
&=n^2\int_{-\frac{1}{n}}^{\frac{1}{n}} h(nx)\log(1+e^{x+1})\,dx \\
&=n\int_{-\frac{1}{n}}^{\frac{1}{n}} \{g(nx)\}'\log(1+e^{x+1})\,dx \quad（⑤から） \\
&=n\Big[g(nx)\log(1+e^{x+1})\Big]_{-\frac{1}{n}}^{\frac{1}{n}}-n\int_{-\frac{1}{n}}^{\frac{1}{n}} g(nx)\cdot\frac{e^{x+1}}{1+e^{x+1}}\,dx \\
&=n\{g(1)\log(1+e^{\frac{1}{n}+1})-g(-1)\log(1+e^{-\frac{1}{n}+1})\}-n\int_{-\frac{1}{n}}^{\frac{1}{n}} g(nx)\cdot\frac{e^{x+1}}{1+e^{x+1}}\,dx \\
&=-n\int_{-\frac{1}{n}}^{\frac{1}{n}} g(nx)\cdot\frac{e^{x+1}}{1+e^{x+1}}\,dx \quad（g(1)=g(-1)=0\ より） \\
&=-n\int_{-1}^{1} g(nx)\cdot\frac{e^{x+1}}{1+e^{x+1}}\,dx \quad\cdots\cdots⑥ \quad \left(|x|>\frac{1}{n}\ では\ g(nx)-0\ より\right)
\end{aligned}
$$

ここで，$f(x)=\dfrac{e^{x+1}}{1+e^{x+1}}$ とおくと，$f(x)=1-\dfrac{1}{1+e^{x+1}}$ より，$f(x)$ は連続な増加関数なので，$|x|\leqq\dfrac{1}{n}$ $\left(-\dfrac{1}{n}\leqq x\leqq\dfrac{1}{n}\right)$ では

$$
\frac{e^{-\frac{1}{n}+1}}{1+e^{-\frac{1}{n}+1}}\leqq f(x)\leqq\frac{e^{\frac{1}{n}+1}}{1+e^{\frac{1}{n}+1}}
$$

よって，(1)から

$$
\frac{e^{-\frac{1}{n}+1}}{1+e^{-\frac{1}{n}+1}}\leqq n\int_{-1}^{1} g(nx)\cdot\frac{e^{x+1}}{1+e^{x+1}}\,dx\leqq\frac{e^{\frac{1}{n}+1}}{1+e^{\frac{1}{n}+1}} \quad\cdots\cdots⑦
$$

⑥，⑦から

$$
-\frac{e^{\frac{1}{n}+1}}{1+e^{\frac{1}{n}+1}}\leqq n^2\int_{-1}^{1} h(nx)\log(1+e^{x+1})\,dx\leqq-\frac{e^{-\frac{1}{n}+1}}{1+e^{-\frac{1}{n}+1}}
$$

$\displaystyle\lim_{n\to\infty}\frac{e^{\frac{1}{n}+1}}{1+e^{\frac{1}{n}+1}}=\lim_{n\to\infty}\frac{e^{-\frac{1}{n}+1}}{1+e^{-\frac{1}{n}+1}}=\frac{e}{1+e}$ なので，はさみうちの原理から

$$
\lim_{n\to\infty} n^2\int_{-1}^{1} h(nx)\log(1+e^{x+1})\,dx=-\frac{e}{1+e} \quad\cdots\cdots（答）
$$

119　2014年度〔3〕　Level A

ポイント (1)　2次方程式の解の判別式を用いる。

(2)　$x_1y_2-x_2y_1$ を x_1，x_2 で表すと，u で表現できる。

(3)　(2)の結果の平方根の中を平方完成すると，$\sin\theta$ を用いた変数変換ができることが見えるので，置換積分を行う。

解法

(1)　$y=-x^2+1$ かつ $y=(x-u)^2+u$ より

$$(x-u)^2+u=-x^2+1$$

$$2x^2-2ux+u^2+u-1=0 \quad \cdots\cdots①$$

これが実数解をもつ条件は，①の判別式 $\geqq 0$ より

$$u^2-2(u^2+u-1)\geqq 0$$

$$u^2+2u-2\leqq 0$$

$$-1-\sqrt{3}\leqq u\leqq -1+\sqrt{3}$$

ゆえに　$a=-1-\sqrt{3}$，$b=-1+\sqrt{3}$　……(答)

(2)　$y_1=-x_1{}^2+1$，$y_2=-x_2{}^2+1$ であるから

$$\begin{aligned}x_1y_2-x_2y_1&=x_1(-x_2{}^2+1)-x_2(-x_1{}^2+1)\\&=-x_1x_2{}^2+x_1+x_1{}^2x_2-x_2\\&=x_1x_2(x_1-x_2)+(x_1-x_2)\\&=(x_1-x_2)(x_1x_2+1) \quad \cdots\cdots②\end{aligned}$$

x_1，x_2 は①の2解であり，$|x_1y_2-x_2y_1|$ を考えるにあたっては

$$x_1=\frac{u+\sqrt{-u^2-2u+2}}{2},\quad x_2=\frac{u-\sqrt{-u^2-2u+2}}{2}$$

としてよく

$$x_1-x_2=\sqrt{-u^2-2u+2},\quad x_1x_2+1=\frac{1}{2}(u^2+u-1)+1=\frac{1}{2}(u^2+u+1)$$

である。よって，②と $u^2+u+1=\left(u+\frac{1}{2}\right)^2+\frac{3}{4}>0$ から

$$x_1y_2-x_2y_1=\frac{1}{2}(u^2+u+1)\sqrt{-u^2-2u+2}\geqq 0$$

したがって

$$2|x_1y_2-x_2y_1|=(u^2+u+1)\sqrt{-u^2-2u+2} \quad \cdots\cdots(\text{答})$$

(3)
$$\begin{aligned}f(u)&=(u^2+u+1)\sqrt{-u^2-2u+2}\\&=(u^2+u+1)\sqrt{3-(u+1)^2} \quad \cdots\cdots③\end{aligned}$$

$u+1=\sqrt{3}\sin\theta$ とおくと

$$\frac{du}{d\theta}=\sqrt{3}\cos\theta$$

u	$-1-\sqrt{3}\longrightarrow -1+\sqrt{3}$
θ	$-\frac{\pi}{2}\longrightarrow\frac{\pi}{2}$

$-\frac{\pi}{2}\leqq\theta\leqq\frac{\pi}{2}$ では $\cos\theta\geqq 0$ なので，③より

$$\begin{aligned}f(u)&=\{(\sqrt{3}\sin\theta-1)^2+\sqrt{3}\sin\theta\}\sqrt{3(1-\sin^2\theta)}\\&=\sqrt{3}(3\sin^2\theta-\sqrt{3}\sin\theta+1)\sqrt{\cos^2\theta}\\&=\sqrt{3}(3\sin^2\theta-\sqrt{3}\sin\theta+1)\cos\theta\end{aligned}$$

よって

$$\begin{aligned}I&=\int_{-1-\sqrt{3}}^{-1+\sqrt{3}}f(u)\,du\\&=\sqrt{3}\int_{-\frac{\pi}{2}}^{\frac{\pi}{2}}(3\sin^2\theta-\sqrt{3}\sin\theta+1)\cos\theta\cdot\sqrt{3}\cos\theta d\theta\\&=3\int_{-\frac{\pi}{2}}^{\frac{\pi}{2}}(3\sin^2\theta-\sqrt{3}\sin\theta+1)\cos^2\theta d\theta\\&=9\int_{-\frac{\pi}{2}}^{\frac{\pi}{2}}(\sin\theta\cos\theta)^2d\theta-3\sqrt{3}\int_{-\frac{\pi}{2}}^{\frac{\pi}{2}}\sin\theta\cos^2\theta d\theta+3\int_{-\frac{\pi}{2}}^{\frac{\pi}{2}}\cos^2\theta d\theta\\&=18\int_0^{\frac{\pi}{2}}(\sin\theta\cos\theta)^2d\theta+6\int_0^{\frac{\pi}{2}}\cos^2\theta d\theta\quad\text{（奇関数，偶関数の定積分）}\\&=18\int_0^{\frac{\pi}{2}}\left(\frac{\sin 2\theta}{2}\right)^2d\theta+6\int_0^{\frac{\pi}{2}}\cos^2\theta d\theta\\&=\frac{9}{2}\int_0^{\frac{\pi}{2}}\sin^2 2\theta d\theta+6\int_0^{\frac{\pi}{2}}\cos^2\theta d\theta\\&=\frac{9}{4}\int_0^{\frac{\pi}{2}}(1-\cos 4\theta)\,d\theta+3\int_0^{\frac{\pi}{2}}(1+\cos 2\theta)\,d\theta\\&=\frac{9}{4}\left[\theta-\frac{\sin 4\theta}{4}\right]_0^{\frac{\pi}{2}}+3\left[\theta+\frac{\sin 2\theta}{2}\right]_0^{\frac{\pi}{2}}\\&=\frac{9}{4}\cdot\frac{\pi}{2}+3\cdot\frac{\pi}{2}=\frac{21}{8}\pi\quad\cdots\cdots\text{（答）}\end{aligned}$$

〔注〕 (2)の式処理では，x_1-x_2 について無理に解と係数の関係を用いるよりも，x_1，x_2 の具体的値を用いる方が速い。

120　2011年度〔3〕　Level C

ポイント　(1)　$L=t\theta$ を用いる。

(2)　［解法１］　$t=L\tan u$ と置換する。

［解法２］　$s=\sqrt{t^2+L^2}$ と置換する。

(3)　(2)の積分結果で $L\log a$ を分離した形にしたものを考える。

解法１

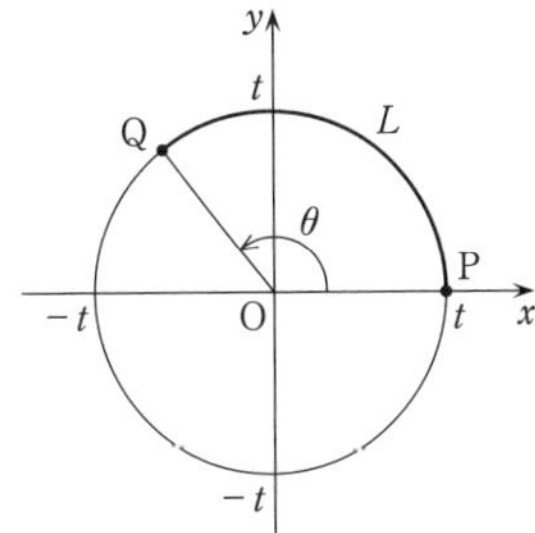

(1)　$\angle\mathrm{POQ}=\theta$ とすると，$\theta=\dfrac{L}{t}$ なので

$$u(t)=t\cos\frac{L}{t}\quad,\quad v(t)=t\sin\frac{L}{t}\quad\cdots\cdots(\text{答})$$

(2)

$$u'(t)=\cos\frac{L}{t}+t\left(-\sin\frac{L}{t}\right)\left(-\frac{L}{t^2}\right)$$

$$=\cos\frac{L}{t}+\frac{L}{t}\sin\frac{L}{t}$$

$$v'(t)=\sin\frac{L}{t}+t\left(\cos\frac{L}{t}\right)\left(-\frac{L}{t^2}\right)$$

$$=\sin\frac{L}{t}-\frac{L}{t}\cos\frac{L}{t}$$

よって

$$\{u'(t)\}^2=\cos^2\frac{L}{t}+2\frac{L}{t}\cos\frac{L}{t}\sin\frac{L}{t}+\frac{L^2}{t^2}\sin^2\frac{L}{t}$$

$$\{v'(t)\}^2=\sin^2\frac{L}{t}-2\frac{L}{t}\cos\frac{L}{t}\sin\frac{L}{t}+\frac{L^2}{t^2}\cos^2\frac{L}{t}$$

したがって，$\{u'(t)\}^2+\{v'(t)\}^2=1+\dfrac{L^2}{t^2}$ となり

$$f(a)=\int_a^1\sqrt{1+\frac{L^2}{t^2}}\,dt$$

$t=L\tan u\ \left(0<u<\dfrac{\pi}{2}\right)$ とおくと

t	$a\to1$
u	$\alpha\to\beta$

$\left(\text{ただし，}\tan\alpha=\dfrac{a}{L},\ \tan\beta=\dfrac{1}{L}\right)$

また　　$dt=L(\tan u)'du=\dfrac{L}{\cos^2u}du$

$$\sqrt{1+\frac{L^2}{t^2}}=\sqrt{1+\frac{1}{\tan^2u}}=\sqrt{\frac{1}{\sin^2u}}=\frac{1}{\sin u}\quad\left(\because\ 0<u<\frac{\pi}{2}\right)$$

よって

$$f(a)=L\int_{\alpha}^{\beta}\frac{1}{\sin u}(\tan u)'du$$

部分積分により

$$\begin{aligned}\int\frac{1}{\sin u}(\tan u)'du&=\frac{1}{\sin u}\cdot\tan u-\int\frac{-\cos u}{\sin^2 u}\cdot\tan u du\\&=\frac{1}{\cos u}+\int\frac{1}{\sin u}du\\&=\frac{1}{\cos u}+\int\frac{\sin u}{\sin^2 u}du\\&=\frac{1}{\cos u}+\frac{1}{2}\int\left(\frac{\sin u}{1-\cos u}+\frac{\sin u}{1+\cos u}\right)du\\&=\frac{1}{\cos u}+\frac{1}{2}\{\log(1-\cos u)-\log(1+\cos u)\}+C\\&=\frac{1}{\cos u}+\log\sqrt{\frac{1-\cos u}{1+\cos u}}+C\quad(C\text{ は積分定数})\end{aligned}$$

したがって

$$\begin{aligned}\frac{f(a)}{L}&=\left[\frac{1}{\cos u}\right]_{\alpha}^{\beta}+\left[\log\sqrt{\frac{1-\cos u}{1+\cos u}}\right]_{\alpha}^{\beta}\\&=\frac{1}{\cos\beta}-\frac{1}{\cos\alpha}+\log\sqrt{\frac{1-\cos\beta}{1+\cos\beta}}-\log\sqrt{\frac{1-\cos\alpha}{1+\cos\alpha}}\\&=\frac{1}{\cos\beta}-\frac{1}{\cos\alpha}+\log\sqrt{\frac{(1-\cos\beta)(1+\cos\alpha)}{(1+\cos\beta)(1-\cos\alpha)}}\end{aligned}$$

ここで，$\tan\alpha=\dfrac{a}{L}$，$\tan\beta=\dfrac{1}{L}$ から $\begin{cases}\cos\alpha=\dfrac{L}{\sqrt{L^2+a^2}}\\ \cos\beta=\dfrac{L}{\sqrt{L^2+1}}\end{cases}$

よって

$$\frac{f(a)}{L}=\frac{\sqrt{L^2+1}-\sqrt{L^2+a^2}}{L}+\log\sqrt{\frac{(\sqrt{L^2+1}-L)(\sqrt{L^2+a^2}+L)}{(\sqrt{L^2+1}+L)(\sqrt{L^2+a^2}-L)}}$$

$$\begin{aligned}f(a)&=\sqrt{L^2+1}-\sqrt{L^2+a^2}+L\log\sqrt{\frac{(\sqrt{L^2+1}-L)(\sqrt{L^2+a^2}+L)}{(\sqrt{L^2+1}+L)(\sqrt{L^2+a^2}-L)}}\\&=\sqrt{L^2+1}-\sqrt{L^2+a^2}+L\log\sqrt{(\sqrt{L^2+1}-L)^2\cdot\frac{(\sqrt{L^2+a^2}+L)^2}{a^2}}\\&=\sqrt{L^2+1}-\sqrt{L^2+a^2}+L\log\{(\sqrt{L^2+1}-L)(\sqrt{L^2+a^2}+L)\}-L\log a\end{aligned}$$

……(答)

(3)　$a\to+0$ のとき

$$\sqrt{L^2+1}-\sqrt{L^2+a^2}+L\log\{(\sqrt{L^2+1}-L)(\sqrt{L^2+a^2}+L)\}$$

$$\to \sqrt{L^2+1}-L+L\log\{2L(\sqrt{L^2+1}-L)\}$$

また　$\log a \to -\infty$

ゆえに　$\displaystyle\lim_{a\to+0}\frac{f(a)}{\log a}=-L$　……(答)

解法 2

((1)は［解法1］に同じ)

(2)　$\left(f(a)=\displaystyle\int_a^1\sqrt{1+\frac{L^2}{t^2}}\,dt\right.$ までは［解法1］に同じ$\left.\right)$

$$f(a)=\int_a^1\sqrt{1+\frac{L^2}{t^2}}\,dt=\int_a^1\frac{\sqrt{t^2+L^2}}{t}\,dt$$

$s=\sqrt{t^2+L^2}$ とおくと　$s^2=t^2+L^2$

両辺を s で微分すると，$2s=2t\dfrac{dt}{ds}$ より　$dt=\dfrac{s}{t}ds$

また

t	$a \to 1$
s	$\sqrt{a^2+L^2}\to\sqrt{1+L^2}$

よって

$$\begin{aligned}
f(a)&=\int_a^1\frac{\sqrt{t^2+L^2}}{t}\,dt=\int_{\sqrt{a^2+L^2}}^{\sqrt{1+L^2}}\frac{s^2}{t^2}\,ds=\int_{\sqrt{a^2+L^2}}^{\sqrt{1+L^2}}\frac{s^2}{s^2-L^2}\,ds\\
&=\int_{\sqrt{a^2+L^2}}^{\sqrt{1+L^2}}\left(1+\frac{L^2}{s^2-L^2}\right)ds=\int_{\sqrt{a^2+L^2}}^{\sqrt{1+L^2}}\left\{1+\frac{L}{2}\left(\frac{1}{s-L}-\frac{1}{s+L}\right)\right\}ds\\
&=\left[s+\frac{L}{2}\log\frac{s-L}{s+L}\right]_{\sqrt{a^2+L^2}}^{\sqrt{1+L^2}}\\
&=\sqrt{1+L^2}-\sqrt{a^2+L^2}+\frac{L}{2}\log\frac{(\sqrt{1+L^2}-L)(\sqrt{a^2+L^2}+L)}{(\sqrt{1+L^2}+L)(\sqrt{a^2+L^2}-L)}\\
&=\sqrt{1+L^2}-\sqrt{a^2+L^2}+\frac{L}{2}\log\frac{(\sqrt{1+L^2}-L)^2(\sqrt{a^2+L^2}+L)^2}{a^2}\\
&=\sqrt{1+L^2}-\sqrt{a^2+L^2}+L\log\{(\sqrt{L^2+1}-L)(\sqrt{L^2+a^2}+L)\}-L\log a
\end{aligned}$$

……(答)

((3)は［解法1］に同じ)

〔注〕 (2)　積分計算がポイントとなる。$t=L\tan u$ とおいた場合には $\dfrac{1}{\sin u}$ の積分に帰着するが，これは分母・分子に $\sin u$ を乗じた後に部分分数分解によって $\log\sqrt{\dfrac{1-\cos u}{1+\cos u}}$ となる。$\dfrac{1}{\sin u}$ の積分は参考書などでも経験する有名事項であるが，とっさに思い浮かばないことも考えられるので時折繰り返しておくことも必要と思われる。［解法2］のよう

に $s=\sqrt{t^2+L^2}$ と置換した場合には，分子の次数を下げた後にやはり部分分数分解によって結果を得ることができる。最後の結果は分母の有理化で簡単にして，$L\log a$ を分離するところまで計算しなくても正解とみなされるであろう。

(3)　(2)の積分結果を $L\log a$ を分離するところまで計算してみると，それ以外の部分が $a\to+0$ のときに 0 以外の有限確定値に収束することがわかり，正答を得るのが容易になるが，これに気付くかどうかで差がでる。

121　2010年度〔2〕　Level B

ポイント　(1)　$0<x<1$ では $k<k+x<k+1$ であることを利用する。

(2)　［解法１］　(1)の不等式の中辺で，$\dfrac{1-x}{k+x}$ の分子の次数を下げてから積分し，得られた式を変形後，部分分数への変形を考える。

［解法２］［解法３］　示すべき式の中辺を，曲線 $y=\dfrac{1}{x}$ と階段状に並んだ長方形に囲まれた図形の面積ととらえ，それを適当な三角形の面積の和で上下から評価する。

解法１

(1)　$0<x<1$ では，$(0<)\ k<k+x<k+1$ なので

$$\frac{1}{k+1}<\frac{1}{k+x}<\frac{1}{k}$$

これと $0<1-x$ より

$$\frac{1-x}{k+1}<\frac{1-x}{k+x}<\frac{1-x}{k}$$

よって

$$\frac{1}{k+1}\int_0^1(1-x)\,dx<\int_0^1\frac{1-x}{k+x}dx<\frac{1}{k}\int_0^1(1-x)\,dx$$

ここで，$\displaystyle\int_0^1(1-x)\,dx=\left[x-\frac{x^2}{2}\right]_0^1=\frac{1}{2}$ なので

$$\frac{1}{2(k+1)}<\int_0^1\frac{1-x}{k+x}dx<\frac{1}{2k}$$

（証明終）

(2)
$$\int_0^1\frac{1-x}{k+x}dx=\int_0^1\left(\frac{1+k}{k+x}-1\right)dx=(1+k)\Big[\log(k+x)\Big]_0^1-\Big[x\Big]_0^1$$
$$=(1+k)\{\log(k+1)-\log k\}-1$$

よって，(1)より

$$\frac{1}{2(k+1)}<(1+k)\{\log(k+1)-\log k\}-1<\frac{1}{2k}$$

$k+1\ (>0)$ で割ると

$$\frac{1}{2(k+1)^2}<\log(k+1)-\log k-\frac{1}{k+1}<\frac{1}{2k(k+1)}$$

ここで

$$\frac{1}{2(k+1)^2}>\frac{1}{2(k+1)(k+2)}=\frac{1}{2}\left(\frac{1}{k+1}-\frac{1}{k+2}\right)$$

$$\frac{1}{2k(k+1)}=\frac{1}{2}\left(\frac{1}{k}-\frac{1}{k+1}\right)$$

なので

$$\frac{1}{2}\left(\frac{1}{k+1}-\frac{1}{k+2}\right)<\log(k+1)-\log k-\frac{1}{k+1}<\frac{1}{2}\left(\frac{1}{k}-\frac{1}{k+1}\right)$$

この式で $k=n,\ n+1,\ \cdots\cdots,\ m-1$ とした $m-n$ 個の式を辺々加えて

$$\frac{1}{2}\left(\frac{1}{n+1}-\frac{1}{m+1}\right)<\log m-\log n-\sum_{k=n+1}^{m}\frac{1}{k}<\frac{1}{2}\left(\frac{1}{n}-\frac{1}{m}\right)$$

ゆえに

$$\frac{m-n}{2(m+1)(n+1)}<\log\frac{m}{n}-\sum_{k=n+1}^{m}\frac{1}{k}<\frac{m-n}{2mn}$$ （証明終）

解法 2

（(1)は［解法 1］に同じ）

(2) 曲線K：$y=\dfrac{1}{x}$ の $k\leqq x\leqq k+1$ の部分と直線 $x=k$ および直線 $y=\dfrac{1}{k+1}$ で囲まれる部分（右図の網かけ部分）の面積を S_k とする。

$A\left(k,\ \dfrac{1}{k}\right)$，$B\left(k,\ \dfrac{1}{k+1}\right)$，$C\left(k+1,\ \dfrac{1}{k+1}\right)$ とし，点Aでの曲線 K の接線と線分BCの交点をDとすると（右図），K は下に凸であることから

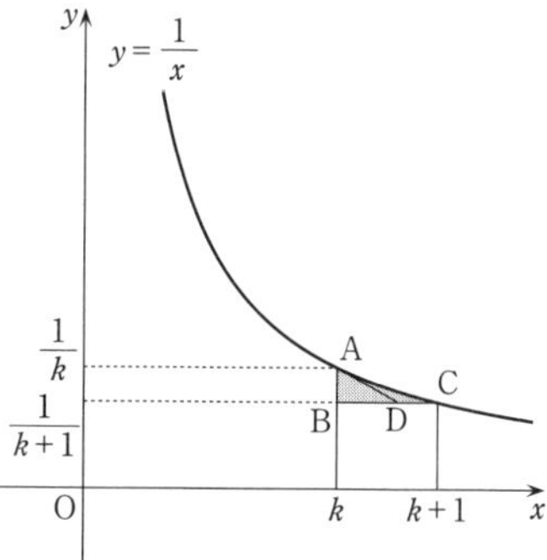

$$\triangle ABD<S_k<\triangle ABC \quad \cdots\cdots①$$

ここで

$$S_k=\int_k^{k+1}\frac{1}{x}dx-\frac{1}{k+1}$$

$$=\log(k+1)-\log k-\frac{1}{k+1} \quad \cdots\cdots②$$

$$\triangle ABC=\frac{1}{2}\left(\frac{1}{k}-\frac{1}{k+1}\right) \quad \cdots\cdots③$$

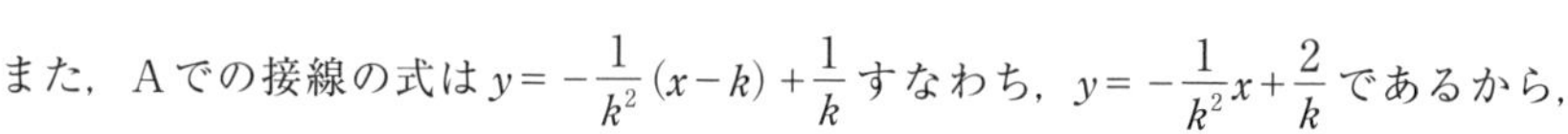
また，Aでの接線の式は $y=-\dfrac{1}{k^2}(x-k)+\dfrac{1}{k}$ すなわち，$y=-\dfrac{1}{k^2}x+\dfrac{2}{k}$ であるから，

Dの x 座標は $\dfrac{1}{k+1}=-\dfrac{1}{k^2}x+\dfrac{2}{k}$ を解いて

$$x=\frac{k^2+2k}{k+1}$$

よって，$BD=\dfrac{k^2+2k}{k+1}-k=\dfrac{k}{k+1}$ であり

$$\triangle ABD=\frac{1}{2}\left(\frac{1}{k}-\frac{1}{k+1}\right)\frac{k}{k+1}$$

$$=\frac{1}{2(k+1)^2}>\frac{1}{2(k+1)(k+2)}=\frac{1}{2}\left(\frac{1}{k+1}-\frac{1}{k+2}\right) \quad \cdots\cdots④$$

①〜④より

$$\frac{1}{2}\left(\frac{1}{k+1}-\frac{1}{k+2}\right)<\log(k+1)-\log k-\frac{1}{k+1}<\frac{1}{2}\left(\frac{1}{k}-\frac{1}{k+1}\right)$$

（以下，［解法１］に同じ）

〔注１〕　(2)の中辺における $\log\frac{m}{n}$ は $\int_n^m \frac{1}{x}dx$，$\sum_{k=n+1}^{m}\frac{1}{k}$ は２辺の長さが１と $\frac{1}{k}$ の長方形の面積の和であることに注意すると，この中辺は右図の網かけ部分の面積を意味している。したがって，(2)の評価式は，(1)を用いることなく，［解法２］のように $y=\frac{1}{x}$ のグラフとその下の長方形の間の部分の図形の面積を２つの三角形の面積で評価することで得られる。左側の不等式を示すために区間の端点での接線も利用するところがポイントである。

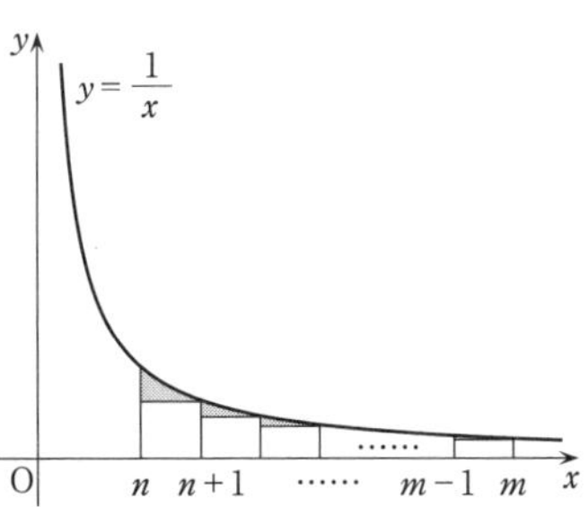

〔注２〕　示すべき式の左辺の $\frac{m-n}{2(m+1)(n+1)}$ は $\frac{(m+1)-(n+1)}{2(m+1)(n+1)}=\frac{1}{2}\left(\frac{1}{n+1}-\frac{1}{m+1}\right)$ となり，これは右辺の $\frac{m-n}{2mn}=\frac{1}{2}\left(\frac{1}{n}-\frac{1}{m}\right)$ を１だけずらしたものなので，上からの評価に用いる三角形を１だけずらしたものを用いて下からの評価もできることになる。すると，示すべき式は［解法２］よりさらにすばやくとらえることができる。ただし，図形的な直感を保証するためには微妙なところの根拠記述も欠かせないので，その部分を簡単にでも記しておくべきである。そのことに配慮した解法が次の［解法３］である。

解法３

((1)は［解法１］に同じ)

(2)　曲線 $K: y=\frac{1}{x}$ の $k\leqq x\leqq k+1$ の部分と直線 $x=k$ および直線 $y=\frac{1}{k+1}$ で囲まれる部分（右図の網かけ部分）の面積を S_k とする。

$A_0\left(k,\ \frac{1}{k}\right)$，$A_1\left(k+1,\ \frac{1}{k+1}\right)$，$A_2\left(k+2,\ \frac{1}{k+2}\right)$，

$B_0\left(k,\ \frac{1}{k+1}\right)$，$B_1\left(k+1,\ \frac{1}{k+2}\right)$ とし，また，直線 A_1A_2 と直線 $x=k$ の交点をCとする。

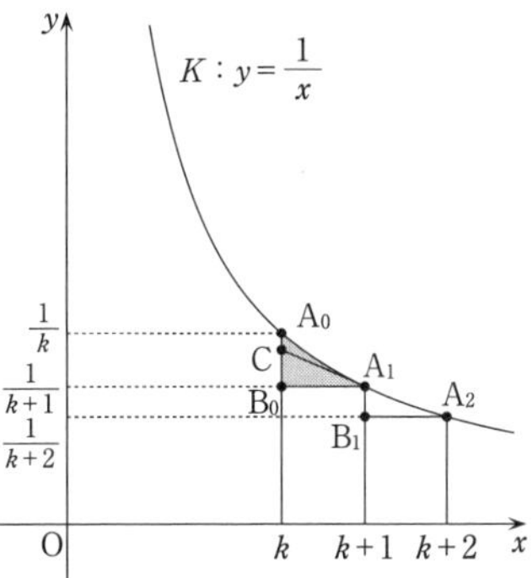

$$(\text{直線 } A_1A_2 \text{ の傾き})=\frac{1}{k+2}-\frac{1}{k+1}$$

$$=-\frac{1}{(k+2)(k+1)}$$

……①

$$(\text{A}_1\text{でのKの接線の傾き}) = -\frac{1}{(k+1)^2} \quad \cdots\cdots②$$

①>② であることと，K が下に凸であることから，線分 $\mathrm{A_1C}$ は $k<x<k+1$ では K の下側にあり，C は線分 $\mathrm{A_0B_0}$ 上にある。よって　　$\triangle \mathrm{CB_0A_1} < S_k$　……③

また，K が下に凸であることから　　$S_k < \triangle \mathrm{A_0B_0A_1}$　……④

③，④から

$$\triangle \mathrm{CB_0A_1} < S_k < \triangle \mathrm{A_0B_0A_1}$$

ここで

$$\triangle \mathrm{A_0B_0A_1} = \frac{1}{2}\left(\frac{1}{k} - \frac{1}{k+1}\right)$$

$$\triangle \mathrm{CB_0A_1} = \triangle \mathrm{A_1B_1A_2} = \frac{1}{2}\left(\frac{1}{k+1} - \frac{1}{k+2}\right)$$

$$S_k = \int_k^{k+1} \frac{1}{x}dx - \frac{1}{k+1} = \log(k+1) - \log k - \frac{1}{k+1}$$

であるから

$$\frac{1}{2}\left(\frac{1}{k+1} - \frac{1}{k+2}\right) < \log(k+1) - \log k - \frac{1}{k+1} < \frac{1}{2}\left(\frac{1}{k} - \frac{1}{k+1}\right)$$

（以下，［解法１］に同じ）

122　2010年度〔4〕　Level B

ポイント　(1)　x を y の式で表し，y 座標で計算を進める。

(2)　[解法1]　(1)の結果を利用し，y 座標で計算を進める。

[解法2]　(1)の結果を利用せず，$x_1 \geqq 0$，$x_1 < 0 \leqq x_2$，$x_1 < x_2 < 0$ の場合分けで処理する。

解法1

(1)　$$y=\frac{1}{2}x+\sqrt{\frac{1}{4}x^2+2}>\frac{1}{2}x+\sqrt{\frac{1}{4}x^2}=\frac{1}{2}(x+|x|)\geqq 0$$

よって，$y \neq 0$ であり，$\dfrac{1}{y}$ を考えることができて

$$\frac{1}{y}=\frac{1}{\frac{1}{2}x+\sqrt{\frac{1}{4}x^2+2}}=\frac{\frac{1}{2}x-\sqrt{\frac{1}{4}x^2+2}}{-2}$$

したがって

$$\frac{1}{2}x-\sqrt{\frac{1}{4}x^2+2}=-\frac{2}{y}$$

これと $\dfrac{1}{2}x+\sqrt{\dfrac{1}{4}x^2+2}=y$ を辺々加えて

$$x=y-\frac{2}{y}\quad (y>0)$$

$\dfrac{dx}{dy}=1+\dfrac{2}{y^2}>0$ より，x は y (>0) の増加関数であり，図示すると図1のようになる。

よって，$i=1$，2のいずれの場合も

$$\triangle \mathrm{OP}_i\mathrm{H}_i=\frac{1}{2}y_i(y_i-x_i)$$

$$=\frac{1}{2}y_i\left\{y_i-\left(y_i-\frac{2}{y_i}\right)\right\}$$

$$=1$$

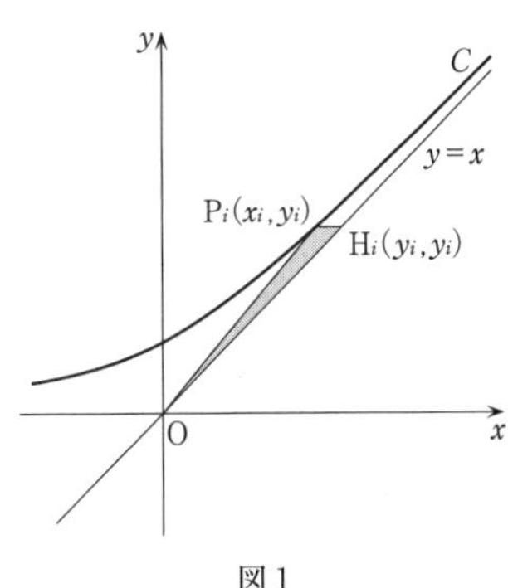

図1

ゆえに，$\triangle \mathrm{OP_1H_1}$ と $\triangle \mathrm{OP_2H_2}$ の面積は等しい。　（証明終）

(2)　図2より，求める面積は

$$\triangle \mathrm{OP_1H_1}+\int_{y_1}^{y_2}\left\{y-\left(y-\frac{2}{y}\right)\right\}dy-\triangle \mathrm{OP_2H_2}$$

$$=\int_{y_1}^{y_2}\frac{2}{y}dy \quad ((1)\text{より，}\triangle \mathrm{OP_1H_1}=\triangle \mathrm{OP_2H_2})$$

$$=2\Big[\log y\Big]_{y_1}^{y_2}$$

$$=2\log\frac{y_2}{y_1} \quad \cdots\cdots(\text{答})$$

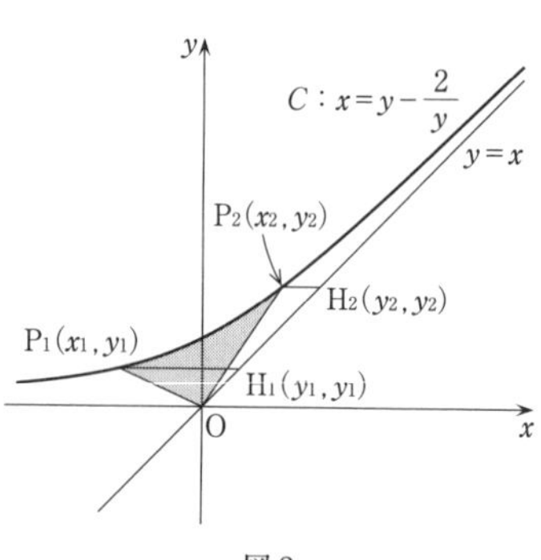

図2

解法2

((1)は［解法1］に同じ)

(2)　$\left(x=y-\frac{2}{y}\right.$ を導くところまでは(1)の［解法1］に同じ。以下，x が y の関数であることを見やすくするために yx 平面で考える。$\left.\right)$

P_i から y 軸に垂線 $\mathrm{P}_i\mathrm{I}_i$ を下ろすと，求める面積を S として

(i)　$0\leqq x_1$ のとき（図3）

$$S=\triangle \mathrm{OP_2I_2}-\triangle \mathrm{OP_1I_1}-\int_{y_1}^{y_2}\left(y-\frac{2}{y}\right)dy$$

$$=\frac{1}{2}y_2x_2-\frac{1}{2}y_1x_1-\left[\frac{1}{2}y^2-2\log y\right]_{y_1}^{y_2} \quad \cdots\cdots(*)$$

$$=\frac{1}{2}y_2\left(y_2-\frac{2}{y_2}\right)-\frac{1}{2}y_1\left(y_1-\frac{2}{y_1}\right)$$

$$\quad -\frac{1}{2}(y_2{}^2-y_1{}^2)+2(\log y_2-\log y_1)$$

$$=2\log\frac{y_2}{y_1}$$

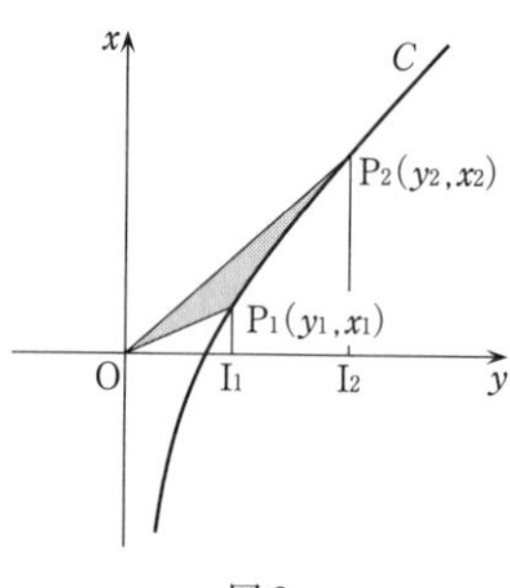

図3

(ii)　$x_1<0\leqq x_2$ のとき（図4）

$$S=\triangle \mathrm{OP_2I_2}+\triangle \mathrm{OP_1I_1}$$

$$\quad +\int_{y_1}^{\sqrt{2}}\left\{-\left(y-\frac{2}{y}\right)\right\}dy-\int_{\sqrt{2}}^{y_2}\left(y-\frac{2}{y}\right)dy$$

$$=\frac{1}{2}y_2x_2+\frac{1}{2}y_1(-x_1)-\int_{y_1}^{y_2}\left(y-\frac{2}{y}\right)dy$$

$$=2\log\frac{y_2}{y_1} \quad ((\text{i})\text{の}(*)\text{以降と同じ計算による})$$

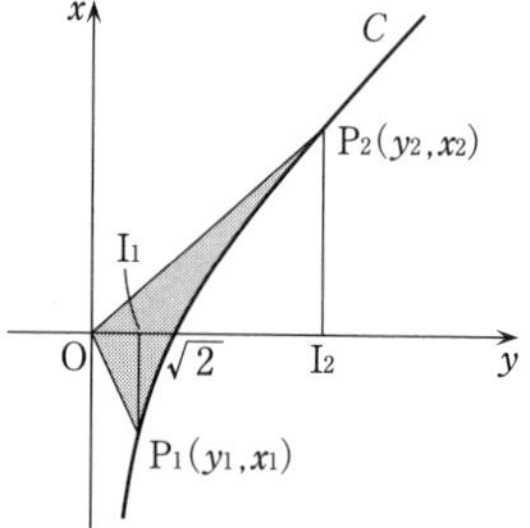

図4

(iii)　$x_1<x_2<0$ のとき（図５）

$$S=\triangle \mathrm{OP_1I_1}+\int_{y_1}^{y_2}\left\{-\left(y-\frac{2}{y}\right)\right\}dy-\triangle \mathrm{OP_2I_2}$$

$$=\frac{1}{2}y_1(-x_1)-\int_{y_1}^{y_2}\left(y-\frac{2}{y}\right)dy-\frac{1}{2}y_2(-x_2)$$

$$=2\log\frac{y_2}{y_1}$$　((i)の(＊)以降と同じ計算による)

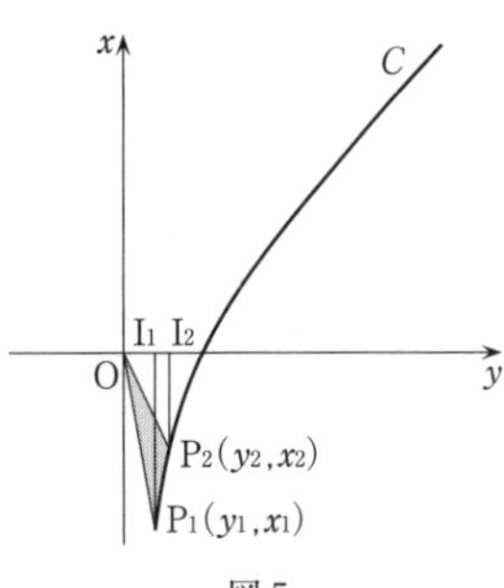

図５

いずれの場合も求める面積は　$2\log\dfrac{y_2}{y_1}$　……(答)

〔注〕 (1)では $\dfrac{1}{2}x+\sqrt{\dfrac{1}{4}x^2+2}$ の逆数を考えると，x を y で表すことが容易となるが，このことに気づかなくても，$y-\dfrac{x}{2}=\sqrt{\dfrac{x^2}{4}+2}$ を $\left(y-\dfrac{x}{2}\right)^2=\left(\sqrt{\dfrac{x^2}{4}+2}\right)^2$ かつ $y-\dfrac{x}{2}>0$ として同値変形を進めてもよい。

研究　本問を標準形で与えた双曲線とその漸近線についての性質として一般化してみる。一般的な式 $\dfrac{x^2}{a^2}-\dfrac{y^2}{b^2}=1$ よりも具体的な式を与える方が理解しやすいので，以下では，双曲線 $\dfrac{x^2}{4}-\dfrac{y^2}{9}=1$ とその漸近線 $y=-\dfrac{3}{2}x$ について考察してみる。

Oを原点とする xy 平面上の曲線 $C:\dfrac{x^2}{4}-\dfrac{y^2}{9}=1$ $(x\geqq 2)$ の漸近線のうち傾きが正のものを直線 L，負のものを直線 M とする。t を正の実数として，点 $(0,\ t)$ を通り直線 M に平行な直線と曲線 C の交点の座標を t を用いて表すと，$y=-\dfrac{3}{2}x+t$ を $9x^2-4y^2=36$ に代入することによって，$\left(\dfrac{t}{3}+\dfrac{3}{t},\ \dfrac{t}{2}-\dfrac{9}{2t}\right)$ となる。曲線 C 上の点Pに対してPを通り直線 M に平行な直線と直線 L の交点をHとする。このとき△OPHの面積はPのとり方によらない定数である。それは，$\mathrm{P}(x,\ y)$ を通り直線 M に平行な直線はただひとつであり，Pは M より上側にあることから，その y 切片を t とすると $t>0$ で，この t を用いると

$\mathrm{P}\left(\dfrac{t}{3}+\dfrac{3}{t},\ \dfrac{t}{2}-\dfrac{9}{2t}\right)$ であることと，

計算により $\mathrm{H}\left(\dfrac{t}{3},\ \dfrac{t}{2}\right)$ であることから

$$\triangle \mathrm{OPH}=\frac{1}{2}\left|\frac{t}{2}\left(\frac{t}{3}+\frac{3}{t}\right)-\frac{t}{3}\left(\frac{t}{2}-\frac{9}{2t}\right)\right|=\frac{3}{2}$$

となるからである。

次いで，曲線 C 上の点 $\mathrm{P_1}(x_1,\ y_1)$，$\mathrm{P_2}(x_2,\ y_2)$ $(0\leqq y_1<y_2)$ に対して，$\mathrm{P_1}$，$\mathrm{P_2}$ を通り直線 M に平行な直線の y 切片をそれぞれ t_1，t_2 として，C の $x_1\leqq x\leqq x_2$ の範囲にある部分と線分 $\mathrm{P_1O}$，$\mathrm{P_2O}$ とで囲まれる図形の面積 S を t_1，t_2 を用いて表してみる。

$P_1\left(\frac{t_1}{3}+\frac{3}{t_1},\ \frac{t_1}{2}-\frac{9}{2t_1}\right)$，$P_2\left(\frac{t_2}{3}+\frac{3}{t_2},\ \frac{t_2}{2}-\frac{9}{2t_2}\right)$ であり，P_1，P_2 から x 軸に垂線 P_1I_1，P_2I_2 を下ろすと

$$S=\triangle OP_2I_2-\triangle OP_1I_1-\int_{x_1}^{x_2}ydx$$

$$\triangle OP_2I_2=\frac{1}{2}\left(\frac{t_2}{3}+\frac{3}{t_2}\right)\left(\frac{t_2}{2}-\frac{9}{2t_2}\right)=\frac{t_2{}^2}{12}-\frac{27}{4t_2{}^2}\quad\cdots\cdots①$$

$$\triangle OP_1I_1=\frac{1}{2}\left(\frac{t_1}{3}+\frac{3}{t_1}\right)\left(\frac{t_1}{2}-\frac{9}{2t_1}\right)=\frac{t_1{}^2}{12}-\frac{27}{4t_1{}^2}\quad\cdots\cdots②$$

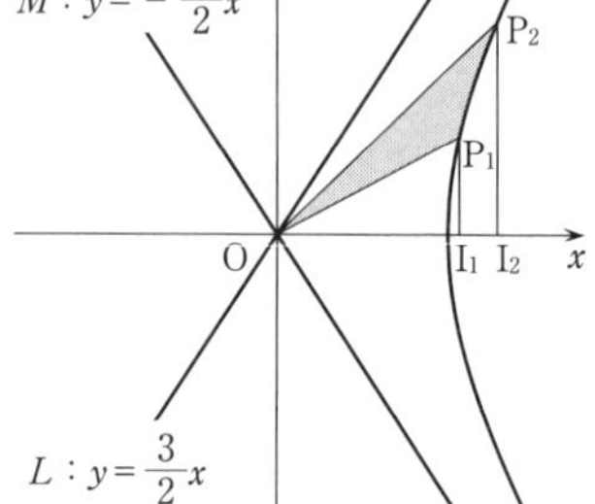

C 上の点 $(2,\ 0)$ を通り M に平行な直線の y 切片は 3 であり，$0\leqq y$ のとき，$t\geqq 3$ である。したがって，$\frac{dx}{dt}=\frac{1}{3}-\frac{3}{t^2}\geqq 0$ であるから，x から t への変数変換によって

$$\int_{x_1}^{x_2}ydx=\int_{t_1}^{t_2}\left(\frac{t}{2}-\frac{9}{2t}\right)\left(\frac{1}{3}-\frac{3}{t^2}\right)dt=\int_{t_1}^{t_2}\left(\frac{t}{6}-\frac{3}{t}+\frac{27}{2t^3}\right)dt$$

$$=\left[\frac{t^2}{12}-3\log t-\frac{27}{4t^2}\right]_{t_1}^{t_2}=\frac{1}{12}(t_2{}^2-t_1{}^2)-3\log\frac{t_2}{t_1}-\frac{27}{4}\left(\frac{1}{t_2{}^2}-\frac{1}{t_1{}^2}\right)\quad\cdots\cdots③$$

①，②，③から，$S=3\log\frac{t_2}{t_1}$ となる。

なお，上記の考察は，x 軸方向に $\frac{1}{2}$ 倍，y 軸方向に $\frac{1}{3}$ 倍して C を $x^2-y^2=1$ にしてから，45° 回転し処理すると，計算はずっと楽になるが，これは省略する。また，双曲線 $\frac{x^2}{a^2}-\frac{y^2}{b^2}=1$ に一般化すると，$S=\frac{ab}{2}\log\frac{t_2}{t_1}$ となる。余力のある人は試みるとよい。

123　2008 年度〔6〕　Level C

ポイント　$f(t)=\cos 2t$，$g(t)=t\sin t$ とおき，これらの増減を調べて曲線の概形を描く。

　次いで y について単調に増加あるいは減少する区間に分割し，y を x の 4 つの関数に分けて考える。面積は置換積分と部分積分による。

解法

　$f(t)=\cos 2t$,　$g(t)=t\sin t$ とおく。

$f'(t)=-2\sin 2t$ より，$0\leqq t\leqq 2\pi$ において $f'(t)=0$ となる t の値は

$$t=0,\ \frac{\pi}{2},\ \pi,\ \frac{3}{2}\pi,\ 2\pi$$

$g'(t)=\sin t+t\cos t$ より

$$g'(0)=0$$

$$g'\left(\frac{\pi}{2}\right)=1>0$$

$$g'\left(\frac{3\pi}{2}\right)=-1<0$$

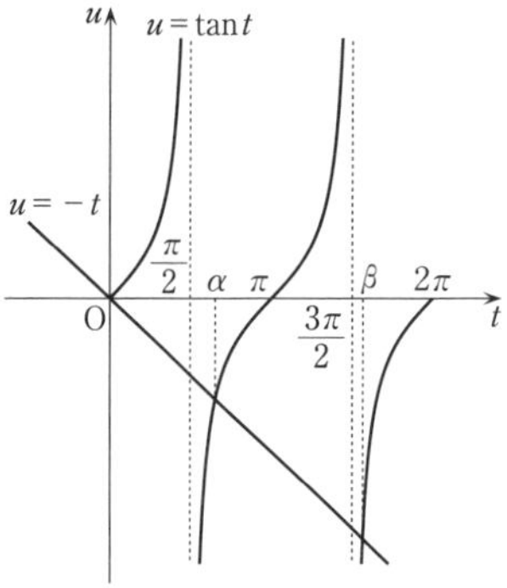

$t\neq\dfrac{\pi}{2}$，$\dfrac{3\pi}{2}$ のとき，$g'(t)=\cos t(\tan t+t)$ より

$$g'(t)=0 \Longleftrightarrow \tan t=-t$$

右図より，これを満たす 0 以外の t の値は区間 $\dfrac{\pi}{2}<t<\pi$ と $\dfrac{3}{2}\pi<t<2\pi$ に 1 つずつあり，その値をそれぞれ α，β とすると次の増減表を得る。

t	0	…	$\frac{\pi}{2}$	…	α	…	π	…	$\frac{3\pi}{2}$	…	β	…	2π
$f'(t)$	0	−	0	+	+	+	0	−	0	+	+	+	0
x	1	↘	−1	↗		↗	1	↘	−1	↗		↗	1
$g'(t)$	0	+	+	+	0	−	−	−	−	−	0	+	+
y	0	↗	$\frac{\pi}{2}$	↗		↘	0	↘	$-\frac{3\pi}{2}$	↘		↗	0

次に

$$\begin{cases} \cos 2t=\cos 2t' & \cdots\cdots① \\ t\sin t=t'\sin t' & \cdots\cdots② \\ t<t',\ 0\leqq t\leqq 2\pi,\ 0\leqq t'\leqq 2\pi & \cdots\cdots③ \end{cases}$$

を満たす $(t,\ t')$ の組を求める。

①より

$$1-2\sin^2 t=1-2\sin^2 t' \quad よって \quad \sin^2 t=\sin^2 t'$$

②より，$t^2\sin^2 t=t'^2\sin^2 t'$ なので

$$t^2\sin^2 t=t'^2\sin^2 t \quad よって \quad (t^2-t'^2)\sin^2 t=0$$

③より，$t^2\neq t'^2$ なので

$$\sin^2 t=0 \quad よって \quad \sin t=0$$

ゆえに　$\sin t'=0$

以上より　$(t,\ t')=(0,\ \pi),\ (0,\ 2\pi),\ (\pi,\ 2\pi)$

したがって，この曲線上で異なる t の値で同一の点となるものは点 $(1,\ 0)$ のみである。

以上より，曲線の概形は右図のようになる。

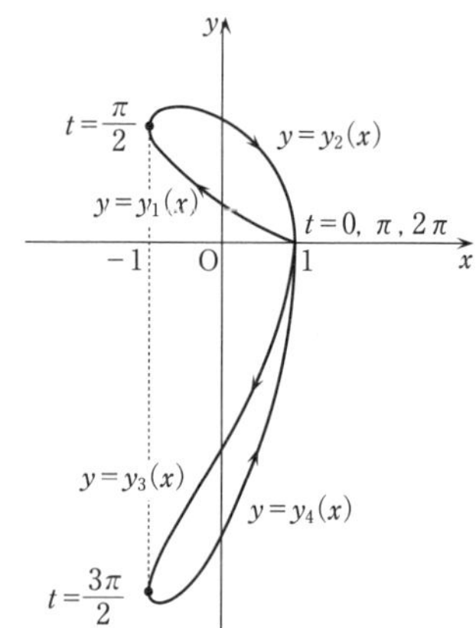

ここで

$0\leqq t\leqq\dfrac{\pi}{2}$ における曲線の式を

$$y=y_1(x)$$

$\dfrac{\pi}{2}\leqq t\leqq\pi$ における曲線の式を

$$y=y_2(x)$$

$\pi\leqq t\leqq\dfrac{3\pi}{2}$ における曲線の式を

$$y=y_3(x)$$

$\dfrac{3\pi}{2}\leqq t\leqq 2\pi$ における曲線の式を

$$y=y_4(x)$$

と表現することができて，求める面積は

$$\int_{-1}^{1}y_2(x)\,dx-\int_{-1}^{1}y_1(x)\,dx+\int_{-1}^{1}(-y_4(x))\,dx-\int_{-1}^{1}(-y_3(x))\,dx$$

$$=\int_{\frac{\pi}{2}}^{\pi}y\frac{dx}{dt}dt-\int_{\frac{\pi}{2}}^{0}y\frac{dx}{dt}dt-\int_{\frac{3\pi}{2}}^{2\pi}y\frac{dx}{dt}dt+\int_{\frac{3\pi}{2}}^{\pi}y\frac{dx}{dt}dt$$

$$=\int_{0}^{\pi}y\frac{dx}{dt}dt-\int_{\pi}^{2\pi}y\frac{dx}{dt}dt$$

$$=\int_{0}^{\pi}(t\sin t)(-2\sin 2t)\,dt-\int_{\pi}^{2\pi}(t\sin t)(-2\sin 2t)\,dt$$

$$=-4\int_{0}^{\pi}(t\sin^2 t\cdot\cos t)\,dt+4\int_{\pi}^{2\pi}(t\sin^2 t\cdot\cos t)\,dt$$

$$=-4\left(\left[t\cdot\frac{\sin^3 t}{3}\right]_0^{\pi}-\int_0^{\pi}\frac{\sin^3 t}{3}dt\right)+4\left(\left[t\cdot\frac{\sin^3 t}{3}\right]_{\pi}^{2\pi}-\int_{\pi}^{2\pi}\frac{\sin^3 t}{3}dt\right)$$

$$= -\frac{4}{3}\int_0^{\pi}(1-\cos^2 t)(-\sin t)\,dt + \frac{4}{3}\int_{\pi}^{2\pi}(1-\cos^2 t)(-\sin t)\,dt$$

$$= -\frac{4}{3}\left[\cos t - \frac{1}{3}\cos^3 t\right]_0^{\pi} + \frac{4}{3}\left[\cos t - \frac{1}{3}\cos^3 t\right]_{\pi}^{2\pi}$$

$$= -\frac{4}{3}\left(-2+\frac{2}{3}\right) + \frac{4}{3}\left(2-\frac{2}{3}\right) = \frac{32}{9} \quad \cdots\cdots(\text{答})$$

〔注1〕　①かつ②かつ③を満たす（t, t'）の組は以下のように求めることもできる。

　　① $\Longleftrightarrow 2t \pm 2t' = 2n\pi$（$n$ は整数）

これと③より

$$t + t' = \pi,\ 2\pi,\ 3\pi \quad \text{または} \quad t' - t = \pi$$

これらの各場合について②を満たす（t, t'）の組を求めると，$(t,\ t') = (0,\ \pi)$, $(0,\ 2\pi)$, $(\pi,\ 2\pi)$ となる。

ここで用いたのは，n を整数として

$$\cos\alpha = \cos\beta \Longleftrightarrow \alpha \pm \beta = 2n\pi$$

という基礎事項である。ちなみに

$$\sin\alpha = \sin\beta \Longleftrightarrow \alpha + \beta = (2n+1)\pi \quad \text{または} \quad \alpha - \beta = 2n\pi$$

であることも再確認しておきたい。

〔注2〕　$x = \cos 2t$ の増減は微分により容易にわかるが，$y = t\sin t$ については［解法］のように $y = t\sin t$ の微分によらず，以下のような根拠記述で曲線の概形を考えてもよい。

$x = \cos 2t$ の増減を調べた後，$x = p$（$-1 < p < 1$）に対応する t の値を求める。$0 < \theta < \dfrac{\pi}{2}$ かつ $\cos 2\theta = p$ となる θ を固定するごとに，$\cos 2t = \cos 2\theta$ を満たすような t を $\dfrac{\pi}{2} < t \leqq 2\pi$ の範囲で求めると，$t \pm \theta = n\pi$（n は整数）から

$$t + \theta = \pi,\ 2\pi \quad \text{または} \quad t - \theta = \pi$$

となり，小さい順に

$$t = \pi - \theta,\ \pi + \theta,\ 2\pi - \theta$$

を得る。よって，$t = \theta$ も含めて，$x \neq \pm 1$ では1つの x 座標には4つの異なる y 座標が対応していることがわかる。

さらに，これらの y 座標の値は小さい順に

$$-(2\pi - \theta)\sin\theta < -(\pi + \theta)\sin\theta < \theta\sin\theta < (\pi - \theta)\sin\theta$$

となり，曲線の概形は右図のようになる。

なお，図中の太線部分の長さが等しいことも簡単な計算によって得られる。

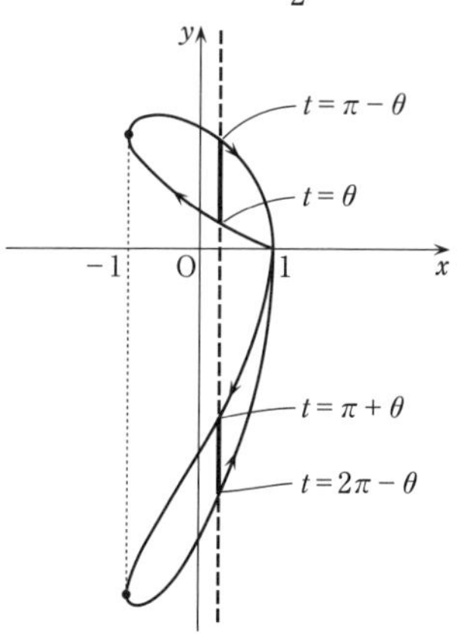

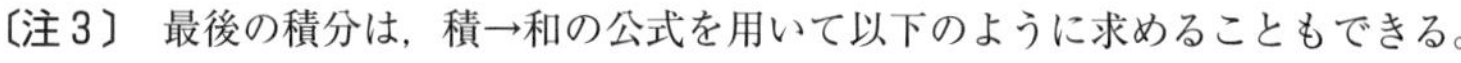

〔注3〕　最後の積分は，積→和の公式を用いて以下のように求めることもできる。

$$\int t\sin t\,(-2\sin 2t)\,dt$$

$$= \int t(-2\sin t\sin 2t)\,dt$$

$$= \int t\{\cos(t+2t) - \cos(t-2t)\}\,dt$$

$$=\int t(\cos 3t-\cos t)\,dt$$

$$=\int t\left(\frac{1}{3}\sin 3t-\sin t\right)'dt$$

$$=t\left(\frac{1}{3}\sin 3t-\sin t\right)-\int\left(\frac{1}{3}\sin 3t-\sin t\right)dt$$

$$=t\left(\frac{1}{3}\sin 3t-\sin t\right)+\frac{1}{9}\cos 3t-\cos t$$

よって，求める値は

$$\left[t\left(\frac{1}{3}\sin 3t-\sin t\right)+\frac{1}{9}\cos 3t-\cos t\right]_0^{\pi}-\left[t\left(\frac{1}{3}\sin 3t-\sin t\right)+\frac{1}{9}\cos 3t-\cos t\right]_{\pi}^{2\pi}$$

$$=\frac{1}{9}\{(-1)-1\}-\{(-1)-1\}-\frac{1}{9}\{1-(-1)\}+\{1-(-1)\}$$

$$=\left(-\frac{2}{9}+2\right)\times 2$$

$$=\frac{32}{9}$$

124　2007年度〔6〕　Level B

ポイント　(1)　曲線 $y=\dfrac{1}{t}$ に関する面積を上と下から評価する。

(2)　区間を2分割して(1)の結果を各区間ごとに適用する。

解法

(1)　曲線 $F : y=\dfrac{1}{t}$ $(t>0)$ 上の3点 $A\left(a,\ \dfrac{1}{a}\right)$, $B\left(a-x,\ \dfrac{1}{a-x}\right)$, $C\left(a+x,\ \dfrac{1}{a+x}\right)$ と t 軸上の3点 $A'(a,\ 0)$, $B'(a-x,\ 0)$, $C'(a+x,\ 0)$ を考える。
また，点Aにおける曲線 F の接線と2直線 $t=a-x$, $t=a+x$ との交点をそれぞれD，Eとする。台形BB′C′Cと台形DB′C′Eの面積をそれぞれ S, S' とする。

$y=\dfrac{1}{t}$ $(t>0)$ のグラフは　$y''=\dfrac{2}{t^3}>0$ $(t>0)$

より下に凸であるから，右図より

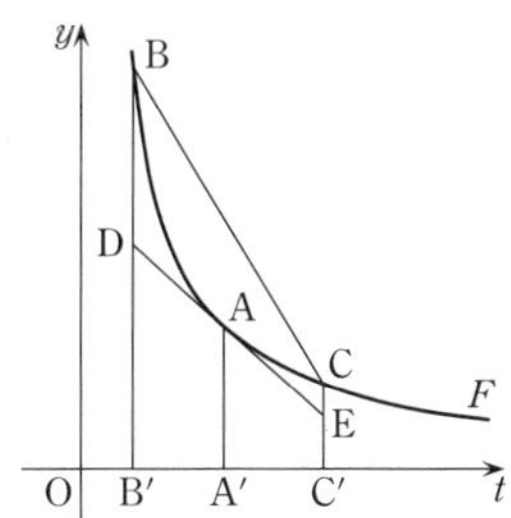

$$S'<\int_{a-x}^{a+x}\frac{1}{t}dt<S$$

$$S=\frac{1}{2}(BB'+CC')\cdot B'C'=x\left(\frac{1}{a+x}+\frac{1}{a-x}\right)$$

$$S'=AA'\cdot B'C'=\frac{2x}{a}$$

ゆえに

$$\frac{2x}{a}<\int_{a-x}^{a+x}\frac{1}{t}dt<x\left(\frac{1}{a+x}+\frac{1}{a-x}\right)$$

（証明終）

(2)　$a=5$, $x=1$ として，(1)を用いると

$$\frac{2}{5}<\int_4^6\frac{1}{t}dt<\frac{5}{12}\quad\cdots\cdots①$$

$a=7$, $x=1$ として，(1)を用いると

$$\frac{2}{7}<\int_6^8\frac{1}{t}dt<\frac{7}{24}\quad\cdots\cdots②$$

①，②の辺々を加えて

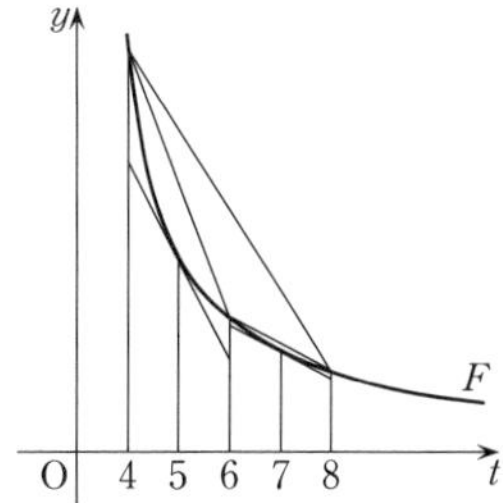

$$\frac{24}{35}<\int_4^8\frac{1}{t}dt<\frac{17}{24}$$

ここで

$$\int_4^8\frac{1}{t}dt=\Big[\log|t|\Big]_4^8=\log\frac{8}{4}=\log 2$$

$$0.68=\frac{17}{25}<\frac{24}{35},\quad \frac{17}{24}<\frac{71}{100}=0.71$$

ゆえに　$0.68<\log 2<0.71$　　（証明終）

〔注〕 $a=6$，$x=2$ で(1)を適用しても(2)の評価式が得られないので，さらに区間 $4\leqq x\leqq 8$ を 2 分割して(2)の評価式を得ている。この $a=6$，$x=2$ は次のようにして見出している。

$$\frac{2x}{a}=0.68=\frac{17}{25}\fallingdotseq\frac{16}{24}=\frac{4}{6}$$

そこで $\frac{2x}{a}=\frac{4}{6}$ をみたす a と x として，$a=6$，$x=2$ を考える。

125 2006年度〔6〕 Level B

ポイント (1) $f(x)$ $(x>0)$ が増加関数であることと

$$\lim_{x\to\infty}f(x)=\infty,\ \lim_{x\to+0}f(x)=-\infty$$

を示す。

(2) $\int_8^{27}g(x)\,dx=\int_{\log 2}^{\log 3}yf'(y)\,dy$ である。右辺は部分積分による。

解法

(1) $\dfrac{f(x)}{12}=e^x-\dfrac{1}{e^x+1}-\dfrac{1}{e^x-1}$ ……①

e^x は x の増加関数である。したがって $x>0$ で $-\dfrac{1}{e^x+1}$, $-\dfrac{1}{e^x-1}$ も x の増加関数となる（$x>0$ で $e^x>1$ より）。ゆえに，$f(x)$ $(x>0)$ は増加関数である。

また

$$\lim_{x\to\infty}\left(e^x-\frac{1}{e^x+1}-\frac{1}{e^x-1}\right)=\infty$$

$$\lim_{x\to+0}\left(e^x-\frac{1}{e^x+1}-\frac{1}{e^x-1}\right)=1-\frac{1}{2}-\lim_{x\to+0}\frac{1}{e^x-1}$$

$$=-\infty\quad\left(\because\ x>0\text{ で }e^x>1,\ \lim_{x\to+0}(e^x-1)=+0\right)$$

であることと，$f(x)$ $(x>0)$ は連続関数であることから $f(x)$ $(x>0)$ の値域は実数全体である。

ゆえに，$f(x)$ $(x>0)$ は実数全体を定義域とする逆関数をもつ。 （証明終）

〔注〕 $f'(x)=\dfrac{12e^x(e^{4x}+3)}{(e^{2x}-1)^2}>0$ から $f(x)$ $(x>0)$ が増加関数であることを導いてもよい。

(2) $t=e^x$ $(x>0)$ とおくと $\dfrac{12(e^{3x}-3e^x)}{e^{2x}-1}=\dfrac{12(t^3-3t)}{t^2-1}$

この右辺を $h(t)$ $(t>1)$ とおく。

$h(t)=8$ $(t>1)$ を解くと

$$3t^3-2t^2-9t+2=0\qquad (t-2)(3t^2+4t-1)=0\qquad \therefore\ t=2,\ \frac{-2\pm\sqrt{7}}{3}$$

$t>1$ より $t=2$ であり　$f(x)=8 \iff e^x=2$

$\therefore\ x=\log 2$

$h(t)=27$ $(t>1)$ を解くと

$$4t^3-9t^2-12t+9=0\qquad (t-3)(4t^2+3t-3)=0\qquad \therefore\ t=3,\ \frac{-3\pm\sqrt{57}}{8}$$

$t>1$ より $t=3$ であり　　$f(x)=27 \iff e^x=3$

　$\therefore\quad x=\log 3$

$y=g(x)$ より　　$x=f(y)$，$dx=f'(y)\,dy$

$\alpha=\log 2$，$\beta=\log 3$ とおくと，

x	$8 \longrightarrow 27$
y	$\log 2 \longrightarrow \log 3$

$$\int_8^{27} g(x)\,dx=\int_\alpha^\beta yf'(y)\,dy=\Big[yf(y)\Big]_\alpha^\beta-\int_\alpha^\beta f(y)\,dy$$

ここで，①より

$$\begin{aligned}\int_\alpha^\beta f(y)\,dy&=12\int_\alpha^\beta\left(e^y-\frac{1}{e^y+1}-\frac{1}{e^y-1}\right)dy\\&=12\int_2^3\left(u-\frac{1}{u+1}-\frac{1}{u-1}\right)\frac{1}{u}\,du\quad\left(u=e^y\text{ とおく。}\frac{du}{dy}=e^y=u\right)\\&=12\int_2^3\left(1-\frac{2}{(u+1)(u-1)}\right)du\\&=12\int_2^3\left(1+\frac{1}{u+1}-\frac{1}{u-1}\right)du\\&=12\left[u+\log\frac{u+1}{u-1}\right]_2^3\\&=12(1+\log 2-\log 3)\end{aligned}$$

ゆえに

$$\begin{aligned}\int_8^{27} g(x)\,dx&=\beta f(\beta)-\alpha f(\alpha)-12(1+\log 2-\log 3)\\&=27\log 3-8\log 2-12(1+\log 2-\log 3)\\&=39\log 3-20\log 2-12\quad\cdots\cdots(\text{答})\end{aligned}$$

126　2004年度〔3〕　Level B

ポイント　点Pが最初に円Cの周に接する点をA，次に接する点をBとし，円Cの中心を原点O，直線OAをx軸にとる。円板Dの中心と原点Oを結ぶ線分がx軸となす角θを用いてPの座標を表し，Pが描く曲線を媒介変数表示する。Bからx軸に下ろした垂線とx軸および曲線で囲まれた部分の面積を定積分によって求め，これを利用する。

解法

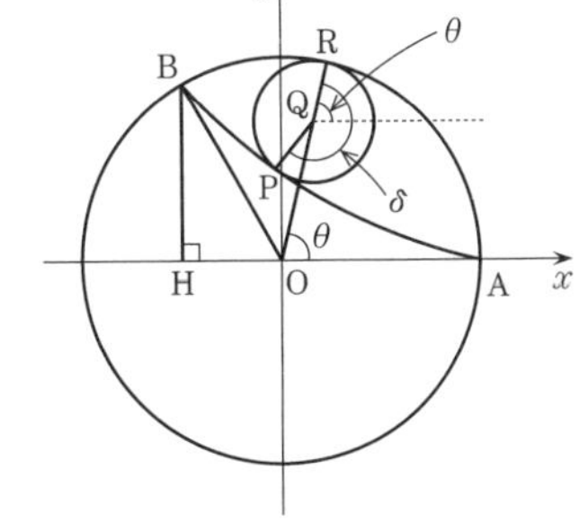

円Cの中心をO，円板Dの中心をQとする。Pが最初に円Cの周に接する点をA，次に接する点をBとする。直線OAをx軸にとり，Oを通り，直線OAに垂直になるようにy軸をとる。Bからx軸に下ろした垂線の足をH，線分OQがx軸となす角をθとする。円板Dと円Cの接点をRとすると，図の角δを用いて

(円板Dの弧$\overset{\frown}{\mathrm{PR}}$)＝(円$C$の弧$\overset{\frown}{\mathrm{AR}}$) より

$$3\delta=10\theta$$

$$\therefore\quad \delta=\frac{10}{3}\theta \quad \cdots\cdots①$$

$$\begin{aligned}\overrightarrow{\mathrm{OP}}&=\overrightarrow{\mathrm{OQ}}+\overrightarrow{\mathrm{QP}}\\&=7(\cos\theta,\ \sin\theta)+3(\cos(\theta-\delta),\ \sin(\theta-\delta))\\&=\left(7\cos\theta+3\cos\frac{7}{3}\theta,\ 7\sin\theta-3\sin\frac{7}{3}\theta\right)\quad(\because\ ①)\end{aligned}$$

であるから，P$(x,\ y)$ とすると

$$\begin{cases}x=7\cos\theta+3\cos\dfrac{7}{3}\theta\\[2mm] y=7\sin\theta-3\sin\dfrac{7}{3}\theta\end{cases}$$

また，①で$\delta=2\pi$のとき$\theta=\dfrac{3}{5}\pi$であるから

$$\mathrm{B}\left(10\cos\frac{3}{5}\pi,\ 10\sin\frac{3}{5}\pi\right)$$

$0<\theta<\dfrac{3}{5}\pi$ において

$$\frac{dx}{d\theta}=-7\sin\theta-7\sin\frac{7}{3}\theta$$
$$=-14\sin\frac{5}{3}\theta\cos\frac{2}{3}\theta<0$$
$$\frac{dy}{d\theta}=7\cos\theta-7\cos\frac{7}{3}\theta$$
$$=14\sin\frac{5}{3}\theta\sin\frac{2}{3}\theta>0$$

よって，曲線の概形は前図のようになり，この曲線の弧 AB と線分 AH，BH で囲まれた部分の面積を S とすると

$$S=\int_{10\cos\frac{3}{5}\pi}^{10}ydx$$
$$=\int_{\frac{3}{5}\pi}^{0}y\frac{dx}{d\theta}d\theta$$
$$=\int_{\frac{3}{5}\pi}^{0}\left(7\sin\theta-3\sin\frac{7}{3}\theta\right)\left(-7\sin\theta-7\sin\frac{7}{3}\theta\right)d\theta$$
$$=49\int_{0}^{\frac{3}{5}\pi}\sin^2\theta d\theta+28\int_{0}^{\frac{3}{5}\pi}\sin\frac{7}{3}\theta\sin\theta d\theta-21\int_{0}^{\frac{3}{5}\pi}\sin^2\frac{7}{3}\theta d\theta$$

ここで

$$\int\sin^2\theta\,d\theta=\int\frac{1-\cos2\theta}{2}d\theta$$
$$=\frac{\theta}{2}-\frac{\sin2\theta}{4}+C_1,$$
$$2\int\sin\frac{7}{3}\theta\sin\theta d\theta=\int\left(\cos\frac{4}{3}\theta-\cos\frac{10}{3}\theta\right)d\theta$$
$$=\frac{3}{4}\sin\frac{4}{3}\theta-\frac{3}{10}\sin\frac{10}{3}\theta+C_2,$$
$$\int\sin^2\frac{7}{3}\theta d\theta=\frac{1}{2}\int\left(1-\cos\frac{14}{3}\theta\right)d\theta$$
$$=\frac{\theta}{2}-\frac{3}{28}\sin\frac{14}{3}\theta+C_3\quad(C_1\sim C_3\text{ は積分定数})$$

$$\therefore\quad S=49\left(\frac{3}{10}\pi-\frac{1}{4}\sin\frac{6}{5}\pi\right)+14\left(\frac{3}{4}\sin\frac{4}{5}\pi-\frac{3}{10}\sin2\pi\right)-21\left(\frac{3}{10}\pi-\frac{3}{28}\sin\frac{14}{5}\pi\right)$$
$$=\frac{42}{5}\pi+25\sin\frac{4}{5}\pi\quad\left(\because\quad\sin\frac{6}{5}\pi=\sin\left(2\pi-\frac{4}{5}\pi\right)=-\sin\frac{4}{5}\pi\right)$$

また

$$\triangle\mathrm{OBH}=\frac{1}{2}\cdot10\cos\frac{2}{5}\pi\cdot10\sin\frac{2}{5}\pi$$

$$=25\sin\frac{4}{5}\pi$$

ゆえに，円 C の内部で曲線の上側の部分の面積は

扇形 OAB $-$ ($S-\triangle$OBH)

$$=\frac{1}{2}\cdot 10^2\cdot\frac{3}{5}\pi-\left\{\left(\frac{42}{5}\pi+25\sin\frac{4}{5}\pi\right)-25\sin\frac{4}{5}\pi\right\}$$

$$=30\pi-\frac{42}{5}\pi$$

$$=\frac{108}{5}\pi \quad \cdots\cdots(\text{答})$$

したがって，残りの部分の面積は

$$100\pi-\frac{108}{5}\pi=\frac{392}{5}\pi \quad \cdots\cdots(\text{答})$$

〔注〕 円 C の内部の円板 D が C に内接しながら C の周に沿って滑ることなく転がるときの D の周上の１点の軌跡を内サイクロイドとよぶ。この曲線の媒介変数表示は，円板 D の中心と原点を結ぶ線分が x 軸となす角 θ を用いて得られる。２円の等しい長さの弧に注目することがポイントである。

また，この曲線に関係する面積や曲線の長さについては数学Ⅲの積分法の通常の学習事項であり，本問に現れる三角関数の積分は繰り返し経験する典型的なものである。したがって，正答に至るまでの発想と式処理は通常の学習で養われるレベルという意味では自然なものであるが，入試であることを考慮すると計算は十分に煩雑である。慎重に計算を進めることに最大の注意を払ってほしい。

127　2002年度〔5〕　Level A

ポイント　V_k を立式した後，定積分に移行する。すなわち $\displaystyle\lim_{n\to\infty}\frac{1}{n}\sum_{k=0}^{n-1}f\left(\frac{k}{n}\right)=\int_0^1 f(x)\,dx$ となる $f(x)$ を見出す。

積分の値は，曲線 $y=f(x)$ を描いて求めるのがよい。

解法

$\mathrm{P}_k\left(\dfrac{k}{n},\ 1-\dfrac{k}{n},\ 0\right)$　$(k=0,\ 1,\ 2,\ \cdots,\ n)$ に対して，$k=0,\ 1,\ 2,\ \cdots,\ n-1$ のとき，$\triangle \mathrm{OP}_k\mathrm{P}_{k+1}$ の面積を S_k とおくと

$$S_k=\frac{1}{2}\left|\frac{k}{n}\left(1-\frac{k+1}{n}\right)-\frac{k+1}{n}\left(1-\frac{k}{n}\right)\right|=\frac{1}{2n}$$

$$\mathrm{OQ}_k=\sqrt{\mathrm{P}_k\mathrm{Q}_k{}^2-\mathrm{OP}_k{}^2}=\sqrt{1-\left\{\left(\frac{k}{n}\right)^2+\left(1-\frac{k}{n}\right)^2\right\}}=\sqrt{2\left\{\frac{k}{n}-\left(\frac{k}{n}\right)^2\right\}}$$

よって

$$V_k=\frac{1}{3}S_k\cdot\mathrm{OQ}_k=\frac{1}{6n}\sqrt{2\left\{\frac{k}{n}-\left(\frac{k}{n}\right)^2\right\}}$$

したがって

$$\lim_{n\to\infty}\sum_{k=0}^{n-1}V_k=\lim_{n\to\infty}\sum_{k=0}^{n-1}\frac{1}{6n}\sqrt{2\left\{\frac{k}{n}-\left(\frac{k}{n}\right)^2\right\}}=\frac{\sqrt{2}}{6}\int_0^1\sqrt{x-x^2}\,dx$$

曲線 $y=\sqrt{x-x^2}$ を考えると

$$\begin{cases} y^2=x-x^2 \\ y\geqq 0 \end{cases} \iff \begin{cases} \left(x-\dfrac{1}{2}\right)^2+y^2=\dfrac{1}{4} \\ y\geqq 0 \end{cases}$$

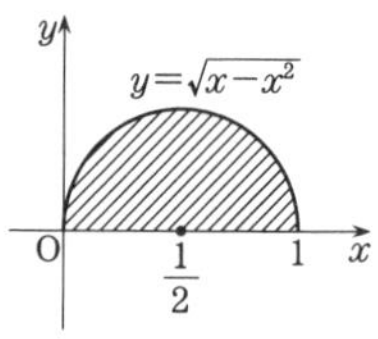

であるから，曲線 $y=\sqrt{x-x^2}$ は，点 $\left(\dfrac{1}{2},\ 0\right)$ を中心とする半径 $\dfrac{1}{2}$ の円の $y\geqq 0$ の部分であり，右図の斜線部分の面積より

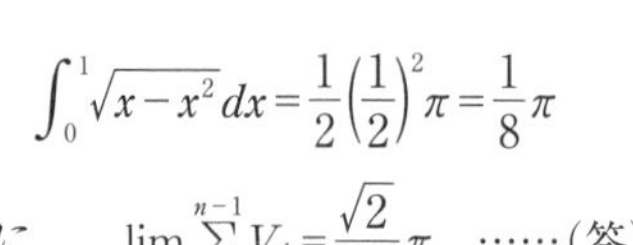

$$\int_0^1\sqrt{x-x^2}\,dx=\frac{1}{2}\left(\frac{1}{2}\right)^2\pi=\frac{1}{8}\pi$$

ゆえに　　$\displaystyle\lim_{n\to\infty}\sum_{k=0}^{n-1}V_k=\frac{\sqrt{2}}{48}\pi$　……(答)

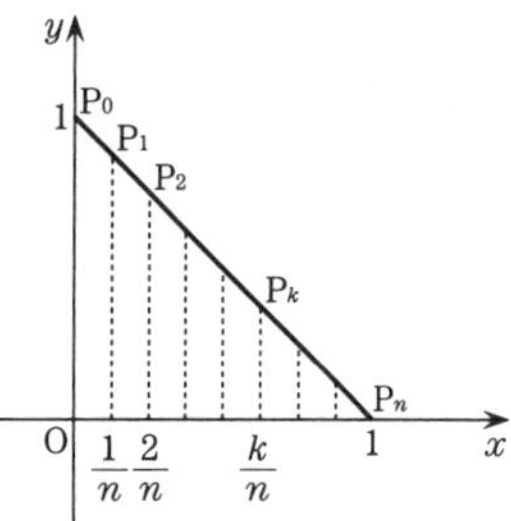

〔注1〕 $S_k=\dfrac{1}{2n}$ （S_k は $\triangle OP_kP_{k+1}$ の面積）は次のように考えてもよい。

点 P_k （$k=0,\ 1,\ 2,\ \cdots,\ n$）は xy 平面上の線分 P_0P_n の上にあり，これらの x 座標は公差 $\dfrac{1}{n}$ の等差数列をなすから，点 P_k （$k=1,\ 2,\ \cdots,\ n-1$）は $\triangle OP_0P_n$ の辺 P_0P_n を n 等分する。

よって，$\triangle OP_kP_{k+1}$ （$k=0,\ 1,\ 2,\ \cdots,\ n-1$）の面積 S_k は $\triangle OP_0P_n$ の面積の $\dfrac{1}{n}$ であり

$$S_k=\frac{1}{2n}$$

〔注2〕 $\displaystyle\int_0^1\sqrt{x-x^2}\,dx$ の積分は次のようにしてもよい。

$\dfrac{1}{2}-x=\dfrac{1}{2}\cos\theta$ とおくと

$$\begin{aligned}\int_0^1\sqrt{x-x^2}\,dx&=\int_0^1\sqrt{\left(\frac{1}{2}\right)^2-\left(\frac{1}{2}-x\right)^2}\,dx\\&=\int_0^\pi\sqrt{\frac{1}{4}(1-\cos^2\theta)}\cdot\frac{1}{2}\sin\theta\,d\theta\\&=\frac{1}{4}\int_0^\pi\sin^2\theta\,d\theta=\frac{1}{8}\int_0^\pi(1-\cos2\theta)\,d\theta\\&=\frac{1}{8}\left[\theta-\frac{1}{2}\sin2\theta\right]_0^\pi\\&=\frac{\pi}{8}\end{aligned}$$

128 2001年度〔2〕 Level B

ポイント 加法定理を用いて与式を$f(x)=A\sin x+B\cos x$（A，Bは定数）の形に変形する。この形の関数$f(x)$が与式を満たすようなA，Bがただ1組存在するためのa，bの条件を求める。

解法

$$f(x)=\frac{a}{2\pi}\int_0^{2\pi}\sin(x+y)f(y)\,dy+\frac{b}{2\pi}\int_0^{2\pi}\cos(x-y)f(y)\,dy+\sin x+\cos x$$

……(＊)

(＊)の右辺において

$$\sin(x+y)=\sin x\cos y+\cos x\sin y$$

であるから

$$\int_0^{2\pi}\sin(x+y)f(y)\,dy$$
$$=\left(\int_0^{2\pi}\cos y f(y)\,dy\right)\sin x+\left(\int_0^{2\pi}\sin y f(y)\,dy\right)\cos x$$

また

$$\cos(x-y)=\cos x\cos y+\sin x\sin y$$

であるから

$$\int_0^{2\pi}\cos(x-y)f(y)\,dy$$
$$=\left(\int_0^{2\pi}\cos y f(y)\,dy\right)\cos x+\left(\int_0^{2\pi}\sin y f(y)\,dy\right)\sin x$$

いま

$$\frac{a}{2\pi}\int_0^{2\pi}\cos y f(y)\,dy+\frac{b}{2\pi}\int_0^{2\pi}\sin y f(y)\,dy+1=A \quad \cdots\cdots①$$

$$\frac{a}{2\pi}\int_0^{2\pi}\sin y f(y)\,dy+\frac{b}{2\pi}\int_0^{2\pi}\cos y f(y)\,dy+1=B \quad \cdots\cdots②$$

とおくと，これらは定数で，与式(＊)は

$$f(x)=A\sin x+B\cos x$$

となる。

これより

$$\int_0^{2\pi}\sin y f(y)\,dy=\int_0^{2\pi}(A\sin^2 y+B\sin y\cos y)\,dy$$
$$=\int_0^{2\pi}\left\{\frac{A(1-\cos 2y)}{2}+\frac{B\sin 2y}{2}\right\}dy$$

$$=\left[\frac{Ay}{2}-\frac{A\sin 2y}{4}-\frac{B\cos 2y}{4}\right]_0^{2\pi}$$
$$=A\pi$$

$$\int_0^{2\pi}\cos y f(y)\,dy=\int_0^{2\pi}(A\sin y\cos y+B\cos^2 y)\,dy$$
$$=\int_0^{2\pi}\left\{\frac{A\sin 2y}{2}+\frac{B(1+\cos 2y)}{2}\right\}dy$$
$$=\left[-\frac{A\cos 2y}{4}+\frac{By}{2}+\frac{B\sin 2y}{4}\right]_0^{2\pi}$$
$$=B\pi$$

であるから，①より

$$\frac{aB}{2}+\frac{bA}{2}+1=A$$
$$(b-2)A+aB=-2 \quad \cdots\cdots ③$$

また，②より

$$\frac{aA}{2}+\frac{bB}{2}+1=B$$
$$aA+(b-2)B=-2 \quad \cdots\cdots ④$$

③，④を満たす実数 A，B がただ1組存在するための条件，すなわち，
$f(x)$（$0\leqq x\leqq 2\pi$）がただ一つ定まる条件は

$$a^2-(b-2)^2\neq 0 \quad \cdots\cdots(答)$$

また，このとき，③，④より

$$A=\frac{-2(a-b+2)}{a^2-(b-2)^2}=\frac{2}{2-a-b}$$
$$B=\frac{-2(a-b+2)}{a^2-(b-2)^2}=\frac{2}{2-a-b}$$

であるから

$$f(x)=\frac{2}{2-a-b}(\sin x+\cos x) \quad \cdots\cdots(答)$$

これは確かに区間 $0\leqq x\leqq 2\pi$ で連続な関数である。

〔注〕 $f(x)=A\sin x+B\cos x$ となることを導いた後，①，②に戻るのではなく，初めの（＊）に戻ると次のようになる。

$$A\sin x+B\cos x$$
$$=\frac{a}{2\pi}\int_0^{2\pi}\sin(x+y)(A\sin y+B\cos y)\,dy$$
$$+\frac{b}{2\pi}\int_0^{2\pi}\cos(x-y)(A\sin y+B\cos y)\,dy+\sin x+\cos x$$
$$=\frac{a}{2\pi}A\int_0^{2\pi}\frac{1}{2}\{-\cos(x+2y)+\cos x\}\,dy+\frac{a}{2\pi}B\int_0^{2\pi}\frac{1}{2}\{\sin(x+2y)+\sin x\}\,dy$$

$$+\frac{b}{2\pi}A\int_0^{2\pi}\frac{1}{2}\{\sin x-\sin(x-2y)\}\,dy+\frac{b}{2\pi}B\int_0^{2\pi}\frac{1}{2}\{\cos x+\cos(x-2y)\}\,dy+\sin x+\cos x$$

$$=\frac{a}{2}A\cos x+\frac{a}{2}B\sin x+\frac{b}{2}A\sin x+\frac{b}{2}B\cos x+\sin x+\cos x$$

$$\therefore\quad \left(A-\frac{a}{2}B-\frac{b}{2}A-1\right)\sin x+\left(B-\frac{a}{2}A-\frac{b}{2}B-1\right)\cos x=0$$

これが $0\leqq x\leqq 2\pi$ なるすべての x で成り立つための条件は③，④である。

（以下，［解法］に同じ）

129　2001年度〔3〕　Level A

ポイント $c(t)$ の微分において現れる（多項式）$\times\log t$ の多項式部分をくくり出した式をさらに微分するという工夫を行うと，$c'(t)$ の符号変化をとらえやすくなる。

［解法1］　上記の方針による微分計算を行う。

［解法2］　$u=t^2$ とおいて $c(t)$ を u の式で表し，その図形的意味を考える。

解法 1

$\mathrm{P}'(1,\ 0)$，$\mathrm{Q}'(t,\ 0)$ とする。

また，双曲線 $xy=1$ $(1\leqq x\leqq t)$ と線分 PP′，QQ′，P′Q′ で囲まれた部分の面積を $s(t)$ とする。

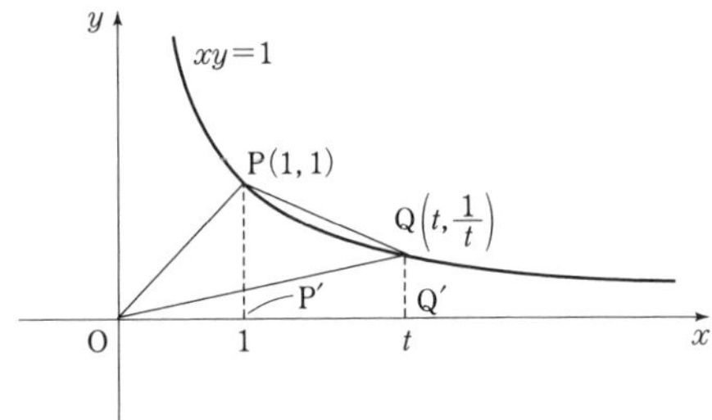

$$a(t)=\triangle\mathrm{OPQ}=\frac{1}{2}\left|t-\frac{1}{t}\right|=\frac{t^2-1}{2t}\quad(\because\quad t>1)$$

$$b(t)=\triangle\mathrm{OPP'}+s(t)-\triangle\mathrm{OQQ'}=s(t)\quad\left(\because\quad\triangle\mathrm{OPP'}=\triangle\mathrm{OQQ'}=\frac{1}{2}\right)$$

$$=\int_1^t\frac{1}{x}dx=\Big[\log x\Big]_1^t$$

$$=\log t$$

よって

$$c(t)=\frac{b(t)}{a(t)}=\frac{2t\log t}{t^2-1}\quad(t>1)$$

$$c'(t)=\frac{2}{(t^2-1)^2}\{(\log t+1)(t^2-1)-2t^2\log t\}$$

$$=\frac{2}{(t^2-1)^2}\{t^2-1-(t^2+1)\log t\}$$

$$=\frac{2(t^2+1)}{(t^2-1)^2}\left(\frac{t^2-1}{t^2+1}-\log t\right)$$

ここで，$f(t)=\dfrac{t^2-1}{t^2+1}-\log t$ $(t>1)$ とおくと

$$f'(t)=\frac{2t(t^2+1)-2t(t^2-1)}{(t^2+1)^2}-\frac{1}{t}=\frac{4t}{(t^2+1)^2}-\frac{1}{t}$$
$$=-\frac{(t+1)^2(t-1)^2}{(t^2+1)^2t}<0 \quad (t>1)$$

よって，$f(t)$ $(t>1)$ は連続な単調減少関数で，$\lim_{t\to1}f(t)=0$ であるから

$$f(t)<0 \quad (t>1)$$

これより　$c'(t)=\dfrac{2(t^2+1)}{(t^2-1)^2}f(t)<0 \quad (t>1)$

ゆえに，関数 $c(t)$ は $t>1$ において単調に減少する。　(証明終)

解法 2

$\left(c(t)=\dfrac{2t\log t}{t^2-1}\right.$ を導くまでは［解法 1］に同じ$\left.\right)$

$$c(t)=\frac{t\log t^2}{t^2-1}=\frac{\sqrt{u}\log u}{u-1} \quad \cdots\cdots① \quad (t^2=u\ (>1)\ とおく)$$

関数 $h(x)=\sqrt{x}\log x$ $(x>0)$ を考える。

$$h'(x)=\frac{1}{2}x^{-\frac{1}{2}}\log x+x^{-\frac{1}{2}}$$

$$\therefore \quad h''(x)=-\frac{1}{4}x^{-\frac{3}{2}}\log x$$

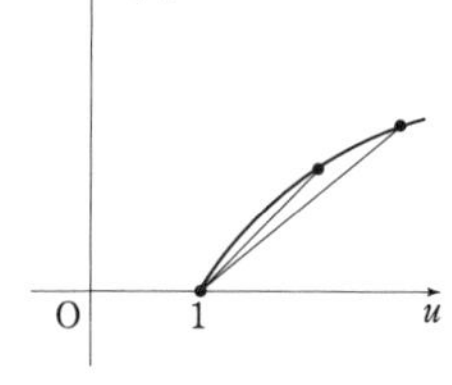

$x>1$ で，$h''(x)<0$ であるから，$h(x)$ は $x>1$ で上に凸である。

$h(1)=0$ であるから，$u>1$ に対して，$①=\dfrac{h(u)-h(1)}{u-1}$ は $h(x)$ のグラフ上の点 $(1,\ 0)$ と $(u,\ h(u))$ を結ぶ直線の傾きであるから，これは $u>1$ で u の減少関数である。ゆえに $c(t)$ は $t>1$ でつねに減少する。　(証明終)

〔注〕［解法 1］において

$$c'(t)=\frac{2}{(t^2-1)^2}\{t^2-1-(t^2+1)\log t\} \quad \cdots\cdots①$$
$$=\frac{2(t^2+1)}{(t^2-1)^2}\left(\frac{t^2-1}{t^2+1}-\log t\right)$$

という変形を行ったのは，$f(t)=\dfrac{t^2-1}{t^2+1}-\log t$ について $f'(t)$ が符号変化の見やすい分数関数になるからである。もしも①をそのまま用いる場合には，$g(t)=t^2-1-(t^2+1)\log t$ とおくと

$$g'(t)=2t-2t\log t-t-\frac{1}{t}$$

$$=t-\frac{1}{t}-2t\log t \quad \cdots\cdots ②$$

$$g''(t)=1+\frac{1}{t^2}-2-2\log t=-1+\frac{1}{t^2}-2\log t$$

$$g'''(t)=-\frac{2}{t^3}-\frac{2}{t}<0 \quad (t>0)$$

となり，$g''(t)$ は単調減少である。
$g(1)=g'(1)=g''(1)=0$ から右の増減表を得る。
よって $t>1$ において $g(t)<0$ となり，①から $t>1$ において $c'(t)<0$ を得る。もちろんこのような解法でも全く構わない。

	0	…	1	…
$g''(t)$		+	0	−
$g'(t)$		↗ (−)	0	↘ (−)
$g(t)$		↘	0	↘

ただし，この場合でも，②を $t\left(1-\frac{1}{t^2}-2\log t\right)$ と変形し，$h(t)=1-\frac{1}{t^2}-2\log t$ とおくと，$h'(t)=\frac{2}{t^3}-\frac{2}{t}=\frac{2}{t^3}(1-t^2)$ となり，$0<t<1$ で $h'(t)>0$，$h'(1)=0$，$t>1$ で $h'(t)<0$ であることから，$g'(t)$ の符号変化がとらえられる。これは（多項式）＋（多項式）×$\log t$ の微分における工夫の一つである。

130　1999年度〔6〕　Level B

ポイント　$I=\int_0^{\pi}e^x\sin^2xdx$ を部分積分を用いて求めたあと，e^{π} の近似値を求めるために，点 $(3,\ e^3)$ における曲線 $y=e^x$ の接線による近似を利用する。

解法

$I=\int_0^{\pi}e^x\sin^2xdx$ とおく。部分積分法より

$$I=\left[e^x\sin^2x\right]_0^{\pi}-2\int_0^{\pi}e^x\sin x\cos xdx$$

$$=-2\left\{\left[e^x\sin x\cos x\right]_0^{\pi}-\int_0^{\pi}e^x(\cos^2x-\sin^2x)\,dx\right\}$$

$$=2\int_0^{\pi}e^xdx-4I\quad(\because\quad \cos^2x=1-\sin^2x)$$

よって

$$I=\frac{2}{5}\int_0^{\pi}e^xdx=\frac{2}{5}\left[e^x\right]_0^{\pi}=\frac{2}{5}(e^{\pi}-1)$$

曲線 $y=e^x$ $(=f(x)$ とおく）の点 $(3,\ e^3)$ における接線の方程式を求めると，$f'(x)=e^x$ であるから

$$y=e^3(x-3)+e^3$$

$$y=e^3(x-2)\quad(=g(x)\ とおく)$$

$h(x)=f(x)-g(x)$ とおくと，$x>3$ において

$$h'(x)=e^x-e^3>0$$

$h(x)$ は $x=3$ で連続であるから $x\geqq 3$ で単調増加である。

よって，$x>3$ のとき

$$h(x)>h(3)=0\quad すなわち\quad f(x)>g(x)$$

これより

$$e^{\pi}=f(\pi)>g(\pi)=e^3(\pi-2)>2.7^3\times(3.14-2)$$

$$>19.6\times1.1=21.56$$

ゆえに

$$I=\frac{2}{5}(e^{\pi}-1)>\frac{2}{5}\times(21.56-1)=8.224>8$$

（証明終）

〔注〕　$I=\frac{2}{5}(e^{\pi}-1)$ と $e>2.7$，$\pi>3$ を用いたのでは $I>7.4732$ となり $I>8$ を示すことはできない。

もっと精密な近似値を求めるためには，近似式 $f(a+h)\fallingdotseq f(a)+hf'(a)$ を用いる。こ

れは曲線 $y=f(x)$ の代用として，点 $(a,\ f(a))$ における接線 $y=f'(a)(x-a)+f(a)$ を採用する近似式である。x が a に近い値，すなわち $x=a+h$，$h\fallingdotseq 0$ のとき，$f(a+h)$ の代用として，接線上の $x=a+h$ に対する点の y 座標が使われている。

本問では，$f(x)=e^x$，$a=3$，$a+h=\pi$ と考える。このとき，真の値と近似値との間には，不等式 $e^x>e^3(x-2)$　$(x>3)$　……(＊) が成り立つ。これを確認しておくことは，問題の不等式を証明するために重要である。この不等式は，曲線 $y=e^x$ が $x=3$ における接線よりも上にある（ただし，ここでは $x>3$ の範囲で）ことを表している。曲線 $y=e^x$ は下に凸であるから，これは当然の性質であるが，本問では丁寧に証明しておいた。

この不等式(＊)と $e>2.7$，$\pi>3.14$ を用いると $e^\pi>21.56$ であり，問題の不等式の証明に成功する。真の値は $e^\pi=23.140\cdots$ であり，上の近似値は $e^\pi>2.7^3=19.683$ よりもすぐれている。

§12 積分と体積

131 2023年度〔6〕 Level D

ポイント (1) V のうち，立方体を除く部分の体積を立方体の上面の4辺に関する平等性（対称性）を利用し，分割の観点で求める。

(2) W のうち，(1)の V を除く部分を立方体の4つの側面に関する平等性（対称性）を利用し，分割の観点で考える。

解法

(1) Oを中心とする半径 $\sqrt{3}$ の球（面および内部）を K とする。また，立方体の表面のうち，$z=1$ を満たす面を T とする。

条件から，以下の(ア)，(イ)が成り立つ。

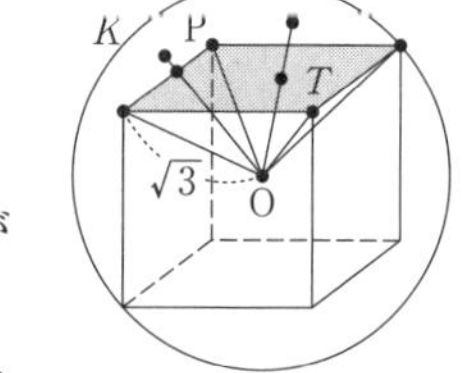

(ア) (i)から，V は球 K に含まれる。

(イ) (ii)から，立方体の面および内部の点はすべて V に含まれ，V のうち立方体以外の部分を V' とすると，V' は線分OPが面 T と共有点をもつような点Pの集合となる。

球 K から立方体を除いた部分は，(イ)の V' と合同な6つの部分に分割され，どの2つも共通部分の体積は0である。

ゆえに，V の体積は

$$
\begin{aligned}
(V\text{の体積}) &= (\text{立方体の体積}) + (V'\text{の体積}) \\
&= (\text{立方体の体積}) + \frac{1}{6}(\text{球}K\text{の体積} - \text{立方体の体積}) \\
&= 2^3 + \frac{1}{6}\left\{\frac{4\pi(\sqrt{3})^3}{3} - 2^3\right\} = 8 + \frac{1}{6}(4\sqrt{3}\pi - 8) \\
&= \frac{20 + 2\sqrt{3}\pi}{3} \quad \cdots\cdots(\text{答})
\end{aligned}
$$

(2) 条件から，以下の(ウ)～(オ)が成り立つ。

(ウ) (iii)から，$\mathrm{OP} \leqq \mathrm{ON} + \mathrm{NP} \leqq \sqrt{3}$ なので，W は球 K に含まれる。

(エ) (iii)から，$\mathrm{ON} \leqq \sqrt{3}$ であり，(iv)から，Nの存在範囲は(1)の V から S を除いた部分となる。

(オ) (v)から，NがOに一致するときを考えて，V は W に含まれる。

以上のもとで W のうち V を除く部分を W' とし，W' がどのような図形となるかを考える。

立方体の表面のうち，$x=-1$ の部分を正方形 ABCD とする。
(エ)から，$z<-1$ の部分の点 P に対しては条件(v)を満たす N が存在しない。そこで球 K のうち $z\geqq -1$ の部分で考える。
ここから V を除いた部分を平面 OAD と平面 OBC によって 4 つの互いに合同な部分に分割し，そのうちの $x\leqq -1$ の部分を W_1 とし，まず，この中で条件を満たす P の存在範囲を考える。
球 K と平面 OAB の共通部分のうち，$x\leqq -1$ $(z\geqq 1)$ の部分（線分 AB を弦とする月形部分で図 1 の網かけ部分）を L とする。
W_1 は球 K のうち，平面 $z=-1$，平面 OAD，平面 OBC，月形 L，正方形 ABCD および球 K の表面で囲まれた部分である。

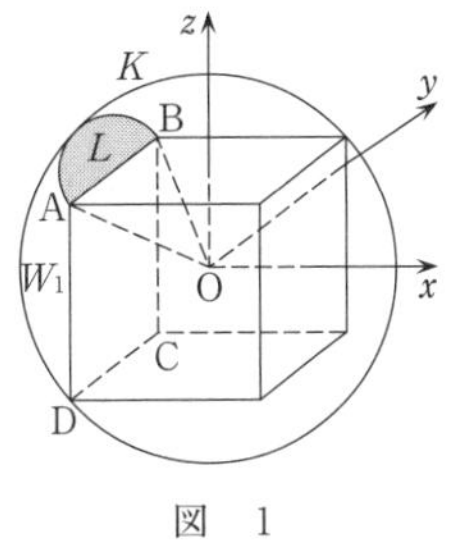

図 1

W_1 の任意の点 P に対して，条件を満たす点 N が存在するとき，(iv)と(v)から N は平面 OAB より上の部分（平面 OAB を含む）にあり，三角形 ONP は必ず線分 AB と共有点をもつ。それを N′ とする（N′＝N のときもある）と，N′ は三角形 ONP の内部または周上にあることと(iii)から

$$\mathrm{ON'}+\mathrm{N'P}\leqq \mathrm{ON}+\mathrm{NP}\leqq \sqrt{3} \quad \cdots\cdots ①$$

となる。
ここで，P を通り，線分 AB に垂直な平面と線分 AB の交点を N″ とし，線分 PN″ を線分 AB のまわりに回転して線分 PN″ が平面 OAB 上にくるようにしたときの P の位置を Q とする（図 2）。

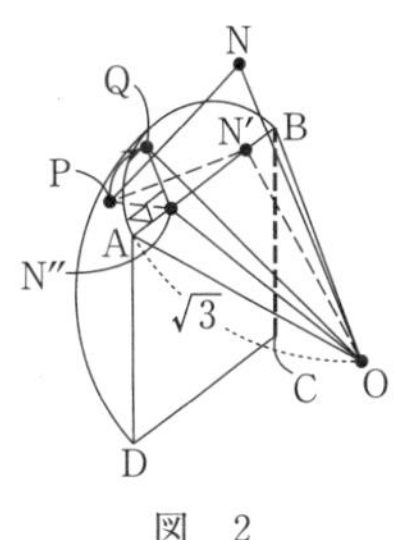

図 2

このとき

$$\mathrm{N'P}=\mathrm{N'Q} \quad (\triangle \mathrm{PN'N''}\equiv \triangle \mathrm{QN'N''}\ より)$$

なので

$$\mathrm{ON'}+\mathrm{N'P}=\mathrm{ON'}+\mathrm{N'Q} \quad \cdots\cdots ②$$

三角不等式と①，②から

$$\mathrm{OQ}\leqq \mathrm{ON'}+\mathrm{N'Q}\leqq \sqrt{3}$$

でなければならない。したがって，Q は月形 L 上になければならない。
よって，月形 L を線分 AB のまわりに $\dfrac{3}{4}\pi$ 回転して平面 $x=-1$ 上にくるようにしたときに，L が通過してできる立体 J を考えると，W_1 内の点 P で条件を満たすものはすべて J 内になければならない。
逆に，J 内の任意の点 P に対して P を通り，線分 AB に垂直な平面と線分 AB の交点を N′ とし，線分 PN′ を線分 AB のまわりに回転し，PN′ が月形 L 上にくるようにしたときの P の位置を Q とするとき（図 3），直線 OQ と線分 AB の交点を N とすると，

NとPは条件(iv)，(v)を満たす。

さらに NP＝NQ である（$\triangle \mathrm{PNN'} \equiv \triangle \mathrm{QNN'}$ より）から

$$\mathrm{ON}+\mathrm{NP}=\mathrm{ON}+\mathrm{NQ}=\mathrm{OQ} \leqq \mathrm{OR}=\sqrt{3}$$

（Rは直線 OQ と弧 AB の交点）

となり，このNとPは条件(iii)も満たす。

以上から，W_1 のうち，条件を満たす点Pの存在範囲は J となる。

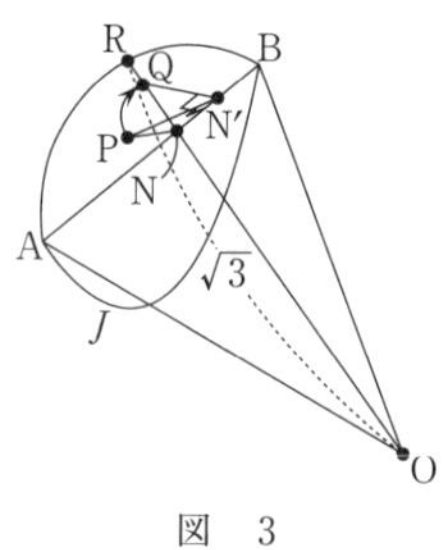

図 3

W' は J と合同な4つの部分からなり，このどの2つも共通部分の体積は0であるから

（W' の体積）＝4×（J の体積）

である。以下，J の体積を求める。

平面 OAB にOを原点，A$(-1,\ \sqrt{2})$，B$(1,\ \sqrt{2})$ とする tu 座標平面を設定する（図4）。

J は月形 L（図4の網かけ部分）を直線 AB のまわりに

$\frac{3}{4}\pi$ 回転したときに L が通過してできる立体であるから，

J の体積は

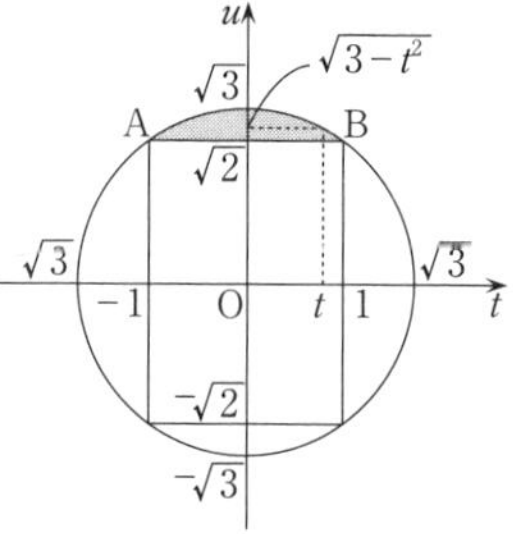

図 4

$$2\int_0^1 \frac{1}{2}(\sqrt{3-t^2}-\sqrt{2})^2 \cdot \frac{3}{4}\pi dt$$

$$=\frac{3}{4}\pi\int_0^1 (5-t^2)\,dt-\frac{3\sqrt{2}}{2}\pi\int_0^1 \sqrt{3-t^2}\,dt \quad \cdots\cdots ③$$

ここで

$$\frac{3}{4}\pi\int_0^1 (5-t^2)\,dt=\frac{3}{4}\pi\Big[5t-\frac{t^3}{3}\Big]_0^1=\frac{7}{2}\pi$$

また，$\int_0^1 \sqrt{3-t^2}\,dt$ は図5の網かけ部分の面積なので

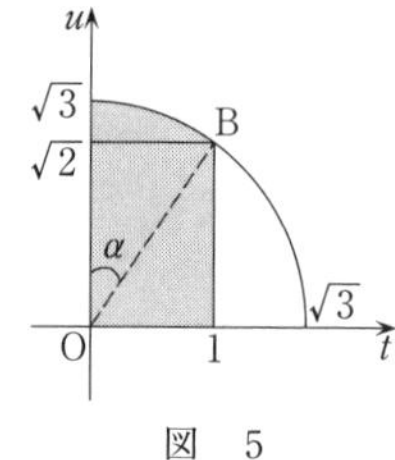

図 5

$$\frac{3\sqrt{2}}{2}\pi\int_0^1 \sqrt{3-t^2}\,dt=\frac{3\sqrt{2}}{2}\pi\Big\{\frac{1}{2}\cdot 1\cdot\sqrt{2}+\frac{1}{2}\cdot(\sqrt{3})^2\alpha\Big\}$$

$$=\frac{3\sqrt{2}}{2}\pi\Big(\frac{\sqrt{2}}{2}+\frac{3}{2}\alpha\Big)$$

$$=\frac{3}{2}\pi+\frac{9\sqrt{2}}{4}\alpha\pi$$

よって

$$(J\text{ の体積})=③=\frac{7}{2}\pi-\Big(\frac{3}{2}\pi+\frac{9\sqrt{2}}{4}\alpha\pi\Big)=2\pi-\frac{9\sqrt{2}}{4}\alpha\pi$$

となり

$$(W' \text{の体積}) = 4\left(2\pi - \frac{9\sqrt{2}}{4}\alpha\pi\right) = 8\pi - 9\sqrt{2}\alpha\pi$$

ゆえに

$$\begin{aligned}(W \text{の体積}) &= (V \text{の体積}) + (W' \text{の体積}) \\ &= \frac{20 + 2\sqrt{3}\pi}{3} + 8\pi - 9\sqrt{2}\alpha\pi \\ &= \frac{20}{3} + \frac{2(\sqrt{3}+12)}{3}\pi - 9\sqrt{2}\alpha\pi \quad \cdots\cdots(\text{答})\end{aligned}$$

〔注 1〕 回転軸 AB に垂直な平面による J の断面積は，扇形の面積 $\left(\pi\cdot\text{半径}^2\cdot\frac{\text{中心角}}{2\pi} = \frac{1}{2}\cdot\text{半径}^2\cdot\text{中心角}\right)$ を用いて求めている。

〔注 2〕 (2)における J についての根拠記述は採点では問われないかもしれないが，これを詰める考察は力がつくので大切にしたい。

〔注 3〕 立方体の表面のうち，$z=1$ の部分の正方形 T と，O を端点の 1 つとする長さ $\sqrt{3}$ の線分 OX を用いて本問を直観的に捉えると次のようになる。

- (1)の V' は，線分 OX が T の周に接して動いたときに球 K から切り抜かれる立体から，立方体に含まれる部分を除いた部分である。
- (2)の W は，(1)の V と［解法］中の立体 W' を合わせたものであり，W' は線分 OX が T の周に接して動いたときに，その接点 Y で線分 OX を折り曲げ，正方形の側面に X がくるまでに線分 YX が通過する部分全体から成る図形である。ただし，これは結果として確認できることであって，問題文から直ちにこれをとらえることには無理がある。

132 2022年度〔5〕 Level B

ポイント S 上の点Pを固定するごとに，線分PQの全体は，Pを通り，xy 平面に下ろした垂線PHを軸とする円錐の側面となる。まず，点Qが底面の円周上を動くとき，点Mはこの円錐の側面上で xy 平面に平行な円（C とおく）を描く。S 自体も z 軸を軸とする円錐の側面であるから，次に，最初に固定したPを z 軸のまわりに1回転したとき，円 C が z 軸のまわりに1回転してできる図形が，立体 K の断面となる。最終的には，z 軸まわりの回転を行うので，最初のPはどこにとってもよいが，線分AB上にとり，Qが x 軸上にあるとして考えるとよい。Mの z 座標を m として考えると，立体 K の平面 $z=m$ による断面が得られる。この断面積を m で表し，$\frac{1}{2} \leqq m \leqq 1$ で積分する。

解法

まず，Pが線分AB上にあるときを考え，Qが x 軸上にあるようなときのMを考える。Mの z 座標を $m\left(\frac{1}{2} \leqq m \leqq 1\right)$ とすると

$$\mathrm{P}(2-2m,\ 0,\ 2m)$$

である。Pから x 軸に下ろした垂線をPHとし，線分PHの中点をNとすると

$$\mathrm{N}(2-2m,\ 0,\ m)$$

である。

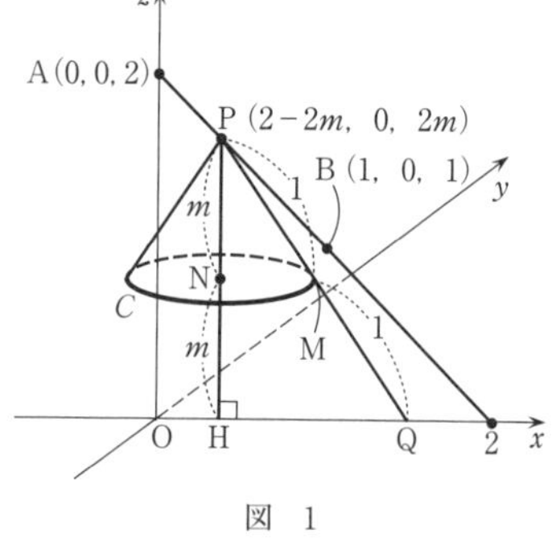

図 1

Pを固定し，Qを直線PHのまわりに1回転させるとき，Mは平面 $z=m$ 上でNを中心とする半径 $\sqrt{1-m^2}$ の円を描く（図1）。これを C とする。

次いで，円 C を底面とし，Pを頂点とする円錐を z 軸のまわりに1回転させたときに，C が通過する範囲は，図2の原点Oを中心とする半径 $2-2m+\sqrt{1-m^2}$ の円と，Oを中心とする半径 $2-2m-\sqrt{1-m^2}$ の円で挟まれた円環（図2の網かけ部分（$m=1$ のときは点O））となる。

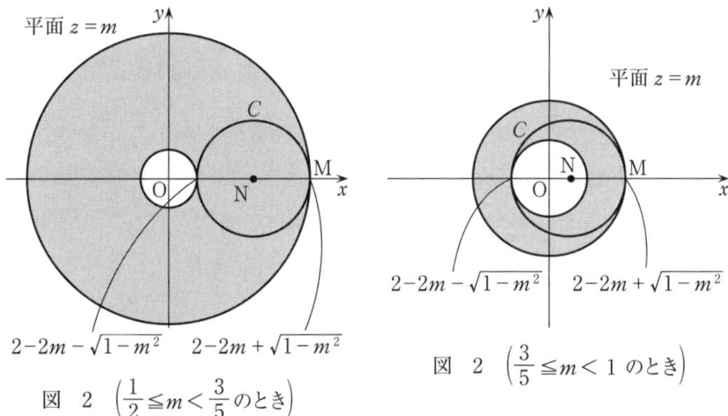

図　2　$\left(\frac{1}{2} \leqq m < \frac{3}{5}\right.$ のとき$\left.\right)$

図　2　$\left(\frac{3}{5} \leqq m < 1\right.$ のとき$\left.\right)$

これが，立体 K の平面 $z=m$ による断面であり，m が $\frac{1}{2}$ から 1 まで変化すると，P の z 座標は 1 から 2 まで変化する。

この円環の面積は

$$\pi\{(2-2m+\sqrt{1-m^2})^2-(2-2m-\sqrt{1-m^2})^2\}$$
$$=8\pi(1-m)\sqrt{1-m^2}$$

よって，K の体積を V とすると

$$\frac{V}{8\pi}=\int_{\frac{1}{2}}^{1}(1-m)\sqrt{1-m^2}\,dm$$
$$=\int_{\frac{1}{2}}^{1}\sqrt{1-m^2}\,dm-\int_{\frac{1}{2}}^{1}m\sqrt{1-m^2}\,dm$$

ここで

$$\int_{\frac{1}{2}}^{1}\sqrt{1-m^2}\,dm=\frac{\pi}{6}-\frac{\sqrt{3}}{8}$$

（図 3 の網かけ部分の面積）

$$\int_{\frac{1}{2}}^{1}m\sqrt{1-m^2}\,dm=\left[-\frac{1}{3}(1-m^2)^{\frac{3}{2}}\right]_{\frac{1}{2}}^{1}=\frac{\sqrt{3}}{8}$$

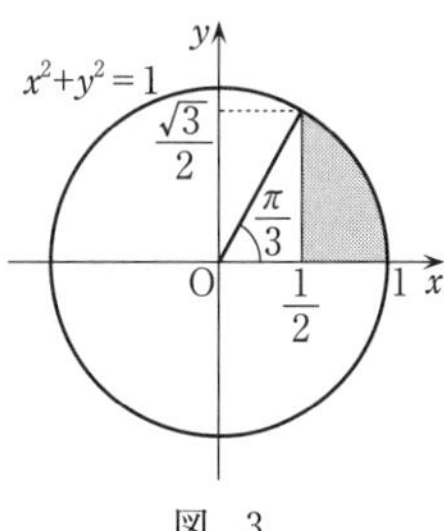

図　3

ゆえに

$$V=8\pi\left(\frac{\pi}{6}-\frac{\sqrt{3}}{8}-\frac{\sqrt{3}}{8}\right)=\frac{4}{3}\pi^2-2\sqrt{3}\pi \quad \cdots\cdots(答)$$

133 2020年度〔5〕 Level C

ポイント (1) 問われている切り口はどちらも S の底面と相似な円である。

(2) 体積を求める立体の平面 $z=t$ $(0\leqq t\leqq 2)$ による切り口の図形を考える。そのために，S を平面 $z=u$ $(0\leqq u\leqq t)$ による切り口（円板）に分け，この円板上をPが動くときの線分 AP が通過する部分の平面 $z=t$ による切り口を求め，次いで，u を $0\leqq u\leqq t$ で動かすと得られる。最後に，その面積を求め，$0\leqq t\leqq 2$ で積分する。

解 法

(1) 平面 $z=1$ による S の切り口は，平面 $z=1$ 上の点 $(0,\ 0,\ 1)$ を中心とする半径 $\dfrac{1}{2}$ の円の周と内部である。平面 $z=1$ による T の切り口は，$\overrightarrow{\mathrm{AQ}}=\dfrac{1}{2}\overrightarrow{\mathrm{AP}}$ となる点Qの集合である。

ここで，Pは xy 平面上の原点を中心とする半径1の円の周と内部を動くので，Qの全体からなる図形はこれと相似な円の周と内部で，中心は $\left(\dfrac{1}{2},\ 0,\ 1\right)$，半径は $\dfrac{1}{2}$ である。

以上から，求める図形は，右図の網かけ部分となる。

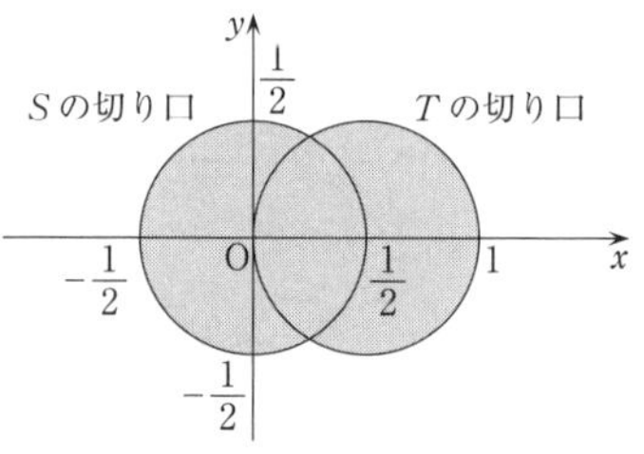

(2) Pが S を動くときの線分 AP が通過する部分を K，平面 $z=t$ $(0\leqq t<2)$ による K の切り口を K_t とする。

ここで，S の点 $\mathrm{P}(x,\ y,\ z)$ は

$$x^2+y^2\leqq\left(\frac{2-z}{2}\right)^2 \quad \text{かつ} \quad 0\leqq z\leqq 2$$

を満たす点である。

いま，$0\leqq u\leqq t$ を満たす u を固定するごとに，平面 $z=u$ 上の円板

$$D_u：x^2+y^2\leqq\left(\frac{2-u}{2}\right)^2 \text{ かつ } z=u$$

を考える。

さらに，D_u 上をPが動くときの線分 AP が通過する部分の平面 $z=t$ による切り口を E_u とする。

このとき，K_t は u が0から t まで変化するときの E_u の全体が成す図形である。

点 $(0,\ 0,\ u)$ をBとして，

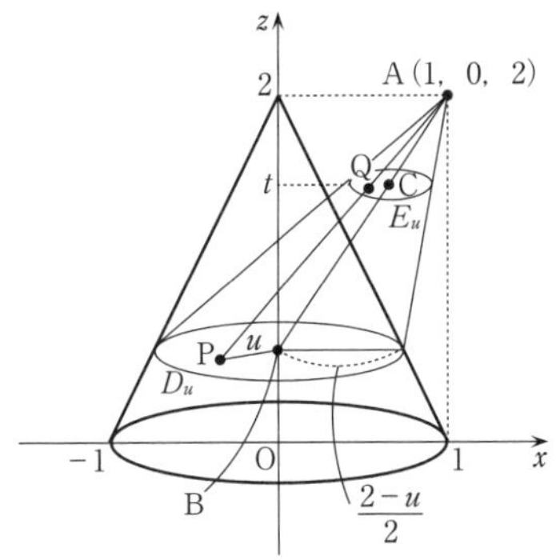

$\overrightarrow{AC}=\frac{2-t}{2-u}\overrightarrow{AB}$ ……① となる点Cをとると，

E_u は D_u に相似な円板で，中心はCで，

半径は $\frac{2-t}{2-u}\cdot\frac{2-u}{2}=1-\frac{t}{2}$ である。ここで，

C$(x,\ y,\ t)$ とおくと，$\overrightarrow{AC}=(x-1,\ y,\ t-2)$ であり，これと $\overrightarrow{AB}=(-1,\ 0,\ u-2)$ および①から

$$(x-1,\ y,\ t-2)=\frac{2-t}{2-u}(-1,\ 0,\ u-2)$$

これより，C$\left(\frac{t-u}{2-u},\ 0,\ t\right)$ となり，u が0から t まで変化すると，Cの x 座標は $\frac{t}{2}$ から0まで変化する。

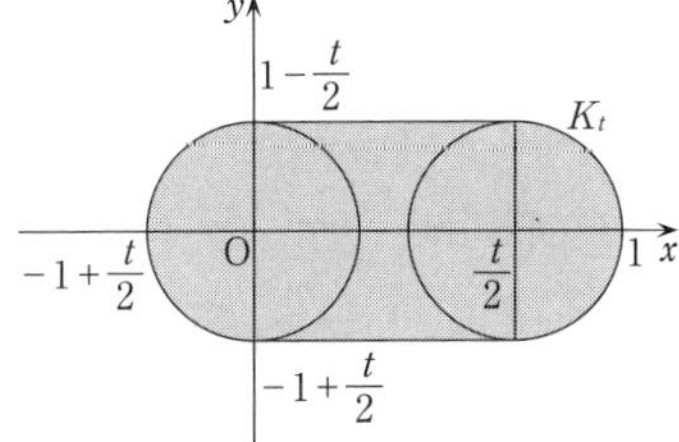

よって，K_t は右図の網かけ部分となり，その面積 $K(t)$ は

$$K(t)=\frac{t}{2}(2-t)+\left(1-\frac{t}{2}\right)^2\pi$$

である。

ゆえに，求める体積は

$$\int_0^2 K(t)\,dt=\int_0^2\left\{\frac{t}{2}(2-t)+\left(1-\frac{t}{2}\right)^2\pi\right\}dt$$

$$=-\frac{1}{2}\left(-\frac{1}{6}\right)(2-0)^3-\frac{2}{3}\pi\left[\left(1-\frac{t}{2}\right)^3\right]_0^2$$

$$=\frac{2}{3}+\frac{2}{3}\pi \quad \cdots\cdots(答)$$

134 2017年度〔6〕 Level B

ポイント ［解法１］ (1) 点Pは平面 $z=\frac{1}{2}$ 上にあり，OP＝1である。

(2) K はある円錐の側面を x 軸のまわりに1回転してできる立体である。

［解法２］ (2) θ を(1)の範囲で固定するごとに辺OPを x 軸のまわりに1回転して得られる曲面 S_θ（円錐の側面）を考え，次いで θ を動かしたときの S_θ の全体のなす図形（中心Oで半径1の球の一部）が K である。

解法１

(1) 線分OQの中点をMとすると，$\mathrm{M}\left(0,\ 0,\ \frac{1}{2}\right)$ である。

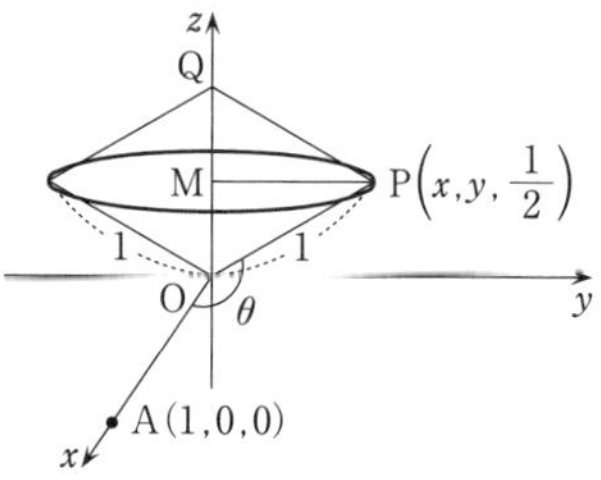

PM⊥OQから，点Pは平面 $z=\frac{1}{2}$ 上にあり，点Pの存在範囲は

$$\mathrm{P}\left(x,\ y,\ \frac{1}{2}\right)\ \text{かつ}\ \mathrm{OP}=1\ \ (\text{図}1)$$

図１

これより　$x^2+y^2+\frac{1}{4}=1$　すなわち　$x^2+y^2=\frac{3}{4}$

ゆえに　$\frac{-\sqrt{3}}{2}\leqq x\leqq\frac{\sqrt{3}}{2}$　……(答)

これと，$\cos\theta=\frac{\overrightarrow{\mathrm{OA}}\cdot\overrightarrow{\mathrm{OP}}}{\mathrm{OA}\cdot\mathrm{OP}}=\frac{(1,\ 0,\ 0)\cdot\left(x,\ y,\ \frac{1}{2}\right)}{1\cdot1}=x$ から

$$\frac{-\sqrt{3}}{2}\leqq\cos\theta\leqq\frac{\sqrt{3}}{2}$$

$0°\leqq\theta\leqq180°$ から　$30°\leqq\theta\leqq150°$　……(答)

(2) 半径 $\frac{\sqrt{3}}{2}$ の円板を底面とし，高さが $\frac{1}{2}$ の円錐を E とする。

Qを平面 $x=0$ 上で固定するごとに辺OPの通過しうる範囲は，線分OQを軸，Oを頂点とする円錐 E の側面である。

Qは平面 $x=0$ 上のOを中心とする半径1の円周上を動くので，K はQ(0, 0, 1)のときの円錐 E の側面（J とする）を x 軸のまわりに1回転してできる立体である。

J と平面 $z=k$ $\left(0\leqq k\leqq\frac{1}{2}\right)$ の交線は円 $x^2+y^2=(\sqrt{3}k)^2$ であるから，J の方程式は $x^2+y^2=3z^2$ $\left(0\leqq z\leqq\frac{1}{2}\right)$ である。

よって，J と平面 $x=t$ $\left(|t| \leqq \frac{\sqrt{3}}{2}\right)$ の交線は

曲線 $t^2+y^2=3z^2$　すなわち　$\frac{y^2}{t^2}-\frac{z^2}{\left(\frac{t}{\sqrt{3}}\right)^2}=-1$

の $0 \leqq z \leqq \frac{1}{2}$ の部分である。これは図 2 の双曲線の一部である（O_t は点（t, 0, 0）を表す）。

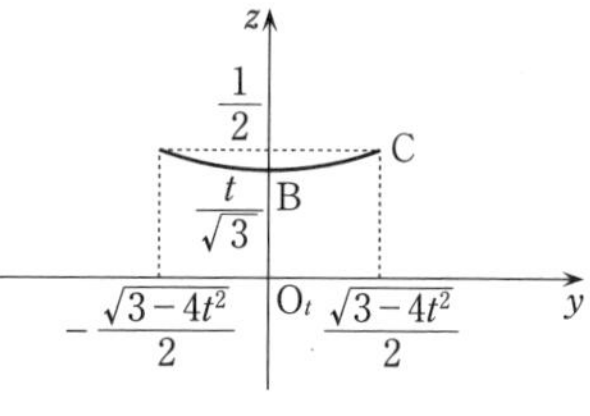

図 2

これを x 軸のまわりに 1 回転してできる図形の面積が，K の平面 $x=t$ $\left(|t| \leqq \frac{\sqrt{3}}{2}\right)$ による断面積であり，これを $S(t)$ として

$$S(t)=(O_tC^2-O_tB^2)\pi=\left(\frac{3-4t^2}{4}+\frac{1}{4}-\frac{t^2}{3}\right)\pi=\left(1-\frac{4}{3}t^2\right)\pi$$

ゆえに，K の体積は

$$2\int_0^{\frac{\sqrt{3}}{2}} S(t)\,dt=2\pi\int_0^{\frac{\sqrt{3}}{2}}\left(1-\frac{4}{3}t^2\right)dt=2\pi\left[t-\frac{4}{9}t^3\right]_0^{\frac{\sqrt{3}}{2}}=\frac{2\sqrt{3}}{3}\pi \quad \cdots\cdots(答)$$

解法 2

（(1)は［解法 1］に同じ）

(2)　θ を $30^\circ \leqq \theta \leqq 150^\circ$ の範囲で固定するごとに辺 OP を x 軸のまわりに 1 回転して得られる曲面（円錐の側面）を考える。θ を動かしたときのこの曲面全体のなす図形が K である。

これは O を中心とする半径 1 の球の $|x| \leqq \frac{\sqrt{3}}{2}$ の部分から，半径 $\frac{1}{2}$ の円板 $\left(x=\pm\frac{\sqrt{3}}{2},\ y^2+z^2=\frac{1}{4}\right)$ を底面とし，O を頂点とする 2 つの円錐を除いた図形（図 3 の網かけ部分）である。この体積は

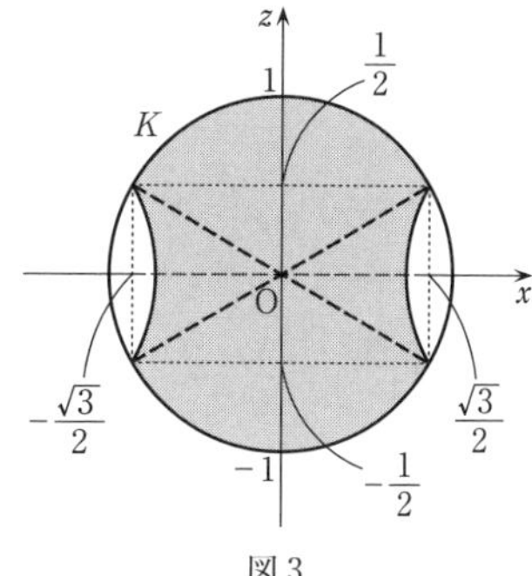

図 3

$$2\left\{\pi\int_0^{\frac{\sqrt{3}}{2}}(1-x^2)\,dx-\frac{1}{3}\cdot\frac{\sqrt{3}}{2}\cdot\left(\frac{1}{2}\right)^2\pi\right\}$$

$$=2\pi\left\{\left[x-\frac{1}{3}x^3\right]_0^{\frac{\sqrt{3}}{2}}-\frac{\sqrt{3}}{24}\right\}=\frac{2\sqrt{3}}{3}\pi \quad \cdots\cdots(答)$$

135 2016年度〔6〕 Level B

ポイント xz 平面で点Aが x 軸上にあり，条件を満たす線分ABの存在範囲と xz 平面の $z\geqq 1$ の表す範囲との共通部分を z 軸の周りに1回転した立体の体積 V が求めるものである。

解法

条件を満たす任意の線分ABは，点Aが x 軸上にあり条件を満たす線分ABを z 軸の周りに回転した線分として得られる。

よって，xz 平面でAが x 軸上にあるような条件を満たす線分ABすべてからなる図形の $z\geqq 1$ の部分を z 軸の周りに1回転した立体の体積 V が求めるものである。さらに，Aの x 座標は0以上としてよい。

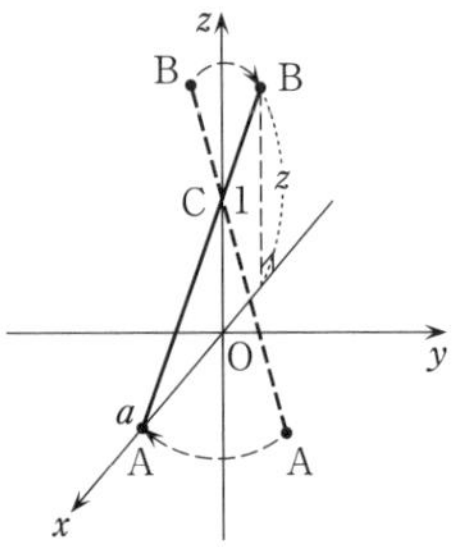

Oを原点とする xz 平面で $A(a,\ 0)$，$B(x,\ z)$ とする。

$AB=2$ から，明らかに $0\leqq a\leqq\sqrt{3}$，$x\leqq 0$，$1\leqq z\leqq 2$ である。

$0<a<\sqrt{3}$ のとき，$1<z<2$ であり，相似比から

$$a:(a-x)=1:z$$

$$az=a-x$$

$$a=\frac{x}{1-z}\quad\cdots\cdots①$$

また，$AB=2$ から

$$(a-x)^2+z^2=4\quad\cdots\cdots②$$

①，②から

$$\left(\frac{x}{1-z}-x\right)^2+z^2=4$$

$$x^2=(4-z^2)\left(1-\frac{1}{z}\right)^2\quad\cdots\cdots③$$

条件から，$a=0$ のとき $(x,\ z)=(0,\ 2)$，$a=\sqrt{3}$ のとき $(x,\ z)=(0,\ 1)$ であり，これらの場合も③が成り立つ。

③と $x\leqq 0$，$1\leqq z\leqq 2$ から，$x=-\sqrt{(4-z^2)\left(1-\frac{1}{z}\right)^2}$ となり，$1\leqq z\leqq 2$ を満たす z に対して x の値は一通りに定まる。

これで定まる点 $B(x,\ 0,\ z)$ と，$C(0,\ 0,\ 1)$ を結ぶ線分すべてがなす図形を z 軸の周りに1回転してできる立体の体積が V であり

$$V=\pi\int_1^2 x^2dz$$

$$=\pi\int_1^2 (4-z^2)\left(1-\frac{1}{z}\right)^2 dz$$

$$=\pi\int_1^2 (4-z^2)\left(1-\frac{2}{z}+\frac{1}{z^2}\right) dz$$

$$=\pi\int_1^2 \left(3-\frac{8}{z}+\frac{4}{z^2}+2z-z^2\right) dz$$

$$=\pi\left[3z-8\log z-\frac{4}{z}+z^2-\frac{z^3}{3}\right]_1^2$$

$$=\left(\frac{17}{3}-8\log 2\right)\pi$$ ……(答)

136 2015年度〔3〕 Level B

ポイント (1) $f(x)=ax^p-\log x$ とおき，$f(x)=0$ の解がただ1つ存在するための a，p の条件と，そのときの解 x を求める。$f(x)$ の増減表と $\lim_{x\to+0}f(x)$，$\lim_{x\to\infty}f(x)$ を調べる。

(2) (1)の増減表から $ax^p\geqq\log x$ であることがわかるので，それに基づいて体積を立式する。積分計算は部分積分を用いる。

(3) (2)の結果からただちに得られる。

解 法

(1) Qの x 座標は x の方程式 $ax^p-\log x=0$ $(x>0)$ の解である。

$f(x)=ax^p-\log x$ とおき，$f(x)=0$ の解がただ1つ存在するための a，p の条件と，そのときの解 x を求める。

$$f'(x)=apx^{p-1}-\frac{1}{x}$$
$$=\frac{apx^p-1}{x}$$

$f'(x)=0$ となる x の値は $ap\neq0$ より $x=\left(\frac{1}{ap}\right)^{\frac{1}{p}}$ であり，$f(x)$ の増減表は右のようになる。

x	(0)	$\cdots$	$\left(\frac{1}{ap}\right)^{\frac{1}{p}}$	$\cdots$
$f'(x)$		$-$	0	$+$
$f(x)$		↘	$f\left(\left(\frac{1}{ap}\right)^{\frac{1}{p}}\right)$	↗

$\lim_{x\to+0}ax^p=0$，$\lim_{x\to+0}(-\log x)=\infty$ から

$$\lim_{x\to+0}f(x)=\lim_{x\to+0}(ax^p-\log x)=\infty \quad \cdots\cdots①$$

$\lim_{x\to\infty}\frac{x^p}{\log x}=\infty$ と $a>0$ から

$$\lim_{x\to\infty}f(x)=\lim_{x\to\infty}\left\{\left(\frac{ax^p}{\log x}-1\right)\log x\right\}=\infty \quad \cdots\cdots②$$

増減表と①，②および $f(x)$ が $x>0$ で連続であることから，$f(x)=0$ の解がただ1つ存在するための a，p の条件は $f\left(\left(\frac{1}{ap}\right)^{\frac{1}{p}}\right)=0$ である。

$$f\left(\left(\frac{1}{ap}\right)^{\frac{1}{p}}\right)=a\left\{\left(\frac{1}{ap}\right)^{\frac{1}{p}}\right\}^p-\log\left(\frac{1}{ap}\right)^{\frac{1}{p}}$$
$$=\frac{1}{p}+\frac{1}{p}\log ap$$

よって，$f\left(\left(\frac{1}{ap}\right)^{\frac{1}{p}}\right)=0$ から，$\frac{1}{p}+\frac{1}{p}\log ap=0$ となり，これより $\log ap=-1$ である。ゆ

えに，e を自然対数の底として

$$a=\frac{1}{pe}\quad\cdots\cdots(\text{答})$$

このとき，$f(x)=0$ の解は　$\left(\dfrac{1}{ap}\right)^{\frac{1}{p}}=e^{\frac{1}{p}}$

ゆえに，Qの x 座標は　$e^{\frac{1}{p}}$　……(答)

(2)　求める体積を V とすると，(1)より，$ax^p \geqq \log x$（等号は $x=e^{\frac{1}{p}}$ でのみ成立）であるから

$$\frac{V}{\pi}=\int_0^{e^{\frac{1}{p}}}(ax^p)^2dx-\int_1^{e^{\frac{1}{p}}}(\log x)^2dx\quad\cdots\cdots③$$

($p>1$ の場合)

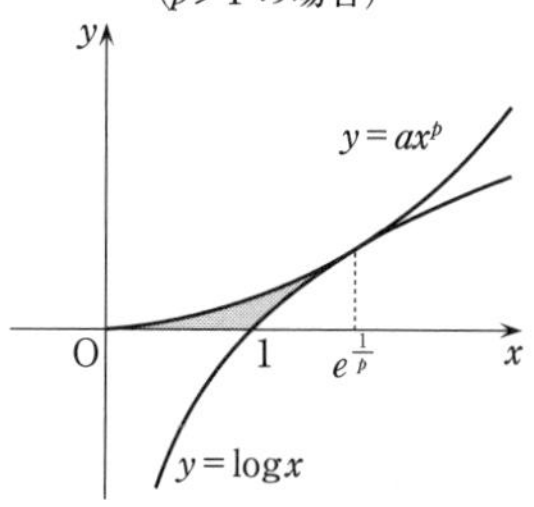

y, $y=ax^p$, O, 1, $e^{\frac{1}{p}}$, x, $y=\log x$

ここで

$$\int_0^{e^{\frac{1}{p}}}(ax^p)^2dx=a^2\int_0^{e^{\frac{1}{p}}}x^{2p}dx=\frac{a^2}{2p+1}\Big[x^{2p+1}\Big]_0^{e^{\frac{1}{p}}}$$

$$=\frac{a^2}{2p+1}(e^{\frac{1}{p}})^{2p+1}=\frac{a^2}{2p+1}\cdot e^2\cdot e^{\frac{1}{p}}$$

$$=\frac{(ae)^2}{2p+1}e^{\frac{1}{p}}$$

$$=\frac{e^{\frac{1}{p}}}{p^2(2p+1)}\quad\cdots\cdots④\quad\left((1)\text{の } a=\frac{1}{pe}\text{ より}\right)$$

$$\int_1^{e^{\frac{1}{p}}}(\log x)^2dx=\int_1^{e^{\frac{1}{p}}}x'(\log x)^2dx=\Big[x(\log x)^2\Big]_1^{e^{\frac{1}{p}}}-2\int_1^{e^{\frac{1}{p}}}\log x\,dx$$

$$=e^{\frac{1}{p}}\{\log(e^{\frac{1}{p}})\}^2-2\Big[x\log x-x\Big]_1^{e^{\frac{1}{p}}}$$

$$=e^{\frac{1}{p}}\cdot\frac{1}{p^2}-2e^{\frac{1}{p}}\log e^{\frac{1}{p}}+2e^{\frac{1}{p}}-2$$

$$=e^{\frac{1}{p}}\left(\frac{1}{p^2}-\frac{2}{p}+2\right)-2\quad\cdots\cdots⑤$$

③，④，⑤から

$$\frac{V}{\pi}=e^{\frac{1}{p}}\left\{\frac{1}{p^2(2p+1)}-\frac{1}{p^2}+\frac{2}{p}-2\right\}+2$$

$$=e^{\frac{1}{p}}\left\{\frac{1-(2p+1)+2p(2p+1)-2p^2(2p+1)}{p^2(2p+1)}\right\}+2$$

$$=\frac{2e^{\frac{1}{p}}(1-2p)}{2p+1}+2$$

ゆえに　$V=\dfrac{2\pi e^{\frac{1}{p}}(1-2p)}{2p+1}+2\pi$　……(答)

(3)　(2)より，$V=2\pi$ となるのは，$\dfrac{2\pi e^{\frac{1}{p}}(1-2p)}{2p+1}=0$ のときなので

$$p=\frac{1}{2}\quad\cdots\cdots(\text{答})$$

〔注〕 (1)で，「共有点が 1 点のみである」ことを始めから「2 曲線が接すること」として考えるのは誤りであることに注意。

137　2013年度〔6〕　Level C

ポイント (1)　回転体は2つの直円錐からなるので，空間座標を用いてこれらを表す連立不等式を考える。ベクトルの内積を用いた円錐面の式を利用する。

(2)　(1)を考える際に得られる放物線で囲まれた図形の面積を計算して，断面積を求める。

解法

(1)　△ABC を直線 BD を軸として回転させてできる立体（B を頂点，線分 BO を回転軸とする直円錐）を W_1 とする。

空間の点 P$(x,\ y,\ z)$ が W_1 に属するための条件は

$$\begin{cases} \overrightarrow{\mathrm{BP}}\cdot\overrightarrow{\mathrm{BO}} \geqq |\overrightarrow{\mathrm{BP}}|\cdot|\overrightarrow{\mathrm{BO}}|\cos\dfrac{\pi}{4} & \cdots\cdots① \\ |x|\leqq 1 \\ |y|\leqq 1 \\ x+y\geqq 0 \end{cases}$$

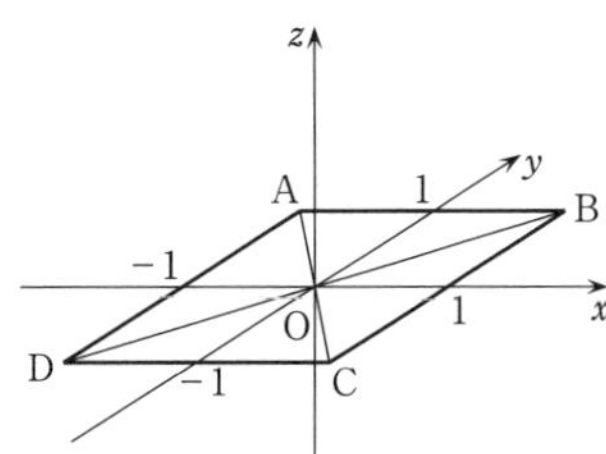

である。

①より

$$(x-1,\ y-1,\ z)\cdot(-1,\ -1,\ 0)\geqq\sqrt{(x-1)^2+(y-1)^2+z^2}\cdot\sqrt{2}\cdot\frac{1}{\sqrt{2}}$$

$$(1-x)+(1-y)\geqq\sqrt{(x-1)^2+(y-1)^2+z^2}$$

$|x|\leqq 1$ かつ $|y|\leqq 1$ の範囲で考えると，この両辺は0以上であるから，その両辺を平方したものと同値であり

$$(1-x)^2+(1-y)^2+2(1-x)(1-y)\geqq(x-1)^2+(y-1)^2+z^2$$

$$z^2\leqq 2(1-x)(1-y)$$

したがって，W_1 は

$$\begin{cases} z^2\leqq 2(1-x)(1-y) \\ |x|\leqq 1 \\ |y|\leqq 1 \\ x+y\geqq 0 \end{cases}$$

を満たす点 $(x,\ y,\ z)$ の集合である。

同様に，△ADC を直線 BD を軸として回転させてできる立体を W_2 とすると，W_2 は

$$\begin{cases} z^2 \leqq 2(1+x)(1+y) \\ |x| \leqq 1 \\ |y| \leqq 1 \\ x+y \leqq 0 \end{cases}$$

を満たす点（x, y, z）の集合である。

このとき，$V_1 = W_1 \cup W_2$ である。

平面 $x=t$（$0 \leqq t < 1$）による W_1 の切り口 K_1 は

$$(*)\begin{cases} z^2 \leqq 2(1-t)(1-y) \\ x=t \\ |y| \leqq 1 \\ y \geqq -t \end{cases}$$

を満たす点（t, y, z）の集合である。

平面 $x=t$（$0 \leqq t < 1$）による W_2 の切り口 K_2 は

$$(**)\begin{cases} z^2 \leqq 2(1+t)(1+y) \\ x=t \\ |y| \leqq 1 \\ y \leqq -t \end{cases}$$

を満たす点（t, y, z）の集合である。ここで

$$z^2 \leqq 2(1-t)(1-y) \iff y \leqq 1 - \frac{z^2}{2(1-t)}$$

$$z^2 \leqq 2(1+t)(1+y) \iff y \geqq -1 + \frac{z^2}{2(1+t)}$$

であるから，$K_1 \cup K_2$ を図示すると右図の斜線部分となる。ただし

$$\alpha = -\sqrt{2(1-t^2)}$$

$$\beta = \sqrt{2(1-t^2)}$$

である。

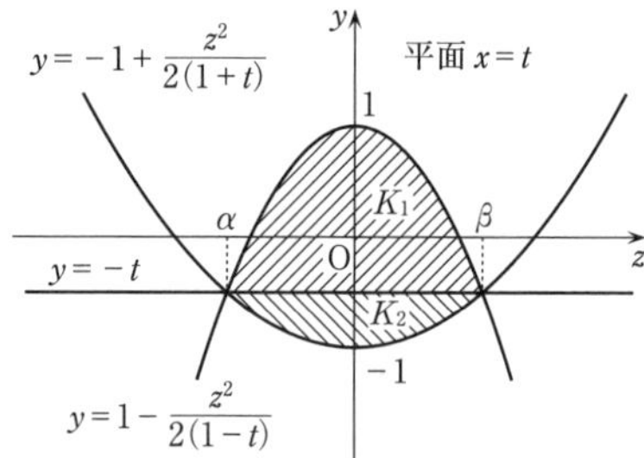

この面積は

$$\int_\alpha^\beta \left\{\left(1 - \frac{z^2}{2(1-t)}\right) - \left(-1 + \frac{z^2}{2(1+t)}\right)\right\} dz$$

$$= -\frac{1}{1-t^2}\int_\alpha^\beta (z-\alpha)(z-\beta)\,dz = \frac{1}{1-t^2}\cdot\frac{1}{6}(\beta-\alpha)^3$$

$$= \frac{8}{3}\sqrt{2(1-t^2)} \quad \cdots\cdots (答)$$

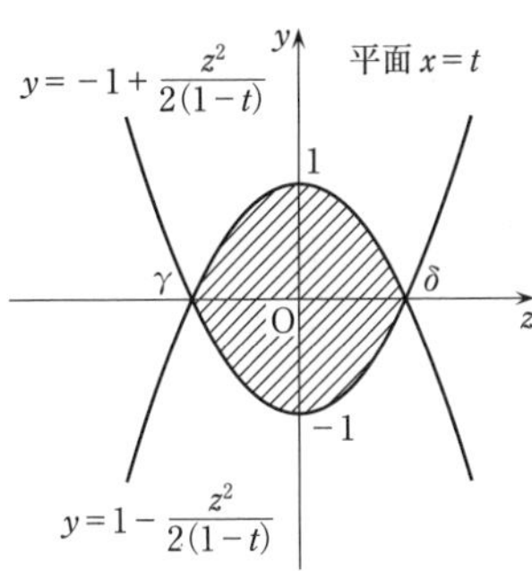

(2) (1)の①式でBをCに変えて考えると，(＊)で y を $-y$ に変えた式が得られる。これが△BCDを直線ACを軸として回転させてできる立体の平面 $x=t$ による切り口を表す式である。

同様に，△BADを直線ACを軸として回転させてできる立体の平面 $x=t$ による切り口を表す式は(＊＊)で y を $-y$ に変えたものである。

よって，平面 $x=t$ $(0\leqq t<1)$ による V_2 の切り口は(1)の斜線部分を z 軸に関して対称移動したものである。

これと(1)の斜線部分との共通部分は，zy 平面において，放物線 $y=1-\dfrac{z^2}{2(1-t)}$ と $y=-1+\dfrac{z^2}{2(1-t)}$ で囲まれた図形である。この面積を $S(t)$ とすると，

$\gamma=-\sqrt{2(1-t)}$，$\delta=\sqrt{2(1-t)}$ として

$$S(t)=\int_{\gamma}^{\delta}\left\{\left(1-\frac{z^2}{2(1-t)}\right)-\left(-1+\frac{z^2}{2(1-t)}\right)\right\}dz$$

$$=-\frac{1}{1-t}\int_{\gamma}^{\delta}(z-\gamma)(z-\delta)\,dz$$

$$=\frac{1}{6(1-t)}(\delta-\gamma)^3$$

$$=\frac{8\sqrt{2}}{3}\sqrt{1-t}\quad(0\leqq t<1)$$

$t=1$ のときは切り口は線分BCとなるので，これを付け加えても断面積に変化はない。

また，$V_1\cap V_2$ は平面 $x=0$（yz 平面）に関して対称であることから，求める体積は

$$2\int_0^1 S(t)\,dt=\frac{16\sqrt{2}}{3}\int_0^1(1-t)^{\frac{1}{2}}dt=\frac{16\sqrt{2}}{3}\left[-\frac{2}{3}(1-t)^{\frac{3}{2}}\right]_0^1$$

$$=\frac{32}{9}\sqrt{2}\quad\cdots\cdots(\text{答})$$

〔注〕 平面 $x=t$ は円錐の母線（BCやAD）を含む1つの平面に平行な平面なので，切り口に放物線が現れることは容易に予想できることである。

138　2012年度〔3〕　Level A

ポイント (1)　曲線の交点の座標を正しく求め，図の概形をつかみ立式する。

(2)　$\dfrac{V_2}{V_1}-1$ を計算し，$\sqrt{2}$ の評価式を利用する。

解法

(1)　$y=\dfrac{1}{2}x^2$　……①

$\dfrac{x^2}{4}+4y^2=\dfrac{1}{8}$　……②

①，②より

$$\frac{x^2}{4}+4\left(\frac{1}{2}x^2\right)^2=\frac{1}{8}$$

$$8x^4+2x^2-1=0$$

$$(2x^2+1)(4x^2-1)=0$$

$$x=\pm\frac{1}{2}$$

①に代入して　　$y=\dfrac{1}{8}$

よって，①，②の交点は $\left(-\dfrac{1}{2},\ \dfrac{1}{8}\right)$，$\left(\dfrac{1}{2},\ \dfrac{1}{8}\right)$ となるので，与えられた図形 S は下図の網かけ部分である。

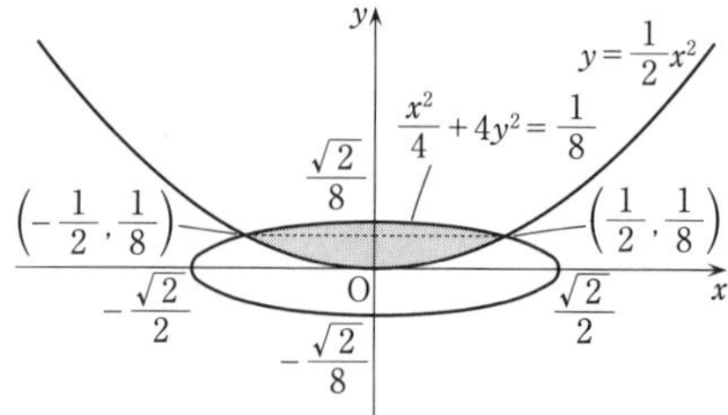

$\dfrac{x^2}{4}+4y^2=\dfrac{1}{8}$ から　　$y=\pm\dfrac{1}{4}\sqrt{\dfrac{1}{2}-x^2}$

$y_1=\dfrac{1}{4}\sqrt{\dfrac{1}{2}-x^2}$，$y_2=\dfrac{1}{2}x^2$ とおくと，y 軸に関する図形の対称性から

$$V_1=2\pi\int_0^{\frac{1}{2}}(y_1{}^2-y_2{}^2)\,dx=\frac{\pi}{16}\int_0^{\frac{1}{2}}(1-2x^2-8x^4)\,dx$$

$$=\frac{\pi}{16}\left[x-\frac{2}{3}x^3-\frac{8}{5}x^5\right]_0^{\frac{1}{2}}=\frac{\pi}{16}\left(\frac{1}{2}-\frac{1}{12}-\frac{1}{20}\right)$$

$$=\frac{11}{480}\pi \quad \cdots\cdots(\text{答})$$

一方，$\dfrac{x^2}{4}+4y^2=\dfrac{1}{8}$ から $x^2=\dfrac{1}{2}-16y^2$，$y=\dfrac{1}{2}x^2$ から $x^2=2y$ なので

$$V_2=\pi\int_0^{\frac{1}{8}}2ydy+\pi\int_{\frac{1}{8}}^{\frac{\sqrt{2}}{8}}\left(\frac{1}{2}-16y^2\right)dy$$

$$=\pi\left[y^2\right]_0^{\frac{1}{8}}+\pi\left[\frac{y}{2}-\frac{16}{3}y^3\right]_{\frac{1}{8}}^{\frac{\sqrt{2}}{8}}$$

$$=\frac{1}{8^2}\pi+\pi\left\{\frac{1}{2}\cdot\frac{\sqrt{2}}{8}-\frac{16}{3}\left(\frac{\sqrt{2}}{8}\right)^3-\frac{1}{2}\cdot\frac{1}{8}+\frac{16}{3}\left(\frac{1}{8}\right)^3\right\}$$

$$=\frac{\pi}{8^2}+\frac{4\sqrt{2}-5}{8\cdot4\cdot3}\pi=\frac{3\pi+8\sqrt{2}\pi-10\pi}{8^2\cdot3}=\frac{8\sqrt{2}-7}{192}\pi \quad \cdots\cdots(\text{答})$$

〔注1〕　V_1 については［解法］のように y_1，y_2 を設定して立式したが，$\dfrac{x^2}{4}+4y^2=\dfrac{1}{8}$ から $y^2=\dfrac{1}{16}\left(\dfrac{1}{2}-x^2\right)$，$y=\dfrac{1}{2}x^2$ から $y^2=\dfrac{1}{4}x^4$ なので，$2\pi\displaystyle\int_0^{\frac{1}{2}}\left\{\frac{1}{16}\left(\frac{1}{2}-x^2\right)-\frac{1}{4}x^4\right\}dx$ と立式してもよい。

〔注2〕　V_2 は次のように求めてもよい。

$$V_2=2\pi\int_0^{\frac{1}{2}}\left(x\cdot\frac{1}{4}\sqrt{\frac{1}{2}-x^2}-x\cdot\frac{1}{2}x^2\right)dx$$

$$=\frac{1}{4}\pi\int_0^{\frac{1}{2}}\left(2x\sqrt{\frac{1}{2}-x^2}-4x^3\right)dx$$

$$=\frac{\pi}{4}\left[-\frac{2}{3}\left(\frac{1}{2}-x^2\right)^{\frac{3}{2}}-x^4\right]_0^{\frac{1}{2}}$$

$$=\frac{\pi}{4}\left\{\left(-\frac{2}{3}\cdot\frac{1}{8}-\frac{1}{16}\right)+\frac{2}{3}\cdot\frac{1}{2\sqrt{2}}\right\}$$

$$=\frac{\pi}{4}\left(\frac{\sqrt{2}}{6}-\frac{7}{48}\right)$$

$$=\frac{\pi}{192}(8\sqrt{2}-7)$$

(2)　$$\frac{V_2}{V_1}=\frac{8\sqrt{2}-7}{4\cdot48}\cdot\frac{480}{11}=\frac{5}{22}(8\sqrt{2}-7)$$

$$\frac{V_2}{V_1}-1=\frac{40\sqrt{2}-35-22}{22}=\frac{40\sqrt{2}-57}{22}$$

ここで，$\sqrt{2}<1.42$ より $40\sqrt{2}<56.8<57$ なので

$$\frac{V_2}{V_1}-1<0$$

ゆえに　$\dfrac{V_2}{V_1}<1$ ……(答)

研究 〔注 2〕で用いた立式（いわゆる「円筒法」）の根拠を以下に簡単に示す。

閉区間 $[0,\ a]$ $(a>0)$ で $f(x)$ は連続かつ $f(x)\geqq 0$ とする。

曲線 $C:y=f(x)$ と x 軸，y 軸，および点 $(x,\ 0)$ $(0\leqq x\leqq a)$ を通り x 軸に垂直な直線で囲まれた図形を y 軸のまわりに回転してできる回転体の体積を $V(x)$ とすると

$$V(a)=2\pi\int_0^a xf(x)\,dx$$

である。

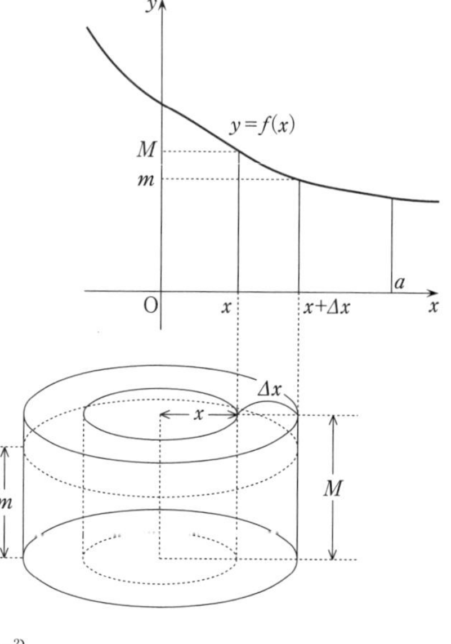

（証明） 区間 $[x,\ x+\Delta x]$ での $f(x)$ の最大値 M，最小値 m を用いると，この区間における $y=f(x)$ と x 軸とで囲まれた図形を y 軸のまわりに回転してできる回転体の体積 ΔV は

$$m\{\pi(x+\Delta x)^2-\pi x^2\}\leqq\Delta V$$
$$\leqq M\{\pi(x+\Delta x)^2-\pi x^2\}$$

となる。すなわち

$$2\pi mx\Delta x+\pi m(\Delta x)^2\leqq\Delta V\leqq 2\pi Mx\Delta x+\pi M(\Delta x)^2$$

$$2\pi mx+\pi m(\Delta x)\leqq\frac{\Delta V}{\Delta x}\leqq 2\pi Mx+\pi M(\Delta x)$$

$\Delta x\to 0$ のとき，$M\to f(x)$，$m\to f(x)$ なので　$V'(x)=\displaystyle\lim_{\Delta x\to 0}\frac{\Delta V}{\Delta x}=2\pi xf(x)$

すなわち，$V(x)$ は $2\pi xf(x)$ の原始関数であり，定積分の定義から

$$\int_0^a 2\pi xf(x)\,dx=V(a)-V(0)$$

ここで明らかに，$V(0)=0$ なので

$$V(a)=2\pi\int_0^a xf(x)\,dx$$

である。 （証明終）

139　2011年度〔6〕　Level C

ポイント　(1)　放物線の軸の位置での場合分けによる。

(2)　与えられた条件を tu 平面で考えると，「$u=f(t)$ $(0\leqq t\leqq 1)$ のグラフを u 軸に平行に z だけ平行移動したものが領域 $0\leqq u\leqq 1$ に含まれる」ことと同値である。(1)の結果を用いてこの条件を満たすような $(x,\ y)$ を図示する。

(3)　領域 S 内の点 $(x,\ y)$ ごとに，z のとり得る値の範囲は(2)の考察から，$0\leqq m+z$ かつ $M+z\leqq 1$ すなわち，$-m\leqq z\leqq -M+1$ である。このことから，領域 V を $x,\ y,\ z$ の不等式で与えることができる。この後は２通りの解法が考えられる。

［解法１］　平面 $x=s$ による V の断面積を求め，これを積分する。

［解法２］　平面 $z=k$ による V の断面積を求め，これを積分する。

解 法 1

(1)　$u=f(t)$ とおくと，tu 平面でこのグラフは $u=-\dfrac{y}{2x}$ を軸とする下に凸な放物線であり

$$f(0)=0\quad ,\quad f(1)=x+y$$

$$f\left(-\frac{y}{2x}\right)=x\left(-\frac{y}{2x}\right)^2+y\left(-\frac{y}{2x}\right)=\frac{y^2}{4x}-\frac{y^2}{2x}=-\frac{y^2}{4x}$$

である。以下，$0\leqq t\leqq 1$ での $f(t)$ の最大値を M，最小値を m とおく。

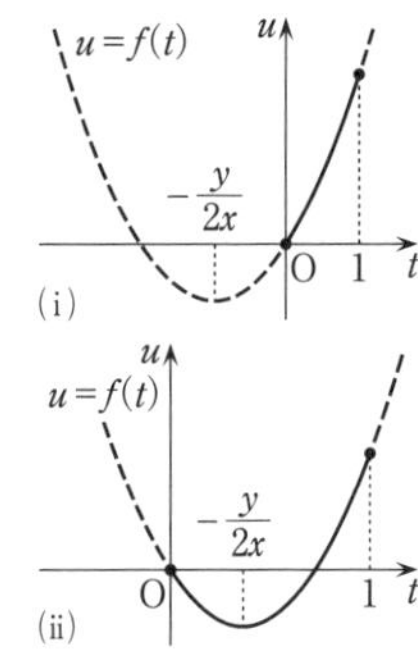

(i)　$-\dfrac{y}{2x}\leqq 0$ すなわち $y\geqq 0$ のとき

$M=f(1)$，$m=f(0)$ であり

$$M-m=x+y$$

(ii)　$0<-\dfrac{y}{2x}\leqq\dfrac{1}{2}$ すなわち $-x\leqq y<0$ のとき

$M=f(1)$，$m=f\left(-\dfrac{y}{2x}\right)$ であり

$$M-m=x+y+\frac{y^2}{4x}$$

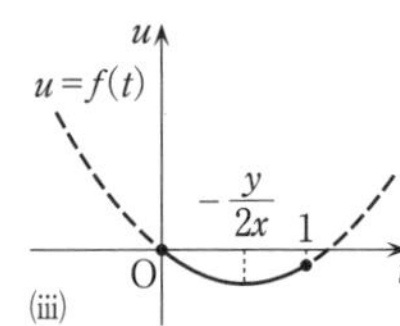

(iii)　$\dfrac{1}{2}<-\dfrac{y}{2x}\leqq 1$ すなわち $-2x\leqq y<-x$ のとき

$M=f(0)$，$m=f\left(-\dfrac{y}{2x}\right)$ であり

$$M-m=\frac{y^2}{4x}$$

(iv) $-\dfrac{y}{2x}>1$ すなわち $y<-2x$ のとき

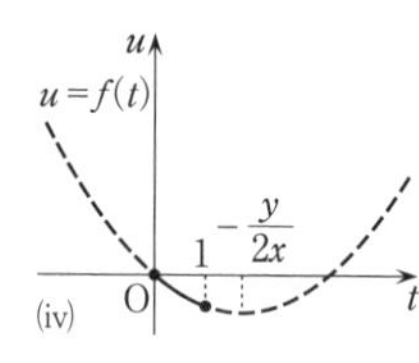

$M=f(0)$，$m=f(1)$ であり

$$M-m=-x-y$$

以上より，最大値と最小値の差は

$$\begin{cases} x+y & (y\geqq 0 \text{ のとき}) \\ x+y+\dfrac{y^2}{4x} & (-x\leqq y<0 \text{ のとき}) \\ \dfrac{y^2}{4x} & (-2x\leqq y<-x \text{ のとき}) \\ -x-y & (y<-2x \text{ のとき}) \end{cases}$$

……(答)

(2) 与えられた条件を tu 平面で考えると，「$u=f(t)$ $(0\leqq t\leqq 1)$ のグラフを u 軸に平行に z だけ平行移動したものが領域 $0\leqq u\leqq 1$ に含まれる」ことと同値であり，この条件は(1)の M, m を用いると $m+z\geqq 0$ かつ $M+z\leqq 1$ すなわち $-m\leqq z\leqq 1-M$ である（右図参照）。これを満たす実数 z が存在するための条件は $-m\leqq 1-M$ すなわち $M-m\leqq 1$ である。これを満たす $(x,\ y)$ は(1)の結果から

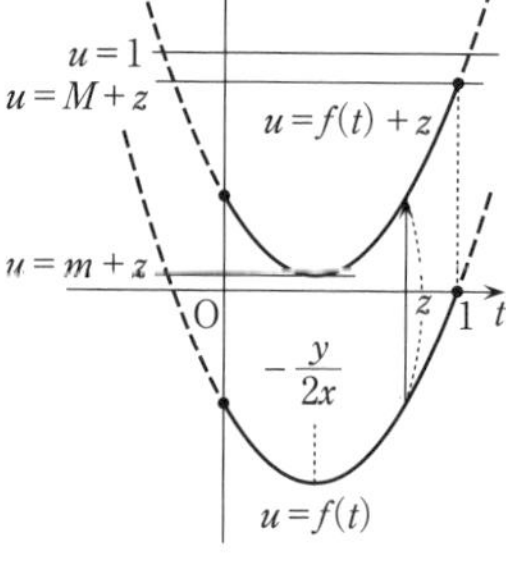

(i) $y\geqq 0$ のとき

$$x+y\leqq 1 \quad \text{すなわち} \quad y\leqq -x+1$$

(ii) $-x\leqq y<0$ のとき

$$x+y+\frac{y^2}{4x}\leqq 1 \quad \text{すなわち} \quad 4x^2+4xy+y^2\leqq 4x$$

これは $y^2+4xy+4x^2-4x\leqq 0$ すなわち $-2x-2\sqrt{x}\leqq y\leqq -2x+2\sqrt{x}$ と同値である。

(iii) $-2x\leqq y<-x$ のとき

$$\frac{y^2}{4x}\leqq 1 \quad \text{すなわち} \quad x\geqq \frac{y^2}{4}$$

(iv) $y<-2x$ のとき

$$-x-y\leqq 1 \quad \text{すなわち} \quad y\geqq -x-1$$

以上より，条件を満たす $(x,\ y)$ は

$$\begin{cases} y\leqq -x+1 & (y\geqq 0 \text{ のとき}) \\ -2x-2\sqrt{x}\leqq y\leqq -2x+2\sqrt{x} & (-x\leqq y<0 \text{ のとき}) \\ x\geqq \dfrac{y^2}{4} & (-2x\leqq y<-x \text{ のとき}) \\ y\geqq -x-1 & (y<-2x \text{ のとき}) \end{cases}$$

これを図示すると下図の網かけ部分となる。ただし，境界を含むが y 軸上の点は除く。

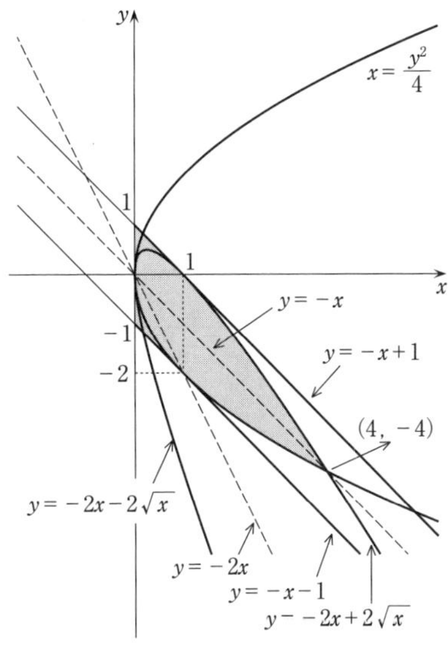

(3) $x=0$ のとき，$f(t)=yt$ なので

$y\geqq 0$ のときは　$M=f(1)=y$　，　$m=f(0)=0$

$y<0$ のときは　$M=f(0)=0$　，　$m=f(1)=y$

求める $(x,\ y)$ の条件は，(2)と同様に考えて，$M-m\leqq 1$ なので

$y\geqq 0$ のとき，$0\leqq y\leqq 1$ であり，

$y<0$ のとき，$-1\leqq y<0$ である。

したがって，条件 $x>0$ を $x\geqq 0$ とした場合の(2)の領域 S は解答の図に y 軸上の $-1\leqq y\leqq 1$ の部分を加えたものとなる。以下，$0\leqq x\leqq 1$ として考える。

このとき，「実数 z で，$0\leqq t\leqq 1$ を満たす任意の t に対して $0\leqq f(t)+z\leqq 1$ が成り立つようなものが存在する」ような $(x,\ y)$（領域 S 内の点）ごとに，z のとり得る値の範囲は(2)の考察から，$-m\leqq z\leqq -M+1$ である。よって，条件を満たす空間内の立体（領域）を与える式は(1)の場合分け(i)〜(iv)から

$$(*)\begin{cases} 0\leqq z\leqq -x-y+1 & (y\geqq 0 \text{ のとき}) \\ \dfrac{y^2}{4x}\leqq z\leqq -x-y+1 & (-x\leqq y<0 \text{ のとき}) \\ \dfrac{y^2}{4x}\leqq z\leqq 1 & (-2x\leqq y<-x \text{ のとき}) \\ -x-y\leqq z\leqq 1 & (y<-2x \text{ のとき}) \end{cases}$$

したがって，$0\leqq s\leqq 1$ を満たす s に対して，問題の立体の平面 $x=s$ での断面を yz 平面でみると（yz 平面に正射影してみると）

$$\begin{cases} 0 \leqq z \leqq -s-y+1 & (y \geqq 0 \text{ のとき}) \\ \dfrac{y^2}{4s} \leqq z \leqq -s-y+1 & (-s \leqq y < 0 \text{ のとき}) \\ \dfrac{y^2}{4s} \leqq z \leqq 1 & (-2s \leqq y < -s \text{ のとき}) \\ -s-y \leqq z \leqq 1 & (y < -2s \text{ のとき}) \end{cases}$$

これを図示すると，下図の網かけ部分（境界を含む）となる。

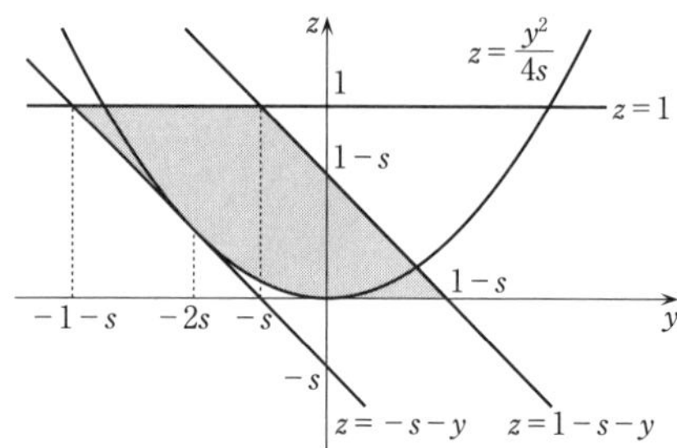

この面積は，平行四辺形の面積から $\displaystyle\int_{-2s}^{0}\left\{\frac{y^2}{4s}-(-s-y)\right\}dy$ を除き，　の面積を加えたものだから

$$1-\int_{-2s}^{0}\left(\frac{y^2}{4s}+s+y\right)dy+\frac{1}{2}s^2=1-\frac{s^2}{6}$$

ゆえに，V の体積は

$$\int_0^1\left(1-\frac{s^2}{6}\right)ds=\left[s-\frac{s^3}{18}\right]_0^1=\frac{17}{18} \quad \cdots\cdots(\text{答})$$

解法 2

((1)・(2)は［解法 1］に同じ)

(3)　((＊)までは［解法 1］に同じ)

(＊)を満たす z については，$0 \leqq z \leqq 1$ が必要である。領域 V の平面 $z=k$ $(0 \leqq k \leqq 1)$ による切り口の図形を D_k とおく。D_k を xy 平面に正射影すると，(＊)より次の不等式を満たす図形となる。

$$\begin{cases} 0 \leqq y \leqq -x+1-k \\ -x \leqq y < 0 \text{ かつ } x \geqq \dfrac{y^2}{4k} \text{ かつ } y \leqq -x+1-k \\ -2x \leqq y < -x \text{ かつ } x \geqq \dfrac{y^2}{4k} \\ y < -2x \text{ かつ } y \geqq -x-k \end{cases}$$

ただし，与えられた条件により $0 \leqq x \leqq 1$ である。

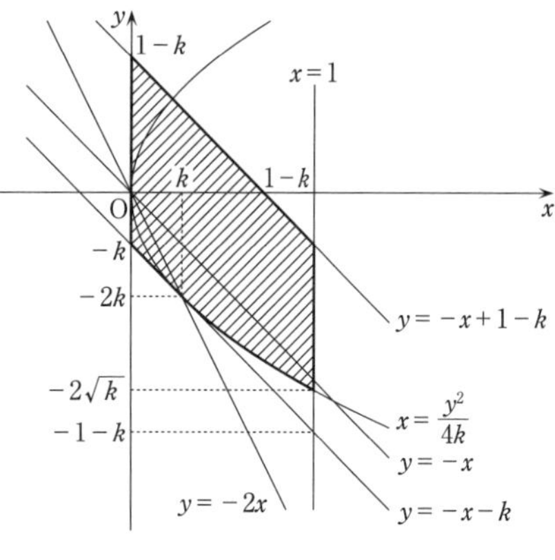

これを図示すると右図斜線部分となる。

$\left(y=-x-k\right.$ は $x=\dfrac{y^2}{4k}$ と 点 $(k,\ -2k)$ で接している。$\left.\right)$

この面積は平行四辺形の面積１を利用して

$$1-\int_{-2\sqrt{k}}^{-2k}\left\{\frac{y^2}{4k}-(-y-k)\right\}dy-\frac{1}{2}(-2\sqrt{k}+1+k)^2$$

$$=1-\left[\frac{y^3}{12k}+\frac{y^2}{2}+ky\right]_{-2\sqrt{k}}^{-2k}-\frac{1}{2}(k^2+6k-4\sqrt{k}-4k\sqrt{k}+1)$$

$$=\frac{1}{2}+\frac{1}{6}k^2-k+\frac{4}{3}\sqrt{k}$$

したがって，V の体積は

$$\int_0^1\left(\frac{1}{2}+\frac{1}{6}k^2-k+\frac{4}{3}\sqrt{k}\right)dk$$

$$=\left[\frac{k}{2}+\frac{k^3}{18}-\frac{k^2}{2}+\frac{8}{9}k^{\frac{3}{2}}\right]_0^1$$

$$=\frac{17}{18}\quad\cdots\cdots(答)$$

〔注１〕 (2)の条件 $M-m\leqq 1$ は次のように考えても得られる。

与えられた条件は「実数 z で，$0\leqq t\leqq 1$ を満たすすべての t に対して $-f(t)\leqq z\leqq -f(t)+1$ が成り立つようなものが存在する」である。

t（$0\leqq t\leqq 1$）を固定するごとに得られる ut 平面上の線分

$$I_t=\{(t,\ u)\mid -f(t)\leqq u\leqq -f(t)+1\}$$

すべてに共通な部分が存在することがこのような実数 z が存在するための必要十分条件である。この条件は(1)の(i)～(iv)のそれぞれの場合に対応する図(i′)～(iv′)から，いずれの場合も $-m\leqq -M+1$ すなわち $M-m\leqq 1$ である。

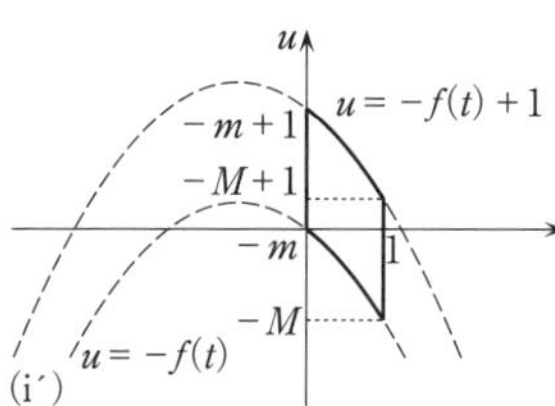

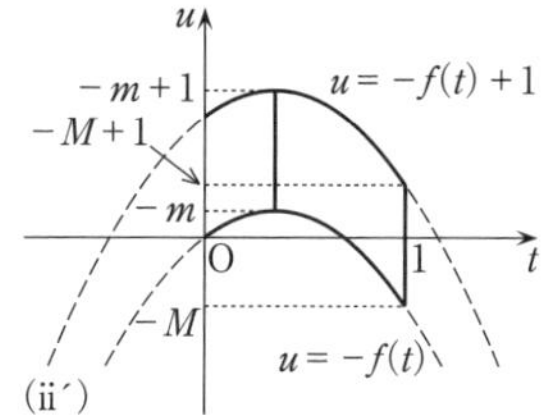

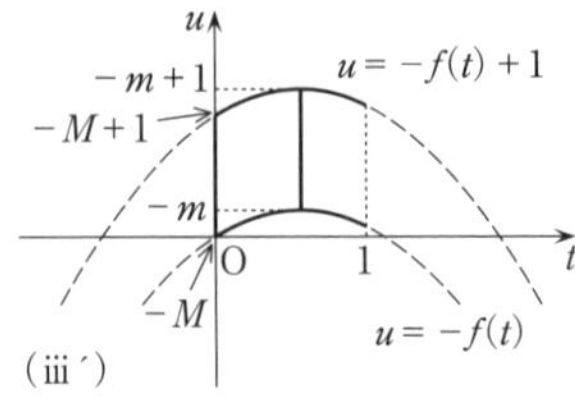

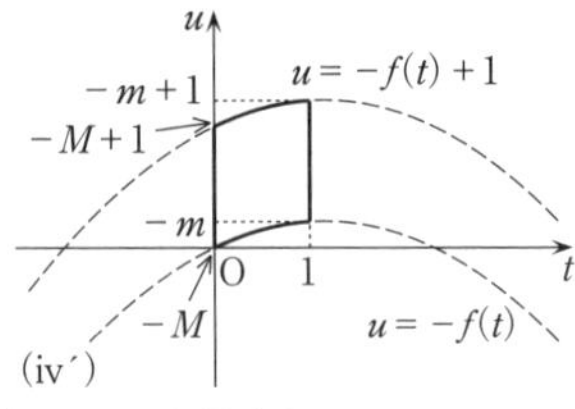

〔注2〕 (2)の図示は煩雑であるが，次のことに注意して図を描くとよい。

［1］ (ii)の $4x^2+4xy+y^2 \leqq 4x$ について

$(2x+y)^2 \leqq 4x$ より，$x>0$ であるから

$$-2\sqrt{x} \leqq 2x+y \leqq 2\sqrt{x} \iff -2x-2\sqrt{x} \leqq y \leqq -2x+2\sqrt{x}$$

ここで，(ii)の範囲は「$-x \leqq y<0$ のとき」であり，このときには $-2x-2\sqrt{x}<-x \leqq y$ が成り立つから，「$-x \leqq y<0$ のとき $y \leqq -2x+2\sqrt{x}$」を図示すれば十分である。

［2］ 曲線 $y=-2x+2\sqrt{x}$ について

$$y'=-2+\frac{1}{\sqrt{x}}=\frac{-2\sqrt{x}+1}{\sqrt{x}}$$

より，増減表およびグラフは，右のようになる。

さらに，この曲線は，点 $(4,\ -4)$ を通り，点 $(1,\ 0)$ において直線 $y=-x+1$ に接している。

x	0	…	$\frac{1}{4}$	…
y'	／	+	0	−
y	0	↗	$\frac{1}{2}$	↘

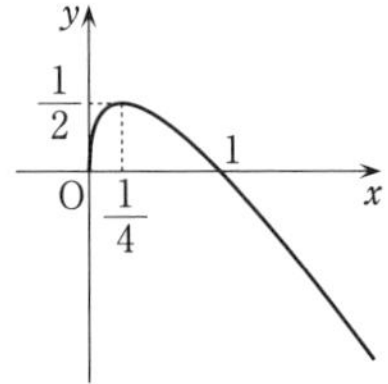

140　2009年度〔4〕　Level B

ポイント　各設問とも，実数 t $(-1 \leqq t \leqq 1)$ に対して平面 $y=t$ による断面を考える。

(1)　線分を原点のまわりに回転させてできる円環の一部を考える。

(2)　(1)で求めた体積との差に注目する。この差を直接求めるのではなく，上下から評価する工夫を考える。

解 法

(1)　実数 t $(-1 \leqq t \leqq 1)$ に対して平面 $y=t$ を H_t とする。平面 H_t による円板 D_1 の断面は線分 $L_t=\{(x,\ t,\ a)\,|\,-\sqrt{1-t^2} \leqq x \leqq \sqrt{1-t^2}\}$ である（図1）。

したがって，平面 H_t による E の断面は，半径 $\sqrt{a^2+1-t^2}$ の円と半径 a の円で囲まれた部分の中の斜線部となる（図2）。

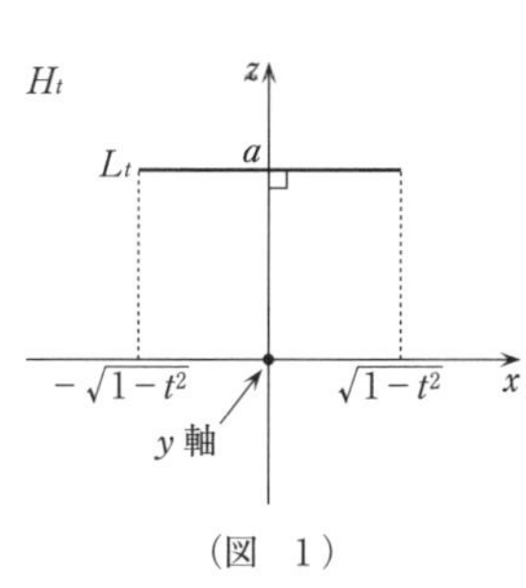

（図　1）

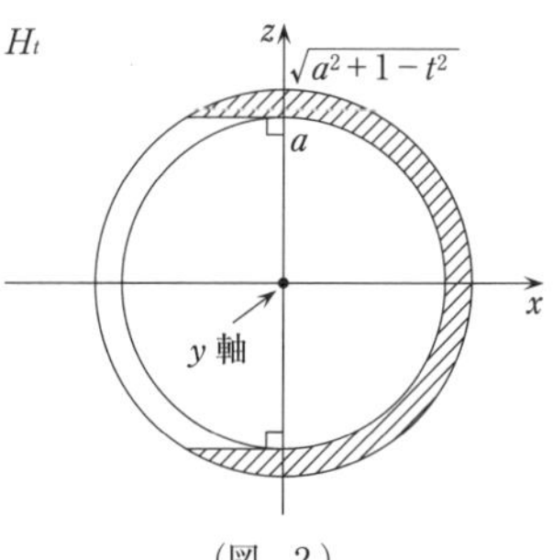

（図　2）

よって，E と $\{(x,\ y,\ z)\,|\,x \geqq 0\}$ の共通部分の平面 H_t による断面は，図3の斜線部であり，その面積は

$$\frac{1}{2}\pi\left(\sqrt{a^2+1-t^2}\right)^2-\frac{1}{2}\pi a^2=\frac{\pi}{2}(1-t^2)$$

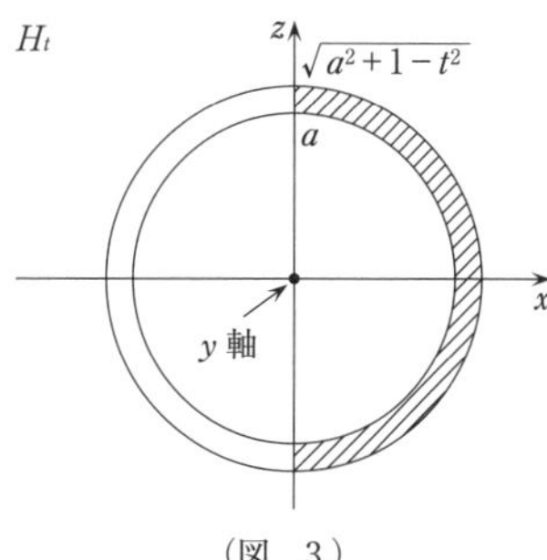

（図　3）

よって

$$W(a)=\frac{\pi}{2}\int_{-1}^{1}(1-t^2)\,dt=\pi\int_0^1(1-t^2)\,dt$$

$$=\pi\left[t-\frac{t^3}{3}\right]_0^1=\frac{2}{3}\pi \quad \cdots\cdots(答)$$

⑵　図4は E と $\{(x,\ y,\ z)|x\leqq 0\}$ の共通部分の平面 H_t による断面である。斜線部を囲む2つの長方形の面積で斜線部の面積 S を評価すると

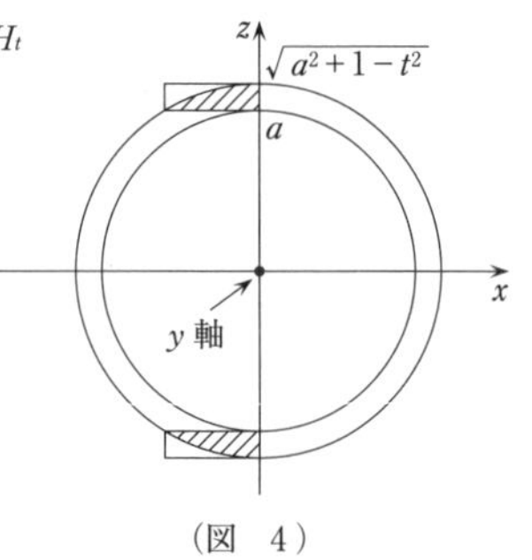

（図　4）

$$0\leqq S\leqq 2\sqrt{1-t^2}\,(\sqrt{a^2+1-t^2}-a)$$

よって

$$\begin{aligned}
0&\leqq V(a)-W(a)\\
&\leqq 2\int_{-1}^{1}\sqrt{1-t^2}\,(\sqrt{a^2+1-t^2}-a)\,dt\\
&=2\int_{-1}^{1}\sqrt{1-t^2}\cdot\frac{1-t^2}{\sqrt{a^2+1-t^2}+a}dt\\
&\leqq 2\int_{-1}^{1}\sqrt{1-t^2}\cdot\frac{1-t^2}{\sqrt{a^2}+a}dt\quad (0\leqq t\leqq 1\text{ で }\sqrt{a^2}\leqq\sqrt{a^2+1-t^2})\\
&=\frac{1}{a}\int_{-1}^{1}(1-t^2)^{\frac{3}{2}}dt\quad (a>0)\\
&=\frac{2}{a}\int_{0}^{1}(1-t^2)^{\frac{3}{2}}dt\\
&\leqq\frac{2}{a}\quad (0\leqq t\leqq 1\text{ で }0\leqq(1-t^2)^{\frac{3}{2}}\leqq 1)
\end{aligned}$$

よって，$0\leqq\lim_{a\to\infty}\{V(a)-W(a)\}\leqq\lim_{a\to\infty}\frac{2}{a}=0$ となり

$$\lim_{a\to\infty}\{V(a)-W(a)\}=0$$

ゆえに

$$\lim_{a\to\infty}V(a)=\lim_{a\to\infty}W(a)+\lim_{a\to\infty}\{V(a)-W(a)\}=\frac{2}{3}\pi\quad\cdots\cdots(\text{答})$$

141　2008年度〔3〕　Level C

ポイント　(1)　下にした面とその対面が平行であり，それぞれの重心を結ぶ直線がこれら2平面に垂直であることを利用する。

(2)　$\overrightarrow{G_1P}=t\overrightarrow{G_1G_2}$　$(0\leqq t\leqq 1)$ となる点Pを通り，直線 G_1G_2 に垂直な平面と正八面体の交線を(1)の平面図に記入すると六角形（$t=0$，1のときは三角形）を得る。これを軸の周りに回転させた図形の面積が断面積となる。

解法

(1)　正方形ABCDの対角線の交点をOとし，点Oを通り，平面ABCDに垂直な直線上にOE＝OF＝OAとなる異なる2点E，Fをとる。このとき，△AOE≡△DOE≡△AODなどから，8つの正三角形ABE，ABF，BCE，BCF，CDE，CDF，DAE，DAFを得る。これら8つの正三角形で囲まれた立体が正八面体である（図1）。

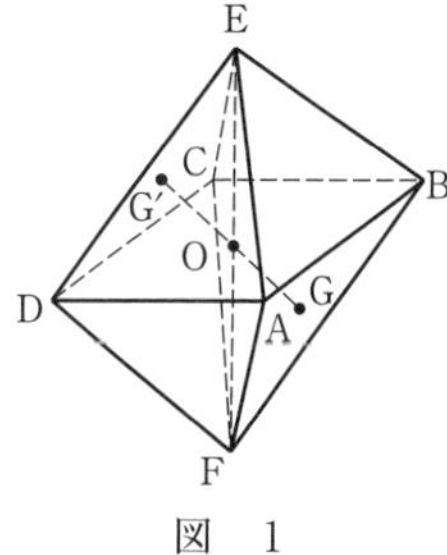

図　1

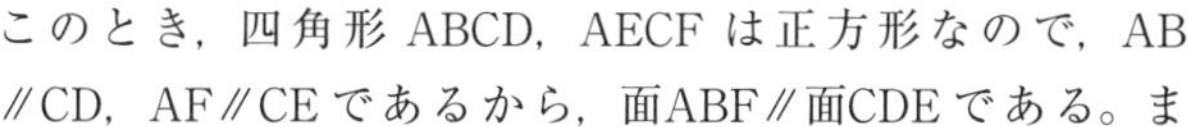

このとき，四角形ABCD，AECFは正方形なので，AB // CD，AF // CEであるから，面ABF // 面CDEである。また，点Oから面ABFに下ろした垂線の足をGとすると，△OAG≡△OBG≡△OFG（斜辺と他の1辺が相等しい直角三角形の合同）であるから，点Gは正三角形ABFの外心であり，したがって重心となる。同様に点Oから面CDEに下ろした垂線の足G′は正三角形CDEの重心である。

一般に平行な2平面の一方に垂直な直線は他方の平面にも垂直であり，空間の1点を通り1つの平面に垂直な直線は1本しかないから，直線OG，OG′は同一直線となる。

以上から，平面ABFに垂直な方向から三角形CDEを射影すると図2のようになる。

ゆえに，求める平面図は図3のような三角形ABFの外接円に内接する正六角形となる。

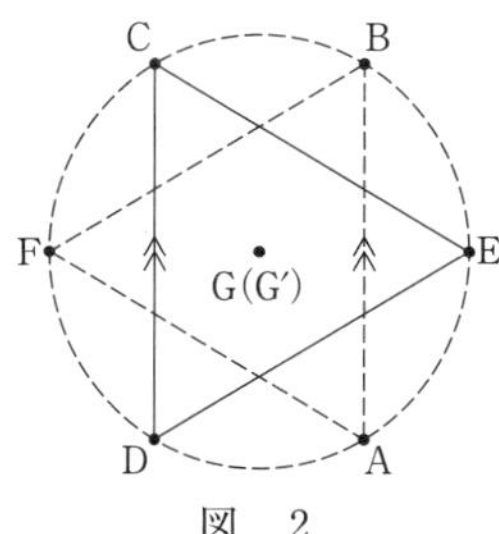

図　2

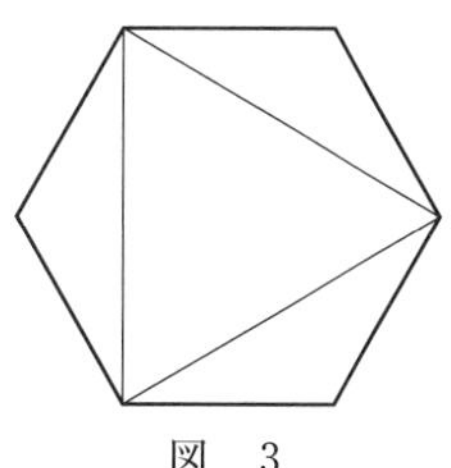
図　3

〔注1〕 上の幾何的な理由づけの代わりに座標空間に点をとり，ベクトル計算により，平行・垂直関係を導く根拠記述でも同じ平面図を得ることができる。

〔注2〕 下にした面とその対面が平行であり，それぞれの重心を結ぶ直線がこれら2平面に垂直であることの根拠記述に対する採点基準は不明であるが，［解法］では幾何的な観点から少し丁寧に行った。

(2) 平行な2面として，三角形 ABF と三角形 CDE をとる。このとき，$G_1=G$，$G_2=G'$ である。

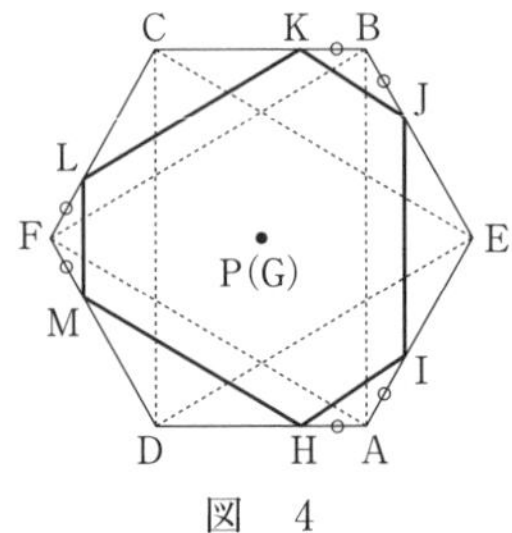

図　4

$\overrightarrow{G_1P}=t\overrightarrow{G_1G_2}$　$(0\leqq t\leqq 1)$ となる点Pを通り，直線 G_1G_2 に垂直な平面 α_t と正八面体の交線を(1)の平面図に記入すると図4のような六角形 HIJKLM となる（$t=0$ のときは三角形 ABF，$t=1$ のときは三角形 CDE)。ここで，$AH:AD=t:1$ である。

$$\angle PAH=\frac{\pi}{3},\quad AP=\frac{\sqrt{3}}{3},\quad AH=tAD=\frac{\sqrt{3}}{3}t$$

であるから，三角形 PAH において余弦定理から

$$PH^2=AP^2+AH^2-2AP\cdot AH\cos\frac{\pi}{3}$$
$$=\frac{1}{3}+\frac{t^2}{3}-\frac{t}{3}$$

PI，PJ，PK，PL，PM についても同様である。

よって，平面 α_t による回転体の断面の面積は $\pi\cdot PH^2$ である。

また　$$G_1G_2=2OG_1=2\sqrt{OA^2-AG_1{}^2}$$
$$=2\sqrt{\frac{1}{2}-\frac{1}{3}}=\frac{\sqrt{6}}{3}$$

$u=G_1P=\dfrac{\sqrt{6}}{3}t$ とおくと，$\dfrac{du}{dt}=\dfrac{\sqrt{6}}{3}$ であるから，求める立体の体積は

$$\pi\int_0^{\frac{\sqrt{6}}{3}}PH^2du=\pi\int_0^1\frac{\sqrt{6}}{3}\left(\frac{t^2-t+1}{3}\right)dt=\frac{\sqrt{6}}{9}\pi\left[\frac{t^3}{3}-\frac{t^2}{2}+t\right]_0^1$$
$$=\frac{5\sqrt{6}}{54}\pi\quad\cdots\cdots(\text{答})$$

〔注3〕 正八面体は正四面体の各辺の中点を結ぶ線分で切り出せるという事実を前提とし，正四面体の1つの頂点とその対面の重心を結ぶ直線はその面に垂直であることなどを用いると，(1)の結果は直観的にかなり容易に得ることができる（次図5，6参照)。なお，このとき正八面体のすべての頂点は，正四面体の重心（1つの頂点とその対面の重心を結ぶ線分を3：1に内分する点）を中心とする1つの球面上に存在することにも注意しておこう。

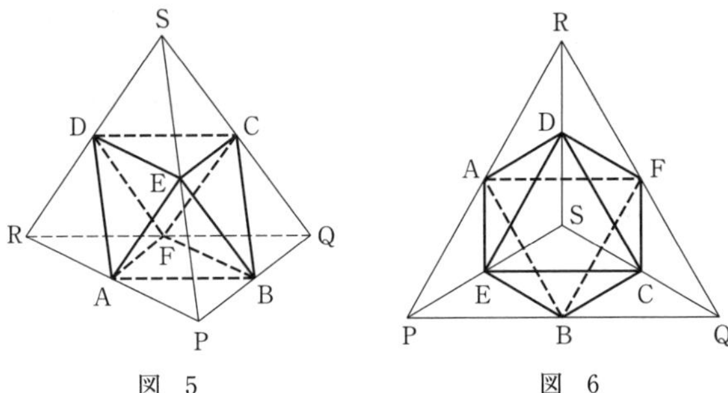

図 5　　図 6

142 2005年度〔6〕 Level B

ポイント 問題の立体は直交する3つの円柱のうち，2つの円柱の内部にあって残りの1つの円柱の外側にある部分である。平面 $x=t$ によるこの立体の断面を t, y, z の連立不等式で表すと，正方形の一部となることがわかる。

円の内部にあって正方形の外部にある部分の面積を利用して断面積を求めるとよい。そのために図形上の適当な角 θ を設定して積分変数 t の変換を行うとよい。

解 法

この立体を平面 $x=t$ $(-r\leqq t\leqq r)$ で切断した図形を yz 平面に正射影した図形 A_t は

$$\begin{cases} t^2+y^2\leqq r^2 \\ y^2+z^2\geqq r^2 \\ z^2+t^2\leqq r^2 \end{cases} \text{すなわち} \begin{cases} |y|\leqq\sqrt{r^2-t^2} & \cdots\cdots① \\ y^2+z^2\geqq r^2 & \cdots\cdots② \\ |z|\leqq\sqrt{r^2-t^2} & \cdots\cdots③ \end{cases}$$

をみたす点 $(y,\ z)$ の集合である。

yz 平面で，①かつ③をみたす図形は4点 $(\pm\sqrt{r^2-t^2},\ \pm\sqrt{r^2-t^2})$（複号はすべての組合せ）を頂点とする正方形 D で，②をみたす図形は円 $C:y^2+z^2=r^2$ の周および外部である。

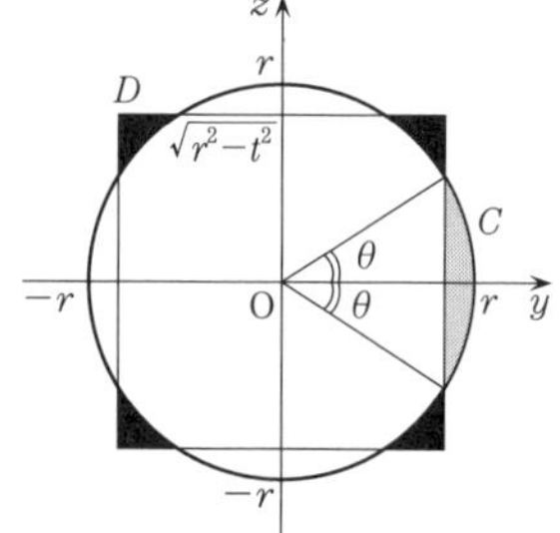

よって，A_t が空集合にならないための t の条件は

$$\sqrt{2}\sqrt{r^2-t^2}\geqq r$$

$$\therefore\quad -\frac{r}{\sqrt{2}}\leqq t\leqq\frac{r}{\sqrt{2}}$$

このとき，A_t は右図の黒塗部分となる。

図の角 θ $\left(0\leqq\theta\leqq\dfrac{\pi}{4}\right)$ を用いると

$$r\cos\theta=\sqrt{r^2-t^2}$$

よって　　$t=\pm r\sin\theta$

図の網かけ部分の面積は

$$\frac{1}{2}r^2\cdot 2\theta-\frac{1}{2}r^2\sin 2\theta$$

両軸に関する対称性から，A_t の面積 $S(t)$ は

$$\begin{aligned} S(t)&=4(\sqrt{r^2-t^2})^2-\left\{\pi r^2-4\left(r^2\theta-\frac{1}{2}r^2\sin 2\theta\right)\right\} \\ &=4(r^2-t^2)-r^2(\pi-4\theta+4\sin\theta\cos\theta) \end{aligned}$$

よって，求める体積は

$$\int_{-\frac{r}{\sqrt{2}}}^{\frac{r}{\sqrt{2}}} S(t)\,dt$$

$$=2\int_0^{\frac{r}{\sqrt{2}}}\{4(r^2-t^2)-r^2(\pi-4\theta+4\sin\theta\cos\theta)\}\,dt$$

$$=8\left[r^2t-\frac{t^3}{3}\right]_0^{\frac{r}{\sqrt{2}}}-2r^2\int_0^{\frac{\pi}{4}}(\pi-4\theta+4\sin\theta\cos\theta)\,r\cos\theta\,d\theta$$

$\left(t \geqq 0\text{ では } t=r\sin\theta\text{ なので}\quad \dfrac{dt}{d\theta}=r\cos\theta\right)$

$$=\frac{10\sqrt{2}}{3}r^3-2r^3\int_0^{\frac{\pi}{4}}\{(\pi-4\theta)\cos\theta-4\cos^2\theta(\cos\theta)'\}\,d\theta$$

$$=\frac{10\sqrt{2}}{3}r^3-2r^3\Big[(\pi-4\theta)\sin\theta-4\cos\theta\Big]_0^{\frac{\pi}{4}}+\frac{8}{3}r^3\Big[\cos^3\theta\Big]_0^{\frac{\pi}{4}}$$

$$=\frac{10\sqrt{2}}{3}r^3-2r^3(-2\sqrt{2}+4)+\frac{8}{3}r^3\left(\frac{\sqrt{2}}{4}-1\right)$$

$$=\left(8\sqrt{2}-\frac{32}{3}\right)r^3\quad\cdots\cdots(\text{答})$$

〔注〕［解法］では r をそのまま残して立式しているが，$r=1$ とおいて計算し，その結果に r^3 を乗ずることで答えを導いてもよい。

143　2004年度〔5〕　Level B

ポイント (1) rの値での場合分けによる。共通部分の体積計算は単位円の上半分の式 $y=\sqrt{1-x^2}$ を利用する。

(2) (1)の結果を用いて $V=8$ を $f(r)=$定数 の形に変形する。ただし，$f(r)$ は係数に π を含まない r の多項式である。右辺の定数を上下から評価した後，$f(r)$ の r に「$1.a$」の形の数と「$1.a5$」の形の数をいくつか代入してみる。ここで a は1桁の自然数である。

解法

(1) (i) $r\geqq 2$ のとき

2球は外接するか，互いに他の外部にあるから2球の体積の和を求めて

$$V=2\cdot\frac{4}{3}\pi=\frac{8}{3}\pi$$

(ii) $0<r<2$ のとき

右図から2球の共通部分の体積は

$$2\int_{\frac{r}{2}}^{1}\pi\left(\sqrt{1-x^2}\right)^2dx=2\pi\int_{\frac{r}{2}}^{1}(1-x^2)\,dx=2\pi\left[x-\frac{1}{3}x^3\right]_{\frac{r}{2}}^{1}$$

$$=2\pi\left(\frac{2}{3}-\frac{1}{2}r+\frac{1}{24}r^3\right)$$

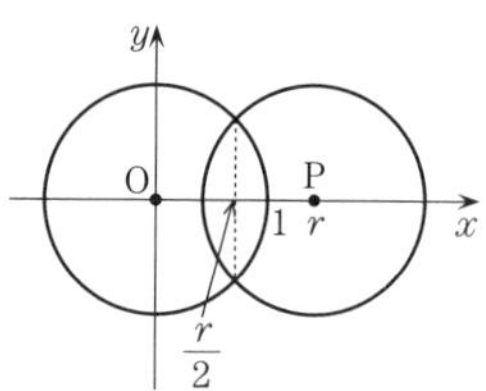

ゆえに

$$V=(2\text{球の体積の和})-(\text{共通部分の体積})$$

$$=2\cdot\frac{4}{3}\pi-2\pi\left(\frac{2}{3}-\frac{1}{2}r+\frac{1}{24}r^3\right)=\frac{\pi}{12}(16+12r-r^3)$$

(i), (ii)より

$$V=\begin{cases}\dfrac{\pi}{12}(16+12r-r^3) & (0<r<2\text{ のとき})\\[2mm] \dfrac{8}{3}\pi & (2\leqq r\text{ のとき})\end{cases}\quad\cdots\cdots(\text{答})$$

$0<r<2$ のとき

$$\frac{dV}{dr}=\frac{\pi}{12}(12-3r^2)=-\frac{\pi}{4}(r+2)(r-2)>0$$

ゆえに，$0<r<2$ で V は r の増加関数である。

よって，求めるグラフは右図の実線部となる。

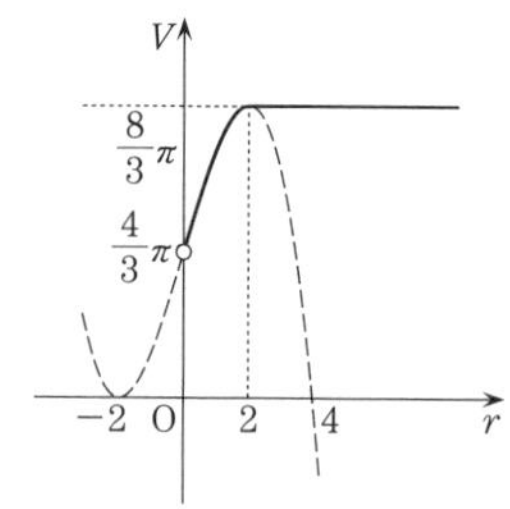

(2) $8<\dfrac{8}{3}\pi$ だから，(1)より $V=8$ となる r は

$$0<r<2$$

よって

$$\frac{\pi}{12}(16+12r-r^3)=8$$

$$12r-r^3=\frac{96}{\pi}-16$$

ここで，$\frac{96}{3.15}-16<\frac{96}{\pi}-16<\frac{96}{3.14}-16$ より

$$14.47<\frac{96}{\pi}-16<14.57 \quad \cdots\cdots ①$$

$f(r)=12r-r^3$ とおくと

$$f(1.5)=12\times1.5-(1.5)^3=14.625,$$
$$f(1.45)=12\times1.45-(1.45)^3=14.351375$$

よって，①から

$$f(1.45)<\frac{96}{\pi}-16<f(1.5)$$

$f(r)$ は連続関数であるから，中間値の定理より

$$f(r_0)=\frac{96}{\pi}-16 \quad かつ \quad 1.45<r_0<1.5 \quad \cdots\cdots ②$$

となる r_0 が存在する。

$0<r<2$ で $f(r)$ は単調増加であるから，このような r_0 はただ1つである。

②より，この r_0 を小数第2位で四捨五入すると1.5である。　……(答)

〔注〕 (2) 近似計算と求める値を確定する際の根拠記述に本問の困難さがある。$\frac{8}{3}\pi \fallingdotseq 8$ であることから，近似計算は $r=1.9$ から始めることになり，試行錯誤することになる。きちんとした根拠を得るためには $r=1.5$ だけではなく，$r=1.45$ での計算結果も必要となる。さらに［解法］にあるように，連続関数の中間値の定理と単調増加性に基づく記述を提示するとよいであろう。

144 2003年度〔3〕 Level B

ポイント (1) 切り口の2円の交点の座標を θ で表し，$2\cos\theta$ をくくり出すと交点の極座標が現れ，θ の図形的意味が明確になる。

(2) 積分変数を t から θ に変換する。3つの積分に分け，部分積分を丁寧に実行する。

解 法

(1) 平面 $z=t$ を xy 平面（点 $(0,\ 0,\ t)$ を原点Oとする）とみなすと，この平面による円錐 A の切り口は

円 $x^2+y^2=4(t-1)^2$　($z=0$ は省略)

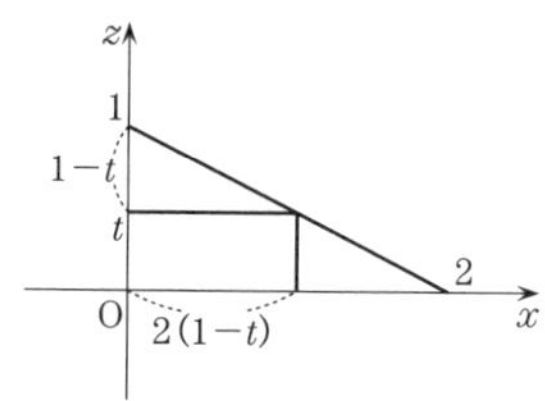

円柱 B の切り口は

円 $(x-1)^2+y^2=1$　($z=0$ は省略)

この2円の交点の x，y 座標は

$x=2(t-1)^2=2\cos^2\theta$,　$y=\pm 2\cos\theta\sin\theta$

となり，$y>0$ なる交点をPとすると

$$\overrightarrow{\mathrm{OP}}=\begin{pmatrix}x\\y\end{pmatrix}=2\cos\theta\begin{pmatrix}\cos\theta\\\sin\theta\end{pmatrix}$$

ここで，$\cos\theta\geqq 0$ であるから，この右辺はPの極形式であり，$\mathrm{OP}=2\cos\theta$，OPが x 軸となす角は θ である。

よって，$\mathrm{Q}(2\cos\theta,\ 0)$，$\mathrm{R}(1,\ 0)$ とすると

$\angle\mathrm{POQ}=\theta$,　$\angle\mathrm{ORP}=\pi-2\theta$

（$\because$　$\mathrm{OR}=\mathrm{PR}$）

ゆえに

$$\frac{1}{2}S(t)=\text{扇形 OPQ}+(\text{扇形 ROP}-\triangle\mathrm{ROP})$$

$$=\frac{1}{2}\theta\cdot 4\cos^2\theta+\frac{1}{2}\cdot 1^2\cdot(\pi-2\theta)-\frac{1}{2}\cdot 1^2\cdot\sin(\pi-2\theta)$$

$$=\frac{1}{2}(\pi-2\theta)+2\theta\cos^2\theta-\frac{1}{2}\sin 2\theta$$

$\therefore$　$S(t)=\pi-2\theta+4\theta\cos^2\theta-\sin 2\theta$　……(答)

(2)　$\dfrac{dt}{d\theta}=\sin\theta$

また，t が0から1まで単調に増加するとき，θ は0から $\dfrac{\pi}{2}$ まで単調に増加する。

よって

$$\int_0^1 S(t)\,dt=\int_0^{\frac{\pi}{2}}(\pi-2\theta+4\theta\cos^2\theta-\sin 2\theta)\sin\theta d\theta$$

$$=\int_0^{\frac{\pi}{2}}(\pi-2\theta)\sin\theta\,d\theta+4\int_0^{\frac{\pi}{2}}\theta\cos^2\theta\sin\theta\,d\theta-2\int_0^{\frac{\pi}{2}}\sin^2\theta\cos\theta\,d\theta$$

ここで

$$\int_0^{\frac{\pi}{2}}(\pi-2\theta)\sin\theta\,d\theta=\Big[(\pi-2\theta)(-\cos\theta)\Big]_0^{\frac{\pi}{2}}-\int_0^{\frac{\pi}{2}}(-2)(-\cos\theta)\,d\theta=\pi-2$$

$$\int_0^{\frac{\pi}{2}}\theta\cos^2\theta\sin\theta\,d\theta=-\frac{1}{3}\Big[\theta\cos^3\theta\Big]_0^{\frac{\pi}{2}}+\frac{1}{3}\int_0^{\frac{\pi}{2}}\cos^3\theta\,d\theta$$

$$=\frac{1}{3}\int_0^{\frac{\pi}{2}}(1-\sin^2\theta)\cos\theta\,d\theta$$

$$=\frac{1}{3}\int_0^{\frac{\pi}{2}}\cos\theta\,d\theta-\frac{1}{3}\int_0^{\frac{\pi}{2}}\sin^2\theta\cos\theta\,d\theta$$

$$=\frac{1}{3}\Big[\sin\theta\Big]_0^{\frac{\pi}{2}}-\frac{1}{9}\Big[\sin^3\theta\Big]_0^{\frac{\pi}{2}}=\frac{2}{9}$$

$$\int_0^{\frac{\pi}{2}}\sin^2\theta\cos\theta\,d\theta=\frac{1}{3}\Big[\sin^3\theta\Big]_0^{\frac{\pi}{2}}=\frac{1}{3}$$

であるから

$$\int_0^1 S(t)\,dt=\pi-2+\frac{8}{9}-\frac{2}{3}=\pi-\frac{16}{9}\quad\cdots\cdots(答)$$

〔注〕 (2)の積分は次のように積と和の公式を用いて被積分関数を変形することで計算することもできる。

$$\int_0^1 S(t)\,dt=\int_0^{\frac{\pi}{2}}(\pi-2\theta+4\theta\cos^2\theta-\sin 2\theta)\sin\theta\,d\theta$$

$$=\int_0^{\frac{\pi}{2}}\pi\sin\theta\,d\theta+2\int_0^{\frac{\pi}{2}}\theta(2\cos^2\theta-1)\sin\theta\,d\theta-\int_0^{\frac{\pi}{2}}\sin 2\theta\sin\theta\,d\theta$$

ここで

$$\int_0^{\frac{\pi}{2}}\pi\sin\theta\,d\theta=\pi\Big[-\cos\theta\Big]_0^{\frac{\pi}{2}}=\pi$$

$$2\int_0^{\frac{\pi}{2}}\theta(2\cos^2\theta-1)\sin\theta\,d\theta$$

$$=\int_0^{\frac{\pi}{2}}\theta(2\cos 2\theta\sin\theta)\,d\theta$$

$$=\int_0^{\frac{\pi}{2}}\theta(\sin 3\theta-\sin\theta)\,d\theta$$

$$=\int_0^{\frac{\pi}{2}}\theta\sin 3\theta\,d\theta-\int_0^{\frac{\pi}{2}}\theta\sin\theta\,d\theta$$

$$=\Big[-\frac{1}{3}\theta\cos 3\theta\Big]_0^{\frac{\pi}{2}}+\frac{1}{3}\int_0^{\frac{\pi}{2}}\cos 3\theta d\theta+\Big[\theta\cos\theta\Big]_0^{\frac{\pi}{2}}-\int_0^{\frac{\pi}{2}}\cos\theta\,d\theta$$

$$= \frac{1}{9}\left[\sin 3\theta\right]_0^{\frac{\pi}{2}} - \left[\sin\theta\right]_0^{\frac{\pi}{2}}$$

$$= -\frac{10}{9}$$

$$\int_0^{\frac{\pi}{2}} \sin 2\theta \sin\theta \, d\theta = \int_0^{\frac{\pi}{2}} \frac{1}{2}(\cos\theta - \cos 3\theta)\, d\theta$$

$$= \frac{1}{2}\left[\sin\theta - \frac{1}{3}\sin 3\theta\right]_0^{\frac{\pi}{2}}$$

$$= \frac{1}{2}\left(1 + \frac{1}{3}\right) = \frac{2}{3}$$

であるから

$$\int_0^1 S(t)\, dt = \pi - \frac{10}{9} - \frac{2}{3} = \pi - \frac{16}{9}$$

145　2000年度〔6〕　Level C

ポイント　(1)　両辺をそれぞれ計算する（行列の演算については結果のみ確認してほしい）。

(2)　(1)の y についての結果から，まず，c の値の範囲を t の式で求める。その際，t の値で2通りの場合分けが生じる。次いで，(1)の x についての結果と上の結果（c の値の範囲）から x の値の範囲を b と t を用いて表す。(1)の途中で得られる x と z の1次式から，平面 $y=t$（xz 平面と見る）による立体 K の切り口が，線分の集合となることがわかる。線分の端点の軌跡を求めて，切り口の図形が得られ，この面積が t の式となる。

(3)　(2)の結果を積分する。

解法

(1)　$$\begin{pmatrix}1 & a & 0\\0 & 1 & 0\\0 & 0 & 1\end{pmatrix}\begin{pmatrix}1 & 0 & 0\\0 & 1 & b\\0 & 0 & 1\end{pmatrix}\begin{pmatrix}1 & c & 0\\0 & 1 & 0\\0 & 0 & 1\end{pmatrix}=\begin{pmatrix}1 & 0 & 0\\0 & 1 & x\\0 & 0 & 1\end{pmatrix}\begin{pmatrix}1 & y & 0\\0 & 1 & 0\\0 & 0 & 1\end{pmatrix}\begin{pmatrix}1 & 0 & 0\\0 & 1 & z\\0 & 0 & 1\end{pmatrix}$$

$$右辺=\begin{pmatrix}1 & y & 0\\0 & 1 & x\\0 & 0 & 1\end{pmatrix}\begin{pmatrix}1 & 0 & 0\\0 & 1 & z\\0 & 0 & 1\end{pmatrix}=\begin{pmatrix}1 & y & yz\\0 & 1 & x+z\\0 & 0 & 1\end{pmatrix}$$

$$左辺=\begin{pmatrix}1 & a & ab\\0 & 1 & b\\0 & 0 & 1\end{pmatrix}\begin{pmatrix}1 & c & 0\\0 & 1 & 0\\0 & 0 & 1\end{pmatrix}=\begin{pmatrix}1 & a+c & ab\\0 & 1 & b\\0 & 0 & 1\end{pmatrix}$$

であるから，与えられた等式が成り立つための条件は

$y=a+c,\ yz=ab,\ x+z=b$　……①

$a,\ b,\ c>0$ より $a+c\neq 0$ であるから

$x=\dfrac{bc}{a+c},\ y=a+c,\ z=\dfrac{ab}{a+c}$　……(答)

(2)　$y=t$ とおくと，(1)より

$a+c=t$　$(1\leqq a\leqq 2,\ 1\leqq c\leqq 2)$

$2\leqq t\leqq 4$ であるから，$t\neq 0$ で，(1)より

$x=\dfrac{bc}{t}$　……②，　$z=\dfrac{ab}{t}$

①より

$x+z=b$　$(1\leqq b\leqq 2)$　……③

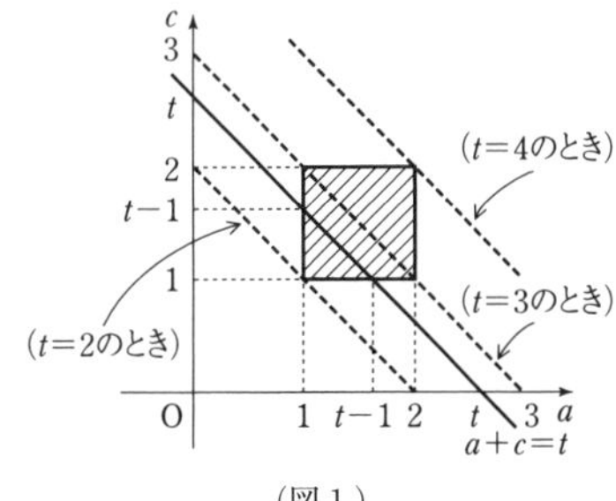

（図1）

(i)　$2\leqq t\leqq 3$ のとき

図1より

$$1 \leqq c \leqq t-1$$

②より

$$\frac{b}{t} \leqq x \leqq \left(1-\frac{1}{t}\right)b \quad (1 \leqq b \leqq 2) \quad \cdots\cdots ④$$

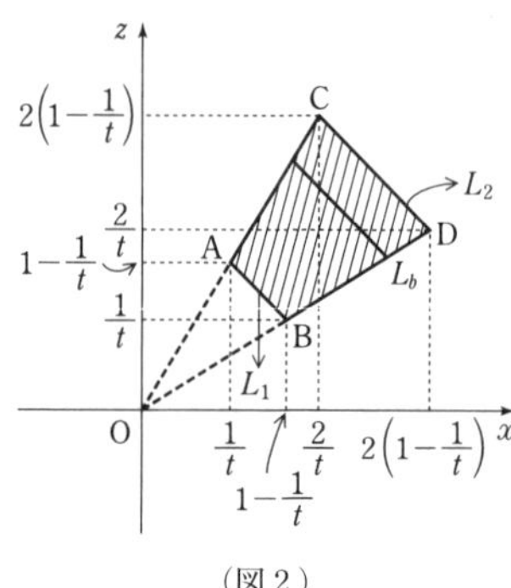

(図2)

直線③から④によって切り取られる線分を L_b とするとき，立体 K の平面 $y=t$ による切り口は L_b の集合 $\{L_b | 1 \leqq b \leqq 2\}$ であって，これは図2の台形 ABDC である。この面積を $S(t)$ とおく。△OAB, △OCD は相似で，相似比は1：2であるから

$$S(t)=(2^2-1)\triangle\mathrm{OAB}=3\triangle\mathrm{OAB}$$

点 A，B の座標は，$\mathrm{A}\left(\frac{1}{t},\ 1-\frac{1}{t}\right)$，$\mathrm{B}\left(1-\frac{1}{t},\ \frac{1}{t}\right)$ であるから

$$\triangle\mathrm{OAB}=\frac{1}{2}\left|\left(\frac{1}{t}\right)^2-\left(1-\frac{1}{t}\right)^2\right|=\frac{1}{2}\left(1-\frac{2}{t}\right) \quad (\because \quad t \geqq 2)$$

よって　$S(t)=\frac{3}{2}\left(1-\frac{2}{t}\right)$

(ii)　$3 \leqq t \leqq 4$ のとき

(i)と同様にすると，$t-2 \leqq c \leqq 2$ と②より

$$\left(1-\frac{2}{t}\right)b \leqq x \leqq \frac{2b}{t} \quad (1 \leqq b \leqq 2)$$

であって，切り口は図2と同様の台形となり

$$\mathrm{A}\left(1-\frac{2}{t},\ \frac{2}{t}\right),\ \mathrm{B}\left(\frac{2}{t},\ 1-\frac{2}{t}\right),\ \mathrm{C}\left(2\left(1-\frac{2}{t}\right),\ \frac{4}{t}\right),\ \mathrm{D}\left(\frac{4}{t},\ 2\left(1-\frac{2}{t}\right)\right)$$

よって　$S(t)=3\triangle\mathrm{OAB}=\frac{3}{2}\left(\frac{4}{t}-1\right)$

(i)，(ii)より

$$\left.\begin{aligned} S(t)&=\frac{3}{2}\left(1-\frac{2}{t}\right) \quad (2 \leqq t \leqq 3 \text{ のとき}) \\ S(t)&=\frac{3}{2}\left(\frac{4}{t}-1\right) \quad (3 \leqq t \leqq 4 \text{ のとき}) \end{aligned}\right\} \cdots\cdots(\text{答})$$

(3)　$S(y)$ は，$2 \leqq y \leqq 4$ で連続であるから，求める体積を V とすると

$$\begin{aligned} V&=\int_2^4 S(y)\,dy \\ &=\int_2^3 \frac{3}{2}\left(1-\frac{2}{y}\right)dy+\int_3^4 \frac{3}{2}\left(\frac{4}{y}-1\right)dy=-3\int_2^3 \frac{dy}{y}+6\int_3^4 \frac{dy}{y} \\ &=-3\Big[\log y\Big]_2^3+6\Big[\log y\Big]_3^4=15\log 2-9\log 3 \quad \cdots\cdots(\text{答}) \end{aligned}$$

§13　2次曲線

146　2000年度〔1〕　Level A

ポイント A(0, 1), B(−1, 0), C(1, 0) となる座標軸を設定し，軸の長さを $2a$, $2b$ として，楕円の方程式を考える。

［解法1］ 上記の方針による。

［解法2］ 楕円を円に変換することにより，三角形の内接円の面積を利用する。

解法1

座標が，A(0, 1), B(−1, 0), C(1, 0) となるように xy 座標軸をとる。
直角二等辺三角形 ABC の各辺に接し，ひとつの軸が辺 BC に平行な楕円は，y 軸に関して対称である。x 軸，y 軸に平行な軸の長さを各々 $2a$, $2b$ とすると，辺 BC（x 軸）に接することから，この楕円の方程式は次のようになる。

$$\frac{x^2}{a^2}+\frac{(y-b)^2}{b^2}=1 \quad (a>0,\ b>0) \quad \cdots\cdots①$$

①が辺 AC：$y=1-x \quad (0<x<1)$ ……② に接するための条件は，①，②より得られる x の2次方程式

$$(a^2+b^2)x^2+2a^2(b-1)x-a^2(2b-1)=0$$

が $0<x<1$ なる重解をもつことである。

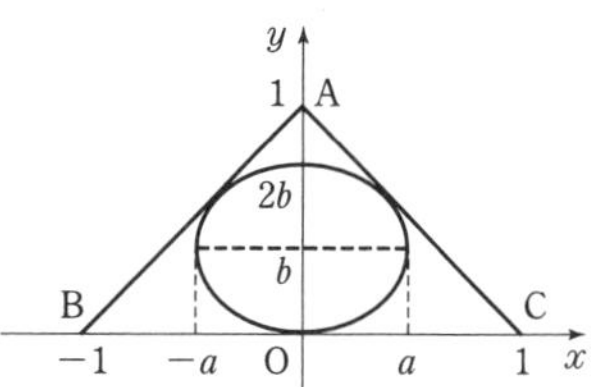

その条件は，(判別式)$=0$ より

$$a^4(b-1)^2+a^2(a^2+b^2)(2b-1)=0$$

これを簡単にすると

$$a^2+2b-1=0 \quad \cdots\cdots③$$

このとき，重解は

$$-\frac{a^2(b-1)}{a^2+b^2}=-\frac{(1-2b)(b-1)}{1-2b+b^2}=\frac{1-2b}{1-b}$$

であり，$0<b<2b<1$ より，$0<\dfrac{1-2b}{1-b}<1$ である。

また，このとき対称性から，①が辺 AB に接することは明らかである。
楕円の面積を S とすると，③より

$$S=\pi ab=\frac{\pi}{2}a(1-a^2) \quad (0<a=\sqrt{1-2b}<1)$$

これより　$\dfrac{dS}{da}=\dfrac{\pi}{2}(1-3a^2)$

よって，右の表を得て，楕円の面積の最大値は

$$S=\frac{\sqrt{3}}{9}\pi \quad \cdots\cdots(答)$$

a	(0)	$\cdots$	$\dfrac{\sqrt{3}}{3}$	$\cdots$	(1)
$\dfrac{dS}{da}$		+	0	−	
S		↗	極大（最大） $\dfrac{\sqrt{3}}{9}\pi$	↘	

解法 2

辺 BC に平行な軸の長さを a，辺 BC に垂直な軸の長さを b とする。

BC に垂直な方向に $\dfrac{a}{b}$ 倍に拡大（縮小）すると，この楕円は直径が a の円となる。この円を S とする。

このとき，△ABC の頂点について A → A′，B → B′，C → C′ になるとすると

$$\mathrm{B'C'}=\mathrm{BC}=2,\ \mathrm{A'B'}=\mathrm{A'C'}$$

この拡大で，楕円の接線は円の接線に移り，接点は接点に移る $\left(\text{交わるとすると，}\dfrac{a}{b}\text{倍の拡大（縮小）で楕円と交わる直線になってしまう}\right)$。

よって，円 S は△A′B′C′ の内接円であり，中心を D，∠DB′C′ = ∠A′B′D = θ とおくと，右図より円 S の半径は $\tan\theta$ となり

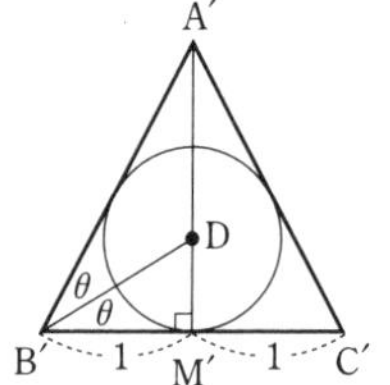

$$円\,S\,の面積=\pi\tan^2\theta$$

ゆえに　$楕円の面積=\dfrac{b}{a}\pi\tan^2\theta$

ここで，BC の中点を M，B′C′ の中点を M′ とすると

$$\begin{aligned}楕円の面積&=\frac{b}{a}\pi\tan^2\theta=\frac{\mathrm{AM}}{\mathrm{A'M'}}\pi\tan^2\theta\\&=\frac{1}{\tan 2\theta}\pi\tan^2\theta=\frac{1-\tan^2\theta}{2\tan\theta}\pi\tan^2\theta\\&=\frac{\pi}{2}(\tan\theta-\tan^3\theta)\quad\cdots\cdots①\end{aligned}$$

$0<\theta<\dfrac{\pi}{4}$ であるから　$0<\tan\theta<1$

そこで $t=\tan\theta$ とおくと　$①=\dfrac{\pi}{2}(t-t^3)$

(以下，［解法 1］に同じ)

〔注〕　楕円 $\dfrac{x^2}{a^2}+\dfrac{(y-b)^2}{b^2}=1$ が，直線 AC：$x+y=1$ に接するための条件を求めるのに，次のように接線の公式を用いる解法も考えられる。

上の楕円の点 $(x_1,\ y_1)$ における接線の方程式は

$$\frac{x_1x}{a^2}+\frac{(y_1-b)(y-b)}{b^2}=1$$

すなわち

$$\frac{bx_1x}{a^2y_1}+\frac{(y_1-b)y}{by_1}=1$$

これが AC の方程式に一致するための条件は

$$\frac{bx_1}{a^2y_1}=\frac{y_1-b}{by_1}=1$$

これより

$$x_1=\frac{a^2}{1-b},\quad y_1=\frac{b}{1-b}$$

点 $(x_1,\ y_1)$ は直線 AC 上にあるから，$x_1+y_1=1$ より

$$\frac{a^2}{1-b}+\frac{b}{1-b}=1$$

ゆえに　　$a^2+2b-1=0$

§14 行　列

147 2013年度〔1〕 Level A

ポイント 点列の変換を行列で表すことで，原点中心の相似拡大と回転の合成変換であることがわかる。

解 法

点列 $P_n(x_n,\ y_n)$ は行列 $A=\begin{pmatrix} a & -b \\ b & a \end{pmatrix}$ を用いて

$$\begin{pmatrix} x_{n+1} \\ y_{n+1} \end{pmatrix}=A\begin{pmatrix} x_n \\ y_n \end{pmatrix}=A^{n+1}\begin{pmatrix} 1 \\ 0 \end{pmatrix} \quad \text{かつ} \quad \begin{pmatrix} x_0 \\ y_0 \end{pmatrix}=\begin{pmatrix} 1 \\ 0 \end{pmatrix}$$

で与えられる。条件(ii)から，$a^2+b^2\neq 0$ であり，$r=\sqrt{a^2+b^2}$ $(\neq 0)$ として

$$\cos\theta=\frac{a}{r},\ \sin\theta=\frac{b}{r},\ 0\leqq\theta<2\pi$$

を満たす θ を用いて，$A=r\begin{pmatrix} \cos\theta & -\sin\theta \\ \sin\theta & \cos\theta \end{pmatrix}$ と表すことができる。

このとき

$$\begin{pmatrix} x_n \\ y_n \end{pmatrix}=A^n\begin{pmatrix} 1 \\ 0 \end{pmatrix}=r^n\begin{pmatrix} \cos n\theta & -\sin n\theta \\ \sin n\theta & \cos n\theta \end{pmatrix}\begin{pmatrix} 1 \\ 0 \end{pmatrix}=\begin{pmatrix} r^n\cos n\theta \\ r^n\sin n\theta \end{pmatrix}$$

よって，条件(i)から

$$\begin{pmatrix} r^6\cos 6\theta \\ r^6\sin 6\theta \end{pmatrix}=\begin{pmatrix} 1 \\ 0 \end{pmatrix}$$

となり，整数 k を用いて

$$r^6=1,\ 6\theta=2k\pi$$

となる。

ここで，$r>0,\ 0\leqq 6\theta<12\pi$ から

$$r=1,\ \theta=0,\ \frac{\pi}{3},\ \frac{2}{3}\pi,\ \pi,\ \frac{4}{3}\pi,\ \frac{5}{3}\pi$$

(I) $\theta=0$ のとき　　$P_0=P_1$

$\theta=\frac{2}{3}\pi$ のとき　　$P_0=P_3$

$\theta=\pi$ のとき　　$P_0=P_2$

$\theta=\dfrac{4}{3}\pi$ のとき　　$P_0=P_3$

であり，これらは条件(ii)を満たさない。

(II)　$\theta=\dfrac{\pi}{3}$ のとき

$$P_m\left(\cos\frac{m}{3}\pi,\ \sin\frac{m}{3}\pi\right)\quad(m=0,\ 1,\ 2,\ 3,\ 4,\ 5)$$

となり，これらは条件(ii)を満たす（図１）。

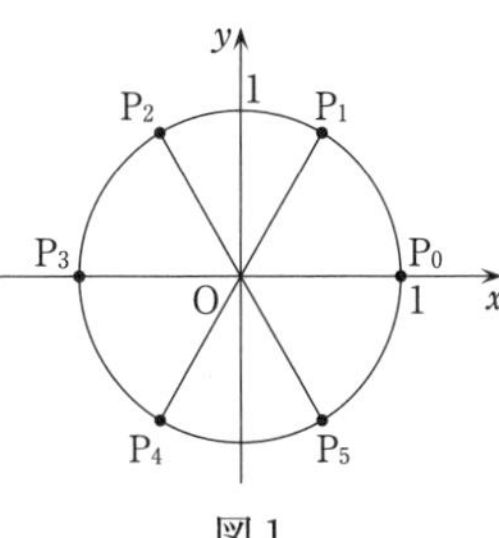

図１

(III)　$\theta=\dfrac{5}{3}\pi$ のとき，$\dfrac{5}{3}\pi=2\pi-\dfrac{\pi}{3}$ より

$$P_m\left(\cos\left(-\frac{m}{3}\pi\right),\ \sin\left(-\frac{m}{3}\pi\right)\right)$$

$$(m=0,\ 1,\ 2,\ 3,\ 4,\ 5)$$

となり，これらは条件(ii)を満たす（図２）。

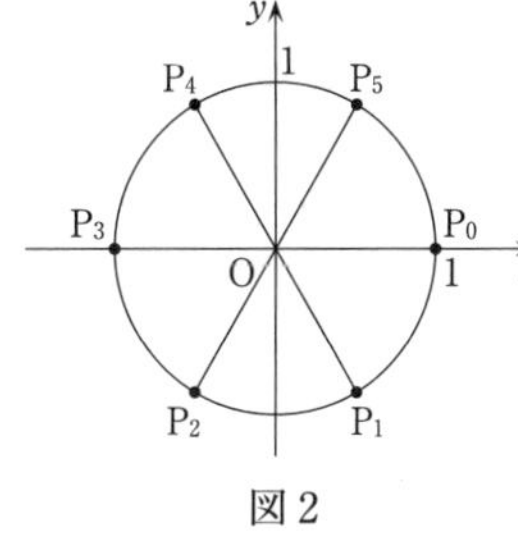

図２

ゆえに

$$(a,\ b)=\left(\cos\left(\pm\frac{\pi}{3}\right),\ \sin\left(\pm\frac{\pi}{3}\right)\right)$$

$$=\left(\frac{1}{2},\ \pm\frac{\sqrt{3}}{2}\right)\quad\cdots\cdots(\text{答})$$

148 2012年度〔5〕 Level C

ポイント (1) 一般に，行列 $A=\begin{pmatrix} a & b \\ c & d \end{pmatrix}$ に対して $\Delta(A)=ad-bc$ とおくと，条件(D)は「成分がすべて整数で，かつ $|\Delta(A)|=1$ である」ことと同値であることに基づいた論証を行う。

(2) B^n，$(B^{-1})^n$ を類推し，帰納法で示してみると方向性が見えてくる。

(3) ［解法1］ 証明すべき命題を a，c で表現し，a と c が同符号のときと異符号のときに分けて $|a-c|$ と $|a+c|$ を考える。

［解法2］ 結論を否定して矛盾を導く。

解法 1

一般に，行列 $A=\begin{pmatrix} a & b \\ c & d \end{pmatrix}$ に対して $\Delta(A)=ad-bc$ とおくと，4点 $(0,\ 0)$，$(a,\ b)$，$(a+c,\ b+d)$，$(c,\ d)$ が平行四辺形の4つの頂点をなすための条件は，ベクトル $(a,\ b)\not\parallel(c,\ d)$ すなわち $\Delta(A)\neq 0$ となることであり，このとき，この平行四辺形の面積は $|ad-bc|$ である。したがって，条件(D)は「成分がすべて整数で，かつ $|\Delta(A)|=1$ である」ことと同値である。

(1)
$$BA=\begin{pmatrix} 1 & 1 \\ 0 & 1 \end{pmatrix}\begin{pmatrix} a & b \\ c & d \end{pmatrix}=\begin{pmatrix} a+c & b+d \\ c & d \end{pmatrix}$$
$$B^{-1}A=\begin{pmatrix} 1 & -1 \\ 0 & 1 \end{pmatrix}\begin{pmatrix} a & b \\ c & d \end{pmatrix}=\begin{pmatrix} a-c & b-d \\ c & d \end{pmatrix}$$

であるから，これらの成分がすべて整数であることは明らかである。

さらに

$$|\Delta(BA)|=|(a+c)d-(b+d)c|=|ad-bc|=1$$
$$|\Delta(B^{-1}A)|=|(a-c)d-(b-d)c|=|ad-bc|=1$$

であるから，行列 BA と $B^{-1}A$ も条件(D)を満たす。 (証明終)

(2) まず，任意の自然数 n に対して，$B^n=\begin{pmatrix} 1 & n \\ 0 & 1 \end{pmatrix}$ であることを数学的帰納法で示す。

(i) $B^1=\begin{pmatrix} 1 & 1 \\ 0 & 1 \end{pmatrix}$ であるから，$n=1$ のときは成り立つ。

(ii)　ある自然数 k で $B^k=\begin{pmatrix}1 & k\\0 & 1\end{pmatrix}$ であると仮定すると

$$B^{k+1}=\begin{pmatrix}1 & k\\0 & 1\end{pmatrix}\begin{pmatrix}1 & 1\\0 & 1\end{pmatrix}=\begin{pmatrix}1 & k+1\\0 & 1\end{pmatrix}$$

であるから，$n=k$ のとき成り立てば $n=k+1$ で成り立つ。

(i)，(ii)より，任意の自然数 n に対して，$B^n=\begin{pmatrix}1 & n\\0 & 1\end{pmatrix}$ である。

同様に，$(B^{-1})^n=\begin{pmatrix}1 & -n\\0 & 1\end{pmatrix}$ である。

また，$c=0$ であるから　　$\Delta(A)=|ad|=1$

よって，$(a,\ d)=(1,\ 1),\ (-1,\ 1),\ (1,\ -1),\ (-1,\ -1)$　……① である。

(I)　$b=0$ のとき

①のそれぞれに対して順に

$$B^{-1}BA=A=\begin{pmatrix}1 & 0\\0 & 1\end{pmatrix},\ \begin{pmatrix}-1 & 0\\0 & 1\end{pmatrix},\ \begin{pmatrix}1 & 0\\0 & -1\end{pmatrix},\ \begin{pmatrix}-1 & 0\\0 & -1\end{pmatrix}$$

(II)　$b>0$ のとき

①のそれぞれに対して順に

$$(B^{-1})^bA=\begin{pmatrix}1 & -b\\0 & 1\end{pmatrix}\begin{pmatrix}1 & b\\0 & 1\end{pmatrix}=\begin{pmatrix}1 & 0\\0 & 1\end{pmatrix}$$

$$(B^{-1})^bA=\begin{pmatrix}1 & -b\\0 & 1\end{pmatrix}\begin{pmatrix}-1 & b\\0 & 1\end{pmatrix}=\begin{pmatrix}-1 & 0\\0 & 1\end{pmatrix}$$

$$B^bA=\begin{pmatrix}1 & b\\0 & 1\end{pmatrix}\begin{pmatrix}1 & b\\0 & -1\end{pmatrix}=\begin{pmatrix}1 & 0\\0 & -1\end{pmatrix}$$

$$B^bA=\begin{pmatrix}1 & b\\0 & 1\end{pmatrix}\begin{pmatrix}-1 & b\\0 & -1\end{pmatrix}=\begin{pmatrix}-1 & 0\\0 & -1\end{pmatrix}$$

(III)　$b<0$ のとき

①のそれぞれに対して順に

$$B^{(-b)}A=\begin{pmatrix}1 & -b\\0 & 1\end{pmatrix}\begin{pmatrix}1 & b\\0 & 1\end{pmatrix}=\begin{pmatrix}1 & 0\\0 & 1\end{pmatrix}$$

$$B^{(-b)}A=\begin{pmatrix}1 & -b\\0 & 1\end{pmatrix}\begin{pmatrix}-1 & b\\0 & 1\end{pmatrix}=\begin{pmatrix}-1 & 0\\0 & 1\end{pmatrix}$$

$$(B^{-1})^{(-b)}A=\begin{pmatrix}1 & b\\0 & 1\end{pmatrix}\begin{pmatrix}1 & b\\0 & -1\end{pmatrix}=\begin{pmatrix}1 & 0\\0 & -1\end{pmatrix}$$

$$(B^{-1})^{(-b)}A=\begin{pmatrix}1 & b\\ 0 & 1\end{pmatrix}\begin{pmatrix}-1 & b\\ 0 & -1\end{pmatrix}=\begin{pmatrix}-1 & 0\\ 0 & -1\end{pmatrix}$$

以上から，与えられた命題が成り立つ。　(証明終)

(3)　$BA=\begin{pmatrix}a+c & b+d\\ c & d\end{pmatrix}$，$B^{-1}A=\begin{pmatrix}a-c & b-d\\ c & d\end{pmatrix}$ のそれぞれに対して

$$|x|+|z|=|a+c|+|c|,\quad |x|+|z|=|a-c|+|c|$$

であるから，少なくとも一方に対して，$|x|+|z|<|a|+|c|$ であるという条件は

$$|a+c|<|a| \quad \text{または} \quad |a-c|<|a| \quad \cdots\cdots②$$

と同値である。

条件 $|a|\geqq|c|>0$ より

(i)　a と c が同符号のとき

$$|a-c|=|a|-|c|<|a|$$

(ii)　a と c が異符号のとき

$$|a+c|=|a|-|c|<|a|$$

ゆえに，②が成り立つ。したがって，少なくとも一方に対して，$|x|+|z|<|a|+|c|$ が成り立つ。　(証明終)

解法 2

((1)・(2)は［解法 1］に同じ)

(3)　(②までは［解法 1］に同じ)

②が成り立たないとすると，$|a+c|\geqq|a|$ かつ $|a-c|\geqq|a|$ が成り立つので

$$|a+c|^2\geqq|a|^2 \quad \text{かつ} \quad |a-c|^2\geqq|a|^2$$

よって

$$c^2+2ca\geqq0 \quad \text{かつ} \quad c^2-2ca\geqq0$$

したがって　$(c^2+2ca)(c^2-2ca)\geqq0$

これより　$c^2(c^2-4a^2)\geqq0$　……③

条件 $|a|\geqq|c|>0$ より，$c^2>0$ なので，③から

$$c^2\geqq4a^2 \quad \cdots\cdots④$$

また，条件 $|a|\geqq|c|>0$ より

$$4a^2>a^2\geqq c^2 \quad \cdots\cdots⑤$$

④，⑤から，$c^2>c^2$ となり矛盾が生じる。

ゆえに，②が成り立たなければならない。　(証明終)

149 2012年度〔6〕 Level C

ポイント (1) 丹念な成分計算と三角関数の式処理により，計算結果を簡素化する。
(2) やはり丹念な計算が必要。$\cos^2 t=|\cos t|^2$ とおく。不等式処理では $a^c \geqq b^c$，$a^{1-c} \geqq b^{1-c}$ などを有効に用いる。

解法

(1)
$$U(t)AU(-t)=\begin{pmatrix}\cos t & -\sin t\\ \sin t & \cos t\end{pmatrix}\begin{pmatrix}a & 0\\ 0 & b\end{pmatrix}\begin{pmatrix}\cos t & \sin t\\ -\sin t & \cos t\end{pmatrix}$$
$$=\begin{pmatrix}a\cos t & -b\sin t\\ a\sin t & b\cos t\end{pmatrix}\begin{pmatrix}\cos t & \sin t\\ -\sin t & \cos t\end{pmatrix}$$
$$=\begin{pmatrix}a\cos^2 t+b\sin^2 t & (a-b)\sin t\cos t\\ (a-b)\sin t\cos t & a\sin^2 t+b\cos^2 t\end{pmatrix}\quad\cdots\cdots①$$

よって
$$U(t)AU(-t)-B$$
$$=\begin{pmatrix}a\cos^2 t+b\sin^2 t-b & (a-b)\sin t\cos t\\ (a-b)\sin t\cos t & a\sin^2 t+b\cos^2 t-a\end{pmatrix}$$
$$=\begin{pmatrix}a\cos^2 t+b(\sin^2 t-1) & (a-b)\sin t\cos t\\ (a-b)\sin t\cos t & a(\sin^2 t-1)+b\cos^2 t\end{pmatrix}$$
$$=\begin{pmatrix}(a-b)\cos^2 t & (a-b)\sin t\cos t\\ (a-b)\sin t\cos t & (b-a)\cos^2 t\end{pmatrix}=(a-b)\cos t\begin{pmatrix}\cos t & \sin t\\ \sin t & -\cos t\end{pmatrix}$$

①で $t\to x$，$a\to 1$，$b\to -1$ とおいて
$$U(x)\begin{pmatrix}1 & 0\\ 0 & -1\end{pmatrix}U(-x)=\begin{pmatrix}\cos^2 x-\sin^2 x & 2\sin x\cos x\\ 2\sin x\cos x & \sin^2 x-\cos^2 x\end{pmatrix}=\begin{pmatrix}\cos 2x & \sin 2x\\ \sin 2x & -\cos 2x\end{pmatrix}$$

よって
$$(U(t)AU(-t)-B)U(x)\begin{pmatrix}1 & 0\\ 0 & -1\end{pmatrix}U(-x)$$
$$=(a-b)\cos t\begin{pmatrix}\cos t & \sin t\\ \sin t & -\cos t\end{pmatrix}\begin{pmatrix}\cos 2x & \sin 2x\\ \sin 2x & -\cos 2x\end{pmatrix}$$

したがって，条件より
$$f(x)=(a-b)\cos t\{(\cos t\cos 2x+\sin t\sin 2x)+(\sin t\sin 2x+\cos t\cos 2x)\}$$
$$=2(a-b)\cos t\cos(t-2x)$$

x はすべての実数をとるので　$-1\leqq\cos(t-2x)\leqq 1$

よって

　$\cos t \geqq 0$ のとき　　$-\cos t \leqq \cos t \cos(t-2x) \leqq \cos t$

　$\cos t < 0$ のとき　　$\cos t \leqq \cos t \cos(t-2x) \leqq -\cos t$

$a-b \geqq 0$ であるから

$f(x)$ の最大値 $m(t)$ は　　$m(t)=2(a-b)|\cos t|$　……(答)

(2)　①で $a \to a^c$，$b \to b^c$ に置き換えて

$$U(t)CU(-t)=\begin{pmatrix} a^c\cos^2 t+b^c\sin^2 t & (a^c-b^c)\sin t\cos t \\ (a^c-b^c)\sin t\cos t & a^c\sin^2 t+b^c\cos^2 t \end{pmatrix}$$

$$U(t)CU(-t)D=\begin{pmatrix} a^c\cos^2 t+b^c\sin^2 t & (a^c-b^c)\sin t\cos t \\ (a^c-b^c)\sin t\cos t & a^c\sin^2 t+b^c\cos^2 t \end{pmatrix}\begin{pmatrix} b^{1-c} & 0 \\ 0 & a^{1-c} \end{pmatrix}$$

よって

$$\begin{aligned}\mathrm{Tr}(U(t)CU(-t)D)&=(a^c\cos^2 t+b^c\sin^2 t)b^{1-c}+(a^c\sin^2 t+b^c\cos^2 t)a^{1-c}\\&=(a+b)\sin^2 t+(a^cb^{1-c}+a^{1-c}b^c)\cos^2 t\end{aligned}$$

また

$$\begin{aligned}\mathrm{Tr}(U(t)AU(-t)+B)&=\mathrm{Tr}(U(t)AU(-t))+\mathrm{Tr}(B)\\&=(a+b)+(b+a)=2(a+b)\end{aligned}$$

したがって

$$\begin{aligned}&2\mathrm{Tr}(U(t)CU(-t)D)-\mathrm{Tr}(U(t)AU(-t)+B)+m(t)\\&=2(a+b)\sin^2 t+2(a^cb^{1-c}+a^{1-c}b^c)\cos^2 t-2(a+b)+2(a-b)|\cos t|\\&=2\cos^2 t(a^cb^{1-c}+a^{1-c}b^c-a-b)+2(a-b)|\cos t|\\&=2|\cos t|^2(a^cb^{1-c}+a^{1-c}b^c-a-b)+2(a-b)|\cos t|\end{aligned}$$

よって，与えられた不等式は

$$|\cos t|(a^cb^{1-c}+a^{1-c}b^c-a-b)+(a-b)\geqq 0 \quad \cdots\cdots ②$$

と同値であるから，②がすべての実数 t で成り立つことを示す。

$a \geqq b > 0$ かつ $0 \leqq c \leqq 1$ から

$$a^cb^{1-c} \geqq b^cb^{1-c}=b,\quad a^{1-c}b^c \geqq b^{1-c}b^c=b$$

したがって

$$\begin{aligned}&|\cos t|(a^cb^{1-c}+a^{1-c}b^c-a-b)+(a-b)\\&\geqq |\cos t|(b+b-a-b)+(a-b)\\&=(a-b)(1-|\cos t|)\\&\geqq 0\end{aligned}$$

ゆえに，②が成り立ち，与式が成り立つ。　　　　(証明終)

150 2009年度〔2〕 Level C

ポイント (1) 行列の積および逆行列を用いて計算する。

(2) $B^n=\begin{pmatrix}1&r\\0&1\end{pmatrix}^{-1}A^n\begin{pmatrix}1&r\\0&1\end{pmatrix}$ を用いる。

(3) $B^n\begin{pmatrix}1\\0\end{pmatrix}$ の形を予想し，それを示した上で(2)の結果を利用する。

解法

(1) $A\begin{pmatrix}1\\0\end{pmatrix}=\begin{pmatrix}a\\c\end{pmatrix}$, $A\begin{pmatrix}r\\1\end{pmatrix}=s\begin{pmatrix}r\\1\end{pmatrix}=\begin{pmatrix}sr\\s\end{pmatrix}$ より

$$A\begin{pmatrix}1&r\\0&1\end{pmatrix}=\begin{pmatrix}a&sr\\c&s\end{pmatrix}$$

また $\begin{pmatrix}1&r\\0&1\end{pmatrix}^{-1}=\begin{pmatrix}1&-r\\0&1\end{pmatrix}$ であるから

$$B=\begin{pmatrix}1&r\\0&1\end{pmatrix}^{-1}A\begin{pmatrix}1&r\\0&1\end{pmatrix}=\begin{pmatrix}1&-r\\0&1\end{pmatrix}\begin{pmatrix}a&sr\\c&s\end{pmatrix}$$

$$=\begin{pmatrix}a-cr&0\\c&s\end{pmatrix}\quad\cdots\cdots(答)$$

(2) $$B^n=\begin{pmatrix}1&r\\0&1\end{pmatrix}^{-1}A\begin{pmatrix}1&r\\0&1\end{pmatrix}\cdot\begin{pmatrix}1&r\\0&1\end{pmatrix}^{-1}A\begin{pmatrix}1&r\\0&1\end{pmatrix}\cdot\ \cdots\ \cdot\begin{pmatrix}1&r\\0&1\end{pmatrix}^{-1}A\begin{pmatrix}1&r\\0&1\end{pmatrix}$$

$$=\begin{pmatrix}1&r\\0&1\end{pmatrix}^{-1}A^n\begin{pmatrix}1&r\\0&1\end{pmatrix}$$

$$\begin{pmatrix}z_n\\w_n\end{pmatrix}=B^n\begin{pmatrix}1\\0\end{pmatrix}=\begin{pmatrix}1&r\\0&1\end{pmatrix}^{-1}A^n\begin{pmatrix}1&r\\0&1\end{pmatrix}\begin{pmatrix}1\\0\end{pmatrix}$$

$$=\begin{pmatrix}1&-r\\0&1\end{pmatrix}A^n\begin{pmatrix}1\\0\end{pmatrix}=\begin{pmatrix}1&-r\\0&1\end{pmatrix}\begin{pmatrix}x_n\\y_n\end{pmatrix}$$

$$=\begin{pmatrix}x_n-ry_n\\y_n\end{pmatrix}$$

$\lim_{n\to\infty}x_n=\lim_{n\to\infty}y_n=0$ であるから

$$\lim_{n\to\infty}z_n=\lim_{n\to\infty}(x_n-ry_n)=\lim_{n\to\infty}x_n-r\lim_{n\to\infty}y_n=0-r\cdot0=0$$

$$\lim_{n\to\infty} w_n = \lim_{n\to\infty} y_n = 0$$ （証明終）

(3) $p = a - cr,$

$$q_n = c\sum_{i=0}^{n-1} p^{n-1-i}s^i$$
$$= c\,(p^{n-1} + p^{n-2}s + p^{n-3}s^2 + \cdots + ps^{n-2} + s^{n-1})$$

とおいて，任意の自然数 n に対して，$B^n\begin{pmatrix}1\\0\end{pmatrix} = \begin{pmatrix}p^n\\q_n\end{pmatrix}$ ……（＊）であることを数学的帰納法で示す。

(I) $B\begin{pmatrix}1\\0\end{pmatrix} = \begin{pmatrix}a-cr\\c\end{pmatrix} = \begin{pmatrix}p\\q_1\end{pmatrix}$ であるから，（＊）は $n=1$ で成り立つ。

(II) ある自然数 k で $B^k\begin{pmatrix}1\\0\end{pmatrix} = \begin{pmatrix}p^k\\q_k\end{pmatrix}$ が成り立つと仮定する。

$$B^{k+1}\begin{pmatrix}1\\0\end{pmatrix} = BB^k\begin{pmatrix}1\\0\end{pmatrix} = \begin{pmatrix}p & 0\\c & s\end{pmatrix}\begin{pmatrix}p^k\\q_k\end{pmatrix} = \begin{pmatrix}p^{k+1}\\cp^k + sq_k\end{pmatrix}$$

ここで

$$cp^k + sq_k = cp^k + c\,(p^{k-1}s + p^{k-2}s^2 + p^{k-3}s^3 + \cdots + ps^{k-1} + s^k)$$
$$= c\,(p^k + p^{k-1}s + p^{k-2}s^2 + p^{k-3}s^3 + \cdots + ps^{k-1} + s^k)$$
$$= q_{k+1}$$

よって，$B^{k+1}\begin{pmatrix}1\\0\end{pmatrix} = \begin{pmatrix}p^{k+1}\\q_{k+1}\end{pmatrix}$ である。

(I)，(II)より，（＊）は任意の自然数 n で成り立つ。

よって，$z_n = p^n$ となり $\lim_{n\to\infty} p^n = \lim_{n\to\infty} z_n = 0$ ……①

ゆえに，$|p|<1$ である。

$|p|<1$ と $s>1$ から，$p-s \neq 0$ であり

$$q_n = c\frac{p^n - s^n}{p-s} \quad ……②$$

$c \neq 0$ とすると，②から $s^n = p^n - \dfrac{p-s}{c}q_n$ ……③

また，$w_n = q_n$ であるから，(2)の結果より $\lim_{n\to\infty} q_n = \lim_{n\to\infty} w_n = 0$ ……④

①，③，④より $\lim_{n\to\infty} s^n = \lim_{n\to\infty} p^n - \dfrac{p-s}{c}\lim_{n\to\infty} q_n = 0$

これは $s>1$ に矛盾する。ゆえに $c=0$ でなければならない。

よって，$p = a - cr = a$ であり，$|p|<1$ であるから，$|a|<1$ である。 （証明終）

〔注〕 (3) $B=\begin{pmatrix} a-cr & 0 \\ c & s \end{pmatrix}$ より，$a-cr=p$ とおくと

$$B^2=\begin{pmatrix} p & 0 \\ c & s \end{pmatrix}\begin{pmatrix} p & 0 \\ c & s \end{pmatrix}=\begin{pmatrix} p^2 & 0 \\ c(p+s) & s^2 \end{pmatrix}$$

$$B^3=\begin{pmatrix} p & 0 \\ c & s \end{pmatrix}\begin{pmatrix} p^2 & 0 \\ c(p+s) & s^2 \end{pmatrix}=\begin{pmatrix} p^3 & 0 \\ c\{p^2+s(p+s)\} & s^3 \end{pmatrix}=\begin{pmatrix} p^3 & 0 \\ c(p^2+ps+s^2) & s^3 \end{pmatrix}$$

$$B^4=\begin{pmatrix} p & 0 \\ c & s \end{pmatrix}\begin{pmatrix} p^3 & 0 \\ c(p^2+ps+s^2) & s^3 \end{pmatrix}=\begin{pmatrix} p^4 & 0 \\ c(p^3+p^2s+ps^2+s^3) & s^4 \end{pmatrix}$$

これらを実際に計算してみることにより，$B^n\begin{pmatrix} 1 \\ 0 \end{pmatrix}=\begin{pmatrix} p^n \\ q_n \end{pmatrix}$ を予想することができる。(2)より，z_n，w_n が 0 に収束することはわかっているので，収束条件から a，c のとりうる範囲を考えることになる。

$B^n\begin{pmatrix} 1 \\ 0 \end{pmatrix}=\begin{pmatrix} p^n \\ q_n \end{pmatrix}$ を予想し，これを導くことが第 1 ステップ，次いで $|p|<1$ を導くことが第 2 ステップ，最後に $c\neq 0$ から矛盾を導き，$p=a$ を示すことになるが，試験場では易しくはないだろう。

151 2007年度〔4〕 Level A

ポイント (1) PA, QA を計算する。

(2) (1)の結果と A^{-1} を用いる。

(3) 条件を満たす P, Q の1次式の積はやはり P, Q の1次式になることを用いる。

解法

(1) $$PA = aP^2 + (a+1)PQ = aP$$
$$QA = aQP + (a+1)Q^2 = (a+1)Q$$
辺々加えて　$(P+Q)A = aP + (a+1)Q = A$　(証明終)

(2) $a>0$ より，行列式 $\Delta(A)$ は　$\Delta(A) = a(a+1) \neq 0$

よって，A^{-1} が存在するので，(1)の $(P+Q)A = A$ の両辺に右から A^{-1} を乗じて

$P+Q=E$　(E は2次の単位行列)

$\therefore$　$Q = E - P$

これと条件 $A = aP + (a+1)Q$ から
$$A = aP + (a+1)(E-P) = (a+1)E - P$$
$$\left.\begin{aligned} \therefore\quad P &= (a+1)E - A = \begin{pmatrix} 1 & 0 \\ -1 & 0 \end{pmatrix} \\ Q &= E - P = \begin{pmatrix} 0 & 0 \\ 1 & 1 \end{pmatrix} \end{aligned}\right\} \quad \cdots\cdots(答)$$

このとき，確かに $P^2 = P$, $Q^2 = Q$, $PQ = QP = O$ が成り立つ。

(3) $P = \begin{pmatrix} 1 & 0 \\ -1 & 0 \end{pmatrix}$, $Q = \begin{pmatrix} 0 & 0 \\ 1 & 1 \end{pmatrix}$ を用いると，(2)から $A_k = kP + (k+1)Q$ が成り立つ。

$P^2 = P$, $Q^2 = Q$, $PQ = QP = O$ を用いると，一般に s, s', t, t' を実数として
$$(sP + tQ)(s'P + t'Q) = ss'P + tt'Q$$
となる。

よってこれを繰り返し用いると
$$A_nA_{n-1}A_{n-2}\cdots A_2 = (n!)P + \frac{(n+1)!}{2}Q = \begin{pmatrix} n! & 0 \\ -n! & 0 \end{pmatrix} + \begin{pmatrix} 0 & 0 \\ \dfrac{(n+1)!}{2} & \dfrac{(n+1)!}{2} \end{pmatrix}$$
$$= \begin{pmatrix} n! & 0 \\ \dfrac{(n-1)n!}{2} & \dfrac{(n+1)!}{2} \end{pmatrix} \quad \cdots\cdots(答)$$

〔注〕 行列 A を $P^2 = P$, $Q^2 = Q$, $PQ = QP = O$ を満たす P, Q の1次式で表すことを A の直和分解またはスペクトル分解という。本問はこの有名事実を問題にしている。

付　録

付録１　整数の基礎といくつかの有名定理

幾何同様，整数のエッセンスは論理配列にあり，繊細です。たとえば整数の定理の中で最重要な定理の一つに「素因数分解の一意性の定理」があります。それは

「２以上のどのような整数も素数のみの有限個の積に一意的に表される」

という定理です。すなわち

「２以上のどのような整数も素数のみの有限個の積に書けて，しかも，どのような方法（理由）のもとで素数のみの積に表したとしてもそこに現れる素数の種類と各素数の個数はもとの数ごとに一通りである」

という定理です。一見，あたりまえに思えるこの定理は多くの整数の問題を考えるときに，商と余りの一意性の定理とともに，それらの解答の根拠として横たわっています。例として，$\sqrt{2}$ は無理数であることの証明を考えてみます。教科書や参考書によく見られる証明でもよいのですが，より簡潔な証明に次のものがあります。

（証明）　$\sqrt{2}$ が有理数であるとすると，適当な自然数 a，b を用いて $\sqrt{2}=\dfrac{a}{b}$ とおくことができる。

両辺を平方し分母を払うと　　$2b^2=a^2$　……(＊)

a^2，b^2 を素因数分解して現れる各素因数の個数はどちらも偶数なので，(＊)の左辺の素因数２の個数は奇数。一方，右辺のどの素因数の個数も偶数。これは矛盾である。ゆえに，$\sqrt{2}$ は無理数である。　（証明終）

(＊)の両辺が表す数の素因数分解の一意性が保証されなければ，この証明が根拠を失うことは明らかです。同じようなことは他の証明でもよく現れます。

ユークリッドはこの「素因数分解の一意性の定理」を導くために，有名な「ユークリッドの互除法」から始まるほんの僅かな定理による実に印象的な物語を残しました。互除法を２数の最大公約数を求めるアルゴリズムととらえるだけではその真価を理解することにはなりません。「ユークリッドの互除法」から，「２数の最大公約数はもとの２数の整数倍の和で表される」ことを導き，次いで，「a と b が互いに素で，a が bc を割り切るならば a は c を割り切る」こと，さらに，「素数 p が ab を割り切るならば，p は a または b を割り切る」ことを導き，これを用いて「素因数分解の一意性の定理」を導くというストーリーが大切なのです。この流れが整数の基礎の要諦です。

§１では，これを導くユークリッドの論理と高木貞治の論理を紹介します。現在の日本の学校教育では前者によっていますが，2000 年頃までは後者が用いられていました。§２では，いくつかの易しめの有名な定理を取り上げます。§３では，初等整

数論の基本的な有名定理ですが，§２より進んだ定理を取り上げます。特に，互いに素な２数についての「重要定理Ｂ」からその後の４つの有名な定理のすべてが一挙に，しかも独立に得られることを味わってください。

なお，整数 m，n に対して，m が n を割り切ることを $m|n$ と表すことがあります。また，整数 a と b の最大公約数（*the greatest common divisor, G. C. D.*）を $(a,\ b)$ で表すこともあります。いずれも学習指導要領外の記号ですが，整数論では一般的な記号であり，記述が簡略化される利点もあるので用いることとします。

§１　≪互除法からの帰結≫

互除法の原理：整数 a，b，c，d について $a=bc+d$ が成り立つとき，a と b の最大公約数と b と d の最大公約数は一致する。

この証明にはいくつかのバリエーションがありますが，「p が a と b の公約数」$\Longleftrightarrow$「p が b と d の公約数」を示すことで解決します。

（証明）　• p が a と b の公約数なら，$a=pa'$，$b=pb'$ となる整数 a'，b' が存在し，$d=a-bc=p(a'-b'c)$ となり，$p|d$ である。一方で，$p|b$ であるから，p は b と d の公約数である。

• p が b と d の公約数なら，$b=pb'$，$d=pd'$ となる整数 b'，d' が存在し，$a=bc+d=p(b'c+d')$ となり，$p|a$ である。一方で，$p|b$ であるから，p は a と b の公約数である。

以上から，a と b の公約数の集合と b と d の公約数の集合は一致する。ゆえに，それらの（有限）集合の要素の最大値である最大公約数は一致する。　（証明終）

この「互除法の原理」から，次の定理が導かれます。

ユークリッドの互除法：a と b を自然数とし，$r_0=b$ とおく。

$r_1=0$ または $r_0>r_1>\cdots>r_n>0$ となる整数 r_1，…，r_n と q_0，…，q_n が存在し，次式が成り立つ。

$$
\begin{aligned}
a &= q_0r_0+r_1\\
r_0 &= q_1r_1+r_2\\
r_1 &= q_2r_2+r_3\\
&\ \ \vdots\\
r_{n-2} &= q_{n-1}r_{n-1}+r_n\\
r_{n-1} &= q_nr_n
\end{aligned}
$$

このとき，a と b の最大公約数 g について，$r_1=0$ のときは $g=b$，$r_1\neq0$ のときは $g=r_n$ である。

（証明）　a を b で割ったときの商を q_0，余りを r_1 として，$r_1=0$ のときは第１式で終わり，$r_1 \neq 0$ のときは r_0 を r_1 で割ったときの商を q_1，余りを r_2 とする。同様のことを繰り返していくと，$r_1 \neq 0$ のときには $r_0 > r_1 > \cdots > r_n > 0$ かつ $r_{n-1} = q_n r_n$ となる自然数 n が存在する。

このとき，「互除法の原理」により

$$g = (a,\ b) = (r_0,\ r_1) = \cdots = (r_{n-1},\ r_n) = (r_n,\ 0) = r_n$$

となる。（証明終）

次いで，最大公約数 $g = (a,\ b)$ に対して，$g = xa + yb$ となる整数 x，y が存在することを示します。これは少し一般化した次の命題の形で証明します。ここでは，a を b で割った商が q_0，余りが r_1 のような設定は必要ないことに注意してください。単に整数からなる一連の関係式が並んでいれば成り立つように一般化してあります。

準備命題A：整数からなる一連の関係式

$$a = q_0 r_0 + r_1$$
$$r_0 = q_1 r_1 + r_2$$
$$r_1 = q_2 r_2 + r_3$$
$$\vdots$$
$$r_{n-2} = q_{n-1} r_{n-1} + r_n$$

が与えられたとき，$b = r_0$ として，任意の自然数 $m\ (1 \leqq m \leqq n)$ に対して，$r_m = x_m a + y_m b$ となる整数 x_m，y_m が存在する。

証明は m についての帰納法によります。

（証明）（I）• $m=1$ のとき，$r_1 = 1 \cdot a + (-q_0)b$ なので，$x_1 = 1$，$y_1 = -q_0$ とするとよい。

• $m=2$ のとき，$r_2 = r_0 - q_1 r_1 = b - q_1(a - q_0 b) = (-q_1)a + (1 + q_1 q_0)b$ なので，$x_2 = -q_1$，$y_2 = 1 + q_1 q_0$ とするとよい。

（II）$m = k$，$k-1$（$2 \leqq k \leqq n-1$）のとき主張が正しいと仮定する。すると，$r_k = x_k a + y_k b$，$r_{k-1} = x_{k-1} a + y_{k-1} b$ となる整数 x_k，y_k，x_{k-1}，y_{k-1} が存在する。これを $r_{k-1} = q_k r_k + r_{k+1}$ に代入すると，$r_{k+1} = r_{k-1} - q_k r_k = (x_{k-1} a + y_{k-1} b) - q_k (x_k a + y_k b) = (x_{k-1} - q_k x_k) a + (y_{k-1} - q_k y_k) b$ となる。

よって，$x_{k+1} = x_{k-1} - q_k x_k$，$y_{k+1} = y_{k-1} - q_k y_k$ とすれば，$m = k+1$ に対しても主張は成り立つ。

（I），（II）より，任意の自然数 $m\ (1 \leqq m \leqq n)$ に対して，$r_m = x_m a + y_m b$ となる整数 x_m，y_m が存在する。（証明終）

この「準備命題A」と「ユークリッドの互除法」によって，次の定理が導かれたことになります。

最大公約数の生成定理：a と b の最大公約数 g に対して，$g=xa+yb$ となる整数 x，y が存在する。

特に a と b が互いに素（正の公約数が1のみの自然数）のときには $g=1$ であるから，次の定理が成り立ちます。

1の生成定理：a と b が互いに素のとき，$1=xa+yb$ となる整数 x，y が存在する。

この「1の生成定理」から，次の「重要定理A」が得られます。

重要定理A：(1)　互いに素な自然数 a，b について，a が bc を割り切るならば，a は c を割り切る。

(2)　p を素数，a，b を自然数とする。p が ab を割り切るならば，p は a，b の少なくとも一方を割り切る。

（証明）(1)　a と b が互いに素であるから，最大公約数は1である。よって，$xa+yb=1$ となる整数 x，y が存在する。

両辺に c を乗じて，$xac+ybc=c$ であり，ac，bc は a で割り切れるから，左辺は a で割り切れる。ゆえに，a は c を割り切る。（証明終）

(2)　素数 p が a の約数でないならば，p と a は互いに素であるから，(1)によって，b が p で割り切れる。また，p が a の約数のときは a が p で割り切れる。

ゆえに，p は a，b の少なくとも一方を割り切る。（証明終）

以上の「重要定理A」に至る論理が「ユークリッドの互除法」の真骨頂であり，見事です。

さて，この「重要定理A」から素因数分解の一意性が導かれますが，その前に，ユークリッドはまず，2以上のどのような整数も有限個の素数のみの積に書けるという「素因数分解の可能性」を準備します。これは論理配列として不可欠であり，その証明も実に鮮やかなのでこれを紹介します。まず，次の「準備命題B」を用意します。

準備命題B：2以上の任意の自然数 N に対して，N の1以外の正の約数のうち最小のものを n とすると，n は素数である。

（証明）n が素数でないとすると，n は1でも n でもない正の約数をもつ。その1つを m とすると

$$1<m<n\leqq N \quad \cdots\cdots①$$

また，$m|n$ かつ $n|N$ より　$m|N$　……②

①，②から，m は1以外の N の約数で n より小となる。これは n の最小性に矛盾する。ゆえに，n は素数である。（証明終）

素因数分解の可能性：2以上のどのような自然数もそれ自身が素数であるか，または2個以上の有限個の素数のみの積に書ける。

（証明）　素数でもなく，2個以上の有限個の素数のみの積にも書けないような2以上の自然数があったとする。そのような自然数のうちの最小のものをNとする。このとき，$N \geqq 4$としてよい。

「準備命題B」により，$N=pN'$となる素数pと自然数N'がある。Nは素数ではないので，$2 \leqq N' < N$である。

Nの最小性により，N'は素数であるか，または2個以上の有限個の素数のみの積に書ける。すると，$N=pN'$より，Nは2個以上の有限個の素数のみの積に書ける。これは矛盾である。　（証明終）

この証明も初めて触れると新鮮です。次いで，目標だった素因数分解の一意性の証明を行います。

素因数分解の一意性の定理：素数からなる有限集合$S=\{p_1, \cdots, p_s\}$，$S'=\{q_1, \cdots, q_t\}$と自然数$\alpha_1, \alpha_2, \cdots, \alpha_s, \beta_1, \beta_2, \cdots, \beta_t$があって，$p_1{}^{\alpha_1}p_2{}^{\alpha_2}\cdots p_s{}^{\alpha_s}=q_1{}^{\beta_1}q_2{}^{\beta_2}\cdots q_t{}^{\beta_t}$が成り立つならば，$S=S'$である。このとき，$s=t$で，$\alpha_k=\beta_k$（$k=1, 2, \cdots, s$）となる。

（証明）　$q_1 | p_1{}^{\alpha_1}p_2{}^{\alpha_2}\cdots p_s{}^{\alpha_s}$であるから，「重要定理A」の(2)により，$q_1$は$p_1, \cdots, p_s$のいずれかを割り切る。

それをp_1としても一般性を失わない。q_1，p_1が素数であることから，$q_1=p_1$となり，$q_1 \in S$である。他の$q_2, \cdots, q_t$についても同様なので，$S' \subset S$である。同様に$S \subset S'$であるから，$S=S'$である。特に，$s=t$であり，$p_1{}^{\alpha_1}p_2{}^{\alpha_2}\cdots p_s{}^{\alpha_s}=p_1{}^{\beta_1}p_2{}^{\beta_2}\cdots p_s{}^{\beta_s}$……(＊) となる。ここで，$\alpha_1<\beta_1$とすると，$s=1$のときは(＊)から，$1=p_1{}^{\beta_1-\alpha_1}$となり矛盾。$s \geqq 2$のときは，約分により，$p_2{}^{\alpha_2}\cdots p_s{}^{\alpha_s}=p_1{}^{\beta_1-\alpha_1}p_2{}^{\beta_2}\cdots p_s{}^{\beta_s}$となり，最初と同様に，$p_1$は$p_2, \cdots, p_s$のいずれかに一致するが，これは矛盾。

$\alpha_1>\beta_1$としても同じく矛盾が出るので　$\alpha_1=\beta_1$

他のα_k，β_kについても同様である。　（証明終）

「重要定理A」から，$S=S'$を導くことが上の証明の要です。

この一連のユークリッドの論法とは別に，高木貞治（1875～1960）は著書『初等整数論講義』において，次のように互除法を準備しない論理で「重要定理A」を導いています。これも見事なので以下に紹介しておきます。

【高木貞治の方法】（事前の準備が約数，倍数，最小公倍数，最大公約数の定義だけであることに注意）

定理Ⅰ：自然数 a，b の任意の公倍数 l は最小公倍数 L の倍数である。

（証明）　l を L で割ったときの商を q，余りを r とする。$l=Lq+r$，$0\leqq r<L$ である。$r=l-Lq$ と，l も L も a と b の公倍数であることから，r も a と b の公倍数である。$r\neq 0$ とすると，$0<r<L$ であるから，r は L よりも小さい正の整数である。これは L が最小公倍数であることに反する。ゆえに，$r=0$ となり，l は L の倍数である。
（証明終）

定理Ⅱ：自然数 a，b の任意の公約数 g は最大公約数 G の約数である。

（証明）　G と g の最小公倍数を L として，L が G であることを示す。すると，g は $G(=L)$ の約数であることになる。
a，b はどちらも G と g の公倍数なので，「定理Ⅰ」から，L の倍数である。すなわち，L は a と b の公約数である。よって，$L\leqq G$ である。一方，L は G の倍数なので $L\geqq G$ でもある。ゆえに，$L=G$ である。（証明終）

定理Ⅲ：2つの自然数 a，b の積 ab は，最大公約数 G と最小公倍数 L の積 GL に等しい。

（証明）　$L=aa'$，$L=bb'$（a'，b' は自然数）……①と書ける。ab は a と b の公倍数なので，「定理Ⅰ」から，L の倍数である。
よって，$ab=Lc$（c は自然数）……②と書け，①を②に代入して

$$\begin{cases} ab=aa'c \\ ab=bb'c \end{cases} \text{から} \quad \begin{cases} b=a'c \\ a=b'c \end{cases} \quad \cdots\cdots③$$

したがって，c は a，b の公約数で，「定理Ⅱ」から，$G=cd$（d は自然数）……④と書ける。
a，b は $G=cd$ で割り切れるので，③から，a'，b' は d で割り切れる。
そこで，$a'=a''d$，$b'=b''d$（a''，b'' は自然数）とおいて，①に代入すると

$$L=aa''d,\ L=bb''d$$

よって，$\dfrac{L}{d}$ は a，b の公倍数だが，L は a，b の最小公倍数であることから

$$d=1$$

したがって，④から　$G=c$
ゆえに，②から，$ab=LG$ である。（証明終）

定理Ⅳ（＝重要定理A）：互いに素な自然数 a，b について，a が bc を割り切るならば a は c を割り切る。

（証明）　a と b は互いに素なので，a と b の最大公約数は1であり，「定理Ⅲ」により a と b の最小公倍数は ab である。bc が a で割り切れることから，bc は a と b の公

倍数である。よって，「定理Ⅰ」から，bc は ab で割り切れる。

ゆえに，c は a で割り切れる。　(証明終)

〔注1〕「定理Ⅱ」はユークリッドの「最大公約数の生成定理」を用いて次のように示すことができる。

(証明)　$a=a'g$，$b=b'g$（a'，b' は自然数）とする。$G=xa+yb$ となる整数 x，y が存在し，$G=(xa'+yb')g$ となり，$g|G$ である。　(証明終)

〔注2〕「定理Ⅲ」の高木の証明は少しわかりにくい。少し工夫して，よく知られた次の命題(＊)を準備してから導くほうがわかりやすいかもしれない。

(＊)　2つの自然数 a，b とその最大公約数 G に対して，$a=a'G$，$b=b'G$ であるならば，$a'b'G$ は a，b の最小公倍数 L に等しい。

((＊)の証明)　$a'b'G=l$ とおく。$l=ab'=a'b$ から，l は a，b の公倍数であり，「定理Ⅰ」より，$l=Lq$　……①（q は自然数）とおける。$L=am$，$L=bn$（m，n は整数)とおけるから

$$a'b'G=l=Lq=\begin{cases} amq=a'Gmq & \cdots\cdots② \\ bnq=b'Gnq & \cdots\cdots③ \end{cases}$$

②より　$b'=mq$　……②′

③より　$a'=nq$　……③′

a'，b' が互いに素であることと，②′，③′から，$q=1$ となり，①から，$l=L$ である。　(証明終)

この命題(＊)を用いると，$ab=LG$ が次のように得られる。

命題(＊)と $a=a'G$，$b=b'G$ から

$ab=a'G\cdot b'G=a'b'G\cdot G=LG$　(証明終)

§2　≪いくつかの易しい有名定理≫

まず，主に素数に関する基礎的な有名定理で，高校生にも易しく理解できるものを紹介します。

素数の無限定理（ユークリッド）：どんな有限個の相異なる素数が与えられても，それらと異なる素数が存在する(素数は無限に存在する)。

(証明)　有限個の相異なる素数 a，b，…，c が与えられたとする。$N=a\times b\times\cdots\times c+1$ という数 N を考える。

N は a，b，…，c のどれよりも大きいから，これらのいずれとも異なる。

- N が素数のとき，N 自身が a，b，…，c と異なる素数である。
- N が素数ではないとき，N の任意の素因数 d（この存在はすでに示してある）は a，b，…，c とは異なる。

  なぜなら，たとえば $d=a$ とすると，$N=a\times b\times\cdots\times c+1$ において，N も $a\times b\times\cdots\times c$ も a で割り切れるので，1も素数 a で割り切れることになり，矛盾。

  よって，d は a，b，…，c とは異なる素数である。

以上から，素数が有限個となることはない。　(証明終)

〔注〕　この証明を紹介すると，ときどき「素数を小さいほうから順に有限個乗じたものに1を加えたものは素数である」と勘違いする生徒がいるが，これは誤り。$2+1=3$, $2\cdot3+1=7$，$2\cdot3\cdot5+1=31$，$2\cdot3\cdot5\cdot7+1=211$，$2\cdot3\cdot5\cdot7\cdot11+1=2311$ は素数であるが，$2\cdot3\cdot5\cdot7\cdot11\cdot13+1=30031=59\cdot509$ は素数ではない。また，$3\cdot5\cdot7+1=106=2\cdot53$ などの例もある。ユークリッドの証明の優れた点は，$a\times b\times\cdots\times c+1$ という数から，与えられた素数 a，b，…，c とは異なる素数の存在を示したことである。なお，上の証明を若干変更した次のような証明もある。

（別証明）　素数の個数が有限であるとして，それらすべてを a，b，…，c とする。$N=a\times b\times\cdots\times c+1$ という数 N を考える。N は a，b，…，c のどれよりも大きいから，これらのいずれとも異なり，したがって，素数ではない。一方，N には素因数が存在し，それは a，b，…，c のいずれかに一致しなければならない。それを a としてもよく，$N=aN'$（N' は自然数）とすると，$1=a(N'-b\times\cdots\times c)$ から，1が2以上の約数 a をもつことになり，矛盾。ゆえに，素数の個数は有限ではない。　（証明終）

完全数（ユークリッド）：n を自然数とし，$p=1+2+2^2+\cdots+2^{n-1}+2^n$，$N=2^np$ とおく。p が素数のとき，N 以外の N の正の約数すべての和を S とすると，$S=N$ である。

（証明）　p は素数であるから，$N=2^np$ の約数は

$$1,\ 2,\ 2^2,\ \cdots,\ 2^{n-1},\ 2^n,\ p,\ 2p,\ 2^2p,\ \cdots,\ 2^{n-1}p,\ 2^np\ (=N)$$

よって

$$S=(1+2+2^2+\cdots+2^{n-1}+2^n)+p(1+2+2^2+\cdots+2^{n-1})$$
$$=p+p\cdot\frac{2^n-1}{2-1}=2^np=N$$

（証明終）

〔注〕　一般に正の整数 N について，N 以外の N の正の約数すべての和が N となるとき，N を完全数という。完全数に関する本定理は高校生にちょうどよいレベルの内容であるが，これはユークリッドの『原論』第9巻の最終定理でもある。

また，$p=1+2+\cdots+2^{n-1}+2^n=\dfrac{2^{n+1}-1}{2-1}=2^{n+1}-1$ であるが，一般に 2^k-1（k は自然数）の形の素数をメルセンヌ素数という。メルセンヌ（1588～1648）はフランスの神父で，この形の素数の研究で有名である。メルセンヌ素数とそれから得られる完全数の例として，次のものがある。

- $k=2$ のときの $3\ (=1+2)$
  このとき，$2\cdot3=6$ の正の約数は1，2，3，6で　$1+2+3=6$
- $k=3$ のときの $7\ (=1+2+4)$
  このとき，$4\cdot7=28$ の正の約数は1，2，4，7，14，28で　$1+2+4+7+14=28$
- $k=5$ のときの $31\ (=1+2+4+8+16)$
  このとき，$16\cdot31=496$ の正の約数は1，2，4，8，16，31，62，124，248，496で
  $1+2+4+8+16+31+62+124+248=496$

メルセンヌ素数：$n\,(\geqq 2)$ を自然数とする。2^n-1 が素数ならば，n は素数である。

（証明） $n\,(\geqq 2)$ が素数ではないとする。$n=ab$（a，b は2以上の自然数）と書ける。よって

$$2^n-1=2^{ab}-1=(2^a)^b-1=X^b-1 \quad (2^a=X \text{ とおく})$$
$$=(X-1)(X^{b-1}+X^{b-2}+\cdots+X+1) \quad \cdots\cdots①$$

$a\geqq 2$，$b\geqq 2$ より，①の2つの因数は2以上の自然数であり，2^n-1 が素数という仮定に矛盾する。ゆえに，n は素数である。（証明終）

〔注〕 n が素数だからといって，2^n-1 が素数とは限らない。$2^2-1=3$，$2^3-1=7$，$2^5-1=31$，$2^7-1=127$ は素数だが，$2^{11}-1=2047=23\cdot 89$ は素数ではない。

$2^{2^r}+1$ の形の素数をフェルマー素数といいます。次は，これに関する命題です。

フェルマー素数：自然数 k に対して，2^k+1 が素数であれば，$k=2^r$ となる0以上の整数 r が存在する。

（証明） $k=2^r m$（r は0以上の整数，m は正の奇数）とすると，$2^k=2^{2^r m}=(2^{2^r})^m$ となる（k に含まれる素因数2の個数を r とすると，k は必ず $2^r m$ の形で表現できる）。

$a=2^{2^r}(\geqq 2)$ とおくと，$2^k=a^m$ と表され

$$2^k+1=a^m+1=a^m-(-1)^m$$
$$=(a+1)(a^{m-1}-a^{m-2}+a^{m-3}-\cdots+a^2-a+1) \quad \cdots\cdots(*)$$

ここで，$m\geqq 3$ とすると

$$(*)\text{の第2因数}=a^{m-2}(a-1)+a^{m-4}(a-1)+\cdots+a(a-1)+1\geqq 2$$

また，$a+1$ は3以上の整数である。これは 2^k+1 が素数という条件に矛盾する。

ゆえに，奇数 m は1となり，$k=2^r$ である。（証明終）

〔注〕 ① $(*)$の各因数が2以上であることの確認を忘れないこと。

② $2^{2^r}+1$ の形の数が素数になるとは限らない。実際，$2^1+1=3$，$2^2+1=5$，$2^4+1=17$，$2^8+1=257$，$2^{16}+1=65537$ は素数だが，$2^{32}+1=4294967297=641\times 6700417$ は素数ではない。$r\geqq 5$ ではすべて合成数である，すなわちフェルマー素数は最初の5個のみであると思われているが，まだ証明されていない。

§3 ≪いくつかの少し進んだ有名定理≫

このセクションはユークリッドから離れて，互いに素な2数についての「重要定理B」と，それから得られる4つの有名な定理（「フェルマーの小定理」，「孫子の定理」，「オイラー関数の乗法性の定理」，「ウィルソンの定理」）を取り上げます。この「重要定理B」は「素因数分解の一意性の定理」と同様に，§1の「重要定理A」から簡単に導かれます。しかも「素因数分解の一意性の定理」と同じようにかなり強力で，例えば，上記の4つの定理を独立に一気に導くことができます。

重要定理B：自然数 a（$\geqq 2$）と b が互いに素のとき，b，$2b$，$3b$，…，$(a-1)b$，ab の a 個の数を a で割った余りはすべて異なる。

（証明）　a で割ったときの余りが等しいような ib と jb（i，j は $1 \leqq i < j \leqq a$ をみたす整数）が（1組でも）存在したとする。
このとき，$a|jb-ib$ から，$a|(j-i)b$ となる。ここで，a と b は互いに素なので，「重要定理A」の(1)から，$a|j-i$ であるが，一方で，$1 \leqq j-i \leqq a-1$ であるから，$j-i$ は a の倍数とはなり得ないので矛盾。ゆえに，余りはすべて異なる。

（証明終）

〔注〕　a で割った余りは0から $a-1$ まで a 個あるから，この定理から，b，$2b$，…，$(a-1)b$，ab を a で割ると，順序を無視して，0から $a-1$ までのすべての余りがちょうど1個ずつ現れる。特に余りが0となるのは ab だけなので，b，$2b$，…，$(a-1)b$ を a で割った余りは全体として1，2，…，$a-1$ に一致することになる。

また，c を任意の整数として，$b+c$，$2b+c$，…，$(a-1)b+c$，$ab+c$ の a 個の数を a で割るとすべての余りが1個ずつ現れるという事実もまったく同様に導かれる。

フェルマーの小定理：自然数 a と素数 p が互いに素のとき，a^{p-1} を p で割った余りは常に1である。

（証明）　a と p は互いに素なので，「重要定理B」から，a，$2a$，…，$(p-1)a$ を p で割った余りは全体として，1，2，…，$p-1$ に等しい。よって，適当な整数 t_1，t_2，…，t_{p-1} を用いて

$$a \cdot 2a \cdot \cdots \cdot (p-1)a = (1+t_1p)(2+t_2p)\cdots(p-1+t_{p-1}p) \quad \cdots\cdots ①$$

となる。両辺をそれぞれ変形すると

$$1 \cdot 2 \cdot \cdots \cdot (p-1)a^{p-1} = 1 \cdot 2 \cdot \cdots \cdot (p-1) + (p\text{ の倍数})$$

となる。この右辺の第1項を移項すると，$1 \cdot 2 \cdot 3 \cdot \cdots \cdot (p-1)(a^{p-1}-1) = (p\text{ の倍数})$ となる。
よって，$1 \cdot 2 \cdot 3 \cdot \cdots \cdot (p-1)(a^{p-1}-1)$ は p で割り切れる。ここで，p は素数なので，$1 \cdot 2 \cdot \cdots \cdot (p-1)$ は p と互いに素であり，「重要定理A」の(1)から，$a^{p-1}-1$ が p で割り切れなければならない。ゆえに，a^{p-1} を p で割ったときの余りは1である。

（証明終）

〔注1〕　p が素数であることは証明の最後のほうで効いていることに注意。
〔注2〕　合同式を使うと記述は簡潔になる。すなわち，上の証明中の①以下を次のようにする。

$$1 \cdot 2 \cdot \cdots \cdot (p-1)a^{p-1} \equiv 1 \cdot 2 \cdot \cdots \cdot (p-1) \pmod{p}$$

ここで，p は素数であるから，$1 \cdot 2 \cdot \cdots \cdot (p-1)$ は p と互いに素である。
ゆえに　$a^{p-1} \equiv 1 \pmod{p}$　（証明終）

〔注３〕 この定理の証明をフェルマー（1607〜1665）が残したわけではない。オイラー（1707〜1783）が少し拡張した命題に直して証明している。その証明は数学的帰納法を明確に意識した最初の例とも言われている。それをそのまま問題にしたものが，京都大学の入試で出題されているので，以下に紹介する。

［問題（京大 1977 年度文系，原文通り）］

p が素数であれば，どんな自然数 n についても n^p-n は p で割り切れる。このことを，n についての数学的帰納法で証明せよ。

（解答）（Ｉ）$n=1$ のとき，明らかに $p|n^p-n$ である。

（Ⅱ）１以上のある自然数 k に対して，$p|k^p-k$ ……① と仮定する。

二項定理から，$(k+1)^p=k^p+\sum_{i=1}^{p-1}{}_pC_ik^i+1$ なので

$$(k+1)^p-(k+1)=(k^p-k)+\sum_{i=1}^{p-1}{}_pC_ik^i \quad \cdots\cdots②$$

ここで，p は素数なので，$i=1,\ 2,\ \cdots,\ p-1$ に対して

$p|{}_pC_i$ ……③

①，③より，②の右辺は p で割り切れ，したがって，$p|(k+1)^p-(k+1)$ である。

（Ｉ），（Ⅱ）から，数学的帰納法により，任意の自然数 n に対して，$p|n^p-n$ である。

（証明終）

この問題の命題を用いると，素数 p と任意の正の整数 a に対して，$p|a^p-a$ すなわち $p|a(a^{p-1}-1)$ が成り立つ。

ここで，a と p が互いに素であるとき $p|a^{p-1}-1$ となり，a^{p-1} を p で割った余りは１である（フェルマーの小定理）。

孫子の定理：２以上の自然数 a，b が互いに素ならば，a で割って r 余り，b で割って s 余るような自然数で ab 以下のものがただ１つ存在する。

（証明） 下表を利用する。

1	2	…	s	…	$b-2$	$b-1$	b
$1+b$	$2+b$	…	$s+b$	…	$(b-2)+b$	$(b-1)+b$	$2b$
$1+2b$	$2+2b$	…	$s+2b$	…	$(b-2)+2b$	$(b-1)+2b$	$3b$
⋮	⋮	⋮	⋮	⋮	⋮	⋮	⋮
$1+(a-1)b$	$2+(a-1)b$	…	$s+(a-1)b$	…	$(b-2)+(a-1)b$	$(b-1)+(a-1)b$	ab

［Ｉ］ 表中の数で，b で割って s 余る数は，$s+kb$（$k=0,\ 1,\ 2,\ \cdots,\ a-1$）（表中の囲みの数）の形の数に限る（明らか）。

［Ⅱ］ 一般に任意の自然数 c を固定するごとに，$c,\ c+b,\ c+2b,\ \cdots,\ c+(a-1)b$（各列の数）の a 個の数を a で割った余りは，順序を無視して，０から $a-1$ までがすべて１個ずつ現れる（「重要定理Ｂ」の〔注〕）。よって，表の各列の中には a で割って r 余る数はただ１つ存在する。

［Ｉ］，［Ⅱ］より，表中の数で，a で割って r 余り，b で割って s 余るような自然数で ab 以下のものがただ１つ存在する。

（証明終）

2以上の整数Nに対して，Nより小さな自然数でNと互いに素なものの個数をオイラー関数と言い，$\varphi(N)$と表します。これについては次の定理が基本的です。

オイラー関数の乗法性の定理：2以上の自然数a，bが互いに素ならば，$\varphi(ab)=\varphi(a)\varphi(b)$である。

（証明）（次の(A)と(B)は容易なので証明省略）

(A)　a，b，cを自然数とするとき，「cとabが互いに素$\Longleftrightarrow$$c$と$a$が互いに素かつ$c$と$b$が互いに素」である。

(B)　k，bを自然数，mを0以上の整数とするとき，「$k+mb$とbが互いに素$\Longleftrightarrow$$k$と$b$が互いに素」である。

次いで，下表を利用する。

1	2	$\cdots$	k	$\cdots$	$b-2$	$b-1$	b
$1+b$	$2+b$	$\cdots$	$k+b$	$\cdots$	$(b-2)+b$	$(b-1)+b$	$2b$
$1+2b$	$2+2b$	$\cdots$	$k+2b$	$\cdots$	$(b-2)+2b$	$(b-1)+2b$	$3b$
$\vdots$	$\vdots$	$\vdots$	$\vdots$	$\vdots$	$\vdots$	$\vdots$	$\vdots$
$1+(a-1)b$	$2+(a-1)b$	$\cdots$	$k+(a-1)b$	$\cdots$	$(b-2)+(a-1)b$	$(b-1)+(a-1)b$	ab

［Ⅰ］(B)から，上の表中の数で，bと互いに素な数は，bと互いに素なkごとに，kを含む縦の列の数（表中の囲みの数）のすべてに限る。このような列はちょうど$\varphi(b)$列ある。

［Ⅱ］一般に任意の自然数cを固定するごとに，c，$c+b$，$c+2b$，…，$c+(a-1)b$（各列の数）のa個の数をaで割った余りは，順序を無視して，0から$a-1$までがすべて1個ずつ現れる（「重要定理B」の〔注〕）。よって，表の各列の中にはaと互いに素な数がちょうど$\varphi(a)$個ある。

［Ⅰ］，［Ⅱ］より，表中の数でbと互いに素かつaと互いに素な数は$\varphi(a)\varphi(b)$個ある。このことと(A)から，$\varphi(ab)=\varphi(a)\varphi(b)$である。（証明終）

最後は次の定理です。

ウィルソンの定理：pを素数とすると，$(p-1)!$をpで割った余りは$p-1$である。（合同式を用いると，$(p-1)!\equiv -1 \pmod{p}$）

（証明）（合同式を用いた記述で行う）

$p=2$のときは明らかなので，$p\geqq 3$とする。kを1，2，…，$p-1$のいずれにとっても，kはpと互いに素なので，$jk\equiv 1 \pmod{p}$となるjが1，2，…，$p-1$の中にただ1つ存在する（「重要定理B」）。このとき

［Ⅰ］$k=1$なら$j=1$，$k=p-1$なら$j=p-1$である（$(p-1)(p-1)=p^2-2p+1\equiv 1 \pmod{p}$より）。

［Ⅱ］$2\leqq k\leqq p-2$なら，$2\leqq j\leqq p-2$かつ$j\neq k$である。

なぜなら，$j=1$，$p-1$ なら[Ⅰ]で k と j の役割を入れかえて考えると，それぞれ $k=1$，$p-1$ となってしまうことと，$j=k$ なら $k^2\equiv 1 \pmod{p}$ から，$(k-1)(k+1)\equiv 0 \pmod{p}$ より，$k\equiv 1 \pmod{p}$ または $k\equiv -1 \pmod{p}$ となり，$k=1$ または $k=p-1$ となってしまうからである。

[Ⅰ]と[Ⅱ]によって，$k\neq 1$，$k\neq p-1$ なら，k 毎に $jk\equiv 1 \pmod{p}$ となる j を k とペアにして，$(p-1)!$ を書き直してみると

$$(p-1)!\equiv 1\cdot(1)^{\frac{p-3}{2}}\cdot(p-1)\equiv p-1\equiv -1 \pmod{p}$$

（証明終）

〔注〕 例として，$p=11$ では

$$(p-1)!=10!=1\cdot(2\cdot 6)\cdot(3\cdot 4)\cdot(5\cdot 9)\cdot(7\cdot 8)\cdot 10\equiv 10\equiv -1 \pmod{11}$$

実はこの定理は 2 以上の自然数 p について，p が素数であるための十分条件にもなっている。それが次である。

> **ウィルソンの定理の逆**：自然数 $p\,(\geqq 2)$ について，$(p-1)!\equiv -1 \pmod{p}$ ならば，p は素数である。

（証明） p が素数でないとすると，$p=ab$ かつ $1<a\leqq b<p$ となる自然数 a，b が存在する。$a=b$ のときと $a<b$ のときで場合を分けて考える。

- $a=b=2$ ならば，$p=4$ なので，$(p-1)!=3!=6\equiv 2 \pmod{4}$ となり，$(p-1)!\equiv -1 \pmod{p}$ に反する。
- $a=b>2$ ならば，$a<2a<a^2=p$ から，$(p-1)!\equiv 1\cdot\ \cdots\ \cdot a\cdot\ \cdots\ \cdot 2a\cdot\ \cdots\ \cdot(a^2-1)\equiv 0 \pmod{p}$ となり，$(p-1)!\equiv -1 \pmod{p}$ に反する。
- $a<b$ ならば，$a<b<ab=p$ から，$(p-1)!\equiv 1\cdot\ \cdots\ \cdot a\cdot\ \cdots\ \cdot b\cdot\ \cdots\ \cdot(ab-1)\equiv 0 \pmod{p}$ となり，$(p-1)!\equiv -1 \pmod{p}$ に反する。

いずれのときも矛盾が生じるので，p は素数でなければならない。 （証明終）

付録2　空間の公理と基礎定理集

空間図形を扱ううえでの基礎的な事項を紹介します。各定理についている *Question* は定理の証明の一部分ですが，易しいレベルのものです。必要なものについては最後に略解を付してあります。時間がない場合には略解に目を通しながら読み進めてください。

まず，最初に必要な最小限の公理をまとめておきます。

空間の公理

Ⅰ．同一直線上にない3点を通る平面が唯1つ存在する。
（点と平面の関係の規定）

Ⅱ．1つの直線上の2点が1つの平面上にあれば，その直線上のすべての点がその平面上にある。（直線と平面の関係の規定）

Ⅲ．2つの平面が1点を共有するなら，少なくとも別の1点を共有する。
（平面と平面の関係の規定）

Ⅳ．4つ以上の点で1つの平面上にはないような4点の組が存在する。
（平面を超える存在一空間一の保障）

Ⅴ．空間においても三角形の合同定理が成り立つ。

これらの諸公理を組み合わせると次のようなことがらを導くことができます。これは難しいことではないので各自で確認してみてください。

- **1つの直線とその上にない1点を含む平面が唯1つ存在する。（公理Ⅰ&Ⅱ）**
- **交わる2直線を含む平面が唯1つ存在する。（公理Ⅰ&Ⅱ）**
- **異なる2平面が共有点をもつなら，共有点の全体は直線である。**
（公理Ⅰ&Ⅱ&Ⅲ）

さて，空間の幾何の要諦は平面の幾何と同様に垂直・平行・合同・線分の比などです。直線と平面の垂直の定義は次のように与えられます。

定義１　直線と平面の垂直の定義

直線 h が平面 α に垂直であるとは，α 上にあって h と交わる任意の直線と h が垂直であることである。

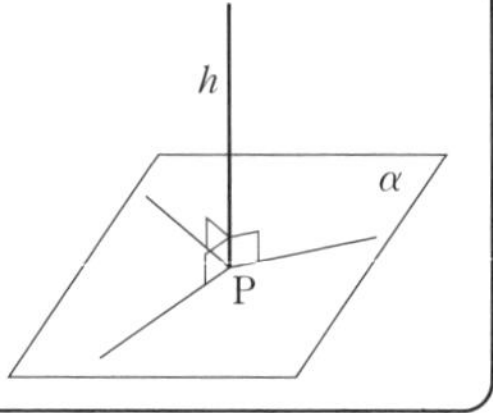

これがユークリッドの与えた定義です。実は平面 α と点Ｐを共有する直線 h が，Ｐを通る α 上の異なる２本の直線と垂直でありさえすれば，Ｐを通る α 上の他の任意の直線と垂直であることを導くことができます（**基礎定理１**）。この基礎定理１によって，直線 h が平面 α と垂直であるための判定条件は

「**Ｐを通る異なる２本の直線と垂直である**」

こととなります。

さらに現在では，（α 上の）Ｐを通らない直線 m について，m と平行でＰを通る直線 m' が h と垂直であるとき，$m \perp h$ と約束することもあります。このように約束しておくと，直線 h が平面 α と垂直であるための判定条件は

「**α 上の平行ではない２本の直線と垂直である**」

こととなります。

それでは基礎定理の紹介に移ります。

基礎定理１：１つの直線 h が，交わる２直線 l，m に垂直ならば，その２直線を含む平面に垂直である。

この証明のためには，l，m の交点をＰとして，l，m で定まる平面上のＰを通る任意の直線 n に対して，$h \perp n$ となることを示します。

PQ＝PR となる異なる２点 Q，R を直線 h 上にとり，右図で

$\triangle$APQ≡$\triangle$APR，　$\triangle$CPQ≡$\triangle$CPR，

$\triangle$ACQ≡$\triangle$ACR，　$\triangle$ABQ≡$\triangle$ABR，

$\triangle$BPQ≡$\triangle$BPR

を順次示し，最後に∠BPQ＝∠BPR＝90°を導く。

【*Q1*】これを示せ。

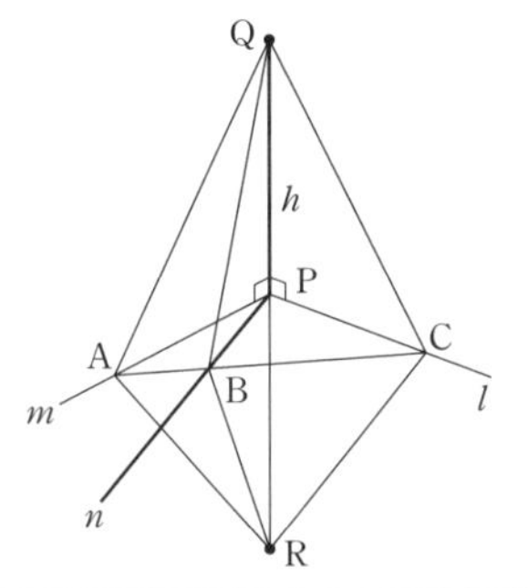

基礎定理 2：1つの直線に1点で直交する3直線は同一平面上にある。

点Pで直線 g と直交する3直線を l, m, n として，l, m, n が同一平面上にあることを示します。この証明は少々テクニカルです。

l, m で定まる平面を α とし，g, n で定まる平面を β とします。$n \notin \alpha$ と仮定して矛盾を導きます。

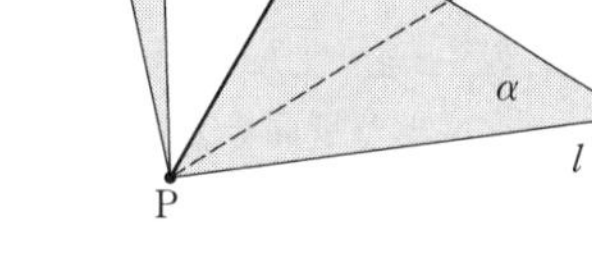

$n \notin \alpha$, $n \in \beta$ より α と β は異なり，しかも点Pを共有するので，α と β の交線を考えることができる。これを h とする。

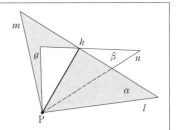

・$h \neq n$　……①である（$h \in \alpha$ なので，$h = n$ なら $n \in \alpha$ となってしまう）。

・仮定より，$n \perp g$　……②

・$h \in \alpha$ と $g \perp \alpha$ より，$h \perp g$　……③（基礎定理1）

①，②，③から，平面 β 内の直線 g にその上の点Pから平面 β 内で2本の垂線 h, n が引けることになり，矛盾。ゆえに $n \in \alpha$ である。

基礎定理 3：1つの平面に垂直な2直線は平行である。

「2直線が平行である」とは同一平面上にあって共有点をもたないことを意味します。$l \perp \alpha$ かつ $m \perp \alpha \Longrightarrow l /\!/ m$ を示します（l, m が同一平面上にあることを示す。次頁の図も参照）。

平行な2直線 l, m と平面 α の交点を各々A，Bとする。l 上に点C（≠A）をとり，α 上に $AB \perp DB$ かつ $AC = BD$ となる点Dをとる。

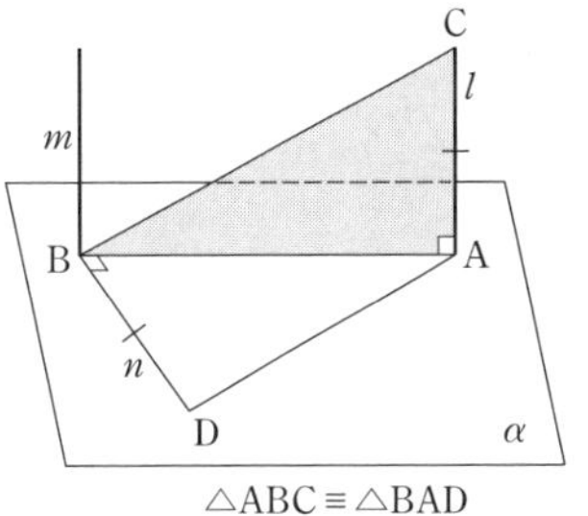

△ABC≡△BAD

【*Q2*】

(1)　△ABC≡△BAD を確認せよ。

(2)　△ACD≡△BDC を確認せよ。

(3)　BD⊥BC を確認せよ。

(4)　基礎定理2により，m, l が同一平面上にあることを示せ。

すると，この平面上で $l \perp AB$ かつ $m \perp AB$ であるから $l /\!/ m$（l と m は共有点をもたない）となる。

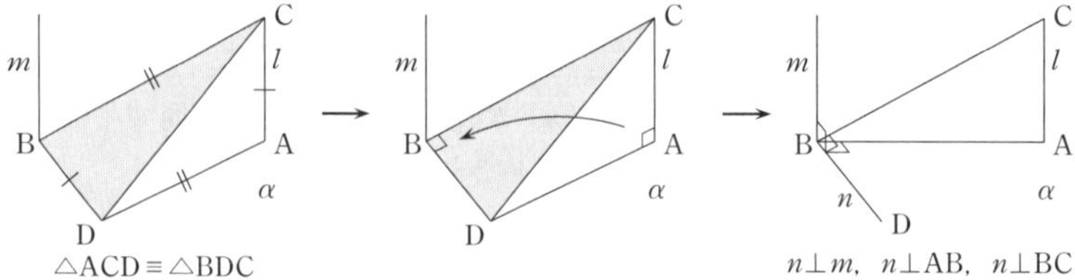

基礎定理 4 ：平行な 2 直線の一方が 1 つの平面に垂直ならば，他方もその平面に垂直である。

$l /\!/ m$ かつ $l \perp \alpha \Longrightarrow m \perp \alpha$ を示します。

l, m で定まる平面を β とする。
α 上で AB⊥DB かつ AC＝BD となる点 D をとる。

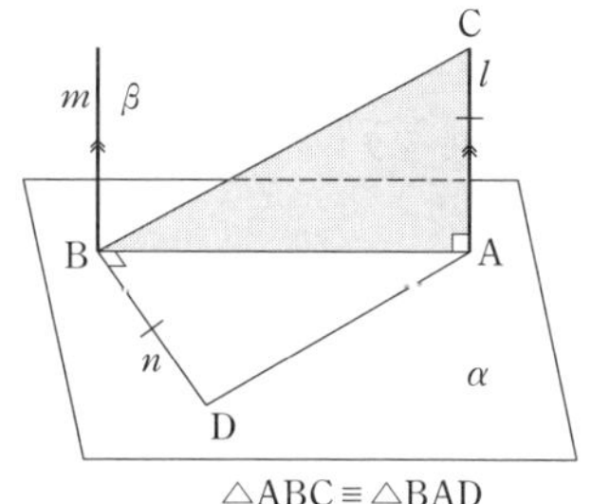

【*Q3*】

(1) △ABC≡△BAD を確認せよ。
(2) △ACD≡△BDC を確認せよ。
(3) BD⊥BC を確認せよ。
(4) $n \perp \beta$, よって $m \perp n$ となることを確認せよ。
(5) $m \perp \alpha$ を示せ。

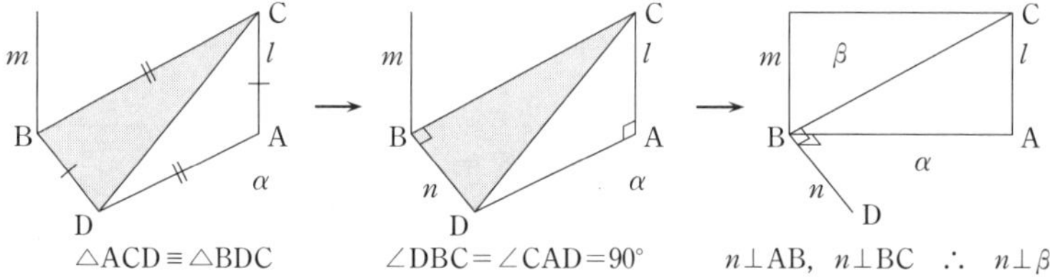

基礎定理 5 ：1 つの直線に平行な 2 直線は平行である。

この定理は，3 直線が同一平面上にあるときは平面の幾何で同位角（錯角）の利用から容易に導くことができます（中学）。3 本の直線が同一平面上にあるわけではないときが問題であって，日本では昔から難問とされていますが，ユークリッドの論理に従うと今までの定理から自然に導かれます。結局は何を前提とするかという論理の問題です。

$l /\!/ m$ かつ $n /\!/ m \Longrightarrow l /\!/ n$ を示します。

l，m で定まる平面上で m に垂線 AB を立てる。
n，m で定まる平面上で m に垂線 CB を立てる。
平面 ABC を α とする。

【*Q4*】

(1)　基礎定理 4 により，$l\perp\alpha$ と $n\perp\alpha$ を確認せよ。

(2)　基礎定理 3 により，$l /\!/ n$ を確認せよ。

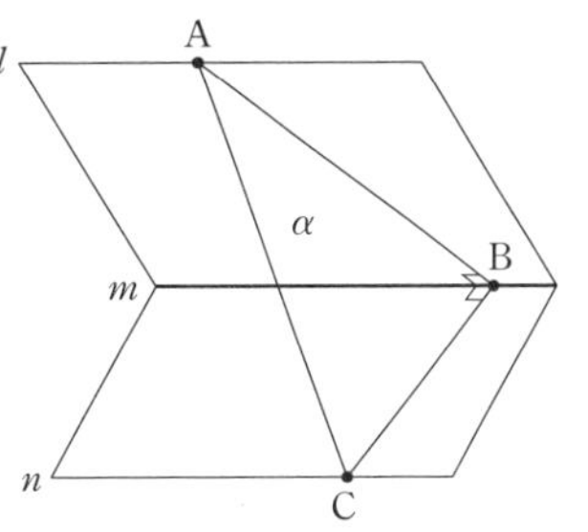

基礎定理 6：平面 α とその上にない点 A に対して以下の手順で α 上の点 P をとる。

①　α 上で直線 l をとる。

②　A から l に垂線 AQ を下ろす。このとき，$AQ\perp\alpha$ ならば P＝Q とする。

そうでないならば，

③　α 上で Q から直線 l の垂線 m を引く。

④　A から m に垂線 AP を下ろす。

このとき，$AP\perp\alpha$ である。

この定理の内容は，平面 α とその上にない点 A に対して A から α に垂線 AP を作図する方法で，**垂線 AP の存在証明**になっている重要な定理です。日本では**三垂線の定理**と呼ばれています。もちろん，平面上での垂線の作図は前提とします。

AP＝QB となる点 B を l 上にとる。

【*Q5*】

(1)　△APQ≡△BQP を確認せよ。

(2)　△APB≡△BQA を確認せよ。

(3)　$AP\perp BP$ を確認せよ。

(4)　$AP\perp\alpha$ を確認せよ。

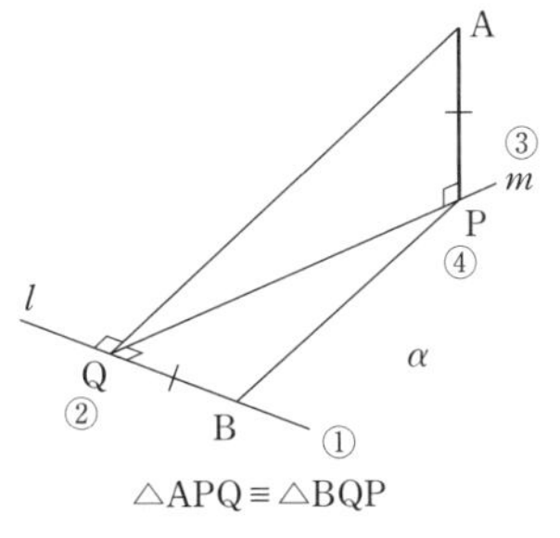

△APQ≡△BQP

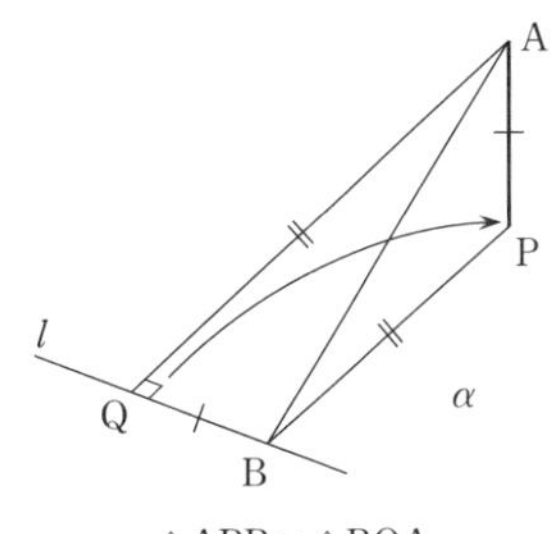

△APB≡△BQA

上の証明はユークリッドによるものですが，日本では次の証明が一般的です。

$l \perp AQ$，$l \perp PQ$ から
　　$l \perp$ 平面 APQ
　$\therefore$　$AP \perp l$
これと $AP \perp PQ$ から
　　$AP \perp \alpha$

三垂線の定理の本来の形と証明はユークリッドの通りですが，これを次のようにまとめ直すことができます。

平面 α とその上にない点A，および α 上の直線 l とその上の点Q，および α 上の点Pに対して，次が成り立つ。

$$AQ \perp l,\ PQ \perp l,\ AP \perp PQ \Longrightarrow AP \perp \alpha$$

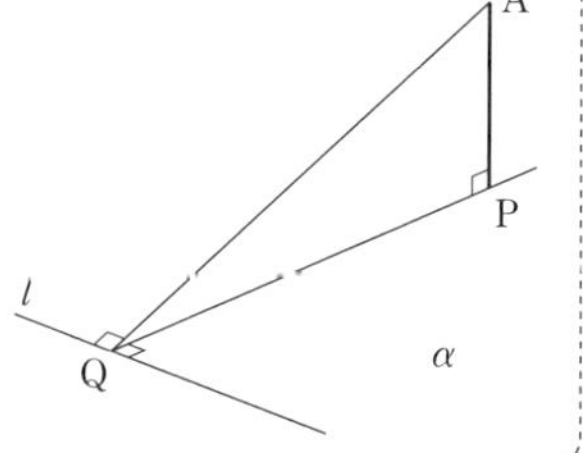

現在ではこの他に仮定と結論を一部入れ替えた2つの命題とあわせ，すべてまとめて「**三垂線の定理**」と呼んでいます。それを次に記しておきます。

三垂線の定理
平面 α とその上にない点A，および α 上の直線 l とその上の点Q，および α 上の点Pに対して，次が成り立つ。

$$AQ \perp l,\ PQ \perp l,\ AP \perp PQ \Longrightarrow AP \perp \alpha$$
$$AP \perp \alpha,\ AQ \perp l \Longrightarrow PQ \perp l$$
$$AP \perp \alpha,\ PQ \perp l \Longrightarrow AQ \perp l$$

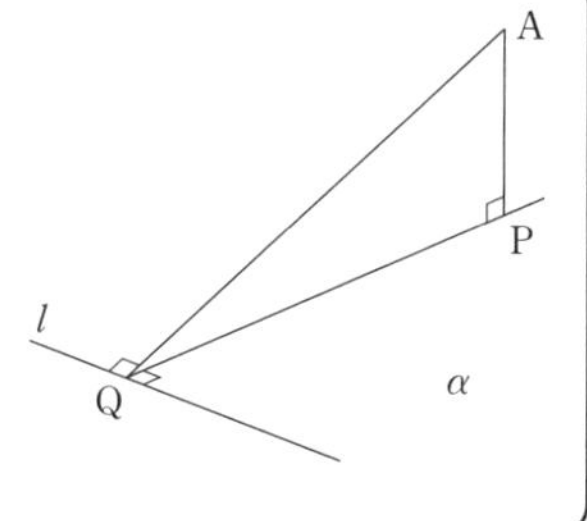

第2・3の形の命題の証明も各自で考えてみてください。この第2・3の形の三垂線の定理のほうが応用としては多く用いられますので，記憶にとどめておくようにしてください。

基礎定理7：平行な2平面と第3の平面の交線は平行である。

「平行な2平面」とは共有点をもたない2平面のことです。平行な2平面を α，β，第3の平面を γ とし，α と γ の交線を l，β と γ の交線を m として，$l /\!/ m$ を示します。

【*Q6*】
右図を参考にしてこの定理を示せ。

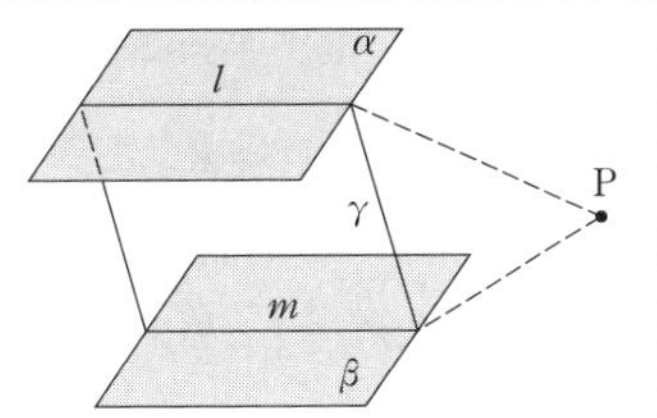

基礎定理8：1つの直線に垂直な2平面は平行である。

直線ABに垂直な2平面α，βが交わるとして矛盾を導きます。

【*Q7*】
右図を参考にしてこの定理を示せ。

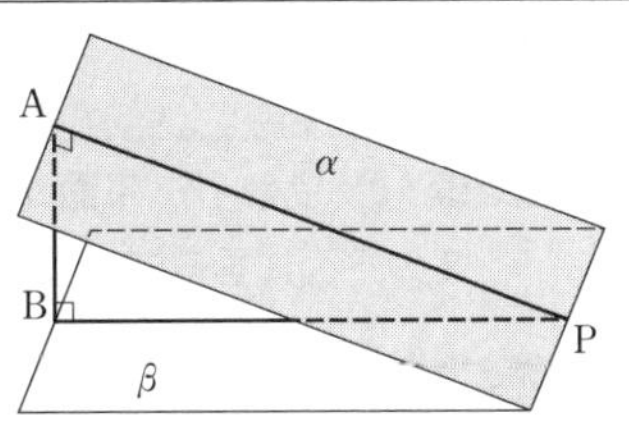

続いて，平面の成す角を取り上げます。

定義2　平面の成す角の定義
交わる2平面の成す角とは，交線上の点から各平面上で立てた垂線の成す角である。

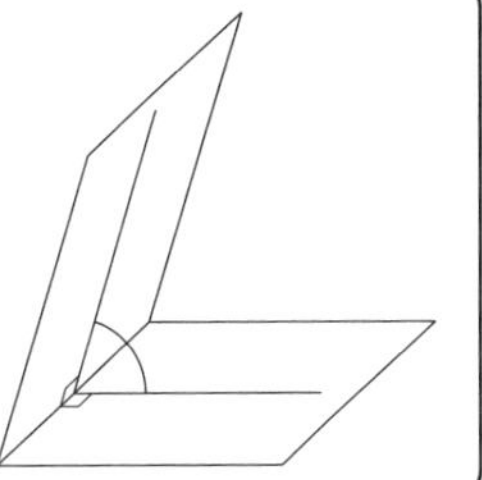

この角は交線上の点のとり方によらず一定です。

【*Q8*】
右図を参考にしてこの理由を示せ。

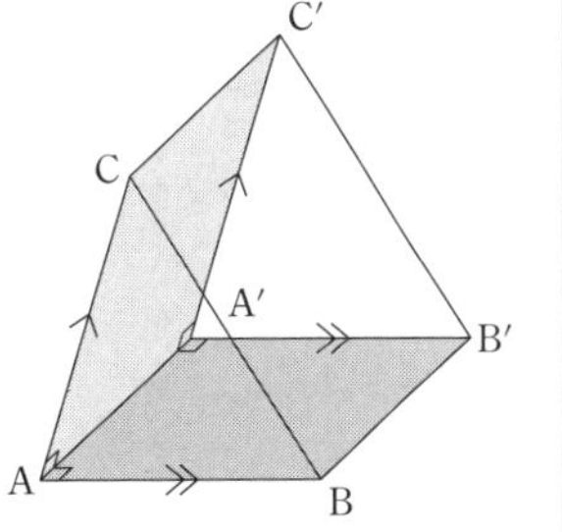

特にこの角が直角のとき，**この2平面は垂直である**といいます。

基礎定理 9：ある平面に垂直な直線を含む平面はその平面に垂直である。

直線 l が平面 α に垂直であるとします。l を含む平面を β として $\alpha \perp \beta$ を示します。

【*Q9*】
右図を参考にしてこの定理を示せ。

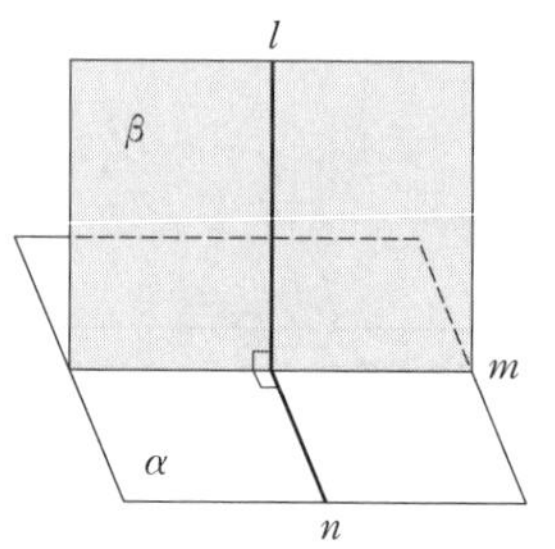

基礎定理 10：交わる 2 平面が第 3 の平面に垂直ならば，その 2 平面の交線は第 3 の平面に垂直である。

平面 α と β が平面 γ に垂直であるとします。α と β の交線を l として，$l \perp \gamma$ を示します。次に α と γ の交線を m，β と γ の交線を n とし，l と γ の交点をPとします。$l \perp \gamma$ ではないとして矛盾を導きます。

この証明は少し立て込んでいますので以下に紹介します。

$l \perp \gamma$ ではないと仮定する。
- Pから α 内で m に垂線 g を立て，β 内で n に垂線 h を立てる。
- $\alpha \perp \gamma$，$g \perp m$，定義 1 から $g \perp \gamma$
- $\beta \perp \gamma$，$h \perp n$，定義 1 から $h \perp \gamma$
- g と h は異なる（一致するなら l となり，$l \perp \gamma$）。
- γ にPから 2 本の垂線 g，h が存在することになり矛盾。

ゆえに $l \perp \gamma$ でなければならない。

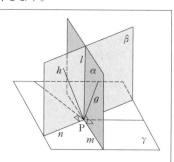

以上で，空間の幾何の基礎定理の紹介を終えます。

【*Q1* 解答】

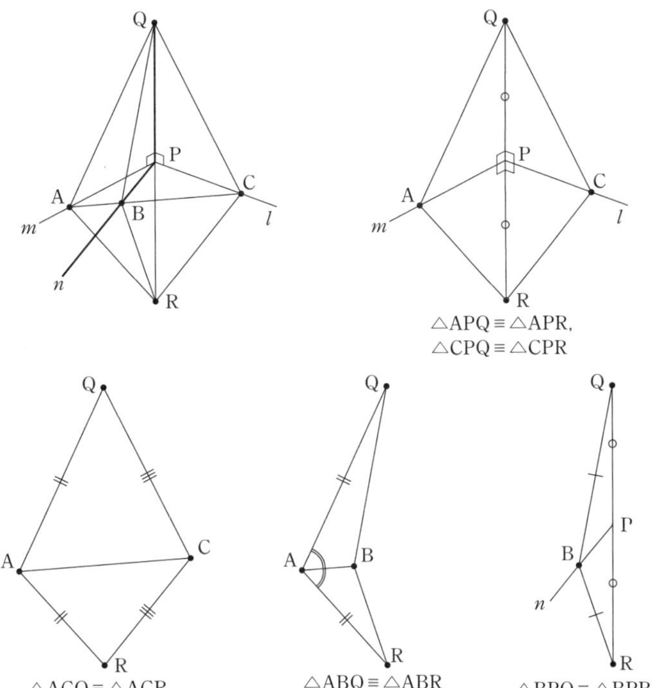

△APQ≡△APR,
△CPQ≡△CPR

△ACQ≡△ACR　△ABQ≡△ABR　△BPQ≡△BPR

【*Q2* ⑷解答】

$n\perp m$, $n\perp \mathrm{AB}$, $n\perp \mathrm{BC}$ から直線 m, AB, BC は同一平面上にあるので m と AC(l) はその平面上にある。

【*Q3* ⑸解答】

$m /\!/ l$ と $l\perp \mathrm{AB}$ から　　$m\perp \mathrm{AB}$

これと⑷の $m\perp n$ から　　$m\perp \alpha$

【*Q6* 解答】

l と m は平面 γ 上にある。いま，l と m が共有点 P をもつとする。

P は l 上の点なので平面 α 上の点である。

一方，P は m 上の点なので平面 β 上の点でもある。

これは $\alpha /\!/ \beta$ に矛盾する。

【*Q7* 解答】

α と β の共有点が存在するとして，その 1 点を P とする。

$\mathrm{AB}\perp \mathrm{AP}$ と $\mathrm{AB}\perp \mathrm{BP}$ から

　　　△ABP の内角の和$>2\angle R$

三角形の内角の和は 180° なので，これは矛盾。

【*Q8* 解答】

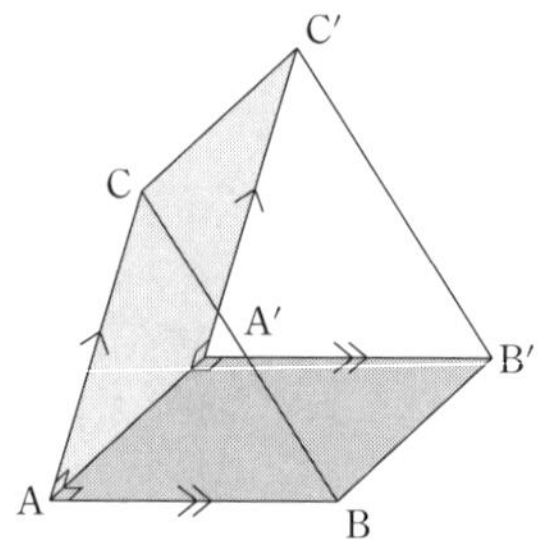

交線上に A′ をとり，そこから交線に垂直な線分 A′B′, A′C′ を A′B′ = AB, A′C′ = AC となるようにとる。

AB // A′B′, AC // A′C′ より四角形 ABB′A′, ACC′A′ は平行四辺形となるので

　　AA′ // BB′ かつ AA′ // CC′

よって，基礎定理 5 により

　　BB′ // CC′　……①

また　BB′ = CC′ (= AA′)　……②

①，②から　BC = B′C′

よって　△ABC ≡ △A′B′C′（三辺相等）

ゆえに　∠BAC = ∠B′A′C′

【*Q9* 解答】

l と α の交点から α 上で m に垂線 n を立てる。

$l \perp \alpha$ から　$l \perp n$

すなわち　$\alpha \perp \beta$

平面の方程式・点と平面の距離

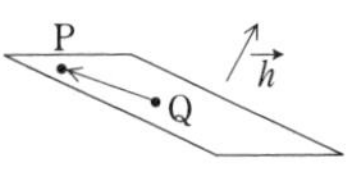

一般に空間の点Q$(x_0,\ y_0,\ z_0)$を通り，ベクトル$\vec{h}=(l,\ m,\ n)$に垂直な平面α上の任意の点P$(x,\ y,\ z)$に対して，$\vec{h}\cdot\overrightarrow{\mathrm{QP}}=0$ ……(＊)が成り立ち，逆に(＊)を満たす点Pは平面α上に存在する。

$$(*)\iff l(x-x_0)+m(y-y_0)+n(z-z_0)=0 \quad \cdots\cdots(**)$$

であることから，(＊＊)を平面αの方程式という。

【(＊＊)で，$lx_0+my_0+nz_0=k$とおくと　$lx+my+nz=k$ ……(＊＊＊)

よって，平面の方程式は必ず(＊＊＊)の形に書ける。

逆に$\vec{h}=(l,\ m,\ n)\neq\vec{0}$のとき，この式を満たす点の集合$S$は，$\vec{h}$に垂直な平面となることが次のように示される。

$l\neq0$のとき（$m\neq0$，$n\neq0$のときも同様），$\left(\frac{k}{l},\ 0,\ 0\right)$は(＊＊＊)を満たすから

$S\neq\phi$である。Sの任意の点P$(x_0,\ y_0,\ z_0)$に対して

$$\vec{h}\cdot\overrightarrow{\mathrm{QP}}=l\left(x_0-\frac{k}{l}\right)+my_0+nz_0=lx_0+my_0+nz_0-k=0$$

であるからP＝Qまたは$\vec{h}\perp\overrightarrow{\mathrm{PQ}}$となる。ゆえに，$S$は$\vec{h}$に垂直な平面となる。】

平面の方程式は公式として用いてよい。

さらに，(＊＊＊)で与えられる平面と，空間内の点A$(a,\ b,\ c)$との距離をdとすると，$d=\dfrac{|la+mb+nc-k|}{\sqrt{l^2+m^2+n^2}}$ ……① となることが次のように示される（これも公式として用いてよい）。

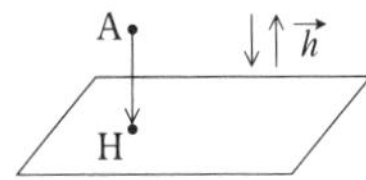

Aから平面に下ろした垂線の足をH$(x_0,\ y_0,\ z_0)$とする。

$\vec{h}_0=\dfrac{1}{\sqrt{l^2+m^2+n^2}}\vec{h}$とおくと，$|\vec{h}_0|=1$で，$\overrightarrow{\mathrm{AH}}\parallel\vec{h}_0$から$\overrightarrow{\mathrm{AH}}=\pm d\vec{h}_0$である（複号は向きが一致するとき＋，逆のとき－である。以下，複号同順）。

$l_0=\dfrac{l}{\sqrt{l^2+m^2+n^2}}$，$m_0=\dfrac{m}{\sqrt{l^2+m^2+n^2}}$，$n_0=\dfrac{n}{\sqrt{l^2+m^2+n^2}}$とおくと

$$x_0=a\pm dl_0,\quad y_0=b\pm dm_0,\quad z_0=c\pm dn_0$$

これを(＊＊＊)に代入してまとめると

$$la+mb+nc-k=\mp d\sqrt{l^2+m^2+n^2}$$

これと$d\geqq0$から①を得る。　（証明終）

難関校過去問シリーズ

東大の理系数学

25カ年［第12版］

別冊 問題編

東大の理系数学25カ年［第12版］　別冊 問題編

（　）は解答編のページ数

§1 整　数

	内　　容	年度	レベル
1	整数からなる数列の mod5，mod25 での周期性，最大公約数	2022〔2〕	C
2	4で割った余りと二項係数	2021〔4〕	C
3	多項式の係数と数列	2020〔4〕	C
4	互除法と最大公約数，互いに素と平方数	2019〔4〕	A
5	互いに素の論述，数列の項の大小	2018〔2〕	A
6	数列の隣接二項の最大公約数・互除法	2017〔4〕	A
7	$\sqrt{(\text{正の整数})}$ の整数部分と小数部分	2016〔5〕	B
8	フィボナッチ数列の奇数項の漸化式	2015〔4〕	A
9	二項係数	2015〔5〕	C
10	数列の漸化式と剰余	2014〔5〕	B
11	連続3整数の積で1が99回以上連続して現れる整数の存在	2013〔5〕	D
12	連続 n 自然数と n 乗数	2012〔4〕	C
13	実数の小数部分，有理数の連分数表示の有限性	2011〔2〕	C
14	二項係数の最大公約数，フェルマーの小定理の拡張	2009〔1〕	C
15	素因数3の個数と論証	2008〔5〕	B
16	整式の係数と整数についての論証	2007〔1〕	B
17	x，y，z の代数方程式の整数解	2006〔4〕	A
18	連続2整数の積で 10^4 で割り切れるもの	2005〔4〕	B
19	下4桁の位の数字がすべて等しい平方数	2004〔2〕	C
20	余りに注目した数列	2003〔4〕	B
21	数列と公約数	2002〔2〕	A
22	二項係数	1999〔5〕	C

この分野は倍数・約数といった整除の原理に基づく問題からなります。難度の高い問題が多く出題されています。現行教育課程（2025年度入試から）では，数学Aの数学と人間の活動で「整数」を項目として扱い，ユークリッドの互除法をもととした基礎付けを学びます。本書ではより深めた内容の基礎付けを付録として解答編の巻末に収録しましたので，理解を深める一助としてください。

整数の理論は幾何同様に，興味深く，感動をおぼえるものです。しかし，限られた時間，極度の緊張状態のもとでの試験問題になると，気づかないとできないという側面もあり，また，できたと思っても根拠記述に論理的な飛躍があることも稀ではなく，正答率はみなさんが想像するより低いものです。特に東大では発想において高難度の出題もあり，多少勉強してもなかなか解けない時期もあると思いますが，粘り強く勉強されることを期待します。

1　2022 年度〔2〕　Level C

数列 $\{a_n\}$ を次のように定める。

$$a_1=1,\ a_{n+1}={a_n}^2+1\quad (n=1,\ 2,\ 3,\ \cdots)$$

(1)　正の整数 n が 3 の倍数のとき，a_n は 5 の倍数となることを示せ。

(2)　k，n を正の整数とする。a_n が a_k の倍数となるための必要十分条件を k，n を用いて表せ。

(3)　a_{2022} と $(a_{8091})^2$ の最大公約数を求めよ。

2　2021 年度〔4〕（文理共通）　Level C

以下の問いに答えよ。

(1)　正の奇数 K，L と正の整数 A，B が $KA=LB$ を満たしているとする。K を 4 で割った余りが L を 4 で割った余りと等しいならば，A を 4 で割った余りは B を 4 で割った余りと等しいことを示せ。

(2)　正の整数 a，b が $a>b$ を満たしているとする。このとき，$A={}_{4a+1}\mathrm{C}_{4b+1}$，$B={}_a\mathrm{C}_b$ に対して $KA=LB$ となるような正の奇数 K，L が存在することを示せ。

(3)　a，b は(2)の通りとし，さらに $a-b$ が 2 で割り切れるとする。${}_{4a+1}\mathrm{C}_{4b+1}$ を 4 で割った余りは ${}_a\mathrm{C}_b$ を 4 で割った余りと等しいことを示せ。

(4)　${}_{2021}\mathrm{C}_{37}$ を 4 で割った余りを求めよ。

3 2020年度〔4〕（文理共通） Level C

n，kを，$1 \leqq k \leqq n$を満たす整数とする。n個の整数

$$2^m \quad (m=0,\ 1,\ 2,\ \cdots,\ n-1)$$

から異なるk個を選んでそれらの積をとる。k個の整数の選び方すべてに対しこのように積をとることにより得られる${}_n\mathrm{C}_k$個の整数の和を$a_{n,k}$とおく。例えば

$$a_{4,3}=2^0\cdot2^1\cdot2^2+2^0\cdot2^1\cdot2^3+2^0\cdot2^2\cdot2^3+2^1\cdot2^2\cdot2^3=120$$

である。

(1) 2以上の整数nに対し，$a_{n,2}$を求めよ。

(2) 1以上の整数nに対し，xについての整式

$$f_n(x)=1+a_{n,1}x+a_{n,2}x^2+\cdots+a_{n,n}x^n$$

を考える。$\dfrac{f_{n+1}(x)}{f_n(x)}$と$\dfrac{f_{n+1}(x)}{f_n(2x)}$を$x$についての整式として表せ。

(3) $\dfrac{a_{n+1,k+1}}{a_{n,k}}$を$n$，$k$で表せ。

4 2019年度〔4〕 Level A

nを1以上の整数とする。

(1) n^2+1と$5n^2+9$の最大公約数d_nを求めよ。

(2) $(n^2+1)(5n^2+9)$は整数の2乗にならないことを示せ。

5 2018年度〔2〕 Level A

数列a_1，a_2，$\cdots$を

$$a_n=\frac{{}_{2n+1}\mathrm{C}_n}{n!} \quad (n=1,\ 2,\ \cdots)$$

で定める。

(1) $n \geqq 2$とする。$\dfrac{a_n}{a_{n-1}}$を既約分数$\dfrac{q_n}{p_n}$として表したときの分母$p_n \geqq 1$と分子q_nを求めよ。

(2) a_nが整数となる$n \geqq 1$をすべて求めよ。

6　2017年度〔4〕（文理共通）　Level A

$p=2+\sqrt{5}$ とおき，自然数 $n=1,\ 2,\ 3,\ \cdots$ に対して

$$a_n=p^n+\left(-\frac{1}{p}\right)^n$$

と定める。以下の問いに答えよ。ただし設問(1)は結論のみを書けばよい。

(1)　a_1，a_2 の値を求めよ。

(2)　$n\geqq 2$ とする。積 a_1a_n を，a_{n+1} と a_{n-1} を用いて表せ。

(3)　a_n は自然数であることを示せ。

(4)　a_{n+1} と a_n の最大公約数を求めよ。

7　2016年度〔5〕　Level B

k を正の整数とし，10 進法で表された小数点以下 k 桁の実数

$$0.a_1a_2\cdots a_k=\frac{a_1}{10}+\frac{a_2}{10^2}+\cdots+\frac{a_k}{10^k}$$

を 1 つとる。ここで，a_1，a_2，$\cdots$，a_k は 0 から 9 までの整数で，$a_k\neq 0$ とする。

(1)　次の不等式をみたす正の整数 n をすべて求めよ。

$$0.a_1a_2\cdots a_k\leqq\sqrt{n}-10^k<0.a_1a_2\cdots a_k+10^{-k}$$

(2)　p が $5\cdot 10^{k-1}$ 以上の整数ならば，次の不等式をみたす正の整数 m が存在することを示せ。

$$0.a_1a_2\cdots a_k\leqq\sqrt{m}-p<0.a_1a_2\cdots a_k+10^{-k}$$

(3)　実数 x に対し，$r\leqq x<r+1$ をみたす整数 r を $[x]$ で表す。

$\sqrt{s}-[\sqrt{s}\,]=0.a_1a_2\cdots a_k$ をみたす正の整数 s は存在しないことを示せ。

8　2015年度〔4〕　Level A

数列 $\{p_n\}$ を次のように定める。

$$p_1=1,\ p_2=2,\ p_{n+2}=\frac{{p_{n+1}}^2+1}{p_n}\quad (n=1,\ 2,\ 3,\ \cdots)$$

(1) $\dfrac{{p_{n+1}}^2+{p_n}^2+1}{p_{n+1}p_n}$ が n によらないことを示せ。

(2) すべての $n=2,\ 3,\ 4,\ \cdots$ に対し，$p_{n+1}+p_{n-1}$ を p_n のみを使って表せ。

(3) 数列 $\{q_n\}$ を次のように定める。

$$q_1=1,\ q_2=1,\ q_{n+2}=q_{n+1}+q_n\quad (n=1,\ 2,\ 3,\ \cdots)$$

すべての $n=1,\ 2,\ 3,\ \cdots$ に対し，$p_n=q_{2n-1}$ を示せ。

9　2015年度〔5〕　Level C

m を 2015 以下の正の整数とする。${}_{2015}\mathrm{C}_m$ が偶数となる最小の m を求めよ。

10　2014年度〔5〕（文理共通（一部））　Level B

r を 0 以上の整数とし，数列 $\{a_n\}$ を次のように定める。

$$a_1=r,\ a_2=r+1,\ a_{n+2}=a_{n+1}(a_n+1)\quad (n=1,\ 2,\ 3,\ \cdots)$$

また，素数 p を 1 つとり，a_n を p で割った余りを b_n とする。ただし，0 を p で割った余りは 0 とする。

(1) 自然数 n に対し，b_{n+2} は $b_{n+1}(b_n+1)$ を p で割った余りと一致することを示せ。

(2) $r=2,\ p=17$ の場合に，10 以下のすべての自然数 n に対して，b_n を求めよ。

(3) ある 2 つの相異なる自然数 $n,\ m$ に対して

$$b_{n+1}=b_{m+1}>0,\ b_{n+2}=b_{m+2}$$

が成り立ったとする。このとき，$b_n=b_m$ が成り立つことを示せ。

(4) $a_2,\ a_3,\ a_4,\ \cdots$ に p で割り切れる数が現れないとする。このとき，a_1 も p で割り切れないことを示せ。

11 2013 年度 〔5〕 Level D

次の命題Pを証明したい。

命題P　次の条件(a), (b)をともに満たす自然数（1以上の整数）A が存在する。

(a) A は連続する3つの自然数の積である。

(b) A を10進法で表したとき，1が連続して99回以上現れるところがある。

以下の問いに答えよ。

(1) y を自然数とする。このとき不等式

$$x^3+3yx^2<(x+y-1)(x+y)(x+y+1)<x^3+(3y+1)x^2$$

が成り立つような正の実数 x の範囲を求めよ。

(2) 命題Pを証明せよ。

12 2012 年度 〔4〕 Level C

n を2以上の整数とする。自然数（1以上の整数）の n 乗になる数を n 乗数と呼ぶことにする。以下の問いに答えよ。

(1) 連続する2個の自然数の積は n 乗数でないことを示せ。

(2) 連続する n 個の自然数の積は n 乗数でないことを示せ。

13 2011年度〔2〕(文理共通(一部)) Level C

実数 x の小数部分を，$0 \leqq y < 1$ かつ $x-y$ が整数となる実数 y のこととし，これを記号 $\langle x \rangle$ で表す。実数 a に対して，無限数列 $\{a_n\}$ の各項 a_n $(n=1,\ 2,\ 3,\ \cdots)$ を次のように順次定める。

(i) $a_1 = \langle a \rangle$

(ii) $\begin{cases} a_n \neq 0 \text{ のとき，} a_{n+1} = \left\langle \dfrac{1}{a_n} \right\rangle \\ a_n = 0 \text{ のとき，} a_{n+1} = 0 \end{cases}$

(1) $a=\sqrt{2}$ のとき，数列 $\{a_n\}$ を求めよ。

(2) 任意の自然数 n に対して $a_n = a$ となるような $\dfrac{1}{3}$ 以上の実数 a をすべて求めよ。

(3) a が有理数であるとする。a を整数 p と自然数 q を用いて $a=\dfrac{p}{q}$ と表すとき，q 以上のすべての自然数 n に対して，$a_n=0$ であることを示せ。

14 2009年度〔1〕(文理共通(一部)) Level C

自然数 $m \geqq 2$ に対し，$m-1$ 個の二項係数

$${}_m\mathrm{C}_1,\ {}_m\mathrm{C}_2,\ \cdots,\ {}_m\mathrm{C}_{m-1}$$

を考え，これらすべての最大公約数を d_m とする。すなわち d_m はこれらすべてを割り切る最大の自然数である。

(1) m が素数ならば，$d_m = m$ であることを示せ。

(2) すべての自然数 k に対し，$k^m - k$ が d_m で割り切れることを，k に関する数学的帰納法によって示せ。

(3) m が偶数のとき d_m は 1 または 2 であることを示せ。

15 2008年度〔5〕 Level B

自然数nに対し，$\dfrac{10^n-1}{9}=\overbrace{111\cdots111}^{n\text{個}}$を$\boxed{n}$で表す。たとえば$\boxed{1}=1$，$\boxed{2}=11$，$\boxed{3}=111$である。

(1) mを0以上の整数とする。$\boxed{3^m}$は3^mで割り切れるが，3^{m+1}では割り切れないことを示せ。

(2) nが27で割り切れることが，$\boxed{n}$が27で割り切れるための必要十分条件であることを示せ。

16 2007年度〔1〕 Level B

nとkを正の整数とし，$P(x)$を次数がn以上の整式とする。

整式$(1+x)^kP(x)$のn次以下の項の係数がすべて整数ならば，$P(x)$のn次以下の項の係数は，すべて整数であることを示せ。ただし，定数項については，項それ自身を係数とみなす。

17 2006年度〔4〕 Level A

次の条件を満たす組$(x,\ y,\ z)$を考える。

条件(A)：$x,\ y,\ z$は正の整数で，$x^2+y^2+z^2=xyz$および$x\leqq y\leqq z$を満たす。

以下の問いに答えよ。

(1) 条件(A)を満たす組$(x,\ y,\ z)$で，$y\leqq 3$となるものをすべて求めよ。

(2) 組$(a,\ b,\ c)$が条件(A)を満たすとする。このとき，組$(b,\ c,\ z)$が条件(A)を満たすようなzが存在することを示せ。

(3) 条件(A)を満たす組$(x,\ y,\ z)$は，無数に存在することを示せ。

18 2005 年度 〔4〕（文理共通） Level B

3 以上 9999 以下の奇数 a で，a^2-a が 10000 で割り切れるものをすべて求めよ。

19 2004 年度 〔2〕 Level C

自然数の 2 乗になる数を平方数という。以下の問いに答えよ。

(1) 10 進法で表して 3 桁以上の平方数に対し，10 の位の数を a，1 の位の数を b とおいたとき，$a+b$ が偶数となるならば，b は 0 または 4 であることを示せ。

(2) 10 進法で表して 5 桁以上の平方数に対し，1000 の位の数，100 の位の数，10 の位の数，および 1 の位の数の 4 つすべてが同じ数となるならば，その平方数は 10000 で割り切れることを示せ。

20 2003 年度 〔4〕（文理共通（一部）） Level B

2 次方程式 $x^2-4x-1=0$ の 2 つの実数解のうち大きいものを α，小さいものを β とする。

$n=1,\ 2,\ 3,\ \cdots$ に対し

$$s_n=\alpha^n+\beta^n$$

とおく。

(1) $s_1,\ s_2,\ s_3$ を求めよ。また，$n\geqq 3$ に対し，s_n を s_{n-1} と s_{n-2} で表せ。

(2) β^3 以下の最大の整数を求めよ。

(3) α^{2003} 以下の最大の整数の 1 の位の数を求めよ。

21 2002 年度〔2〕(文理共通) Level A

n は正の整数とする。x^{n+1} を x^2-x-1 で割った余りを a_nx+b_n とおく。

(1) 数列 a_n, b_n, $n=1, 2, 3, \cdots$ は

$$\begin{cases} a_{n+1}=a_n+b_n \\ b_{n+1}=a_n \end{cases}$$

を満たすことを示せ。

(2) $n=1, 2, 3, \cdots$ に対して，a_n, b_n は共に正の整数で，互いに素であることを証明せよ。

22 1999 年度〔5〕 Level C

(1) k を自然数とする。m を $m=2^k$ とおくとき，$0<n<m$ をみたすすべての整数 n について，二項係数 ${}_m\mathrm{C}_n$ は偶数であることを示せ。

(2) 以下の条件をみたす自然数 m をすべて求めよ。

条件：$0\leqq n\leqq m$ をみたすすべての整数 n について二項係数 ${}_m\mathrm{C}_n$ は奇数である。

§2 図形と方程式

	内　　容	年度	レベル
23	三角形の面積と点の存在範囲	2020〔2〕	B
24	三角形の面積，線分の比の最大・最小	2019〔2〕	A
25	2つの放物線の共通接線	2017〔5〕	A
26	放物線上に頂点をもつ二等辺三角形の重心の軌跡	2011〔4〕	B
27	円周上の3動点が直角二等辺三角形をなす条件と一般角	2010〔5〕	B
28	ベクトルのなす角，線分の長さと不等式	2009〔6〕	D
29	平面上の点の座標の漸化式と式処理	2006〔1〕	A
30	直線に関する対称移動	2006〔3〕	C
31	放物線上の3点が正三角形の頂点となる条件	2004〔1〕	B
32	円周率の値の評価	2003〔6〕	A

この分野は，平面上の点・直線・円・放物線および三角形について，図形と計量，平面図形および図形と方程式の範囲で処理できる問題からなります。

多くが条件をみたして動く点の距離や図形の面積の最大・最小，あるいは条件をみたす点の存在に関する問題です。2009年度のように整数や数列の扱いがからみ，与えられた時間内での処理に無理があると思われる難度の高いものもありますが，最近は標準レベルとなっています。

図形の問題設定や処理には初等幾何・座標設定・三角関数・ベクトル・微積分など多くの手段が考えられます。問題設定や処理に必要とされる知識から，他の分野に分類した図形問題も数多くあります。いろいろな観点から図形を見る目を養ってください。

23　2020年度〔2〕　Level B

平面上の点P，Q，Rが同一直線上にないとき，それらを3頂点とする三角形の面積を△PQRで表す。また，P，Q，Rが同一直線上にあるときは，△PQR=0とする。

A，B，Cを平面上の3点とし，△ABC=1とする。この平面上の点Xが

$$2 \leqq \triangle \mathrm{ABX} + \triangle \mathrm{BCX} + \triangle \mathrm{CAX} \leqq 3$$

を満たしながら動くとき，Xの動きうる範囲の面積を求めよ。

24　2019年度〔2〕（文理共通(一部)）　Level A

一辺の長さが1の正方形ABCDを考える。3点P，Q，Rはそれぞれ辺AB，AD，CD上にあり，3点A，P，Qおよび3点P，Q，Rはどちらも面積が$\dfrac{1}{3}$の三角形の3頂点であるとする。

$\dfrac{\mathrm{DR}}{\mathrm{AQ}}$の最大値，最小値を求めよ。

25　2017年度〔5〕　Level A

kを実数とし，座標平面上で次の2つの放物線C，Dの共通接線について考える。

$C：y=x^2+k$

$D：x=y^2+k$

(1)　直線$y=ax+b$が共通接線であるとき，aを用いてkとbを表せ。ただし$a \neq -1$とする。

(2)　傾きが2の共通接線が存在するようにkの値を定める。このとき，共通接線が3本存在することを示し，それらの傾きとy切片を求めよ。

26　2011 年度〔4〕(文理共通)　Level B

座標平面上の1点 $P\left(\frac{1}{2}, \frac{1}{4}\right)$ をとる。放物線 $y=x^2$ 上の2点 $Q(\alpha, \alpha^2)$，$R(\beta, \beta^2)$ を，3点 P，Q，R が QR を底辺とする二等辺三角形をなすように動かすとき，△PQR の重心 $G(X, Y)$ の軌跡を求めよ。

27　2010 年度〔5〕(文理共通)　Level B

C を半径1の円周とし，A を C 上の1点とする。3点 P，Q，R が A を時刻 $t=0$ に出発し，C 上を各々一定の速さで，P，Q は反時計回りに，R は時計回りに，時刻 $t=2\pi$ まで動く。P，Q，R の速さは，それぞれ m，1，2 であるとする。(したがって，Q は C をちょうど一周する。) ただし，m は $1 \leqq m \leqq 10$ をみたす整数である。△PQR が PR を斜辺とする直角二等辺三角形となるような速さ m と時刻 t の組をすべて求めよ。

28 2009年度 〔6〕 Level D

平面上の2点P，Qの距離をd(P，Q)と表すことにする。平面上に点Oを中心とする一辺の長さが1000の正三角形$\triangle \mathrm{A_1A_2A_3}$がある。$\triangle \mathrm{A_1A_2A_3}$の内部に3点$\mathrm{B_1}$，$\mathrm{B_2}$，$\mathrm{B_3}$を，$d(\mathrm{A}_n,\ \mathrm{B}_n)=1$　$(n=1,\ 2,\ 3)$となるようにとる。また，

$$\overrightarrow{a_1}=\overrightarrow{\mathrm{A_1A_2}},\ \overrightarrow{a_2}=\overrightarrow{\mathrm{A_2A_3}},\ \overrightarrow{a_3}=\overrightarrow{\mathrm{A_3A_1}}$$

$$\overrightarrow{e_1}=\overrightarrow{\mathrm{A_1B_1}},\ \overrightarrow{e_2}=\overrightarrow{\mathrm{A_2B_2}},\ \overrightarrow{e_3}=\overrightarrow{\mathrm{A_3B_3}}$$

とおく。$n=1,\ 2,\ 3$のそれぞれに対して，時刻0にA_nを出発し，$\overrightarrow{e_n}$の向きに速さ1で直進する点を考え，時刻tにおけるその位置を$\mathrm{P}_n(t)$と表すことにする。

(1) ある時刻tで$d(\mathrm{P_1}(t),\ \mathrm{P_2}(t))\leqq 1$が成立した。ベクトル$\overrightarrow{e_1}-\overrightarrow{e_2}$と，ベクトル$\overrightarrow{a_1}$とのなす角度を$\theta$とおく。このとき$|\sin\theta|\leqq\dfrac{1}{1000}$となることを示せ。

(2) 角度θ_1，θ_2，θ_3を$\theta_1=\angle\mathrm{B_1A_1A_2}$，$\theta_2=\angle\mathrm{B_2A_2A_3}$，$\theta_3=\angle\mathrm{B_3A_3A_1}$によって定義する。$\alpha$を$0<\alpha<\dfrac{\pi}{2}$かつ$\sin\alpha=\dfrac{1}{1000}$をみたす実数とする。(1)と同じ仮定のもとで，$\theta_1+\theta_2$の値のとる範囲を$\alpha$を用いて表せ。

(3) 時刻t_1，t_2，t_3のそれぞれにおいて，次が成立した。

$$d(\mathrm{P_2}(t_1),\ \mathrm{P_3}(t_1))\leqq 1,\ d(\mathrm{P_3}(t_2),\ \mathrm{P_1}(t_2))\leqq 1,$$
$$d(\mathrm{P_1}(t_3),\ \mathrm{P_2}(t_3))\leqq 1$$

このとき，時刻$T=\dfrac{1000}{\sqrt{3}}$において同時に

$$d(\mathrm{P_1}(T),\ \mathrm{O})\leqq 3,\ d(\mathrm{P_2}(T),\ \mathrm{O})\leqq 3,\ d(\mathrm{P_3}(T),\ \mathrm{O})\leqq 3$$

が成立することを示せ。

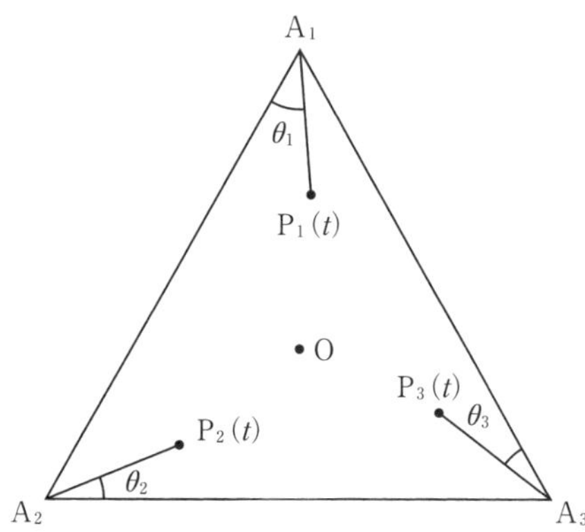

29 2006年度〔1〕 Level A

Oを原点とする座標平面上の4点P_1，P_2，P_3，P_4で，条件

$$\overrightarrow{OP}_{n-1}+\overrightarrow{OP}_{n+1}=\frac{3}{2}\overrightarrow{OP}_n \quad (n=2,\ 3)$$

を満たすものを考える。このとき，以下の問いに答えよ。

(1) P_1，P_2が曲線$xy=1$上にあるとき，P_3はこの曲線上にはないことを示せ。

(2) P_1，P_2，P_3が円周$x^2+y^2=1$上にあるとき，P_4もこの円周上にあることを示せ。

30 2006年度〔3〕 Level C

Oを原点とする座標平面上に，y軸上の点$P(0,\ p)$と，直線$m：y=(\tan\theta)x$が与えられている。ここで，$p>1$，$0<\theta<\frac{\pi}{2}$とする。

いま，傾きがαの直線lを対称軸とする対称移動を行うと，原点Oは直線$y=1$上の，第1象限の点Qに移り，y軸上の点Pは直線m上の，第1象限の点Rに移った。

(1) このとき，$\tan\theta$をαとpで表せ。

(2) 次の条件を満たす点Pが存在することを示し，そのときのpの値を求めよ。

条件：どのようなθ $\left(0<\theta<\frac{\pi}{2}\right)$に対しても，原点を通り直線$l$に垂直な直線は

$y=\left(\tan\frac{\theta}{3}\right)x$となる。

31 2004年度〔1〕（文理共通） Level B

xy平面の放物線$y=x^2$上の3点P，Q，Rが次の条件をみたしている。

△PQRは一辺の長さaの正三角形であり，点P，Qを通る直線の傾きは$\sqrt{2}$である。

このとき，aの値を求めよ。

32 2003年度〔6〕 Level A

円周率が3.05より大きいことを証明せよ。

§3 方程式・不等式・領域

	内　　容	年度	レベル
33	整式の割り算における余りに関する係数の導出	2023〔5〕	B
34	2点の x，y 座標の差と点の存在範囲，関数の増減と最小値	2022〔3〕	B
35	放物線の通過範囲	2021〔1〕	B
36	有理数係数の整式の因数分解と式処理	2021〔6〕	C
37	2次関数・1次関数の不等式と2つの集合の一致	2020〔1〕	B
38	線分の通過範囲	2014〔6〕	B
39	放物線の弦の内分点の存在範囲	2007〔3〕	C
40	不等式の証明，背理法，論証	2001〔5〕	D

この分野は微積分（数学Ⅲ）を用いずに処理ができる整式の扱い，代数方程式の解，不等式，不等式と領域，2次方程式の解の判別と領域，多項式などの問題からなります。文理共通問題以外は難しいものが多いです。

「条件Aを満たすようなBが存在するためのCの範囲（条件）」とか，「すべてのAに対して条件Bが成り立つためのCの範囲（条件）」といった形の問題を，限られた時間で，論理的に正確にとらえて根拠記述に配慮した答案を提示するのは易しいことではありません。また，このような問題では複数の変数（文字）が現れますが，そのうちの1変数（例えば x）のとり得る値の範囲は「与えられた条件を満たす他の変数が実数として存在するためのその変数（x）の条件」として求められる，ということを明確に意識することが大切です。「2点P，Qから得られる点Rの存在範囲（や軌跡）とは，R$(x,\ y)$ を生み出すP，Qが存在するための x，y の条件」として求められるという理解も同様です。これに領域の図示が加わると，時間がたちまちのうちに経過するのはよく経験することだと思います。したがって，設定したレベルよりも時間を要する問題も多いと思います。

2023年度〔5〕や2021年度〔6〕のように，方程式ではないものの，整式の式処理に関する問題もこのセクションに分類しました。

33 2023年度〔5〕 Level B

整式 $f(x)=(x-1)^2(x-2)$ を考える。

(1) $g(x)$ を実数を係数とする整式とし，$g(x)$ を $f(x)$ で割った余りを $r(x)$ とおく。$g(x)^7$ を $f(x)$ で割った余りと $r(x)^7$ を $f(x)$ で割った余りが等しいことを示せ。

(2) a，b を実数とし，$h(x)=x^2+ax+b$ とおく。$h(x)^7$ を $f(x)$ で割った余りを $h_1(x)$ とおき，$h_1(x)^7$ を $f(x)$ で割った余りを $h_2(x)$ とおく。$h_2(x)$ が $h(x)$ に等しくなるような a，b の組をすべて求めよ。

34 2022年度〔3〕 Level B

Oを原点とする座標平面上で考える。座標平面上の2点 $\mathrm{S}(x_1,\ y_1)$，$\mathrm{T}(x_2,\ y_2)$ に対し，点Sが点Tから十分離れているとは，

$$|x_1-x_2|\geqq 1 \quad \text{または} \quad |y_1-y_2|\geqq 1$$

が成り立つことと定義する。

不等式

$$0\leqq x\leqq 3,\ 0\leqq y\leqq 3$$

が表す正方形の領域を D とし，その2つの頂点 $\mathrm{A}(3,\ 0)$，$\mathrm{B}(3,\ 3)$ を考える。さらに，次の条件(i)，(ii)をともに満たす点Pをとる。

(i) 点Pは領域 D の点であり，かつ，放物線 $y=x^2$ 上にある。

(ii) 点Pは，3点O，A，Bのいずれからも十分離れている。

点Pの x 座標を a とする。

(1) a のとりうる値の範囲を求めよ。

(2) 次の条件(iii)，(iv)をともに満たす点Qが存在しうる範囲の面積 $f(a)$ を求めよ。

(iii) 点Qは領域 D の点である。

(iv) 点Qは，4点O，A，B，Pのいずれからも十分離れている。

(3) a は(1)で求めた範囲を動くとする。(2)の $f(a)$ を最小にする a の値を求めよ。

35 2021 年度 〔1〕（文理共通） Level B

a，b を実数とする。座標平面上の放物線

$$C : y = x^2 + ax + b$$

は放物線 $y = -x^2$ と 2 つの共有点を持ち，一方の共有点の x 座標は $-1 < x < 0$ を満たし，他方の共有点の x 座標は $0 < x < 1$ を満たす。

(1) 点 (a, b) のとりうる範囲を座標平面上に図示せよ。

(2) 放物線 C の通りうる範囲を座標平面上に図示せよ。

36 2021 年度 〔6〕 Level C

定数 b，c，p，q，r に対し，

$$x^4 + bx + c = (x^2 + px + q)(x^2 - px + r)$$

が x についての恒等式であるとする。

(1) $p \neq 0$ であるとき，q，r を p，b で表せ。

(2) $p \neq 0$ とする。b，c が定数 a を用いて

$$b = (a^2 + 1)(a + 2),\quad c = -\left(a + \frac{3}{4}\right)(a^2 + 1)$$

と表されているとき，有理数を係数とする t についての整式 $f(t)$ と $g(t)$ で

$$\{p^2 - (a^2 + 1)\}\{p^4 + f(a)p^2 + g(a)\} = 0$$

を満たすものを 1 組求めよ。

(3) a を整数とする。x の 4 次式

$$x^4 + (a^2 + 1)(a + 2)x - \left(a + \frac{3}{4}\right)(a^2 + 1)$$

が有理数を係数とする 2 次式の積に因数分解できるような a をすべて求めよ。

37　2020 年度〔1〕　Level B

a, b, c, p を実数とする。不等式

$$ax^2+bx+c>0$$
$$bx^2+cx+a>0$$
$$cx^2+ax+b>0$$

をすべて満たす実数 x の集合と，$x>p$ を満たす実数 x の集合が一致しているとする。

(1)　a, b, c はすべて 0 以上であることを示せ。

(2)　a, b, c のうち少なくとも 1 個は 0 であることを示せ。

(3)　$p=0$ であることを示せ。

38　2014 年度〔6〕（文理共通（一部））　Level B

座標平面の原点をOで表す。線分 $y=\sqrt{3}x$ $(0\leqq x\leqq 2)$ 上の点Pと，線分 $y=-\sqrt{3}x$ $(-2\leqq x\leqq 0)$ 上の点Qが，線分 OP と線分 OQ の長さの和が 6 となるように動く。このとき，線分 PQ の通過する領域を D とする。

(1)　s を $0\leqq s\leqq 2$ をみたす実数とするとき，点 (s, t) が D に入るような t の範囲を求めよ。

(2)　D を図示せよ。

39　2007 年度〔3〕　Level C

座標平面上の 2 点 P, Q が，曲線 $y=x^2$ $(-1\leqq x\leqq 1)$ 上を自由に動くとき，線分 PQ を 1：2 に内分する点 R が動く範囲を D とする。ただし，P＝Q のときは R＝P とする。

(1)　a を $-1\leqq a\leqq 1$ をみたす実数とするとき，点 (a, b) が D に属するための b の条件を a を用いて表せ。

(2)　D を図示せよ。

40 2001年度〔5〕 Level D

容量1リットルの m 個のビーカー（ガラス容器）に水が入っている。$m \geqq 4$ で空（から）のビーカーは無い。入っている水の総量は1リットルである。また x リットルの水が入っているビーカーがただ一つあり，その他のビーカーには x リットル未満の水しか入っていない。

このとき，水の入っているビーカーが2個になるまで，次の(a)から(c)までの操作を，順に繰り返し行う。

(a) 入っている水の量が最も少ないビーカーを一つ選ぶ。

(b) さらに，残りのビーカーの中から，入っている水の量が最も少ないものを一つ選ぶ。

(c) 次に，(a)で選んだビーカーの水を(b)で選んだビーカーにすべて移し，空になったビーカーを取り除く。

この操作の過程で，入っている水の量が最も少ないビーカーの選び方が一通りに決まらないときは，そのうちのいずれも選ばれる可能性があるものとする。

(1) $x<\dfrac{1}{3}$ のとき，最初に x リットルの水の入っていたビーカーは，操作の途中で空になって取り除かれるか，または最後まで残って水の量が増えていることを証明せよ。

(2) $x>\dfrac{2}{5}$ のとき，最初に x リットルの水の入っていたビーカーは，最後まで x リットルの水が入ったままで残ることを証明せよ。

§4 三角関数

	内　　容	年度	レベル
41	楕円の接線と直交性に関する三角方程式の解の個数	2020〔6〕	D
42	3倍角，倍角の公式，2次関数の最小値	2017〔1〕	A
43	三角不等式	2002〔1〕	A
44	三角関数の定義と加法定理の証明	1999〔1〕	B

三角比，三角関数は他分野の多くの問題の解法でも効果的に用いられていますが，ここでは三角関数の処理そのものを題材とした問題を収録しました。ただし，2020年度〔6〕のように楕円の接線と直交性に関する問題もここに分類しています。

1999年度の問題はレベルBとしましたが，証明のアイデアをきちんと吟味して経験しているかどうかで大きく差がでます。さらに，証明中に用いる諸性質を三角関数の定義に基づいて適切にコメントできているかどうかはとても大切なことなのですが，合格した生徒諸君の多くも出来具合は芳しいものではなかったようです。三角関数に限らず，数学の骨組みをなす基本的な諸定理・公式を，用語の正確な定義をはじめ，その導き方のアイデアや論理構成を味わいながら身に付けることは数学の学習の基本中の基本であることを忘れないでください。

41　2020 年度〔6〕　Level D

以下の問いに答えよ。

(1)　A, α を実数とする。θ の方程式

$$A\sin 2\theta - \sin(\theta + \alpha) = 0$$

を考える。$A>1$ のとき，この方程式は $0 \leqq \theta < 2\pi$ の範囲に少なくとも 4 個の解を持つことを示せ。

(2)　座標平面上の楕円

$$C : \frac{x^2}{2} + y^2 = 1$$

を考える。また，$0<r<1$ を満たす実数 r に対して，不等式

$$2x^2 + y^2 < r^2$$

が表す領域を D とする。D 内のすべての点 P が以下の条件を満たすような実数 r $(0<r<1)$ が存在することを示せ。また，そのような r の最大値を求めよ。

条件：C 上の点 Q で，Q における C の接線と直線 PQ が直交するようなものが少なくとも 4 個ある。

42　2017 年度〔1〕　Level A

実数 a, b に対して

$$f(\theta) = \cos 3\theta + a\cos 2\theta + b\cos\theta$$

とし，$0<\theta<\pi$ で定義された関数

$$g(\theta) = \frac{f(\theta) - f(0)}{\cos\theta - 1}$$

を考える。

(1)　$f(\theta)$ と $g(\theta)$ を $x = \cos\theta$ の整式で表せ。

(2)　$g(\theta)$ が $0<\theta<\pi$ の範囲で最小値 0 をとるための a, b についての条件を求めよ。また，条件をみたす点 (a, b) が描く図形を座標平面上に図示せよ。

43　2002年度〔1〕（文理共通（一部））　Level A

2つの放物線

$$y=2\sqrt{3}(x-\cos\theta)^2+\sin\theta$$

$$y=-2\sqrt{3}(x+\cos\theta)^2-\sin\theta$$

が相異なる2点で交わるような一般角 θ の範囲を求めよ。

44　1999年度〔1〕（文理共通）　Level B

(1)　一般角 θ に対して $\sin\theta$，$\cos\theta$ の定義を述べよ。

(2)　(1)で述べた定義にもとづき，一般角 α，β に対して

$$\sin(\alpha+\beta)=\sin\alpha\cos\beta+\cos\alpha\sin\beta,$$

$$\cos(\alpha+\beta)=\cos\alpha\cos\beta-\sin\alpha\sin\beta$$

を証明せよ。

§5 平面ベクトル

	内　　容	年度	レベル
45	フェルマー点とベクトル	2013〔4〕	B

この分野は平面ベクトルを用いて問題が表現され，解法にもベクトルを用いることになる1題のみからなります。

ベクトルは多くの図形処理で利用されますので，他分野の解法の中でも学ぶことができます。東大には平面ベクトルを用いた表現で与えられた問題が少ないので，ベクトルがよく出題される京大の問題なども参考にされることを勧めます。

45　2013年度〔4〕　Level B

△ABCにおいて$\angle BAC=90^\circ$，$|\overrightarrow{AB}|=1$，$|\overrightarrow{AC}|=\sqrt{3}$とする。△ABCの内部の点Pが

$$\frac{\overrightarrow{PA}}{|\overrightarrow{PA}|}+\frac{\overrightarrow{PB}}{|\overrightarrow{PB}|}+\frac{\overrightarrow{PC}}{|\overrightarrow{PC}|}=\vec{0}$$

を満たすとする。

(1)　$\angle APB$，$\angle APC$を求めよ。

(2)　$|\overrightarrow{PA}|$，$|\overrightarrow{PB}|$，$|\overrightarrow{PC}|$を求めよ。

§6 空間図形

	内　　　容	年度	レベル
46	座標空間内で球と三角形の共有点が存在するための半径の範囲	2023〔４〕	B
47	八面体の平面による切り口，平面の方程式	2019〔３〕	C
48	球の通過する部分についての切断面の図示と体積	2018〔６〕	C
49	座標空間の３直線と xy 平面の交点を頂点とする三角形の面積	2016〔３〕	A
50	四角柱の切断面の面積	2014〔１〕	A
51	直方体の回転と体積のとりうる値の範囲	2010〔１〕	B
52	合同四面体の断面積	2010〔６〕	C
53	２球面の交線を含む平面と点の距離	2002〔３〕	B
54	球面上に４頂点をもつ四面体	2001〔１〕	B
55	同一球内にあって１点のみを共有する２円板の半径の和の最大値	1999〔４〕	B

この分野は微積分を利用せずに処理ができる空間図形の問題からなります。

本書では解答編の巻末に空間幾何の基本的な公理と定理を付録として収録してあります。そこで述べられていることはいろいろな空間の問題を考える際にすべて前提として用いてよいことです。一通り目を通してください。

空間図形の処理のイメージをつかむのには時間もかかり，その根拠を論理的に説明するのは難しい面があります。また，時間の限られた入試問題としては少し無理のある出題と思われるものもありますが，避けることなく学習し，感覚を熟成させてください。

46　2023 年度〔4〕　Level B

座標空間内の 4 点 O(0, 0, 0), A(2, 0, 0), B(1, 1, 1), C(1, 2, 3) を考える。

(1) $\overrightarrow{OP}\perp\overrightarrow{OA}$, $\overrightarrow{OP}\perp\overrightarrow{OB}$, $\overrightarrow{OP}\cdot\overrightarrow{OC}=1$ を満たす点 P の座標を求めよ。

(2) 点 P から直線 AB に垂線を下ろし，その垂線と直線 AB の交点を H とする。$\overrightarrow{OH}$ を $\overrightarrow{OA}$ と $\overrightarrow{OB}$ を用いて表せ。

(3) 点 Q を $\overrightarrow{OQ}=\dfrac{3}{4}\overrightarrow{OA}+\overrightarrow{OP}$ により定め，Q を中心とする半径 r の球面 S を考える。S が三角形 OHB と共有点を持つような r の範囲を求めよ。ただし，三角形 OHB は 3 点 O, H, B を含む平面内にあり，周とその内部からなるものとする。

47　2019 年度〔3〕　Level C

座標空間内に 5 点 A(2, 0, 0), B(0, 2, 0), C(−2, 0, 0), D(0, −2, 0), E(0, 0, −2) を考える。線分 AB の中点 M と線分 AD の中点 N を通り，直線 AE に平行な平面を α とする。さらに，p は $2<p<4$ をみたす実数とし，点 P(p, 0, 2) を考える。

(1) 八面体 PABCDE の平面 $y=0$ による切り口および，平面 α の平面 $y=0$ による切り口を同一平面上に図示せよ。

(2) 八面体 PABCDE の平面 α による切り口が八角形となる p の範囲を求めよ。

(3) 実数 p が(2)で定まる範囲にあるとする。八面体 PABCDE の平面 α による切り口のうち $y\geqq 0$, $z\geqq 0$ の部分を点 (x, y, z) が動くとき，座標平面上で点 (y, z) が動く範囲の面積を求めよ。

48 2018年度〔6〕 Level C

座標空間内の4点O(0, 0, 0), A(1, 0, 0), B(1, 1, 0), C(1, 1, 1) を考える。

$\frac{1}{2}<r<1$とする。点Pが線分OA, AB, BC上を動くときに点Pを中心とする半径rの球（内部を含む）が通過する部分を，それぞれV_1, V_2, V_3とする。

(1) 平面$y=t$がV_1, V_3双方と共有点をもつようなtの範囲を与えよ。さらに，この範囲のtに対し，平面$y=t$とV_1の共通部分および，平面$y=t$とV_3の共通部分を同一平面上に図示せよ。

(2) V_1とV_3の共通部分がV_2に含まれるためのrについての条件を求めよ。

(3) rは(2)の条件をみたすとする。V_1の体積をSとし，V_1とV_2の共通部分の体積をTとする。V_1, V_2, V_3を合わせて得られる立体Vの体積をSとTを用いて表せ。

(4) ひきつづきrは(2)の条件をみたすとする。SとTを求め，Vの体積を決定せよ。

49 2016年度〔3〕 Level A

aを$1<a<3$をみたす実数とし，座標空間内の4点$P_1(1, 0, 1)$, $P_2(1, 1, 1)$, $P_3(1, 0, 3)$, $Q(0, 0, a)$ を考える。直線P_1Q, P_2Q, P_3Qとxy平面の交点をそれぞれR_1, R_2, R_3として，三角形$R_1R_2R_3$の面積を$S(a)$とする。$S(a)$を最小にするaと，そのときの$S(a)$の値を求めよ。

50 2014年度〔1〕 Level A

1辺の長さが1の正方形を底面とする四角柱 OABC-DEFG を考える。3点P，Q，Rを，それぞれ辺 AE，辺 BF，辺 CG 上に，4点O，P，Q，Rが同一平面上にあるようにとる。四角形 OPQR の面積を S とおく。また，∠AOP を α，∠COR を β とおく。

(1) S を $\tan\alpha$ と $\tan\beta$ を用いて表せ。

(2) $\alpha+\beta=\dfrac{\pi}{4}$，$S=\dfrac{7}{6}$ であるとき，$\tan\alpha+\tan\beta$ の値を求めよ。さらに，$\alpha\leqq\beta$ のとき，$\tan\alpha$ の値を求めよ。

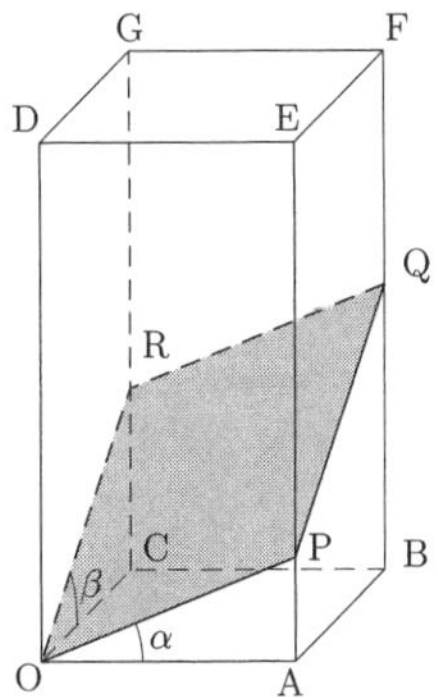

51 2010年度〔1〕 Level B

3辺の長さが a と b と c の直方体を，長さが b の1辺を回転軸として $90°$ 回転させるとき，直方体が通過する点全体がつくる立体を V とする。

(1) V の体積を a，b，c を用いて表せ。

(2) $a+b+c=1$ のとき，V の体積のとりうる値の範囲を求めよ。

52　2010年度〔6〕　Level C

四面体OABCにおいて，4つの面はすべて合同であり，$OA=3$，$OB=\sqrt{7}$，$AB=2$であるとする。また，3点O，A，Bを含む平面をLとする。

(1) 点Cから平面Lにおろした垂線の足をHとおく。$\overrightarrow{OH}$を$\overrightarrow{OA}$と$\overrightarrow{OB}$を用いて表せ。

(2) $0<t<1$をみたす実数tに対して，線分OA，OB各々を$t:1-t$に内分する点をそれぞれP_t，Q_tとおく。2点P_t，Q_tを通り，平面Lに垂直な平面をMとするとき，平面Mによる四面体OABCの切り口の面積$S(t)$を求めよ。

(3) tが$0<t<1$の範囲を動くとき，$S(t)$の最大値を求めよ。

53　2002年度〔3〕　Level B

xyz空間内の原点O$(0,\ 0,\ 0)$を中心とし，点A$(0,\ 0,\ -1)$を通る球面をSとする。Sの外側にある点P$(x,\ y,\ z)$に対し，OPを直径とする球面とSとの交わりとして得られる円を含む平面をLとする。点Pと点Aから平面Lへ下した垂線の足をそれぞれQ，Rとする。このとき，

$$PQ \leqq AR$$

であるような点Pの動く範囲Vを求め，Vの体積は10より小さいことを示せ。

54　2001年度〔1〕（文理共通）　Level B

半径rの球面上に4点A，B，C，Dがある。四面体ABCDの各辺の長さは，$AB=\sqrt{3}$，$AC=AD=BC=BD=CD=2$を満たしている。このときrの値を求めよ。

55　1999年度〔4〕　Level B

xyz 空間において xy 平面上に円板Aがあり xz 平面上に円板Bがあって以下の2条件を満たしているものとする。

(a)　A，Bは原点からの距離が1以下の領域に含まれる。

(b)　A，Bは一点Pのみを共有し，Pはそれぞれの円周上にある。

このような円板AとBの半径の和の最大値を求めよ。ただし，円板とは円の内部と円周をあわせたものを意味する。

§7 複素数平面

	内　　容	年度	レベル
56	複素係数の連立方程式，複素数の存在範囲	2021〔2〕	B
57	4次方程式の複素数解，解と係数の関係	2019〔6〕	B
58	直線に関する点の対称移動と分数関数の合成で得られる点の軌跡	2018〔5〕	B
59	線分の垂直二等分線の表現・動点の軌跡と図示	2017〔3〕	A
60	鋭角三角形の条件と点の存在範囲	2016〔4〕	A
61	複素数の絶対値	2005〔2〕	B
62	動点の軌跡・距離の最大値	2003〔2〕	A
63	複素数のフィボナッチ数列の隣接2項の比とその図形的性質	2001〔4〕	C
64	定円上の2点を結ぶ直線の性質	2000〔2〕	C
65	複素数の絶対値の評価・三角不等式	1999〔2〕	C
66	$2z$，$2/z$ のいずれの実部も整数となる絶対値が1以上の複素数 z の図示	1999 文	B

この分野は複素数の処理や複素数平面が主題となる問題からなります。教育課程の違いから，以前に文科で出題されたものも参考として収録しました。

複素数平面は高校生の理解度・処理力と大学の先生方の認識が最も乖離している分野と言えます。ベクトルと違い，乗法・除法ができる分だけ式変形の自由度が増えます。そのため，複素数平面は内容が豊富なのですが，入試の限られた時間で式変形と図形的意味のやりとりについていくのが難しいようです。絶対値と偏角，共線条件，共円条件，垂直条件，三角形の相似などの図形と複素数の計算との関係を十分に意識して勉強をすすめてください。また，1の n 乗根についての代数的な扱いも大切です。

56　2021 年度〔2〕　Level B

複素数 a, b, c に対して整式 $f(z)=az^2+bz+c$ を考える。i を虚数単位とする。

(1)　α, β, γ を複素数とする。$f(0)=\alpha$, $f(1)=\beta$, $f(i)=\gamma$ が成り立つとき，a, b, c をそれぞれ α, β, γ で表せ。

(2)　$f(0)$, $f(1)$, $f(i)$ がいずれも 1 以上 2 以下の実数であるとき，$f(2)$ のとりうる範囲を複素数平面上に図示せよ。

57　2019 年度〔6〕　Level B

複素数 α, β, γ, δ および実数 a, b が，次の 3 条件をみたしながら動く。

条件 1 ：α, β, γ, δ は相異なる。

条件 2 ：α, β, γ, δ は 4 次方程式 $z^4-2z^3-2az+b=0$ の解である。

条件 3 ：複素数 $\alpha\beta+\gamma\delta$ の実部は 0 であり，虚部は 0 でない。

(1)　α, β, γ, δ のうち，ちょうど 2 つが実数であり，残りの 2 つは互いに共役な複素数であることを示せ。

(2)　b を a で表せ。

(3)　複素数 $\alpha+\beta$ がとりうる範囲を複素数平面上に図示せよ。

58　2018 年度〔5〕　Level B

複素数平面上の原点を中心とする半径 1 の円を C とする。点 $\mathrm{P}(z)$ は C 上にあり，点 $\mathrm{A}(1)$ とは異なるとする。点 P における円 C の接線に関して，点 A と対称な点を $\mathrm{Q}(u)$ とする。$w=\dfrac{1}{1-u}$ とおき，w と共役な複素数を $\overline{w}$ で表す。

(1)　u と $\dfrac{\overline{w}}{w}$ を z についての整式として表し，絶対値の商 $\dfrac{|w+\overline{w}-1|}{|w|}$ を求めよ。

(2)　C のうち実部が $\dfrac{1}{2}$ 以下の複素数で表される部分を C' とする。点 $\mathrm{P}(z)$ が C' 上を動くときの点 $\mathrm{R}(w)$ の軌跡を求めよ。

59 2017年度〔3〕 Level A

複素数平面上の原点以外の点 z に対して，$w=\dfrac{1}{z}$ とする。

(1) α を0でない複素数とし，点 α と原点Oを結ぶ線分の垂直二等分線を L とする。点 z が直線 L 上を動くとき，点 w の軌跡は円から1点を除いたものになる。この円の中心と半径を求めよ。

(2) 1の3乗根のうち，虚部が正であるものを β とする。点 β と点 β^2 を結ぶ線分上を点 z が動くときの点 w の軌跡を求め，複素数平面上に図示せよ。

60 2016年度〔4〕 Level A

z を複素数とする。複素数平面上の3点 A(1)，B(z)，C(z^2) が鋭角三角形をなすような z の範囲を求め，図示せよ。

61 2005年度〔2〕 Level B

$|z|>\dfrac{5}{4}$ となるどのような複素数 z に対しても $w=z^2-2z$ とは表されない複素数 w 全体の集合を T とする。すなわち

$$T=\left\{w\,\middle|\,w=z^2-2z \text{ ならば } |z|\leqq\frac{5}{4}\right\}$$

とする。このとき，T に属する複素数 w で絶対値 $|w|$ が最大になるような w の値を求めよ。

62 2003年度〔2〕 Level A

Oを原点とする複素数平面上で6を表す点をA，$7+7i$ を表す点をBとする。ただし，i は虚数単位である。正の実数 t に対し，$\dfrac{14(t-3)}{(1-i)t-7}$ を表す点Pをとる。

(1) ∠APB を求めよ。

(2) 線分OPの長さが最大になる t を求めよ。

63 2001 年度 〔4〕 Level C

複素数平面上の点 a_1, a_2, …, a_n, … を

$$\begin{cases} a_1=1,\ a_2=i, \\ a_{n+2}=a_{n+1}+a_n \quad (n=1,\ 2,\ \cdots) \end{cases}$$

により定め

$$b_n=\frac{a_{n+1}}{a_n} \quad (n=1,\ 2,\ \cdots)$$

とおく。ただし，i は虚数単位である。

(1) 3点 b_1, b_2, b_3 を通る円 C の中心と半径を求めよ。

(2) すべての点 b_n $(n=1,\ 2,\ \cdots)$ は円 C の周上にあることを示せ。

64 2000 年度 〔2〕（文理共通） Level C

複素数平面上の原点以外の相異なる2点 P(α), Q(β) を考える。P(α), Q(β) を通る直線を l, 原点から l に引いた垂線と l の交点を R(w) とする。ただし，複素数 γ が表す点 C を C(γ) とかく。このとき，「$w=\alpha\beta$ であるための必要十分条件は，P(α), Q(β) が中心 A$\left(\frac{1}{2}\right)$, 半径 $\frac{1}{2}$ の円周上にあることである。」を示せ。

65 1999 年度 〔2〕 Level C

複素数 z_n $(n=1,\ 2,\ \cdots)$ を

$$z_1=1,\quad z_{n+1}=(3+4i)z_n+1$$

によって定める。ただし i は虚数単位である。

(1) すべての自然数 n について

$$\frac{3\times5^{n-1}}{4}<|z_n|<\frac{5^n}{4}$$

が成り立つことを示せ。

(2) 実数 $r>0$ に対して，$|z_n|\leqq r$ を満たす z_n の個数を $f(r)$ とおく。このとき，$\displaystyle\lim_{r\to+\infty}\frac{f(r)}{\log r}$ を求めよ。

66　1999 年度〔2〕（文科）　Level B

次の２つの条件(a), (b)を同時に満たす複素数 z 全体の集合を複素数平面上に図示せよ。

(a)　$2z$, $\dfrac{2}{z}$ の実部はいずれも整数である。

(b)　$|z| \geqq 1$ である。

§8 確率・個数の処理

	内　　容	年度	レベル
67	3色の玉12個の並べ方に関する条件付き確率	2023〔2〕	C
68	コインの表裏の出方と点の移動に関する確率	2022〔6〕	C
69	座標平面上の点の移動の確率	2017〔2〕	B
70	巴戦の確率，条件付き確率	2016〔2〕	B
71	文字列と確率	2015〔2〕	C
72	球の出方と確率，極限	2014〔2〕	B
73	コインの表・裏の出方と確率，無限等比級数	2013〔3〕	C
74	隣り合う図形（部屋）への移動と確率	2012〔2〕	B
75	格子点の個数，個数の処理	2011〔5〕	B
76	箱の中のボールの個数と確率	2010〔3〕	B
77	重複順列と確率	2009〔3〕	B
78	2色のカードの出方と推移図	2008〔2〕	B
79	ブロック積みゲームでのブロックの高さと確率	2007〔5〕	B
80	記号○と×の配列と確率	2006〔2〕	B
81	N枚のカードを2人が引いていくときの勝敗と確率	2005〔5〕	C
82	3枚の板の裏返し	2004〔6〕	B
83	さいころの目の積が20で割り切れない確率と極限	2003〔5〕	C
84	数列の項を並べ替えてできる数列と整除	2002〔6〕	C
85	コインによる点の移動と確率	2001〔6〕	C
86	けた数についての条件をみたす整数の個数	2000〔5〕	B
87	四面体の辺の選び方と確率	1999〔3〕	B

確率や個数の処理においては，数え方を間違えることによる誤った思い込みもよくあることを考慮して，できるだけ立式の根拠を記したので参考にしてください。また，近年の東大入試では漸化式や推移図を利用する出題が非常に多いのが特徴的であり，類題の経験が欠かせません。2018年度～2021年度にはこの分野からの出題はありませんでしたが，2022年度，2023年度は再び出題され，どちらも難のレベルとなっています。これらの年度に限らず，この分野はやや難～難の問題が多いです。

67 2023年度〔2〕(文理共通) Level C

黒玉3個，赤玉4個，白玉5個が入っている袋から玉を1個ずつ取り出し，取り出した玉を順に横一列に12個すべて並べる。ただし，袋から個々の玉が取り出される確率は等しいものとする。

(1) どの赤玉も隣り合わない確率 p を求めよ。

(2) どの赤玉も隣り合わないとき，どの黒玉も隣り合わない条件付き確率 q を求めよ。

68 2022年度〔6〕 Level C

Oを原点とする座標平面上で考える。0以上の整数 k に対して，ベクトル $\overrightarrow{v_k}$ を

$$\overrightarrow{v_k}=\left(\cos\frac{2k\pi}{3},\ \sin\frac{2k\pi}{3}\right)$$

と定める。投げたとき表と裏がどちらも $\dfrac{1}{2}$ の確率で出るコインを N 回投げて，座標平面上に点 X_0，X_1，X_2，…，X_N を以下の規則(i)，(ii)に従って定める。

(i) X_0 はOにある。

(ii) n を1以上 N 以下の整数とする。X_{n-1} が定まったとし，X_n を次のように定める。

- n 回目のコイン投げで表が出た場合，

  $$\overrightarrow{OX_n}=\overrightarrow{OX_{n-1}}+\overrightarrow{v_k}$$

  により X_n を定める。ただし，k は1回目から n 回目までのコイン投げで裏が出た回数とする。

- n 回目のコイン投げで裏が出た場合，X_n を X_{n-1} と定める。

(1) $N=8$ とする。X_8 がOにある確率を求めよ。

(2) $N=200$ とする。X_{200} がOにあり，かつ，合計200回のコイン投げで表がちょうど r 回出る確率を p_r とおく。ただし $0\leqq r\leqq 200$ である。p_r を求めよ。また p_r が最大となる r の値を求めよ。

69　2017年度〔2〕（文理共通（一部））　Level B

座標平面上でx座標とy座標がいずれも整数である点を格子点という。格子点上を次の規則に従って動く点Pを考える。

(a) 最初に，点Pは原点Oにある。

(b) ある時刻で点Pが格子点$(m,\ n)$にあるとき，その1秒後の点Pの位置は，隣接する格子点$(m+1,\ n)$，$(m,\ n+1)$，$(m-1,\ n)$，$(m,\ n-1)$のいずれかであり，また，これらの点に移動する確率は，それぞれ$\frac{1}{4}$である。

(1) 点Pが，最初から6秒後に直線$y=x$上にある確率を求めよ。

(2) 点Pが，最初から6秒後に原点Oにある確率を求めよ。

70　2016年度〔2〕（文理共通（一部））　Level B

A，B，Cの3つのチームが参加する野球の大会を開催する。以下の方式で試合を行い，2連勝したチームが出た時点で，そのチームを優勝チームとして大会は終了する。

(a) 1試合目でAとBが対戦する。

(b) 2試合目で，1試合目の勝者と，1試合目で待機していたCが対戦する。

(c) k試合目で優勝チームが決まらない場合は，k試合目の勝者と，k試合目で待機していたチームが$k+1$試合目で対戦する。ここでkは2以上の整数とする。

なお，すべての対戦において，それぞれのチームが勝つ確率は$\frac{1}{2}$で，引き分けはないものとする。

(1) nを2以上の整数とする。ちょうどn試合目でAが優勝する確率を求めよ。

(2) mを正の整数とする。総試合数が$3m$回以下でAが優勝したとき，Aの最後の対戦相手がBである条件付き確率を求めよ。

71　2015年度〔2〕　Level C

どの目も出る確率が$\frac{1}{6}$のさいころを1つ用意し，次のように左から順に文字を書く。

さいころを投げ，出た目が1，2，3のときは文字列AAを書き，4のときは文字Bを，5のときは文字Cを，6のときは文字Dを書く。さらに繰り返しさいころを投げ，同じ規則に従って，AA，B，C，Dをすでにある文字列の右側につなげて書いていく。

たとえば，さいころを5回投げ，その出た目が順に2，5，6，3，4であったとすると，得られる文字列は

AACDAAB

となる。このとき，左から4番目の文字はD，5番目の文字はAである。

(1)　nを正の整数とする。n回さいころを投げ，文字列を作るとき，文字列の左からn番目の文字がAとなる確率を求めよ。

(2)　nを2以上の整数とする。n回さいころを投げ，文字列を作るとき，文字列の左から$n-1$番目の文字がAで，かつn番目の文字がBとなる確率を求めよ。

72　2014年度〔2〕（文理共通（一部））　Level B

a を自然数（すなわち1以上の整数）の定数とする。白球と赤球があわせて1個以上入っている袋Uに対して，次の操作(＊)を考える。

(＊)　袋Uから球を1個取り出し

(i)　取り出した球が白球のときは，袋Uの中身が白球 a 個，赤球1個となるようにする。

(ii)　取り出した球が赤球のときは，その球を袋Uへ戻すことなく，袋Uの中身はそのままにする。

はじめに袋Uの中に，白球が $a+2$ 個，赤球が1個入っているとする。この袋Uに対して操作(＊)を繰り返し行う。

たとえば，1回目の操作で白球が出たとすると，袋Uの中身は白球 a 個，赤球1個となり，さらに2回目の操作で赤球が出たとすると，袋Uの中身は白球 a 個のみとなる。

n 回目に取り出した球が赤球である確率を p_n とする。ただし，袋Uの中の個々の球の取り出される確率は等しいものとする。

(1)　p_1，p_2 を求めよ。

(2)　$n \geqq 3$ に対して p_n を求めよ。

(3)　$\displaystyle\lim_{m\to\infty}\frac{1}{m}\sum_{n=1}^{m}p_n$ を求めよ。

73 2013年度〔3〕(文理共通(一部)) Level C

A，Bの2人がいる。投げたとき表裏の出る確率がそれぞれ$\frac{1}{2}$のコインが1枚あり，最初はAがそのコインを持っている。次の操作を繰り返す。

(i) Aがコインを持っているときは，コインを投げ，表が出ればAに1点を与え，コインはAがそのまま持つ。裏が出れば，両者に点を与えず，AはコインをBに渡す。

(ii) Bがコインを持っているときは，コインを投げ，表が出ればBに1点を与え，コインはBがそのまま持つ。裏が出れば，両者に点を与えず，BはコインをAに渡す。

そしてA，Bのいずれかが2点を獲得した時点で，2点を獲得した方の勝利とする。たとえば，コインが表，裏，表，表と出た場合，この時点でAは1点，Bは2点を獲得しているのでBの勝利となる。

(1) A，Bあわせてちょうどn回コインを投げ終えたときにAの勝利となる確率$p(n)$を求めよ。

(2) $\sum_{n=1}^{\infty} p(n)$ を求めよ。

74 2012年度〔2〕(文理共通) Level B

図のように，正三角形を9つの部屋に辺で区切り，部屋P，Qを定める。1つの球が部屋Pを出発し，1秒ごとに，そのままその部屋にとどまることなく，辺を共有する隣の部屋に等確率で移動する。球がn秒後に部屋Qにある確率を求めよ。

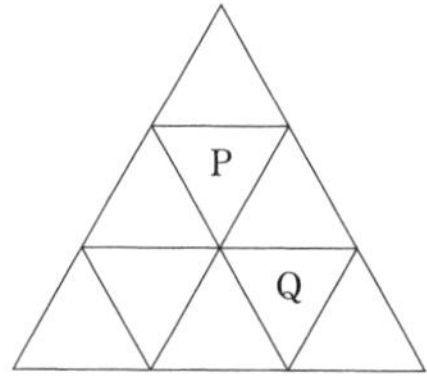

75 2011年度〔5〕（文理共通（一部）） Level B

p，q を2つの正の整数とする。整数 a，b，c で条件

$$-q \leqq b \leqq 0 \leqq a \leqq p,\quad b \leqq c \leqq a$$

を満たすものを考え，このような a，b，c を $[a,\ b\,;\,c]$ の形に並べたものを $(p,\ q)$ パターンと呼ぶ。各 $(p,\ q)$ パターン $[a,\ b\,;\,c]$ に対して

$$w([a,\ b\,;\,c]) = p - q - (a + b)$$

とおく。

(1) $(p,\ q)$ パターンのうち，$w([a,\ b\,;\,c]) = -q$ となるものの個数を求めよ。また，$w([a,\ b\,;\,c]) = p$ となる $(p,\ q)$ パターンの個数を求めよ。

以下 $p = q$ の場合を考える。

(2) s を整数とする。$(p,\ p)$ パターンで $w([a,\ b\,;\,c]) = -p + s$ となるものの個数を求めよ。

(3) $(p,\ p)$ パターンの総数を求めよ。

76 2010年度〔3〕（文理共通（一部）） Level B

2つの箱LとR，ボール30個，コイン投げで表と裏が等確率 $\frac{1}{2}$ で出るコイン1枚を用意する。x を0以上30以下の整数とする。Lに x 個，Rに $30-x$ 個のボールを入れ，次の操作（#）を繰り返す。

（#） 箱Lに入っているボールの個数を z とする。コインを投げ，表が出れば箱Rから箱Lに，裏が出れば箱Lから箱Rに，$K(z)$ 個のボールを移す。ただし，$0 \leqq z \leqq 15$ のとき $K(z) = z$，$16 \leqq z \leqq 30$ のとき $K(z) = 30 - z$ とする。

m 回の操作の後，箱Lのボールの個数が30である確率を $P_m(x)$ とする。たとえば $P_1(15) = P_2(15) = \frac{1}{2}$ となる。以下の問(1)，(2)，(3)に答えよ。

(1) $m \geqq 2$ のとき，x に対してうまく y を選び，$P_m(x)$ を $P_{m-1}(y)$ で表せ。

(2) n を自然数とするとき，$P_{2n}(10)$ を求めよ。

(3) n を自然数とするとき，$P_{4n}(6)$ を求めよ。

77 2009年度〔3〕（文理共通） Level B

スイッチを１回押すごとに，赤，青，黄，白のいずれかの色の玉が１個，等確率 $\frac{1}{4}$ で出てくる機械がある。２つの箱ＬとＲを用意する。次の３種類の操作を考える。

（A） １回スイッチを押し，出てきた玉をＬに入れる。

（B） １回スイッチを押し，出てきた玉をＲに入れる。

（C） １回スイッチを押し，出てきた玉と同じ色の玉が，Ｌになければその玉をＬに入れ，Ｌにあればその玉をＲに入れる。

(1) ＬとＲは空であるとする。操作(A)を５回おこない，さらに操作(B)を５回おこなう。このときＬにもＲにも４色すべての玉が入っている確率 P_1 を求めよ。

(2) ＬとＲは空であるとする。操作(C)を５回おこなう。このときＬに４色すべての玉が入っている確率 P_2 を求めよ。

(3) ＬとＲは空であるとする。操作(C)を10回おこなう。このときＬにもＲにも４色すべての玉が入っている確率を P_3 とする。$\frac{P_3}{P_1}$ を求めよ。

78 2008年度〔2〕（文理共通（一部）） Level B

白黒２種類のカードがたくさんある。そのうち k 枚のカードを手もとにもっているとき，次の操作(A)を考える。

（A） 手持ちの k 枚の中から１枚を，等確率 $\frac{1}{k}$ で選び出し，それを違う色のカードにとりかえる。

以下の問(1)，(2)に答えよ。

(1) 最初に白２枚，黒２枚，合計４枚のカードをもっているとき，操作(A)を n 回繰り返した後に初めて，４枚とも同じ色のカードになる確率を求めよ。

(2) 最初に白３枚，黒３枚，合計６枚のカードをもっているとき，操作(A)を n 回繰り返した後に初めて，６枚とも同じ色のカードになる確率を求めよ。

79 2007年度〔5〕（文理共通） Level B

表が出る確率が p，裏が出る確率が $1-p$ であるような硬貨がある。ただし，$0<p<1$ とする。この硬貨を投げて，次のルール(R)の下で，ブロック積みゲームを行う。

(R) ① ブロックの高さは，最初は0とする。
② 硬貨を投げて表が出れば高さ1のブロックを1つ積み上げ，裏が出ればブロックをすべて取り除いて高さ0に戻す。

n を正の整数，m を $0\leqq m\leqq n$ をみたす整数とする。

(1) n 回硬貨を投げたとき，最後にブロックの高さが m となる確率 p_m を求めよ。

(2) (1)で，最後にブロックの高さが m 以下となる確率 q_m を求めよ。

(3) ルール(R)の下で，n 回の硬貨投げを独立に2度行い，それぞれ最後のブロックの高さを考える。2度のうち，高い方のブロックの高さが m である確率 r_m を求めよ。ただし，最後のブロックの高さが等しいときはその値を考えるものとする。

80 2006年度〔2〕（文理共通（一部）） Level B

コンピュータの画面に，記号○と×のいずれかを表示させる操作をくり返し行う。このとき，各操作で，直前の記号と同じ記号を続けて表示する確率は，それまでの経過に関係なく，p であるとする。

最初に，コンピュータの画面に記号×が表示された。操作をくり返し行い，記号×が最初のものも含めて3個出るよりも前に，記号○が n 個出る確率を P_n とする。ただし，記号○が n 個出た段階で操作は終了する。

(1) P_2 を p で表せ。

(2) $n\geqq 3$ のとき，P_n を p と n で表せ。

81 2005年度〔5〕（文理共通） Level C

Nを1以上の整数とする。数字1，2，…，Nが書かれたカードを1枚ずつ，計N枚用意し，甲，乙のふたりが次の手順でゲームを行う。

(i) 甲が1枚カードをひく。そのカードに書かれた数をaとする。ひいたカードはもとに戻す。

(ii) 甲はもう1回カードをひくかどうかを選択する。ひいた場合は，そのカードに書かれた数をbとする。ひいたカードはもとに戻す。ひかなかった場合は，$b=0$とする。$a+b>N$の場合は乙の勝ちとし，ゲームは終了する。

(iii) $a+b\leqq N$の場合は，乙が1枚カードをひく。そのカードに書かれた数をcとする。ひいたカードはもとに戻す。$a+b<c$の場合は乙の勝ちとし，ゲームは終了する。

(iv) $a+b\geqq c$の場合は，乙はもう1回カードをひく。そのカードに書かれた数をdとする。$a+b<c+d\leqq N$の場合は乙の勝ちとし，それ以外の場合は甲の勝ちとする。

(ii)の段階で，甲にとってどちらの選択が有利であるかを，aの値に応じて考える。以下の問いに答えよ。

(1) 甲が2回目にカードをひかないことにしたとき，甲の勝つ確率をaを用いて表せ。

(2) 甲が2回目にカードをひくことにしたとき，甲の勝つ確率をaを用いて表せ。

ただし，各カードがひかれる確率は等しいものとする。

82　2004年度〔6〕（文理共通（一部））　Level B

片面を白色に，もう片面を黒色に塗った正方形の板が3枚ある。この3枚の板を机の上に横に並べ，次の操作を繰り返し行う。

さいころを振り，出た目が1，2であれば左端の板を裏返し，3，4であればまん中の板を裏返し，5，6であれば右端の板を裏返す。

たとえば，最初，板の表の色の並び方が「白白白」であったとし，1回目の操作で出たさいころの目が1であれば，色の並び方は「黒白白」となる。さらに2回目の操作を行って出たさいころの目が5であれば，色の並び方は「黒白黒」となる。

(1)「白白白」から始めて，3回の操作の結果，色の並び方が「黒白白」となる確率を求めよ。

(2)「白白白」から始めて，n 回の操作の結果，色の並び方が「白白白」または「白黒白」となる確率を求めよ。

注意：さいころは1から6までの目が等確率で出るものとする。

83　2003年度〔5〕　Level C

さいころを n 回振り，第1回目から第 n 回目までに出たさいころの目の数 n 個の積を X_n とする。

(1)　X_n が5で割り切れる確率を求めよ。

(2)　X_n が4で割り切れる確率を求めよ。

(3)　X_n が20で割り切れる確率を p_n とおく。$\displaystyle\lim_{n\to\infty}\frac{1}{n}\log(1-p_n)$ を求めよ。

注意：さいころは1から6までの目が等確率で出るものとする。

84　2002 年度〔6〕　Level C

N を正の整数とする。$2N$ 個の項からなる数列 $\{a_1,\ a_2,\ \cdots,\ a_N,\ b_1,\ b_2,\ \cdots,\ b_N\}$ を $\{b_1,\ a_1,\ b_2,\ a_2,\ \cdots,\ b_N,\ a_N\}$ という数列に並べ替える操作を「シャッフル」と呼ぶことにする。並べ替えた数列は b_1 を初項とし，b_i の次に a_i，a_i の次に b_{i+1} が来るようなものになる。また，数列 $\{1,\ 2,\ \cdots,\ 2N\}$ をシャッフルしたときに得られる数列において，数 k が現れる位置を $f(k)$ で表す。

たとえば，$N=3$ のとき，$\{1,\ 2,\ 3,\ 4,\ 5,\ 6\}$ をシャッフルすると $\{4,\ 1,\ 5,\ 2,\ 6,\ 3\}$ となるので，$f(1)=2$，$f(2)=4$，$f(3)=6$，$f(4)=1$，$f(5)=3$，$f(6)=5$ である。

(1) 数列 $\{1,\ 2,\ 3,\ 4,\ 5,\ 6,\ 7,\ 8\}$ を 3 回シャッフルしたときに得られる数列を求めよ。

(2) $1\leqq k\leqq 2N$ を満たす任意の整数 k に対し，$f(k)-2k$ は $2N+1$ で割り切れることを示せ。

(3) n を正の整数とし，$N=2^{n-1}$ のときを考える。数列 $\{1,\ 2,\ 3,\ \cdots,\ 2N\}$ を $2n$ 回シャッフルすると，$\{1,\ 2,\ 3,\ \cdots,\ 2N\}$ にもどることを証明せよ。

85　2001 年度〔6〕（文理共通（一部））　Level C

コインを投げる試行の結果によって，数直線上にある 2 点 A，B を次のように動かす。

表が出た場合：点 A の座標が点 B の座標より大きいときは，A と B を共に正の方向に 1 動かす。そうでないときは，A のみ正の方向に 1 動かす。

裏が出た場合：点 B の座標が点 A の座標より大きいときは，A と B を共に正の方向に 1 動かす。そうでないときは，B のみ正の方向に 1 動かす。

最初 2 点 A，B は原点にあるものとし，上記の試行を n 回繰り返して A と B を動かしていった結果，A，B の到達した点の座標をそれぞれ a，b とする。

(1) n 回コインを投げたときの表裏の出方の場合の数 2^n 通りのうち，$a=b$ となる場合の数を X_n とおく。X_{n+1} と X_n の間の関係式を求めよ。

(2) X_n を求めよ。

(3) n 回コインを投げたときの表裏の出方の場合の数 2^n 通りについての a の値の平均を求めよ。

86 2000年度 〔5〕 Level B

次の条件を満たす正の整数全体の集合を S とおく。

「各けたの数字はたがいに異なり，どの2つのけたの数字の和も9にならない。」

ただし，S の要素は10進法で表す。また，1けたの正の整数は S に含まれるとする。

このとき次の問いに答えよ。

(1) S の要素でちょうど4けたのものは何個あるか。

(2) 小さい方から数えて2000番目の S の要素を求めよ。

87 1999年度 〔3〕（文理共通（一部）） Level B

p を $0<p<1$ を満たす実数とする。

(1) 四面体ABCDの各辺はそれぞれ確率 p で電流を通すものとする。このとき，頂点AからBに電流が流れる確率を求めよ。ただし，各辺が電流を通すか通さないかは独立で，辺以外は電流を通さないものとする。

(2) (1)で考えたような2つの四面体ABCDとEFGHを図のように頂点AとEでつないだとき，頂点BからFに電流が流れる確率を求めよ。

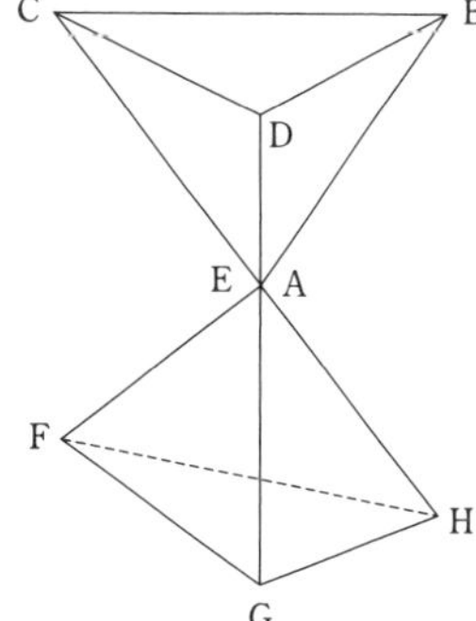

§9 整式の微積分

	内容	年度	レベル
88	原点対称な3次関数のグラフと直線で囲まれた部分の面積，条件を満たす点の存在範囲	2022〔4〕	B
89	放物線の一部分の通過範囲と面積，面積の極限	2018〔3〕	B
90	方程式の解の範囲，点の存在範囲と図示	2018〔4〕	B
91	3次関数の合成と方程式の解の個数	2004〔4〕	B
92	2次関数の係数のとりうる値の範囲	2003〔1〕	B

この分野は数学Ⅱの整式の微積分を利用する問題からなります（数学Ⅲの微積分の問題は§10，§11に分類しています）。レベルはいずれも標準的なものです。

88　2022年度〔4〕　Level B

座標平面上の曲線

$$C：y=x^3-x$$

を考える。

(1) 座標平面上のすべての点Pが次の条件(i)を満たすことを示せ。

(i) 点Pを通る直線lで，曲線Cと相異なる3点で交わるものが存在する。

(2) 次の条件(ii)を満たす点Pのとりうる範囲を座標平面上に図示せよ。

(ii) 点Pを通る直線lで，曲線Cと相異なる3点で交わり，かつ，直線lと曲線Cで囲まれた2つの部分の面積が等しくなるものが存在する。

89　2018年度〔3〕　Level B

放物線$y=x^2$のうち$-1\leqq x\leqq 1$をみたす部分をCとする。座標平面上の原点Oと点A$(1,\ 0)$を考える。$k>0$を実数とする。点PがC上を動き，点Qが線分OA上を動くとき，

$$\overrightarrow{\mathrm{OR}}=\frac{1}{k}\overrightarrow{\mathrm{OP}}+k\overrightarrow{\mathrm{OQ}}$$

をみたす点Rが動く領域の面積を$S(k)$とする。

$S(k)$および$\lim_{k\to+0}S(k)$，$\lim_{k\to\infty}S(k)$を求めよ。

90　2018年度〔4〕（文理共通(一部)）　Level B

$a>0$とし，

$$f(x)=x^3-3a^2x$$

とおく。次の2条件をみたす点$(a,\ b)$の動きうる範囲を求め，座標平面上に図示せよ。

条件1：方程式$f(x)=b$は相異なる3実数解をもつ。

条件2：さらに，方程式$f(x)=b$の解を$\alpha<\beta<\gamma$とすると$\beta>1$である。

§9

91 2004年度〔4〕(文理共通(一部)) Level B

関数$f_n(x)$ ($n=1$, 2, 3, …) を次のように定める。

$$f_1(x)=x^3-3x$$

$$f_2(x)=\{f_1(x)\}^3-3f_1(x)$$

$$f_3(x)=\{f_2(x)\}^3-3f_2(x)$$

以下同様に，$n\geqq 3$ に対して関数$f_n(x)$ が定まったならば，関数$f_{n+1}(x)$ を

$$f_{n+1}(x)=\{f_n(x)\}^3-3f_n(x)$$

で定める。

このとき，以下の問いに答えよ。

(1) a を実数とする。$f_1(x)=a$ をみたす実数 x の個数を求めよ。

(2) a を実数とする。$f_2(x)=a$ をみたす実数 x の個数を求めよ。

(3) n を 3 以上の自然数とする。$f_n(x)=0$ をみたす実数 x の個数は 3^n であることを示せ。

92 2003年度〔1〕(文理共通(一部)) Level B

a, b, c を実数とし，$a\neq 0$ とする。

2 次関数 $f(x)=ax^2+bx+c$ が次の条件(A)，(B)を満たすとする。

(A) $f(-1)=-1$, $f(1)=1$

(B) $-1\leqq x\leqq 1$ を満たすすべての x に対し，

$$f(x)\leqq 3x^2-1$$

このとき，積分 $I=\int_{-1}^{1}(f'(x))^2dx$ の値のとりうる範囲を求めよ。

§10 極限・微分

	内　　容	年度	レベル
93	放物線の弦の長さに関する存在条件と増減表	2023〔3〕	B
94	三角関数の微分法，$f'(\theta)=0$ を満たす θ の値の評価	2021〔5〕	B
95	方程式の解で定まる数列と数列の極限	2019〔5〕	B
96	三角関数の分数式の増減表と関数の極限	2018〔1〕	A
97	自然対数の底の評価式の証明	2016〔1〕	B
98	放物線の通過範囲	2015〔1〕	A
99	不等式の証明，極限，増減表と中間値の定理	2014〔4〕	B
100	関数の増減・極値とグラフの交点の個数	2013〔2〕	B
101	円と直線の交点，線分の長さの最大値	2012〔1〕	B
102	円と直線の交点，三角形の面積の最大値	2011〔1〕	A
103	不等式と微分法	2009〔5〕	C
104	直線の移動と数列の極限，領域の図示	2008〔1〕	B
105	放物線の弦の中点の y 座標のとりうる値の範囲	2008〔4〕	B
106	三角関数および e に関する極限	2007〔2〕	A
107	分数漸化式で与えられた数列と極限	2006〔5〕	C
108	n 次導関数と数列の漸化式	2005〔1〕	B
109	数列と極限，平均値の定理	2005〔3〕	B
110	曲線の法線の y 切片のとりうる値の範囲	2002〔4〕	B
111	差分方程式，関数の極限	2000〔3〕	C
112	円周上の動点と移動する線分の交点と速度の条件	2000〔4〕	D

この分野は数列や関数の極限と，整式以外の関数の微分法（数学Ⅲ）の問題からなります。近年は比較的取り組みやすい問題が多くなっていますので，確実に解ききりたい分野です。

93　2023年度〔3〕　Level B

aを実数とし，座標平面上の点 $(0,\ a)$ を中心とする半径1の円の周をCとする。

(1) Cが，不等式$y>x^2$の表す領域に含まれるようなaの範囲を求めよ。

(2) aは(1)で求めた範囲にあるとする。Cのうち$x\geqq 0$かつ$y<a$を満たす部分をSとする。S上の点Pに対し，点PでのCの接線が放物線$y=x^2$によって切り取られてできる線分の長さをL_{P}とする。$L_{\mathrm{Q}}=L_{\mathrm{R}}$となる$S$上の相異なる2点Q，Rが存在するような$a$の範囲を求めよ。

94　2021年度〔5〕　Level B

αを正の実数とする。$0\leqq\theta\leqq\pi$におけるθの関数$f(\theta)$を，座標平面上の2点A$(-\alpha,\ -3)$，P$(\theta+\sin\theta,\ \cos\theta)$間の距離APの2乗として定める。

(1) $0<\theta<\pi$の範囲に$f'(\theta)=0$となるθがただ1つ存在することを示せ。

(2) 以下が成り立つようなαの範囲を求めよ。

$0\leqq\theta\leqq\pi$におけるθの関数$f(\theta)$は，区間$0<\theta<\dfrac{\pi}{2}$のある点において最大になる。

95　2019年度〔5〕　Level B

以下の問いに答えよ。

(1) nを1以上の整数とする。xについての方程式

$$x^{2n-1}=\cos x$$

は，ただ一つの実数解a_nをもつことを示せ。

(2) (1)で定まるa_nに対し，$\cos a_n>\cos 1$を示せ。

(3) (1)で定まる数列a_1，a_2，a_3，……，a_n，……に対し，

$$a=\lim_{n\to\infty}a_n,\quad b=\lim_{n\to\infty}a_n{}^n,\quad c=\lim_{n\to\infty}\frac{a_n{}^n-b}{a_n-a}$$

を求めよ。

96 2018年度〔1〕 Level A

関数

$$f(x)=\frac{x}{\sin x}+\cos x \quad (0<x<\pi)$$

の増減表をつくり，$x\to+0$，$x\to\pi-0$ のときの極限を調べよ。

97 2016年度〔1〕 Level B

e を自然対数の底，すなわち $e=\lim_{t\to\infty}\left(1+\frac{1}{t}\right)^t$ とする。すべての正の実数 x に対し，次の不等式が成り立つことを示せ。

$$\left(1+\frac{1}{x}\right)^x<e<\left(1+\frac{1}{x}\right)^{x+\frac{1}{2}}$$

98 2015年度〔1〕 Level A

正の実数 a に対して，座標平面上で次の放物線を考える。

$$C: y=ax^2+\frac{1-4a^2}{4a}$$

a が正の実数全体を動くとき，C の通過する領域を図示せよ。

99 2014年度〔4〕 Level B

p, q は実数の定数で，$0<p<1$, $q>0$ をみたすとする。関数

$$f(x)=(1-p)x+(1-x)(1-e^{-qx})$$

を考える。

以下の問いに答えよ。必要であれば，不等式 $1+x\leqq e^x$ がすべての実数 x に対して成り立つことを証明なしに用いてよい。

(1) $0<x<1$ のとき，$0<f(x)<1$ であることを示せ。

(2) x_0 は $0<x_0<1$ をみたす実数とする。数列 $\{x_n\}$ の各項 x_n ($n=1$, 2, 3, …) を

$$x_n=f(x_{n-1})$$

によって順次定める。$p>q$ であるとき

$$\lim_{n\to\infty}x_n=0$$

となることを示せ。

(3) $p<q$ であるとき

$$c=f(c),\quad 0<c<1$$

をみたす実数 c が存在することを示せ。

100 2013年度〔2〕 Level B

a を実数とし，$x>0$ で定義された関数 $f(x)$, $g(x)$ を次のように定める。

$$f(x)=\frac{\cos x}{x}$$

$$g(x)=\sin x+ax$$

このとき $y=f(x)$ のグラフと $y=g(x)$ のグラフが $x>0$ において共有点をちょうど3つ持つような a をすべて求めよ。

101 2012年度〔1〕 Level B

次の連立不等式で定まる座標平面上の領域Dを考える。

$$x^2+(y-1)^2 \leqq 1,\quad x \geqq \frac{\sqrt{2}}{3}$$

直線lは原点を通り，Dとの共通部分が線分となるものとする。その線分の長さLの最大値を求めよ。また，Lが最大値をとるとき，x軸とlのなす角θ $\left(0<\theta<\frac{\pi}{2}\right)$の余弦$\cos\theta$を求めよ。

102 2011年度〔1〕 Level A

座標平面において，点P(0, 1)を中心とする半径1の円をCとする。aを$0<a<1$を満たす実数とし，直線$y=a(x+1)$とCとの交点をQ，Rとする。

(1) △PQRの面積$S(a)$を求めよ。

(2) aが$0<a<1$の範囲を動くとき，$S(a)$が最大となるaを求めよ。

103 2009年度〔5〕 Level C

(1) 実数xが$-1<x<1$，$x \neq 0$をみたすとき，次の不等式を示せ。

$$(1-x)^{1-\frac{1}{x}}<(1+x)^{\frac{1}{x}}$$

(2) 次の不等式を示せ。

$$0.9999^{101}<0.99<0.9999^{100}$$

104　2008 年度〔1〕　Level B

座標平面の点 $(x,\ y)$ を $(3x+y,\ -2x)$ へ移す移動 f を考え，点 P が移る行き先を $f(\mathrm{P})$ と表す。f を用いて直線 $l_0,\ l_1,\ l_2,\ \cdots$ を以下のように定める。

- l_0 は直線 $3x+2y=1$ である。
- 点 P が l_n 上を動くとき，$f(\mathrm{P})$ が描く直線を l_{n+1} とする $(n=0,\ 1,\ 2,\ \cdots)$。

以下 l_n を 1 次式を用いて $a_nx+b_ny=1$ と表す。

(1)　$a_{n+1},\ b_{n+1}$ を $a_n,\ b_n$ で表せ。

(2)　不等式 $a_nx+b_ny>1$ が定める領域を D_n とする。$D_0,\ D_1,\ D_2,\ \cdots$ すべてに含まれるような点の範囲を図示せよ。

105　2008 年度〔4〕　Level B

放物線 $y=x^2$ 上に 2 点 P，Q がある。線分 PQ の中点の y 座標を h とする。

(1)　線分 PQ の長さ L と傾き m で，h を表せ。

(2)　L を固定したとき，h がとりうる値の最小値を求めよ。

106　2007 年度〔2〕　Level A

n を 2 以上の整数とする。平面上に $n+2$ 個の点 O，P_0，P_1，…，P_n があり，次の 2 つの条件をみたしている。

①　$\angle \mathrm{P}_{k-1}\mathrm{OP}_k=\dfrac{\pi}{n}\ (1\leqq k\leqq n)$，$\angle \mathrm{OP}_{k-1}\mathrm{P}_k=\angle \mathrm{OP}_0\mathrm{P}_1\ (2\leqq k\leqq n)$

②　線分 OP_0 の長さは 1，線分 OP_1 の長さは $1+\dfrac{1}{n}$ である。

線分 $\mathrm{P}_{k-1}\mathrm{P}_k$ の長さを a_k とし，$s_n=\displaystyle\sum_{k=1}^{n}a_k$ とおくとき，$\displaystyle\lim_{n\to\infty}s_n$ を求めよ。

107　2006年度〔5〕　Level C

$a_1=\dfrac{1}{2}$ とし，数列 $\{a_n\}$ を漸化式

$$a_{n+1}=\frac{a_n}{(1+a_n)^2}\quad (n=1,\ 2,\ 3,\ \cdots)$$

によって定める。このとき，以下の問いに答えよ。

(1) 各 $n=1,\ 2,\ 3,\ \cdots$ に対し $b_n=\dfrac{1}{a_n}$ とおく。

$n>1$ のとき，$b_n>2n$ となることを示せ。

(2) $\displaystyle\lim_{n\to\infty}\frac{1}{n}(a_1+a_2+\cdots+a_n)$ を求めよ。

(3) $\displaystyle\lim_{n\to\infty} na_n$ を求めよ。

108　2005年度〔1〕　Level B

$x>0$ に対し $f(x)=\dfrac{\log x}{x}$ とする。

(1) $n=1,\ 2,\ \cdots$ に対し $f(x)$ の第 n 次導関数は，数列 $\{a_n\}$，$\{b_n\}$ を用いて

$$f^{(n)}(x)=\frac{a_n+b_n\log x}{x^{n+1}}$$

と表されることを示し，a_n，b_n に関する漸化式を求めよ。

(2) $h_n=\displaystyle\sum_{k=1}^{n}\frac{1}{k}$ とおく。h_n を用いて a_n，b_n の一般項を求めよ。

109 2005年度 〔3〕 Level B

関数$f(x)$ を

$$f(x)=\frac{1}{2}x\{1+e^{-2(x-1)}\}$$

とする。ただし，e は自然対数の底である。

(1) $x>\frac{1}{2}$ ならば $0\leqq f'(x)<\frac{1}{2}$ であることを示せ。

(2) x_0 を正の数とするとき，数列 $\{x_n\}$ $(n=0,\ 1,\ \cdots)$ を $x_{n+1}=f(x_n)$ によって定める。$x_0>\frac{1}{2}$ であれば

$$\lim_{n\to\infty}x_n=1$$

であることを示せ。

110 2002年度 〔4〕 Level B

a は正の実数とする。xy 平面の y 軸上に点 $\mathrm{P}(0,\ a)$ をとる。

関数

$$y=\frac{x^2}{x^2+1}$$

のグラフを C とする。C 上の点 Q で次の条件を満たすものが原点 $\mathrm{O}(0,\ 0)$ 以外に存在するような a の範囲を求めよ。

条件：Q における C の接線が直線 PQ と直交する。

111　2000年度〔3〕　Level C

$a>0$ とする。正の整数 n に対して，区間 $0 \leqq x \leqq a$ を n 等分する点の集合 $\left\{0,\ \dfrac{a}{n},\ \cdots,\ \dfrac{n-1}{n}a,\ a\right\}$ の上で定義された関数 $f_n(x)$ があり，次の方程式を満たす。

$$\begin{cases} f_n(0)=c, \\ \dfrac{f_n((k+1)h)-f_n(kh)}{h}=\{1-f_n(kh)\}f_n((k+1)h) \quad (k=0,\ 1,\ \cdots,\ n-1) \end{cases}$$

ただし，$h=\dfrac{a}{n}$，$c>0$ である。

このとき，以下の問いに答えよ。

(1)　$p_k=\dfrac{1}{f_n(kh)}$　$(k=0,\ 1,\ \cdots,\ n)$ とおいて p_k を求めよ。

(2)　$g(a)=\lim\limits_{n\to\infty}f_n(a)$ とおく。$g(a)$ を求めよ。

(3)　$c=2,\ 1,\ \dfrac{1}{4}$ それぞれの場合について，$y=g(x)$ の $x>0$ でのグラフをかけ。

112　2000年度〔4〕　Level D

座標平面上を運動する3点P，Q，Rがあり，時刻 t における座標が次で与えられている。

P：$x=\cos t,\ y=\sin t$

Q：$x=1-vt,\ y=\dfrac{\sqrt{3}}{2}$

R：$x=1-vt,\ y=1$

ただし，v は正の定数である。この運動において，以下のそれぞれの場合に v のとりうる値の範囲を求めよ。

(1)　点Pと線分QRが時刻0から 2π までの間ではぶつからない。

(2)　点Pと線分QRがただ一度だけぶつかる。

§11 積分（体積除く）

	内　　容	年度	レベル
113	定積分の値の評価，区分求積法と極限	2023〔1〕	B
114	三角関数と対数関数の合成関数の増減と最小値，定積分の値	2022〔1〕	B
115	分数関数のグラフの接線，分数関数の定積分	2021〔3〕	B
116	媒介変数表示の曲線で囲まれた図形の回転と通過範囲の面積	2020〔3〕	B
117	無理関数を含む定積分，置換積分	2019〔1〕	B
118	積分値の評価，部分積分，極限	2015〔6〕	B
119	無理関数と置換積分	2014〔3〕	A
120	無理関数の積分，極限	2011〔3〕	C
121	1次分数関数の積分と不等式	2010〔2〕	B
122	双曲線と漸近線に関する面積	2010〔4〕	B
123	媒介変数表示で与えられた曲線の囲む領域の面積	2008〔6〕	C
124	積分の台形公式による $\log 2$ の値の評価	2007〔6〕	B
125	逆関数の存在，逆関数の積分	2006〔6〕	B
126	内サイクロイドと面積	2004〔3〕	B
127	三角錐の体積，極限と定積分	2002〔5〕	A
128	定積分を含む条件式からの関数の決定	2001〔2〕	B
129	2直線と双曲線で囲まれた面積と関数の増減	2001〔3〕	A
130	(指数関数)×(三角関数) の部分積分，e^{π} の評価	1999〔6〕	B

この分野は数学Ⅲの範囲の積分法のうち，体積を除く問題からなります。

解答に要する発想・記述量ともに入試問題として適切なものが多いですが，年度によっては試験時間を考えると煩雑すぎる積分計算が出題されることもあります。ただし，積分の1つ1つは標準的な処理の範囲内のものです。

113　2023 年度　〔1〕　Level　B

(1)　正の整数 k に対し,

$$A_k=\int_{\sqrt{k\pi}}^{\sqrt{(k+1)\pi}}|\sin(x^2)|\,dx$$

とおく。次の不等式が成り立つことを示せ。

$$\frac{1}{\sqrt{(k+1)\pi}}\leqq A_k\leqq\frac{1}{\sqrt{k\pi}}$$

(2)　正の整数 n に対し,

$$B_n=\frac{1}{\sqrt{n}}\int_{\sqrt{n\pi}}^{\sqrt{2n\pi}}|\sin(x^2)|\,dx$$

とおく。極限 $\lim_{n\to\infty}B_n$ を求めよ。

114　2022 年度　〔1〕　Level　B

次の関数 $f(x)$ を考える

$$f(x)=(\cos x)\log(\cos x)-\cos x+\int_0^x(\cos t)\log(\cos t)\,dt\quad\left(0\leqq x<\frac{\pi}{2}\right)$$

(1)　$f(x)$ は区間 $0\leqq x<\frac{\pi}{2}$ において最小値を持つことを示せ。

(2)　$f(x)$ の区間 $0\leqq x<\frac{\pi}{2}$ における最小値を求めよ。

115 2021年度〔3〕 Level B

関数

$$f(x)=\frac{x}{x^2+3}$$

に対して，$y=f(x)$ のグラフを C とする。点 A$(1,\ f(1))$ における C の接線を

$$l:y=g(x)$$

とする。

(1) C と l の共有点でAと異なるものがただ1つ存在することを示し，その点の x 座標を求めよ。

(2) (1)で求めた共有点の x 座標を α とする。定積分

$$\int_{\alpha}^{1}\{f(x)-g(x)\}^2dx$$

を計算せよ。

116 2020年度〔3〕 Level B

$-1\leqq t\leqq 1$ を満たす実数 t に対して

$$x(t)=(1+t)\sqrt{1+t}$$
$$y(t)=3(1+t)\sqrt{1-t}$$

とする。座標平面上の点 P$(x(t),\ y(t))$ を考える。

(1) $-1<t\leqq 1$ における t の関数 $\dfrac{y(t)}{x(t)}$ は単調に減少することを示せ。

(2) 原点とPの距離を $f(t)$ とする。$-1\leqq t\leqq 1$ における t の関数 $f(t)$ の増減を調べ，最大値を求めよ。

(3) t が $-1\leqq t\leqq 1$ を動くときのPの軌跡を C とし，C と x 軸で囲まれた領域を D とする。原点を中心として D を時計回りに $90°$ 回転させるとき，D が通過する領域の面積を求めよ。

117　2019 年度 〔1〕　Level B

次の定積分を求めよ。

$$\int_0^1\left(x^2+\frac{x}{\sqrt{1+x^2}}\right)\left(1+\frac{x}{(1+x^2)\sqrt{1+x^2}}\right)dx$$

118　2015 年度 〔6〕　Level B

n を正の整数とする。以下の問いに答えよ。

(1)　関数 $g(x)$ を次のように定める。

$$g(x)=\begin{cases}\dfrac{\cos(\pi x)+1}{2} & (|x|\leqq 1 \text{ のとき})\\ 0 & (|x|>1 \text{ のとき})\end{cases}$$

$f(x)$ を連続な関数とし，p，q を実数とする。$|x|\leqq\dfrac{1}{n}$ をみたす x に対して $p\leqq f(x)\leqq q$ が成り立つとき，次の不等式を示せ。

$$p\leqq n\int_{-1}^{1}g(nx)f(x)\,dx\leqq q$$

(2)　関数 $h(x)$ を次のように定める。

$$h(x)=\begin{cases}-\dfrac{\pi}{2}\sin(\pi x) & (|x|\leqq 1 \text{ のとき})\\ 0 & (|x|>1 \text{ のとき})\end{cases}$$

このとき，次の極限を求めよ。

$$\lim_{n\to\infty}n^2\int_{-1}^{1}h(nx)\log(1+e^{x+1})\,dx$$

119 2014年度〔3〕 Level A

uを実数とする。座標平面上の2つの放物線

$C_1: y=-x^2+1$

$C_2: y=(x-u)^2+u$

を考える。C_1とC_2が共有点をもつようなuの値の範囲は，ある実数a，bにより，$a \leqq u \leqq b$と表される。

(1) a，bの値を求めよ。

(2) uが$a \leqq u \leqq b$をみたすとき，C_1とC_2の共有点を$\mathrm{P}_1(x_1,\ y_1)$，$\mathrm{P}_2(x_2,\ y_2)$とする。ただし，共有点が1点のみのときは，P_1とP_2は一致し，ともにその共有点を表すとする。

$2|x_1y_2-x_2y_1|$

をuの式で表せ。

(3) (2)で得られるuの式を$f(u)$とする。定積分

$$I=\int_a^b f(u)\,du$$

を求めよ。

120 2011年度〔3〕 Level C

Lを正定数とする。座標平面のx軸上の正の部分にある点$\mathrm{P}(t,\ 0)$に対し，原点Oを中心とし点Pを通る円周上を，Pから出発して反時計回りに道のりLだけ進んだ点を$\mathrm{Q}(u(t),\ v(t))$と表す。

(1) $u(t)$，$v(t)$を求めよ。

(2) $0<a<1$の範囲の実数aに対し，積分

$$f(a)=\int_a^1 \sqrt{\{u'(t)\}^2+\{v'(t)\}^2}\,dt$$

を求めよ。

(3) 極限$\displaystyle\lim_{a\to+0}\frac{f(a)}{\log a}$を求めよ。

121　2010年度〔2〕　Level B

(1)　すべての自然数kに対して，次の不等式を示せ。

$$\frac{1}{2(k+1)}<\int_0^1\frac{1-x}{k+x}dx<\frac{1}{2k}$$

(2)　$m>n$であるようなすべての自然数mとnに対して，次の不等式を示せ。

$$\frac{m-n}{2(m+1)(n+1)}<\log\frac{m}{n}-\sum_{k=n+1}^{m}\frac{1}{k}<\frac{m-n}{2mn}$$

122　2010年度〔4〕　Level B

Oを原点とする座標平面上の曲線

$$C: y=\frac{1}{2}x+\sqrt{\frac{1}{4}x^2+2}$$

と，その上の相異なる2点$P_1(x_1,\ y_1)$，$P_2(x_2,\ y_2)$を考える。

(1)　P_i $(i=1,\ 2)$ を通るx軸に平行な直線と，直線$y=x$との交点を，それぞれH_i $(i=1,\ 2)$ とする。このとき$\triangle OP_1H_1$と$\triangle OP_2H_2$の面積は等しいことを示せ。

(2)　$x_1<x_2$とする。このときCの$x_1\leqq x\leqq x_2$の範囲にある部分と，線分P_1O，P_2Oとで囲まれる図形の面積を，y_1，y_2を用いて表せ。

123　2008年度〔6〕　Level C

座標平面において，媒介変数tを用いて

$$\begin{cases} x=\cos 2t \\ y=t\sin t \end{cases} \quad (0\leqq t\leqq 2\pi)$$

と表される曲線が囲む領域の面積を求めよ。

124　2007年度〔6〕　Level B

以下の問いに答えよ。

(1)　$0<x<a$ をみたす実数 x, a に対し，次を示せ。

$$\frac{2x}{a}<\int_{a-x}^{a+x}\frac{1}{t}dt<x\left(\frac{1}{a+x}+\frac{1}{a-x}\right)$$

(2)　(1)を利用して，次を示せ。

$$0.68<\log 2<0.71$$

ただし，$\log 2$ は2の自然対数を表す。

125　2006年度〔6〕　Level B

$x>0$ を定義域とする関数 $f(x)=\dfrac{12(e^{3x}-3e^{x})}{e^{2x}-1}$ について，以下の問いに答えよ。

(1)　関数 $y=f(x)$　$(x>0)$ は，実数全体を定義域とする逆関数を持つことを示せ。すなわち，任意の実数 a に対して，$f(x)=a$ となる $x>0$ がただ1つ存在することを示せ。

(2)　前問(1)で定められた逆関数を $y=g(x)$　$(-\infty<x<\infty)$ とする。このとき，定積分 $\displaystyle\int_{8}^{27}g(x)\,dx$ を求めよ。

126　2004年度〔3〕　Level B

半径10の円 C がある。半径3の円板 D を，円 C に内接させながら，円 C の円周に沿って滑ることなく転がす。円板 D の周上の一点をPとする。点Pが，円 C の円周に接してから再び円 C の円周に接するまでに描く曲線は，円 C を2つの部分に分ける。それぞれの面積を求めよ。

127　2002年度〔5〕　Level A

Oを原点とする xyz 空間に点 $P_k\left(\dfrac{k}{n},\ 1-\dfrac{k}{n},\ 0\right)$, $k=0,\ 1,\ \cdots,\ n$ をとる。また，z 軸上 $z\geqq 0$ の部分に，点 Q_k を線分 P_kQ_k の長さが1になるようにとる。三角錐（すい）$OP_kP_{k+1}Q_k$ の体積を V_k とおいて，極限 $\displaystyle\lim_{n\to\infty}\sum_{k=0}^{n-1}V_k$ を求めよ。

128　2001年度〔2〕　Level B

次の等式を満たす関数 $f(x)$ $(0\leqq x\leqq 2\pi)$ がただ一つ定まるための実数 a, b の条件を求めよ。また，そのときの $f(x)$ を決定せよ。

$$f(x)=\frac{a}{2\pi}\int_0^{2\pi}\sin(x+y)f(y)\,dy+\frac{b}{2\pi}\int_0^{2\pi}\cos(x-y)f(y)\,dy+\sin x+\cos x$$

ただし，$f(x)$ は区間 $0\leqq x\leqq 2\pi$ で連続な関数とする。

129　2001年度〔3〕　Level A

実数 $t>1$ に対し，xy 平面上の点 $O(0,\ 0)$, $P(1,\ 1)$, $Q\left(t,\ \dfrac{1}{t}\right)$ を頂点とする三角形の面積を $a(t)$ とし，線分 OP, OQ と双曲線 $xy=1$ とで囲まれた部分の面積を $b(t)$ とする。このとき

$$c(t)=\frac{b(t)}{a(t)}$$

とおくと，関数 $c(t)$ は $t>1$ においてつねに減少することを示せ。

130　1999年度〔6〕　Level B

$\displaystyle\int_0^{\pi}e^x\sin^2 x\,dx>8$ であることを示せ。

ただし，$\pi=3.14\cdots$ は円周率，$e=2.71\cdots$ は自然対数の底である。

§12 積分と体積

	内　　容	年度	レベル
131	条件を満たす線分の存在範囲と体積	2023〔6〕	D
132	円錐上の点と xy 平面上の点を結ぶ線分の中点の回転, 立体の体積	2022〔5〕	B
133	円錐内の点と定点を結ぶ線分の通過範囲と体積	2020〔5〕	C
134	円錐の側面の回転体の体積	2017〔6〕	B
135	線分の集合（回転体）の体積	2016〔6〕	B
136	べき関数と対数関数の共有点, 回転体の体積	2015〔3〕	B
137	正方形の対角線を軸とする2つの回転体の共通部分の体積	2013〔6〕	C
138	放物線と楕円で囲まれた図形の回転体の体積	2012〔3〕	A
139	不等式で与えられた立体の体積	2011〔6〕	C
140	円板を回転した立体の体積と極限	2009〔4〕	B
141	正八面体を回転した立体の体積	2008〔3〕	C
142	3つの直交する円柱からなる立体の切り口と体積	2005〔6〕	B
143	2球の共通部分の体積, 近似計算	2004〔5〕	B
144	円錐と円柱の共通部分の切り口と体積	2003〔3〕	B
145	3次の正方行列を用いて与えられた立体の切り口と体積	2000〔6〕	C

この分野は積分を用いて体積を求める問題からなります。難レベルの問題が多くあります。

積分による体積計算は一般に, 回転体の体積を求めさせるものと立体の切り口と体積を求めさせるものの2つに大別されますが, 後者の分類に属する問題によっては立体の切り口を適切にとらえ処理するのが難しい場合もあります。また, 積分計算がかなり煩雑な問題もありますが, 2020年度以降は積分計算より立体の把握に時間を要する難しい出題が多いです。

131　2023年度〔6〕　Level D

Oを原点とする座標空間において，不等式 $|x|\leqq 1$，$|y|\leqq 1$，$|z|\leqq 1$ の表す立方体を考える。その立方体の表面のうち，$z<1$ を満たす部分を S とする。

以下，座標空間内の2点A，Bが一致するとき，線分ABは点Aを表すものとし，その長さを0と定める。

(1)　座標空間内の点Pが次の条件(i)，(ii)をともに満たすとき，点Pが動きうる範囲 V の体積を求めよ。

(i)　$\mathrm{OP}\leqq\sqrt{3}$

(ii)　線分OPと S は，共有点を持たないか，点Pのみを共有点に持つ。

(2)　座標空間内の点Nと点Pが次の条件(iii)，(iv)，(v)をすべて満たすとき，点Pが動きうる範囲 W の体積を求めよ。必要ならば，$\sin\alpha=\dfrac{1}{\sqrt{3}}$ を満たす実数 α $\left(0<\alpha<\dfrac{\pi}{2}\right)$ を用いてよい。

(iii)　$\mathrm{ON}+\mathrm{NP}\leqq\sqrt{3}$

(iv)　線分ONと S は共有点を持たない。

(v)　線分NPと S は，共有点を持たないか，点Pのみを共有点に持つ。

132　2022年度〔5〕　Level B

座標空間内の点A(0，0，2)と点B(1，0，1)を結ぶ線分ABを z 軸のまわりに1回転させて得られる曲面を S とする。S 上の点Pと xy 平面上の点Qが $\mathrm{PQ}=2$ を満たしながら動くとき，線分PQの中点Mが通過しうる範囲を K とする。K の体積を求めよ。

§12

133　2020年度〔5〕　Level C

座標空間において，xy 平面上の原点を中心とする半径1の円を考える。この円を底面とし，点 (0, 0, 2) を頂点とする円錐（内部を含む）を S とする。また，点 A (1, 0, 2) を考える。

(1) 点Pが S の底面を動くとき，線分 AP が通過する部分を T とする。平面 $z=1$ による S の切り口および，平面 $z=1$ による T の切り口を同一平面上に図示せよ。

(2) 点Pが S を動くとき，線分 AP が通過する部分の体積を求めよ。

134　2017年度〔6〕　Level B

点Oを原点とする座標空間内で，一辺の長さが1の正三角形 OPQ を動かす。また，点 A (1, 0, 0) に対して，∠AOP を θ とおく。ただし $0° \leqq \theta \leqq 180°$ とする。

(1) 点Qが (0, 0, 1) にあるとき，点Pの x 座標がとりうる値の範囲と，θ がとりうる値の範囲を求めよ。

(2) 点Qが平面 $x=0$ 上を動くとき，辺 OP が通過しうる範囲を K とする。K の体積を求めよ。

135　2016年度〔6〕　Level B

座標空間内を，長さ2の線分 AB が次の2条件(a)，(b)をみたしながら動く。

(a) 点Aは平面 $z=0$ 上にある。

(b) 点 C (0, 0, 1) が線分 AB 上にある。

このとき，線分 AB が通過することのできる範囲を K とする。K と不等式 $z \geqq 1$ の表す範囲との共通部分の体積を求めよ。

136　2015年度〔3〕　Level B

aを正の実数とし，pを正の有理数とする。座標平面上の2つの曲線$y=ax^p$ $(x>0)$と$y=\log x$ $(x>0)$を考える。この2つの曲線の共有点が1点のみであるとし，その共有点をQとする。

以下の問いに答えよ。必要であれば，$\displaystyle\lim_{x\to\infty}\frac{x^p}{\log x}=\infty$を証明なしに用いてよい。

(1)　aおよび点Qのx座標をpを用いて表せ。

(2)　この2つの曲線とx軸で囲まれる図形を，x軸のまわりに1回転してできる立体の体積をpを用いて表せ。

(3)　(2)で得られる立体の体積が2πになるときのpの値を求めよ。

137　2013年度〔6〕　Level C

座標空間において，xy平面内で不等式$|x|\leqq 1$，$|y|\leqq 1$により定まる正方形Sの4つの頂点をA$(-1,\ 1,\ 0)$，B$(1,\ 1,\ 0)$，C$(1,\ -1,\ 0)$，D$(-1,\ -1,\ 0)$とする。正方形Sを，直線BDを軸として回転させてできる立体をV_1，直線ACを軸として回転させてできる立体をV_2とする。

(1)　$0\leqq t<1$を満たす実数tに対し，平面$x=t$によるV_1の切り口の面積を求めよ。

(2)　V_1とV_2の共通部分の体積を求めよ。

138　2012年度〔3〕　Level A

座標平面上で2つの不等式

$$y\geqq\frac{1}{2}x^2,\quad \frac{x^2}{4}+4y^2\leqq\frac{1}{8}$$

によって定まる領域をSとする。Sをx軸のまわりに回転してできる立体の体積をV_1とし，y軸のまわりに回転してできる立体の体積をV_2とする。

(1)　V_1とV_2の値を求めよ。

(2)　$\dfrac{V_2}{V_1}$の値と1の大小を判定せよ。

139 2011年度〔6〕 Level C

(1) x, yを実数とし，$x>0$とする。tを変数とする2次関数$f(t)=xt^2+yt$の$0\leqq t\leqq 1$における最大値と最小値の差を求めよ。

(2) 次の条件を満たす点 $(x,\ y)$ 全体からなる座標平面内の領域をSとする。

$x>0$かつ，実数zで$0\leqq t\leqq 1$の範囲の全ての実数tに対して

$$0\leqq xt^2+yt+z\leqq 1$$

を満たすようなものが存在する。

Sの概形を図示せよ。

(3) 次の条件を満たす点 $(x,\ y,\ z)$ 全体からなる座標空間内の領域をVとする。

$0\leqq x\leqq 1$かつ，$0\leqq t\leqq 1$の範囲の全ての実数tに対して

$$0\leqq xt^2+yt+z\leqq 1$$

が成り立つ。

Vの体積を求めよ。

140 2009年度〔4〕 Level B

aを正の実数とし，空間内の2つの円板

$$D_1=\{(x,\ y,\ z)\,|\,x^2+y^2\leqq 1,\ z=a\},$$

$$D_2=\{(x,\ y,\ z)\,|\,x^2+y^2\leqq 1,\ z=-a\}$$

を考える。D_1をy軸の回りに180°回転してD_2に重ねる。ただし回転はz軸の正の部分をx軸の正の方向に傾ける向きとする。この回転の間にD_1が通る部分をEとする。Eの体積を$V(a)$とし，Eと$\{(x,\ y,\ z)\,|\,x\geqq 0\}$との共通部分の体積を$W(a)$とする。

(1) $W(a)$ を求めよ。

(2) $\lim_{a\to\infty}V(a)$ を求めよ。

141 2008年度〔3〕 Level C

(1) 正八面体のひとつの面を下にして水平な台の上に置く。この八面体を真上から見た図（平面図）を描け。

(2) 正八面体の互いに平行な2つの面をとり，それぞれの面の重心をG_1，G_2とする。G_1，G_2を通る直線を軸としてこの八面体を1回転させてできる立体の体積を求めよ。ただし八面体は内部も含むものとし，各辺の長さは1とする。

142 2005年度〔6〕 Level B

rを正の実数とする。xyz空間において

$$x^2+y^2\leqq r^2$$

$$y^2+z^2\geqq r^2$$

$$z^2+x^2\leqq r^2$$

をみたす点全体からなる立体の体積を求めよ。

143 2004年度〔5〕 Level B

rを正の実数とする。xyz空間内の原点O(0, 0, 0)を中心とする半径1の球をA，点P(r, 0, 0)を中心とする半径1の球をBとする。球Aと球Bの和集合の体積をVとする。ただし，球Aと球Bの和集合とは，球Aまたは球Bの少なくとも一方に含まれる点全体よりなる立体のことである。

(1) Vをrの関数として表し，そのグラフの概形をかけ。

(2) $V=8$となるとき，rの値はいくらか。四捨五入して小数第1位まで求めよ。

注意：円周率πは，$3.14<\pi<3.15$をみたす。

144 2003 年度 〔3〕 Level B

xyz 空間において，平面 $z=0$ 上の原点を中心とする半径 2 の円を底面とし，点 $(0,\ 0,\ 1)$ を頂点とする円錐（すい）を A とする。

次に，平面 $z=0$ 上の点 $(1,\ 0,\ 0)$ を中心とする半径 1 の円を H，平面 $z=1$ 上の点 $(1,\ 0,\ 1)$ を中心とする半径 1 の円を K とする。H と K を 2 つの底面とする円柱を B とする。

円錐 A と円柱 B の共通部分を C とする。

$0 \leqq t \leqq 1$ を満たす実数 t に対し，平面 $z=t$ による C の切り口の面積を $S(t)$ とおく。

(1) $0 \leqq \theta \leqq \dfrac{\pi}{2}$ とする。$t=1-\cos\theta$ のとき，$S(t)$ を θ で表せ。

(2) C の体積 $\displaystyle\int_0^1 S(t)\,dt$ を求めよ。

145 2000 年度 〔6〕 Level C

(1) $a,\ b,\ c$ を正の実数とするとき，

$$\begin{pmatrix}1 & a & 0\\ 0 & 1 & 0\\ 0 & 0 & 1\end{pmatrix}\begin{pmatrix}1 & 0 & 0\\ 0 & 1 & b\\ 0 & 0 & 1\end{pmatrix}\begin{pmatrix}1 & c & 0\\ 0 & 1 & 0\\ 0 & 0 & 1\end{pmatrix}=\begin{pmatrix}1 & 0 & 0\\ 0 & 1 & x\\ 0 & 0 & 1\end{pmatrix}\begin{pmatrix}1 & y & 0\\ 0 & 1 & 0\\ 0 & 0 & 1\end{pmatrix}\begin{pmatrix}1 & 0 & 0\\ 0 & 1 & z\\ 0 & 0 & 1\end{pmatrix}$$

をみたす実数 $x,\ y,\ z$ を $a,\ b,\ c$ で表せ。

(2) $a,\ b,\ c$ が $1 \leqq a \leqq 2$，$1 \leqq b \leqq 2$，$1 \leqq c \leqq 2$ の範囲を動くとき，(1)の $x,\ y,\ z$ を座標とする点 $(x,\ y,\ z)$ が描く立体を K とする。立体 K を平面 $y=t$ で切った切り口の面積を求めよ。

(3) この立体 K の体積を求めよ。

［注］(1)の行列の積を計算すると $y=a+c$，$yz=ab$，$x+z=b$ が得られる。(2)以降は行列の知識を必要としない空間図形の体積の問題であるので，本問を「積分と体積」の章に含めた。

§13 2次曲線

	内　　容	年度	レベル
146	直角二等辺三角形に内接する楕円の面積の最大値	2000〔1〕	A

この分野は2次曲線の問題からなります。

146　2000年度〔1〕　Level A

AB＝AC，BC＝2の直角二等辺三角形ABCの各辺に接し，ひとつの軸が辺BCに平行な楕円の面積の最大値を求めよ。

§14 行　列

	内　　容	年度	レベル
147	1次変換，相似拡大と回転を表す行列	2013〔1〕	A
148	行列の成分についての等式・不等式，行列の n 乗	2012〔5〕	C
149	行列の trace（対角成分の和）の最大値，不等式	2012〔6〕	C
150	行列と点列の極限	2009〔2〕	C
151	行列の直和分解	2007〔4〕	A

この分野は行列の問題からなります。2015 年度以降の入試では出題範囲外となっています。

行列は乗法に関して非可換で零因子が存在する代数ですが，一方でいわゆるケーリー・ハミルトンの定理（3次以上の正方行列では最小多項式と呼ばれる式）という特別な式が成り立つ代数です。

147 2013年度〔1〕 Level A

実数 a, b に対し平面上の点 $\mathrm{P}_n(x_n,\ y_n)$ を

$$(x_0,\ y_0)=(1,\ 0)$$

$$(x_{n+1},\ y_{n+1})=(ax_n-by_n,\ bx_n+ay_n)\quad (n=0,\ 1,\ 2,\ \cdots)$$

によって定める。このとき，次の条件(i)，(ii)がともに成り立つような $(a,\ b)$ をすべて求めよ。

(i) $\mathrm{P}_0=\mathrm{P}_6$

(ii) P_0, P_1, P_2, P_3, P_4, P_5 は相異なる。

148 2012年度〔5〕 Level C

行列 $A=\begin{pmatrix} a & b \\ c & d \end{pmatrix}$ が次の条件(D)を満たすとする。

(D) A の成分 a, b, c, d は整数である。また，平面上の4点 $(0,\ 0)$, $(a,\ b)$, $(a+c,\ b+d)$, $(c,\ d)$ は，面積1の平行四辺形の4つの頂点をなす。

$B=\begin{pmatrix} 1 & 1 \\ 0 & 1 \end{pmatrix}$ とおく。次の問いに答えよ。

(1) 行列 BA と $B^{-1}A$ も条件(D)を満たすことを示せ。

(2) $c=0$ ならば，A に B, B^{-1} のどちらかを左から次々にかけることにより，4個の行列 $\begin{pmatrix} 1 & 0 \\ 0 & 1 \end{pmatrix}$, $\begin{pmatrix} -1 & 0 \\ 0 & 1 \end{pmatrix}$, $\begin{pmatrix} 1 & 0 \\ 0 & -1 \end{pmatrix}$, $\begin{pmatrix} -1 & 0 \\ 0 & -1 \end{pmatrix}$ のどれかにできることを示せ。

(3) $|a|\geqq|c|>0$ とする。BA, $B^{-1}A$ の少なくともどちらか一方は，それを $\begin{pmatrix} x & y \\ z & w \end{pmatrix}$ とすると

$$|x|+|z|<|a|+|c|$$

を満たすことを示せ。

149 2012年度〔6〕 Level C

2×2 行列 $P=\begin{pmatrix} p & q \\ r & s \end{pmatrix}$ に対して

$$\mathrm{Tr}(P)=p+s$$

と定める。

$a,\ b,\ c$ は $a\geqq b>0,\ 0\leqq c\leqq 1$ を満たす実数とする。行列 $A,\ B,\ C,\ D$ を次で定める。

$$A=\begin{pmatrix} a & 0 \\ 0 & b \end{pmatrix},\ B=\begin{pmatrix} b & 0 \\ 0 & a \end{pmatrix},\ C=\begin{pmatrix} a^c & 0 \\ 0 & b^c \end{pmatrix},\ D=\begin{pmatrix} b^{1-c} & 0 \\ 0 & a^{1-c} \end{pmatrix}$$

また実数 x に対し $U(x)=\begin{pmatrix} \cos x & -\sin x \\ \sin x & \cos x \end{pmatrix}$ とする。

このとき以下の問いに答えよ。

(1) 各実数 t に対して，x の関数

$$f(x)=\mathrm{Tr}\left(\left(U(t)AU(-t)-B\right)U(x)\begin{pmatrix} 1 & 0 \\ 0 & -1 \end{pmatrix}U(-x)\right)$$

の最大値 $m(t)$ を求めよ。（ただし，最大値をとる x を求める必要はない。）

(2) すべての実数 t に対し

$$2\mathrm{Tr}(U(t)CU(-t)D)\geqq \mathrm{Tr}(U(t)AU(-t)+B)-m(t)$$

が成り立つことを示せ。

150 2009年度 〔2〕 Level C

実数を成分にもつ行列 $A=\begin{pmatrix} a & b \\ c & d \end{pmatrix}$ と実数 r，s が下の条件(i)，(ii)，(iii)をみたすとする。

(i) $s>1$

(ii) $A\begin{pmatrix} r \\ 1 \end{pmatrix}=s\begin{pmatrix} r \\ 1 \end{pmatrix}$

(iii) $A^n\begin{pmatrix} 1 \\ 0 \end{pmatrix}=\begin{pmatrix} x_n \\ y_n \end{pmatrix}$ $(n=1,\ 2,\ \cdots)$ とするとき，

$$\lim_{n\to\infty} x_n=\lim_{n\to\infty} y_n=0$$

このとき以下の問に答えよ。

(1) $B=\begin{pmatrix} 1 & r \\ 0 & 1 \end{pmatrix}^{-1}A\begin{pmatrix} 1 & r \\ 0 & 1 \end{pmatrix}$ を a，c，r，s を用いて表せ。

(2) $B^n\begin{pmatrix} 1 \\ 0 \end{pmatrix}=\begin{pmatrix} z_n \\ w_n \end{pmatrix}$ $(n=1,\ 2,\ \cdots)$ とするとき，$\lim_{n\to\infty} z_n=\lim_{n\to\infty} w_n=0$ を示せ。

(3) $c=0$ かつ $|a|<1$ を示せ。

151 2007年度 〔4〕 Level A

以下の問いに答えよ。

(1) 実数 a に対し，2次の正方行列 A，P，Q が，5つの条件 $A=aP+(a+1)Q$，$P^2=P$，$Q^2=Q$，$PQ=O$，$QP=O$ をみたすとする。ただし $O=\begin{pmatrix} 0 & 0 \\ 0 & 0 \end{pmatrix}$ である。このとき，$(P+Q)A=A$ が成り立つことを示せ。

(2) a は正の数として，行列 $A=\begin{pmatrix} a & 0 \\ 1 & a+1 \end{pmatrix}$ を考える。この A に対し，(1)の5つの条件をすべてみたす行列 P，Q を求めよ。

(3) n を2以上の整数とし，$2\leqq k\leqq n$ をみたす整数 k に対して $A_k=\begin{pmatrix} k & 0 \\ 1 & k+1 \end{pmatrix}$ とおく。行列の積 $A_nA_{n-1}A_{n-2}\cdots A_2$ を求めよ。

年度別出題リスト

年度		セクション		番号	レベル	問題編	解答編
2023年度	〔1〕	§11	積分（体積除く）	113	B	63	325
	〔2〕	§8	確率・個数の処理	67	C	38	192
	〔3〕	§10	極限・微分	93	B	54	271
	〔4〕	§6	空間図形	46	B	27	125
	〔5〕	§3	方程式・不等式・領域	33	B	18	87
	〔6〕	§12	積分と体積	131	D	71	376
2022年度	〔1〕	§11	積分（体積除く）	114	B	63	329
	〔2〕	§1	整数	1	C	3	8
	〔3〕	§3	方程式・不等式・領域	34	B	18	89
	〔4〕	§9	整式の微積分	88	B	51	257
	〔5〕	§12	積分と体積	132	B	71	380
	〔6〕	§8	確率・個数の処理	68	C	38	194
2021年度	〔1〕	§3	方程式・不等式・領域	35	B	19	91
	〔2〕	§7	複素数平面	56	B	33	158
	〔3〕	§11	積分（体積除く）	115	B	64	331
	〔4〕	§1	整数	2	C	3	11
	〔5〕	§10	極限・微分	94	B	54	275
	〔6〕	§3	方程式・不等式・領域	36	C	19	94
2020年度	〔1〕	§3	方程式・不等式・領域	37	B	20	97
	〔2〕	§2	図形と方程式	23	B	13	60
	〔3〕	§11	積分（体積除く）	116	B	64	334
	〔4〕	§1	整数	3	C	4	13
	〔5〕	§12	積分と体積	133	C	72	382
	〔6〕	§4	三角関数	41	D	23	109
2019年度	〔1〕	§11	積分（体積除く）	117	B	65	336
	〔2〕	§2	図形と方程式	24	A	13	62
	〔3〕	§6	空間図形	47	C	27	128
	〔4〕	§1	整数	4	A	4	16
	〔5〕	§10	極限・微分	95	B	54	278
	〔6〕	§7	複素数平面	57	B	33	161
2018年度	〔1〕	§10	極限・微分	96	A	55	281
	〔2〕	§1	整数	5	A	4	18

年度		セクション		番号	レベル	問題編	解答編
	〔3〕	§9	整式の微積分	89	B	51	261
	〔4〕	§9	整式の微積分	90	B	51	263
	〔5〕	§7	複素数平面	58	B	33	164
	〔6〕	§6	空間図形	48	C	28	133
2017年度	〔1〕	§4	三角関数	42	A	23	113
	〔2〕	§8	確率・個数の処理	69	B	39	197
	〔3〕	§7	複素数平面	59	A	34	171
	〔4〕	§1	整数	6	A	5	20
	〔5〕	§2	図形と方程式	25	A	13	64
	〔6〕	§12	積分と体積	134	B	72	384
2016年度	〔1〕	§10	極限・微分	97	B	55	282
	〔2〕	§8	確率・個数の処理	70	B	39	200
	〔3〕	§6	空間図形	49	A	28	136
	〔4〕	§7	複素数平面	60	A	34	173
	〔5〕	§1	整数	7	B	5	21
	〔6〕	§12	積分と体積	135	B	72	386
2015年度	〔1〕	§10	極限・微分	98	A	55	286
	〔2〕	§8	確率・個数の処理	71	C	40	203
	〔3〕	§12	積分と体積	136	B	73	388
	〔4〕	§1	整数	8	A	6	23
	〔5〕	§1	整数	9	C	6	26
	〔6〕	§11	積分（体積除く）	118	B	65	339
2014年度	〔1〕	§6	空間図形	50	A	29	138
	〔2〕	§8	確率・個数の処理	72	B	41	209
	〔3〕	§11	積分（体積除く）	119	A	66	341
	〔4〕	§10	極限・微分	99	B	56	289
	〔5〕	§1	整数	10	B	6	28
	〔6〕	§3	方程式・不等式・領域	38	B	20	99
2013年度	〔1〕	§14	行列	147	A	79	420
	〔2〕	§10	極限・微分	100	B	56	291
	〔3〕	§8	確率・個数の処理	73	C	42	211
	〔4〕	§5	平面ベクトル	45	B	25	118
	〔5〕	§1	整数	11	D	7	30
	〔6〕	§12	積分と体積	137	C	73	391

年度		セクション		番号	レベル	問題編	解答編
2012 年度	〔1〕	§10	極限・微分	101	B	57	293
	〔2〕	§8	確率・個数の処理	74	B	42	217
	〔3〕	§12	積分と体積	138	A	73	394
	〔4〕	§1	整数	12	C	7	33
	〔5〕	§14	行列	148	C	79	422
	〔6〕	§14	行列	149	C	80	425
2011 年度	〔1〕	§10	極限・微分	102	A	57	295
	〔2〕	§1	整数	13	C	8	34
	〔3〕	§11	積分（体積除く）	120	C	66	343
	〔4〕	§2	図形と方程式	26	B	14	67
	〔5〕	§8	確率・個数の処理	75	B	43	219
	〔6〕	§12	積分と体積	139	C	74	397
2010 年度	〔1〕	§6	空間図形	51	B	29	140
	〔2〕	§11	積分（体積除く）	121	B	67	347
	〔3〕	§8	確率・個数の処理	76	B	43	224
	〔4〕	§11	積分（体積除く）	122	B	67	351
	〔5〕	§2	図形と方程式	27	B	14	70
	〔6〕	§6	空間図形	52	C	30	143
2009 年度	〔1〕	§1	整数	14	C	8	38
	〔2〕	§14	行列	150	C	81	427
	〔3〕	§8	確率・個数の処理	77	B	44	228
	〔4〕	§12	積分と体積	140	B	74	403
	〔5〕	§10	極限・微分	103	C	57	299
	〔6〕	§2	図形と方程式	28	D	15	72
2008 年度	〔1〕	§10	極限・微分	104	B	58	302
	〔2〕	§8	確率・個数の処理	78	B	44	230
	〔3〕	§12	積分と体積	141	C	75	405
	〔4〕	§10	極限・微分	105	B	58	305
	〔5〕	§1	整数	15	B	9	40
	〔6〕	§11	積分（体積除く）	123	C	67	355
2007 年度	〔1〕	§1	整数	16	B	9	44
	〔2〕	§10	極限・微分	106	A	58	307
	〔3〕	§3	方程式・不等式・領域	39	C	20	103
	〔4〕	§14	行列	151	A	81	430

年度		セクション		番号	レベル	問題編	解答編
	〔5〕	§8	確率・個数の処理	79	B	45	232
	〔6〕	§11	積分（体積除く）	124	B	68	359
2006年度	〔1〕	§2	図形と方程式	29	A	16	76
	〔2〕	§8	確率・個数の処理	80	B	45	234
	〔3〕	§2	図形と方程式	30	C	16	79
	〔4〕	§1	整数	17	A	9	46
	〔5〕	§10	極限・微分	107	C	59	309
	〔6〕	§11	積分（体積除く）	125	B	68	361
2005年度	〔1〕	§10	極限・微分	108	B	59	311
	〔2〕	§7	複素数平面	61	B	34	175
	〔3〕	§10	極限・微分	109	B	60	315
	〔4〕	§1	整数	18	B	10	48
	〔5〕	§8	確率・個数の処理	81	C	46	236
	〔6〕	§12	積分と体積	142	B	75	408
2004年度	〔1〕	§2	図形と方程式	31	B	16	83
	〔2〕	§1	整数	19	C	10	49
	〔3〕	§11	積分（体積除く）	126	B	68	363
	〔4〕	§9	整式の微積分	91	B	52	265
	〔5〕	§12	積分と体積	143	B	75	410
	〔6〕	§8	確率・個数の処理	82	B	47	239
2003年度	〔1〕	§9	整式の微積分	92	B	52	269
	〔2〕	§7	複素数平面	62	A	34	177
	〔3〕	§12	積分と体積	144	B	76	412
	〔4〕	§1	整数	20	B	10	51
	〔5〕	§8	確率・個数の処理	83	C	47	245
	〔6〕	§2	図形と方程式	32	A	16	86
2002年度	〔1〕	§4	三角関数	43	A	24	115
	〔2〕	§1	整数	21	A	11	53
	〔3〕	§6	空間図形	53	B	30	149
	〔4〕	§10	極限・微分	110	B	60	317
	〔5〕	§11	積分（体積除く）	127	A	69	366
	〔6〕	§8	確率・個数の処理	84	C	48	248
2001年度	〔1〕	§6	空間図形	54	B	30	154
	〔2〕	§11	積分（体積除く）	128	B	69	368

年度		セクション		番号	レベル	問題編	解答編
	〔3〕	§11	積分（体積除く）	129	A	69	371
	〔4〕	§7	複素数平面	63	C	35	179
	〔5〕	§3	方程式・不等式・領域	40	D	21	107
	〔6〕	§8	確率・個数の処理	85	C	48	250
2000年度	〔1〕	§13	2次曲線	146	A	77	417
	〔2〕	§7	複素数平面	64	C	35	182
	〔3〕	§10	極限・微分	111	C	61	319
	〔4〕	§10	極限・微分	112	D	61	322
	〔5〕	§8	確率・個数の処理	86	B	49	252
	〔6〕	§12	積分と体積	145	C	76	415
1999年度	〔1〕	§4	三角関数	44	B	24	116
	〔2〕	§7	複素数平面	65	C	35	188
	〔3〕	§8	確率・個数の処理	87	B	49	254
	〔4〕	§6	空間図形	55	B	31	156
	〔5〕	§1	整数	22	C	11	55
	〔6〕	§11	積分（体積除く）	130	B	69	374
文科							
1999年度	〔2〕	§7	複素数平面	66	B	36	190

MEMO

MEMO